Linux
典藏大系

Linux

林天峰
谭志彬　等编著

服务器架设指南（第2版）

U0341410

清华大学出版社

北　京

内 容 简 介

本书是获得大量读者好评的 Linux 经典图书《Linux 服务器架设指南》的第 2 版。本书第 1 版出版后获得了读者的高度评价，被 ChinaUNIX 技术社区所推荐。第 2 版图书以 Red Hat Enterprise Linux 6 为例，详细叙述了各种网络服务的安装、运行、配置方法和一些相关的知识。

全书共 23 章，分为 3 篇。涵盖的内容有网络硬件基础知识、Linux 操作系统管理、主机与网络安全措施、防火墙、入侵检测系统，以及 Telnet、SSH、VNC、FTP、DHCP、DNS、Web、MySQL、Postfix、NFS、Samba、Squid、LDAP、NTP、VPN，以及流媒体服务器架设的方法。

本书附带 1 张光盘，为本书重点内容的配套教学视频。另外，本书还为读者提供了大量的 Linux 学习资料和 Ubuntu 安装镜像文件，供读者下载学习。

本书语言通俗、条理清楚、循序渐进、示例丰富，适合于已经掌握 Linux 操作系统入门知识，并对网络应用有初步了解的读者阅读，也可以供 Linux 系统管理、维护、开发人员学习参考，同时也是各类职业院校、IT 培训机构的学生学习和掌握 Linux 高级应用的理想教材。

图书在版编目（CIP）数据

Linux 服务器架设指南/林天峰，谭志彬等编著.□2 版.□北京：清华大学出版社，2014（2023.8重印）
（Linux 典藏大系）
ISBN 978-7-302-31957-3

Ⅰ．①L…　Ⅱ．①林…　②谭…　Ⅲ．①UNIX 操作系统–网络服务–指南　Ⅳ．①TP316.81-62

中国版本图书馆 CIP 数据核字（2013）第 078107 号

责任编辑：夏兆彦
封面设计：欧振旭
责任校对：胡伟民
责任印制：杨　艳

出版发行：清华大学出版社
　　　　网　　　　址：http://www.tup.com.cn, http://www.wqbook.com
　　　　地　　　　址：北京清华大学学研大厦 A 座　　　　　邮　　编：100084
　　　　社　总　机：010- 83470000　　　　　　　　　　邮　　购：010-62786544
　　　　投稿与读者服务：010-62776969，c-service@tup.tsinghua.edu.cn
　　　　质　量　反　馈：010-62772015，zhiliang@tup.tsinghua.edu.cn
印　装　者：三河市君旺印务有限公司
经　　销：全国新华书店
开　　本：185mm×260mm　　　　印　　张：34.5　　　　字　　数：890 千字
　　　　　附光盘 1 张
版　　次：2010 年 1 月第 1 版　　2014 年 2 月第 2 版　　　　印　　次：2023 年 8 月第10次印刷
定　　价：79.80 元

产品编号：050115-01

前　　言

　　Linux 是一种开放源代码的免费操作系统。自它诞生以来，在全世界 Linux 爱好者的共同努力下，其性能不断完善，具有稳定、安全、网络负载力强、占用硬件资源少等技术特点，得到了迅速推广和应用。它已发展成为当今世界的主流操作系统之一。

　　除了作为桌面系统使用外，Linux 在服务器领域更是得到了广泛的应用。目前，Linux 系统在服务器市场上的占有率接近 30%，是占有率最高的操作系统。很多企业、行政事业单位把自己的关键业务构建在 Linux 服务器平台上，在实践应用中证明了 Linux 操作系统不仅拥有商业操作系统所具备的性能，而且在保护信息安全、充分利用硬件资源、成本等方面具有优良的特性。

　　本书是获得了大量读者好评的"Linux 典藏大系"中的《Linux 服务器架设指南》的第 2 版。为了使读者能够了解并掌握网络服务器架设的最新技术，第 2 版以最新的 Red Hat Enterprise Linux 6 为基础，详细介绍在 Linux 操作系统上构建各种最新版本的网络服务的方法。本书实践性强，读者完全可以把所学的知识直接在实际项目中使用。

关于"Linux 典藏大系"

　　"Linux 典藏大系"是清华大学出版社自 2010 年 1 月以来陆续推出的一个图书系列，截止 2012 年 6 月，已经出版了 10 余个品种。该系列图书涵盖了 Linux 技术的方方面面，可以满足各个层次和各个领域的读者学习 Linux 技术的需求。该系列图书自出版以来获得了广大读者的好评，已经成为了 Linux 图书市场上最耀眼的明星品牌。其销量在同类图书中也名列前茅，其中一些图书还获得了"51CTO 读书频道"颁发的"最受读者喜爱的原创 IT 技术图书奖"。该系列图书在出版过程中也得到了国内 Linux 领域最知名的技术社区 ChinaUnix（简称 CU）的大力支持和帮助，读者在 CU 社区中就图书的内容与活跃在 CU 社区中的 Linux 技术爱好者进行广泛交流，取得了良好的学习效果。

关于本书第 2 版

　　本书第 1 版出版后深受读者好评，并被 ChinaUNIX 技术社区所推荐。但是随着 Linux 技术的发展，本书第 1 版的内容与 Linux 各个新版本有一定出入，这给读者的学习造成了一些不便。应广大读者的要求，我们结合 Linux 技术的最新发展推出第 2 版图书。相比第 1 版，第 2 版图书在内容上的变化主要体现在以下几个方面：

　　（1）RHEL 版本从 5 升级为 6.3；

　　（2）系统安装和初始配置有所改变；

　　（3）大量的服务取消了图形界面管理方式；

　　（4）DHCP 等服务配置方式改变；

（5）修订了第 1 版中的一些疏漏，并将一些表达不准确的地方加以完善。

本书有何特色

1．配视频讲解光盘

由于服务器架设涉及很多具体操作，所以作者专门录制了大量语音视频进行讲解，读者可以按照视频讲解很直观地学习，学习效果好。这些视频收录于本书配书光盘中。

2．力争把最新的内容呈现给读者

由于计算机网络技术的飞速发展，各种网络服务器软件的版本也在不断地更新，有些新版本软件的功能和配置方法与旧版本相比有了很大的变化。本书在讲解如何架设服务器时，尽量使用各种软件最新的稳定版，以便能最大限度地延长本书的使用寿命。

3．注重协议知识的讲解

本书不仅讲解各种服务器的架设实务，而且对与这种服务相关的知识，特别是协议标准做了深入浅出的讲解，使读者不仅知其然，而且知其所以然。这对深入理解网络服务，解决服务器运行过程中出现的故障非常有帮助。

4．实践性强，示例丰富

架设网络服务器是一门实践性非常强的技术。本书特别注重通过实际例子进行讲解，以便读者更快、更容易地理解与接受。书中所提供的实例非常丰富，并且这些实例可操作性很强，已经过严格的测试，读者可以直接练习使用。

5．本书内容力求权威

由于网络服务器软件的版本、运行的操作系统平台众多，各种资料、手册对某些细节的描述往往不一致，有时候差别还很大。本书的内容大部分都直接来源于最原始的英文 RFC 文档、软件的随机帮助手册页等资料，对于一些在其他资料中叙述不一致的技术细节，更是反复与权威资料进行核对。

本书内容体系

第 1 篇　预备知识（第 1~5 章）

本篇主要内容包括网络硬件知识、Linux 服务器架设规划、Linux 系统的安装、管理与优化、Linux 网络接口配置，以及 Linux 网络管理与故障诊断等。通过本篇的学习，读者可以掌握在 Linux 平台下完成与 Windows 下相同工作的方法。

第 2 篇　Linux 主机与网络安全措施（第 6~10 章）

本篇主要内容包括 Linux 主机安全、Linux 系统日志、Linux 路由配置、Linux 防火墙配置，以及 Snort 入侵检测系统等内容。通过本篇的学习，读者可以掌握如何使自己的计算机更加安全。

第 3 篇　Linux 常见服务器架设篇（第 11-23 章）

本篇主要内容包括远程管理 Linux、架设 FTP 服务器、DHCP 服务、DNS 服务器架设与应用、Web 服务器架设和管理、MySQL 数据库服务器架设、Postfix 邮件服务器架设、共享文件系统、Squid 代理服务器架设、LDAP 服务的配置与应用、网络时间服务器的配置与使用、架设 VPN 服务器，以及流媒体服务器架设等内容。通过本篇的学习，读者可以掌握如何架设各种服务器并且实现它们的功能。

适合阅读本书的读者

- ❑ 网络管理与维护人员；
- ❑ 网络规划与设计人员；
- ❑ 网络实务爱好者；
- ❑ 各类大中专及职业院校的学生；
- ❑ 参加 IT 培训的学员。

关于作者

本书主要由林天峰和谭志彬编写。其他参与本书编写的人员有吴万军、项延铁、谢邦铁、许黎民、薛在军、杨佩璐、杨习伟、于洪亮、张宝梅、张功勤、张建华、张建志、张敬东、张倩、张庆利、赵剑川、赵薇、郑强、周静、朱盛鹏、祝明慧、张晶晶。在此一并表示感谢！

虽然我们对书中所述的内容都尽量予以核实，并多次进行文字校对，但因时间所限，可能还存在疏漏和不足之处，恳请读者批评指正。

编著者

目 录

第 1 篇　预 备 知 识

第 2 篇　Linux 主机与网络安全措施

第 3 篇　Linux 常见服务器架设

第 1 篇　预备知识

第 1 章　网络硬件知识

计算机网络是由各种复杂的硬件设备和软件组成的。其中，有关局域网的规划、安装和维护管理等是平常接触最多的内容。除了计算机网络的基本概念外，本章主要介绍有关局域网的硬件基础，包括传输介质、联网设备，以及常见的局域网架设等内容。

1.1　计算机网络

计算机网络已经逐渐成为人们工作生活中不可缺少的设施之一。目前，人们通过以Internet 为代表的计算机网络，可以实现获取信息、远程交流、收发电子邮件、在线娱乐游戏等功能。本节主要介绍有关计算机网络的基础知识，包括计算机网络的定义、功能和分类等。

1.1.1　计算机网络的定义

计算机网络是指将地理位置分散、具有独立功能的多台计算机系统用通信设备和通信线路连接起来，在网络操作系统、通信协议以及网络管理软件的管理协调下，实现资源共享、信息传递的一种信息系统。

从广义上来讲，可以认为计算机网络是计算机技术与通信技术的结合，目的是为了实现远程信息处理和资源共享。按照这一观点，20 世纪 50 年代出现的"终端——计算机"和 20 世纪 60 年代出现的"计算机——计算机"都属于计算机网络。这种观点主要是从计算机通信的意义上看待计算机网络。

从资源共享的角度来说，可以把计算机网络理解为"以能够相互共享资源（硬件、软件和数据）的方式连接起来，并且各自具备独立功能的计算机系统的集合体"。这个定义是由美国信息处理学会联合会在 1970 年春天举行的联合会议上提出来的，它认为只有具备独立功能的计算机才是网络中的单元。因此，把"终端——计算机"这种连接形式排除在计算机网络范围之外。

从用户透明性的角度出发，可以把计算机网络定义为"由一个网络操作系统自动管理用户任务所需的资源，从而使整个网络就像一个对用户透明的计算机大系统"。这里的"透明"是指用户觉察不到在计算机网络中存在多个计算机系统，用户也不需要知道自己所使用的资源在什么物理位置。例如，人们使用 Internet 网络时，只需要关心浏览网页、传输邮件等业务本身的操作，而不需要关心网络的工作过程或者数据具体存放的位置。

只有两台及两台以上的计算机才能构成计算机网络，一台计算机是不能构成网络的。为了连接计算机，必须要有一条物理通道，即必须要有传输媒介。计算机通过物理媒介连接后，相互之间交换信息时需要遵循一定的约定和规则，即通信协议。各个厂商生产的网络产品都可能有自己的协议，为了能够实现网络互连，这些协议应该遵循相同的标准。

🔔说明：不同的资料对计算机网络的定义在细节上有一些区别。

1.1.2　计算机网络的功能

　　计算机网络的产生打破了空间和时间的限制，极大地扩展了计算机的应用范围，解决了大容量信息的传输、转接存储和高速处理的问题，大大增强了计算机的处理能力。提高了计算机的可靠性和可用性，使软、硬件资源由于能够共享而充分发挥了作用。

　　计算机网络广泛应用于政治、经济、军事、教育科研、生产、生活等各个领域。通过计算机网络，人们可以坐在家中预订全世界各地的飞机票、火车票。可以实时了解全世界各地的证券、股市行情，可以对企业生产、存储、运输、销售、财务等各个环节进行统一管理。还可以对企业的经营进行辅助决策、辅助计划等。具体来说，计算机网络主要有以下一些功能。

1．数据通信

　　在现代社会中，人们需要的信息量不断增加，信息交换的需要也日益频繁，利用计算机网络传递信息成为了一种全新的通信方式。例如，电子邮件比现有的通信工具有更多的优点，在速度上比传统邮件快得多。另外，电子邮件还可以携带声音、图像和视频，实现多媒体通信。如果计算机网络覆盖的地域范围足够大，则可使各种信息通过电子邮件在全国乃至全球范围内快速传递和处理。

　　除了电子邮件以外，即时通信（IM）是另一种在互联网上蓬勃发展的业务，它能够即时发送和接收来自互联网的消息。目前，即时通信不再是一个单纯的聊天工具。它已经逐渐集成了电子邮件、博客、音乐、电视、游戏和搜索等多种功能，发展成集交流、资讯、娱乐、搜索、电子商务、办公协作和企业客户服务等为一体的综合化信息平台。

　　此外，远程文件传输、网络综合信息服务以及电子商务等都是利用计算机网络进行数据通信的例子。利用计算机网络的数据通信功能，还可以对分散的对象进行实时、集中地跟踪管理与监控，如企业办公自动化中的管理信息系统，工厂自动化中的计算机集成制造系统等。

2．资源共享

　　资源共享是计算机网络最基本的功能之一，也是早期构建计算机网络的主要目的。由于数据可以在计算机之间自由流动，为资源的共享提供了可能。在计算机网络中，资源可以包括软件资源、硬件资源，以及要传输和处理的数据资源。

　　硬件资源是指处理器、存储，以及磁盘、打印机、绘图仪等输入输出设备。例如，用户可以把文件上传到服务器，以便能使用服务器的共享磁盘空间。或者自己的计算机没有安装打印机，可以通过网络使用打印服务器或其他计算机上连接的打印机。更进一步地，在某些软件的支持下，用户还可以使用其他计算机上的 CPU 和内存资源。通过计算机网络进行硬件资源共享，可以减少硬件设备的重复购置，提高设备的利用率。

　　软件资源共享是指计算机可以通过网络使用其他计算机上安装的软件，或者那些软件所提供的服务。例如，采用客户端/服务器结构的软件系统，可以在某一台主机上安装服务端软件，然后让其他主机上的客户端软件共同使用。

数据资源共享是指计算机可以通过网络得到以各种形式存放的数据。例如，用户通过 FTP 下载服务器上的文件，以及通过某种方法访问数据库中的数据，或者通过视频播放软件播放网络上的视频。这些都是数据资源的具体例子。

3．提高系统可靠性

在一个单机系统中，如果主机的某个部件或主机上运行的软件发生故障时，系统可能会停止工作。这对于某些应用场合可能会造成很大的损失。有了计算机网络后，由于计算机及各种设备之间相互连接，当一台机器出现故障时，可以通过网络寻找其他机器来代替，而且这个过程可以是自动的，对用户来说是透明的。

具体来说，计算机网络中的服务器可以采用双机热备、负载均衡、集群等技术措施实现资源冗余，或者在结构上实现动态重组。当其中的某个节点发生故障时，其功能可以由网络中的其他节点来代替，从而大大提高了计算机系统的可靠性。

4．易于实现分布式处理

在计算机网络中，可以将某些大型的处理任务分解为许多个小型的任务，然后分配给网络中的多台计算机分别处理，最后再把处理结果合成。例如，某些计算量非常巨大的科学计算，如果仅仅使用一台计算机，所需的时间将是不可接受的。此时，可以对这个计算进行分解，然后让 Internet 上不计其数的计算机共同进行，则运算结果可以很快得到。因此，通过分布式处理，实际上是把许多处理能力有限的小型机或微机连接成具有大型机处理能力的高性能计算机系统，使其具有解决复杂问题的能力。

通过分布式处理，还可以实现负载均衡的功能，使各种资源得到合理的调整。如果某一个节点的负载太重了，影响了整个系统的总体性能，系统软件可以自动把该节点的某些任务迁移到其他节点进行。还有，在一个服务器集群中，系统可以自动挑选负载较轻的服务器为用户提供服务。

说明：从网络应用的角度来看，计算机网络功能还有很多。随着计算机网络技术的不断发展，其功能也将不断丰富，各种网络应用也将会不断出现。计算机网络已经逐渐深入到社会的各个领域及人们的日常生活中，改变着人们的工作、学习、生活乃至思维方式。

1.1.3　计算机网络分类

按照不同的分类标准，可以将计算机网络分为不同的类型。分类的目的是为了便于从不同的侧面了解不同网络类型的特点，从而选择和搭建更适合自己需求和环境的网络。最常见的一种分类方法是按照网络覆盖的地理范围来分，此时可以把计算机网络分为局域网、城域网和广域网 3 种类型。

1．局域网

局域网也称为 LAN（Local Area Network），是指将某一相对狭小区域内的计算机，按照某种方式相互连接起来后形成的计算机网络。在局域网中，相互连接的计算机相对集中，其地理范围一般在几十米到几千米之间，如一个房间、一幢楼或一个企业这样的范围。如图 1-1 所示的就是一种典型的局域网。一般情况下，局域网内的计算机属于同一个部门或同一个单位管辖，以便能对局域网进行统一管理。

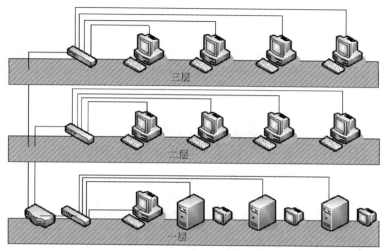

图 1-1　局域网示意图

局域网具有较高的网络传输速率和较低的误码率。由于局域网内的计算机之间距离较近，计算机数量相对较少，因此在通信技术上可以保证在较低的误码率的前提下以较高的速度传输数据。目前，局域网的速度普遍可以达到 100Mbps，还有一些局域网可以达到 1 000Mbps，甚至是 10 000Mbps。

局域网实现成本低，一般使用价格低而功能强的微型计算机作为网络工作站。局域网的安装、扩充及维护都很方便，尤其是在目前大量采用的、以交换机为中心的树型网络结构的局域网中，扩充服务器、工作站都十分方便，而且容错性好。某些站点出现故障时不会影响其他站点的工作，整个网络仍可以正常运行。

局域网的结构非常灵活，可以组成总线型、星型、环型和树型等拓扑结构。局域网还支持多种类型的通信传输介质，根据网络本身的性能要求，在局域网中可以使用同轴电缆、双绞线、光纤及无线传输等传输介质。

2．广域网

广域网也称为 WAN（Wide Area Network），是一个在相对广阔的地理区域内进行数据、语音、图像信息传输的通信网络。广域网可以覆盖若干个城市、整个国家，甚至于全球。某些专用网络，如飞机票售票系统、全国范围的政务系统等都是广域网的例子。图 1-2 所示的就是一种典型的广域网结构。

注意：Internet 虽然也是广域网的一种，但它不是具有独立意义的网络，没有统一的管理机构，而是将同类或不同类的各种物理网络互相连接，并通过上层协议实现不同类网络之间的相互通信。

广域网由于覆盖了广阔的地理区域，因此不可能像局域网那样铺设专门的通信线路，

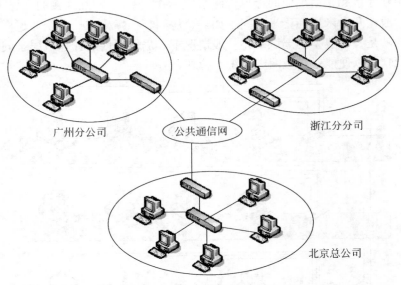

广州分公司　公共通信网　浙江分分司

北京总公司

图 1-2　广域网示意图

而是大多借用公用通信网络（如 PSTN、DDN、ATM 等），因此传输速率比较低。它主要的目的是实现远距离计算机之间的数据传输和信息共享。总的来说，广域网具有以下特点。

- 覆盖的地理区域大，网络可覆盖市、省、地区、国家甚至全球。
- 广域网一般借用公用通信网络进行连接。
- 与局域网相比，广域网的传输速率比较低，普通用户的接入速率一般在 64kbps～2Mbps 之间。如果通过专线接入，速率也可以达到 100Mbps 以上。
- 网络拓扑结构非常复杂。

3．城域网

城域网也称为 MAN（Metropolitan Area Network），是一种介于局域网和广域网之间的计算机网络，其覆盖范围在几千米至几万米之间，大致是一个城市的范围。城域网相当于是一个大型的局域网，但对网络设备、传输介质的要求比局域网要高。

1.2　局域网传输介质

局域网是分布在有限地理范围内的计算机网络，安装时一般要铺设专门的线路。用于局域网的传输介质可以有很多，主要有双绞线、同轴电缆、光导纤维，以及无线介质等类型。本节主要介绍这些传输介质的特点、分类、连接以及使用方法等内容。

1.2.1　双绞线

双绞线也称为 TP（Twisted Pair），是局域网架设中最为常用的一种传输介质。双绞线是一对相互绞合的金属导线，它们之间相互绝缘，这种绞合方式可以抵御一部分外界电磁波干扰，更主要的是降低自身信号对外界的影响。从电磁学原理来讲，把两根绝缘的铜导线按一定密度互相绞在一起，每一根导线在传输信号的过程中，辐射的电波会被另一根导线上辐射的电波抵消，从而降低信号干扰的程度。

1．双绞线的构成

局域网中使用的双绞线一般由两根 22 至 26 号绝缘铜导线相互缠绕而成。实际使用时，一般把多对双绞线包在一个绝缘电缆套管内，如图 1-3 所示。因此从外观上看，只能看到双绞线的灰色套管，也称为双绞线电缆。市场上见到的普通的双绞线电缆一般都是 4 对双绞线，实际上也有更多对的双绞线放在一个电缆套管里。

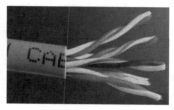

图 1-3　双绞线实物图

双绞线的扭绞程度对双绞线的抗干扰能力非常重要。单位长度上的扭绞越多，抗干扰能力就越强。不同线对具有不同的扭绞长度。一般地说，扭绞长度在 14cm 至 38.1cm 内，按逆时针方向扭绞。相邻线对的扭绞长度在 12.7cm 以上。

与其他传输介质相比，双绞线在传输距离、信道宽度和数据传输速度等方面均受到一定限制，但价格较为低廉，因此还是得到了广泛的使用。特别是在星型和树型网络拓扑结构中，双绞线更是不可缺少的布线材料。

除了按电缆套管内所包含的双绞线根数来分类外，双绞线还可以按是否具有屏蔽层而分为屏蔽双绞线（Shielded Twisted Pair，STP）与非屏蔽双绞线（Unshielded Twisted Pair，UTP）。屏蔽双绞线在双绞线与外层绝缘封套之间有一层金属屏蔽层，它可以减少对外辐射，防止信息被窃听，同时也可以阻止外部电磁干扰的进入。因此，屏蔽双绞线比同类的非屏蔽双绞线具有更高的传输速率。

2．双绞线的分类

根据双绞线的传输性能，双绞线还可以分为 3 类线、5 类线或超 5 类线等。这些分类中，性能依次递增。EIA/TIA 为双绞线电缆定义了几种不同质量的型号。计算机网络综合布线一般使用其中的第三、第四、第五类。这些型号的具体定义如下所示。

- ❑ 第一类：主要用于传输语音（一类标准主要用于 20 世纪 80 年代初之前的电话线缆），不用于数据传输。
- ❑ 第二类：传输频率为 1MHz，用于语音传输和最高传输速率为 4Mbps 的数据传输。常见于使用 4Mbps 规范令牌传递协议的令牌网。
- ❑ 第三类：是目前在 ANSI 和 EIA/TIA568 标准中指定的电缆。该电缆的传输频率为 16MHz，用于语音传输及最高传输速率为 10Mbps 的数据传输。主要用于以太网的 10base-T 标准。
- ❑ 第四类：该类电缆的传输频率为 20MHz，用于语音传输或最高传输速率为 16Mbps 的数据传输。主要用于基于令牌的局域网和 10Base-T。
- ❑ 第五类：该类电缆增加了绕线密度，外套是一种高质量的绝缘材料。传输频率为 100MHz，用于语音传输或最高传输速率为 100Mbps 的数据传输。它主要用于 100Base-T 和 10Base-T 网络，这也是目前局域网布线中最常用的双绞线电缆。
- ❑ 超五类线：超 5 类线衰减小，串扰少，具有更高的衰减与串扰比和信噪比、更小的时延误差，传输性能得到了很大的提高。超 5 类线主要在千兆位以太网中使用。

- ❑ 六类线：该类电缆提供了 2 倍于超五类的带宽，最适合用于传输速率高于 1Gbps 的应用。布线标准要求采用星形的拓扑结构，永久链路的布线距离不能超过 90m，信道长度不能超过 100m。
- ❑ 七类线：这个标准规定了一个完全屏蔽的双绞线电缆。每一对线都进行了屏蔽，信号发送速度可达 600MHz，是六类线的两倍多。

3．双绞线的连接标准

在局域网布线中，双绞线一般用于点对点的连接。使用时，线的两端或者接在 RJ45 水晶头上，或者接在 RJ45 模块上。按照布线标准，八芯的双绞线中每一芯外皮的颜色是有规定的，而且每种颜色的线芯对应一个编号。线芯颜色的编号有两个标准，分别称为 568B 和 568A，具体规定如下所示。

- ❑ 标准 568B：橙白—1，橙—2，绿白—3，蓝—4，蓝白—5，绿—6，棕白—7，棕—8；
- ❑ 标准 568A：绿白—1，绿—2，橙白—3，蓝—4，蓝白—5，橙—6，棕白—7，棕—8。

一般情况下，都是采用 568B 标准。但不管采用 568A 还是 568B，对通信的性能都没有影响。当接线时，应该根据颜色按上面的某一种标准依次与水晶头或模块上对应的针脚进行连接。

🔔**注意**：一个工程中只能使用一种接线方式。

除了按标准进行连接外，双绞线还有一种交叉连接方式。即一端按上述标准进行连接，另一端把 1 和 2、3 和 6、4 和 5，以及 7 和 8 进行交换。两台计算机直接相连，或者某些交换机不通过级联口连接时，应该要使用交叉线。还有，在大部分常见的以太网标准中，实际上只需要 1、2、3、6 这 4 根线就足够了，其余的 4 根线保留未用。

1.2.2　同轴电缆

同轴电缆以硬铜线为芯，外面包一层白色的绝缘材料。这层绝缘材料又用密织的网状细导体环绕，网外又覆盖了一层保护性材料，如图 1-4 所示。信号的传输是由中心导体完成的，其他部分主要是保护中心导体不受外界影响（包括电、机械和环境方面的影响）。

同轴电缆的上述结构，使它具有高带宽和极好的噪声抑制特性。同轴电缆的带宽取决于电缆长度，1km 的同轴电缆可以达到 1Gbps～2Gbps 的数据传输速率。还可以使用更长的电缆，但是传输速率要降低或者需要使用中间放大器。

图 1-4　同轴电缆实物图

有两种广泛使用的同轴电缆。一种是 50 欧姆电缆，用于数字传输。由于多用于基带传输，也叫基带同轴电缆。另一种是 75 欧姆电缆，用于模拟传输，也称为宽带同轴电缆。在历史上，同轴电缆由于相对便宜且安装简单，曾经是网络用户的首选，被大量使用。目前，在局域网中，同轴电缆基本上已经被双绞线或光纤取代，但仍广泛应用于有线电视领域。

早期的以太网只在同轴电缆上运行。刚开始时，它只运行在一种坚硬的厚电缆上。通常是黄色的，被称为粗缆以太网。后来，在以太网中使用了一种更易管理的同轴电缆，称为细缆以太网。电子和电气工程师协会（IEEE）分别把这两种以太网定义为 10Base 5 和 10Base 2 标准。

粗缆和细缆以太网目前已经基本上废弃不用了，而且也没有出现新的使用同轴电缆的局域网标准。但是，使用同轴电缆接入 Internet 的应用却在迅猛发展，它可以通过线缆调制解调器，依托有线电视网络，把家庭电脑接入 Internet。线缆调制解调器使用宽带技术，在同轴电缆上同时携带 Internet 数字信号和有线电视信号，可以为家庭用户提供 256kbps 或 512kbps 的 Internet 接入带宽。

1.2.3　光导纤维

光导纤维也称为光纤或光缆，是利用全反射原理使光在玻璃或塑料制成的纤维中传播，从而使光的衰减非常小，实现了远距离传输。使用光纤时，要先通过某种设备将计算机系统中的电脉冲信号变换为等效的光脉冲信号。由于没有电信号在线路中传输，所以光纤基本上不受外界干扰的影响，而且也不会向外界辐射可能会被检测到的信号。这使得光纤传输非常安全，所传输的数据不会被窃听。

光纤的结构一般分为 3 层。中心是高折射率玻璃纤维芯（芯径可以是 50 或 62.5μm），中间为低折射率硅玻璃包层（直径一般为 125μm），最外层是加强用的树脂涂层，起到保护作用。另外，一根光缆可以包含 4 芯、8 芯或更多芯的光纤，并根据室内或室外的环境特点，采用不同形式的保护层，如图 1-5 所示。

图 1-5　光缆实物图

按光在光纤中的传输模式可以把光纤分为单模光纤和多模光纤。多模光纤的中心玻璃纤维芯较粗，芯径一般是 50 或 62.5μm，可传输多种模式的光。但由于模间的色散较大，限制了传输数字信号的频率，而且随着距离的增加影响会更加严重。因此，多模光纤传输的距离比较近，一般只有几公里。

单模光纤的中心玻璃芯较细，芯径一般为 9 或 10μm，只能传输一种模式的光。因此，其模间的色散很小，适用于远距离的信号传输。但由于单模光纤对光源的谱宽和稳定性有较高的要求，即谱宽要窄，稳定性要好，因此配套的光电变换设备较昂贵。

在光纤布线链路和网络设备之间的光纤连接线也称为光纤跳线，一般用在光端机和终端盒之间的连接。单模光纤跳线一般是黄色的，接头和保护套为蓝色。而多模光纤跳线一般是橙色的，也有部分是灰色的，接头和保护套用米色或者黑色。

🔔注意：光纤跳线的接头有多种类型，包括 ST、SC、MIC、SMA 以及 MT-RJ 等。

最后，总结一下光纤传输具有的优点。

1．频带宽

频带的宽窄代表传输容量的大小。载波的频率越高，可以传输信号的频带宽度就越大。例如，在 VHF 频段，载波频率为 48.5MHz～300MHz，带宽约 250MHz，大约可以传输 27 套电视和几十套调频广播。而可见光的频率可达 100 000GHz，比 VHF 频段高出一百多万倍。虽然光纤对不同频率的光也有不同的损耗，使频带宽度受到影响，但在最低损耗区的频带宽度仍然可达 30 000GHz。通过采用先进的相干光通信，可以在 30 000GHz 范围内安排 2 000 个光载波。进行光波复用后，可以容纳上百万个频道。

2．损耗低

在由同轴电缆组成的系统中，即使是最好的电缆，在传输 800MHz 信号时，每公里的损耗都在 40dB 以上。相比之下，光导纤维的损耗则要小得多。传输波长为 1.31μm 的光，每公里的损耗不到 0.35dB。由于光纤纤维的功率损耗比同轴电缆要小一亿倍以上，使得它能够传输的距离要远得多。此外，光纤传输的损耗还有两个特点：一是在全部频带内具有相同的损耗，因此不需要像电缆干线那样需要使用均衡器进行均衡；二是其损耗几乎不随温度而变，不用担心因环境温度变化而造成干线电平的波动。

3．抗干扰能力强

由于光纤的基本成分是石英、玻璃等，只传光，不导电，电磁场对其没有任何作用。因此，在光纤中传输的光信号不会受到外界电磁场的影响，光纤传输对电磁干扰、工业干扰有很强的抵御能力。另外，由于全反射的特性，光纤也不会向外界泄漏光信号。因此在光纤中传输的信号不易被窃听，利于保密。

4．工作可靠

一个系统的可靠性与组成该系统的设备数量密切相关。设备越多，发生故障的机会越大。因为光纤系统包含的设备数量少，不像电缆系统那样需要很多放大器，因此可靠性自然就高。另外，光纤设备的寿命一般都很长，无故障工作时间可达 50 万～75 万小时。其中，寿命最短的是光发射机中的激光器，最低寿命也在 10 万小时以上。因此，一个设计良好、安装调试正确的光纤系统，其工作性能是非常可靠的。

5．成本不断下降

在光纤使用的初期，由于受到制造水平的限制，光纤的成本较高。随着制造技术的进步和产量的提高，光纤的成本不断地降低。另外，由于制作光纤的主要材料是石英，其来源十分丰富；而电缆所需的铜原料是有限的资源，价格将会越来越高。因此，与铜缆相比，光纤的成本优势也将会逐渐体现出来，在不久的将来，光纤传输将占绝对优势，甚至有可能会成为有线电视网的主要传输手段。

1.2.4　无线介质

无线传输介质也称为非导向传输介质。随着技术的发展和移动通信需求的不断出现，传统的有线网络存在的弊端逐渐显现，并成为影响和限制网络应用的一个因素。无线通信系统的产生和应用，弥补了有线网络的不足，成为目前的应用和技术热点。在局域网中，使用的无线介质主要是无线电波。

无线电通信在数据通信中占有重要的地位。无线电波产生容易，传播的距离较远，很容易穿过建筑物，在室内通信和室外通信都得到了广泛应用。另外，无线电波是通过广播方式全向传播的，所以发射和接收装置不必在物理上准确对准。

无线电波的特性与其频率有关。在 VLF、LF 和 MF 频段上，无线电波沿着地面传播，其传播的特点如下：

- ❏ 工作频率较低；
- ❏ 传播距离远，在较低频率时可以达到 1 000km；
- ❏ 通过障碍物的穿透能力较强；
- ❏ 能量会随着距离的增大而急剧减小。

在 HF 和 VHF 频段上，无线电波会被地面吸收。这时，可以通过地面上空电离层的反射来传播。无线电信号通过地面上的发送站发送出去，当到达地面上空（距地球 100～500km）电离层时，无线电波被反射回地面，再被地面的接收站接收到。HF 和 VHF 频段上的无线电波的传输特点如下：

- ❏ 工作频率较高；
- ❏ 无线电波趋于直线传播；
- ❏ 通过障碍物的穿透能力较弱；
- ❏ 会被空气中的水蒸气和自然界的雨水吸收。

🔔说明：目前广泛使用的无线局域网标准 802.11 的频率为 2.4GHz，位于 VHF 频段之上。

1.3　局域网连网设备

除了传输介质外，还需要各种网络连接设备才能将独立工作的计算机连接起来，构成计算机网络。在局域网中，常用的网络连接设备有网卡、集线器、交换机等。另外，如果希望把复杂的局域网互联起来，或者要把局域网连入 Internet，还需要路由器。本节主要介绍这些网络连接设备的结构、功能、特点及使用方法等内容。

1.3.1　网卡

网卡也称为网络接口卡或网络适配器，是计算机网络中最重要的连接设备之一。其外形如图 1-6 所示。网卡安装在计算机内部或直接与计算机连接，计算机只能通过网卡接入局域网。网卡的作用是双重的，一方面它负责接收网络上传过来的数据，并将数据直接通过总线传送给计算机；另一方面它也将计算机上的数据封装成数据帧，再转换成比特流后送入网络。

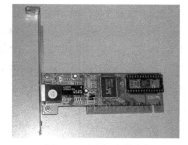

图 1-6　网卡实物图

1．网卡的结构

网卡主要由发送单元、接收单元和控制单元组成。网卡一般直接插在计算机主板的总线插槽上，并通过网络插口与传输介质连接。发送单元的功能是把从计算机总线发过来的数据转换成一定格式的电信号，再传送到传输介质上。而接收单元的作用相反。控制单元一方面控制着发送单元和接收单元的工作，一方面协调通过系统总线与计算机交换数据。

2．网卡的功能

网卡的功能体现在以下几个方面。首先，计算机内部采用的是并行总线的工作方式，而网络中的通信采用的是串行工作方式。数据在通过网络传输前必须由并行状态转换为串行状态，这个功能就是由网卡承担的。

其次，网卡将并行数据转换成串行数据后，还需要将数据转换成可以在网络中传输的电信号或光信号。同时，还需要按标准规定在这些数据信号中插入一些控制信号，这样才能利用传输介质进行传输。同样，当网卡从网络传输介质中接收到电信号或光信号后，也需要经过相反的处理后，才能还原成原来的数字信号。

还有，当一块网卡与网络上的其他网卡通信时，首先需要进行协调，然后才能开始真正传输数据。这些协调工作包括相互确定数据帧的大小、数据的传输速率、所能接收的最大数据量、发送和接收数据帧之间的时间间隔等。一些功能较强的网卡会自动调整自己的某些性能，保证能够与其他网卡的性能相互匹配。

传输数据是网卡的主要功能，但除此之外网卡还需要向网络中的其他设备通报自己的地址，该地址即为网卡的 MAC 地址。为了保证网络中数据的正确传输，要求网络中每个设备的 MAC 地址必须是唯一的。网卡的 MAC 地址共占 6 个字节，且被分为两个部分。前 3 个字节是厂商的标识，由 IEEE 统一分配，例如，Cisco 公司分到的是 00000C，Intel 公司分到的是 00AA00 等，后 3 个字节由厂商自行确定如何分配。

💬说明：有些网卡配上相应的 BOOT ROM 芯片后，还具有引导计算机的功能。

3．网卡的分类

根据所支持的局域网标准不同，网卡可分为以太网网卡、令牌网网卡、FDDI 网卡、ATM 网卡等不同的类型。由于近年来以太网技术发展十分迅速，所以在实际应用中以太网网卡占据了主导地址，目前市面上见到的绝大部分都是以太网卡。

按照网卡的使用场合来分，可以分成服务器专用网卡、普通工作站网卡、笔记本电脑专用网卡和无线局域网网卡。除了无线网卡外，目前的以太网卡速率大部分都是10/100Mbps 自适应。1000Mbps 的网卡也比较常见，与网络的连接方式一般都是通过 RJ45 接口与双绞线进行连接。当然，也有光纤接口的网卡。

服务器网卡是为了适应网络服务器的工作特点而专门设计的，它的主要特征是在网卡上采用了专用的控制芯片。大量的工作由这些芯片直接完成，减轻了服务器 CPU 的工作负荷。由于价格相对较贵，因此这类网卡一般只安装在一些专用的服务器上使用。普通的工作站一般使用价格相对低廉的"兼容网卡"，它在一般的 PC 上都是通用的。除了价格低廉外，工作性能也非常稳定，因此得到了广泛的使用。

PCMCIA 是专门用在笔记本或 PDA、数码相机等便携设备上的一种接口规范。笔记本网卡通常都支持 PCMCIA 规范，因此也称为 PCMCIA 网卡，它一般不能用在台式机上。PCMCIA 总线分为两种，一种是 16 位的 PCMCIA，另一种是 32 位的 CardBus。CardBus 是一种用于笔记本电脑的新的高性能 PC 卡总线接口标准，它不仅能提供更快的传输速率，而且可以独立于主 CPU，与计算机内存间直接交换数据，因此可以减轻 CPU 的负担。

无线局域网网卡是近年来随着无线局域网技术的发展而产生的。与有线网卡不同的是，无线网卡使用无线介质来传送信息，不需要双绞线、同轴电缆或光纤等有线介质。由于受无线局域网标准的限制，无线网卡的速度一般较有线网卡低，并且容易受到环境的影响。

1.3.2　集线器

集线器也称为 Hub，它是连接计算机的最简单的网络设备，主要作用是把计算机或其他网络设备汇聚到一个节点上，其外形如图 1-7 所示。Hub 只是一个多端口的信号放大设备。在工作中，当一个端口接收到数据信号时，由于信号在从源端口到 Hub 的传输过程中已经有了衰减，所以 Hub 便将该信号进行整形放大，使被衰减的信号恢复到发送时的状态，然后再转发到 Hub 其他端口所连接的设备上。

从 Hub 的工作方式可以看出，它在网络中只起到信号放大和重发作用。其目的是扩大网络的传输范围，而不具备信号的定向传送能力，是一个标准的共享式设备。其功能实际上同中继器一样，所以 Hub 实际上是一种多端口的中继器。

衡量 Hub 性能的主要指标是端口速度和端口数。Hub 的端口速度与网卡相对应，一般有 10Mbps、100Mbps 和 10/100Mbps 自适应 3 种。而端口数可以是 8 口、16 口或 24 口等。由于交换机的价格已经下降到与 Hub 相差无几，而其性能却比 Hub 要好得多。因此，目前 Hub 已经很少使用。

图 1-7　集线器实物图

图 1-8　交换机实物图

1.3.3　交换机

随着计算机网络的应用越来越广泛，人们对网络速度的要求也越来越高，传统的以 Hub 为中心的局域网已经不能满足人们的要求。在这样的一种背景下，网络交换技术开始出现并很快得到了广泛的应用。交换机也称为交换式 Hub（Switch Hub），虽然其功能及组网方式与 Hub 差不多，但它的工作原理却与 Hub 有着本质上的区别。如图 1-8 所示的是 Cisco 2950 交换机的外形图。

1．交换机的工作原理

集线器只能在半双工方式下工作，而交换机可以同时支持半双工和全双工两种工作方式。全双工网络允许同时发送和接收数据，从理论上讲，其传输速度可以比半双工方式增加一倍。因此，采用全双工工作方式的交换机可以显著地提高网络性能。

用集线器组成的网络称为共享式网络，而用交换机构建的网络则称为交换式网络。共享网络存在的最主要的问题是所有用户共享带宽，每个用户的实际可用带宽随着网络用户数目的增加而递减。这是因为当通信繁忙时，多个用户可能同时争用一个信道，而一个信道在某一时刻只允许一个用户占用。因此，大量的用户经常要处于等待状态，并不断地检测信道是否已经空闲。

说明：更为严重的是，当用户同时争用信道并发生"碰撞"时，信道将处于短暂的闲置状态。如果碰撞大量出现，将严重影响性能。

在交换式以太网络中，交换机提供给每个用户专用的信道，多个端口对之间可以同时进行通信而不会冲突，除非两个源端口试图同时将数据发往同一个目的端口。交换机之所以有这种功能，是因为它能根据数据帧的源 MAC 地址知道该 MAC 地址的机器与哪一个端口连接，并把它记住，以后发往该 MAC 地址的数据帧将只转发到这个端口，而不是像集成器那样转发到所有的端口。这样就大大减少了数据帧发生碰撞的可能。

2．交换机的分类

交换机是构成整个交换式网络的关键设备。不同类型的交换机所采用的交换方式也会不同，从而对网络的性能也会造成影响。目前，交换机主要使用存储转发（Store and Forward）、直通（Cut Through）和无碎片直通（Fragment Free Cut Through）3 种方式。

当交换机运行在存储转发方式时，在转发数据帧之前必须先接收整个数据帧，并存储在一个共享的缓冲区中，然后检查其源 MAC 地址和目标 MAC 地址，以及对整个数据帧进行 CRC 校验。如果交换机没有发现错误，它将根据目标 MAC 地址把这个数据帧转发到相应的端口；否则，将丢弃这个数据帧。由于交换机在开始转发数据帧之前必须先接收到整个数据帧，因此存储转发模式的延迟会比较大，而且这个延迟和所转发的数据帧的大小有关。

直通转发方式允许交换机在检查到数据帧中的目标 MAC 地址时就开始转发数据帧。目标 MAC 地址在数据帧中占用 6 字节，而且位于数据帧的最前面，所以直通式的延迟很小。但是直通式无法像存储转发方式那样在转发数据帧之前对其进行错误校验。因此，错误的数据帧依然通过交换机被转发到目的设备，由目的设备丢弃该数据帧并要求重传。

无碎片直通方式有效地结合了直通式和存储转发方式的优点。当交换机工作在无碎片直通方式时，它只检查数据帧的前 64 字节。如果前 64 字节没有出现错误，交换机将转发该数据帧。反之，则丢弃该帧。采用这种机制的原因是当网络发生冲突时，大部分错误都是发生在数据帧的前 64 字节。因此采用无碎片直通方式时能检查出大部分的错误数据帧。

大部分交换机还可以同时支持直通式和存储转发式两种工作方式。开始时，交换机采用直通式转发数据帧，同时监视着它所转发的数据帧是否出错。当错误帧达到了某一限制值时，交换机将自动切换到存储转发方式，以保证不让错误的数据帧浪费带宽。这种工作机制结合了存储转发和直通式的优点，在网络环境好的时候能够有效地保证低延迟转发。而在网络环境变差时，又能限制错误帧的转发。

3．交换机的选择

对于用户来说，选择交换机最关心的还是端口速率、端口数，以及端口类型。目前主流的交换机端口速率有 10/100Mbps 自适应、10/100/1 000Mbps 自适应等种类，有些还带有光口，速率可能是 100Mbps 或 1 000Mbps，端口数可以是 8 个、16 个、24 个和 48 个。其次还要考虑背板带宽、吞吐率交换方式、堆叠能力和网管能力等指标。

1.3.4　路由器

路由器是一种连接多个网络或网段的网络设备，它能将不同网络或网段之间的数据信息进行"翻译"，以便它们之间能够互相"读"懂对方的数据，从而构成一个更大的网络。路由器一般用于把局域网连入到 Internet 等广域网，或者用于不同结构子网之间的互连。这些子网本身可能就是局域网，但它们之间的距离很远，需要通过租用专线并通过路由器进行互连。

路由器最基本的功能之一是路由选择。当两台连接在不同子网上的计算机进行通信时，可能需要经过很多路由器。每一台路由器从上一站接收到数据包后，必须根据数据包的目的地址决定下一站是哪一台路由器，这就是路由选择。通过路由器的一站站转发，数据包最终沿着某一条路径到达了目的地。

🔔说明：路由选择是通过路由表来实现的，每一台路由器都维持着一张路由表，路由表中指明了哪一种目的地址应该选择下一站哪一台路由器。路由表可以是由管理员输入的静态路由，也可以根据网络结构的变化进行动态更新。

路由器的另一个基本功能是数据转发。虽然路由器是根据 IP 地址对数据包进行路由的，但在大多数情况下，计算机和路由器或者路由器和路由器之间却是通过 MAC 地址交换数据包的，它们必须位于同一子网。因此，路由器从某一端口接收到数据包后，通过路由选择，再把数据包从另一端口发送给其他路由器时，需要改变数据包的 MAC 地址，这个过程就是数据转发。

根据性能和价格，路由器可分为低端、中端和高端 3 类。高端路由器又称核心路由器。低、中端路由器每秒的信息吞吐量一般在几千万至几十亿比特之间，而高端路由器每秒信息吞吐量均在 100 亿比特以上。选择路由器时，首先要确定所需路由器的档次，其次要注意路由器的端口是否满足自己的需要。另外，还要考虑可靠性、安全性以及管理的方便性等方面。

1.3.5　三层交换机

虽然第二层交换机解决了集线器存在的不足，它可以只向数据帧接收方所在的端口转发数据帧，而集线器是把所有的数据帧都广播给所有的端口，广播风暴会使网络的效率急剧下降。但第二层交换机还有一个弱点，就是还不能完全隔断广播域。当某一站点在网上发送广播或组播数据帧，或第一次发送数据帧时，交换机上的所有站点都将收到这些数据帧，此时整个交换环境构成一个大的广播域。

为了解决这个问题，以及其他一些如异构网络互联、安全控制等问题，出现了第三层交换技术。第三层交换是相对于传统的第二层交换概念而提出的。简单地说，第三层交换就是在第二层交换的基础上再集成了路由功能，吸收了路由器在网络中的可扩展性和灵活性等特点。所以第三层交换技术也称为路由交换技术或 IP 交换技术，但它是二者的有机结合，并不是简单地把路由器设备叠加在第二层交换机上。

第三层交换机对数据包的处理与传统路由器相似，它可以进行路由计算、确定最佳路由，同时对路由表进行维护更新，以及对数据包进行转发。但是，第三层交换机对数据包的转发是由专门的硬件来负责的，这比路由器中基于微处理器引擎执行的数据包转发要快得多。

在第三层交换机工作过程中，会观察数据包中的源 IP 地址与源 MAC 地址，并把它们之间的对应关系记录下来。如果在以后收到的数据包中发现源 IP 地址和目的 IP 地址之间存在着一条二层通路，就不会将数据包上交给第三层进行路由处理，而是直接通过交换进行转发。也就是说，第三层交换开始时使用路由协议确定传送路径，但会在第二层记住这条路径。以后同样目的地的数据包到达时，可以绕过路由器直接发送，即实现"一次路由，多次交换"。

第三层交换技术的出现，解决了局域网中划分网段之后不同子网之间必须依赖路由器互连的局限，解决了传统路由器低速、复杂所造成的网络瓶颈问题。第三层交换机在提高网络的运行速度和扩展网络的规模方面所起的作用已经得到了一致公认，目前已作为局域网的主干设备而广泛应用。

1.4　几种局域网架设实例

有了传输介质和网络连接设备后，就可以把计算机连接成常见的局域网络了。本节介绍几个局域网的架设实例，从最简单的双机互连开始，再介绍小型的由交换机连接的局域网，以及结构复杂的企业网，还有应用时间不长的无线局域网。

1.4.1　双机互连网络

如果只对两台计算机进行连接，则不需要任何网络连接设备，只需一根双绞线即可，如图 1-9 所示。当然，前提是两台计算机中已经安装了网卡。此时需要注意以下几点。

- 最关键的是双绞线与水晶头连接时，应该做成交叉线的形式，其接线方式如图 1-9 所示，即某一边的 1 和 2 交换、3 和 6 交换，而 1 和 2、3 和 6 应该是双绞线对。其余 4 根线可以不接。
- 两台计算机的网卡要有 RJ45 接口，而且速率要匹配，即不能一边是 10Mbps，而另一边是 100Mbps。最好使用 10/100Mbps 自适应的网卡。
- 双绞线要选用五类及以上，才能保证有 100Mbps 的速度。

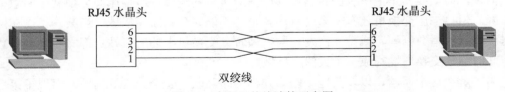

图 1-9　交叉双绞线连接示意图

以上硬件连接完成后，在两台计算机上设置同一网段的 IP 地址，即可以进行通信。如果希望这两台计算机再连入 Internet，可以在某一台计算机上再插一块网卡，然后通过 LAN 或 ADSL 连接到 Internet。为了使另一台计算机也能连入 Internet，已经连入 Internet 的这台计算机需要设置成代理或 NAT 服务器。

1.4.2　小型交换网络

小型交换网络是指通过一台或若干台交换机，将一定数目的计算机连成网络。由于双绞线连接成本低、性能可靠，因此一般都选用 RJ45 接口的交换机，再通过双绞线进行连接，如图 1-10 所示。

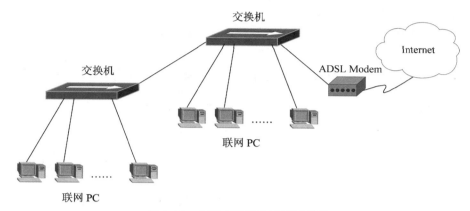

图 1-10　小型交换网络连接示意图

需要注意以下几点：

- ❑　每一台计算机内均应安装好具有 RJ45 接口的网卡。
- ❑　要注意网卡、交换机和双绞线之间的速率匹配。
- ❑　有些交换机具有级联口，用于交换机之间的连接，计算机不应该接在级联口上。
- ❑　有些交换机没有级联口，相互连接时可能需要交叉双绞线。

上述网络连接完成后，需要把联网 PC 设成同一个网段的 IP 地址，相互之间才能通信。为了能接入 Internet，或者每台计算机均通过 PPPoE 拨号，或者让某一台计算机连入 Internet，并且配置代理或 NAT 服务器，以带动整个网络中的计算机上网。

1.4.3　企业网络

企业网络相对来说要复杂得多。首先，由于联网的计算机数目众多，需要通过划分 VLAN 的方式缩小每个网段中的计算机数目，以方便管理。其次，除了简单地为内部用户提供上网服务外，企业内部可能还有很多的服务器要对外服务，此时，网络的安全要特别注意。另外，由于上网计算机很多，一般要通过专线连入 Internet，网络的结构要相对复杂。如图 1-11 所示为一个典型的企业网络结构图。

在图 1-11 中，核心交换机承担着整个企业网络的数据交换任务，其性能对网络的影响举足轻重。各种接入层交换机一般位于各幢楼，与核心交换机通过光纤连接，用户 PC 再通过接入层交换机接入网络。另外，在核心交换机中，还可以通过 VLAN 划分，把各种 PC 归到不同的网段，以方便管理。

路由器为内部网段之间以及内部网段与 Internet 之间提供路由服务。目前，大部分的核心交换机都是三层交换机，已经包含了路由功能，在这种情况下，单独的路由器设备可以省略。防火墙为内网与服务器群提供安全保护。一般情况下，为外界提供网络服务的服务器群应该独立组成一个网段，并连接到防火墙的一个独立端口，构成 DMZ 区。

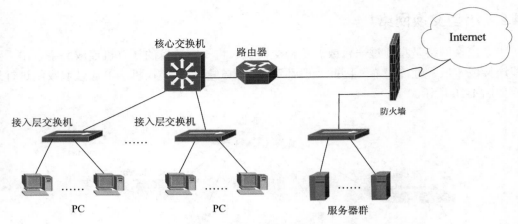

图 1-11　典型的企业网络连接示意图

1.4.4　无线局域网

　　无线网络的组建与有线网络的组建是类似的，其核心的设备是无线集线器，通常称之为 AP（Access Point）。它所起的作用与集线器或交换机差不多，也是跟很多 PC 连接，然后再接入到上一层交换机中。只不过与 PC 连接时，使用的是无线信号。因此，PC 需要配置无线网卡。最简单的一种无线网络如图 1-12 所示。

　　在图 1-12 中，无线 AP 通过双绞线接到交换机的某一 RJ45 端口，相当于就是一个集线器。具有无线网卡的 PC 通过无线信号与 AP 建立连接，就可以把 PC 接入网络。与集线器一样，每一个 AP 可以为多台 PC 提供接入服务。

　　一般无线 AP 都拥有 4 种工作模式，即接入点（AP）、AP 客户端（AP Client）、无线网桥（Wireless Bridge）和多路桥（Multiple Bridge），以适应大型的复杂网络结构。无线网卡一般是工作在 AP 客户端模式，因此图 1-12 所示的 AP 应该工作在接入点模式。另外，如图 1-13 所示的是交换机之间通过无线 AP 进行连接。此时，两个 AP 的工作模式应该一个是接入点，另一个是 AP 客户端模式；或者两个都是无线网桥模式。

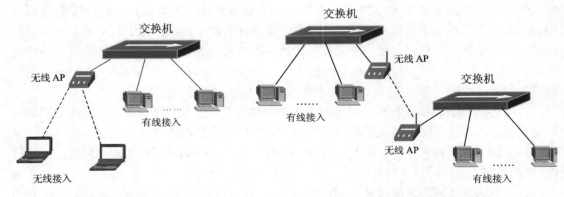

图 1-12　无线用户接入示意图　　　　　　图 1-13　交换机之间使用无线连接

　　安全也是无线 AP 要考虑的一个重要问题。因为不像有线接入，无线信号是很容易被其他设备获取的。因此，一般无线 AP 都提供用户认证和数据的加密传输服务。

说明：在实际的无线产品中，很多 AP 还集成了一些其他功能，如路由、DHCP、NAT 等，为用户提供了很大的方便。

1.5　小　　结

本章主要讲述了计算机网络的基础知识以及有关局域网的一些硬件知识。计算机网络是一个非常复杂的系统工程，包含的层次结构非常多。对于架设 Linux 服务器的用户来说，了解计算机网络的知识非常必要，而且还应该在实践过程中不断地学习网络知识，提高网络管理水平，才能真正管理好各种各样的服务器。

第 2 章　Linux 服务器架设规划

服务器是计算机网络中最重要的组成部分之一。如果没有各种服务器提供的网络服务，则计算机网络的意义将大打折扣，网络的应用也就不会像今天这么丰富。本章主要介绍与 Linux 服务器架设有关的规划，包括网络方面的规划、服务器硬件规划和 Linux 操作系统的有关内容。

2.1　网　络　规　划

网络建设是一项涉及建网需求分析、网络规划、可行性论证、产品选择、工程施工、人员培训等许多方面的系统工程，需要考虑、解决的问题较多。这项系统工程实施的目的就是要建成一个性能价格比最优的网络。本节主要介绍有关网络规划方面的基本知识，包括需求分析、网络设计准则、硬件与系统软件平台等内容。

2.1.1　需求分析

在规划建设计算机网络时，一项重要工作是进行需求分析。计算机网络需求主要包括业务需求、管理需求、安全需求、通信量需求、网络扩展性需求和网络物理环境需求等。需求分析主要包括收集需求和编制需求说明书两项工作。

业务需求分析的目标是明确企业的业务类型、应用系统软件的种类，以及它们对网络的带宽、服务质量的要求。业务需求分析是企业建网中的首要环节，是进行网络规划与设计的基本依据。业务需求分析主要分析以下几个方面的情况。

- ❑ 计划投入的资金规模；
- ❑ 需要实现或改进的网络功能；
- ❑ 需要集成的企业应用；
- ❑ 需要架设的系统应用（电子邮件服务器、Web 服务器、视频服务器等）；
- ❑ 内部网络需要多大的带宽；
- ❑ 是不是要连入 Internet，以及所需的带宽；
- ❑ 需要什么样的数据共享模式。

在规划企业网络时，对网络管理的规划是必不可少的。当网络运行时，是否按照设计目标提供稳定的服务，主要依靠有效的网络管理。高效的网络管理策略能提高网络的运营效率，建网之初就应该重视这些策略，并对其进行规划。网络管理需求应该包括以下几个方面的内容。

- ❑ 网络管理人员的技术水平；
- ❑ 确定是否需要网管软件；

- 需要哪些管理功能，如计费功能、日志功能、上网速率限制功能等；
- 是否需要跟踪和分析处理网络运行信息；
- 是否采用了易于管理的设备和布线方式；
- 是否需要对网络进行远程管理。

Internet 的出现极大地满足了人们对各种各样信息的需求，给人们的工作、生活带来了很大的方便，同时也丰富了人们的生活。但是，随之而来的网络安全问题也给人们带来了很大的困扰。网络中的各种设备及计算机每时每刻都受到了安全的威胁，为了确保企业网络的整体安全，需要分析并明确以下一些安全性需求。

- 网络遵循的安全规范和达到的安全级别；
- 企业敏感性数据的安全级别及其分布情况；
- 网络用户的安全级别及信息访问控制；
- 可能存在的安全漏洞，以及这些漏洞对系统的影响程度；
- 对网络设备的安全功能要求；
- 系统软件与应用软件的安全评估；
- 防毒与防火墙技术方案；
- 灾难恢复需求。

通信量需求是从网络应用出发，对当前技术条件下可以提供的网络带宽做出评估。主要考虑以下几个方面。

- 未来有没有对高带宽服务的需求；
- 本地能够提供的 Internet 接入方式有哪些；
- 需要使用什么样的传输介质；
- 内部服务器的访问量有多大（包括内网和外网的访问量）；
- 用户对网络访问的特殊要求；
- 哪些网络设备能提供合适的带宽且性价比较高；
- 服务器和网络应用是否支持负载均衡。

网络的扩展性主要有两层含义。其一是指现有网络能够通过增加设备简单地扩展；其二是指新增加的应用能够无缝地在现有网络上运行。扩展性需求主要要明确以下指标。

- 企业新的需求会是哪些；
- 现存的网络设备和计算机资源情况；
- 需要淘汰哪些设备，哪些设备还可以继续保留使用；
- 需要多大的网络布线和交换机端口的预留比率；
- 核心设备的升级性能。

网络环境是企业的地理环境和建筑布局，分析网络环境需求时需要确定企业内的建筑群位置、建筑物内的弱电间、配电房的位置、所需的信息点数目等内容。

2.1.2　目标与设计原则

计算机网络建设是一项系统工程。在建设初期就应该确定网络建设的总体目标，再进行严格的规划设计。网络建设的总体目标就是在一定时期之内，网络建设完成之后所能达到的功能与规模。通常，由于资金的限制以及现有网络技术的发展趋势，网络建设的总体目标无论是功能还是规模都应该是分阶段完成的。所以，在进行网络规划设计时，不仅要充分考虑对网络现有资源的利用，还要考虑到将来进一步的升级改造或后期建设需要。

企业网络设计是否合理，对计算机网络的未来发展和产生的效益起着极为重要的作用。所以，在进行企业网络设计时应当遵循"整体规划、分步实施"的方针。整体方案的设计需要考虑各阶段的情况，进行统一规划和设计。具体来说，网络设计要遵循下面的一些原则。

1．先进性

计算机网络技术的发展甚为迅速，网络建设应该要有超前意识，要具备先进的设计思想，并采用先进的网络结构和开发工具，同时要使用市场占有率高、标准化和技术成熟的软硬件产品。只有这样，才能保证网络系统具有较强的生命力，在可见的时间范围内不至于落后或被淘汰。

2．实用性

在设计系统时，应以满足应用需求为主，不追求最高、最新。同时还要充分考虑现有网络资源的利用，充分发挥现有设备的效益，保证系统和应用软件功能完善、界面友好，以及兼容性强。

3．开放性

在设计网络时，应该尽量采用开放的技术、结构、系统组件和用户接口，能兼容各种不同类型的拓扑结构，具有良好的网络互联性。同时要考虑到良好的升级能力、维护方便以及适应今后大容量带宽的需求。

4．灵活性

尽量采用模块化组合和结构化设计，能进行灵活多样的系统配置，满足逐步到位的网络建设需求，使网络具有强大的可增长性，并方便管理和维护。

5．可扩展性

网络规划设计要预见技术发展趋势，满足网络不断发展的要求，尽量使目前采用的技术能顺利过渡到下一代的主流网络技术。

6．安全性

应该建立完善的安全管理体系，提供多层次安全防护，以防止数据受到攻击和破坏。

7．可靠性

重要系统应该要具有容错能力，对网络设计、设备选型、系统的安装和调试等各个环节进行统一规划和分析，严格按规范操作，确保系统能可靠地运行。

8．经济性

要控制投资预算，所建设的网络要具有良好的性能价格比。

🔔说明：一般情况下，网络建设不可能一步到位，需要区分近期目标和远期目标。其中，近期目标就是根据用户的实际需求设计和建设网络，建设好的网络要能够满足当前的实际需求，而且其功能和规模还应考虑未来网络的升级改造或后期工程的建设，以有利于远期目标的实现。

2.1.3　硬件和系统软件平台的规划

网络硬件平台主要包括交换机、路由器、服务器等硬件设备，而软件平台主要包括网络操作系统、数据库系统等软件，它们共同构成了计算机网络的基础平台，所有的网络应用系统都要运行在这个基础平台上。下面介绍这些软硬件平台的规划与选用原则。

1．交换机

对于一个一定规模的企业网络来说，核心交换机担负着整个企业网络内所有信息的交换工作，因此，其性能将决定整个网络的整体性能。根据用户需求的不同，应该选择相应功能的核心交换机。目前主干网普遍采用千兆以太网技术，一般选用具有三层交换能力的三层交换机。

选择第三层交换机时，首先要分析各种产品的性能指标，如交换容量、背板带宽、处理能力、吞吐量等；其次要考虑其工作是否安全可靠，功能是否齐全；还有就是扩展能力是否满足企业未来的发展需要。不同品牌、型号的核心交换机其性能、稳定性、价格等相差很大，需要根据资金预算及业务要求进行综合考虑与选择。

汇聚或接入层交换机主要实现企业网络各子网内部之间的信息交换，汇聚层交换机通过与核心交换机直接相连实现整个企业网内信息的交换。相对核心交换机来说，接入层交换机对网络性能的影响要小，但数量众多。因此，在资金预算比较紧张的情况下，可以选择档次相对较低的品牌和型号。

2．客户机与服务器

在企业网络中，计算机是最主要的设备，是网络中最基本的组成单元，用户是通过计算机来使用网络所提供的功能的。数据的存储、传输以及处理等各项工作都必须通过网络中各种各样的计算机才能实现。网络中的计算机根据其功能的不同可以分为服务器和客户机两种。

客户机是普通上网时使用的计算机，它不断地向网络服务器发出服务请求，并进行数据传输。服务器是向客户机提供网络服务的计算机。相对来说，服务器要重要得多。因此在服务器的选择上首先应考虑其稳定性与可靠性，其次才是服务器的技术参数指标。网络服务器必须要有强大的处理能力，可靠性高，容易管理和维护，并具有一定的扩展和升级能力。

3．网络操作系统

网络操作系统是运行在服务器上，为网络用户提供共享资源管理服务、基本通信服务、网络系统安全服务，以及其他一些网络服务的最重要的系统软件。网络操作系统是企业网络软件的核心部分，其他的应用系统软件都必须要有网络操作系统的支持才能正常运行。

当选择网络操作系统时，需要考虑以下几方面的内容。

- ❑ 网络操作系统的主要功能、优势，以及配置能否满足用户的基本需求；
- ❑ 网络操作系统的生命周期如何；
- ❑ 网络操作系统是否符合技术的发展趋势；
- ❑ 支持该网络操作系统的应用软件是否丰富。

4. 数据库系统

数据库系统是对各种应用系统产生的数据进行存储和管理的系统，其性能将对用户的应用系统有很大的影响。目前数据库市场上可以选择的产品非常多，包括 Oracle、SQL Server、Access、MySQL、DB2、Paradox 等主流的数据库产品。选择一个合适的数据库需要考虑以下一些因素。

- ❑ 数据库的使用者，以及需要执行的任务；
- ❑ 数据库更新数据的频率高不高？由谁来负责数据的更新？
- ❑ 由谁负责数据库的技术支持？由谁负责数据库维护？
- ❑ 企业为数据库系统提供的硬件设施，以及现有的和将来的预算；
- ❑ 数据的访问权限是否要设置，如果进行设置，需要哪些级别的访问权限？

以上是有关企业网络中关键系统的规划与设计原则。只有这些关键系统性能稳定、工作可靠，整个企业网络的性能才能得到保障。

2.2　Linux 服务器硬件规划

作为服务器的计算机一般需要 24 小时开机，工作不能间断。因此，与普通的作为客户机的计算机相比，服务器的硬件需要具备更高的性能。本节主要介绍 CPU、内存、硬盘、网卡等服务器硬件对 Linux 系统及其所运行的网络服务性能的影响以及选用的一些原则。

2.2.1　对 CPU 的要求

CPU 也称为中央处理单元，是计算机系统的核心部件。它的功能是进行数值的比较、数学运算以及执行一些控制指令。CPU 对整个计算机系统其他方面的设计有着决定性的影响。对于 Linux 系统来说，它可以在多种类型和型号的 CPU 上运行，CPU 的性能对 Linux 系统的性能有着重要的影响。

从最基本的层次来看，CPU 的体系结构决定了它们所能识别的程序指令类型，不同体系结构的 CPU 要求有不同的二进制指令代码。一般来说，每种类型的 CPU 都有一种特定的体系结构，并且属于某家计算机公司所有。例如，Motorola 公司是 PowerPC 体系结构 CPU 的所有者。Linux 系统对 CPU 体系结构的适应范围很广，可以在多种体系结构的 CPU 上运行。

Intel 公司的 x86 体系结构的 CPU 目前最为流行，Linux 系统最早开发时，使用的就是这种类型的 CPU，后来才逐渐移植到其他 CPU 平台上。由于 x86 体系结构的 CPU 是如此的成功，并且其所有的技术资料是完全公开的。因此，很多其他公司也生产 x86 体系结构的 CPU，如 AMD、Cyrix、IBM 等。它们生产的 CPU 也称为兼容 CPU，其核心功能与 Intel

公司生产的 CPU 是一样的，Linux 完全可以运行在这些兼容 CPU 上。

Intel 系列 CPU 的型号非常多，并且还在不断地发展。从最早的 8088、8086、80286、80386、80486 到后来的 Pentium、Pentium II、Pentium III，以及最新的酷睿 i7 系列，性能有了突飞猛进的发展。另外，Intel 公司还开发了专门用于服务器的 CPU，如 Xeon、Xeon MP、Itanium 2 等。

实际上，Linux 操作系统对服务器平台的 CPU 要求并不高，或者说，CPU 档次的高低对 Linux 服务器的性能影响并不是很大。这是因为 Linux 操作系统是数据密集型的软件，其上面运行的网络服务也大都是属于数据密集型的。

说明：最新的 RHEL 6.3 还对 Intel 酷睿 i5、i7 做了相应优化。

但是，如果在 Linux 服务器上运行的某些服务是属于计算密集型的，则对 CPU 的要求还是很高的。例如，某些低档的打印机连接 Linux 打印服务器，但需要 Linux 打印服务器提供 PostScript 打印功能，这是一项计算量很大的任务，需要高性能的 CPU，否则，打印的速度将会受到影响。再例如，构成集群的 Linux 服务器如果接受了一些科学计算任务，也需要高性能的 CPU。

2.2.2　对内存的要求

任何一台计算机都必须拥有内存，而且计算机为了完成不同的任务，还使用不止一种类型的内存。最常见的内存分类方法是分为 RAM 和 ROM，前者可以随时进行读和写操作，但掉电时，里面所存储的信息将全部消失。后者只能往外读，不能往里写，但掉电时，里面的信息不会丢失。一般提到内存时，都是指 RAM。对于 Linux 系统来说，ROM 对它的性能是没有影响的，但 RAM 的影响很大。

每块主板可以有多种等级的内存，一般地，较低级的内存成本也低。系统使用比较快的内存作为高速缓存（Cache），它离 CPU 较近，用来保存很快就可能会被再次使用的数据和指令。在这种方式下，CPU 在大部分的时间里使用的都是快速的存储器，只有在需要时才使用低速的存储器。此时，内存可以分为以下几种类型。

一种是 CPU 内部 Cache，它是最快但容量最小的一种存储器类型，位于 CPU 内部，用户是无法添加和减少的。CPU 内部 Cache 也称为 L1 Cache。

还有一种是 L2 Cache，它位于主板上，通常是固定的。L2 Cache 的速度比 L1 Cache 低，但容量要大。根据需要，还可能有 L3 或 L4 的 Cache。

最后一种是主存储器，它的容量最大，速度也最慢，用户可以根据需要增加或减少。主存储器的大小对计算机的性能有很重要的影响，现代的操作系统一般都可以使用虚拟内存，虽然很少因为内存不够而不能执行，但主存储器太小时，会严重影响性能，因为此时计算机需要在主存储器和磁盘之间频繁交换数据。

说明：目前主流的计算机其内存在 4GB 以上，服务器一般有 8GB、16GB 或更多。

内存对 Linux 服务器性能的影响非常大，大部分的服务器为用户提供服务时，需要为每一个客户端连接派生出一个子进程，专门用于处理该连接的事务。而每一个进程都是需要占用一定的内存的。如果用户的并发连接数很多，就需要很多的进程，也就需要很多的内存。如果内存不够，需要频繁切换到虚拟内存时，将会严重影响性能。

另外，内存还有一个作用是作为磁盘缓冲区。当 Linux 从磁盘读取文件时，会把文件的内容暂时保存在磁盘缓冲区，以便下次读取相同内容时，可以直接从缓冲区中读取。由于内存的访问速度大大高于磁盘的访问速度，因此可以大大改善性能。有些服务器，如Web、FTP 等，某些文件可能会频繁地被用户访问。如果有足够大的磁盘缓冲区用于缓存这些文件，则可以显著地改善服务器性能。

2.2.3 对硬盘的要求

理想状态下，当操作系统读取文件时，第一次从磁盘中读取，以后所有同样的数据都可以从内存的磁盘缓冲区中读取。也就是说，操作系统基本上不对硬盘进行读写。但这实际上是不可能的，一台正常工作的服务器总是要经常地读写硬盘，对于某些繁忙的服务器来说，更是要频繁地读写硬盘中的数据。因此，硬盘的读写速度对服务器性能有重大影响。

影响硬盘读写速度的一个重要性能指标是盘片转速。盘片转得快，就可以从机械方面保证硬盘有较高的读写速度，目前盘片的转速一般可以达到每分钟 1 万转。还有一个指标是接口类型，作为服务器，一般采用一种名为 SCSI 的接口总线，它比普通计算机上的 EIDE接口具有更好的速度和其他一些性能。

内部传输率的高低是评价一个硬盘整体性能的主要因素。硬盘数据传输率分为内部和外部传输率。通常外部传输率也称为接口传输率，是指从硬盘的缓存中向外输出数据的速度，目前最快的 SCSI 接口的外部传输率已经达到了 160Mbps。内部传输率也称最大或最小持续传输率，是指硬盘在盘片上读写数据的速度，现在的主流硬盘大多在 30Mbps 到60Mbps 之间。

说明：由于内部传输率可以明确表现出硬盘的读写速度，所以它的高低才是评价一个硬盘整体性能的决定性因素，它是衡量硬盘性能的真正标准。

还可以通过添加多个物理硬盘来改善磁盘读写速度。例如，有些文件经常会被不同的用户同时访问。如果文件在同一张磁盘上，磁头将在多个文件之间来回变换位置，读取文件的速度将大大降低，对用户来说服务质量将会下降。如果考虑到这种情况，有意识地把这些文件分别存放在不同的硬盘上，则可以同时读取这些文件，大大提高了性能。

还有一种改善磁盘 I/O 性能的手段是采用 RAID 技术。RAID 也称为独立冗余磁盘阵列，简单地说，就是将多个硬盘通过 RAID 卡组合成虚拟单台大容量的硬盘使用，其特点是可以对多个硬盘同时进行操作，以提高速度，并提供容错性。

至于硬盘的容量，则要取决于应用服务的需要。就 Linux 系统本身而言，在进行普通安装时，1GB 的空间基本上就可以了，但有些服务可能需要大量的磁盘空间，如 FTP 服务器、视频服务器等。而某些服务需要的磁盘空间可能不多，如 DNS 服务器、SSH 服务器，以及 DHCP 服务器等。

2.2.4 有关网卡的建议

对于普通的计算机来说，网卡的性能可能对网络速度影响不大，但对于网络服务器来说，其性能却是至关重要的。网卡虽然在整台服务器中所占的投资比例不高，但如果性能不够，其他硬件即使再好也是不能发挥作用的，因为服务器无法足够快地把数据发送到网络上。

有些网卡是为了适应网络服务器的工作特点而专门设计的。它的主要特征是采用了专用的控制芯片，大量的工作由这些芯片直接完成，减轻了服务器 CPU 的工作负荷。对于服务器来说，应该尽量选用这种类型的网卡。

目前，以太网网卡按传输速度来分可以有 10Mbps、100Mbps、10/100Mbps 及 10/100/1 000Mbps 自适应几种。对于大数据量网络应用来说，服务器应该采用千兆以太网网卡，以避免出现性能瓶颈。同时，大部分的服务器采用的是基于 PCI-X 或 PCI-E 的总线架构。

为了适应服务器的需要，还可以使用其他一些与网卡有关的技术。例如，AFT 是一种在服务器和交换机之间建立冗余连接的技术。它在服务器上安装两块网卡，一块为主网卡，另一块作为备用网卡，然后把两块网卡都连接到交换机上。当主网卡工作时，智能软件通过备用网卡对主网卡及连接状态进行监测，发送特殊设计的"试探包"。当主网卡连接失效时，"试探包"将无法到达主网卡。此时，智能软件将立即启用备用网卡，使服务器能继续工作。

ALB 也称为网卡负载均衡，它通过在多块网卡之间平衡数据流量来增加吞吐量，是一种让服务器更多更快地传输数据的技术。在 ALB 中，服务器每增加一块网卡，就能增加一条相应速度的通道。另外，ALB 还具有容错功能。当一块网卡失效时，其他网卡可以承担该网卡的流量。ALB 技术无需划分网段，网络管理员只需在服务器上安装两块具有 ALB 功能的网卡，并把它们配置成 ALB 状态，就可以方便地解决网络通道瓶颈问题。

2.3　Linux 操作系统

Linux 操作系统是一种免费、源码开放的类 UNIX 系统。它继承了 UNIX 功能强大、性能稳定、网络功能强等特点，并具有良好的硬件平台移植性。本节主要介绍有关 Linux 操作系统的内容，包括 Linux 的起源、特点、各种发行版，以及 Red Hat 公司为企业应用开发的 Red Hat Enterprise Linux。

2.3.1　Linux 的起源

早期的 UNIX 是一些大型服务器或工作站上使用的操作系统，而且一般是和计算机硬件一起出售的。由于这些计算机系统价格非常昂贵，因此只是在企业的核心应用中使用，无法得到普及。由于 UNIX 功能强大，许多系统开发人员便尝试着把它移植到相对廉价的 PC 机上使用。当时最为成功的是 Minix 系统，它是一种免费、源码开放的类 UNIX 操作系统，经常用于教学目的。随后，许多人便以 Minix 系统为参考，开发自己的操作系统，Linux 操作系统就是在这样一种背景下出现的。

Linux 操作系统核心最早是由芬兰一位名叫 Linus Torvalds 的学生于 1991 年 8 月发布在 Internet 上的。他当时出于学习与研究目的，希望能编写一个"比 Minix 更好的 Minix"，于是在 Minix 系统的基础上开发了最原始的 Linux 内核。

由于 Linus 把 Linux 奉献给了自由软件基金会的 GNU 计划，并公布了所有的源代码，因此，任何人都可以从 Internet 上下载、使用、分析、修改 Linux 操作系统。借助于 Internet

的传播，Linux 得到了迅速的成长，来自全世界各地的顶尖软件工程师不断地对其进行修改和完善，终于在 1994 年完成并发布了 Linux 的第一个版本——Linux 1.0 版。

虽然 Linux 是参考 Minix 开发的，但实际上与 Minix 有着很大的不同。Minix 采用的是微内核技术，而 Linux 采用了具有动态加载模块特性的单内核技术。同时，Linux 具备标准 UNIX 系统所具备的全部特征，包括多任务、虚拟内存、共享库、按需装载及 TCP/IP 网络支持等。

由于许多志愿开发者的协同工作，Linux 操作系统的功能日益强大，各种性能不断完善，在全球得到了迅速普及，在服务器领域及个人桌面上得到越来越多的应用，在嵌入式开发方面更是具有其他操作系统无可比拟的优势。现在，Linux 凭借优秀的设计，不凡的性能，加上 IBM、INTEL、CA、CORE、ORACLE 等国际知名企业的大力支持，市场份额逐步扩大，逐渐成为主流的操作系统之一。

2.3.2　Linux 的特点

最近几年，Linux 操作系统得到了迅猛的发展，尤其是在中高端服务器领域，更是得到了广泛的应用。许多知名的计算机软硬件生产厂商都推出了采用 Linux 作为操作系统平台的产品。Linux 之所以受到如此青睐，与其所具备的特色是密切相关的。简单地说，Linux 主要具有以下几个特点。

1．Linux 是免费的自由软件

Linux 是一种遵守通用公共许可协议 GPL 的自由软件。这种软件具有两个特点，一是开放源代码并免费提供，二是开发者可以根据自己的需要自由修改、复制和发布程序的源码。因此，用户可以从互联网上很方便地免费下载并使用 Linux 操作系统，不需要担心成为盗版用户。

由于 Linux 的源码也是同时提供的，所以只要用户具备一定的水平，就可以自己解决 Linux 运行时所出现的故障。同时，用户也可以对源码进行修改，成为自己个性化的操作系统。另外，Linux 系统上运行的绝大多数应用程序也是可以免费得到的，这也是吸引用户使用 Linux 的一个重要原因。

2．良好的硬件平台可移植性

硬件平台可移植性是指将操作系统从一个硬件平台转移到另一个硬件平台时，只需改变底层的少量代码，无需改变自身的运行方式。Linux 最早诞生于 PC 机环境，一系列版本都充分利用了 x86 CPU 的任务切换能力，使 x86 CPU 的效能发挥得淋漓尽致。另外，Linux 还几乎能在所有主流 CPU 搭建的体系结构上运行，包括 Intel/AMD、HP-PA、MIPS、PowerPC、UltraSPARC 和 ALPHA 等，其伸缩性超过了所有其他类型的操作系统。

3．完全符合 POSIX 标准

POSIX 也称为可移植的 UNIX 操作系统接口，是由 ANSI 和 ISO 制订的一种国际标准。它在源代码级别上定义了一组最小的 UNIX 操作系统接口。Linux 遵循这一标准使得它和其他类型的 UNIX 之间可以很方便地相互移植自己平台上的应用软件。

4．具有良好的图形用户界面

Linux 具有类似于 Windows 操作系统的图形界面，其名称是 X-Window 系统。X-Window 是一种起源于 UNIX 操作系统的标准图形界面，它可以为用户提供一种具有多种窗口管理功能的对象集成环境。经过多年的发展，Linux 平台上的 X-Window 已经非常成熟，其对用户的友好性不逊于 Microsoft Windows。

5．具有强大的网络功能

由于 Linux 是依靠互联网平台迅速发展起来的，Linux 具有强大的网络功能也就是自然而然的事情了。它在内核中实现了 TCP/IP 协议栈，提供了对 TCP/IP 协议簇的支持。同时，它还可以支持其他各种类型的通信协议，如 IPX/SPX、Apple Talk、PPP、SLIP 和 ATM 等。

6．丰富的应用程序和开发工具

由于 Linux 系统具有良好的可移植性，目前绝大部分其他 UNIX 系统下使用的流行软件都已经被移植到 Linux 系统中。另外，由于 Linux 得到了 IBM、Intel、Oracle 及 Syabse 等知名公司的支持，这些公司的知名软件也都移植到了 Linux 系统中，因此，Linux 获得了越来越多的应用程序和应用开发工具。

7．良好的安全性和稳定性

Linux 系统采取了多种安全措施，如任务保护机制、审计跟踪、核心授权、访问授权等，为网络多用户环境中的用户提供了强大的安全保障。由于 Linux 的开放性及其他一些原因，使其对计算机病毒具有良好的防御机制，Linux 平台基本上不需要安装防病毒软件。另外，Linux 具有极强的稳定性，可以长时间稳定地运行。

2.3.3　Linux 的发行版本

Linux 采用 UNIX 操作系统版本制定的惯例，将版本分为内核版本和发行版本两种。内核版本的格式通常为"主版本号.次版本号.修正号"。其中，主版本号和次版本号表示功能有重大变动，修正号表示较小的变动。另外，次版本号如果是偶数，表示是产品化的版本，运行相对稳定；如果是奇数，则说明是实验版本，是一个内部可能存在 BUG 的测试版本。

由于 Linux 的内核源代码和大量的 Linux 应用程序都可以自由获得，为了方便用户的使用，很多公司或组织便把 Linux 内核和很多应用程序捆绑在一起，并加上自己开发的一些内容，一起提供给用户，使用户可以通过简单地安装就能完整地使用 Linux 及常用的应用程序。这样的一套软件就称为 Linux 的发行版，每一个发行版都有自己的特色。目前，全世界较为知名的发行版有 100 多种，其中最为有名的发行版包括 Red Hat、Slackware、Debian、SUSE、TurboLinux，以及来自国内的红旗 Linux 等。下面简要介绍其中的几个代表。

1．Red Hat Linux

Red Hat Linux 是目前最为流行的 Linux 发行版本，其主要特点是安装非常简单，用户无须做复杂的设置工作，并且提供了对常见外围硬件的支持。Red Hat Linux 的用户界面也非常友好，其图形化的操作环境可以说与 Microsoft Windows 不相上下。

Red Hat 公司成立于 1995 年，是最早发布 Linux 发行版的公司之一，其运作形式和产品因为适应市场的需求，很快被用户接受，并且越来越流行。目前，Red Hat 公司领导着 Linux 的开发、部署和经营，是用开源软件作为 Internet 基础服务解决方案的领头羊，从嵌入式设备到安全网页服务器，各种级别的项目都有涉及。

目前的 Red Hat 发行版分为两个系列，传统的免费版本到了 Red Hat Linux 9.0 后，Red Hat 公司已经停止了对它的技术支持。目前使用的免费版本称为 Red Hat Fedora Core 版本，由 Fedora 社区开发并提供免费的技术支持，最新版为 Red Hat Fedora 16。Red Hat Fedora Core 版本定位于桌面用户，适用于非关键性的桌面计算环境。

还有一个版本是 Red Hat Enterprise Linux 版本，也称为 RHEL 或 Red Hat 企业版。它是 2002 年 Red Hat 公司为了进一步适应市场而开发的，提供的是收费的技术支持和更新服务，目前最新版本是 Red Hat Enterprise Linux 6。

2. Slackware Linux

Slackware Linux 是 Slackware 公司发布的 Linux 发行版，它的特点是想力图成为"UNIX 风格"的 Linux 发行版本，其原则是只采用稳定版本的 Linux 应用程序，而不进行任何修改，即所谓的 KISS（Keep It Simple and Stupid）原则。Slackware Linux 为了追求效率，一般使用配置文件对系统进行配置，而不是像其他发行版那样使用各种配置工具，这对 Linux 新手来说是比较困难的。

说明：一般情况下，Slackware Linux 比较适合于有经验的使用者，可以提供更多的透明性和灵活性。

Slackware 的第一个版本 1.00 由创立者和开发领导者 Patrick Volkerding 在 1993 年 7 月发布，是历史最为悠久的 Linux 发行版，曾经非常流行。后来的一些 Linux 发行版，如 SUSE、College Linux、SLAX 等，就起源于 Slackware，是在 Slackware 基础上制作发行的。

3. Debian Linux

Debian 是 Linux 发行版当中最自由的一种，是一个纯粹由自由软件组合而成的操作系统。Debian 由位于世界各地上千名的志愿者不断地进行开发和维护，不属于任何的商业公司，完全由开源社区所有。Debian 坚守 Unix 和自由软件的精神，并给用户提供了众多的选择。目前，Debian 包括了超过 18000 个软件包并支持 11 个计算机系统结构。

Debian 于 1993 年 8 月 16 日由一名美国普渡大学学生 Ian Murdock 首次发表，并在 1994 年发布了 0.9x 版本，1996 年发布了 1.x 版本。在 2000 年下半年，Debian 对发布的管理作出了重大的改变，它重组了收集软件的过程，并创造了"测试"（testing）版本作为较稳定的下一个发行版的演示。

4. 红旗 Linux

红旗 Linux 是由北京中科红旗软件技术有限公司开发的一系列 Linux 发行版，包括桌面版、工作站版、数据中心服务器版、HA 集群版和红旗嵌入式 Linux 等产品。红旗 Linux

是中国较大、较成熟的 Linux 发行版之一，其特点是提供了对中文的良好支持，界面和操作设计也更符合中国人的习惯，可以从官方网站免费下载使用。

红旗 Linux 的第一个版本在 1999 年 8 月 10 日发布，最初主要用于关系国家安全的重要政府部门。2000 年 6 月，中国科学院软件研究所和上海联创投资管理有限公司共同组建了北京中科红旗软件技术有限公司，到 2004 年度正式实现盈利，成为世界三大 Linux 厂商之一。

说明：虽然各种 Linux 发行版的内核都是一样的，但其捆绑的应用软件和开发工具差异却很大，而且它们的安装、配置和使用也有相当大的差别。当用户选择时，可以从是否完全免费、软件包管理方式、硬件驱动支持、安全特性、习惯使用的桌面环境等方面考虑。

2.3.4　Red Hat Enterprise Linux 介绍

自 2002 年以来，Red Hat 公司发布了新的面向企业用户的开放源代码方案——Red Hat Enterprise Linux。它是功能最全面、完全符合工业标准的 Linux 操作系统，专为企业的关键应用而设计。Red Hat Enterprise Linux 产品包含了企业关键应用所必须具备的高端性能，提供了更好的性能和可靠性，由 Red Hat 提供收费的技术支持与更新服务。

说明：普通的 Linux 操作系统一般适合于低端的服务器市场，因为更关注采用最新的技术，使稳定性受到影响。

自发布以来，Red Hat Enterprise Linux 迅速被用户接纳，得到了众多软件开发商和设备制造商的广泛支持，包括 IBM、Dell、HP、Borland、SUN 和 Novell 等。RHEL 被运行在众多的硬件平台上，它提供了卓越的性能，在一系列的公开测试中都取得了良好的成绩。RHEL 以低得多的成本提供了传统 UNIX 的性能，为企业的关键应用提供服务。为了适应各种级别的要求，RHEL 提供了从台式机到大型数据中心的系列产品，主要有以下 3 种。

Red Hat Enterprise Linux AS（Advanced Server）是企业 Linux 解决方案中最高端的产品，它专为企业的关键应用和数据中心而设计，提供了最全面的支持服务。RHEL AS 支持各种平台的服务器，而且是唯一支持 IBM i 系列、p 系列、z 系列和 S-390 系统的产品。在 Intel x86 平台上，RHEL AS 可以支持 2 个以上 CPU 和大于 8GB 的内存。

Red Hat Enterprise Linux ES（Entry Server）为 Intel x86 市场提供了一个从企业门户到企业中层应用的服务器操作系统。它提供了与 RHEL AS 同样的性能，区别仅在于它支持更小的系统和更低的成本。典型的 Red Hat 企业 Linux ES 应用环境如下：

- ❑ 公司的 Web 架构；
- ❑ 网络边缘应用（DHCP、DNS、防火墙等）；
- ❑ 邮件和文件/打印服务；
- ❑ 中小规模数据库和部门应用软件。

Red Hat Enterprise Linux WS（Workstation）是 RHEL AS 和 ES 的桌面/客户端合作伙伴，它支持 1-2CPU 的 Intel x86 和 AMD 系统，是桌面应用的最佳环境。它包含各种常用的桌面应用软件（Office 工具、邮件、即时信息、浏览器等），同时还可以运行各种软件开发工具和应用软件。RHEL WS 和服务器产品由同样的源代码编译而成，但它不提供网络服务功能，因此只适合作为客户端应用。

2.4　小　　结

网络服务需要一个非常强健的运行环境，包括网络环境、服务器硬件和操作系统环境等。本章首先讲述了网络规划的一些知识，包括需求分析、目标和设计原则，以及软硬件平台建设等。然后介绍了有关服务器硬件的规划，包括 CPU、内存、磁盘和网卡等的性能指标和选择方法。最后又介绍了 Linux 操作系统的有关情况，包括起源、特点、发行版及本书使用的 RHEL。

第 3 章　Linux 系统的安装、管理与优化

为了在 Linux 系统上架设网络服务器，首先需要安装 Linux 操作系统。另外，为了使 Linux 系统符合用户的特定需要，安装完成后，经常还需要对其进行管理和优化。本章将以 Red Hat Enterprise Linux 6（简称 RHEL 6）为例，介绍 Linux 系统的安装、管理和优化方法。

3.1　Red Hat Enterprise Linux 6 的安装

RHEL 6 操作系统的安装非常简单，采用了图形界面的形式，给用户非常丰富的提示和非常方便的选择。一般情况下，安装都将会很顺利。当然，安装以前，需要检查计算机硬件，要确保符合 RHEL 6 系统的要求才能安装。下面介绍 RHEL 6 的具体安装过程，以及安装后的设置工作。

3.1.1　准备安装 RHEL 6

用户可以购买 RHEL 6 的安装光盘，这一张 DVD 光盘包含了安装程序、各种软件包、源代码和说明文档等安装所需的所有内容。此外，也可以从 Red Hat 的官方网站（http://www.redhat.com）直接下载 RHEL 6 的 ISO 光盘映像文件，然后刻录到光盘上进行安装，或者直接使用 ISO 映像文件进行安装。RHEL 6 遵循 GPL 协议，使用是免费的，但如果用户想得到技术支持或更新服务，需要购买 Red Hat 公司的服务产品，并及时进行注册。

RHEL 6 对硬件配置的要求相对较低，就 For x86 的 RHEL 6 而言，目前在用的大部分 PC 机都能安装，只要这台 PC 机能顺利地安装和使用 Windows XP 系统即可。但是，RHEL 6 对硬件的兼容性却无法和 Windows 系统相比。因此，在安装前要确定计算机的硬件是否是兼容的，特别是网卡等作为服务器必须要使用的硬件，以及一些市场上不常见的设备。

🗋说明：用户可以到 http://hareware.redhat.com 查找 RHEL 6 支持的硬件列表，以判断自己的硬件是否被 RHEL6 支持。

RHEL 6 支持目前几乎所有的系统架构，包括 x86、AMD64、Itanium、IBM Power 等。对于普通的 PC 机，建议最小的内存为 1GB。当采用完全安装方式时，所需的硬盘容量约为 5GB。另外，RHEL 6 可以与 Windows 等其他操作系统安装在同一个硬盘，并支持多重引导。

RHEL 6 支持本地光盘安装、本地硬盘安装、远程 NFS 安装、远程 FTP 安装和远程 HTTP 安装 5 种安装方式，但需要以 RHEL 6 提供的引导文件引导成功后才能选择以哪种

方式安装。其中，本地光盘安装方式最为方便，3.1.2 节介绍的就是这种安装方式。

3.1.2　开始安装 RHEL 6

RHEL 6 的安装光盘有一张，当安装时，需要从光盘引导，因此，要在计算机的 BIOS 设置中将光驱设置为第一次序的引导盘，再按以下步骤进行安装。

（1）把 RHEL 6 的安装光盘放入光驱，再重新启动计算机。如果光盘启动成功，将会出现如图 3-1 所示的安装引导界面。

（2）在图 3-1 中，如果想在图形界面下安装或升级 RHEL 6，可以直接按 Enter 键。

📢说明：如果希望在文本模式下进行安装或升级，在安装引导界面选择第二项再按 Enter 键。一般情况下，应该按 Enter 键以默认方式安装。

（3）RHEL 6 将对硬件进行一系列的检测，完成后将出现如图 3-2 所示的对话框，询问是否要求对光盘进行测试。如果觉得光盘没有问题，可以按 Tab 键把光条移到 Skip 选项，再按空格键或 Enter 键进行选择，表示要跳过检测。

📢说明：为了保证后续的安装能顺利进行，RHEL 6 提供了光盘检测功能，以免因介质的问题而影响安装。但由于这项检测需要花比较长的时间，在保证光盘介质没有问题的情况下，可以不进行测试。

图 3-1　安装引导界面

图 3-2　光盘检测对话框

（4）RHEL 6 安装程序将对显示卡进行检测，完成后将进入真正的图形模式继续安装。进入图形界面后，首先出现一个欢迎界面，单击 Next 按钮后，将出现如图 3-3 所示的界面，要求进行语言选择。

（5）RHEL 6 提供了 50 多种语言的支持，可以选择"简体中文"选项后单击"下一步"按钮，将出现如图 3-4 所示的安装界面。

（6）在图 3-4 中，要求进行键盘类型选择。系统会自动检测用户的键盘，并给出了默认的选择。此时，保持默认选择不变，单击"下一步"按钮，将出现如图 3-5 所示的"您的安装将使用哪种设备？"界面。

📢说明：由于上一步骤选择了"简体中文"语言，此时所有的提示都已经变为了简体中文。

图 3-3　语言选择界面

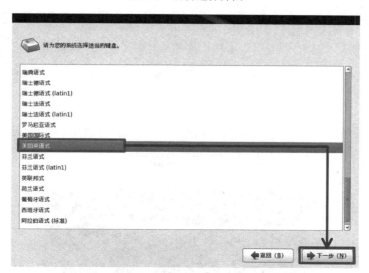

图 3-4　键盘类型选择界面

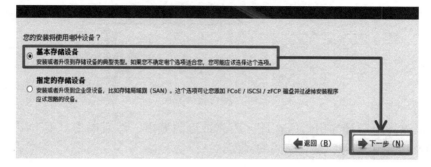

图 3-5　您的安装将使用哪种设备

（7）在该界面选择"基本的存储设备"选项，然后单击"下一步"按钮，将出现一个"存储设备警告"界面，如图 3-6 所示。

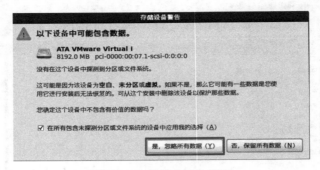

图 3-6　存储设备警告界面

（8）在该界面选择"是，忽略所有数据"选项，硬盘上的所有数据将会删除。然后单击"下一步"按钮，将出现如图 3-7 所示的给主机命名的界面。

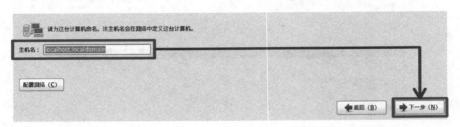

图 3-7　主机命名界面

（9）在该界面可以给主机设置自己喜欢的名字。这里笔者用的是默认的主机名，单击"下一步"按钮，将出现如图 3-8 所示的城市选择界面。

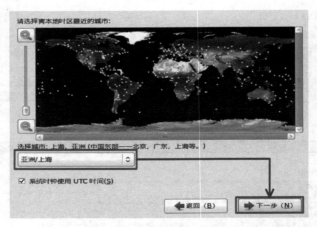

图 3-8　城市选择界面

（10）在该界面选择与用户所在地区距离最近的城市，然后单击"下一步"按钮，将出现如图 3-9 所示的为用户设置密码的界面。

说明：根用户的密码必须要设定，而且要 6 个字符以上，以保证安全。

（11）在该界面给用户设置一个密码（这里密码要求尽量复杂），然后单击"下一步"按钮，将出现一个如图 3-10 所示的"脆弱密码"对话框。

图 3-9　设置密码界面

图 3-10　脆弱密码对话框

（12）在该界面选择"无论如何都使用"选项，然后单击"下一步"按钮，将出现如图 3-11 所示的"您要进行哪种类型的安装"界面。

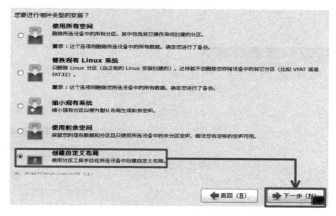

图 3-11　您要进行哪种类型的安装界面

说明：在该界面有 5 个可用的分区方式，分别是"使用所有空间"、"替换现有 Linux系统"、"缩小现有系统"、"使用剩余空间"和"创建自定义布局"。默认的分区方式是"替换现有 Linux 系统"，此时会删除硬盘上所有的数据。

（13）在该界面选择"创建自定义布局"选项，然后单击"下一步"按钮，将出现如图 3-12 所示的"请选择源驱动器"界面。如果想把整个硬盘都分给 RHEL 6 使用，可以使用默认分区方式，单击"下一步"按钮。

图 3-12　请选择源驱动器界面

说明：图 3-12 所示的是设置硬盘分区界面，如果只有一个硬盘，RHEL 6 会自动选择该硬盘，并要求用户确定分区方式。如果计算机中的硬盘中包含数据，则在出现如图 3-12 所示的界面前，会先出现一个警告信息文本框，提示硬盘中的所有数据将被删除。另外，如果 RHEL 6 安装程序不能检测到任何硬盘，设置分区界面将无法工作，用户需要检查计算机中的硬盘是否有问题。

（14）在该界面单击"创建"按钮，弹出"生成存储"对话框，在该对话框中用户可以根据需要对硬盘中的分区进行手动管理，可以创建分区或者创建软件RAID和生成LVM。仍然单击"创建"按钮，弹出分区表。在这里分别创建"/"和 swap 分区，创建完成后单击"确定"按钮，结果如图 3-12 所示。然后单击"下一步"按钮将出现如图 3-13 所示的格式化警告。

（15）在该界面单击"格式化"按钮，弹出"将存储配置写入磁盘"对话框，如图 3-14 所示。

图 3-13　格式化警告

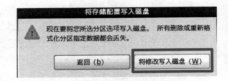

图 3-14　将存储配置写入磁盘对话框

（16）在该界面选择"将修改写入磁盘"选项，然后单击"下一步"按钮，将出现如图 3-15 所示的"引导装载程序操作系统列表"界面。

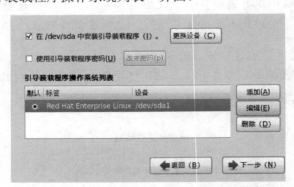

图 3-15　引导装载程序操作系统列表界面

（17）在该界面选择默认配置直接单击"下一步"按钮，将出现如图 3-16 所示的软件组选择界面。

（18）在该界面选择"现在自定义"命令，然后单击"下一步"按钮，将会出现一个服务器选择对话框，如图 3-17 所示。在该界面将"桌面"和"开发"对应的选项安装上，然后单击"下一步"按钮将出现如图 3-18 所示的"启动安装过程"界面。

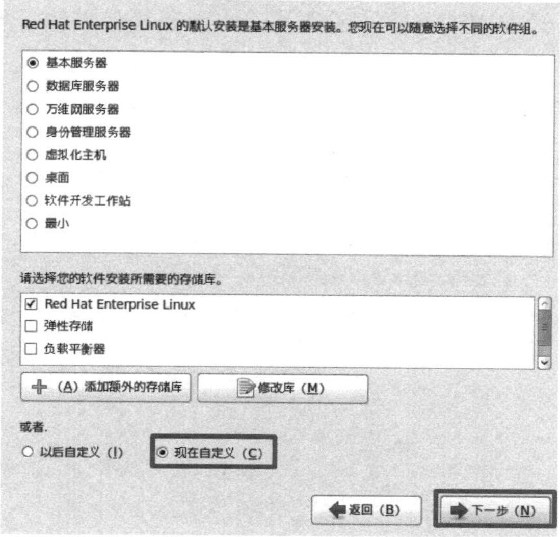

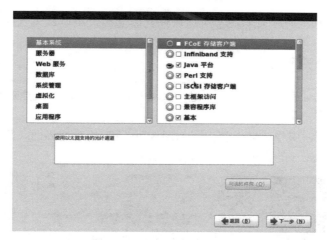

图 3-16　软件组选择界面

图 3-17　服务器选择对话框

图 3-18　启动安装过程界面

说明：如果主机安装好 RHEL 6 后，主要是作为服务器使用的，那么"网络服务器"软件包组必须要选择。另外，如果以后经常要以源代码方式安装服务器软件，"软件开发"软件包组也必须要选择，否则，将可能无法对源代码进行编译。

（19）安装完成后表示系统安装结束，将出现如图 3-19 所示的"安装完成"界面。

图 3-19　安装完成

（20）在该界面单击"重新引导"按钮后，将重启计算机。

说明：安装过程所需的时间取决于所选软件包容量的大小以及光盘的读取速度。

3.1.3　安装后的设置工作

安装结束并重启计算机后，系统将进入安装后的设置阶段，需要对系统进行一系列的设置后才能正常工作，具体步骤如下。

（1）正常情况下，引导成功后将出现如图 3-20 所示的欢迎界面，此时单击"前进"按钮，将可以看到 RHEL 6 的许可协议，如图 3-21 所示。

图 3-20　欢迎界面

（2）在该界面中，选择"是，我同意该许可证协议"单选按钮，然后单击"前进"按钮，将进入"设置软件更新"界面，如图 3-22 所示。

（3）如果没有购买 Red Hat 服务支持，可以在该界面单击"前进"按钮，将出现如图 3-23 所示的"创建用户"界面，要求为 RHEL 6 系统创建一个用户名。

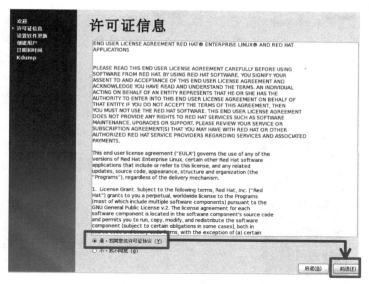

图 3-21　许可协议

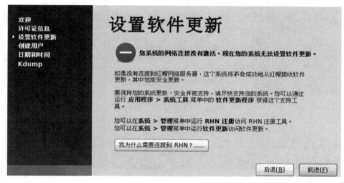

图 3-22　设置软件更新

图 3-23　创建一个用户

注意：如果不创建用户就单击"前进"按钮，将会出现一个警告提示。一般情况下，RHEL
　　6 希望用户创建一个常规使用的用户名，只有进行系统管理时才使用 root 用户
　　登录。

（4）在"用户名(U):"后的文本框内输入一个用户名，例如 bob，然后设置密码，再
单击"前进"按钮，将出现如图 3-24 所示的"日期和时间"界面。

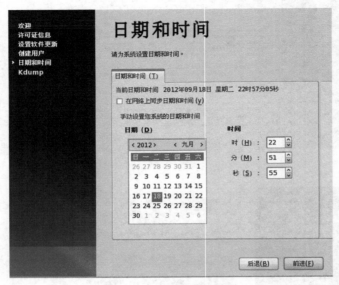

图 3-24　日期和时间设置

说明：在图 3-24 中还可以通过勾选"在网络上同步日期和时间"标签，选择 Internet 上
　　的时间服务器进行自动调整。当然，前提是计算机能够访问 Internet。

（5）在该界面设置好日期和时间后单击"前进"按钮，将出现如图 3-25 所示的"确认
Kdump 默认设置"对话框。在该界面单击"确定"按钮，将出现如图 3-26 所示的 Kdump
界面。

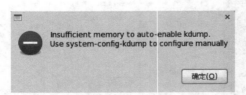

图 3-25　确认对话框

说明：Kdump 提供了一种内核崩溃时的强制写入机制。当出现系统崩溃时，Kdump 将
　　会自动记录当时的内核状态。这对于排查问题的原因十分有意义，但一般的用户
　　是不具备内核分析水平的，而且使用 Kdump 功能时会占用一部分的系统内存，
　　因此一般采用系统的默认设置，就是不启用。

（6）在该界面中，单击"完成"按钮完成 RHEL 6 的安装，系统将进入登录界面。

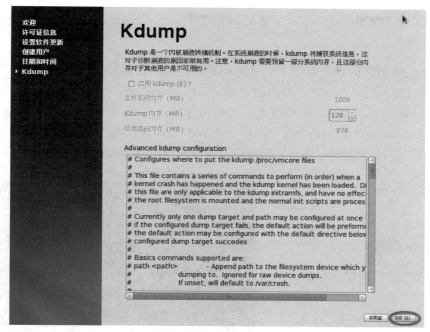

图 3-26　Kdump 界面

3.2　Linux 系统管理

RHEL 6 安装完成后，为了使系统能更好地工作，需要掌握一些系统管理的方法和手段，以便能顺利地在 RHEL 6 上架设各种各样的网络服务。下面将分别介绍在 GNOME 桌面环境和终端窗口命令方式下，对 Linux 系统进行用户管理、进程管理和软件包管理的方法。

3.2.1　登录系统

RHEL 6 系统安装完成后，每次开机时，都会出现如图 3-27 所示的登录界面，要求用户输入账号进行登录。在前面的系统安装过程中，已经为名为 root 的管理员用户指定了一个密码，此时可以用 root 用户名登录。在该界面选择"其他"选项，弹出如图 3-28 所示的用户登录界面，输入用户名后单击"登录"按钮，弹出如图 3-29 所示的输入密码界面。

图 3-27　登录界面

图 3-28　输入用户名

说明：在前面的系统安装过程中，也已经创建了一个名为 bob 的用户账号，此时它也可以登录。

在如图 3-29 所示的登录界面中，采用 root 用户名登录成功后，将出现图 3-30 所示的桌面环境。RHEL 6 默认安装时，使用的是 GNOME 桌面系统。在如图 3-30 所示的桌面中，左上角是系统菜单栏，包括"应用程序"、"位置"和"系统" 3 个主菜单，大部分的应用程序和管理功能都可以通过菜单进行选择。开始时，桌面上有"计算机"、"root 的主文件夹"和"回收站" 3 个图标，通过它们可以对文件系统进行管理。

图 3-29　输入密码

图 3-30　GNOME 桌面

3.2.2　用户管理

Linux 是一个多用户、多任务的操作系统。多用户是指可以在操作系统中为每个用户指定一个独立的账号，并为账号指定一个独立的工作环境，以确保用户个人数据的安全。而多任务是指 Linux 可以同时运行很多的进程，以便确保多个用户能够同时登录并使用系统的软硬件资源，相互之间不干扰。

在 Linux 操作系统中，每一个用户账号都有一个唯一的标识符，称为用户 ID 或 UID。每一个用户还至少属于一个用户组，而用户组可以包含多个用户，每个用户组也有一个唯一的标识符，称为用户组 ID 或 GID。不同的用户和用户组对系统有不同的操作权限，用户组的权限可以由所属的用户使用。用户在系统中所进行的的操作需要符合用户的身份，即需要相应的权限，否则，将出现违例。

说明：一个正在执行的程序其操作权限也要与执行这个程序的用户相符。

Linux 系统的用户可以分为两类，一类是根用户，也称为管理员用户或超级用户，其用户名是 root，UID 是 0。根用户是系统的所有者，对系统拥有最高的权力，可以在系统中进行任意的操作。还有一类是普通用户，除根用户以外的所有其他用户都是普通用户，其只能使用根用户所分配的权限。

用户管理的基本内容是添加新用户、删除用户、修改用户的各种属性，以及对用户的访问权限进行设置。常用的用户管理方法可以有使用图形界面和命令行两种方式。其中，图形界面方式比较直观，适用于初学者；命令方式效率较高，适用于有经验的用户。

1．以图形方式进行用户管理

在 RHEL 6 中，如果要采用图形界面对用户进行管理，可以在桌面选择"系统"|"管理"|"用户和组群"命令，将出现如图 3-31 所示的"用户管理者"窗口，列出了系统中现有的普通用户。图中的 bob 用户是在前面安装 RHEL 6 时创建的。另外，如果单击"组群"标签，还可以列出系统中现有的用户组。

在用户管理者窗口中，所列的用户信息有用户名、UID、所属的用户组、用户全称、登录时使用的 Shell 和用户的主目录位置。另外，在工具栏上

图 3-31　用户管理者窗口

还有"添加用户"、"添加组群"、"属性"和"删除"等按钮，分别用于创建用户、创建用户组、修改用户属性和删除用户。

注意：实际上，默认时在用户管理窗口中列出的只是一部分用户和用户组，如果选择"编辑"|"首选项"菜单，在出现的对话框中去掉"隐藏系统用户和组"前的勾，则会列出系统中所有的用户和用户组，初始时用户有 30 多个。

为了创建新用户，可以单击工具栏上的"添加用户"按钮，将出现如图 3-32 所示的对话框，此时，必须要输入用户名和两次同样的密码。其他可选的项目是输入用户全称、选择登录时使用的 Shell、是否创建主目录及主目录的位置、是否同时创建同名的用户组、是否手工指定 UID 及 UID 的具体值。所有的项目指定后，单击"确定"按钮回到用户管理窗口，此时，所创建的用户将在窗口中列出来。

用户组的创建相对简单，单击"添加组群"按钮后，将出现如图 3-33 所示的对话框，要求输入用户组名称，还可以手工指定 GID。

图 3-32　创建用户

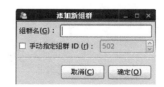

图 3-33　创建组群

如果要修改用户属性，可以在列表中双击某一用户，或者选中某用户后单击工具栏上的"属性"按钮，将出现如图 3-34 所示的对话框，可以对列出的有关该用户的基本项目进行修改。如果选择了"账号信息"标签，此时可以对账号设置过期时间、也可以锁定账号。

另外，用户也可以在该属性对话框中选择"密码信息"和"组群"标签，可以设置一些有关密码的特性，以及为用户选择所属的用户组。

最后，如果想删除某一用户，可以在如图 3-31 所示的用户管理者窗口中选择某一用户，再单击"删除"按钮，此时会出现如图 3-35 所示的对话框，按照要求确认，并可以选择是否同时删除该用户所拥有的主目录和邮箱文件。

图 3-34　修改用户数据

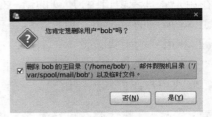

图 3-35　确认删除用户

注意：以上的操作都要求以 root 用户的身份进行，因为只有 root 用户才有权力进行上述操作，普通用户是没有权力的。

2．以命令方式进行用户管理

除了上面通过图形界面进行用户管理外，Linux 还提供了一种命令行的方式对用户进行管理。命令需要在控制台或用户终端上执行，在 GNOME 桌面环境中，可以通过选择"应用程序"｜"系统工具"｜"终端"命令，出现如图 3-36 所示的终端窗口。

在终端窗口中，"#"是 root 用户的命令提示符。如果登录的用户是普通用户，提示符将变为"$"。所有的命令都要输在命令提示符后再按下 Enter 键才能执行。例如，如果想查看一下/usr 目录的内容，可以在"#"后面输入"ls /usr"命令，并按下 Enter 键，如图 3-37 所示。

图 3-36　终端窗口

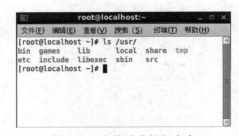

图 3-37　在终端中执行命令

创建用户的命令是 useradd，其命令格式和常见的选项如下：

```
useradd [-c comment] [-d home_dir] [-g group] [-G groups] [-M] [-s shell]
[-u uid] <username>
```

其中，useranme 是要创建的用户账号名，是必须要指定的，其余的都是可选项，含义分别如下所示。

- ❏ -c comment：为该用户账号添加注释。
- ❏ -d home_dir：指定用户的主目录位置，默认时是/home 目录下与用户名同名的目录。
- ❏ -g group：指定用户所属的主用户组。
- ❏ -G groups：指定用户所属的附加用户组，可以指定多个，用"，"分隔。
- ❏ -M：创建用户时不创建用户的主目录，默认是要创建的。
- ❏ -s shell：指定用户登录时所使用的 Shell。
- ❏ -u uid：指定用户的 UID。

例如，下面的命令创建一个名为 stu 的用户，指定 UID 为 600，不创建主目录。

```
# useradd -M -u 600 stu
```

此外，还有一些其他的命令选项，可以通过 man useradd 命令查看 useradd 命令的手册页得到。还有，useradd 命令并不能设置用户的密码，需要用 passwd 命令进行设置，执行过程如下：

```
[root@localhost ~]# passwd abc
Changing password for user abc.
New UNIX password:
Retype new UNIX password:
passwd: all authentication tokens updated successfully.
[root@localhost ~]#
```

以上命令中，passwd abc 表示对 abc 用户设置密码。在进行设置时，要输两次同样的字符串，而且屏幕上不显示。还有，如果所设的密码比较简单，屏幕上将会给出警告提示，可以不予理会。

创建用户组的命令是 groupadd，其格式相对简单，如下所示。

```
groupadd [-g GID] <groupname>
```

groupname 是要创建的用户组名称，-g 选项指定用户组的 GID，还有一些选项可以通过 man groupadd 命令获得。此外，还有以下几条有关用户和用户组管理的命令。

- ❏ usermod：修改用户属性；
- ❏ groupmod：修改用户组属性；
- ❏ userdel：删除用户；
- ❏ groupdel：删除用户组。

以上命令的使用方法可参考有关手册，此处不再赘述。

3.2.3　进程管理

简单地说，进程就是正在运行的程序，计算机的功能就是通过进程的运行体现出来的，每一种功能都需要由相应的进程来实现。当进程运行时，需要占用一定的 CPU 和内存资源。如果操作系统中的进程太多，或者某些进程占用的 CPU 和内存资源太多，都可能会影响其他进程的执行，从而影响了该进程所提供的功能。

每个进程都有一个唯一的标识符，称为进程 ID 或 PID。有些进程之间还有一种父子关系，子进程是由父进程派生的。当父进程终止时，子进程也随之而终止；但子进程终止，父进程并不一定会终止。

🔔说明：有些进程也称为守护进程，它的特点是平时处于休眠状态，等待用户的请求。一旦用户提出了请求，则它将活跃起来，为用户提供服务。

　　Linux 是一个多任务的操作系统，为了完成某些特定的功能，平时系统中已经运行着很多进程，而每个用户又可以根据自己的需要运行很多进程，因此，管理员需要具有管理进程的方法和手段，以便能进行查看进程、终止进程等操作。

1. 以图形方式管理进程

　　进程管理也可以采用图形界面和命令方式。如果采用图形界面方式，可以选择"应用程序"|"系统工具"|"系统监视器"命令，然后再选择"进程"标签，将出现如图 3-38 所示的窗口。该窗口列出了系统中当前运行的进程。

　　在图 3-38 中，默认时列出了进程的名称、状态、CPU 占用率、Nice 值、进程 ID 和所占用的内存。如果用户希望查看更多的进程域，可以选择"编辑"|"首选项"命令，将出现如图 3-39 所示的窗口，然后在进程域列表中选择更多的进程域。除了进程域选择外，图 3-39 还有其他一些进程管理时的设置，具体项目如图所示。

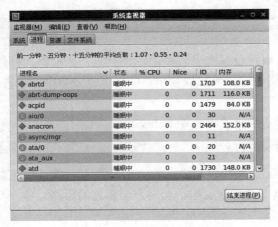

图 3-38　进程管理窗口

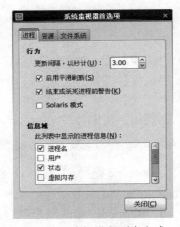

图 3-39　选择进程列表方式

　　在图 3-38 中，进程还可以按照所显示的进程域进行排序，方法是单击某一进程域名称，如%CPU，则进程将按照 CPU 占用率进行排序。实际上，图 3-38 中只是列出了当前用户所拥有的进程，如果希望列出系统中所有的进程或处于运行状态的进程，可以选择"查看"主菜单中的"全部进程"或"活动的进程"子菜单。

　　在"查看"主菜单中，还可以通过选择"依赖关系"菜单，使进程以树状的形式列出。此时，所有的子进程将列在父进程的下一层次中。还有，选中某一进程后，再选择"查看"主菜单中的"内存映像"菜单，可以出现如图 3-40 所示的窗口，列出了所选进程占用内存的情况。如果选择"查看"菜单中的"打开的文件"菜单，将出现如图 3-41 所示的窗口，里面列出了所选进程当前打开了哪些文件。

　　另外，在如图 3-38 所示的进程管理窗口的"编辑"主菜单中，还有"停止进程"、"继

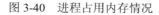

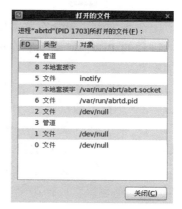

图 3-40　进程占用内存情况　　　　　图 3-41　进程打开文件情况

续进程"、"结束进程"和"杀死进程"等菜单，可以对所选的进程执行相应的操作。其中，结束进程和杀死进程的区别是在某些情况下，进程可能无法结束。如果必须要结束，可以将其杀死。

2．以命令方式管理进程

前面介绍的是图形界面下的进程管理，Linux 与进程管理有关的命令主要有 ps、kill、top 等。其中，ps 命令的作用是以各种方式列出系统中的进程，kill 用于终止进程，而 top 命令用于动态监视进程，列出 CPU 占用率较高的进程。ps 命令的选项非常多，其中常用的是-e 和-f 选项，分别表示列出所有进程和更多的进程列，如下所示。

```
[root@localhost ~]# ps -ef
UID        PID       PPID      C STIME TTY       TIME        CMD
...
root       1937      7         0 Jan24 ?         00:00:00    [kjournald]
root       2451      1         0 Jan24 ?         00:00:00    /usr/sbin/restorecond
root       2463      1         0 Jan24 ?         00:00:00    auditd
root       2479      1         0 Jan24 ?         00:00:00    syslogd -m 0
...
```

以上命令列出的进程会有很多，其中每一列的含义介绍如下。

❑ UID：表示执行进程的用户身份；

❑ PID：进程标识；

❑ PPID：父进程的标识；

❑ C：表示处理器的利用率；

❑ STIME：表示进程的启动时间；

❑ TTY：表示进程在哪个终端启动；

❑ TIME：表示进程累计使用的 CPU 时间；

❑ CMD：表示启动进程时所使用的命令，方括号表示是内核进程。

如果希望从所有进程中查找含有某些关键字的进程，可以使用以下形式的命令。

```
[root@localhost      ~]#      ps -ef|grep syslog
root     2479      1          0 Jan24 ?      00:00:00 syslogd -m 0
root     10239     10033      0 22:16 pts/5  00:00:00 grep      syslog
```

```
[root@localhost    ~]#
```

以上命令列出了包含有关键字 syslog 的进程。kill 命令用于终止某一进程，后面跟要终止的进程的 PID。如果不能终止，可以加–9 选项强制终止。top 命令可以接收以下一些常用的参数。

- -c：显示命令行，而不仅仅是命令名。
- -d N：指定两次刷新时间的间隔，N 为间隔秒数。
- -I：禁止显示空闲进程或僵尸进程。
- -n N：指定更新的次数，然后退出。N 表示次数。
- -p PID：仅监视指定 PID 的进程。
- -S：累积模式，输出每个进程的总的 CPU 时间，包括已死的子进程。

以上是有关 top 命令的一些选项的解释，所有的选项可以通过 man 手册页获得。

3.2.4 软件包管理

一个软件往往要包含程序、配置、说明文档等很多的文件。如果需要通过手工把这些文件复制到各个目录中才能使用这个软件，则是一件非常繁琐而且容易出错的事情。为了减轻用户的负担，一般操作系统中都会提供一种软件包的管理工具，把与软件有关的所有文件放在一个包中，需要时再进行安装，以及其他的管理操作。

RPM（Red Hat Package Manager）是在 Linux 下广泛使用的软件包管理工具。最早由 Red Hat 公司研制，现在也由开源社区进行开发，目前是 GNU/Linux 下资源最为丰富的软件包类型。RPM 工具通常附加于 Linux 发行版，在包括 Red Hat 在内的多个主流 Linux 发行版本中使用。

RPM 软件包分为二进制包和源代码包两种。二进制包可以直接安装在计算机中，文件名要以.rpm 作为后缀；而源代码包将会由 RPM 自动编译、安装，经常以 src.rpm 作为后缀名。有时候，一个 RPM 包中的软件除了需要自身所附带的文件外，还需要其他一些 RPM 包的支持，这称为软件包的依赖关系。通过 RPM 包管理工具，可以完成以下一些功能。

- 可以安装、删除、升级和管理软件，支持在线方式。
- 查看 RPM 软件包包含哪些文件，或者查看某个文件属于哪个软件包。
- 可以在系统中查询某个软件包是否已安装以及其版本。
- 作为开发者可以把自己的有关程序的文件打包为 RPM 包进行发布。
- RPM 包可以设置 GPG 和 MD5 签名。
- 对 RPM 包进行依赖性的检查。

当具体管理 RPM 包时，可以使用 rpm 命令，其格式非常复杂，下面看几个命令例子。

示例 1：

```
# rpm -qa
```

功能：以上命令列出系统目前已安装的所有软件包，因为非常多，可以在命令后加"|more"使之显示时满屏暂停。

示例 2：

```
[root@localhost ~]# rpm -qa|grep httpd
httpd-2.2.15-15.el6_2.1.i686
```

```
httpd-tools-2.2.15-15.el6_2.1.i686
httpd-manual-2.2.15-15.el6_2.1.noarch
[root@localhost ~]#
```

功能：加了 |grep httpd 后表示把系统中安装的包含 httpd 的 RPM 包列出来，即查询系统是否安装了 httpd 包。

示例 3：

```
[root@localhost ~]# rpm -qf /etc/yum.conf
yum-3.2.29-30.el6.noarch
[root@localhost ~]#
```

功能：-qf 选项表示查看随后的/etc/yum.conf 文件属于哪个软件包。

示例 4：

```
[root@localhost ~]# rpm -ql yum
/etc/logrotate.d/yum
/etc/yum
/etc/yum.conf
...
```

功能：-ql 选项表示查看随后的 yum 软件包包含了哪些文件。此处，只需指出包名即可，包的版本号可以省略。

示例 5：

```
[root@localhost ~]# rpm -qi yum
```

功能：-qi 选项表示列出随后的 yum 软件包的说明信息。

示例 6：

```
[root@localhost ~]# rpm -qR yum
/usr/bin/python
config(yum) = 3.2.29-30.el6
pygpgme
:
```

功能：-qR 选项表示列出随后的 yum 软件包的依赖关系，即安装 yum 软件包时，系统中应该事先安装哪些文件或软件包。

以上是查询系统中已安装的 RPM 包的有关信息。如果某一个 RPM 包还没有安装，也可以查看类似的信息，只是需要再加一个-p 选项。例如，假设当前目录下有一个名为 clamd-0.94.2-1.el5.rf.i386.rpm 的 RPM 包文件，现在还没有安装，但想看一下该 RPM 包文件中包含了哪些文件，可以使用以下命令：

```
[root@localhost ~]# rpm -qpl clamd-0.94.2-1.el5.rf.i386.rpm
/etc/clamd.conf
/etc/logrotate.d/clamav
/etc/rc.d/init.d/clamd
:
```

下面再介绍一下利用 rpm 命令安装、删除和升级软件的命令格式。

示例 7：

```
[root@localhost ~]# rpm -ivh clamd-0.94.2-1.el5.rf.i386.rpm
```

```
Preparing...                ######################################### [100%]
   1:clamd                   ######################################### [100%]
[root@localhost ~]#
```

功能：-ivh 选项表示对随后的 clamd-0.94.2-1.el5.rf.i386.rpm 包文件进行安装。如果该包所依赖的软件包还没安装，或所需要的文件不存在，则安装会不成功，并出现出错提示。

示例 8：

```
[root@localhost ~]# rpm -ivh clamd-0.94.2-1.el5.rf.i386.rpm --nodeps
--force
```

功能：--nodeps –force 选项表示不管依赖关系强行安装软件包。但这种方式安装的软件包往往是不能工作的。

示例 9：

```
[root@localhost ~]# rpm -e clamd-0.94.2-1.el5.rf
```

功能：-e 选项表示要删除随后的 clamd-0.94.2-1.el5.rf 软件包。

示例 10：

```
[root@localhost ~]# rpm -Uvh clamd-0.95.1-1.el5.rf.i386.rpm
```

功能：- Uvh 选项表示要升级 clamd 软件包。

以上介绍的是 RPM 软件包管理的一些命令的例子。在 RHEL 6 的桌面系统中，也可以通过选择"系统"|"管理"|"添加/删除软件"命令对软件包进行管理，此时将出现如图 3-42 所示的窗口。

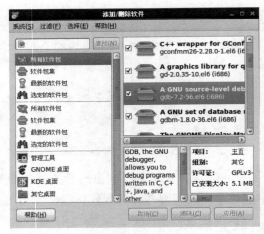

在图 3-42 中，所有的软件包都在窗口中列出来，软件包前面的复选框如果被选择，表示已安装，没有被选择的，表示还未安装。可以通过选择或取消软件包前面复选框来安装或删除软件包，再单击"应用"按钮安装使之生效。如果安装软件包时发现所依赖的软件包还未安装，会自动安装。

图 3-42　软件包管理工具

🔊注意：除了删除软件包外，上述功能的实现需要正确的 yum 配置。

3.3　Linux 性能优化

为了方便安装，RHEL 6 的很多系统配置选项采用的都是默认值，这些默认值并不一定会适合用户的特定要求。另外，系统在使用的过程中会由于各种原因使性能变差。这都需要管理员对 Linux 的性能进行优化，以满足个性化的要求。下面将介绍有关 Linux 性能优化方面的内容，包括如何尽量减少服务进程、文件系统参数优化、内核参数调整等。

3.3.1　关闭不需要的服务进程

在默认的安装方式下，当 Linux 系统运行时，内存中会有很多的进程，这些进程对于特定目的的 Linux 系统来说，并不都是必需的。例如，如果某一 Linux 系统主要为外界提供 Web 服务，上面运行着 Apache 服务器，则其他的一些进程如 Sendmail 等，就没有必要运行，应该将其终止。这样，不仅会为 Apache 服务器的进程腾出 CPU 和内存资源，而且减少了由于 Sendmail 进程可能存在的漏洞而造成的安全威胁。

当 Linux 安装时，默认已经设置了部分进程是自动启动的，用户可以根据需要改变这些设置。方法是在桌面环境下，选择"系统"｜"管理"｜"服务"命令，将出现如图 3-43 所示的窗口。在左边的列表框中，列出了当前系统可以运行的服务。某一服务进程的当前状态可以选中后从右边的"状态"文本提示框中看到。服务管理窗口中还提供了"开始"、"停止"和"重启"按钮，可以分别对选中的服务进程进行启动、终止和重启操作。

另外，服务进程列表框中的每一个服务进程前面都有一个复选框，复选框里面打勾的表示系统启动后要自动运行该服务进程。因此，如果不希望某一服务进程在开机时被自动运行，可以把该服务进程前面的勾去掉。反之，如果希望某个服务进程开机时要自动运行的，可以在其前面的方框内打上勾。

Linux 的服务是分运行级别的，用户可用的级别有 3、4、5 三个。在 RHEL 6 默认安装时，系统启动后是处在第 5 运行级别的，这也是图形桌面方式的级别，在图 3-43 所示的服务进程管理窗口中列出的只是第 5 运行级别的服务进程。如果希望列出其他运行级别的服务进程，可以在"定制"菜单中选择相应的运行级别，如图 3-44 所示。

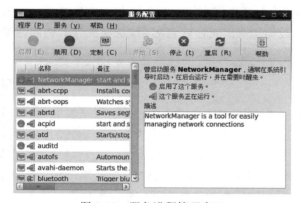

图 3-43　服务进程管理窗口

图 3-44　所有级别的服务进程

当使用图形界面时，需要运行很多的进程，占用很多的系统资源，而对于专门为外界提供网络服务的服务器来说，图形界面几乎是没有用处的。因此，为了优化服务器的性能，往往希望 Linux 开机时不要进入图形界面状态，此时，可以通过改变系统的初始运行级别来达到目的。具体方法是在/etc/inittab 文件中找到以下一行代码：

```
id:5:initdefault:
```

上面一行代码中的数字 5 就表示 Linux 启动后进入第 5 运行级别，即图形方式。如果将其改为 3，则 Linux 启动后将进入第 3 运行级别，即字符状态的多任务模式。于是，有关 GNOME 桌面系统的进程就不会运行，将节省大量的系统资源。

3.3.2　文件系统参数优化

某些服务器需要存储大量的文件，以供客户机读取，如 FTP 服务器、数据库服务器、视频服务器等。此时，需要在主机上安装大容量的磁盘，并在磁盘上创建文件系统，以便能存储文件。大部分的文件系统创建时，需要确定各种各样的参数，这些参数对以后访问该文件系统时的性能有很大的影响。有些参数一旦设置，以后将不能改变，而有些是可以调整的。

Linux 常用的文件系统类型是 ext3 和 ext4，磁盘分区完成后，可以使用 mke2fs 命令在分区上创建文件系统。当执行 mke2fs 命令时，需要确定文件系统的各种参数。如果不指定，将采用系统默认值。为了使创建的文件系统符合应用的需要，可能要改变系统的默认值。下面将介绍几个对性能影响较大的参数设置。

1．磁盘分配单元

磁盘分配单元是指文件系统分配磁盘空间时的基本单位，在文件存储时，是按照分配单元的大小被分成若干块存储在磁盘上的。一般来说，分配单元越小越节约空间，但会浪费时间。例如，一个 1025 个字节大小文件，当分配单元是 512 字节时，它需要 3 个分配单元，占用 1536 字节的存储空间。而当分配单元为 4096 时，它就会占用 4096 字节的存储空间。因此，从平均来说，分配单元小更能节约空间，但是，一个文件被分成的块数越多，特别是存储单元分散时，读取数据时将需要更多的时间。

当用户设置磁盘分配单元大小时，需要综合各方面的因素来考虑。从平均的角度来说，一个文件要浪费半个分配单元的空间。因此，对于专门存放音视频这些大文件的分区来说，由于文件数目相对较少，可以把分配单元设为 16KB 或者更大，以便加快文件的访问速度。当执行 mke2fs 命令时，可以使用-b 选项指定磁盘分配单元的大小。

2．日志记录选项

有些文件系统可以设置日志记录功能，以便在文件系统损坏时，可以全部或部分恢复数据。有关日志记录的选择共有 3 种，一是 writeback 方式，它不执行任何形式的数据日志记录，当文件损坏时将无法恢复，但速度最快；第二种是 ordered 方式，它是一种非完整的日志记录方式，能够修复常见的文件损坏，但速度要比 writeback 方式慢；第三种是 journal 方式，它是一种完整的日志记录方式，可以解决所有的文件损坏问题，但速度最慢。

当使用 journal 方式时，可以通过把日志数据存放到其他物理磁盘来改善性能。当执行 mke2fs 命令时，可以使用 "-J device=journal-device size=journal-size" 选项指定记录日志的设备及空间大小。其中，journal-device 是设备的名称，journal-size 是分配给日志的空间大小，至少要有 1024 个磁盘分配单元大小。

⌂注意：在具体应用中，是否使用日志记录功能需要根据实际情况来决定。例如，对于安装系统文件的分区来说，最好要开启完整的日志记录功能，以保证数据的安全。而对于提供用户下载文件的分区，如果文件已经有完整的备份，可以不开启日志记录功能，以加快访问速度。

3．保留单元

保留单元是保留给管理员用户使用的磁盘空间，以便在其他用户，如 FTP 用户、邮件用户等，把磁盘空间耗尽时，管理员还能利用保留单元进行一些应急工作。系统默认的保留单元占文件系统总单元的 5%，在大多数情况下，这个比例显得有点大，可能要浪费比较多的空间。当执行 mke2fs 命令时，可以通过"-m reserved-percentage"选项改变保留单元的比例。当然，改变保留单元的比例只是增加了可利用的空间，不会影响文件系统的访问速度。

4．检查间隔

当使用 ext3 或 ext4 文件系统时，可以指定经过一定次数的安装后或者安装以后经过一定的时间，系统要自动对文件系统进行检查，以便及时发现并纠正文件系统中的错误。但是，这种检查需要花费较长的时间，特别是对 ext4 文件系统来说。因此，如果检查太频繁，将会影响性能。用户可以根据实际情况改变两次检查的间隔时间，具体方法是执行 tune2fs 命令时，使用"-c max-mount-counts"和"-i interval-between-checks"选项分别设置检查的最大安装次数和时间间隔。

3.3.3　内核参数优化

Linux 是一种开放源代码的操作系统，用户可以获得 Linux 的内核源代码，然后根据自己的要求进行编译。当进行编译时，可以设置很多的编译参数，以便最后产生的内核符合自己的个性化要求。另外，对于已经编译完成的内核，在其工作过程中，用户也可以根据需要对它运行时的参数进行修改。

在 RHEL 6 中，可以使用 sysctl 命令对内核参数进行动态修改，并可以使其马上生效。可以进行调整的内核参数非常多，例如，共享内存段大小的调整、NFS 客户可以在操作系统中使用的线程数，以及操作系统允许的最大进程数等。下面是几个 sysctl 命令的例子。

示例 1：

```
[root@localhost ~]# sysctl -a|more
sunrpc.max_resvport = 1023
sunrpc.min_resvport = 665
sunrpc.tcp_slot_table_entries = 16
sunrpc.udp_slot_table_entries = 16
sunrpc.nlm_debug = 0
⋮
```

-a 选项表示把所有的内核参数及其当前值显示出来，总共有 500 多个参数。

示例 2：

```
[root@localhost ~]# sysctl -n kernel.hostname
localhost.localdomain
[root@localhost ~]#
```

-n 选项表示显示某一内核参数的值。从以上命令中可以看到，内核参数 kernel.hostname 的值是 localhost.localdomain，这个参数实际上就是系统当前的主机名。

示例 3：

```
[root@localhost ~]# sysctl -w kernel.hostname="example.com"
kernel.hostname = example.com
[root@localhost ~]# sysctl -n kernel.hostname
example.com
[root@localhost ~]#
```

-w 选项表示改变某一内核参数的值，以上例子中把内核参数 kernel.hostname 的值改成了 example.com，实际上改变的就是系统主机名。当再次显示该参数时，发现结果已经生效。

说明：系统主机名修改后，如果打开一个新的终端，可以发现 "#" 前面的主机名也已发生改变。

示例 4：

```
[root@localhost ~]# sysctl -p /etc/sysctl.conf
net.ipv4.ip_forward = 0
net.ipv4.conf.default.rp_filter = 1
⋮
kernel.shmmax = 4294967295
kernel.shmall = 268435456
[root@localhost ~]#
```

-p 选项表示把某一文件中以"参数=值"形式编辑的行提取出来，并以此对内核参数进行设置。如果不指定文件名，默认使用的也是/etc/sysctl.conf。例如，如果把 kernel.hostname=myhost.com 放入/etc/sysctl.conf 中，则执行上述命令时，将把内核参数 kernel.hostname 设为 myhost.com。/etc/sysctl.conf 是系统安装后就产生的配置文件，里面放置了几个用户可能经常调整的内核参数。

实际上，所有的内核参数也以虚拟文件系统的形式存放在/proc/sys 目录中，用户可以直接查看并修改。例如，内核参数 kernel.hostname 对应的文件是/proc/sys/kernel/hostname。如果用户改变该文件的内容，实际上就是改变了内核参数的值，即执行以下命令时：

```
[root@localhost proc]# echo "myhost.com" > /proc/sys/kernel/hostname
```

实际上就是把内核参数 kernel.hostname 改为 myhost.com，与前面的几种改法效果一样。

3.4　小　　结

本章以 Red Hat Enterprise Linux 6 为例，介绍了有关 Linux 系统的安装、管理和优化方法。对于架设网络服务器来说，操作系统的安装和管理是基础，没有一个好的操作系统环境，服务器运行时的稳定性和可靠性也将无法保证。另外，在以后架设服务器时，各种服务器可能还要根据自己的特点对系统进行优化配置。本章最后还介绍了有关系统优化的内容。

第 4 章　Linux 网络接口配置

　　Linux 系统具有丰富的网络功能，在使用网络或为网络中的其他主机提供网络服务前，必须要先配置好网络接口。本章主要介绍 TCP/IP 网络的一些基础理论知识、网络配置中需要理解的概念以及如何在图形环境下，配置各种网络接口。

4.1　TCP/IP 网络基础

　　TCP/IP 协议簇包含了一系列构成互联网基础的网络协议，这些协议最早发源于美国国防部的 ARPA 网络项目。其中的 TCP 和 IP 是两个最重要的协议，分别称为传输控制协议和网际协议。下面将介绍，与 TCP/IP 有关的一些网络基础理论知识，包括网络协议的概念、ISO/OSI 网络参考模型以及 TCP/IP 模型。

4.1.1　网络协议

　　网络协议（Protocol）是网络上所有设备（网络服务器、计算机及交换机、路由器、防火墙等）之间通信规则的集合，它规定了通信时信息必须采用的格式和这些格式的意义。网络协议是一种特殊的软件，是计算机网络实现其功能的最基本机制。网络协议的本质是规则，即各种硬件和软件必须遵循的共同守则。网络协议并不是一套单独的软件，它融合于其他所有的软件系统中，因此可以说，协议在网络中无所不在。

　　为了简化协议的实现，以及方便网络的互连，大多数网络都采用分层的体系结构，每一层都建立在它的下层之上，并向它的上一层提供一定的服务。在网络的各个层次中存在着许多协议，接收方和发送方同层的协议必须一致，否则一方将无法识别另一方发出的信息。

4.1.2　ISO/OSI 模型

　　早期的计算机网络是采用不同的技术规范和实现方法组成的独立的系统，它们之间存在着兼容性问题。为了解决网络之间不兼容而导致的相互之间无法通信的问题，国际标准化组织（ISO）于 1984 年发布了开放系统互联（Open System Interconnect，OSI）模型。该参考模型为厂商提供了一系列的标准，确保由世界上多家公司生产的不同类型的网络产品之间能够具有更好的兼容性和互操作性。OSI 模型的具体内容如图 4-1 所示，各个协议层的功能如下所示。

　　物理层规定通信设备的机械的、电气的、功能的和规程的特性，用以建立、维护和拆除物理链路连接。具体来讲，机械特性规定了网络连接时所需接插件的规格尺寸、引脚数量和排列情况等。电气特性规定了在物理连接上传输 bit 流时线路上信号电平的大小、阻抗匹配、传输速率和距离限制等。功能特性是指给各个信号分配确切的信号含义，即定义了 DTE 和 DCE 之间各个线路的功能；规程特性定义了利用信号线进行 bit 流传输的一组操作规程，是指在物理连接的建立、维护、交换信息时，DTE 和 DCE 双方在各电路上的动作序列。

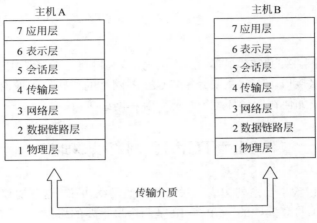

图 4-1　ISO/OSI 模型

数据链路层在物理层提供比特流服务的基础上，建立相邻节点之间的数据链路，通过差错控制提供数据帧（Frame）在信道上无差错的传输，并规定各电路上的动作序列。数据链路层在不可靠的物理介质上提供可靠的传输。该层的作用包括物理地址寻址、数据的成帧、流量控制、数据的检错和重发等。在这一层，数据的单位称为帧（Frame）。

网络层的任务就是选择合适的网间路由和交换节点，确保数据及时传送。网络层将传输层提供的数据封装成数据包，封装中含有网络层包头，其中包括源站点和目的站点的逻辑地址信息。除了地址解析和路由功能外，网络层还可以实现拥塞控制、网际互连等功能。在网络层，数据的单位称为数据包（packet）。

传输层为上层提供端到端的透明的、可靠的数据传输服务，并向会话层提供独立于网络的传输服务。它必须跟踪数据单元碎片、乱序到达的数据包和解决其他在传输过程中可能发生的问题。传输层是 OSI 参考模型中最重要、最关键的一层，是唯一负责总体数据传输和控制的一层。

会话层也称为会晤层或对话层，在会话层及以上的高层次中，数据传送的单位不再另外命名，统称为报文。会话层不参与具体的传输，它提供包括访问验证和会话管理在内的建立和维护应用之间通信的机制。例如，服务器验证用户登录便是由会话层完成的。

表示层主要解决用户信息的语法表示问题。它将欲交换的数据从适合于用户的抽象语法，转换为适合于 OSI 系统内部使用的传送语法，即提供格式化的表示和转换数据服务。数据的压缩和解压缩，加密和解密等工作都由表示层负责。例如，某种格式图像的显示，就是由位于表示层的协议来支持的。

应用层为操作系统或网络应用程序提供访问网络服务的接口。应用层是直接面向用户的一层，用户的通信内容要由应用进程（或应用程序）来发送或接收的。这就需要应用层采用不同的应用协议来解决不同类型的应用需求，并且保证这些不同类型的应用所采用的低层通信协议是相同的。

🔊注意：ISO/OSI 只是一个网络结构参考模型，在理论研究上有重大意义，但在实际应用中并没有真正地实现。实际应用中广泛使用的是 TCP/IP 模型。

4.1.3 TCP/IP 模型

虽然 ISO 的 OSI 参考模型提供了完整的协议分层，但由于过于复杂，从来就没有被真正实现过。而 Internet 的迅速发展却使 TCP/IP 协议成为了事实上的标准。与 ISO/OSI 参考模型不同，TCP/IP 模型更侧重于互联设备间的数据传送，而不是严格的功能层次划分。TCP/IP 模型的层次结构，以及与 OSI 参考模型的对应关系如图 4-2 所示。

🔊注意：TCP/IP 是由很多协议构成的协议簇，并不只是 TCP 和 IP 两种协议。

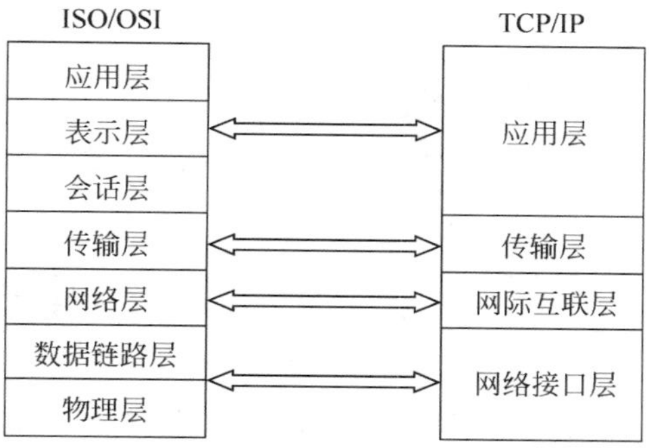

从图 4-2 中可以看到，TCP/IP 模型中的应用层相当于 OSI 参考模型中的会话层、表

图 4-2　OSI 参考模型与 TCP/IP 模型的对应关系

示层和应用层。而网络接口层相当于 OSI 参考模型中的数据链路层和物理层。TCP/IP 模型是在 TCP/IP 协议使用很久后才出现的，因此更强调功能的分布而不是严格的层次划分。TCP/IP 模型中的各层次的功能如下所示。

网络接口层与 OSI 参考模型中的物理层和数据链路层相对应。事实上，TCP/IP 本身并未定义该层的协议，而是由参与互连的各种类型的网络使用自己的物理层和数据链路层协议，然后与 TCP/IP 的网络接口层进行对接。在实际应用中，网络接口层与以太网、令牌环网及 ATM 等网络技术密切相关。

网际互联层对应于 OSI 参考模型中的网络层，主要解决主机到主机之间的通信问题。该层有 4 个主要协议：网际协议（IP）、地址解析协议（ARP）、反向地址解析协议（RARP）和互联网控制报文协议（ICMP）。IP 协议是网际互联层最重要的协议，它提供的是一个不可靠、无连接的数据报传递服务。

传输层对应于 OSI 参考模型的传输层，为应用层实体提供端到端的通信功能。传输层对数据流有一定的调节作用，能确保其完整、正确，并按顺序递交。传输层定义了两个主要的协议：传输控制协议（TCP）和用户数据报协议（UDP）。TCP 协议提供的是一种可靠的、面向连接的数据传输服务；而 UDP 协议提供的是不可靠的、无连接的数据报传输服务。

应用层对应于 OSI 参考模型中的上面 3 层，为用户提供所需要的各种应用服务，如 FTP、Telnet、DNS 和 SMTP 等。当应用层程序使用传输层提供的服务时，需要指定一个端口与传输层进行交互，端口号总共有 65 535 个，分为 TCP 和 UDP 端口，每一种应用层协议一般要和一个知名的端口相对应，如 HTTP 协议对应 TCP80 号端口，DNS 对应 UDP53 号端口等。

在 UNIX 系统中，/etc/services 文件中包含了各种应用层协议及对应的端口，内容如下：

```
# more /etc/services
...
```

```
telnet          23/tcp
telnet          23/udp
# 24 - private mail system
lmtp            24/tcp                      # LMTP Mail Delivery
lmtp            24/udp                      # LMTP Mail Delivery
smtp            25/tcp          mail
smtp            25/udp          mail
...
```

可见，TCP/IP 模型的应用层协议非常多，它们大部分都是在实际应用中广泛使用的协议。

🔊注意：虽然在/etc/services 文件中定义的应用层协议可以使用 TCP 和 UDP 两种协议端口，但在实际工作中，一般只使用其中的一种。

4.2　网络接口配置的基本内容

在网络接口配置中，需要正确地配置每一项参数，才能正常地使用网络服务，或者为客户机提供服务。在具体配置网络接口以前，本节先介绍几个配置参数的基本知识，包括主机名、IP 地址、子网掩码、默认网关、域名服务器和默认网关等。

4.2.1　主机名

主机名用于在网络中标识一台计算机的名称，在同一子网中，它应该是唯一的。在早期的 UNIX 网络中，主机名是赋予计算机的一个形象的名称标识。后来随着 DNS 名称解析的广泛使用，计算机自己设置的主机名基本上不再有具体的作用，但沿袭过去的习惯，UNIX 还保留着这一项设置。

4.2.2　IP 地址

在 TCP/IP 模型中，IP 协议是网际互联层事实上的协议，它解决了 TCP/IP 网络中主机到主机的通信问题。IP 协议能够工作的前提是在 TCP/IP 网络中，每一台主机都必须要有一个唯一的地址。这对以 TCP/IP 为核心的 Internet 来说也是一样的，Internet 上的每台主机都有一个唯一的 IP 地址，IP 协议就是使用这个地址在主机之间传递信息，这是 Internet 能够运行的基础。

为了确保 IP 地址的唯一性，专门有一个称为国际网络信息中心（NIC）的机构管理着 Internet 上 IP 地址，所有的用户都必须向它申请才能获得合法的 IP 地址。IP 协议分为 IPv4 和 IPv6 两个版本，它们之间的一个主要区别是 IPv4 的地址是 32 位的，目前已不够使用，而 IPv6 的地址是 48 位的，主要要解决 IPv4 地址不够的问题。

🔊说明：IPv6 是下一代互联网使用的 IP 协议，其理论上可用的地址数是 IPv4 的 65 536 倍，按现有人口计算，平均每人可以分到约 4 万个。

通常所指的 IP 一般是指 IPv4，它使用点分十进制的形式来表示，如：A.B.C.D。其中的 A、B、C 和 D 都是 0～255 之间的数。255 实际上是十六进制的 FF，它是一个字节能表示的最大的数。实际上，计算机是根据二进制数来识别 IP 地址的。例如，下面的 32 位二进制串是计算机中存储的 IP 地址：

```
11011010010010110001101000100011
```

人们为了阅读方便，将其进行分组，共分 4 组，每组 8 位：

```
11011010    01001011    00011010    00100011
```

然后，将 8 位的二进制数转化成十进制数，并用点号隔开，于是便成了下面的形式：

```
218 . 75 . 26 . 35
```

与记忆 32 位的二进制串相比，记忆 218.75.26.35 显然更加容易。

在最初设计互联网络时，为了便于寻址以及构造层次化的网络，每个 IP 地址都包括两个标识码（ID），一个是网络 ID，还有一个是主机 ID。并且规定，同一个物理网络上的所有主机都使用同一个网络 ID，网络上的每一个可寻址的主机（包括网络上工作站、服务器和路由器等）都有一个主机 ID 与其对应。IP 地址根据网络 ID 的不同可分为 5 种类型：A 类地址、B 类地址、C 类地址、D 类地址和 E 类地址。

1．A 类地址

一个 A 类 IP 地址由 1 字节的网络地址和 3 字节主机地址组成，并且网络地址的最高位必须是 0。另外，全是 1 的网络地址（即 127）保留为环回网络使用，全是 1 的主机地址保留为广播地址，不能分配给主机使用。因此，当使用二进制表示时，最小的 A 类 IP 地址和最大的 A 类 IP 地址分别如下：

```
最小 IP 地址：    00000001 00000000 00000000 00000001
最大 IP 地址：    01111110 11111111 11111111 11111110
```

如果用点分十进制表示，则地址范围为 1.0.0.1～126.255.255.254。可用的 A 类网络有 126 个，每个网络能容纳 1600 多万个主机，主要分配给大型机构使用。另外，第一个字节为 10 的 IP 地址也是保留地址，不能在 Internet 上使用，只能在内网使用。

2．B 类地址

一个 B 类 IP 地址由 2 个字节的网络地址和 2 个字节的主机地址组成，网络地址的最高位必须是 10，用二进制表示的最小和最大的 B 类 IP 地址分别如下：

```
最小 IP 地址：    10000000 00000000 00000000 00000001
最大 IP 地址：    10111111 11111111 11111111 11111110
```

如果用点分十进制表示，则地址范围为 128.0.0.1～191.255.255.254。因此，可用的 B 类网络有 16 384 个，每个网络能容纳 6 万多个主机。另外，B 类地址中的 172.16.0.0～172.31.255.254 也是保留地址，不能在 Internet 上使用。

3．C 类地址

一个 C 类 IP 地址由 3 个字节的网络地址和 1 个字节的主机地址组成，网络地址的最高位必须是 110，用二进制表示的最小和最大的 C 类 IP 地址分别如下：

| 最小 IP 地址： | 11000000 00000000 00000000 00000001 |
| 最大 IP 地址： | 11011111 11111111 11111111 11111110 |

如果用点分十进制表示，则地址范围为 192.0.0.1～223.255.255.254。因此，可用的 C 类网络有 2 097 152 个，每个网络能容纳 254 台主机，适合于小型网络使用。另外，C 类地址中的 192.168.0.0～192.168.255.254 也是保留地址，不能在 Internet 上使用。

4．D 类地址

D 类地址没有区分网络地址和主机地址，其 IP 地址的第一个字节以 1110 开始，地址范围是 224.0.0.1～239.255.255.254。D 类地址是一种专门保留的地址，并不指向特定的网络。目前这一类地址被用在多点广播（Multicast）中。多点广播地址用来一次寻址一组计算机，它标识的是共享同一协议的一组计算机。

5．E 类地址

E 类地址是实验性的地址，也没有区分网络地址和主机地址，保留为以后使用。其 IP 地址的第一个字节以 11110 开始，地址范围是 240.0.0.1～248.255.255.254。

☐说明：E 类地址之后的 IP 地址目前保留未用。

4.2.3　子网掩码

互联网是由许多小型网络构成的，每个网络上都有许多主机，这样便构成了一个有层次的结构。IP 地址在设计时就考虑到地址分配的层次特点，将每个 IP 地址都分割成网络号和主机号两部分，以便于 IP 地址的寻址操作。此时，需要用某种方法指定哪些位是网络号，哪些是主机号，这个任务就是由子网掩码来承担的。

子网掩码不能单独存在，它必须和 IP 地址一起使用。与 IP 地址相同，子网掩码的长度也是 32 位，左边的若干位是 1，右边的若干位是 0。在 IP 地址中，与子网掩码 1 对应的那些位组成了网络号，而与子网掩码 0 对应的那些位组成了主机号。例如，192.168.75.109/255.255.248.0 转换成二进制表示后，如下所示。

| 11000000 10101000 01001011 01101101 | |
| 11111111 11111111 11111000 00000000 | |

在 IP 地址中，与子网掩码位 1 对应的位组成了以下网络号：

| 11000000 10101000 01001000 | |

即网络号是 192.168.72，而与子网掩码位 0 对应的位组成了以下主机号：

| 00000000 00000000 00000011 01101101 | |

即主机号是 3.109。通常，将 IP 地址的主机号全改为 0，则可以得到 IP 地址的网络号；而把网络号全改为 0，则得到 IP 地址的主机号。

子网掩码的作用就是获取主机 IP 的网络地址信息，用于区别主机通信的不同情况，由此选择不同路由。IPv4 协议为 A、B、C 类地址分别规定了固定位数的网络号和主机号，其中，A 类地址的默认子网掩码为 255.0.0.0；B 类地址的默认子网掩码为 255.255.0.0；C 类地址的默认子网掩码为 255.255.255.0。

🔊注意：当用户配置自己的内网时，可以根据实际情况规定子网掩码的位数。

4.2.4　默认网关地址

主机的 IP 地址设置完成后，就可以和同一个网段中的其他主机进行通信了，但此时还不能与其他网段中的主机进行通信。为了能够与外部网络进行通信，需要设置正确的网关地址。在网络设置中，网关通常指的就是路由器。当主机所发送的数据包其目的 IP 不是与自己位于同一网段时，它就需要把该数据包发送给路由器，然后再由路由器转发给目的主机。

提供路由功能的网关一般至少要有两个网络接口，一个与内部局域网连接，另一个与外网进行连接。内网的主机要使用这个网关时，需要指定网关内网接口的 IP 地址。此时，对于局域网中的主机来说，发送给外网的数据包实际上都是发送给这个网关。

有时候，内网可以有多个网关与外网有连接。此时，内网的主机访问外网时，就可以有多种选择。内网的主机可以为不同的目的地指定不同的网关，但不管怎样，必须要设置一个默认的网关，以便数据包与其他网关的目的地不匹配时，可以使用默认网关。

🔊注意：在很多场合，网关和路由器是指同一种设备，但从严格意义来讲，网关应该是指工作在应用层的转发设备，而路由器是工作在网络层的转发设备。

4.2.5　域名服务器（DNS）

仅仅正确设置了主机 IP 地址和默认网关，只能保证用户能通过 IP 地址与其他主机进行通信。而对于大多数的应用来说，标识目的主机使用的是域名，而不是 IP 地址。由于计算机不能理解域名，只认识 IP 地址，因此需要把域名解析为 IP 地址，以便计算机使用。

Internet 的域名数量非常巨大，而且是动态变化的，因此不可能由普通的计算机自己来解析，需要通过专门的域名服务器进行解析。为此，在网络设置中，还需要指定域名服务器的 IP 地址，以便计算机接受了用户输入的域名后，再通过指定的域名服务器解析成 IP 地址。

🔊注意：由于域名解析是如此的重要，一般操作系统都可以指定多台域名服务器的 IP 地址，以便在主域名服务器不能使用时，能马上使用后备域名服务器。

Internet 上可以提供域名解析服务的域名服务器非常多，为了加快域名解析的速度，一般要指定与本机连接速度最快的域名服务器。通常，为本地局域网提供 Internet 接入服务的 ISP 服务商都有自己的域名服务器，它们与自己的连接速度应该是最快的。

4.2.6　DHCP 服务器

网络中的每一台计算机都必须拥有唯一的 IP 地址。主机 IP 地址的设置可以由用户手动进行，此时也称为静态地址。为了保证整个网络的正常运行，IP 地址的设置必须要正确，因此，用户一般要咨询网络管理员。此外，网络掩码、默认网关及 DNS 服务器等也都必须要正确设置，才能保证网络的正常使用，这些参数也需要向网络管理员咨询。

如果网络上的用户众多，则用户的咨询将会给网络管理员造成很大的负担。更重要的是，如果网络管理员改变了网络配置，上述的某些参数如果发生了变化，则一个个通知用户修改的工作量也将非常大。还有，Internet 上的 IP 地址非常紧张，如果分配给用户的是公网地址，则当用户没有上网时，这个地址将浪费。为了解决这个问题，出现了动态地址分配。

动态地址分配是指当计算机每次接入网络时，自动从网络中的某一台服务器获取 IP 地址及其他网络配置参数。当退出网络时，再归还所使用的 IP 地址，以便再分配给其他计算机使用。承担这一功能的服务器也称为 DHCP 服务器，它可以统一管理网络中 IP 地址资源的分配和使用，同时也分配其他的网络参数。

有了 DHCP 服务器后，可以给用户和网络管理员带来很大的方便。用户无需配置计算机的 IP 地址及其他一些网络参数，开机后即能上网。网络管理员平时只需维护好 DHCP 服务器即可，无需面对很多用户关于网络参数配置的咨询。如果改变了网络配置，需要用户做相应改变的，只需修改 DHCP 服务器的配置即可。还有，公网的 IP 地址也能得到充分的利用，因为动态分配后，IP 地址将不和某一用户或计算机绑定，谁需要就分配给谁。

动态地址分配也给笔记本电脑的上网带来了很大的方便，用户改变笔记本电脑位置时，往往网络配置参数要发生改变。当采用动态分配时，用户将无需关心这些，笔记本电脑插入网络端口后即可以获得正确的网络配置参数。

不像默认网关和域名服务器，DHCP 服务器本身的 IP 地址是不需要用户设置的，用户只需在网络中设置"动态获得 IP 地址"等参数。此时，计算机接入网络后，会自动向网络发送数据包，与 DHCP 服务器取得联系，获取 IP 地址和其他网络配置参数。

🔊 说明：DHCP 协议的前身是 BOOTP 协议，有些操作系统也允许通过 BOOTP 协议获得 IP 地址。

4.3　配置以太网连接

以太网是目前应用最为广泛的计算机网络，它是一种局域网标准，一般用户平时接触到的网络大部分都属于以太网。另外，配置与 Internet 的宽带连接时，一般也要通过以太网。因此，有关以太网的连接配置是网络配置的基础。本节将介绍有关以太网连接的配置，包括驱动程序的安装、网络参数配置方法以及使用脚本配置网络参数等内容。

4.3.1　添加以太网连接

驱动程序是计算机硬件与操作系统之间进行通信时所需要的一层软件媒介，除非操作系统内核支持，所有的硬件都必须要安装成功驱动程序后才能正常使用。网卡也是一样，在使用以前必须要先安装驱动程序。

现代的操作系统一般都能在安装或启动过程中检测到即插即用硬件的存在并自动安装驱动程序，但如果由于某种原因没有成功安装，将需要手动进行安装。下面介绍在 RHEL 6 中配置以太网连接的步骤。

（1）在桌面上选择"系统"|"首选项"|"网络连接"命令，将出现如图 4-3 所示的对话框。在图中，列出了目前已经安装的网络接口。图中所示的是一个名为 eth0 的以太网网卡接口，在终端使用 ifup eth0 命令将 eth0 网卡激活，便可正常工作。

（2）为了添加新的以太网连接，可以在图 4-3 中单击右侧栏中的"添加"按钮，将出现如图 4-4 所示的对话框。该对话框的工具栏上列出了需要添加的设备类型。

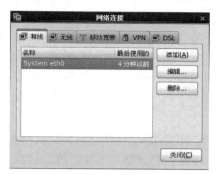

图 4-3　网络配置对话框

图 4-4　添加新设备对话框

（3）在图 4-4 中，填写"连接名称"文本框，这里使用默认的名称为"有线连接 1"。然后，单击"应用"按钮，将出现如图 4-5 所示的对话框。显示出了所添加的网络设备。

（4）在该对话框中可以选择列出的某一网卡，再单击"编辑"按钮，将出现如图 4-6 所示的对话框。此时，可以对该网卡进行有关网络参数方面的设置，具体方法见 4.3.2 节。

图 4-5　本机的网络设备

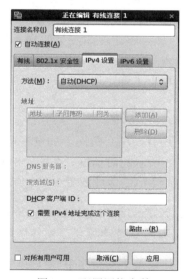

图 4-6　配置网络参数

（5）如果 RHEL6 没有检测到网卡，将需要进行手动设置硬件参数，方法是在图 4-5 中选择刚才添加的"有限连接 1"选项，再单击"编辑"按钮，将出现如图 4-6 所示的对话框。

注意：一般情况下，RHEL6 都能检测到网卡的存在。如果某种常见的主流网卡不能被检测到，一般会是网卡的硬件安装有问题。

以上是有关以太网连接的创建，4.3.2 节将介绍如何配置以太网连接的网络参数。

4.3.2 配置网络参数

以太网连接成功创建后，还需要对连接进行网络参数的配置，Linux 网络才能正常地工作。有关设置网络参数的图形界面有很多，下面看一下具体内容与操作方法。

（1）最重要的参数是与 IP 地址有关的网络设置，首先要确定的是 IP 地址是动态获得的，还是由管理员分配后进行静态设置。

在图 4-6 中，如果选择了"自动（DHCP）"单选按钮，需要指定协议类型，一般都是使用默认的 DHCP 协议。然后可以指定 DHCP 服务器的 IP 地址，但一般情况下是无需指定的，因为计算机启动时会自动与 DHCP 服务器取得联系。还有一个选项是是否在获得 IP 地址的同时也获取 DNS 服务器的 IP 地址，一般情况下也是保留默认的设置，即自动从 DHCP 服务器处获得 DNS 信息。

如果选择"手动"单选按钮，则需要用户手动指定 IP 地址、子网掩码和默认网关地址等内容。此外，如果选择"设置 MTU 值"复选框，还可以手动指定 MTU 值。MTU 是指在以太网络上传送的最大数据帧，默认为 1 500。该选项大部分情况下无需手动指定。

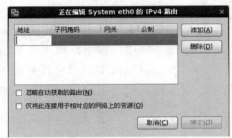

（2）如果在图 4-3 中单击"编辑"按钮，将可以对所选定连接的网络参数进行修改，出现如图 4-6 所示的对话框。

（3）如果在图 4-6 中选择"路由"标签，将出现管理计算机静态路由表的选项卡。如果再单击"添加"按钮，将出现如图 4-7 所示的对话框。此时可以输入目的网络的地址和子网掩码，还有网关等内容，单击"确定"按钮后即可添加一条新路由。

图 4-7 管理主机路由表

说明：一般情况下，对于简单网络中的普通主机来说，无需手动添加路由。

（4）还有一项有关网卡的设置可以通过在图 4-6 中选择"有线"标签进行，此时将出现如图 4-8 所示的对话框。在图 4-8 中，可以选择某一网卡硬件，然后可以设置设备 MAC 地址、克隆 MAC 地址或者 MTU 值。图 4-8 中列出的即为该网卡的固有 MAC 地址。

说明：设置设备 MAC 地址是每一块以太网卡固有的，而且是全球唯一的，这些参数一般只在特殊场合下才作修改。

（5）如果是手动指定 IP 地址或者自动获取 IP 地址时没有同时获取 DNS 信息，需要手动指定 DNS 服务器的 IP 地址，此时可以在图 4-6 中的"方法（M）"文本框选项栏选择"手动"命令，就可以为所选中的连接设置 DNS 服务器信息，出现如图 4-9 所示的对话框。

（6）在图 4-9 中，可以设置两个 DNS 域名解析服务器。主要目的是当 DNS 服务器失效时，可以设置一个 DNS 搜寻路径，表示如果 Linux 只收到一个主机名，将在指定的域中解析该主机。

说明：例如，指定了 DNS 搜寻路径为 abc.cn，以后执行"ping xyz"命令时，实际上是执行"ping xyz.abc.cn"命令。

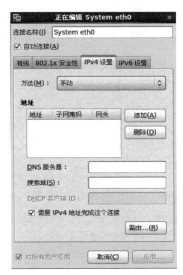

图 4-8　以太网连接的硬件设置　　　　　图 4-9　连接 DNS 服务器设置

说明：这些设置实际上要保存在/etc/hosts 文件中，默认情况下，本地解析的主机名要优先于 DNS 解析。

4.3.3　配置无线以太网连接

如果计算机里安装了无线网卡，就可以配置一个无线以太网连接，以便能利用无线网卡上网。配置无线网卡实际上与配置普通的以太网卡是差不多的，步骤如下所示。

（1）在图 4-3 所示的"网络连接"对话框工具栏中选择"无线"选项，然后单击"添加"按钮，弹出如图 4-10 所示的对话框。这时填写相应的文本框信息，然后单击"应用"按钮，将出现如图 4-11 所示的对话框。

图 4-10　选择创建无线连接　　　　　图 4-11　成功创建了无线连接

（2）如果系统检测到了无线网卡的存在，将在图 4-11 的列表框中列出来。此时，选中所列的无线网卡，单击"编辑"按钮即可出现如图 4-10 所示的对话框。

🔔注意：如果系统没有检测到无线网卡，可以在图 4-11 中单击右侧工具栏中的"添加"按钮，添加一个无线连接，添加成功后，在图 4-11 中会出现一个自己添加的无线连接。这时选择"新添加的无线连接"选项，再单击"编辑"按钮，此时会先出现如图 4-10 所示的对话框。如果选择有线中的"有线连接"后单击"编辑"按钮，才会出现如图 4-8 所示的对话框。

（3）在图 4-10 中，可以指定无线网卡的工作模式，可以有 Ad-Hoc 和"架构"两种模式可以选择。一般选择默认选项，表示通过协商确定使用哪种模式。"MTU"也可以选择"自动"选项，以便与任何无线 AP 连接。

（4）无线网卡的参数设置完成后，可以单击"应用"按钮，将出现如图 4-11 所示的对话框。

4.4　配置拨号连接

配置好以太网连接后，一般就可以连入本地的局域网络，但此时并不能保证计算机能与 Internet 连接。很多时候，还需要在以太网连接的基础上，再配置其他类型的连接，才能与 Internet 进行通信。本节主要讲述有关拨号连接的设置，包括通过 ADSL、ISDN 等拨号方式连入 Internet。

4.4.1　通过 xDSL 拨号上网

xDSL（Digital Subscriber Line）是一种利用电话线路实现数字信号高速传输的技术。它的种类很多，包括 ADSL、VDSL、SDSL 等技术，其中用得最多的是 ADSL。当用户使用 ADSL 拨号上网时，计算机上需要连接一个 ADSL Modem，同时还需要一个用户账号，这些可以由 ISP 提供。下面介绍在 RHEL 6 中配置 ADSL 上网的方法。

（1）在如图 4-3 所示的网络配置对话框中单击工具栏中的 DSL 选项，然后单击"添加"按钮，如图 4-12 所示。

（2）在图 4-12 中单击"添加"按钮后，将出现如图 4-13 所示对话框，在该对话框中，要求配置以太网设备、连接名称和用户账号等 DSL 连接参数。填写完该对话框中，单击"应用"按钮。

🔔说明：由于 DSL 是在以太网基础上工作的，因此要求至少要先配置一个以太网连接。如果有多个以太网连接，应该选择与 ADSL Modem 进行物理连接的那块网卡所对应的连接。提供商名称可以是任意的，实际上是该 DSL 连接的一个名称。登录名和口令需要从 ISP 处获得。

（3）当 DSL 连接参数设置完成后，可以单击"应用"按钮，将回到如图 4-3 所示的网络配置主对话框，此时将增加一个 xDSL 类型的连接。

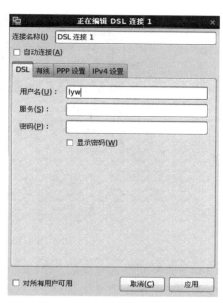

图 4-12　配置 xDSL 连接　　　　　　　　　图 4-13　DSL 连接参数设置

4.4.2　使用移动宽带拨号上网

移动宽带也称为综合业务数字网，它是一个数字电话网络国际标准，是一种典型的电路交换网络系统，能支持包括数据、文字、语音和图像在内的各种综合业务。移动宽带使用电话载波线路进行拨号连接，在程控数字交换机内采用了数字交换技术。使用移动宽带拨号上网时，需要设置一个移动宽带连接，同时还需要一个用户账号。下面介绍在 RHEL 6 中配置移动宽带拨号上网的方法。

（1）在如图 4-3 所示的网络配置对话框中选择"移动宽带"选项，然后单击"添加"按钮，将出现如图 4-14 所示的对话框。

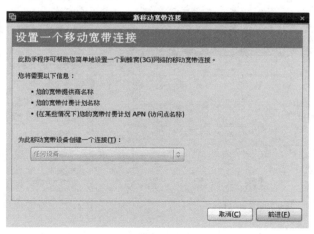

图 4-14　选择 ISDN 适配器

（2）在该界面单击"前进"按钮，将出现如图 4-15 所示对话框，要求选择提供商的地区。

图 4-15　国家/地区选择界面

（3）在该界面设置完成后，单击"前进"按钮，将出现如图 4-16 所示的对话框。在该对话框中，提供了 3 项提供商。

说明：由于移动宽带也是使用电话线路进行拨号连接的，开始传送的也是模拟信号，因此需要一个电话号码进行拨号。

（4）在图 4-16 中输入所需内容后，单击"前进"按钮，将出现如图 4-17 所示对话框，要求配置"移动宽带"连接的网络参数。与以太网连接一样，可以是自动获取 IP 地址及其他网络参数，也可以手动设置静态参数。大部分的移动宽带都要求设置成自动获取。

图 4-16　选择服务提供商

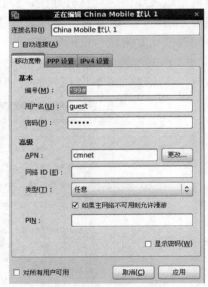

图 4-17　设置移动宽带连接的网络参数

（5）单击"应用"按钮并确认后，将回到如图 4-3 所示的网络配置主对话框。此时将出现一个移动宽带类型的连接，其设备名称是 ippp0，如图 4-18 所示。

图 4-18　创建好的移动宽带连接

4.5　小　　结

　　Linux 系统安装完成后，为了能为各种网络服务提供运行环境，网络的配置非常重要，只有正确地配置了网络参数，主机才能与外界通信。本章首先讲述了 TCP/IP 网络的一些理论知识，包括网络协议、ISO/OSI 模型和 TCP/IP 模型等。然后介绍了 Linux 系统中需要设置的网络参数，如 IP 地址、子网掩码等。最后介绍了在图形环境下如何配置 Linux 的各种网络连接。

第 5 章　Linux 网络管理与故障诊断

服务器能正常地为外界提供网络服务的前提是网络能正常地工作，因此在架设服务器之前，首先要掌握一些 Linux 网络管理的基础知识，这样才有可能解决服务器架设过程中出现的网络问题。本章主要介绍 Linux 网络设置、网络配置文件和网络故障诊断等内容。

5.1　Linux 网络设置命令

虽然可以通过 Linux 的图形界面完成大多数的网络设置工作，但在解决一些网络故障时，最常见的还是采用命令方式。而且在一些无法使用图形界面的场合下，如 Telnet 远程登录等，命令方式更是不可或缺。本节介绍几条 Linux 下常用的网络配置和故障诊断命令，包括 ifconfig、ping、traceroute、arp 等。

5.1.1　网络接口配置命令——ifconfig

在 4.3 节和 4.4 节中，已经用图形界面方式配置了以太网及各种拨号连接。实际上，网络接口也可以使用 ifconfig 命令进行配置。ifconfig 具有两种功能，一种是显示网络接口的信息；还有一种是设置网络接口的参数。有关显示网络接口信息的命令格式如下：

```
ifconfig [-a] [-s] [interface]
```

其中，interface 表示接口的名称，如 eth0、lo 等。如果指定了接口的名称，则只列出该接口的信息；否则，列出所有活动接口的信息。-a 选项表示列出所有接口，包括活动和非活动的。-s 选项表示列出的是接口的简要信息。例如，下面的命令列出了所有活动接口的信息。

```
# ifconfig
eth0      Link encap:Ethernet  HWaddr 00:0C:29:9E:C5:AA
          inet addr:10.10.1.29 Bcast:10.10.1.255 Mask:255.255.255.0
          inet6 addr: fe80::20c:29ff:fe9e:c5aa/64 Scope:Link
          UP BROADCAST RUNNING MULTICAST  MTU:1500  Metric:1
          RX packets:50732 errors:0 dropped:0 overruns:0 frame:0
          TX packets:14580 errors:0 dropped:0 overruns:0 carrier:0
          collisions:0 txqueuelen:1000
          RX bytes:5225408 (4.9 MiB)  TX bytes:2335475 (2.2 MiB)
          Interrupt:67 Base address:0x2000

lo        Link encap:Local Loopback
          inet addr:127.0.0.1 Mask:255.0.0.0
          inet6 addr: ::1/128 Scope:Host
          UP LOOPBACK RUNNING  MTU:16436  Metric:1
          RX packets:3606 errors:0 dropped:0 overruns:0 frame:0
          TX packets:3606 errors:0 dropped:0 overruns:0 carrier:0
```

```
        collisions:0 txqueuelen:0
        RX bytes:4858877 (4.6 MiB)  TX bytes:4858877 (4.6 MiB)
#
```

从以上显示可知，目前系统中有两个网络接口，名称分别是 eth0 和 lo。有关 eth0 的几个关键信息如下所示。

❑ Link encap:Ethernet：表示接口的类型是以太接口。

❑ HWaddr 00:0C:29:9E:C5:AA：表示硬件地址是 00:0C:29:9E:C5:AA。

❑ inet addr:10.10.1.29：表示 IP 地址是 10.10.1.29。

❑ Mask:255.255.255.0：表示子网掩码是 255.255.255.0。

❑ MTU:1500：表示最大的以太数据帧是 1 500 字节。

❑ RX bytes:5225408 (4.9 MiB)：表示当前收到了 5 225 408 字节数据。

❑ TX bytes:2335475 (2.2 MiB)：表示当前发送了 2 335 475 字节数据。

ifconfig 命令设置网络接口参数的格式如下：

```
ifconfig <interface> [<option> [addr]]
```

此时，必须要指定接口的名称，option 表示设置选项，有些设置选项后面必须要有某一种地址，以 addr 表示。下面是一些常用的设置选项。

❑ [addr]：设置接口的 IP 地址为 addr。

❑ up：激活接口。

❑ down：使接口处于非激活状态。

❑ arp：使接口能使用 ARP 协议。如果前面加一个"–"，表示不使用。

❑ promisc：使接口处于混杂模式，如果前面加一个"–"，表示回到一般模式。混杂模式时，网卡将传递任何数据包给 IP 层，否则，只传递 MAC 地址是本机的数据包给 IP 层。

❑ netmask <addr>：设置接口的子网掩码为 addr。

❑ hw <class> <addr>：设置接口的硬件地址为 addr。class 表示地址类型，以太网卡要用 ether。

下面是 ifconfig 命令的几个例子。

示例 1：

```
ifconfig eth0 10.10.1.250
```

功能：把 eth0 接口的 IP 地址设置为 10.10.1.250。

示例 2：

```
ifconfig eth0 10.10.1.250 netmask 255.255.255.0
```

功能：把 eth0 接口的 IP 地址设置为 10.10.1.250，并把子网掩码设置为 255.255.255.0。

示例 3：

```
ifconfig eth0 promisc
```

功能：使 eth0 接口处于混杂模式。

示例 4：

```
ifconfig eth0 -arp
```

功能：使 eth0 接口不使用 ARP 协议。

示例 5：

```
ifconfig eth0 down
```

功能：使 eth0 接口处于非激活状态。

以上命令执行后，都可以通过 "ifconfig -a eth0" 命令对设置的结果进行检验。ifconfig 命令的设置参数还有很多，可以通过 "man ifconfig" 命令查看它的手册页，以获取所有的设置参数。

⌂注意：ifconfig 命令修改网络接口参数后，能够马上生效，但却没有储存。当 Linux 重启后，参数将回到原来的状态。

5.1.2　检查网络是否通畅——ping 命令

ping 可以说是网络管理中最常用的命令，各种操作系统或网络设备都支持这条命令，它的作用是检测本机与某一远程主机之间的网络是否是连通的。ping 命令的工作原理是向远程机发送包含一定字节数的 ICMP 数据包。如果能收到对方回复的数据包，就表明网络是相通的，而且根据两个数据包的时间差，还可以知道相互之间网络连接的速度。

需要注意的是，有些远程主机由于某种原因禁止了 ICMP 数据包的回复功能，或者并不回复所有的 ICMP 数据包，则此时执行 ping 命令的主机虽然收不到对方的回复，但实际上网络仍然可能是相通的。还有，ping 命令只是判断相互之间的 IP 层是否相通，有时候即使 IP 层不通，但网络接口层之间也仍然可能是相通的。ping 命令的格式如下所示。

```
ping [-LRUbdfnqrvVaAB] [-c count] [-i interval] [ -l preload] [-p pattern]
[-s packetsize] [-t ttl] [-w deadline] [-M hint]
    [-F flowlabel] [-I interface] [-Q tos] [-S sndbuf] [-T timestamp option]
    [-W timeout] [ hop ...] destination
```

可见，ping 命令的格式相当复杂，但常用的选项不多，主要有以下几项。

❑ destination：远程主机的 IP 地址。

❑ -c count：指定发送 count 个 ICMP 数据包，默认时是一直发送的。

❑ -s packetsize：指定 ICMP 数据包的大小为 packetsize 个字节，默认时是 56 个字节。

❑ -b：允许向广播地址发送 ICMP 数据包，即允许 ping 广播地址。

❑ -i interval：指定发送 ICMP 数据包的间隔时间，默认是 1 秒，只有 root 用户可以指定小于 0.2 秒。

❑ -q：安静模式，不显示每一个 ICMP 回复数据包的情况，只显示最后统计结果。

❑ -t ttl：指定数据包的 TTL 值为 ttl。ttl 表示数据包转发的次数。

❑ -W timeout：指定等待响应的超时时间。

❑ -f：采用洪流模式，短时间内发送大量的 ICMP 包。在显示时，发一个 ICMP 数据包显示一个 "."，收到一个回复包，显示一个空格。

❑ -n：不试图对 IP 地址进行名字解析。

下面看两个 ping 命令的例子：

```
# ping 10.10.1.2
PING 10.10.1.2 (10.10.1.2) 56(84) bytes of data.
64 bytes from 10.10.1.2: icmp_seq=1 ttl=128 time=0.511 ms
                                    //ICMP 回复数据包的情况
64 bytes from 10.10.1.2: icmp_seq=2 ttl=128 time=0.488 ms
64 bytes from 10.10.1.2: icmp_seq=3 ttl=128 time=0.640 ms
64 bytes from 10.10.1.2: icmp_seq=4 ttl=128 time=0.963 ms
    //显示到此处时，按下 Ctrl+C 组合键终止 ping 命令
--- 10.10.1.2 ping statistics ---         //下面是 ICMP 回复数据包接收情况的统计
4 packets transmitted, 4 received, 0% packet loss, time 3002ms
rtt min/avg/max/mdev = 0.488/0.650/0.963/0.191 ms
#
```

以上 ping 命令测试本机与远程主机 10.10.1.2 是否相通。当工作时，每收到一个 ICMP 回复数据包，就在屏幕上动态显示一行，依次输出收到的字节数、数据包序号、ttl 值及数据包来回的时间等信息。最后的统计主要显示丢包率和数据包来回的最小/平均/最大时间。

```
# ping -s 65500 -c 3 10.10.1.2
PING 10.10.1.2 (10.10.1.2) 65500(65528) bytes of data.
65508 bytes from 10.10.1.2: icmp_seq=1 ttl=128 time=12.4 ms
65508 bytes from 10.10.1.2: icmp_seq=2 ttl=128 time=34.5 ms
65508 bytes from 10.10.1.2: icmp_seq=3 ttl=128 time=35.6 ms

--- 10.10.1.2 ping statistics ---
3 packets transmitted, 3 received, 0% packet loss, time 2000ms
rtt min/avg/max/mdev = 12.462/27.571/35.676/10.694 ms
#
```

以上命令中，用“-s 65500”选项指定数据包的大小为 65 500 个字节，“-c 3”选项指定发送 3 个数据包。可以看到，因为数据包的字节数很大，其来回时间相对前一条命令要增加很多。

注意：为了防止黑客利用 ping 命令进行攻击，-s 选项能够指定的最大字节数是 65 507。

5.1.3　追踪数据包传输路径——traceroute 命令

通过 ping 命令可以大致知道本机与远程机之间的连接速度，但有时候还需要知道本机的数据包到达远程机时的路径，即数据包在传输过程中经过了哪些 IP 地址的路由器、网关。为了达到这个目的，需要使用 traceroute 命令。

traceroute 命令的原理是首先向远程主机发送 TTL 域是 1 的 UDP 数据包。当第一个路由器收到这个数据包时，按照协议规定，会将 TTL 值减 1。于是，这个数据包的 TTL 值就变为了 0。再按照协议规定，路由器要丢弃 TTL 为 0 的数据包，并向发送者回复一个 ICMP 过期数据包，这个数据包包含了路由器自己的 IP 地址。于是，执行 traceroute 命令的主机就知道了第一站路由器的 IP 地址及其他一些时间信息。

根据同样的原理，执行 traceroute 命令的主机继续向目的远程主机发送 TTL 值为 2 的 UDP 数据包，就可以知道第二站路由器的情况。依次类推，就可以知道路径中所有路由器的情况。最后，当数据包到达目的地时，由于目的主机一般不是路由器，因此不会回复 ICMP

过期数据包。但是，由于探测用的 UDP 数据包其目的端口号会设为一般主机都不大可能监听的大于 32 768 的端口号，因此，目的主机会回复一个 ICMP 端口不可到达的数据包，于是发送方就知道数据包已经到达目的地了。

从以上原理可知，traceroute 能够得到最终结果的前提是数据包所经过的每一台路由器和目的主机都要能够回复相应的 ICMP 数据包。但在实际情况下，有些路由器或目的主机并不回复 ICMP 数据包，或者所回复的数据包被中途的防火墙挡住了。此时，发送方将无法得知这些路由器或目的主机的情况。traceroute 命令的格式如下：

```
traceroute [-46dFITUnrAV] [-f first_ttl] [-g gate,...] [-i device] [-m
max_ttl] [-p port] [-s src_addr] [-q nqueries]
          [-N squeries] [-t tos] [-l flow_label] [-w waittime] [-z sendwait]
          host [packetlen]
```

其中的 host 表示目的主机的名称或 IP 地址。常用的几个选项解释如下所示。

- ❑ -I：使用 ICMP ECHO 数据包作为探测数据包，默认是 UDP 数据包。
- ❑ -T：使用 TCP SYN 数据包作为探测数据包，默认是 UDP 数据包。
- ❑ -f first_ttl：指定数据包的起始 TTL 值，默认为 1。
- ❑ -i interface：指定发送探测数据包的接口，默认是按路由表进行选择。
- ❑ -m max_ttl：指定最大的 TTL 值，默认是 30。
- ❑ -n：当显示时，不对 IP 地址作名称解析。
- ❑ -p port：使用 UDP 数据包探测时，指定数据包起始端口号；使用 ICMP 数据包探测时，指定起始序列号；使用 TCP 数据包探测时，指定一个固定端口号。
- ❑ -w waittime：指定等待回复数据包的时间值，默认为 5 秒。
- ❑ -q nqueries：指定每一站发送探测数据包的个数。

下面是一个 traceroute 命令的例子。

```
# traceroute -n www.sohu.com
traceroute to www.sohu.com (222.73.123.17), 30 hops max, 40 byte packets
 1  10.10.1.1  0.480 ms  0.477 ms  0.537 ms
 2  10.1.5.253  0.339 ms  0.288 ms  0.225 ms
 3  218.75.26.33  1.028 ms  *  3.398 ms
 4  220.186.254.37  1.456 ms  1.474 ms  1.493 ms
 5  61.174.179.165  1.617 ms  1.654 ms  1.797 ms
 6  61.174.179.225  2.228 ms  2.169 ms  2.312 ms
 7  61.174.183.1  *  7.065 ms  *
 8  61.152.80.145  9.532 ms  9.690 ms  61.152.80.161  10.277 ms
 9  124.74.254.166  10.069 ms  10.115 ms  *
10  222.73.101.66  10.434 ms  10.312 ms  9.790 ms
11  222.73.102.98  12.813 ms  12.787 ms  12.496 ms
12  222.73.123.17  10.031 ms  10.158 ms  9.980 ms
#
```

以上结果显示了本机（IP 地址是 10.10.1.29）到 www.sohu.com 之间的路径，可以看到，需要经过 12 个路由器或网关，才能到达 IP 地址是 222.73.123.17 的目的主机。当探测时，给每一个路由器发送 3 个数据包，每个数据包回复的时间如上所示，其中的"*"表示没有收到回复数据包。

```
# traceroute -n -f 8 -q 1 www.sohu.com
traceroute to www.sohu.com (222.73.123.3), 30 hops max, 40 byte packets
 9  124.74.254.166  10.769 ms
```

```
10   222.73.101.66  10.356 ms
11   222.73.102.98  11.484 ms
12   222.73.123.17  10.398 ms
#
```

以上命令中，"-f 8"表示从第 8 个路由器开始探测，"-q 1"表示每个路由器只发送一个探测数据包。并不是所有的目的地都可以探测到路径，有时，探测数据包会在中途的某个位置被挡住，无法完成探测，如下面的命令所示。

```
# traceroute -n -f 14  www.yahoo.com
traceroute to www.yahoo.com (209.191.93.52), 30 hops max, 40 byte packets
15   12.122.138.13  224.792 ms  224.800 ms  *
16   12.86.20.18  323.934 ms  324.170 ms  324.111 ms
17   216.115.104.97  324.449 ms  324.388 ms  324.399 ms
18   68.142.193.5  324.374 ms  68.142.193.11  324.500 ms  68.142.193.9
     324.900 ms
19   *  *  *
...
30   *  *  *
#
```

以上命令中，当探测到第 19 站时，由于某种原因不能收到回复数据包，然后，默认探测到第 30 站后就结束了。需要注意的是，虽然不能用 traceroute 命令探测，但并不意味着目的地不能访问。实际上，此时的 www.yahoo.com 域名在浏览器中仍然是可以访问的。

🔔注意：由于 traceroute 命令需要发送大量的数据包，会造成一定的网络流量。因此，一般在以手动方式解决故障时使用，而不应该在正常的操作或自动脚本中使用。

5.1.4　管理系统 ARP 缓存——arp 命令

ARP 也是一种网络协议，称为地址解析协议。虽然在 Internet 中，数据包是通过 IP 协议进行转发的，但在以太局域网中，主机之间交换数据帧时，却是通过 MAC 地址进行的。因此，当以太网中的一台主机向另一 IP 地址的主机发送数据包时，它需要知道目的 IP 地址所对应的 MAC 地址，才能把这个 IP 数据包发送过去。

1．ARP 协议的工作过程

在局域网中，得到某 IP 地址所对应的 MAC 地址的过程也称为地址解析，一般使用 ARP 协议，其过程如下所示。

假设主机 A（IP 地址为 10.10.1.29）向主机 B（IP 地址为 10.10.1.1）发送一个 IP 数据包。在以太网中，主机 A 需要把这个 IP 数据包封装在以太数据帧中才能发送，此时需要知道主机 B 的 MAC 地址。如果主机 A 不知道主机 B 的 MAC 地址，它就会在网络上发送一个广播数据帧，其目标 MAC 地址是广播地址"FF.FF.FF.FF.FF.FF"。其数据内容相当于向同一网段内的所有主机发出这样的询问："10.10.1.1 的 MAC 地址是什么？"。

同一子网的所有主机都会收到这个广播数据帧，但只有主机 B 接收到这个帧时，才会向主机 A 发送回应数据帧。其内容相当于做出这样的回应："10.10.1.1 的 MAC 地址是 12-34-56-78-9a-bc"。于是，主机 A 就知道了主机 B 的 MAC 地址，就可以向主机 B 发送刚才的那个 IP 数据包了。

2．ARP 缓存

如果主机 A 每一次发送 IP 数据包前都经过上述的 ARP 解析过程，则显然是不合适的，因为这样的话会在网络中产生很多的数据帧。因此，主机 A 要在自己的机子里维持一个 ARP 缓存，里面存放着各个 IP 地址所对应的 MAC 地址信息，每次发送 IP 数据包前，都要先在 ARP 缓存中查找是否有目的 IP 的 MAC 地址信息，只有找不到的时候，才会通过 ARP 协议进行解析。

ARP 缓存中的条目分为静态和动态两种，静态条目由管理员指定，使用过程中一直不变；动态条目是通过 ARP 协议解析时得到的，采用了老化机制，即在一段时间内如果缓存表中的某一条目没有被使用，将会自动删除。这样，一方面可以大大减少 ARP 缓存表的长度，以加快查询速度，另一方面如果局域网中其他机子的 IP 与 MAC 地址关系发生变化时，能及时更新。

3．ARP 命令

在包括 Linux 在内的大部分操作系统中，都可以使用 arp 命令对 ARP 缓存进行管理，包括查看 ARP 缓存中的条目、添加或删除静态 ARP 条目等。下面介绍几个 arp 命令的使用例子。

示例 1：

```
# arp -n
Address              HWtype  HWaddress           Flags Mask            Iface
10.10.1.2            ether   00:11:09:AF:65:59   C                     eth0
10.10.1.1            ether   00:0B:FC:B7:D3:3C   C                     eth0
# ping 10.10.1.6
PING 10.10.1.6 (10.10.1.6) 56(84) bytes of data.
64 bytes from 10.10.1.6: icmp_seq=1 ttl=255 time=1.43 ms
:
# arp -n
Address              HWtype  HWaddress           Flags Mask            Iface
10.10.1.2            ether   00:11:09:AF:65:59   C                     eth0
10.10.1.1            ether   00:0B:FC:B7:D3:3C   C                     eth0
10.10.1.6            ether   00:03:BA:21:81:9D   C                     eth0
#
```

以上 arp 命令列出了当前 ARP 缓存中的条目，-n 选项表示显示时，不对 IP 地址进行域名解析。可以看到，在开始时，ARP 缓存中只有 10.10.1.2 和 10.10.1.1 两个条目。当执行了"ping 10.10.1.6"命令后，缓存中就多了一个 10.10.1.6 的条目。这是因为向 10.10.1.6 发送数据包时，会对 10.10.1.6 进行 MAC 地址解析，成功后会把条目添加在 ARP 缓存中。另外，如果主机在一定的时间内没有与 3 个条目对应的 IP 地址通信，则这些条目会自行消失。

示例 2：

```
# arp -s 10.10.1.254 12:34:56:78:9a:bc
```

功能：-s 选项表示添加一个静态 ARP 条目，上面的命令表示把 IP 地址 10.10.1.254 的 MAC 地址指定为 12:34:56:78:9a:bc。

示例 3：

```
# arp -an 10.10.1.254
? (10.10.1.254) at 12:34:56:78:9A:BC [ether] on eth0
```

功能：-a 选项表示查看指定 IP 地址的 ARP 条目。可以发现，刚才添加的条目已经存在，而且这个条目一直存在，不会消失。

示例 4：

```
# arp -d 10.10.1.254
```

功能：-d 选项表示删除指定 IP 地址的 ARP 条目。

示例 5：

```
# arp -an 10.10.1.254
? (10.10.1.254) at <incomplete> on eth0
```

功能：再次查看 ARP 缓存，可以发现刚才删除的条目成了<incomplete>，表示不能使用了，但需要过一段时间后这个条目才会消失。

示例 6：

```
# arp -f /etc/ethers
```

功能：把/etc/ethers 文件中指定的 ARP 条目导入 ARP 缓存。/etc/ethers 应该是文本文件，每一行包含由空格隔开的 MAC 地址和 IP 地址。实际上，如果不指定文件名，默认使用的就是/etc/ethers 文件。

📖说明：还有一种与 ARP 协议作用相反的协议，称为 RARP，即逆地址解析协议。它用于把硬件地址解析为 IP 地址，一般在无盘引导时使用。

5.1.5　域名查找工具——dig 命令

在 Internet 中，域名需要通过 DNS 解析才能转化为 IP 地址。有些命令（如 ping 等）执行时，也可以查到域名与 IP 地址的对应关系。但如果想有进一步功能，如想了解 DNS 服务器的 IP 地址、改变 DNS 服务器和把 IP 地址解析为域名等，则需要通过 dig 或 nslookup 等 DNS 客户端工具。由于 dig 命令功能比较强大，使用也比较方便，下面将介绍 dig 命令的使用方法。最简单的 dig 命令格式如下：

```
dig @server name type
```

其中，server 表示域名服务器的 IP 地址，如果不指明，使用/etc/resolv.conf 文件指定的域名服务器 IP。name 表示要解析的名称，type 表示解析的类型，例如 A 表示正向域名解析，即把域名解析为 IP 地址。PTR 表示反向域名解析，即把 IP 地址解析为域名。MX 表示要得到邮件服务器的名称和 IP 地址。默认时，解析的类型是 A。下面是两条 dig 命令的例子。

```
# dig @61.153.177.196 www.sohu.com

; <<>> DiG 9.3.3rc2 <<>> @61.153.177.196 www.sohu.com
```

```
:
;; ANSWER SECTION:
www.sohu.com.                  88      IN      CNAME     d7.a.sohu.com.
d7.a.sohu.com.                 1033    IN      CNAME     pgctcsht01.a.sohu.com.
pgctcsht01.a.sohu.com.  114    IN      A       222.73.123.2
pgctcsht01.a.sohu.com.  114    IN      A       222.73.123.3
pgctcsht01.a.sohu.com.  114    IN      A       222.73.123.4
pgctcsht01.a.sohu.com.  114    IN      A       222.73.123.6
pgctcsht01.a.sohu.com.  114    IN      A       222.73.123.7
pgctcsht01.a.sohu.com.  114    IN      A       222.73.123.8
pgctcsht01.a.sohu.com.  114    IN      A       222.73.123.17
pgctcsht01.a.sohu.com.  114    IN      A       222.73.123.18
:
#
```

以上 dig 命令表示从域名服务器 61.153.177.196 处查询域名 www.sohu.com 所对应的 IP 地址。从显示结果可以看到，该域名是 d7.a.sohu.com 的别名，而域名 d7.a.sohu.com 又是 pgctcsht01.a.sohu.com 的别名，然后 pgctcsht01.a.sohu.com 又对应了 8 个 IP 地址。

```
# dig @61.153.177.196 sohu.com MX

; <<>> DiG 9.3.3rc2 <<>> @61.153.177.196 sohu.com MX
:
;; QUESTION SECTION:
;sohu.com.                         IN      MX

;; ANSWER SECTION:
sohu.com.               600     IN      MX      10 sohumx.h.a.sohu.com.
sohu.com.               600     IN      MX      5  sohumx1.sohu.com.
:
#
```

以上命令表示查询域 sohu.com 中的邮件服务器。可以看到，一共有两台，域名分别为 sohumx1.sohu.com 和 sohumx.h.a.sohu.com。下面再看 dig 命令其他的使用例子。

示例 1：

```
dig 202.57.120.228 PTR
```

功能：从系统所设的 DNS 服务器查找 IP 地址 202.57.120.228 所对应的域名。一般情况下，这种查询都是不成功的，因为 DNS 服务器正确设置 PTR 记录的不多见。

示例 2：

```
dig sohu.com. +nssearch
```

功能：查找 sohu.com 域的授权 DNS 服务器。

示例 3：

```
dig sohu.com +trace
```

功能：从根服务器开始追踪 sohu.com 域名的解析过程。

示例 4：

```
dig
```

功能：列出所有的根服务器。

🖉说明：dig 命令的格式非常复杂，完全掌握它的使用需要比较深入地理解 DNS 协议的有
关知识。

5.2　网络相关的配置文件

传统上，很多的情况下都是通过配置文件对 UNIX 操作系统进行配置的，后来为了方
便用户的使用，才出现了以命令方式或图形方式对系统进行配置。实际上，有时候一系列
的命令或图形界面操作最终改变的还是配置文件的内容。因此，通过修改配置文件来配置
Linux 系统是最直接的方式。下面介绍几个与 Linux 网络配置有关的配置文件。

5.2.1　/etc/sysconfig/network 文件

在/etc/rc.d/init.d 目录中，存放着各种启动服务进程的脚本程序文件，其中名为 network
的文件就是对网络进行初始设置的脚本程序。在图 3-44 中可以看到，默认情况下，network
就是开机时要自动执行的服务。当/etc/rc.d/init.d/network 文件执行时，要完成一系列的网络
初始化工作。可以用以下命令停止 Linux 的网络功能。

```
/etc/rc.d/init.d/network  stop
```

或者用以下命令启动网络功能。

```
/etc/rc.d/init.d/network  start
```

或者用以下命令重启网络功能。

```
/etc/rc.d/init.d/network  restart
```

network 脚本的部分内容解释如下：

```
#! /bin/bash                    # 该脚本使用 Bash Shell
⋮
. /etc/sysconfig/network        # 执行/etc/sysconfig/network 脚本程序
⋮
cd /etc/sysconfig/network-scripts
. ./network-functions           # 执行/etc/sysconfig/network-scripts 目录的
                                  network-functions 脚本
⋮

# 以下语句找到/etc/sysconfig/network-scripts 目录下 ifcfg 开头的文件，但排除某些
文件
interfaces=$(ls ifcfg* | \
     LANG=C sed -e "$__sed_discard_ignored_files" \
          -e '/\(ifcfg-lo\|:\|ifcfg-.*-range\)/d' \
          -e '/ifcfg-[A-Za-z0-9\._-]\+$/ { s/^ifcfg-//g;s/[0-9]/ &/}' \
          | \
     LANG=C sort -k 1,1 -k 2n | \
     LANG=C sed 's/ //')
```

```
case "$1" in
  start)        # 当执行/etc/rc.d/init.d/network start 命令时，执行以下语句
    ⋮
    action $"Bringing up loopback interface:"./ifup ifcfg-lo# 启动环回接口
    ⋮
    for i in $interfaces; do
    ⋮
        action $"Bringing up interface $i: " ./ifup $i boot   # 以前面找到
        的 ifcfg 开始的文件为参数，启动接口
    done
    ⋮
# 如果存在/etc/sysconfig/static-routes 文件，则把该文件设置的静态路由条目加到路由
表中
    if [ -f /etc/sysconfig/static-routes ]; then
        grep "^any" /etc/sysconfig/static-routes | while read ignore args ;
        do
            /sbin/route add -$args
        done
    fi
    ⋮
```

/etc/rc.d/init.d/network 脚本文件的内容比较复杂，执行时还要调用其他脚本，上面解释的就是该文件再次调用其他脚本的一些语句。实际上，启用网络功能最终要使用 ifconfig 命令激活网络接口，并使用 ip route 命令设置路由。但为了给接口设置参数，中间经过了很多脚本的处理。

🗨️说明：在图形界面中改变了网络设置后，如果要马上生效，实际上也是通过重起这个脚本程序来达到目的的。

5.2.2　/etc/sysconfig/network-scripts/ifcfg-ethN 文件

通过分析/etc/rc.d/init.d/network 脚本程序文件可以发现，它要调用很多其他的脚本程序，再由这些脚本程序完成一系列的网络设置工作。其中/etc/sysconfig/network-scripts 目录下的 ifcfg-ethN（N 是一个整数）文件就是 network 脚本程序中要寻找的文件，然后再以这些文件为参数，启动以太网络接口。也就是说，/etc/sysconfig/network-scripts 目录中的每一个 ifcfg-ethN 文件代表了一个网络接口的配置。例如，可以查看 ifcfg-eth0 文件的内容。

```
# more /etc/sysconfig/network-scripts/ifcfg-eth0
# Please read /usr/share/doc/initscripts-*/sysconfig.txt
# for the documentation of these parameters.
TYPE=Ethernet
DEVICE=eth0
HWADDR=00:0c:29:9e:c5:aa
BOOTPROTO=dhcp
ONBOOT=yes
USERCTL=no
IPV6INIT=no
PEERDNS=yes
#
```

该文件中的内容就是以太网卡 eth0 的接口参数。在 4.3.2 节中配置的以太连接的网络

参数保存时，实际上就是保存在这个文件中。另外，如果添加了一个新的以太网连接，则会在/etc/sysconfig/network-scripts 目录下出现 ifcfg-eth1 文件，里面存放的就是以太连接 eth1 的配置参数。

注意：如果出现类似 ifcfg-eth0:1 的文件，表示的是一个逻辑子接口的配置。

5.2.3　/etc/resolv.conf 和/etc/hosts 文件

由于 IP 地址难以记忆，人们就使用字符串形式的名称对主机进行命名，但最终还是必须要将名称转换为对应的 IP 地址才能访问主机，因此需要一种将名称解析为 IP 地址的机制。在 Linux 系统，默认情况下支持两种方法来进行名称解析，一种是 Host 表，另一种是域名服务（DNS）。

说明：还有一种常用的名称解析方式是 NIS，称为网络信息服务，也可以在 Linux 系统中配置使用。

Host 表存放在一个简单的文本文件中，文件名是/etc/hosts，可以查看一下 RHEL 6 的 hosts 文件的默认内容。

```
# more /etc/hosts
# Do not remove the following line, or various programs
# that require network functionality will fail.
127.0.0.1       localhost.localdomain   localhost
::1       localhost6.localdomain6 localhost6
#
```

hosts 文件的格式是左边一个 IP 地址，右边是该 IP 地址对应的名称。例如，以上内容中，IP 地址 127.0.0.1 对应的名称是 localhost.localdomain 或 localhost。如果在 hosts 文件中加入以下一行代码：

```
222.73.123.17    www.sohu.com
```

则以后使用 www.sohu.com 名称访问远程主机时，就会转换成对 222.73.123.17 地址的访问。

使用 Host 表进行名称解析适用于小规模、不常变化的网络。如果网络规模非常大，并且变化很频繁，则维持和更新 Host 表的工作量将非常大，一般都使用 DNS 进行域名解析。但在大部分的操作系统中，Host 表依旧存在，并且可以和 DNS 同时使用。

当进行 DNS 解析时，需要系统指定一台 DNS 服务器，以便当主机要解析域名时，能够向所设定的 DNS 服务器进行查询。在包括 Linux 在内的大部分 UNIX 系统中，DNS 服务器的 IP 地址存放在/etc/resolv.conf 文件中。也就是说，在图形方式配置网络参数时，所设置的 DNS 服务器就是存放在这个文件中的。用户也完全可以通过手动方式修改这个文件的内容来进行 DNS 设置。resolv.conf 文件的每一行由一个关键字和随后的参数组成，常用的关键字如下所示。

❑ nameserver　<IP 地址>：指定 DNS 服务器的 IP 地址。可以有多行，查询时按 nameserver 行在文件中的次序进行，只有当前一个 DNS 服务器不能使用时，才查询后面的 DNS 服务器。

❑ domain　<域名>：声明主机的域名。当用户只指定主机名而没有指定域名时，很多程序，如邮件系统，会认为这个主机位于指定的域内。默认时，系统取 gethostname 函数的返回值，并去掉第一个"."前面的内容作为域名。

❑ search　<域名 [域名] ...>：与 domain 的含义相同，但可以指定多个域名，并用空格分隔。domain 和 search 关键字不能共同使用；如果同时存在，将使用后面的。

在 RHEL 6 中，没有为 resolv.conf 文件提供默认的内容。下面是一个 resolv.conf 文件的例子内容：

```
# more /etc/resolv.conf
; generated by /sbin/dhclient-script    # 这个注释表示下面的 DNS 服务器 IP 是通过
                                           DHCP 自动获取的

search wzvtc.cn
nameserver 10.10.1.2
nameserver 61.153.177.196
#
```

由于 Host 表解析和 DNS 解析在 Linux 中是共存的，因此需要指定使用它们的先后次序。在 Linux 中，这个次序是由/etc/host.conf 文件决定，该文件默认的内容如下：

```
# more /etc/host.conf
multi on
#
```

其中的 order 关键字指定了名称解析的次序，以上内容表示先使用 hosts 文件进行名称解析。如果不能成功解析，再使用 DNS 进行解析。

5.3　Linux 下的网络故障诊断

由于实现网络服务的层次结构非常多，因此当网络出现故障时，解决起来将比较复杂。本节主要介绍 Linux 系统中可能会出现的一些网络问题，如网卡硬件问题、网络配置问题、驱动程序问题，以及网络层、传输层、应用层问题等，并介绍了一些解决故障的方法、手段。

5.3.1　诊断网卡故障

大部分的计算机都是通过以太网卡接入网络的，或者直接通过网卡与其他主机通信，或者在网卡的基础上通过 ADSL 等拨号连接方式与其他主机通讯。因此，如果网卡出问题，计算机将无法与其他主机通信，也就无法使用网络了。

网卡的故障可以分为硬件故障和软件故障两类。可能的硬件故障是网卡上的电子元器件损坏，一般用户是无法对这种硬件故障进行检测的，判断的方法只能是把该网卡插到其他计算机上使用，如果在多台计算机上都不能正常使用，应该是属于元器件损坏了。这种故障用户自己一般无法修理。

还有一类常见的硬件故障是由于接触不好，或者是网卡与主板上的总线插槽接触不牢，或者是双绞线上的水晶头与网卡的 RJ45 插口接触不牢。一般情况下，如果网卡本身正常，网卡与主板是否连接正常可以通过观察 PC 机自检时的提示信息进行判断。如果提示检测到了 Ethernet 之类的设备，一般表明网卡与主板的连接是正常的。

　　一般网卡上都有一个连接指示灯，当网卡与交换机等对端设备的线路连接正常时，该指示灯会亮起来。因此，可以根据该指示灯的指示来判断网卡的 RJ45 端口与水晶头有没有接触不良的问题。当然，如果指示灯不亮，也有可能是对端设备，如交换机等的问题，或者是线路的故障，需要排除其他故障后再进行判断。

　　实际情况下，大部分的网卡出现的故障都是属于软件故障。软件故障分为两类，一类是设置故障，即由于某种原因，该网卡所使用的计算机资源与其他设备发生了冲突，导致它无法工作。另一类是驱动程序故障，即网卡的驱动程序被破坏或未正确安装，导致操作系统无法与网卡进行通信。在 Linux 系统中，可以通过 dmsg 命令显示系统引导时的提示信息，其中包括了有关网卡的内容。

```
[root@localhost ~]# dmesg | grep eth
eth0: registered as PCnet/PCI II 79C970A
eth0: link up
eth0: no IPv6 routers present
[root@localhost ~]#
```

　　以上命令列出了引导信息中包含 eth 字符串的行，如果出现了类似于"eth0: link up"的提示，表示 Linux 已经检测到了网卡，并处于正常工作状态。还有一条 lspci 命令可以列出 Linux 系统检测到的所有 PCI 设备，如果所用的网卡是 PCI 总线的，应该要能够看到这块网卡的信息。

```
[root@localhost ~]# lspci
:
02:00.0 USB Controller: Intel Corporation 82371AB/EB/MB PIIX4 USB
02:02.0 Multimedia audio controller: Ensoniq ES1371 [AudioPCI-97] (rev 02)
02:05.0 Ethernet controller: Advanced Micro Devices [AMD] 79c970 [PCnet32
LANCE] (rev 10)
[root@localhost ~]#
```

　　可以看到，lspci 命令列出了很多 PCI 设备。其中，最后一行表示的是以太控制卡，列出的信息还包括网卡的类型。如果 lspci 命令能看到网卡的存在，一般表明该网卡已经被 Linux 承认，硬件方面是没有什么问题了。最后，可以用 ethtool 查看以太网卡的链路连接是否正常。

```
# ethtool eth0
Settings for eth0:
        Current message level: 0x00000007 (7)
        Link detected: yes
#
```

　　如果看到"Link detected: yes"一行，表明网卡与对方的网络线路连接是正常的。

🔊说明：大部分的网卡都有自带的检测工具软件，也可以通过运行这个工具对网卡进行检测。

5.3.2　网卡驱动程序

　　网卡能够被 Linux 检测到，并不意味着它已经能够正常地工作了，因为任何硬件能够正常工作的前提是需要有相应的驱动程序。驱动程序是内核与外部硬件设备之间通讯时的中介，对于网卡来说，Linux 内核只提供了一个访问网卡的通用接口，是不针对任何具体网卡的。网卡从网络收到数据后，需要通过网卡通用接口把数据交给内核，也要通过网卡通用接口从内核接收数据，再发送到网络。每一种类型的网卡从内核接收数据到交给硬件芯片，或者数据从硬件芯片送给内核的过程都是不一样的，这个过程需要网卡的制造商自己编写程序来实现，这就是网卡驱动程序。

在 Linux 系统中，网卡驱动程序是以模块的形式实现的，一些知名公司生产的，或市场上常见的网卡，在 Linux 的发行版中一般都已经为其提供了驱动程序模块。所有的网卡驱动程序模块都可以在/lib/module 目录中找到，该目录包含了一个与 Linux 内核版本有关的目录名称，如 2.6.32-279.el6.i686，然后下面还有 kernel/driver/net 目录，所有的网卡驱动程序都在这个目录中，可以查看这个目录的内容。

```
# ls /lib/modules/2.6.32-279.el6.i686/kernel/drivers/net
3c59x.ko      dummy.ko       netconsole.ko    r8169.ko       tg3.ko
8139cp.ko     e1000          ns83820.ko       s2io.ko        tlan.ko
8139too.ko    e100.ko        pcmcia           sis190.ko      tokenring
8390.ko       epic100.ko     pcnet32.ko       sis900.ko      tulip
:
chelsio       natsemi.ko     pppox.ko         sungem_phy.ko
dl2k.ko       ne2k-pci.ko    ppp_synctty.ko   sunhme.ko
#
```

以上文件中，所有以.ko 结尾的文件都是驱动模块，还有一些子目录中包含了更多的驱动模块。如果某一种网卡 Linux 内核不支持，需要从另外的途径得到该网卡的驱动模块文件，并把它复制到该目录中。为了查看系统当前使用的网卡驱动模块，或者要手动设置使用某一网卡驱动模块，在 RHEL 6 中，需要先查看或设置/etc/modprobe.conf 文件，该文件包含了有关模块的安装和别名信息。下面是该文件的例子内容。

```
# more /etc/modprobe.conf
alias scsi_hostadapter mptbase
alias scsi_hostadapter1 mptspi
alias snd-card-0 snd-ens1371
options snd-card-0 index=0
options snd-ens1371 index=0
remove snd-ens1371 { /usr/sbin/alsactl store 0 >/dev/null 2>&1 || : ; };
/sbin/m
odprobe -r --ignore-remove snd-ens1371
alias eth0 pcnet32
#
```

以上显示中，最后一行"alias eth0 pcnet32"表示为 pcnet32 模块定义了一个别名 eth0。也就是说，目前使用的以太网卡接口 eth0 对应的模块是 pcnet32。此时，肯定可以在前面的模块目录中找到 pcnet32.ko 文件。可以用以下命令查看当前系统装载的模块中是否有pcnet32 模块。

```
[root@localhost 2.6.18-8.el5]# lsmod | grep pcnet32
pcnet32               35269  0
mii                    9409  1 pcnet32
[root@localhost 2.6.18-8.el5]#
```

可以发现，pcnet32 模块已经安装。因此，如果网卡已经被 Linux 检测到，但执行"ifconfig

–a"命令时却看不到 eth0 接口，可以按以上方法把网卡的驱动程序模块找到，再看这个模块是否已经装载。如果在系统中找不到驱动模块，则或者是 Linux 内核不支持所安装的网卡类型，需要手动安装，或者是由于某种原因，当系统启动时没有自动装载网卡驱动模块。下面再介绍系统自动装载网卡驱动模块的过程，首先用以下命令查看 pcnet32.ko 模块的信息。

```
# modinfo /lib/modules/2.6.32-279.el6.i686/kernel/drivers/net/pcnet32.ko
filename:         pcnet32.ko
license:          GPL
description:      Driver for PCnet32 and PCnetPCI based ethercards
author:           Thomas Bogendoerfer
srcversion:       F81443556AAE169CBF80F55
alias:            pci:v00001023d00002000sv*sd*bc02sc00i*
alias:            pci:v00001022d00002000sv*sd*bc*sc*i*
alias:            pci:v00001022d00002001sv*sd*bc*sc*i*
depends:          mii
vermagic:         2.6.18-8.el5 SMP mod_unload 686 REGPARM 4KSTACKS gcc-4.1
parm:             debug:pcnet32 debug level (int)
⋮
parm:             homepna:pcnet32 mode for 79C978 cards (1 for HomePNA, 0 for
                  Ethernet, default Ethernet (array of int)
#
```

其中，alias 参数指明了该网卡驱动模块对应的厂商 ID、设备 ID 及其他一些信息。例如，以上显示中，第一个 alias 参数的值是"pci:v00001023d00002000sv*sd*bc02sc00i*"，表示厂商 ID 是 00001023，设备 ID 是 00002000，其他的一些内容是设备的子型号，"*"代表所有字符。这些表示方法是和 PCI 规范相关的。此外，再看/lib/modules/ 2.6.18-8.el5/modules.alias 文件的内容。

```
# more /lib/modules/2.6.18-8.el5/modules.alias | grep  pcnet32
alias pci:v00001023d00002000sv*sd*bc02sc00i* pcnet32
alias pci:v00001022d00002000sv*sd*bc*sc*i* pcnet32
alias pci:v00001022d00002001sv*sd*bc*sc*i* pcnet32
#
```

modules.alias 文件的内容定义了系统所检测到的 PCI 设备使用哪些模块。以上显示中，第一行表示当 Linux 检测到"pci:v00001023d00002000sv*sd*bc02sc00i*"这样的设备时，将装入并使用 pcnet32 模块，这和前面看到的 pcnet32.ko 模块的信息是相对应的。

注意：相对于 Windows 系统，Linux 系统支持的网卡类型要少得多，因此为 Linux 系统配备网卡时，需要确定 Linux 发行版是否支持该网卡，或者网卡是否提供了支持 Linux 的驱动程序。

5.3.3　诊断网络层问题

网卡驱动模块装载后，只要网络设置正确，网卡接口一般就能激活，网络接口层就能正常工作了，接下来就应该诊断网络层是否有问题。判断网络层工作是否正常最常用的工具是 ping。如果 ping 外网的某一个域名或 IP 能正常连通的，则说明网络层没有问题。如果 ping 不通，则需要确定是否对方有问题或对方的网络设置不对 ping 进行响应，此时可以 ping 多个 IP，或者 ping 平常能通的 IP。如果还不通，则可能会是自己的计算机有问题。

⚲注意：为了避免 DNS 解析故障对 ping 造成影响，执行 ping 命令时，尽量使用远程主机的 IP 地址，而不要使用域名。

引起 ping 不通的原因很多，可能会是网络线路、网络设置、路由和 ARP 等问题。为了找到故障的原因，可以先 ping 一下网关，看是否能通。因为网关肯定是位于本地子网的，本机与网关的通讯是直接的，不需要路由转发。如果与网关能通，一般就表明网络线路、自己机子的网络设置和 ARP 都没有问题。在 Linux 中，可以通过 route 命令显示路由表，然后得到网关的地址，格式如下：

```
# route -n
Kernel IP routing table
Destination     Gateway         Genmask          Flags Metric Ref    Use Iface
10.10.1.0       0.0.0.0         255.255.255.0    U     0      0        0 eth0
169.254.0.0     0.0.0.0         255.255.0.0      U     0      0        0 eth0
0.0.0.0         10.10.1.1       0.0.0.0          UG    0      0        0 eth0
#
```

在以上路由表中，最后一行是默认路由，所有与前面路由不匹配的数据包都将通过这条路由转发到默认网关，网关地址是 10.10.1.1。如果路由表显示还有其他路由的话，也可以 ping 一下该路由的网关看是否能通。如果路由表中没有设置默认网关，则表明是路由设置有问题，此时需要通过 route 命令或在图形界面中设置默认网关。

如果路由设置没有问题，而 ping 默认网关却不通，在排除了网络线路故障后，需要检查本机的网络设置是否正确，特别是 IP 地址。如果网络接口设置成自动获取 IP 地址的，需要确认 IP 和掩码是否已经正常获取，方法是通过 ifconfig 命令查看各个接口当前的 IP 地址和掩码。如果是静态设置 IP 的，需要跟管理员确认地址的设置是否正确。还有，如果是通过拨号上网的，有时虽然地址已经正常得到，也可能会是拨号服务器有问题，可以断开连接后，重新拨号试一下。

与网关 ping 不通还有一种可能的原因是 ARP 问题。有时，局域网内存在 ARP 攻击或其他原因，使本机 ARP 缓存中的网关 IP 的 MAC 地址是错误的，也会造成与网关 ping 不通。此时，可以使用"arp -d <网关 IP>"命令删除网关的 ARP 条目，或者如果知道网关 MAC 地址，通过"arp -a <网关 IP> <网关 MAC>"的形式设置静态 ARP 条目。

5.3.4　诊断传输层和应用层问题

如果网络层是正常的，而网络服务却不能访问，例如，不能打开其他主机的网站，或者自己的计算机配置了 Web 服务，而其他计算机却不能访问，则此时应该是传输层或应用层出现了问题。引起传输层或应用层问题的原因很多，跟网络服务软件是否工作正常、网络服务本身的配置和操作系统配置等都有关系，要根据具体的网络服务类型来诊断。

与操作系统有关的一种可能的故障原因是防火墙配置不当。在 Linux 中，默认情况下，系统启动时会启用 iptables 防火墙，而且只放行少数几个端口。如果在本机上配置了某种服务，而这种服务需要通过 TCP 或 UDP 的某个端口才能访问的，则要求防火墙要开放相应的端口，否则，其他主机将不能访问本机的这种服务。

如果怀疑本机的防火墙配置有问题，可以临时通过"iptables -F"命令清除防火墙的所有规则，或者通过"/etc/rc.d/init.d/iptables stop"命令停止防火墙的运行。当然，如果是网络中其他的防火墙挡住了访问本机某种服务的数据包，则需要求助于网络管理员。

另外，Linux 系统提供了 netstat 命令用于查看端口的状态。如果本机提供了某种网络服务，则相应的端口应该处于监听状态，以便能够通过这个端口为外界提供服务。例如，如果本机启动了 Apache 服务，而且使用的是默认端口，则执行以下命令时：

```
[root@localhost ~]# netstat -anp|grep :80
```

应该能看到类似下面的一行命令：

```
tcp        0      0 :::80                   :::*             LISTEN      3938/httpd
```

表示 TCP80 号端口由 httpd 进程在监听。如果没有这一行命令，则表明是进程还没启动，或者进程工作不正常。

诊断传输层或应用层故障最有效的一种手段是使用抓包工具抓取数据包进行分析。在 Linux 系统中，默认提供了 tcpdump 工具，利用它可以抓取所有访问本机或从本机出去的数据包，并且可以通过规则只抓取感兴趣的数据包。例如，下面的命令抓取所有通过 TCP 协议与本机 10.10.1.29 接口的 80 号端口进行交互的数据包。

```
tcpdump host 10.10.1.29 and tcp port 80
```

如果本机启动了 Apache 服务，然后执行上述命令，则其他计算机访问本机时，将可以看到类似下面的数据包交互过程：

```
[root@localhost ~]# tcpdump -nn host 10.10.1.29 and tcp port 80
tcpdump: verbose output suppressed, use -v or -vv for full protocol decode
listening on eth0, link-type EN10MB (Ethernet), capture size 96 bytes
15:11:37.481996    IP    192.168.1.146.2339  >    10.10.1.29.80:      S
1011600904:1011600904(0) win 65535 <mss 1360,nop,nop,sackOK>
15:11:37.484963    IP    10.10.1.29.80   >    192.168.1.146.2339:     S
357693526:357693526(0) ack 1011600905 win 5840 <mss 1460,nop,nop,sackOK>
15:11:37.498892 IP 192.168.1.146.2339 > 10.10.1.29.80: . ack 1 win 65535
15:11:37.505524 IP 192.168.1.146.2339 > 10.10.1.29.80: P 1:211(210) ack 1
win 65535
15:11:37.505564 IP 10.10.1.29.80 > 192.168.1.146.2339: . ack 211 win 6432
⋮
15:11:37.740360 IP 10.10.1.29.80 > 192.168.1.146.2340: F 147:147(0) ack 347
win 6432
15:11:37.801992 IP 192.168.1.146.2340 > 10.10.1.29.80: F 347:347(0) ack 147
win 65389
15:11:37.802023 IP 10.10.1.29.80 > 192.168.1.146.2340: . ack 348 win 6432
15:11:37.804074 IP 192.168.1.146.2340 > 10.10.1.29.80: . ack 148 win 65389
```

通过控制 tcpdump 命令的输出，还可以得到更详细的数据包信息。从这些数据包的交互过程或内容中，可能会发现网络故障的蛛丝马迹。

说明：抓包工具也同样可以用于解决网络层和网络接口层的故障，只要网卡能收到数据帧，都可以使用抓包工具进行网络故障的诊断。

5.4　小　　结

本章主要介绍了有关 Linux 网络管理方面的命令和配置文件，以及 Linux 常见的网络故障的诊断及解决方法。Linux 系统的网络功能非常强大，结构也非常复杂，需要在实践中不断地积累经验，碰到网络故障时才能很快地找到原因，并予以解决。

第 2 篇 Linux 主机与网络安全措施

第6章 Linux 主机安全

随着 Internet 的普及，安全问题越来越突出，每一个使用计算机的人都必须要有保护自己计算机的意识。为了保护计算机不受攻击和各种病毒、木马的侵扰，可以在网络设备上采取措施，对某些数据包进行阻挡、过滤，但更重要的是用户也要在自己的主机上采取措施，保护自己主机的安全。本章主要介绍有关 Linux 主机安全的相关知识，包括网络端口管理、系统自动升级更新和计算机病毒扫描等内容。

6.1 网 络 端 口

端口是计算机网络中的一个重要概念，各种应用服务器都需要通过网络端口才能为网络中的其他计算机提供，客户机也需要通过端口才能使用服务器提供的服务。下面介绍有关主机端口的有关知识，包括端口的概念、在 Linux 中如何查看端口的状态、端口的启用和关闭，以及端口扫描工具的使用。

6.1.1 什么是端口

在使用网络过程中，端口是经常会听到的一个名词，端口的英语单词是 port，可以认为是计算机与外界通信交流的出入口。其中，硬件领域的端口有 USB 端口、串行端口、并行端口等，它们也是计算机与其他设备连接时的插口，需要使用硬件线路进行联接。但网络端口不属于硬件端口，它是一种抽象的数据结构和 I/O 缓冲区。

网络端口可以认为是传输层协议 TCP 或 UDP 与各种应用层协议进行通信时的一种通道。由于传输层要同时为很多的应用层程序提供服务，它们从网络层收到数据包后，需要根据数据包中包含的端口号来判断这个数据包是属于哪一个应用程序。

🔷说明：TCP 和 UDP 协议的数据报文头部都用一个 16 位的域来存放目的端口号和源端口号，因此，最大的端口号是 65535。

每一个端口都有两种使用方法。一种是由某个应用程序监听某个端口，等待客户机发送数据包到这个端口。一旦有数据包到达，应用程序将会做出反应。另一种使用方法是通过某个端口主动发送数据包到其他计算机。初始状态下，一台计算机上的某个应用程序如果想发送数据包给其他计算机，需要挑选某一个空闲端口作为数据包中的源端口值，其目的是当对方回复时，将把数据包发送到这个端口，再由传输层把回复数据包交给刚才的那个应用程序。

6.1.2 端口的分类

在 UNIX 系统中，0 到 1023 号端口也称为保留端口，它们一般是用于监听目的的。默认情况下，只有 root 用户才能使用这些保留端口。保留端口中的大部分都分配给了一些知名的应用服务，也就是说，每一种应用服务默认情况下监听的端口号是固定的。例如，80 号端口是分配给使用 HTTP 协议的 Web 服务器的，而 110 号端口则是分配给 POP3 邮件服务器。

当然，并不是说 Web 服务器运行时必须要监听 80 号端口，这只是一种约定，目的是为了方便客户端访问。因为不做这样一种约定，每一台 Web 服务器都可能要监听不同的端口，此时，客户端将无所适从，不知道要访问服务器的哪一个端口才是 Web 服务。

说明：在 UNIX 系统中，可以通过查看/etc/services 文件的内容了解每一个端口对应哪一种服务。

　　1024 号以上的端口一般在主动发送数据时使用，而且所有的用户都可以使用。但是，1024 号以上的端口也完全可以被监听。某些服务如 NFS 服务、Squid 代理服务等，默认监听的就是大于 1024 的端口。

6.1.3　查看本机的端口状态

在网络和主机管理过程中，通过查看网络端口的状态，可以了解计算机的很多信息。例如，本机为外界提供了哪些服务；哪些客户机正在使用本机的服务；当前状态下，计算机与哪些计算机存在着网络连接等。在 UNIX 系统中，可以用 netstat 命令了解网络端口的状态，命令格式如下：

```
netstat [-选项 1] [-选项 2] …
```

有关协议类的选项如下所示。

- ❑ -A <地址类型>：只列出指定地址类型的端口状态，可以是 inet、unix、ipx 等。
- ❑ -t：只显示与 TCP 协议有关的连接和端口监听状态。
- ❑ -u：只显示与 UDP 协议有关的端口监听状态。
- ❑ -w：只显示原始套接口状态。

如果不加以上选项，表示所有地址类型和协议的连接和端口状态都要列出。一般情况下，Linux 系统中存在着许多 UNIX 套接字，它们用于 UNIX 进程之间的通信。如果只关心 TCP/IP 协议的网络状态，在执行 netstat 命令时，可以加上"-tu"选项，表示只列出与 TCP 和 UDP 协议有关的状态。或者加上"-A inet"选项，表示只列出 INET 地址类的网络状态。默认情况下，当执行 netstat 命令时，只列出活动的 TCP 连接，但下面两个选项可以改变默认状态。

- ❑ -l：显示正在监听的 TCP 和 UDP 端口。
- ❑ -a：显示所有活动的 TCP 连接，以及正在监听的 TCP 和 UDP 端口。

还有几个常用的 netstat 命令选项如下：

- ❑ -n：以数字形式表示地址和端口号，不试图去解析其名称。
- ❑ -s：显示所有协议的统计信息。
- ❑ -r：显示 IP 路由表的内容。
- ❑ -p：显示每一个活动连接或端口的监听是由哪一个进程发动的。
- ❑ -i：显示网络接口的统计信息。

TCP 连接处于不同阶段时，会有不同的状态值，所有的状态值如下所示。

- ❑ CLOSE_WAIT：远端已经关闭套接口，等待本机发送确认信息。
- ❑ CLOSED：套接口已经关闭，不再有效。
- ❑ ESTABLISHED：套接口之间已经建立了连接。
- ❑ FIN_WAIT_1：套接口已经关闭，正在中止连接。
- ❑ FIN_WAIT_2：套接口已经关闭，正在等远端中止连接。
- ❑ LAST_ACK：远端套接口已关闭，正在等待确认。
- ❑ LISTEN：套接口正在等待连接的到来。
- ❑ SYN_RECEIVED：已经从网络收到一个连接请求。
- ❑ SYN_SEND：套接口正尝试去建立一个连接。
- ❑ TIMED_WAIT：套接口已关闭，等待处理还在网络中传输的包。

下面看几个 netstat 命令的具体例子。

```
# netstat -i          //列出所有接口的统计信息
Kernel Interface table
Iface MTU   Met RX-OK RX-ERR RX-DRP RX-OVR  TX-OK TX-ERR TX-DRP TX-OVR  Flg
eth0  1500  0   562227 0      0      0       228952 0      0      0       BMRU
lo    16436 0   4811   0      0      0       4811   0      0      0       LRU
#
```

以上显示的各列中，MTU 和 Met 字段表示的是接口的 MTU 和度量值；RX-OK/TX-OK 两列表示正确收发的数据包数，RX-ERR/TX-ERR 表示收发的错误数据包数，RX-DRP/TX-DRP 表示收发时丢弃的数据包数，RX-OVR/TX-OVR 表示收发时遗失的数据包数；Flg 列表示为这个接口设置的标记，如 B 表示广播地址、R 表示接口激活、M 表示混杂模式、L 表示环回接口等。

```
# netstat -tn
Active Internet connections (w/o servers)
Proto Recv-Q Send-Q Local Address         Foreign Address          State
tcp   0      256    ::ffff:10.10.1.29:22   ::ffff:192.168.1.147:1143 ESTABLISHED
tcp   0      0      ::ffff:10.10.1.29:80   ::ffff:10.10.91.252:1226  TIME_WAIT
tcp   0      0      ::ffff:10.10.1.29:80   ::ffff:10.10.91.252:1219  TIME_WAIT
tcp   0      0      10.10.1.29:5901        10.10.91.252:2122         ESTABLISHED
tcp   0      0      ::ffff:10.10.1.29:22   ::ffff:10.10.91.252:3592  ESTABLISHED
tcp   0      0      ::ffff:10.10.1.29:22   ::ffff:10.10.91.252:3591  ESTABLISHED
tcp   0      0      127.0.0.1:46961        127.0.0.1:389             ESTABLISHED
```

以上命令列出了所有 TCP 协议的连接状态，各列所表示的含义如下所示。

- ❑ Recv-Q：表示还没有从套接口复制给进程的字节数。
- ❑ Send-Q：表示还没有被对方确认的字节数。
- ❑ Local Address：表示参与连接的本机网络接口的 IP 地址和端口号，代表本机的一个套接口。
- ❑ Foreign Address：表示参与连接的远程机网络接口的 IP 地址和端口号，代表了远程机的一个套接口。
- ❑ State：表示连接的状态。

```
# netstat  -tuln
netstat: no support for `AF INET (sctp)' on this system.
Active Internet connections (only servers)
```

```
Proto Recv-Q Send-Q  Local Address          Foreign Address        State
tcp    0      0       0.0.0.0:1006           0.0.0.0:*              LISTEN
:
tcp    0      0       127.0.0.1:2207         0.0.0.0:*              LISTEN
tcp    0      0       :::80                  :::*                   LISTEN
udp    0      0       0.0.0.0:32768          0.0.0.0:*
:
udp    0      0       0.0.0.0:631            0.0.0.0:*
```

以上命令列出了所有 inet 地址类的端口监听状态，Local Address 表示正在监听的本机网络接口和端口，0.0.0.0 表示所有的网络接口。Foreign Address 表示允许哪些远程 IP 地址和端口与监听的端口进行连接，0.0.0.0 表示所有的网络接口，"*"表示所有的端口。

6.1.4　端口的关闭与启用

6.1.3 节介绍了通过 netstat 命令来了解端口的状态，下面将介绍一下如何对端口的状态进行干预。也就是说，某个开放的端口如何关闭，如何对某个端口进行监听，如何中断某个连接等。在 netstat 命令中，提供了一个-p 选项，它可以列出与端口监听或连接相关的进程。如果想关闭某个端口或者中断某个连接，只需中止对应的进程即可。例如，以下命令列出有关 22 号端口的监听和连接情况。

```
# netstat -anp|grep :22
tcp 0 0:::22         :::*                    LISTEN      2761/sshd
tcp 0 48::ffff:10.10.1.29:22::ffff:192.168.1.147:1143 ESTABLISHED 20566/2
tcp 0 0::ffff:10.10.1.29:22::ffff:10.10.91.252:3592ESTABLISHED 3669/sshd:
root@not
tcp 0 0::ffff:10.10.1.29:22::ffff:10.10.91.252:3591ESTABLISHED 3637/1
#
```

可以看到，22 号端口由进程号为 2 761 的 sshd 进行监听，而且本机 IP 为 10.10.1.29 的网络接口的 22 号端口与外界建立了 3 个 TCP 连接，一个连接的对端是 IP 为 192.168.1.147 计算机的 1143 号端口，还有两个连接的对端是 IP 为 10.10.91.252 计算机的 3592 和 3591 端口。为了中断后面两个连接，可以中止相应进程，命令如下：

```
[root@localhost ~]# kill 3669
[root@localhost ~]# kill 3637
[root@localhost ~]# netstat -anp|grep :22
tcp 0 0:::22         :::*                    LISTEN      2761/sshd
tcp 0 48::ffff:10.10.1.29:22::ffff:192.168.1.147:1143 ESTABLISHED 20566/2
tcp 0 0::ffff:10.10.1.29:22::ffff:10.10.91.252:3592 FIN_WAIT2-
tcp 0 0::ffff:10.10.1.29:22::ffff:10.10.91.252:3591 FIN_WAIT2 -
```

终止了进程号为 3669 和 3637 的进程后，再用同样的命令马上查看端口状态时，可以发现与 10.10.91.252 的两个连接状态变为了 FIN_WAIT2，表示套接口已经关闭，正等待对端确认中断连接。等若干秒后再执行同样的 netstat 命令时，可以发现这两行代码已经消失。同样的道理，如果终止了 2761 进程号的 sshd 进程，则 TCP22 号端口将不再处于监听状态。

刚才中断的两个连接是由其他计算机主动发起，连接到本机的 22 号端口。如果本机主动发起，连接到远程计算机的某一个端口，同样可以用上述方法中断连接。例如，在 IP 为 10.10.1.29 的主机上，用下面的 ssh 命令连接到 IP 为 10.10.1.253 的计算机。

```
# ssh 10.10.1.253
root@10.10.1.253's password:
Last login: Thu Dec 25 21:38:59 2008 from mail.wzvtc.edu.cn
[root@radius root]# netstat -anp|grep :22
tcp     0     0 0.0.0.0:22        0.0.0.0:*      LISTEN       1748/sshd
tcp     0     0 10.10.1.253:22    10.10.1.29:35037  ESTABLISHED 10892/sshd
#
```

以上执行 netstat 命令时，位置已经在 10.10.1.253 计算机上，查看的是 10.10.1.253 计算机上有关 22 号端口的连接情况。可以看到，10.10.1.29 的 35037 端口与 10.10.1.253 计算机的 22 号端口建立了连接。为了查看 10.10.1.29 计算机上的连接情况，需要进入另一台与 10.10.1.253 计算机连接的终端，然后执行下面的命令：

```
# netstat -anp|grep :22
tcp     0     0 10.10.1.29:35037    10.10.1.253:22   ESTABLISHED 21060/ssh
tcp     0     0 :::22               :::*             LISTEN       2761/sshd
⋮
#
```

同样可以看到这个连接，但与 10.10.1.253 上看到的同一个连接其 Local Address 与 Foreign Address 列内容的次序换了一下。为了终止这个连接，可以终止相应的进程，命令如下：

```
# kill 21060
# netstat -anp|grep :22
tcp     0     0 10.10.1.29:35037    10.10.1.253:22   TIME_WAIT
⋮
#
```

由于所中止的连接是由本机主动发起的，因此，马上查看连接时可以看到此时的连接状态是 TIME_WAIT，表示套接口已关闭，等待处理还在网络中传输的数据包。

为了监听某一个端口，需要启动相应的网络进程。例如，如果计算机上安装了 Apache 服务器软件，而 Apache 服务器运行时默认要监听 80 号端口。因此，启动了 Apache 进程后，80 号端口将处于监听状态，如下所示。

```
# netstat -anp|grep :80
# apachectl start
# netstat -anp|grep :80
tcp     0     0 :::80        :::*        LISTEN       21117/httpd
#
```

"apachectl start" 是启动 Apache 服务器进程 httpd 的脚本命令，执行前，用 netstat 命令查看时，没有看到 80 号端口处于监听状态，执行后，再用 netstat 命令查看时，就可以看到 80 号端口已经处于监听状态了。监听的端口号可以通过配置文件由用户指定，其他计算机连接到这个端口时，Apache 服务器将通过这个端口与其他计算机建立连接。

注意：如果自己的计算机主动与其他计算机建立连接时，端口号一般是不指定的，由系统依次挑选一个空闲的端口。

6.1.5　端口扫描工具 nmap

前面介绍的 netstat 命令可以查看本机的网络端口状态，只要具有 root 权限，则可以查看所有感兴趣的内容。但如果想通过网络了解其他计算机端口的状态,而且没有那台计算机的账号时,问题就没那么简单了。此时需要通过端口扫描工具才能做到,但这是一种不可靠的方法,经常会被对方的防火墙挡住,或者了解到的是虚假信息。端口扫描工具有很多种类,Linux 平台下常用的是 nmap 工具。

nmap 端口扫描工具是一个开放源代码的自由软件,可以从 http://nmap.org/download.html 下载。RHEL 6 发行版也提供了 nmap 端口扫描工具的 RPM 包,但默认情况下是没有安装的,需要从 DVD 光盘上找到 nmap-5.51-2.el6.i686.rpm 文件,再用以下命令进行安装。

```
[root@localhost ~]# rpm -ivh nmap-5.51-2.el6.i686.rpm
warning: nmap-4.11-1.1.i386.rpm: Header V3 DSA signature: NOKEY, key ID
37017186
Preparing...               ########################################### [100%]
   1:nmap                   ########################################### [100%]
[root@localhost ~]#
```

安装完成后,主要产生的是/usr/bin/nmap 文件,它是 nmap 工具的命令文件,其余的文件都是帮助说明文件。nmap 命令的格式如下:

```
nmap [扫描类型]  [扫描选项]  <目标>
```

其中,扫描类型可以是以下几种。

- ❑ -sT:TCP connect 扫描,是最基本的 TCP 扫描方式,在执行时不需要 root 权限。
- ❑ -sS:TCP SYN 扫描,通过向目标的某一个端口发送 TCP SYN 包,然后根据对方不同的回应来判断该端口是否处于监听状态。
- ❑ -sA:TCP ACK 扫描,只用来确定防火墙的规则集,本身并不扫描目标主机的端口。
- ❑ -sW:滑动窗口扫描,类似于 ACK 扫描,但是它可以检测到处于打开状态的端口。
- ❑ -sF:TCP FIN 扫描,向目标发送 TCP FIN 包,再根据目标的响应进行判断。
- ❑ -sX:TCP NULL 扫描,向目标发送 TCP NULL 包,再根据目标的响应进行判断。
- ❑ -sN:TCP Xmas 扫描,向目标发送设置了 FIN,PSH 和 URG 标志的包,再根据目标的响应进行判断。
- ❑ -sP:ping 扫描,向目标发送一个 ICMP echo 和一个 TCPACK 包。如果有响应,则表明目标处于活动状态。
- ❑ -sU:UDP 扫描,确定哪些 UDP 端口是开放的。
- ❑ -sR:RPC 扫描,与其他扫描方法结合使用,用于确定是否是 RPC 端口。

目标可以是某一主机的 IP 地址,也可以是 IP 范围,或者整个子网。为了不同的目的,NMAP 还提供了很多选项。下面通过命令例子来了解相关的内容。

```
# nmap 10.10.1.253          //以默认的方式扫描10.10.1.253主机

Starting Nmap 5.51 ( http://nmap.org ) at 2012-09-19 15:27 CST
Interesting ports on 10.10.1.253:
Not shown: 1673 closed ports
PORT      STATE SERVICE       //下面列出了扫描到的开放端口及服务名称
21/tcp    open  ftp
22/tcp    open  ssh
23/tcp    open  telnet
111/tcp   open  rpcbind
```

```
3306/tcp  open  mysql
6000/tcp  open  X11
32773/tcp open  sometimes-rpc9
MAC Address: 00:00:E8:95:4B:5C (Accton Technology)   //目标的 MAC 地址,本机与
                                                     //目标在同一网段才能得到

Nmap finished: 1 IP address (1 host up) scanned in 0.256 seconds
#
```

默认情况下，NMAP 使用的是 TCP connect 扫描方式，它以正常的方式与目标的某一端口建立 TCP 连接。如果能建立，就说明端口是开放的。这种方式不需要本机的 root 权限，但很容易被目标主机检测到。另外，默认情况下，NMAP 只扫描 TCP 端口，如果要扫描 UDP 端口，需要加上"-sU"选项。

由于 TCP connect 扫描很容易会被目标主机检测到，为了使用更隐蔽的方式进行扫描，可以采用 SYN 扫描、滑动窗口扫描、TCP FIN 扫描等方式，但这些方式的可靠程度要差一些。为了确定某一子网上有哪些主机处于活动状态，可以使用下面的命令。

```
[root@localhost ~]# nmap -sP 10.10.91.0/24

Starting Nmap 4.11 ( http://www.insecure.org/nmap/ ) at 2008-12-27 10:20
CST
Host 10.10.91.0 seems to be a subnet broadcast address (returned 1 extra
pings).
Host 10.10.91.1 appears to be up.
Host 10.10.91.6 appears to be up.
Host 10.10.91.7 appears to be up.
Host 10.10.91.42 appears to be up.
Host 10.10.91.73 appears to be up.
Host 10.10.91.255 seems to be a subnet broadcast address (returned 1 extra
pings).
Nmap finished: 256 IP addresses (5 hosts up) scanned in 2.381 seconds
[root@localhost ~]#
```

以上结果显示，该子网共有 5 台计算机处于活动状态。但是，如果有些主机开启了防火墙，可能会过滤掉扫描时所发送的 ICMP echo 和 TCP ACK 包，使得扫描结果并不一定准确。例如，接着用以下命令对该网段的某些主机进行扫描，如果也能得到扫描结果，表明该主机也是活动的。

```
[root@localhost ~]# nmap -P0 -p 4500-5000,5500-6000, 10.10.91.250-254
Starting Nmap 4.11 ( http://nmap.org/ ) at 2012-09-19 15:31 CST
All 1001 scanned ports on 10.10.91.250 are filtered
All 1001 scanned ports on 10.10.91.251 are filtered
Interesting ports on 10.10.91.252:
Not shown: 999 filtered ports
PORT     STATE SERVICE
5800/tcp open  vnc-http
5900/tcp open  vnc
All 1001 scanned ports on 10.10.91.253 are filtered
All 1001 scanned ports on 10.10.91.254 are filtered
Nmap finished: 5 IP addresses (5 hosts up) scanned in 218.829 seconds
[root@localhost ~]#
```

以上命令中，10.10.91.250-254 表示地址的范围，-p 选项指定了端口范围。-P0 选项此时非常重要，它表示不管目标主机是否处于活动状态，都坚持要进行扫描。默认情况下，

NMAP 如果判断目标主机不处于活动状态，将不进行扫描。但由于种种原因，目标主机的活动状态判断并不可靠，因此可能会忽略了对某些实际上是活动的主机的扫描，-P0 选项可以避免这种情况。从以上结果可以看出，虽然 10.10.91.252 在前一条命令的结果中认为是不活动的，但这条命令的结果却显示 5800 和 5900 端口是开放的，因此肯定是活动的计算机。

　　NMAP 还有一个很实用的功能，就是能根据扫描到的某些线索猜测目标主机的操作系统类型，而且相当准确。可以通过-O 选项使用这项功能，它可以和一种端口扫描选项结合使用，但不能和 Ping 扫描结合使用。下面是几个判断目标主机操作系统类型的命令例子。

```
# nmap -O 10.10.1.253
:
Running: Linux 2.4.X|2.5.X          // 目标主机的操作系统类型是 Linux
OS details: Linux 2.4.0 - 2.5.20    // 具体的 Linux 内核版本号
Uptime 174.039 days (since Sun Jul  6 10:36:39 2008)
                                    // 可以判断出目标主机持续工作的时间
:
# nmap -P0 -O 10.10.91.252
:
Running: IBM AIX 4.X, Microsoft Windows 2003/.NET|NT/2K/XP
                                    //可能的操作系统类型
OS details: IBM AIX 4.3.2.0-4.3.3.0 on an IBM RS/*, Microsoft Windows 2003
Server or XP SP2, Microsoft Windows XP SP2 //操作系统可能的详细情况
:
# nmap  -O 10.10.1.6
:
Running: Sun Solaris 8                //目标主机的操作系统类型是 SUN Solaris
OS details: Sun Solaris 8
Uptime 92.128 days (since Fri Sep 26 08:33:29 2008)
                                    //目标主机的持续工作时间
:
#
```

以上 3 条命令的猜测结果与实际情况基本相符，只是第二条命令多了一种 IBM AIX 的结果。

🔊说明：NMAP 也是一种常用的网络安全工具，黑客进行网络攻击前，一般要使用这类工具搜索攻击目标，搜集目标主机的端口信息，然后再进一步采用其他手段进行攻击。网络安全管理员也要使用这类工具对网络的安全性能进行检测，以防范攻击。

以上介绍的是 NMAP 命令的主要功能。在实际应用中，NMAP 工具有很多的使用技巧，功能非常丰富。

6.2　Linux 自动更新

为了防范来自网络的攻击，除了架设防火墙外，还有一项重要的工作就是要及时修补操作系统的漏洞。大部分的 Linux 发行版都会提供自动更新软件的机制，可以让系统管理

员非常方便地对系统漏洞进行修补。本节主要介绍 RHEL.6 操作系统软件升级更新的方法及相关知识。

6.2.1　自动更新的意义

所有的计算机程序，包括操作系统，都是由人设计的。由于种种原因，这些程序编写时，不可避免地都会存在错误。各种错误造成的后果也是不一样的，有些错误只是浪费了计算机资源，有些错误会影响最终的结果，也有一些错误会造成计算机死机。其中，系统漏洞也是程序错误的一种，它的存在会对计算机的安全造成很大的威胁。

所谓的系统漏洞，是指应用软件或操作系统软件在逻辑设计上存在缺陷，或在代码编写时存在错误，而这些缺陷或错误可以被不法分子或黑客利用，他们通过植入木马、注入病毒等方式来攻击或控制整个系统，从而窃取计算机中的重要资料和信息，甚至破坏整个系统。

当黑客通过网络攻击计算机时，一般先通过端口扫描等工具收集攻击目标的各种信息。最主要的是，了解目标主机的哪些端口是开放的，这些端口上运行着什么服务，以及服务器软件的类型及版本。如果发现某种服务器软件存在着系统漏洞，则通过向这些端口发送特定的数据包，就可以对目标主机进行攻击。最严重的情况下，甚至可以完全控制攻击目标。

一般情况下，当某一种操作系统或应用软件被发现存在漏洞时，软件的发行者都会在网络上发布公告，说明系统漏洞的原因、可能造成的后果等内容，以提醒用户注意。一般，软件的发行者还会提供补丁程序，以供用户下载安装。例如，下面就是一则有关 Linux 系统漏洞公告的部分内容。

```
受影响系统: RedHat PXE Server 0.1
描述: BUGTRAQ  ID: 5596
CVE(CAN) ID: CVE-2002-0835
Red Hat Linux 是一款开放源代码 Linux 操作系统，包含 Preboot eXecution Environment
(PXE)服务程序，PXE 用于从远程磁盘映象中启动 Linux 系统。
Preboot eXecution Environment (PXE)服务程序对未预料到的 DHCP 包处理不正确，远程
攻击者可以利用这个漏洞进行拒绝服务攻击。
PXE 服务程序对来自 VOIP 电话系统的 DHCP 包请求处理不正确，远程攻击者可以构建 VOIP 电话
系统的 DHCP 请求包而导致 PXE 服务程序崩溃。
```

为了防止黑客利用系统漏洞侵入计算机，系统管理员需要及时修补计算机的漏洞，包括安装系统补丁程序、尽可能地使用最新版本的软件和操作系统等。当然，并不是所有的系统漏洞都会被黑客利用，但漏洞的存在肯定会对计算机的运行造成不良的影响，都应该及时修补。

但是，如果采用手动的方式修补漏洞，系统管理员的负担将非常沉重。因为一个实际的计算机系统除了操作系统外，肯定还运行着很多的应用软件，特别是一些有网络功能的软件。如果每天都要检查这些软件是否存在系统漏洞或者补丁程序，将会花费很多的时间。因此，为了减轻系统管理员的负担，很多操作系统和应用软件都提供了自动更新的机制。也就是说，一旦发现系统漏洞，软件的发行者都会在第一时间通知管理员，并分发补丁程序，由管理员决定是否安装，或者直接就安装。

6.2.2　CentOS 的 yum 客户端配置

CentOS 是 The Community Enterprise Operating System 的缩写，其中文意思是社区企业操作系统。CentOS 实际是 RHEL 的源代码经过重新编译后产生的，同时还修正了不少已知的 Bug，因此，相对于其他 Linux 发行版，它的稳定性、安全性更好。CentOS 的一个重要特点是提供免费的 yum 升级服务，由于 RHEL 和 CentOS 在系统功能、管理和操作方式上几乎没有区别，因此 RHEL 发行版也可以使用 CentOS 提供的这种升级服务。

Yum（Yellow dog Updater，Modified）是一个 RPM 包管理工具，能够从指定的服务器自动下载 RPM 包并进行安装。它还能够自动分析 RPM 包之间的依赖关系，当安装一个 RPM 包时，它可以同时将其所依赖的其他 RPM 包一起下载过来，并根据依赖关系依次安装。这个功能为用户带来了很大的方便，因为如果手工完成这些事情，有时会非常麻烦。

Yum 服务器上提供的软件包包括 CentOS 和 Fedora 发行版本身的软体包，以及由 Linux 社区共同维护的软件包。这些软件包都属于自由软件，为了保护系统的安全，所有的软件包都有一个独立的 GPG 签名。Yum 服务器使用一种资源库（repository）的方法管理应用程序之间的相互关系，根据计算出来的软件依赖关系进行相应的升级、安装和删除等操作。

RHEL 6 的发行版以 RPM 的方式提供了 yum 软件包，并且在操作系统默认安装时，已经安装了 yum 包，可以通过下面的命令查看：

```
# rpm -qa|grep yum
yum-metadata-parser-1.1.2-16.el6.i686
yum-utils-1.1.30-14.el6.noarch
yum-3.2.29-30.el6.noarch
PackageKit-yum-plugin-0.5.8-20.el6.i686
yum-rhn-plugin-0.9.1-40.el6.noarch
yum-plugin-security-1.1.30-14.el6.noarch
PackageKit-yum-0.5.8-20.el6.i686
#
```

可以看到，一共有 7 个与 yum 相关的软件包。其中 yum-metadata-parser-1.1.2-16.el6.i686 包是供用户使用的 yum 客户端，利用它可以与 Internet 上的 yum 资源库联系，对自己计算机上的软件包进行升级等操作。yum 客户端软件包主要包含了命令文件/usr/bin/yum 和主配置文件/etc/yum.conf，初始的配置内容如下所示。

```
# more /etc/yum.conf          # 查看/etc/yum.conf 文件内容
[main]
cachedir=/var/cache/yum/$basearch/$releasever
keepcache=0
debuglevel=2
logfile=/var/log/yum.log
exactarch=1
obsoletes=1
gpgcheck=1
plugins=1
installonly_limit=3

#  This is the default, if you make this bigger yum won't see if the metadata
# is newer on the remote and so you'll "gain" the bandwidth of not having
```

```
to
# download the new metadata and "pay" for it by yum not having correct
# information.
#  It is esp. important, to have correct metadata, for distributions like
# Fedora which don't keep old packages around. If you don't like this checking
# interupting your command line usage, it's much better to have something
# manually check the metadata once an hour (yum-updatesd will do this).
# metadata_expire=90m

# PUT YOUR REPOS HERE OR IN separate files named file.repo
# in /etc/yum.repos.d
#
```

为了使用 yum 客户端,最关键的是要设置好 YUM 资源库的有关选项,然后才能用 yum 命令管理系统中的 RPM 包。当 yum-metadata-parser-1.1.2-16.el6.i686 包安装完成后, 在 /etc/yum.repos.d 目录下提供了一个默认的资源库配置文件, 其文件名是 rhel-source.repo, 内容如下:

```
[root@localhost yum.repos.d]# more rhel-source.repo
[rhel-source]
name=Red Hat Enterprise Linux $releasever - $basearch - Source
baseurl=ftp://ftp.redhat.com/pub/redhat/linux/enterprise/$releasever/en
/os/SRPMS/
enabled=0
gpgcheck=1
gpgkey=file:///etc/pki/rpm-gpg/RPM-GPG-KEY-redhat-release
```

以上文件中指定的资源库是由 Red Hat 公司提供的,需要收费注册后才能使用。Internet 上有很多免费的 yum 资源库,DAG 就是其中的一个, 其主页地址是 http://dag.wieers.com/。 为了使用 DAG 提供的 yum 资源库, 需要从 http://dag.wieers.com/rpm/packages/rpmforge-release/处下载一个合适的 rpmforge 软件包, 例如 rpmforge-release-0.5.2-2.el6.rf.i686.rpm, 然后用以下命令进行安装。

```
# rpm -ivh rpmforge-release-0.5.2-2.el6.rf.i686.rpm
warning:  rpmforge-release-0.5.2-2.el6.rf.i686.rpm:  Header  V3  DSA/SHA1
Signature, key ID 6b8d79e6: NOKEY
Preparing...          ########################################### [100%]
   1:rpmforge-release ########################################### [100%]
#
```

安装完成后, 会在/etc/yum.repos.d 目录出现 rpmforge.repo 文件, 其中包含了使用 rpmforge 资源库的配置, 其内容如下所示。

```
[root@localhost yum.repos.d]# more rpmforge.repo
### Name: RPMforge RPM Repository for RHEL 6 - dag
### URL: http://rpmforge.net/
[rpmforge]
name = RHEL $releasever - RPMforge.net - dag
baseurl = http://apt.sw.be/redhat/el6/en/$basearch/rpmforge
mirrorlist = http://apt.sw.be/redhat/el6/en/mirrors-rpmforge
#mirrorlist = file:///etc/yum.repos.d/mirrors-rpmforge
enabled = 1
protect = 0
gpgkey = file:///etc/pki/rpm-gpg/RPM-GPG-KEY-rpmforge-dag
gpgcheck = 1
```

以上配置中，baseurl 和 mirrorlist 选项指出了 yum 资源库在 Internet 上的位置，可以把这两个选项的注释符"#"去掉以指定更多的资源库。gpgkey 选项指定了公钥文件，用于检验从资源库下载的软件包的完整性，它也是由 rpmforge 软件包提供的。

6.2.3　yum 客户端的使用

yum 的基本操作包括软件的安装、升级、卸载以及一些查询功能。第一次使用 yum 或 yum 资源库有更新时，yum 会自动下载所有的更新信息到/var/cache/yum 目录，此时所需的时间可能会比较长。yum 的命令格式如下：

```
yum [选项] [动作] [软件包名称]
```

常用的选项如下所示。

- ❑ -t：处理多个软件包时，忽略前面的错误，继续处理后面的软件包。
- ❑ -c [config file]：指定配置文件的路径和名字。
- ❑ -y：所有的询问均以 y 回答。
- ❑ --noplugins：禁用插件。

"动作"是 yum 的主要内容，其名称和含义如下所示。

- ❑ install：安装指定的软件包。
- ❑ update：更新指定的软件包。
- ❑ checkupdate：检查哪些软件包可以更新。
- ❑ remove：删除指定的软件包。
- ❑ search：搜索指定的软件包。
- ❑ list：列出所有软件包的名称和版本，类似于 rpm -qa 的执行结果。
- ❑ info：列出所有软件包的名称、版本及说明，类似于 rpm -qai 的执行结果。
- ❑ clean：清除/var/cache/yum 目录中下载的内容。

此外，还可以用 grouplist、groupinstall、groupupdate 等动作对一组软件包进行相应操作。下面是一些 yum 命令的例子。

示例 1：

```
yum -y install gcc
```

功能：安装 gcc 软件包及其所依赖的所有软件包。

示例 2：

```
yum check-update
```

功能：检查可以更新的 rpm 包。

示例 3：

```
yum update
```

功能：更新所有的 rpm 包，如果网络速度不够快，这个命令将需要很长的执行时间。

示例 4：

```
yum update kernel kernel-source
```

功能：只更新指定的 kernel 和 kernel source 两个 RPM 包。

示例 5：

```
yum remove gcc
```

功能：删除 gcc 包以及所有依赖它的包。

示例 6：

```
yum clean all
```

功能：清除缓存中的头文件和包文件。

示例 7：

```
yum list
```

功能：列出资源库中所有可以安装或更新的软件包。

示例 8：

```
yum info mozilla
```

功能：列出资源库中 mozilla 软件包的说明信息。

示例 9：

```
yum search mozilla
```

功能：在资源库中搜索含有 mozilla 关键字的软件包。

示例 10：

```
yum grouplist
```

功能：列出可安装的软件包组。

另外，在 RHEL 6 中，也可以通过图形界面使用 yum。其方法是选择"系统"|"管理"|"软件更新"命令，如图 6-1 所示。然后就会执行 yum 的更新功能，从配置文件指定的资源库中获取更新信息，再提醒用户进行更新，如图 6-2 所示。

此外，系统默认安装的 yum-updatesd-3.0.1-5.el5 包还提供了自动更新的功能，可以用以下命令查看一下有关 yum 的进程，如下所示。

图 6-1　选择软件包更新工具菜单

```
# ps -eaf|grep yum
root  2890  1    0 16:42 ?        00:00:01/usr/bin/python/usr/sbin/yum-updatesd
root  4158 3988 0 20:08 pts/3     00:00:00 grep yum
#
```

/usr/sbin/yum-updatesd 是一个 Python 语言编写的程序。它的功能是定期从 yum 资源库查看最新的软件包更新信息，并以日志和 Email 等方式通知管理员，配置文件是 /etc/yum/yum-updatesd.conf，里面定义了检查的时间间隔，是否自动下载更新等内容。yum-updatesd 进程可以通过/etc/rc.d/init.d/yum-updatesd 脚本启动或停止。

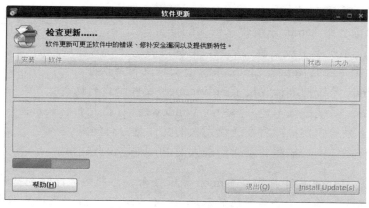

图 6-2　软件包更新工具界面

6.3　Linux 平台的防毒软件

目前 Windows 平台上最严重的一个安全问题是计算机病毒的侵扰,但在 Linux 平台上,问题却相对要轻得多,针对 Linux 系统的病毒非常少,造成的危害也远没有 Windows 系统那么严重。但这并不意味着 Linux 系统可以对病毒掉以轻心。本节主要介绍 Linux 平台下的病毒防范知识以及 clamav 反病毒软件的安装、配置和使用方法。

6.3.1　Linux 平台下的计算机病毒

计算机病毒是一种能够自我复制、恶意的程序代码,它或者独立存在,或者插入到正常的程序代码中,执行时会造成数据损坏、影响计算机使用等后果。Windows 平台下的计算机病毒非常多,可以说到了泛滥成灾的程度。幸运的是,Linux 平台虽然也存在计算机病毒,但严重程度远不如 Windows 平台,这主要是以下几个原因,使得 Linux 系统对计算机病毒具有很强的抵抗能力。

第一个原因是 Linux 系统具有严格的用户权限机制,一个刚刚创建的用户其权限很小,对系统中大部分的文件没有写的权限。因此,即使病毒成功地感染了这个用户拥有的一个程序文件,但由于这个用户权限不够,它进一步传播病毒的能力非常有限。

第二个原因是 Linux 系统下的网络服务程序构建得很保守,没有像 Windows 那样具有使病毒快速传播成为可能的高级宏工具。而且大部分的网络程序开发时,都考虑如何使程序本身的问题尽可能小地影响操作系统。例如,大部分的网络程序其主要部分都是由一个权限相对很小的用户运行的,这样,即使程序有漏洞,病毒也无法利用,因为运行程序的用户对系统中绝大部分的文件没有访问权限。

第三个原因是 Linux 系统本身以及上面运行的系统和应用软件几乎都是开源的,这就使得病毒很难藏身于开源的代码中间。而且,一次新的编译安装就可以把其中的二进制的病毒清除。虽然 Linux 发行商也大量提供二进制软件包,但由于大都具有 md5 的验证机制,因此安全性极高。

由于 Linux 系统的上述特点,使得计算机病毒即使存在,但是想要快速传播,却是非常困难的。但这并不意味着使用 Linux 系统就可以高枕无忧，一个精心制作并有技术上创新的病毒也有可能会给 Linux 系统带来很大的危害。另外，计算机系统之间的集成越来越紧密，虽然 Linux 系统本身没有感染病毒，但却可能工作在充满病毒的环境中。具体来说，由于以下几个原因，经常需要在 Linux 系统中安装反病毒软件。

- ❏ 通过 Linux 系统扫描计算机上的 Windows 文件是否有病毒；
- ❏ 通过 Linux 系统扫描本地网络中的 Windows 计算机是否有病毒；
- ❏ 在 Linux 系统中扫描即将发送给别人的文件是否有病毒；
- ❏ 在 Linux 系统中扫描将要发送给别人的 Email 是否有病毒。

🔊说明：例如，当 Linux 由于提供了 Samba 等服务而成为网络文件服务器时，将有可能成为 Windows 病毒传播与繁殖的基地。此时，需要在 Linux 系统中安装反病毒软件，才能阻止 Windows 病毒通过 Linux 系统传播。

6.3.2　Clamav 反病毒软件的获取与安装

目前，Linux 平台下只有较少的反病毒解决方案，但数量正在逐渐地增加。与其他类型的软件一样，Linux 反病毒软件也有开源软件，免费软件，以及商业软件之分。下面介绍一种名为 Clamav 的开放源码的反病毒软件，它是一种以命令方式工作的查毒软件，主要用来防护一些 Windows 病毒和木马程序。Clamav 只能查出计算机内的病毒，但无法清除它，即没有杀毒功能。

Clamav 反病毒软件的主页是 http://www.clamav.net，可以从该网站直接下载源代码，再进行编译安装，目前最新版本是 0.97.6。另外，网站 http://rpmfind.net 还提供了 Clamav 在 RHEL 6 下安装的 RPM 包，其文件名是 clamav-0.97.5-63.fc17.i686.rpm。把这个文件下载到 RHEL 6 中以后，可以通过以下命令进行安装。在安装该软件包时有些依赖关系，这里可以用 yum 来安装。

```
# rpm -ivh clamav-0.97.5-63.fc17.i686.rpm
#yum install  clamav-0.97.5-63.fc17.i686.rpm
```

Clamav 软件包主要包含两个程序文件，它们均位于/usr/bin 目录中。一个名为 clamscan，主要用于检查文件中是否含有病毒。另一个是 freshclam，它用于更新 Clamav 的病毒库，其配置文件是/etc/freshclam.conf。此外，还有很多关于 Clamav 的说明文件安装在/usr/share/doc/clamav-0.97.6 目录中。

clamav-db 软件包主要包含了病毒库，同时还在/etc/cron.daily/目录下提供一个名为 freshclam 的脚本程序。它每天都能定时执行，以便对病毒库进行更新。另外，在/var/log/clamav 目录下还有包含了 clamav 病毒库的更新日志，日志文件名是 freshclam.log。

6.3.3　Clamav 反病毒软件的使用

clamscan 命令用于扫描文件和目录，以发现其中包含的计算机病毒。需要注意的是，clamscan 命令除了扫描 Linux 系统的病毒外，主要扫描的还是文件中包含的 Windows 病毒。另外，clamscan 命令如果发现某一文件包含病毒，并不能清除该病毒，但可以对文件进行删除或移动处理。clamscan 命令的格式如下：

```
clamscan [选项] [路径][文件]
```

可以指定要求扫描的文件，文件名可以使用"*"、"?"等通配符，文件前面也可以指定一个路径。常用的选项如下所示。

- ❑ --quiet：使用安静模式，仅仅打印出错信息。
- ❑ -i：仅仅打印被感染的文件。
- ❑ -d <文件>：以指定的文件作为病毒库，以代替默认的/var/clamav 目录下的病毒库文件。
- ❑ -d <目录>：以指定目录中的.cvd 和.db[2]文件作为病毒库文件，以代替默认的/var/clamav 目录下的病毒库文件。
- ❑ -l <文件>：指定日志文件，以代替默认的/var/log/clamav/freshclam.log 文件。
- ❑ -r：递归扫描，即扫描指定目录下的所有子目录。
- ❑ --move=<目录>：把感染病毒的文件移到指定的目录。
- ❑ --remove：删除感染病毒的文件。

下面是几个有关 clamscan 命令的例子。

示例 1：

```
clamscan /bin/uame
```

功能：扫描指定的单个文件。

示例 2：

```
clamscan
```

功能：扫描当前目录下的所有文件。

示例 3：

```
clamscan -r /home
```

功能：扫描/home 目录下的所有文件和子目录。

示例 4：

```
clamscan -d /tmp/newclamdb -r /tmp
```

功能：以/tmp/newclamdb 文件或/tmp/newclamdb 目录中的所有 cvd 文件为病毒库，扫描/tmp 目录下的所有文件和子目录。

示例 5：

```
cat testfile | clamscan -
```

功能：扫描一个数据流。

示例 6：

```
clamscan -r /var/spool/mail
```

功能：扫描邮箱目录，以查找包含病毒的邮件。

clamscan 命令执行完成后，将显示本次扫描的一些摘要信息，如下所示。

```
# clamscan /usr/*
```

```
/usr/bin/gnome-wm: OK
/usr/bin/which: OK
/usr/bin/unzip: OK
⋮

----------- SCAN SUMMARY -----------
Known viruses: 486811          # 病毒库中的病毒种类数
Engine version: 0.94.2         # 引擎版本
Scanned directories: 14        # 扫描的目录数
Scanned files: 2821            # 扫描的文件数
Infected files: 0              # 被感染的文件数
Data scanned: 342.52 MB        # 总的扫描字节数
Time: 72.712 sec (1 m 12 s)    # 花费的总时间
#
```

clamscan 命令相对简单，非特权用户也可以使用 clamscan 命令，但需要注意权限情况。首先要保证能读取被扫描的文件，如果使用删除或移动带病毒文件的选项时，还要有相应的写权限。

6.3.4　以后台进程方式运行 Clamav 反病毒软件

6.3.3 节介绍了 clamscan 命令的使用方法，实际上，当需要对系统进行实时监控时，Clamav 反病毒软件也可以在后台以守护进程的方式运行。具体作法是再安装一个名为 clamd-0.97.5-2.el6.rf.i686.rpm 的软件包，该软件包也可以从 http://rpmfind.net 下载，然后通过以下命令进行安装。

```
# rpm -ivh clamd-0.97.5-2.el6.rf.i686.rpm
Preparing...        ########################################## [100%]
   1:clamd           ########################################## [100%]
#
```

安装完成后，将出现以下文件：

❑ /etc/clamd.conf：clamd 进程的配置文件；
❑ /etc/logrotate.d/clamav：配置日志轮动方式的文件；
❑ /etc/rc.d/init.d/clamd：clamd 进程的启动脚本；
❑ /usr/bin/clamconf：查看 clamd 进程和病毒更新的当前配置；
❑ /usr/bin/clamdscan：clamd 进程的客户端工具；
❑ /usr/sbin/clamd：clamd 进程的命令文件；
❑ /var/log/clamav：存放 clamd 日志的目录；
❑ /var/run/clamav：存放进程 PID 文件的目录。

此外，clamd 软件包还包含一些说明文件和手册页文件。clamdscan 是通过 clamd 进程实现查毒功能的，与 clamscan 命令的功能基本上一样。clamd 进程的运行状态取决于配置文件/etc/clamd.conf 的内容，现对该文件的初始内容作以下解释。

配置 1：

```
LogFile /var/log/clamav/clamd.log
```

功能：指定日志文件为/var/log/clamav/clamd.log。

配置 2：

```
LogFileMaxSize 0
```

功能：指定日志文件的大小，0 表示没限制，默认是 1MB。

配置 3：

```
LogTime yes
```

功能：当记录日志时包含时间域。

配置 4：

```
LogSyslog yes
```

功能：使用系统 logger 进程记录日志，可以与 Logfile 指令同时使用。

配置 5：

```
PidFile /var/run/clamav/clamd.pid
```

功能：指定进程 PID 文件的位置。

配置 6：

```
TemporaryDirectory /var/tmp
```

功能：指定临时文件存放的目录为/var/tmp。

配置 7：

```
DatabaseDirectory /var/clamav
```

功能：指定病毒库文件的位置在/var/clamav 目录。

配置 8：

```
LocalSocket /tmp/clamd.socket
```

功能：指定与其他进程通信时的套接口文件。

配置 9：

```
FixStaleSocket yes
```

功能：非正常关机时修复套接口文件。

配置 10：

```
TCPSocket 3310
```

功能：允许客户机的 clamdscan 命令连接时，指定 TCP 监听端口为 3310。

配置 11：

```
TCPAddr 127.0.0.1
```

功能：允许客户机的 clamdscan 命令连接时，只能从 127.0.0.1 接口连接。

配置 12：

```
MaxConnectionQueueLength 30
```

功能：指定客户端的同时连接数最大是 30。

配置 13：

```
MaxThreads 50
```

功能：指定最大的线程数是 50。

配置 14：

```
ReadTimeout 300
```

功能：等待客户端传输数据的最大超时时间是 300 秒。

配置 15：

```
User clamav
```

功能：运行 clamd 进程的用户身份是 clamav。但 clamd 进程必须以 root 用户身份启动。

配置 16：

```
AllowSupplementaryGroups yes
```

功能：允许附加的用户组访问。

配置 17：

```
ScanPE yes
```

功能：需要扫描 PE 文件。PE 是 Windows 系统下的一种可执行文件格式，该选项要求 clamav 对 PE 文件作深度的分析，并对常见的可执行压缩包进行解压。

配置 18：

```
ScanELF yes
```

功能：需要扫描 ELF 文件。

配置 19：

```
DetectBrokenExecutables yes
```

功能：该选项使 clamav 尝试去检测被破坏的可执行文件（包括 PE 和 ELF），并作上标志。

配置 20：

```
ScanOLE2 yes
```

功能：需要扫描 OLE2 文件，它是一种文档文件，如 Office 文档或.msi 文件。

配置 21：

```
ScanMail yes
```

功能：对邮件进行扫描。

配置 22：

```
ScanArchive yes
```

功能：解开压缩归档文件再进行扫描。

配置 23：

```
ArchiveBlockEncrypted no
```

功能：不把加密的压缩文件标记为有病毒。

除了上述配置选项外，还有其他一些配置内容，可以通过"man clamd.conf"命令参见其手册页。为了运行 clamd 进程，可以输入以下命令。

```
# /etc/rc.d/init.d/clamd start
Starting Clam AntiVirus Daemon:                          [确定]
#
```

clamd 进程启动后，使用方法可以有两种，一种是通过 clamdscan 命令，它是 clamd 进程的客户端工具，其命令格式与 clamscan 基本上一样，而且大部分 clamscan 命令的选项 clamdscan 命令也能够接受。但 clamd 进程经常忽略这些选项，因为它是根据配置文件 clamd.conf 的内容进行工作的。clamdscan 命令是通过 UNIX 套接口与 clamd 进程进行通信的。

另一种方法是通过 TCP 端口向 clamd 进程发送命令。在初始配置中，已经指定了 clamd 监听的 TCP 端口号是 3310，绑定的 IP 地址是 127.0.0.1，因此，可以通过 telnet 等网络连接工具与其进行连接，再发送命令。例如：

```
# telnet 127.0.0.1 3310
Trying 127.0.0.1...
Connected to localhost.localdomain (127.0.0.1).
Escape character is '^]'.
SCAN /home/abc/link
/home/abc/link: OK
Connection closed by foreign host.
#
```

"SCAN /home/abc/link"是连接成功后向 clamd 进程发送的命令，表示要扫描 /home/abc/link 文件。clamd 进程完成该命令后，将关闭连接。除了 SCAN 命令外，还可以使用以下一些命令。

❑ RELOAD：重新装载病毒数据库；
❑ SHUTDOWN：终止 clamd 进程；
❑ SESSION：开始一个会话，以后可以执行多个命令。否则，命令执行完成后即关闭连接；
❑ END：结束会话。

所有 clamd 进程支持的命令可以通过"man clamd"命令查看手册页获得。此外，如果在配置文件中绑定了其他网络接口，则可以在其他计算机通过 telnet 命令对 clamd 进程发送命令，实现远程控制的功能。

🔔注意：由于 clamd 进程是由 clamav 用户运行的，不管在什么情况下，要求 clamd 进程扫描的文件对 clamav 用户来说都必须要能够访问。

除了使用命令方式扫描病毒外，clamd 还提供了名为 LibClamAV 的运行库文件，可以非常容易、高效地集成到其他软件中。最常见的一种应用是与邮件服务器进行集成，以便对用户通过该邮件服务器收发的邮件进行病毒扫描。

6.3.5　Clamav 病毒库的更新

由于计算机病毒层出不穷，而且每天都可能有新的计算机病毒出现。因此，提供查毒软件的机构必须不断地向病毒库中添加新的病毒样本，才能保证其查毒软件的实用性。对于用户来说，需要及时从相应的机构下载最新添加的病毒样本，并更新自己的病毒库，才能保证所使用的查毒软件能够发现最新的病毒。Clamav 也不例外，需要及时更新/var/clamav 目录下的病毒数据库。

clamav 病毒数据库的更新主要由/usr/bin/freshclam 命令完成。为了方便用户，clamav-db 软件包除了提供包含已知病毒的病毒库外，还提供了一种病毒库的更新机制，可以按照要求定期调用 freshclam 命令，自动地从 clamav 主网站下载最新的病毒样本，并添加到/var/clamav 目录。freshclam 命令的配置文件是/etc/freshclam.conf，当 freshclam 命令执行时，将从配置文件中读取配置内容，再根据这些配置内容做相应的操作。下面对/etc/freshclam.conf 文件的初始内容作一下解释，其中"#"开头的是被注释的选项。

配置 1：

```
DatabaseDirectory /var/clamav
```

功能：指定病毒样本数据库目录为/var/clamav。

配置 2：

```
UpdateLogFile /var/log/clamav/freshclam.log
```

功能：指定病毒样本库更新日志文件的位置与名称是/var/log/clamav/freshclam.log。

配置 3：

```
#LogFileMaxSize 2M
```

功能：指定最大的日志文件字节数，默认是 1Mbps。

配置 4：

```
#LogTime yes
```

功能：指定是否在日志文件中记录时间，默认是 no。

配置 5：

```
#LogVerbose yes
```

功能：是否记录详细的日志，默认是 no。

配置 6：

```
LogSyslog yes
```

功能：是否同时使用系统日志，默认是 no。

配置 7：

```
#LogFacility LOG_MAIL
```

功能：使用系统日志时，指定日志文件的目的位置，默认是 LOG_LOCAL6。

配置 8:

```
#PidFile /var/run/freshclam.pid
```

功能：指定进程 PID 文件的位置和名称，默认不产生。

配置 9:

```
DatabaseOwner clamav
```

功能：指定病毒样本数据库的文件主用户是 clamav。

配置 10:

```
#AllowSupplementaryGroups yes
```

功能：允许额外的用户组访问，默认为 no。

配置 11:

```
#DNSDatabaseInfo current.cvd.clamav.net
```

功能：使用 DNS 记录检查 clamav 版本时，指定 DNS 服务器的地址。

配置 12:

```
#DatabaseMirror db.XY.clamav.net
```

功能：为某一国家提供下载病毒样本库的镜像网站，XY 要用国家域名代替，但该域名不一定存在，是为了保留以后使用。

配置 13:

```
DatabaseMirror db.cn.clamav.net
DatabaseMirror db.local.clamav.net
```

功能：指定下载病毒样本库的镜像网站。

配置 14:

```
#MaxAttempts 5
```

功能：当下载病毒样本库时，如果不能连接，重试的次数。

配置 15:

```
#ScriptedUpdates yes
```

功能：是否使用脚本命令进行更新，默认为 yes。

配置 16:

```
#CompressLocalDatabase no
```

功能：是否压缩本地的病毒样本数据库，默认为 no。

配置 17:

```
#Checks 24
```

功能：每天更新病毒样本数据库的次数，默认是每天 12 次。

配置 18：

```
#LocalIPAddress aaa.bbb.ccc.ddd
```

功能：绑定某一个网络接口。

配置 19：

```
NotifyClamd /etc/clamd.conf
```

功能：病毒样本数据库更新完成后，发送 RELOAD 命令给 clamd 进程，以便 clamd 进程能重新装载病毒样本。

配置 20：

```
#OnUpdateExecute command
```

功能：指定病毒样本数据库更新成功时自动执行的命令。

配置 21：

```
#OnErrorExecute command
```

功能：指定病毒样本数据库更新失败时自动执行的命令。

配置 22：

```
#OnOutdatedExecute command
```

功能：当 freshclam 报告有新版软件时执行的命令。

配置 23：

```
#Foreground yes
```

功能：指定是否一直在前台运行，默认为 no。

配置 24：

```
#ConnectTimeout 60
```

功能：指定与病毒样本数据库服务器连接时的超时时间。

配置 25：

```
#ReceiveTimeout 60
```

功能：指定从病毒样本数据库服务器接收数据时的超时时间。

配置 26：

```
#SubmitDetectionStats /path/to/clamd.conf
```

功能：是否向 ClamAV 项目组提交病毒扫描结果，默认为 no。

配置 27：

```
#DetectionStatsCountry country-code
```

功能：指定提交病毒扫描结果时的国家代码，默认是根据客户机 IP 地址确定的。

以上是 freshclam.conf 文件初始内容的解释，更多的内容可参见该文件的手册页。另外，配置文件中大部分的选项都可以在执行 freshclam 命令时指定，此时将覆盖掉配置文件中相应的配置。可以手动执行 freshclam 命令，此时将马上从指定的病毒样本数据库服务器或其镜像处下载最新的病毒样本。但一般情况下，该命令是由 cron 进程定时调用的，为此，clamav-db 软件包还在/etc/cron.daily 目录提供了一个名为 freshclam 的脚本文件。其去掉原有注释后的内容如下：

```
# more /etc/cron.daily/freshclam
#!/bin/sh
LOG_FILE="/var/log/clamav/freshclam.log"
if [ ! -f "$LOG_FILE" ]; then
    touch "$LOG_FILE"
    chmod 644 "$LOG_FILE"
    chown clamav.clamav "$LOG_FILE"
fi
/usr/bin/freshclam \
    --quiet \                         # 所有需要用户确定的选择都采用默认值，不再向用户提问
    --datadir="/var/clamav" \         # 指定病毒样本数据库目录为/var/clamav
    --log="$LOG_FILE" \               # 指定日志文件为$LOG_FILE，即
                                      #   /var/log/clamav/freshclam.log
    --log-verbose \                   # 使用详细日志
    --daemon-notify="/etc/clamd.conf" # 通知 clamd 进程病毒样本库更新完成，并
                                      #   指定其配置文件的位置
```

以上脚本要由 crond 进程定期调用，其功能是首先检查日志文件/var/log/clamav/freshclam.log 是否存在，如果不存在，将予以创建；然后执行/usr/bin/freshclam 命令，其所有的选项含义见注释。

注意：freshclam 命令的选项将覆盖掉 freshclam.conf 文件中相应的配置。

6.4　SELinux 简介

SELinux（Security-Enhanced Linux，安全增强的 Linux）是美国国家安全局（The National Security Agency）和 SCC（Secure Computing Corporation）共同开发的一个增强 Linux 安全性能的访问控制模块，是一种称为 Fluke 的安全构架在 Linux 内核中的实现，于 2000 年以 GNU GPL 的形式发布。下面介绍有关 SELinux 的基本情况，包括 SELinux 的工作流程、配置方法和一个简单的应用例子。

6.4.1　SELinux 的工作流程

SELinux 是采用 LSM（Linux Security Modules）方式集成到 Linux 2.6.x 内核的安全构架，为 Linux 系统提供了 MAC，它是一种柔性的强制访问控制方式。传统的 Linux 使用的是一种随意的访问控制方式——DAC，在这种方式下，某一用户运行的应用或进程拥有该用户的所有权限，可以访问这个用户能访问的文件、套接口等对象。而采用 MAC 的内核可以保护系统免受一些错误的或恶意的应用程序对系统的破坏。

SELinux 为系统中的每一个用户、应用、进程和文件定义访问权力，然后把这些实体之间的交互定义成安全策略，再用安全策略来控制各种操作是否允许。初始时，这些策略是根据 RHEL 6 安装时的选项来确定的。

如图 6-3 所示，当进程等访问者向系统提出对文件等访问对象的访问请求时，位于内核的策略增强服务器收到了这个请求，就到访问向量缓存 AVC（Access Vector Cache）中查找是否有有关该请求的策略。如果有，就按照该策略来决定是否允许访问；如果没有，就继续要求安全增强服务器到访问策略矩阵中查找是否有有关该请求的策略。如果有允许访问的策略，就允许访问，否则，将禁止访问，并把"avc denied"类型的日志写到 /var/log/messages 文件中。

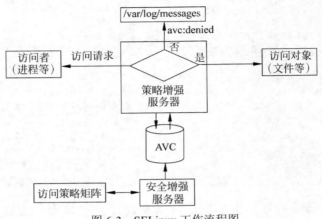

图 6-3　SELinux 工作流程图

图 6-3 所示的是强制启用 SELinux 后的工作过程。实际上，在 RHEL 6 中，有关是否使用 SELinux 有 3 种选择。第一种是强制使用，此时违反访问许可的访问将被禁止。第二种是随意（permissive），此时 SELinux 还是起作用的，但即使违反了访问许可，还是可以继续访问，只是会留下日志，这种模式在开发阶段比较有用。第三种是禁用，此时 SELinux 将不起作用。

SELinux 为系统管理提供了加强系统安全的手段，利用它可以细化 Linux 的安全设置，并根据需要使用严格的或宽松的安全策略。

📖说明：对于普通用户来说，可能感觉不到 SELinux 的存在。因为普通用户使用具有安全增强功能的 Linux 时，与使用普通的 Linux 没有区别。

6.4.2　SELinux 的配置

在 RHEL 6 中，有一个与/proc 类似的/selinux 目录，它也是一个伪文件系统，里面包含了 SELinux 工作时的各种信息。一般情况下，管理员和一般用户都不能对该目录中的文件进行写入等操作，但可以查看一下该目录和其中的文件内容。

```
[root@localhost selinux]# ls
access          checkreqprot          context  enforce  mls         relabel
avc             commit_pending_bools  create   load     null        user
booleans        compat_net            disable  member   policyvers
[root@localhost selinux]#
```

上面列出的文件可以提供有关 SELinux 的信息。例如，如果用 cat 命令查看 enforce 文件的内容，如果是 1，表示此时 SELinux 是强制使用的，如果是 0，则表示是随意方式。

在 RHEL 6 中，可以有两种方式配置 SELinux。一种是使用配置文件，在/etc/sysconfig 目录下有一个 selinux 文件，它实际上是一个到/etc/selinux/config 的链接文件，而/etc/selinux 目录包含了所有的有关 SELinux 的配置文件。/etc/selinux/config 文件的初始内容如下：

```
[root@localhost selinux]# more config
# This file controls the state of SELinux on the system.
# SELINUX= can take one of these three values:
#      enforcing - SELinux security policy is enforced.
#      permissive - SELinux prints warnings instead of enforcing.
#      disabled - SELinux is fully disabled.
SELINUX=permissive
# SELINUXTYPE= type of policy in use. Possible values are:
#      targeted - Only targeted network daemons are protected.
#      strict - Full SELinux protection.
SELINUXTYPE=targeted
[root@localhost selinux]#
```

它实际上只包含了两项设置，一项是 SELINUX 选项的值，可以是 enforcing、permissive 和 disabled 3 个值，分别表示强制、随意和禁用 SELinux 3 种选择。另一个选项是 SELINUXTYPE，它可以是 targeted 和 strict 两个值。targeted 表示只针对特定的守护进程进行保护，默认时包括 dhcpd、httpd 在内的 9 个守护进程，用户也可以自己选择进程。strict 表示针对所有的守护进程进行保护。

另一种配置 SELinux 的方法是使用图形界面方式。在 RHEL 桌面环境下，选择"应用程序"|"系统工具"|"终端"命令，将出现一个终端窗口，然后在终端中输入 system-config-selinux 命令，将出现如图 6-4 所示的窗口，此时可以进行大部分 SELinux 方面的配置。

图 6-4　SELinux 配置窗口

此外，还可以使用 setenforce 命令选择是否使用 SELinux，用 getsebool 和 setsebool 命令分别查看和设置 SELinux 中的布尔变量等。

6.4.3　SELinux 应用示例

在 SELinux 中，可以使用 MLS 和 MCS 两种 MAC，MLS 也称为多级安全模式，它可以对系统中的信息进行分级管理，使不同安全级别的信息严格地隔离。MCS 也称为类别安全模式，它允许用户对文件等对象做上标签，以便能对它们进行分类管理。下面介绍有关 MCS 的内容。

1．建立用户关联

SELinux 有自己的一套用户标识，与 Linux 系统的用户标识是分离的。在 RHEL 6 默认的 targeted 策略中，只存在 9 个 SELinux 用户，可以用以下命令列出 SELinux 用户。

```
[root@mysql2 桌面]# semanage user -l

                 标记        MLS/          MLS/
SELinux 用户 前级  MCS 级别 MCS 范围      SELinux 角色
git_shell_u    user  s0  s0            git_shell_r
guest_u        user  s0  s0            guest_r
root           user  s0  s0-s0:c0.c1023staff_r sysadm_r system_r unconfined_r
staff_u        user  s0  s0-s0:c0.c1023 staff_r sysadm_r system_r unconfined_r
sysadm_u       user  s0  s0-s0:c0.c1023sysadm_r
system_u       user  s0  s0-s0:c0.c1023system_r unconfined_r
unconfined_u   user  s0  s0-s0:c0.c1023 system_r unconfined_r
user_u         user  s0  s0            user_r
xguest_u       user  s0  s0            xguest_r
```

为了使 Linux 的普通用户与 SELinux 的 user_u 用户建立联系，执行以下命令。

```
# semanage login -a zhangs
# semanage login -a lisi
```

zhangs 和 lisi 是 Linux 系统中的普通用户，执行了上述命令后，以后登录时，将会与 SELinux 的 user_u 用户产生联系，可以用以下命令查看结果。

```
# semanage login -l

Login Name              SELinux User            MLS/MCS Range

__default__             user_u                  s0
lisi                    user_u                  s0
root                    root                    SystemLow-SystemHigh
zhangs                  user_u                  s0
#
```

可以发现，用户 zhangs 和 lisi 已经与 user_u 建立联系。

2．配置类别

在 SELinux 中，类别有两种表示方法，一种是由系统识别的，使用的是一些代号；另一种是可以供人阅读的字符串。需要一种机制把这两种表示方法联系起来，这个任务是由配置文件 setrans.conf 承担的。首先看一下当前的类别情况：

```
[root@mysql2 ~]# chcat -L
s0                      SystemLow
```

```
s0-s0:c0.c1023              SystemLow-SystemHigh
s0:c0.c1023                 SystemHigh
[root@localhost selinux]#
```

可以看到，目前有 3 种类别，左边列出的是类别代号，右边是对应的类别名称。这些内容实际上是在/etc/selinux/targeted/setrans.conf 文件中指定的，如果接下来在该文件中加入以下内容，表示要添加 Marketing 和 Personnel 两个类别，代号分别是 s0:c1 和 s0:c2。

```
s0:c1=Marketing
s0:c2=Personnel
```

然后再执行 chcat -L 命令：

```
# chcat -L
s0                          SystemLow
s0-s0:c0.c1023              SystemLow-SystemHigh
s0:c0.c1023                 SystemHigh
s0:c1                       Marketing
s0:c2                       Personnel
```

可以发现，Marketing 和 Personnel 两种类别已经添加。为了使添加的类别在系统中生效，需要执行以下命令。

```
# service mcstrans restart
```

表示要重启 mcstrans 服务。

3．把类别分配给用户

类别创建完成后，就可以把类别分配给与 SELinux 用户建立联系的 Linux 用户了。再假设用户 zhangs 是在市场部的，用户 lisi 是在人力资源部的，则执行以下命令，把上面的两个类别分别分配给这两个用户。

```
[root@localhost selinux]# chcat -l -- +Marketing zhangs
[root@localhost selinux]# chcat -l -- +Personnel lisi
```

可以用以下命令列出 zhangs 和 lisi 用户所分到的类别。

```
[root@localhost selinux]# chcat -L -l zhangs lisi
zhangs: Marketing
lisi: Personnel
[root@localhost selinux]#
```

当然，如果 Linux 中还有一个用户如 wang，也已经与 user_u 用户建立了联系，可以使用以下命令同时把 Marketing 和 Personnel 两个类别分配给 wang。

```
[root@localhost selinux]# chcat -l -- +Marketing,+ Personnel  zhangs
```

需要注意的是，当类别分配给用户后，该用户只有在下一次登录时才能生效。

4．把类别分配给文件

除了可以把类别分配给用户外，还可以把类别分配给文件，使这些文件只能给分到同一种类别的用户使用。假设 zhangs 用户在自己的主目录中执行以下命令创建了一个名为 abc.txt 的文件。

```
[zhangs@localhost ~]$ echo "Beijing Olympic  2008" > abc.txt
```

然后用 "ls -Z" 命令查看该文件初始的安全上下文。

```
[zhangs@localhost ~]$ ls -Z
-rw-rw-r--  zhangs zhangs user_u:object_r:user_home_t      abc.txt
[zhangs@localhost ~]$
```

此时，abc.txt 还没有分到类别，可以用以下命令把 Personnel 类别分配给 abc.txt 文件。

```
[zhangs@localhost ~]$ chcat -- +Personnel abc.txt
```

🔔注意：zhangs 自己不属于 Personnel 类别。

然后再查看 abc.txt 文件的安全上下文：

```
[zhangs@localhost ~]$ ls -Z
-rw-rw-r--  zhangs zhangs user_u:object_r:user_home_t:Personnel abc.txt
[zhangs@localhost ~]$
```

可以发现，abc.txt 已经得到了 Personnel 类别。由于 zhangs 自己不属于 Personnel 类别，而 abc.txt 文件属于 Personnel 类别。因此，按照 SELinux 规定，zhangs 是不能使用 abc.txt 文件的。现 zhangs 执行以下命令查看 abc.txt 的内容：

```
[zhangs@localhost ~]$ cat abc.txt
Beijing Olympic  2008
[zhangs@localhost ~]$
```

zhangs 之所以可以查看 abc.txt 的内容，是因为现在 SELinux 处于 "随意" 方式，此时会在/var/log/messages 文件中留下日志记录，可以让 root 用户马上查看日志。

```
[root@localhost home]# tail /var/log/messages
︙
Feb  1 22:22:03 localhost setroubleshoot:       SELinux is preventing the
/bin/cat from using potentially mislabeled files (abc.txt).        For complete
SELinux messages. run sealert -l c6af1fda-f4b0-4a77-8a1e-d185d1f1b721
[root@localhost home]#
```

可以发现，日志中已经留下了关于 SELinux 阻止 cat 命令查看 abc.txt 文件的记录。如果 root 用户用以下命令使 SELinux 处于强制使用方式。

```
[root@localhost ~]# setenforce 1
```

则 zhangs 用户再次查看 abc.txt 文件时，将不会成功。

```
[zhangs@localhost ~]$ cat abc.txt
cat: abc.txt: Permission Denied
[zhangs@localhost ~]$
```

以上通过一个简单的例子介绍了 SELinux 的初步使用。有关 SELinux 的配置和应用非常复杂，感兴趣的读者可以参考其他有关资料。

6.5　小　　结

　　保证主机安全是 Linux 服务器能正常提供网络服务的基础，如果不能保证主机的安全，则无论服务器配置得如何完善，都可能会因为受到攻击等原因影响工作。本章首先讲述了与主机安全密切相关的网络端口知识，包括端口的概念、端口状态的查看、端口的关闭和启用,以及端口的扫描等。然后介绍 RHEL 的更新机制以及使用 yum 更新系统与应用软件的方法。最后介绍了 Linux 系统下有关防治病毒的知识及 SELinux。

第7章 Linux 系统日志

日志记录了系统每天发生的各种各样的事件，对于解决计算机系统的故障和保证系统的安全来说非常重要。用户可以通过日志来了解系统运行的状态，检查各种错误发生的原因，或者寻找攻击者留下的痕迹。下面介绍 Linux 操作系统中有关日志的情况，包括日志类型、日志管理、日志监测和分析等内容。

7.1　Linux 系统日志基础

Linux 系统包含了很多与日志有关的软件包。通过这些软件包可以对日志进行记录、管理、分析、监测等操作。其中，最基本的系统日志功能是由 syslog 软件包实现的，它记录了内核和 Linux 系统最关键的日志。下面介绍有关 syslog 的运行、配置和日志的查看等内容。

7.1.1　Linux 系统日志进程的运行

日志是保障 Linux 系统安全的重要手段。通过审计和监测系统日志可以及时发现系统故障，检测和追踪入侵，并为系统出错时能恢复正常工作提供重要帮助。RHEL 6 提供了 syslog 一种日志功能，用于记录常规的日志。默认情况下，这个软件包已经安装，可以用以下命令查看。

```
# rpm -qa | grep syslog
rsyslog-5.8.10-2.el6.i686
# ps -eaf | grep syslog
root 1744 1 0 15:07 ? 00:00:00 /sbin/rsyslogd -i /var/run/syslogd.pid -c 5
root 8635 8394 0 18:24 pts/2   00:00:00 grep rsyslog
```

可见，syslog 软件包已经安装，而且 syslog 进程都已经在运行。可以利用/etc/rc.d/init.d 目录下的脚本文件 rsyslog 启动、停止或重启这两个进程，命令格式如下：

```
/etc/rc.d/init.d/rsyslog [start|stop|restart]
```

由于日志对系统来说至关重要，一般开机时都应该自动运行，而且中途不应该停止。

7.1.2　Linux 系统日志配置

日志进程 syslog 的配置文件是/etc/rsyslog.conf，它的内容决定了系统日志记录哪些内容、采取什么动作等。rsyslog.conf 是典型的 UNIX 配置格式，每行包含一项配置内容，"#"是注释符，其后的字符将被忽略，空行和空格也被忽略。每一行的格式如下：

```
[设备名.级别][;设备名.级别]…   [位置]
```

可以有多个"设备名.级别",它们之间用";"分隔,"设备名.级别"和"位置"之间必须用 TAB 键分隔。另外,设备名还可以是多个,它们之间用","分隔。设备名是指产生日志的设备或程序名称,常见的日志设备名称如表 7-1 所示。"级别"是指日志的紧急程度,例如,有些日志只是一般的信息提示,有些可能要马上处理的,它们之间要通过级别进行区分。常见的日志级别如表 7-2 所示。

表 7-1 常见的日志设备名称

日志设备名称	用　途
authpriv	认证用户时,如 login 或 su 等命令执行时产生的日志
cron	系统定期执行任务时产生的日志
daemon	某些守护程序,如 in.ftpd,通过 syslog 发送的日志
kern	内核活动进产生的日志信息
lpr	有关打印机活动的日志信息
mail	处理邮件的守护进程发出的日志信息
mark	定时发送消息时程序产生的日志信息
news	新闻组守护进程发送的日志信息
user	本地用户的应用程序产生的日志信息
uucp	uucp 子系统产生的日志信息
local0-local7	由自定义程序使用

表 7-2 常见的日志级别

日　志　级　别	说　明
emerge	最高的一种日志级别,表示出现了紧急情况,需要马上处理,与 panic 同义
alert	出现了紧急状况
crit	问题比较严重,到了临界状态了
err	出现了错误信息
warning	给出了一些警告,继续运行的话可能会出错
notice	出现了不正常现象,可能需要检查
info	一般性的提示信息
debug	系统处于调试状态时发出的信息

在表 7-2 中,所列日志级别的紧急程度依次下降,在具体使用时,要遵循向上匹配的原则。例如,在配置文件中,mail.err 表示发送到 mail 日志设备的级别等于或高于 err 的日志。如果级别为 debug,则意味着所有级别的日志都要记录。另外,可以使用"="表示只记录某一种级别的日志,而不是向上匹配。例如,"kern.=alert"表示向 kern 日志设备发送级别等于 alert 的日志。

还有,可以用通配符"*"表示所有的日志设备和日志级别,也可以用 none 表示忽略全部。例如,daemon.*表示把所有级别的日志发送到 daemon 设备,*.emerg 表示把 emerg 级别的日志发送到所有设备,而 kern.none 表示忽略所有的内核日志。

syslog.conf 配置行中的"位置"表示符合条件的日志产生后,将把这些日志发送到什么地方。例如,可以把这些日志发送到用户的终端,也可以记录到某一个特定的文件,或者把日志信息传输到网络中的另一台主机等，具体的位置名称如表 7-3 所示。

表 7-3　常用的日志位置

日 志 位 置	说　　明
文件名	把日志信息保存到本地的文件中，文件必须要给出绝对路径
*	把日志信息发送给所有当前有用户登录的终端上
用户列表	把日志信息发送给某些用户，用户名之间用 "," 分隔
/dev/console	把日志信息发送到控制台
@主机名或 IP 地址	把日志信息发送到远程主机，由远程主机的 syslogd 进程接收
|<程序名>	把日志信息通过管道发送给另一个程序

以上是有关系统日志配置文件 rsyslog.conf 配置格式的解释。默认情况下，sysklogd 软件包安装时提供了/etc/rsyslog.conf 文件的初始内容，下面对这些初始内容作一下解释。

```
# 把所有有关内核的日志输出到控制台。
#kern.*                                              /dev/console

# 除了 mail、authpriv 和 cron 设备外，所有其他设备的 info 或更高的日志都记录在
                                                     /var/log/messages 文件
*.info;mail.none;authpriv.none;cron.none             /var/log/messages

# 有关用户认证的日志记录在/var/log/secure 文件，这个文件应作严格的访问限制，以保证安
全
authpriv.*                                           /var/log/secure

# 把所有发送到 mail 设备的日志存放在/var/log/maillog 文件
mail.*                                               -/var/log/maillo

# 把所有发送到 cron 设备的日志存放在/var/log/cron 文件
cron.*                                               /var/log/cron

# 把所有设备的 emerg 级别的日志发送给当前登录的用户
*.emerg                                              *

# 把 uucp 和 news 设备的 crit 及以上级别的日志记录在/var/log/spooler 文件
uucp,news.crit                                       /var/log/spooler

# local7 设备记录了一些引导信息，记录在/var/log/boot.log 文件
local7.*                                             /var/log/boot.log
```

🖝 说明：在以上配置中，把各种设备和级别的日志分类记录在不同的位置，主要是为了管理的方便。例如，有些日志是给权限较高的管理员看的，而有些是所有用户都可以看的，只有把它们存放在不同的文件中，才能进行访问控制管理。

7.1.3　查看 Linux 系统日志

从初始的系统日志配置可以看到，默认情况下，Linux 的日志文件都存放在/var/log 目录，这些日志文件的文件主用户基本上都是 root，而且大部分的日志其他用户是不能查看的。Linux 还为其他用户创建了一些日志目录，以供他们以后写入日志用。例如，squid 用

户在该目录中拥有一个子目录，其目录名也是 squid，以后安装了 Squid 代理服务器后，运行 squid 进程的 squid 用户就可以往这个目录写入日志了。一个典型的系统日志文件，如 cron 文件的内容如下所示。

```
# more /var/log/cron
⋮
Dec 28 07:01:01 localhost crond[27912]: (root) CMD (run-parts /etc/
cron.hourly)
⋮
#
```

可以看到，系统日志中一共记录了四项内容，第一列是时间戳，第二列是主机名称或 IP 地址，第三列是写入日志信息的进程名称及进程号，第四列是日志内容，是由第三列的进程提供的。除了直接通过文件内容显示命令查看日志外，RHEL6 的桌面系统不提供查看日志内容的图形界面。可以通过 http://pkgs.org/download/gnome-system-log 网址得到，该软件名为 gnome-system-log-2.28.1-10.el6.i686。安装完成后运行 gnome-system-log 命令将出现图 7-1 所示窗口。

图 7-1　RHEL 6 的系统日志查看窗口

通过系统日志窗口，可以非常方便地查看系统日志。窗口的左边可以选择日志文件，右边列出了相应日志文件的内容，而且是按照日期分类显示。

7.2　Linux 日志高级专题

7.1 节介绍了记录系统日志的方法，为了更有效地对这些日志进行管理，还需要其他一些工具。为了防止日志文件占用过多的磁盘空间，需要定时对其进行删除，这可以由日志的转储功能来实现。此外，有些日志内容不是文本格式，需要通过特定的命令才能显示出来。还有，通过记录某些日志信息还可以实现对用户和进程进行记账的功能。

7.2.1　日志的转储

随着系统运行时间的增加，系统日志内容将不断积累，日志文件也将越来越大。如果系统管理员不及时予以处理，将会耗尽磁盘空间。为了减轻系统管理员的负担，Linux 系统提供了一种日志转储的功能。假设一个日志文件的名字是 log，利用日志转储功能，可以在某一时刻，自动将其改名为 log.1，而原来的 log 文件清空后继续使用。再到了某一时刻，log.1 将命名为 log.2，log 命名为 log.1，log 再清空后继续。依次类推，最终结果是把日志分到按顺序排列的文件中。

在 Linux 系统中，日志转储功能是由 logrotate 命令实现的，它可以设置成按日、按周或按月进行转储，也能在文件太大时立即处理。

说明：除了日志转储功能，logrotate 命令还提供压缩、删除和备份日志文件的功能。

logrotate 命令是由 logrotate 软件包提供的，默认情况下，RHEL 6 已经安装了该软件包，可以通过以下命令查看。

```
# rpm -qa|grep logrotate
logrotate-3.7.8-15.el6.i686
#
```

logrotate 软件包主要提供了以下文件。

- /usr/sbin/logrotate：命令文件。
- /etc/logrotate.conf：主配置文件。
- /etc/cron.daily/logrotate：执行 logrotate 命令的脚本，每天执行一次。
- /etc/logrotate.d：是一个目录，里面包含了管理各种日志文件的配置。

logrotate 命令的配置相对简单，下面只对配置文件/etc/logrotate.conf 的初始内容作一下解释。

```
# 下面指定了每个日志文件的默认配置
weekly        # 指定所有的日志文件每周转储一次
rotate 4      # 指定转储文件保留 4 份
create        # 创建被转储的日志文件，内容为空
#compress     # 对转储后的日志文件进行压缩存储

# 把/etc/logrotate.d 目录中所有的文件内容包含进来。该目录里的文件是针对某一日志文件
的配置
include /etc/logrotate.d

# 针对/var/log/wtmp 文件的转储配置，这些配置将覆盖上面的那些默认配置
/var/log/wtmp {
 monthly                    # 每月转储一次
 create 0664 root utmp  # 创建被转储的日志文件，内容为空。权限值为 664，文件主为
                           root，所属用户为 utmp
 rotate 1                   # 指定转储文件保留 1 份
}
```

/etc/logrotate.d 目录中每一个文件的配置内容都指定了某个或某些日志文件的转储配置，其形式与针对/var/log/wtmp 日志文件的配置类似，但具体配置内容各不一样。

7.2.2　登录日志

Linux 系统还使用一种特殊的日志保留用户的登录信息，这些日志信息存放在/var/log

目录的 wtmp 和 lastlog 文件，以及/var/run 目录的 utmp 文件中，它们是由多个进程写入的。有关当前登录用户的信息记录在文件 utmp 中。wtmp 文件主要存放用户的登录和退出信息，此外还存放关机、重启等信息。最后一次登录的信息存放在 lastlog 文件中。

在拥有大量用户的系统中，由于用户频繁进出，wtmp 文件的字节数将增加很快。为了节省磁盘空间，一般都定期执行 logrotate 命令进行转储，以便只保留特定时间的日志，其余日志将予以删除或备份到其他设备中。

每当有用户登录时，login 程序都要在 lastlog 文件中搜索要登录用户的 UID。如果找到了，则把该用户上次登录、退出时间和主机名等内容输出到终端，然后 login 程序在 lastlog 文件中记录这次登录的新时间。此外，用户登录成功后，login 程序还要在 utmp 文件中插入该用户的登录信息，并且该信息一直保留到用户退出时为止。最后，login 程序还要把登录信息写入 wtmp 文件。

wtmp、utmp 和 lastlog 都是二进制文件，不能像其他日志文件那样使用 tail、more 等命令进行查看，需要使用 Linux 提供的命令才能查看。这些命令包括 who、w、lastlog 和 last 等，它们执行时都需要从这几个日志文件中读取信息。下面简单介绍这些命令的用法。

lastlog 命令用于查看系统中每个用户最后的登录时间，其执行结果如下所示。

```
# lastlog
用户名           终端        来自            最后登录时间
⋮
root            pts/1      192.168.1.147     日 12 月 28 21:48:57 +0800 2008
bin                                          **从未登录过**
⋮
abc             pts/3      10.10.1.29        日 12 月 28 23:06:53 +0800 2008
#
```

who 命令列出当前在线的用户。显示时，第一列是用户名，第二列是终端名，第三列是登录时间，括号里的内容表示是从哪台主机登录，具体如下所示。

```
$ who
root      pts/1      2008-12-28 21:48 (192.168.1.147)
root      pts/2      2008-12-27 17:42 (:1.0)
abc       pts/3      2008-12-28 23:06 (10.10.1.29)
$
```

w 命令查询 utmp 文件并显示当前系统中每个用户和它所运行的进程，以及这些进程占用 CPU 的时间信息，执行结果如下所示。

```
# w
 23:22:36 up 1 day,  6:41,  3 users,  load average: 0.06, 0.02, 0.00
USER      TTY       FROM             LOGIN@   IDLE    JCPU     PCPU    WHAT
root      pts/1     192.168.1.147    21:48    0.00s   0.15s    0.01s   w
root      pts/2     :1.0             Sat17    7:54    0.04s    0.04s   bash
abc       pts/3     10.10.1.29       23:06    1:27    0.03s    0.03s   -bash
#
```

还有一条 last 命令，它可以根据 wtmp 文件的内容显示所有登录过的用户。其命令执行结果显示如下：

```
# last
```

```
:
root      pts/1       :0.0           Thu Jan  8 08:56 - 14:04  (05:08)
root      :0                         Thu Jan  8 08:55    still logged in
abc       pts/4       10.10.91.252   Wed Jan  7 15:39 - 11:56  (20:16)
root      pts/3       10.10.91.252   Wed Jan  7 15:05 - 09:11  (18:06)
reboot    system boot 2.6.18-8.el5   Wed Jan  7 11:02          (3+10:24)
root      pts/5       192.168.1.151  Tue Jan  6 23:52 - 01:01  (01:08)
:
wtmp begins Sat Jan  3 20:33:03 2009
#
```

第一列显示的是用户名；第二列是终端名，":0"表示控制台；第三列是客户端的 IP 地址；第四列是登录和注销的时间。括号中的数值表示登录持续的时间，still logged in 表示该用户仍然在线。

注意：以上显示中，reboot 并不是一个用户名，而是代表系统的重启操作。

7.2.3　记账功能

在系统管理中，有时需要记录用户对资源的消费情况，作为对用户账号收取费用的依据。这些日志也可以用于安全目的，提供有关系统活动的有价值的信息。Linux 系统提供了一个名为 psacct 的软件包，可以实现上述的记账功能。默认情况下，RHEL 6 操作系统安装时，已经安装了 psacct 包，可以通过以下命令查看：

```
# rpm -qa|grep psacct
psacct-6.3.2-63.el6_1.1.i686
#
```

为了开启记账功能，需要执行以下命令：

```
# /etc/rc.d/init.d/psacct start
开启进程记账：                        [确定]
#
```

或者直接执行以下命令：

```
# accton /var/account/pacct
```

如果要停止记账功能，可以执行"/etc/rc.d/init.d/psacct stop"命令或不带参数的 accton 命令。记账功能开启后，有关的用户和进程的记账信息都记录在日志文件/var/account/pacct 中，而且 psacct 软件包安装时在/etc/logrotate.d 目录安装了转储配置文件，文件名也是 psacct。有了记账日志后，就可以使用 psacct 软件包提供的命令了。

默认情况下，用户执行过的命令都会保存在个人目录的.bash_history 文件中，但这个文件是由用户自己管理的，用户可以随时删除或修改该文件内容。实际上，用户执行过的命令也会被 psacct 记录，作为日志存放在/var/account/pacct 文件中，而且还记录了其他更详细的信息。利用 lastcomm 命令可以输出日志中的这些信息，显示方式如下所示。

```
[root@localhost logrotate.d]# lastcomm | more
man                  root     pts/1      0.00 secs   Sat Jan 10 22:36
sh                   abc      pts/1      0.00 secs   Sat Jan 10 22:36
sh               F   root     pts/1      0.00 secs   Sat Jan 10 22:36
```

```
rm                      abc      pts/1         0.00 secs      Sat Jan 10 22:36
rm                      abc      pts/1         0.00 secs      Sat Jan 10 22:36
iconv                   root     pts/1         0.00 secs      Sat Jan 10 22:36
gunzip                  abc      pts/1         0.00 secs      Sat Jan 10 22:36
cat                     root     pts/1         0.00 secs      Sat Jan 10 22:36
：
```

以上命令显示了所有曾经被用户运行过的进程或命令。第一列是启动进程的命令名。第二列是标志，F 表示进程由 fork 派生但没有调用 exec 函数。第三列表示执行进程的用户名。第四列表示命令在哪个终端执行。第五列表示执行进程所花费的时间。第六列表示在什么日期和时间执行进程。常用的 lastcomm 命令选项如下所示。

❑ --user <name>：列出指定用户名的记录；

❑ --command <name>：列出与指定命令相同的记录；

❑ --tty <name>：列出指定终端上执行的进程；

❑ -f <filename>：从指定的文件中读取数据，而不是从默认的日志文件/var/account/pacct。

sa 命令位于/usr/sbin 目录，是提供给 root 用户执行的，它可以把以前执行过的命令曾经占用多少 CPU 时间的信息统计出来，并且提供了系统资源的消费信息，对于鉴别某些占用大量 CPU 时间的可疑命令十分有用。sa 命令执行的结果如下所示。

```
# sa | more
  1120   2911.95re       6.38cp     1113k
    13   1071.75re       5.94cp     3143k      clamd*
    20      0.17re       0.06cp     2510k      rpmq
    47      0.84re       0.06cp      626k      find
     3    799.06re       0.03cp     1969k      sshd
：
```

以上命令显示了所有曾经运行过的进程所占用的 CPU 时间信息。第一列是进程执行的次数。第二列是一种"真实"的 CPU 时间。第三列表示系统和用户 CPU 时间的总和。第四列表示内核所占用的平均 CPU 时间，以 1K 个 CPU 单位时间为单位。第五列表示启动进程的命令名称。常用的 sa 命令选项如下所示，所有的命令选项可以通过"man sa"命令查看 sa 命令的手册页获得。

❑ -u：列出执行进程的用户；

❑ -l：将系统时间和用户时间分别输出；

❑ -m：汇总每个用户占用的 CPU 时间。

ac 命令在/usr/bin 目录中，非特权用户也可以执行。它的功能是统计用户在线时间，其命令格式与作用如下所示。

```
# ac                    //不跟参数时，只显示所有用户总的在线时间
  total       268.79
# ac -d                 // -d 表示列出每天所有用户的总在线时间
Dec 25  total        43.33
Dec 26  total        75.94
Dec 27  total        96.72
Today   total        52.81
# ac -p                 // -p 表示列出每个用户的总在线时间
  root                      268.44
  abc                         0.37
```

```
total       268.81
#
```

以上表示时间的数字以小时为单位。

⚠注意：与前面的两条命令不同的是，ac 命令并不使用/var/account/pacct 日志文件，而是使用/var/log/wtmp 日志文件。

7.3　日志分析工具

对于拥有大量账户、系统非常繁忙的 Linux 系统来说，其日志文件是极其庞大的，大量没有价值的信息会将有用的信息淹没，给管理员分析和管理日志带来了很大的不便。为了解决这个问题，出现了很多专门的日志分析工具，下面介绍 Logcheck 和 swatch 日志分析工具的安装、运行和使用方法。

7.3.1　Logcheck 日志分析工具

Logcheck 用来分析庞大的日志文件。它可以自动运行，过滤出有潜在安全风险或其他不正常情况的日志内容，然后以电子邮件等形式通知指定的用户。Logcheck 的主页是http://logcheck.org，对于 RHEL 6 系统来说，可以到 http://rpmfind.net 下载 RPM 包直接进行安装，logcheck-1.1.1-2.i586.rpm 是其最新版本的文件名。下载完成后，可以用以下命令进行安装。

```
# rpm -ivh logcheck-1.1.1-2.i586.rpm
Preparing...              ########################################### [100%]
   1:logcheck             ########################################### [100%]
#
```

Logcheck 安装完成后，将在/etc/cron.hourly 目录中出现一个名为 logcheck 的脚本文件，它定期被 crond 进程执行，其内容如下：

```
# more /etc/cron.hourly/logcheck
#!/bin/sh
exec /usr/sbin/logcheck
#
```

可见，logcheck 又调用了/usr/sbin 目录的 logcheck 文件。而这个 logcheck 也是一个脚本文件，它实现了日志分析的功能，主要处理方法是在系统日志文件中搜索某些指定的字符串模式。如果发现有匹配的情况，则认为出现了不正常情况，将向管理员发送邮件。

要搜索的字符串模式是由/etc/logcheck 目录下的文件指定的，其中 logcheck.hacking 文件指定了黑客入侵的特征字符串，logcheck.violations 指定了违反常规的一些特征字符串。另外，logcheck.ignore 中的内容是可以忽略的字符串模式，logcheck.violations.ignore 指定了 logcheck.violations 文件中可以忽略的字符串模式。

/usr/sbin/logcheck 脚本执行时还要调用/usr/sbin/logtail 程序，它的功能是为每一个日志文件创建一个".offset"文件，用于记录本次搜索已经到日志文件的哪个位置，以便下次搜索时，能从这个位置开始搜索，避免重复搜索。

　　用户可以添加自己的特征字符串，以便对最新的入侵或异常行为进行报警。报警信息以 E-mail 的形式发送给用户。E-mail 地址可以在 logcheck 脚本中指定，SYSADMIN 变量表示用户名，HOSTNAME 表示主机名，MAIL 表示邮件客户端命令。

7.3.2　Swatch 日志分析工具

　　Swatch 是另一个功能强大的 Linux 日志分析和监控工具，它是一种由 perl 语言编写的程序，可以根据配置文件的设置对系统中的日志内容进行搜索和监控，一旦发现指定的关键字，将会以各种方式报警。Swatch 不仅能够定期地扫描日志文件，而且它能够像 Syslogd 守护进程那样主动扫描日志文件并对特定的日志消息采取修复行动。可以在系统中运行多个 Swatch 进程，以便对不同的日志进行不同形式的分析与监控。

　　Swatch 程序可以从其官方网站 http://sourceforge.net/projects/swatch/处下载，是源代码形式，目前最新版本是 3.2.3 版。Swatch 程序本身很小，只有几十 KB，但它需要系统中很多的 Perl 模块支持，而且这些 Perl 模块相互关联，想手动一个个安装几乎不可能，需要使用 RHEL 5 中提供的 CPAN 方式进行安装。

　　CPAN 是一个巨大的 Perl 软件收藏库，收集了大量有用的 Perl 模块及其相关的文件，其在 Internet 上的主站是 http://www.cpan.org，另外在世界各地有许多 CPAN 的镜像站。通过 CPAN 安装方式，可以自动在 Internet 找到所要安装的 Perl 模块以及各种关联模块，一起进行安装。为了使用 CPAN 安装 Perl 模块，需要在 Linux 终端输入以下命令：

```
# cpan
```

　　第一次执行时需要做很多配置工作。一般都采用默认配置，只是在要求选择镜像网站时选离自己最近的即可。配置完成后，将出现以下提示符：

```
cpan[1]>
```

　　为了安装 swatch，可能需要以下几个 Perl 模块。
❑ Date::Calc；
❑ Date::Parse；
❑ File::Tail；
❑ Time::HiRes。
因此，在 cpan[1]>后输入以下命令进行安装。

```
cpan[1]>install Date::Calc
cpan[2]>install Date::Parse
cpan[3]>install File::Tail
cpan[4]>install Time::HiRes
```

　　在安装过程中，还需要一些确认的步骤。由于受 Internet 速度的影响，可能需要花比较多的安装时间。所需的 Perl 模块安装完成后，就可以安装 swatch 了。首先通过以下命令解压源代码：

```
# tar -zxvf swatch-3.2.3.tar.gz
```

　　然后依次执行以下命令：

```
# cd swatch-3.1.1
```

```
# perl Makefile.PL
# make
# make test
# make install
# make realclean
```

注意：如果所要求的 Perl 模块还未全部安装，执行"perl Makefile.PL"时会有相应的提示，此时，要通过 CPAN 方式安装要求的 Perl 模块。

所有命令成功执行后，将在/usr/bin 目录下出现 swatch 文件，它就是 Swatch 工具的命令文件。

Swatch 工作时，需要指定一个配置文件，默认的配置文件是用户主目录下的.swatchrc 文件。Swatch 的配置相当简单，标准的方法是在配置文件的开始使用 watchfor 或 ignore 关键字，后面再跟一个正则表达式，表示要搜索或监控正则表达式所表达的内容。紧跟其后的关键字表示日志内容与正则表达式匹配时要采取的行动。主要有以下几个关键字。

- ❑ echo [modes]：以指定模式在屏幕上显示匹配的行，模式可以设置文本的颜色、粗体等。
- ❑ beel [N]：先对匹配的行进行由 echo 关键字指定的方式处理，再响 N 声的喇叭报警。
- ❑ exec <command>：执行指定的命令，如果需要，匹配行的内容可以作为命令的参数。
- ❑ mail [addresses=adr:adr]：向指定的邮件地址发送电子邮件。
- ❑ write：user:user:......]：把匹配的行发送给指定的用户，显示在其登录的终端上。
- ❑ continue：继续与其他规则匹配。
- ❑ quit：退出。

下面是一个 swatch 配置文件的简单例子。

```
watchfor /[dD]enied/
echo bold
bell 3
mail root@somewhere.com
write root
```

以上配置内容表示，当在日志中发现有 denied 或 Denied 时，将把该行日志以粗体字显示在屏幕上，喇叭响三声，再把匹配的内容以邮件形式发送到 root@somewhere.com，最后再把这些匹配的内容发送到 root 用户当前所在的终端上。可以把包含上述内容的文件以 myswatch.conf 的名字保存在/root 目录，再执行以下命令：

```
swatch --config-file=/root/myswatch.conf  --examine=/var/log/messages
```

表示使用/root/myswatch.conf 配置文件执行 swatch，对/var/log/messages 中的日志进行检查，一旦发现匹配的模式，将采取指定的动作。以上命令执行后，可能会在屏幕上出现类似下面的一些内容。

```
...
Feb  2 09:55:21 localhost kernel: audit(1233539703.107:4): avc:  denied
{ getattr } for  pid=1221 comm="lvm.static" name="fb0" dev=tmpfs ino=5012
scontext=system_u:system_r:lvm_t:s0
```

```
tcontext=system_u:object_r:device_t:s0 tclass=file
...
```

　　如果指定日志文件时是"--tail-file=filename"的形式，则只对追加的内容进行检查。如果加了--daemon 选项，则可以使 swatch 以后台的方式运行。此外，watchfor 后面的正则表达式可以非常灵活，以便能实现非常复杂的搜索内容。

7.4　小　　结

　　系统日志为保证主机安全提供了有力的手段，通过系统日志，系统管理员可以发现操作系统及应用进程运行时存在的各种问题，以及实现对用户进行审计等功能。本章首先讲述了 Linux 系统日志的基础知识及配置方法；然后介绍一些高级的日志专题，如日志的转储、日志审计等功能；最后介绍了两种常见的日志分析工具。

第 8 章　Linux 路由配置

Linux 系统具有完整的路由转发功能，除了根据路由发送自己产生的 IP 数据包外，还可以在多个网络接口之间转发外界的数据包。此外，Linux 系统还具有更加灵活的策略路由功能。本章主要介绍路由的基本概念、路由表、Linux 路由配置和策略路由等内容。

8.1　路由的基本概念

路由是 IP 协议层最重要的功能之一。当数据包传递到 IP 协议层时，路由模块要根据数据包的目的 IP 地址或源 IP 地址决定该数据包将往哪个方向传输。本节将介绍路由的基本概念，包括路由原理、路由表和路由协议等内容。

8.1.1　路由原理

局域网内的一台主机发送 IP 数据包给同一局域网内的另一台主机时，它只需将 IP 数据包通过网络接口直接发送到网络上，对方就能收到，此时不需要路由。但是，如果目的主机与发送 IP 数据包的主机不在同一个局域网时，这个 IP 数据包需要发送给位于同一局域网上的路由器，再由路由器负责把该 IP 数据包送到目的地。

🔲说明：如果局域网中存在多个路由器，则发送 IP 数据包的主机需要根据目的 IP 地址选择一台合适的路由器。

局域网上的路由器收到 IP 数据包后，要根据 IP 数据包的目的地址，决定选择哪一个接口把 IP 数据包发送出去。如果路由器的某一接口与 IP 数据包的目的主机位于同一局域网，则可以直接通过该接口把 IP 数据包传送给目的主机。但如果没有这样的接口，则路由器也要像发送 IP 数据包的源主机一样，根据目的 IP 选择另一台合适的路由器，再从合适的接口把 IP 数据包送过去。

一般情况下，不管是主机还是路由器，都会存在一个默认的下一站路由。当不知道如何转发 IP 数据包时，都将把 IP 数据包转发给这个默认路由器。通过这样一站站的传送，IP 数据包最终将到达目的地，由于某种原因不能到达目的地的数据包将会在某一站被丢弃。

寻径和转发是路由的两项基本内容。寻径即判定到达目的地的最佳路径，由路由选择算法来实现。为了判定最佳路径，主机或路由器必须维护一张包含路由信息的路由表，主机或路由器上的进程可以与附近其他的主机或路由器交换路由信息，再根据某种路由算法把这些路由信息填入到路由表中。主机和路由器都要根据路由表来决定 IP 数据包的下一站位置。

转发即沿着所选的最佳路径传送数据包。当下一站位置确定后，路由器需要通过合适的网络接口把 IP 数据包发送出去。路由转发和路由寻径是密切相关的，前者使用后者根据路由算法产生的路由表，而后者要利用前者提供的功能来交换路由信息。

8.1.2　路由表

路由表是路由转发的基础，不管是主机还是路由器，只要与外界交换 IP 数据包，平时都要维持着一张路由表。当发送 IP 数据包时，要根据其目的地址和路由表来决定如何发送。图 8-1 所示的是一个例子网络，其中的 Linux 主机拥有 eth0 和 eth1 两个网络接口，IP 地址是 10.10.18.1 和 10.10.10.1，它们分别连接在两个子网中。

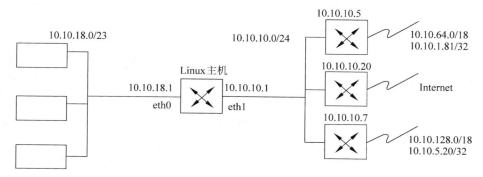

图 8-1　例子网络结构

Linux 主机承担着路由转发的功能，它把 10.10.18.0/23 子网与 10.10.10.0/24 子网互连起来。为了查看 Linux 主机当前的路由表，可以使用 route 命令，假设结果显示如下：

```
# route -n
Kernel IP routing table
Destination     Gateway         Genmark         Flags   Metric  Ref   Use     ace
10.10.5.20      10.10.10.7      255.255.255.255 UGH     1       0     180     eth1
10.10.1.81      10.10.10.5      255.255.255.255 UGH     1       0     187     eth1
10.10.10.0      0.0.0.0         255.255.255.0   U       0       0     63311   eth1
10.10.18.0      0.0.0.0         255.255.254.0   U       0       0     753430  eth0
10.10.64.0      10.10.10.5      255.255.192.0   UG      1       0     47543   eth1
10.10.128.0     10.10.10.7      255.255.192.0   UG      1       0     89011   eth1
127.0.0.0       0.0.0.0         255.0.0.0       U       0       0     564     lo
0.0.0.0         10.10.10.20     0.0.0.0         UG      1       0     183436  eth1
#
```

route 是一条有关路由的命令，-n 选项表示不对列表中的 IP 地址进行名称解析，上面的 route 命令用于显示当前的路由表。从以上显示结果可知，当前 Linux 系统中总共有 8 条路由信息，其中每一列的含义如下所示。

- ❏ Destination：表示目的网络的子网地址，也可以是一台主机。
- ❏ Gateway：表示网关地址，或者说是下一站的路由器地址，0.0.0.0 表示目的地在本地子网。
- ❏ Genmask：表示目的网络的掩码。
- ❏ Flags：表示标志。
- ❏ Metric：表示主机与路由器的距离，以一跳为 1 单位。
- ❏ Ref：表示对该路由的索引值，Linux 未使用该值。

❑ Use：表示该路由的使用次数。

❑ Iface：表示使用该路由时，数据包要通过哪个接口发送。

常见的路由标志如下所示。

❑ U：表示该路由可以使用。

❑ H：表示该路由目的地是到一台主机，当没有该标志时，表示目的地是到一个网络。

❑ G：表示该路由是到一个网关或另一台路由器，没有该标志时，表示目的地是直接相连的网络。

❑ D：表示该路由是动态创建的，没有该标志时，表示是静态路由。

❑ M：表示该路由已被动态修改。

❑ C：表示是缓存路由。

在以上显示结果中，第一和第二条路由因为有 H 标志，以及子网掩码都是 255，因此是主机路由，它们的目的地是一台主机。另外，主机到这两条路由的网关距离都是 1 跳，两个网关都在 10.10.10.0/24 子网中，而接口 eth1 的 IP 地址也在这个子网，因此它们对应的接口都是 eth1。

第三条路由是一条本地网络路由，因为主机的 eth1 接口也在 10.10.10.0/24 子网内。另外，从网关地址是 0.0.0.0，以及没有 G 标志也可以看出这一点。第四条路由与第三条相似，也是一条本地路由，只不过它使用的是 eth0 网络接口，并且是 10.10.18.0/23 子网。

第五和第六条路由相似，目的地是要通过其他网关转发的远程网络，这一点也可以通过标志位 G 看出来。所有目的 IP 地址落在这两个子网内的数据包都将发送给 10.10.10.5 或 10.10.10.7 网关进行转发，与第一条和第二条路由一样，因为 eth1 的 IP 地址与这两个网关位于同一个子网，因此它们对应的接口都是 eth1。

第七条路由是一条环回地址路由，其特征是发送接口是 lo，目的地址是 127.0.0.0/8，以及网关是 0.0.0.0。第八条路由是默认路由，也就是说，所有与其他路由不能匹配的数据包都将通过这条路由出去，其特征是目的地址和掩码都是 0.0.0.0。

一般情况下，每一个网络接口都有一条对应的到该网络接口所在子网的路由条目，而所有的网关都是位于本地网络中的。只有这样，主机才能按照硬件地址把 IP 数据包发送给网关。另外，路由表中都会存在一条默认路由。当 IP 数据包不能与其他路由匹配时，总能和默认路由匹配。

路由条目是有次序的，IP 协议栈根据数据包的目的地址与路由表中的条目依次进行比较。如果能匹配，则把数据包发给路由条目指定的网关，并且不再与后面的条目比较。如果都不能匹配，则丢失该数据包。掩码位数越多的条目，排列时越靠前，因此，主机路由总是在前面。

🔖 说明：如果两个条目的目的地址和掩码都相同，则 Metric 值较小的排在前面。如果 Metric 值还是一样，则后加的条目排在前面。

8.1.3　静态路由和动态路由

有两种方法配置路由表。一种方法称为静态路由，它是由管理员手工或通过脚本执行 route 命令对路由表进行配置。还有一种是动态路由，它是由主机上的某一进程通过与其他主机或路由器交换路由信息后再对路由表进行配置。

　　静态路由是在主机或路由器中设置的固定的路由表。只有在网络管理员进行干预时，静态路由才会发生变化。由于在网络结构发生变化时，静态路由必须要由人工进行修改。因此，静态路由一般用于网络规模不大、网络拓扑结构相对固定的网络中。静态路由的优点是简单、高效、可靠。

🔔说明：在路由表的所有路由条目中，静态路由的优先级高于动态路由。当 IP 数据包的目的地址同时匹配静态路由与动态路由条目时，以静态路由为准。

　　动态路由是指网络中的路由器之间相互通信，交换路由信息，每一台路由器再利用收到的路由信息更新自己的路由表的过程。当网络结构发生变化时，附近的路由器能及时发现这种变化，它们除了更新自己的路由表外，还会把这种变化信息传递给其他路由器，引起各个路由器重新启动路由进程，按一定的算法重新计算路由，并更新各自的路由表以动态地反映网络拓扑的变化。由此可见，动态路由能实时地适应网络结构的变化，适用于网络规模大、网络拓扑复杂的网络。当然，由于要不断地通过网络交换路由信息，因此会不同程度地占用网络带宽。还有，路由进程运行时，要消耗一定的 CPU 资源。

　　静态路由和动态路由具有各自的特点和适用范围。一般情况下，都把动态路由作为静态路由的补充。其做法是当一个数据包在路由器中进行寻径时，路由器首先将数据包与静态路由条目匹配，如果能匹配其中一条，则按照该静态路由条目转发数据包。如果都不能匹配，则再使用动态路由条目。

8.2　Linux 静态路由配置

　　静态路由具有简单、高效、可靠的特点。在一般的路由器和主机中，都要使用静态路由。Linux 系统除了需要在主机中配置路由外，还可以配置成路由器，以便能为其他主机提供路由服务。下面介绍使用 route 命令对 Linux 进行路由配置的方法。

8.2.1　route 命令格式

　　route 命令用来对路由表中的条目进行管理，在路由表中添加路由条目的命令格式如下：

```
route  [-v] add [-net|-host] target [netmask Nm] [gw Gw] [metric N] [[dev]
If]
```

　　在路由表中删除路由条目的命令格式如下：

```
route  [-v] del [-net|-host] target [gw Gw] [netmask Nm] [metric N] [[dev]
If]
```

　　在以上格式中，target 表示目的地，可以是网络，也可以是主机。如果是网络，则前面的选项是"-net"，默认是代表主机的选项"-host"。如果目的地是网络，需要用 netmask 选项指定网络掩码。gw 选项指定网关的地址，dev 选项指定网络接口，添加路由条目时，这两个选项必须要指定一个，而对于删除路由条目来说，指定目的地址和掩码即可。metric 选项指定跳跃数，-v 选项指定输出详细提示信息。下面是一些 route 命令的例子。

```
route add -net 127.0.0.0 netmask 255.0.0.0 dev lo
```

功能：添加一条路由条目，指定目的地是 127.0.0.0/8 子网的数据包由 lo 接口出去。

```
route add -net 192.56.76.0 netmask 255.255.255.0 gw 192.56.1.1
```

功能：添加一条路由条目，指定目的地是 192.56.76.0/24 子网的数据包发往 192.56.1.1 主机。

```
route add 192.56.1.1 eth0
```

功能：添加一条路由条目，指定目的地是 192.56.1.1 主机的数据包从 eth0 接口出去。

```
route add default gw 10.1.1.1
```

功能：添加一条默认路由，所有不能与其他路由条目匹配的数据包都发往 10.1.1.1。

```
route add -net 172.16.0.0 netmask 255.255.0.0 reject
```

功能：所有发往 172.16.0.0/16 子网的数据包都予以拒绝，即不允许通过。reject 选项表示拒绝数据包。

```
route del -net 127.0.0.0 netmask 255.0.0.0
```

功能：删除所有目的网络地址是 127.0.0.0/8 子网的路由条目。

8.2.2　普通客户机的路由设置

对于一台只有一个网络接口的 Linux 主机来说，路由的配置非常简单。一般只需要两条路由，一条是到本地子网的路由，还有一条是默认路由，即所有不是发往本地子网的数据包都发往这条默认路由指定的网关地址。此外，还可能会有一条到环回子网 127.0.0.0/8 的路由，如下所示。

```
[root@localhost /]# route -n
Kernel IP routing table
Destination     Gateway         Genmask         Flags Metric Ref    Use Iface
10.10.1.0       0.0.0.0         255.255.255.0   U     0      0        0 eth0
127.0.0.0       0.0.0.0         255.0.0.0       U     0      0        0 lo
0.0.0.0         10.10.1.1       0.0.0.0         UG    0      0        0 eth0
```

执行以上命令的主机只有一块网卡，名为 eth0，其 IP 地址是 10.10.1.29，掩码是 255.255.255.0。从以上结果可以看出，第一条是到本地子网 10.10.1.0/24 的路由，网关地址是 0.0.0.0，因此是直接通信的，不需要其他网关转发。第二条是到环回子网的路由，数据包从环回接口 lo 出去，实际上又被本机接收。第三条是默认路由，通过网关 10.10.1.1 转发。

如果此时主机通过拨号等方式创建了一个点对点的虚拟接口，则一般情况下，自动会添加与这个虚拟接口有关的两条路由。一条是通过虚拟接口到对端网关的路由；还有一条也是默认路由。但使用的是通过拨号获得的网关，而原来的那条默认路由将消失，如下所示。

```
[root@localhost ~]# route
Kernel IP routing table
Destination     Gateway         Genmask          Flags Metric Ref    Use Iface
61.174.191.41   *               255.255.255.255  UH     0      0        0 ppp0
169.254.0.0     *               255.255.0.0      U      0      0        0 eth0
```

```
10.0.0.0          *              255.0.0.0      U      0      0      0  eth0
default           *              0.0.0.0        U      0      0      0  ppp0
[root@localhost ~]#
```

以上是拨号成功后看到的路由表，第一条路由是主机路由，表示到 61.174.191.41 的数据包通过 ppp0 接口出去。通过 ppp0 接口建立的是一种点对点的连接，对方地址就是61.174.191.41。第四条路由就是自动添加的默认路由，表示所有的数据包都通过 ppp0 接口出去，送给 IP 为 61.174.191.41 的主机，它就是默认网关。

8.2.3　路由器配置实例

对于专门承担路由器功能的 Linux 主机来说，其网络接口一般有多个，而且要连接到不同的子网中，此时情况要复杂得多。为了使 Linux 承担路由器的角色，首先要确保 Linux能够在各个网络接口之间转发数据包。其方法是输入以下命令，使 ip_forward 文件的内容为 1：

```
echo "1">/proc/sys/net/ipv4/ip_forward
```

上述命令的结果在系统重启后会失效。为了使系统在每次开机后能自动激活 IP 数据包转发功能，需要编辑配置文件/etc/sysctl.conf，它是 RHEL.6 的内核参数配置文件，其中包含了 ip_forward 参数的配置。具体方法是确保在/etc/sysctl.conf 文件中有以下一行代码：

```
net.ipv4.ip_forward = 1
```

即原来的值如果是 0 的，现把它改为 1。然后执行以下命令使之生效：

```
# sysctl -p
```

上述命令的功能是实时修改内核运行时的参数。IP 数据包转发功能激活后，就可以配置路由器了。下面以图 8-2 所示的网络结构为例，介绍多接口 Linux 主机的路由设置。

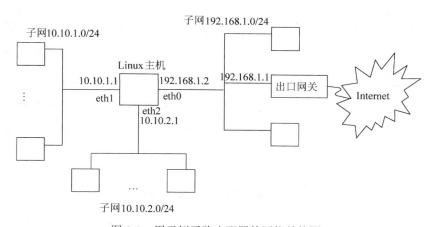

图 8-2　用于例子路由配置的网络结构图

在图 8-2 中，Linux 主机承担着为内网和外网转发数据包的路由器角色。它的 eth0 接口与外网连接，eth1 和 eth2 分别连接着一个内部子网，每个接口的 IP 地址如图 8-2 所示。假设开始时，Linux 主机的路由表是空的，则为了能够访问外网，需要用以下命令添加一条默认路由。

```
route add -net 0.0.0.0 netmask 0.0.0.0 gw 192.168.1.1 dev eth0
```

以上命令表示目的 IP 不能与其他路由条目匹配的数据包都将通过 eth0 发送给作为出口网关的 192.168.1.1 主机。有了这条路由后，内网发送给 Linux 主机的访问外网的数据包都能够出去了。为了使外网返回的数据包能顺利地到达内网中的计算机，还需要添加以下两条路由。

```
route add -net 10.10.1.0 netmask 255.255.255.0 dev eth1
route add -net 10.10.2.0 netmask 255.255.255.0 dev eth2
```

以上命令中，由于 eth1 和 eth2 是直接与子网 10.10.1.0/24 和 10.10.2.0/24 相连的，因此不需要指定网关地址，只需指定网络接口即可。以上路由设好以后，对于子网 10.10.1.0/24 和 10.10.2.0/24 中的主机来说，只需要用以下命令把默认网关设为 10.10.1.1 或 10.10.2.1 即可访问外网。

```
route add -net 0.0.0.0 netmask 0.0.0.0 gw 10.10.1.1
route add -net 0.0.0.0 netmask 0.0.0.0 gw 10.10.2.1
```

此时，这两个子网也能相互通信。当然，为了使外网返回的数据包能够回到内网，需要在出口网关 192.168.1.1 上用以下命令添加路由。

```
route add -net 10.10.1.0 netmask 255.255.255.0 gw 192.168.1.2
route add -net 10.10.2.0 netmask 255.255.255.0 gw 192.168.1.2
```

🔊说明：如果规划中的内部子网其 IP 地址的第一位都是 10，则上面的两条命令可以用以下命令代替。

```
route add -net 10.0.0.0 netmask 255.0.0.0 gw 192.168.1.2
```

如果 192.168.1.0/24 子网中的主机默认网关也设为 192.168.1.1，则也可以与外网及另两个内部子网通信，但发给内网的数据包要先到出口网关，再到 Linux 主机，然后才到内网。如果在主机上用以下命令添加路由，则发给内网的数据包不需要经过出口网关。

```
route add -net 10.0.0.0 netmask 255.0.0.0 gw 192.168.1.2
```

以上是图 8-2 中各种主机的路由设置方法。如果内网存在多条连接外网的路径，例如，子网 10.10.1.0/24 中还有一台计算机与外网有连接，并且也具有路由转发的功能，则此时的路由设置将变得复杂。因为此时网络中的计算机可以有两条出口路由可以选择。

8.3　Linux 的策略路由

传统的路由是根据数据包的目的 IP 地址为其选择路径，在某些场合下，可能会对数据包的路由提更多的要求。例如，要求所有来自 A 网的数据包都路由到 X 路径，所有 TOS 为 5 的数据包选择路径 X，其他数据包选择路径 Y 等。这些要求需要通过策略路由来达到。本节主要介绍在 Linux 系统下实现策略路由的方法。

8.3.1　策略路由的概念

策略路由技术是一种比传统的基于目的 IP 地址路由更灵活的路由技术。它不仅可以根据 IP 数据包的目的地址以及路径代价的估计来进行路由选择,而且能够根据不同的实际应用需求,制定不同的路由策略,将路由选择的依据扩大到 IP 数据包的源地址、上层协议类型甚至是有关线路负载的情况,大大提高了网络的效率和灵活性。

策略路由是通过使用多张路由表来实现的。传统的路由算法一般都只使用一张路由表,但是在某些情况下,这往往是不够的,需要使用多张路由表。例如,一个内网的路由器与外界有两条线路相连,这两条线路的容量是有限的。如果希望保证某些特殊用户的上网速度,则可以让内网大部分的用户都从某一条线路走,而只让特殊用户从另一条线路走。此时,在路由器上需要使用两张路由表,它们的默认网关分别存在于不同的线路,然后根据数据包的源地址来决定使用哪张路由表。

在 Linux 系统中,最多可以支持 255 张路由表,其中有 3 张表是内置的。编号为 255 的表也称为本地路由表(Local table),本地接口地址、广播地址,以及第 9 章将要介绍的 NAT 地址都放在这个表。该路由表由系统自动维护,管理员不能直接修改。

编号为 254 的表也称为主路由表(Main table),如果添加路由时没有指明路由所属的表,则该路由将默认会添加到这个表。例如,route 命令所添加的路由都会加到这个表中,一般是基于目的 IP 的普通路由。编号为 253 的表也称为默认路由表(Default table),一般情况下,推荐把默认的路由放在这张表,当然也可以放其他的路由。

🔔注意:编号为 0 的路由表不允许使用,保留给系统。

使用了多张路由表后,还需要有一种机制,用于确定什么样的数据包使用哪一张路由表。在 Linux 系统中,路由表的选择是通过设置规则来实现的,规则是策略路由的关键所在,它包含以下 3 部分内容。

- ❑ 使用本规则的是什么样的数据包;
- ❑ 对符合本规则的数据包采取什么动作,例如使用哪个表;
- ❑ 本规则的优先级别。

每一条规则都有一个优先级别值,数值越小则优先级别越高,数据包优先与级别高的规则匹配。例如,某一条规则可以这样描述:"所有来自 192.16.1.0 的 IP 数据包,使用路由表 10,规则的优先级别是 1500"。

8.3.2　路由表管理

在 Linux 中,实现策略路由需要名为 iproute 的软件包的支持。当默认安装 RHEL 6 时,已经安装了该软件包,可以通过以下命令查看。

```
# rpm -qa|grep iproute
iproute-2.6.32-20.el6.i686
#
```

iproute-2.6.18-4.el5 软件包提供了有关策略路由的 ip 命令,同时还提供了基于 CBQ 的流量管理技术,可以更加有效地管理 Internet 访问。ip 命令提供了对路由、设备、策略路由和隧道的管理,格式相当复杂,其中有关路由表管理功能的格式如下:

```
ip route <del | add | replace> ROUTE
```

其中，del、add、replace 分别表示删除、增加、置换路由等操作。ROUTE 表示一条路由，由一个子网地址和一些参数组成，此处的子网地址还是指数据包的目的 IP 地址，是路由表中的传统路由。ip route 命令和 route 有些相似，但它有更多的选项。下面通过例子来解释 ip route 命令的用法。

示例 1：

```
ip route add 192.168.1.0/24 via 192.168.0.3 table 1
```

功能：向路由表 1 添加一条路由，到子网 192.168.1.0/24 的网关是 192.168.0.3。

示例 2：

```
ip route add default via 192.168.0.4 table main
```

功能：向主路由表（编号为 254）添加一条路由，路由的内容是设置 192.168.0.4 成为默认网关。

示例 3：

```
ip route add 192.168.1.0/24 dev eth0 table 10
```

功能：向路由表 10 添加一条路由，所有到 192.168.1.0/24 子网的数据包都通过 eth0 接口出去。

示例 4：

```
ip route delete 192.168.1.0/24 dev eth0 table 10
```

功能：从路由表 10 删除匹配"192.168.1.0/24 dev eth0"的路由。

示例 5：

```
# ip route show
192.168.99.0/24 dev eth0  scope link
127.0.0.0/8 dev lo  scope link
default via 192.168.99.254 dev eth0
```

功能：列出主路由表中的路由，scope link 表示直接的单播路由。其显示结果的含义与下面的"route -n"命令相同。

```
# route -n
Kernel IP routing table
Destination     Gateway         Genmask         Flags Metric Ref    Use Iface
192.168.99.0    0.0.0.0         255.255.255.0   U     0      0        0 eth0
127.0.0.0       0.0.0.0         255.0.0.0       U     0      0        0 lo
0.0.0.0         192.168.99.254  0.0.0.0         UG    0      0        0 eth0
```

示例 6：

除了可以用 0~255 之间的数字表示路由表以外，还可以用一个字符串表示一个路由表，但需要把数字和字符串的对应关系放在/etc/iproute2/rt_tables 文件中，例如：

```
# ip route show table special
Error: argument "special" is wrong: table id value is invalid
```

以上命令中，使用了 special 字符串作为路由表名称。但由于/etc/iproute2/rt_tables 文件

中还没有 special 字符串对应的数字，因此出错。可以用以下命令把"7 special"添加到
/etc/iproute2/rt_tables 文件中，使数字 7 与 special 对应。

```
# echo 7 special >> /etc/iproute2/rt_tables
```

然后在执行下列命令时，就可以使用 special 来表示数字 7 了。

```
# ip route add default via 192.168.99.254 table special
# ip route show table 7
default via 192.168.99.254 dev eth0
```

以上命令中，前者在 special 路由表中添加了一条路由，后者的作用是显示路由表 7 中
的路由条目。由于 special 实际上就代表了路由表 7，因此执行后面这条命令时，可以看到
前者添加的路由。

🔔说明：在存在多个路由表的情况下，所有有关路由的操作，例如往路由表添加路由，或
　　　　者在路由表里寻找特定的路由等，都需要指明要操作的路由表。如果不指明，默
　　　　认操作的是主路由表。这与传统的只有一个路由表的情况不同，那种情况下，路
　　　　由的操作是不需要指明路由表的。

8.3.3　路由策略管理

由于存在着多个路由表，因此需要确定数据包路由时具体选择哪个路由表，这个任务
是通过路由策略完成的。管理路由策略的命令是"ip rule"，利用它可以进行添加、删除、
显示规则等操作，其命令格式如下所示。

```
ip rule <add | delete>  [匹配项目] [动作]    # 添加或删除规则
ip rule flush                               # 清空所有的规则
ip rule show                                # 列出规则
```

其中，"匹配项目"可以是以下一些选项。
- ❏ from <IP 地址>：指定匹配的源 IP 地址。
- ❏ to <IP 地址>：指定匹配的目的 IP 地址。
- ❏ iif <网络接口>：指定数据包从哪个网络接口进来。
- ❏ tos <TOS 值>：指定匹配的 IP 包头 TOS 域的值。
- ❏ fwmark <标志>：指定匹配的防火墙设定的参数标志值。
- ❏ priority <优先级>：指定该规则的优先级。

"动作"可以是以下一些选项。
- ❏ table <路由表>：按指定的路由表进行路由。
- ❏ nat <IP 地址>：为数据包设定 NAT 地址。
- ❏ prohibit：丢弃该包，并回复 ICMP prohibited 信息。
- ❏ reject：单纯丢弃该包，不发送 ICMP 信息。
- ❏ unreachable：丢弃该包，　并回复 ICMP net unreachable 信息。

下面通过例子来理解 ip rule 命令的使用方法。

```
# ip rule show
0: from all lookup local
```

```
32766: from all lookup main
32767: from all lookup default
```

以上命令列出了当前所有的规则，默认情况下，系统中有编号为 0、32766 和 32767 这 3 条规则。规则 0 是不能被更改或删除的，它是优先级别最高的规则。从其规则内容可以看出，该规则规定，所有的数据包都必须使用 local 路由表进行路由。也就是说，如果数据包和 local 路由表中的某一路由条目匹配，则直接路由出去，不再和其他规则匹配。规则 32766 和 32767 分别规定数据包使用 main 和 default 路由表进行路由，它们的内容是可以进行更改或删除的。

在默认情况下对数据包进行路由时，首先会根据规则 0 在本地路由表里寻找路由。如果目的地址是本网络、或是广播地址，就可以在 local 路由表中找到合适的路由。如果路由失败，则会匹配下一个不空的规则，默认时接下来是 32766 规则，它规定在 main 路由表里寻找匹配的路由。如果也失败，则会匹配 32767 规则，即在 default 路由表中寻找匹配的路由。如果还是失败，则路由将最终失败。

💭 **说明**：从以上过程可以看出，策略路由是往前兼容的。

下面的命令在规则链中添加一条优先级为 1234 的规则，规定所有来自 10.10.1.0/24 子网的数据包使用编号为 10 的路由表。

```
# ip rule add from 10.10.1.0/24 priority 1234 table 10
```

下面的命令在规则链中添加一条优先级为 4321 的规则，丢弃所有来自 192.168.3.112/32 子网，TOS 值为 10 的数据包，并向发送数据包的主机回复 ICMP 出错信息。

```
# ip rule add from 192.168.3.112/32 tos 0x10 pref 4321 prohibit
```

以上两条命令执行后，可以再次查看一下规则链。

```
# ip rule show
0:      from all lookup 255
1234:    from 10.10.1.0/24 lookup 10
4321:    from 192.168.3.112 tos lowdelay lookup main prohibit
32766: from all lookup main
32767: from all lookup default
#
```

可见，规则链中已经依次增加了刚才添加的规则。

8.3.4　策略路由应用实例

在实际网络应用中，一个内网往往不止一个出口，经常会希望为特定的子网选择不同的出口线路。采用传统的路由无法达到这个目的，因为同一子网的数据包其特征是源地址的网络号相同，而传统的路由是根据目的地址进行的，跟数据包的源 IP 地址没有关系，因此无法根据源地址进行路由。此时，使用策略路由就可以解决这个问题。

如图 8-3 所示是一个例子网络结构，承担路由器功能的 Linux 主机有 3 个接口，一个与内网连接，一个与 Cernet 网络连接，还有一个与 ChinaNet 网络连接，其接口名称与网关 IP 地址如图中所示。现要求在 Linux 主机上配置策略路由，使内网中源 IP 地址的网络号是 192.168 的数据包路由到 Cernet 网络，而源 IP 地址的网络号是 172.16 的数据包都从 ChinaNet 走。

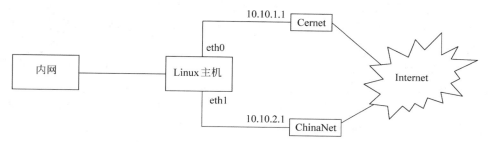

图 8-3　用于策略路由配置的例子网络结构图

为了达到上述目的，需要在 Linux 主机中定义两个路由表，然后在这两个路由表中分别设置到 Cernet 和 ChinaNet 的默认路由。接着还要定义路由策略，根据数据包的源 IP 地址分别选择不同的路由表。为了使路由命令更加形象，首先为路由表定义一个名称，命令如下：

```
echo 1 cernet >> /etc/iproute2/rt_tables
echo 2 chinanet >> /etc/iproute2/rt_tables
```

上述命令在/etc/iproute2/rt_tables 文件的最后加入两行，为路由表 1 和 2 分别定义一个名称，可以通过以下命令查看此时/etc/iproute2/rt_tables 文件的内容。

```
# more /etc/iproute2/rt_tables
#
# reserved values
#
255     local
254     main
253     default
0       unspec
#
# local
#
#1      inr.ruhep
1 cernet
2 chinanet
```

可以看到，除了默认定义的 local、main 和 default 路由表名称及其对应的编号外，最后两行还为路由表 1 和 2 定义了 cernet 和 chinanet 名称，以后在 ip 命令中，cernet 和 chinanet 将代表路由表 1 和 2。确定了路由表以后，接下来可以在这两个路由表中分别加入以下路由条目。

```
ip route add default via 10.10.1.1 dev eth0 table cernet
ip route add default via 10.10.2.1 dev eth1 table chinanet
```

以上两条命令分别在 cernet 和 chinanet 路由表中加入了默认网关。根据图 8-3，在 cernet 表中，所有的数据包都通过接口 eth0 发往网关 10.10.1.1，而在 chinanet 表中，所有的数据包都通过接口 eth1 发往网关 10.10.2.1。下面再继续定义路由策略：

```
ip rule add from 192.168.0.0/16 table cernet
ip rule add from 172.16.0.0/12 table chinanet
```

以上两条命令定义了两条规则，规定所有来自 192.168.0.0/16 子网的数据包使用 cernet

路由表，而所有来自 172.16.0.0/12 子网的数据包使用 chinanet 路由表。如果还需要为更多的子网选择线路，可以继续添加类似的规则。当然，也可以定义规则，为某些主机选择不同的线路。

以上命令完成后，就达到了让内部两个子网分别通过不同线路访问 Internet 的目的。对于其他子网来说，它们的数据包与上述两条规则都不匹配，它们将使用 main 路由表，通过 main 路由表上设置的路由条目进行路由。如果 main 路由表不设置到 Internet 的默认网关，其他子网将不能访问 Internet。

8.4　小　　结

路由是网络层最基本的功能之一，只有通过正确的路由设置，数据包才能顺利地到达目的主机。本章首先讲述了路由的基本概念，包括路由原理、路由表、静态路由和动态路由等；然后介绍使用 route 命令进行路由配置的方法；最后介绍了有关策略路由的知识及配置方法。

第 9 章　Linux 防火墙配置

随着 Internet 规模的迅速扩大，安全问题也越来越重要，而构建防火墙是保护系统免受侵害的最基本的一种手段。虽然防火墙并不能保证系统绝对的安全，但由于它简单易行、工作可靠、适应性强，还是得到了广泛的应用。本章主要介绍与 Linux 系统紧密集成的 iptables 防火墙的工作原理、命令格式，以及一些应用实例。

9.1　iptables 防火墙介绍

netfilter/iptables 是 Linux 系统提供的一个非常优秀的防火墙工具。它完全免费、功能强大、使用灵活、占用系统资源少，可以对经过的数据进行非常细致的控制。本节将介绍有关 iptables 防火墙的基本知识，包括 netfilter 框架、iptables 防火墙结构与原理、iptables 命令格式等内容。

9.1.1　netfilter 框架

Linux 内核包含了一个强大的网络子系统，名为 netfilter。它可以为 iptables 内核防火墙模块提供有状态或无状态的包过滤服务，如 NAT、IP 伪装等，它也可以因高级路由或连接状态管理的需要而修改 IP 头信息。netfilter 位于 Linux 网络层和防火墙内核模块之间，如图 9-1 所示。

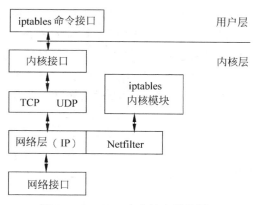

图 9-1　netfilter 在内核中的位置

虽然防火墙模块构建在 Linux 内核，并且要对流经 IP 层的数据包进行处理。但它并没有改变 IP 协议栈的代码，而是通过 netfilter 模块将防火墙的功能引入 IP 层，从而实现防火墙代码和 IP 协议栈代码的完全分离。netfilter 模块的结构如图 9-2 所示。

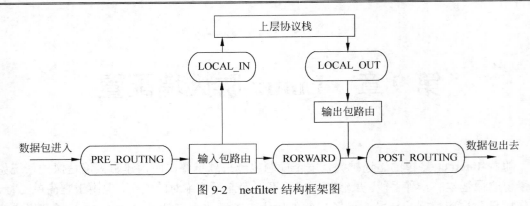

图 9-2　netfilter 结构框架图

对 IPv4 协议来说，netfilter 在 IP 数据包处理流程的 5 个关键位置定义了 5 个钩子（hook）函数。当数据包流经这些关键位置时，相应的钩子函数就被调用。从图 9-2 中可以看到，数据包从左边进入 IP 协议栈，进行 IP 校验以后，数据包被第一个钩子函数 PRE_ROUTING 处理，然后就进入路由模块，由其决定该数据包是转发出去还是送给本机。

若该数据包是送给本机的，则要经过钩子函数 LOCAL_IN 处理后传递给本机的上层协议。若该数据包应该被转发，则它将被钩子函数 FORWARD 处理，然后还要经钩子函数 POST_ROUTING 处理后才能传输到网络。本机进程产生的数据包要先经过钩子函数 LOCAL_OUT 处理后，再进行路由选择处理，然后经过钩子函数 POST_ROUTING 处理后再发送到网络。

说明：内核模块可以将自己的函数注册到钩子函数中，每当有数据包经过该钩子点时，钩子函数就会按照优先级依次调用这些注册的函数，从而可以使其他内核模块参与对数据包的处理。这些处理可以是包过滤、NAT 以及用户自定义的一些功能。

9.1.2　iptables 防火墙内核模块

netfilter 框架为内核模块参与 IP 层数据包处理提供了很大的方便。内核的防火墙模块正是通过把自己的函数注册到 netfilter 的钩子函数这种方式介入了对数据包的处理。这些函数的功能非常强大，按照功能来分的话主要有 4 种，包括连接跟踪、数据包过滤、网络地址转换（NAT）和对数据包进行修改。其中，NAT 还分为 SNAT 和 DNAT，分别表示源网络地址转换和目的网络地址转换，内核防火墙模块函数的具体分布情况如图 9-3 所示。

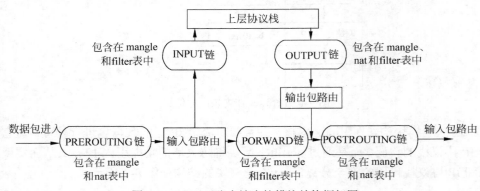

图 9-3　iptables 防火墙内核模块结构框架图

由图 9-3 可以看出，防火墙模块在 netfilter 的 LOCAL_IN、FORWARD 和 LOCAL_OUT 3 个位置分别注册了数据包过滤函数。数据包经过这些位置时，防火墙模块要对数据包进行过滤。这三个位置也称为三条链，名称分别为 INPUT、FORWARD 和 OUTPUT，它们共同组成了一张过滤表，每条链可以包含各种规则，每一条规则都包含 0 个或多个匹配以及一个动作。当数据包满足所有的匹配时，则过滤函数将执行设定的动作，以便对数据包进行过滤。

注意：这些规则的次序是很重要的，过滤函数对数据包执行了某一规则动作后，对数据包的处理即告结束，即使这个数据包还满足后面其他规则的所有匹配，也不会执行那些规则所设定的动作。

从图 9-3 中可以看出，除了过滤表以外，在 PRE_ROUTING、LOCAL_OUT 和 POST_ROUTING 3 个位置各有一条有关 NAT 的链，名称分别为 PREROUTING、OUTPUT 和 POSTROUTING，它们组成了 NAT 表。NAT 链里面也可以包含各种规则，它指出了如何对数据包的地址进行转换。

此外，5 个钩子函数位置的 mangle 链还组成了一张 mangle 表。这个表的主要功能是根据规则修改数据包的一些标志位，如 TTL、TOS 等，也可以在内核空间为数据包设置一些标志。防火墙内的其他规则或程序（如 tc 等）可以利用这种标志对数据包进行过滤或高级路由。

以上介绍的是 iptables 防火墙的内部结构。Linux 系统还提供了 iptables 防火墙的用户接口，它可以在上述各张表所包含的链中添加规则，或者修改、删除规则，从而可以根据需要构建自己的防火墙。具体来说，用户是通过输入 iptables 命令来实现上述功能的。

9.1.3　iptables 命令格式

在 RHEL 6 中，iptables 命令由 iptables-1.4.7-5.1.el6_2.i686 软件包提供。默认时，系统已经安装了该软件包。因此，用户可以直接输入 iptables 命令对防火墙中的规则进行管理。iptables 命令相当复杂，具体格式如下所示。

```
iptables [-t 表名] <命令> [链名] [规则号] [规则] [-j 目标]
```

-t 选项用于指定所使用的表，iptables 防火墙默认有 filter、nat 和 mangle 3 张表，也可以是用户自定义的表。表中包含了分布在各个位置的链，iptables 命令所管理的规则就是存在于各种链中的。该选项不是必需的，如果未指定一个具体的表，则默认使用的是 filter 表。

命令选项是必须要有的，它告诉 iptables 要做什么事情，是添加规则、修改规则还是删除规则。有些命令选项后面要指定具体的链名称，而有些可以省略。此时，是对所有的链进行操作，还有一些命令要指定规则号。具体的命令选项名称及其与后续选项的搭配形式如下所示。

示例 1：

```
-A  <链名>  <规则>
```

功能：在指定链的末尾添加一条或多条规则。

示例 2:

```
-D  <链名>  <规则>
-D  <链名>  <规则号>
```

功能: 从指定的链中删除一条或多条规则。可以按照规则的序号进行删除, 也可以删除满足匹配条件的规则。

示例 3:

```
-R  <链名>  <规则号>  <规则>
```

功能: 在指定的链中用新的规则置换掉某一规则号的旧规则。

示例 4:

```
-I  <链名>  [规则号]  <规则>
```

功能: 在给出的规则序号前插入一条或多条规则, 如果没有指定规则号, 则默认是 1。

示例 5:

```
-L  [链名]
```

功能: 列出指定链中的所有规则, 如果没有指定链, 则所有链中的规则都将被列出。

示例 6:

```
-F  [链名]
```

功能: 删除指定链中的所有规则, 如果没有指定链, 则所有链中的规则都将被删除。

示例 7:

```
-N  <链名>
```

功能: 建立一个新的用户自定义链。

示例 8:

```
-X  [链名]
```

功能: 删除指定的用户自定义链, 这个链必须没有被引用, 而且里面也不包含任何规则。如果没有给出链名, 这条命令将试着删除每个非内建的链。

示例 9:

```
-P  <链名>  <目标>
```

功能: 为指定的链设置规则的默认目标, 当一个数据包与所有的规则都不匹配时, 将采用这个默认的目标动作。

示例 10:

```
-E  <旧链名>  <新链名>
```

功能: 重新命名链名, 对链的功能没有影响。

以上是有关 iptables 命令格式中有关命令选项部分的解释。iptables 命令格式中的规则部分由很多选项构成, 主要指定一些 IP 数据包的特征, 例如, 上一层的协议名称、源 IP

地址、目的 IP 地址、进出的网络接口名称等，下面列出构成规则的常见选项。

- ❑ -p<协议类型>：指定上一层协议，可以是 icmp、tcp、udp 和 all。
- ❑ -s<IP 地址/掩码>：指定源 IP 地址或子网。
- ❑ -d<IP 地址/掩码>：指定目的 IP 地址或子网。
- ❑ -i<网络接口>：指定数据包进入的网络接口名称。
- ❑ -o<网络接口>：指定数据包出去的网络接口名称。

注意：上述选项可以进行组合，每一种选项后面的参数前可以加"!"，表示取反。

对于-p 选项来说，确定了协议名称后，还可以有进一步的子选项，以指定更细的数据包特征。常见的子选项如下所示。

- ❑ -p tcp --sport <port>：指定 TCP 数据包的源端口。
- ❑ -p tcp --dport <port>：指定 TCP 数据包的目的端口。
- ❑ -p tcp --syn：具有 SYN 标志的 TCP 数据包，该数据包要发起一个新的 TCP 连接。
- ❑ -p udp --sport <port>：指定 UDP 数据包的源端口。
- ❑ -p udp --dport <port>：指定 UDP 数据包的目的端口。
- ❑ -p icmp --icmp-type <type>：指定 icmp 数据包的类型，可以是 echo-reply、echo-request 等。

上述选项中，port 可以是单个端口号，也可以是以 port1:port2 表示的端口范围。每一选项后的参数可以加"!"，表示取反。

上面介绍的这些规则选项都是 iptables 内置的，iptables 软件包还提供了一套扩展的规则选项。使用时需要通过-m 选项指定模块的名称，再使用该模块提供的选项。下面列出几个模块名称和其中的选项，大部分的选项也可以通过"!"取反。

```
-m multiport --sports <port, port, …>
```

功能：指定数据包的多个源端口，也可以以 port1:port2 的形式指定一个端口范围。

```
-m multiport --dports <port, port, …>
```

功能：指定数据包的多个目的端口，也可以以 port1:port2 的形式指定一个端口范围。

```
-m multiport --ports <port, port, …>
```

功能：指定数据包的多个端口，包括源端口和目的端口，也可以以 port1:port2 的形式指定一个端口范围。

```
-m state --state <state>
```

功能：指定满足某一种状态的数据包，state 可以是 INVALID、ESTABLISHED、NEW 和 RELATED 等，也可以是它们的组合，用","分隔。

```
-m connlimit --connlimit-above <n>
```

功能：用于限制客户端到一台主机的 TCP 并发连接总数，n 是一个数值。

```
-m mac --mac-source <address>
```

功能：指定数据包的源 MAC 地址，**address** 是 xx:xx:xx:xx:xx:xx 形式的 48 位数。

-m 选项可以提供的模块名和子选项内容非常多，它为 iptables 提供了非常强大、细致的功能。所有的模块名和子选项可以通过"man iptables"命令查看 iptables 命令的手册页获得。

最后，iptables 命令中的-j 选项可以对满足规则的数据包执行指定的操作，其后的"目标"可以是以下内容。

- ❑ -j ACCEPT：将与规则匹配的数据包放行，并且该数据包将不再与其他规则匹配，而是跳向下一条链继续处理。
- ❑ -j REJECT：拒绝所匹配的数据包，并向该数据包的发送者回复一个 ICMP 错误通知。该处理动作完成后，数据包将不再与其他规则匹配，而且也不跳向下一条链。
- ❑ -j DROP：丢弃所匹配的数据包，不回复错误通知。该处理动作完成后，数据包将不再与其他规则匹配，而且也不跳向下一条链。
- ❑ -j REDIRECT：将匹配的数据包重定向到另一个位置，该动作完成后，会继续与其他规则进行匹配。
- ❑ -j LOG：将与规则匹配的数据包的相关信息记录在日志（/var/log/message）中，并继续与其他规则匹配。
- ❑ -j <规则链名称>：数据包将会传递到另一规则链，并与该链中的规则进行匹配。

除了上述目标动作外，还有一些与 NAT 有关的目标，将在 9.4 节中讲述。所有的目标也可以通过查看 iptables 命令的手册页获得。

9.2　iptables 主机防火墙

主机防火墙主要用于保护防火墙所在的主机免受外界的攻击。当一台服务器为外界提供比较重要的服务，或者一台客户机在不安全的网络环境中使用时，都需要在计算机上安装防火墙。本节主要介绍 iptables 主机防火墙规则的配置，包括 iptables 防火墙的运行与管理、RHEL 6 默认防火墙规则的解释、用户根据需要添加自己的防火墙规则等内容。

9.2.1　iptables 防火墙的运行与管理

RHEL 6 默认安装时，已经在系统中安装了 iptables 软件包，可以用以下命令查看。

```
[root@localhost ~]# rpm -qa | grep iptables
iptables-1.4.7-5.1.el6_2.i686
iptables-ipv6-1.4.7-5.1.el6_2.i686
#
```

一般情况下，iptable 开机时都已经默认运行。但与其他一些服务不同，iptables 的功能是管理内核中的防火墙规则，不需要常驻内存的进程。如果对防火墙的配置做了修改，并且想保存已经配置的 iptables 规则，可以使用以下命令。

```
# /etc/rc.d/init.d/iptables save
```

此时，所有正在使用的防火墙规则将保存到/etc/sysconfig/iptables 文件中，可以用以下命令查看该文件的内容。

```
# more /etc/sysconfig/iptables
```

```
# Generated by iptables-save v1.4.7 on Thu Sep 20 11:32:49 2012
*filter
:INPUT ACCEPT [0:0]
:FORWARD ACCEPT [0:0]
:OUTPUT ACCEPT [2237:2371316]
:RH-Firewall-1-INPUT - [0:0]
-A INPUT -j RH-Firewall-1-INPUT
-A FORWARD -j RH-Firewall-1-INPUT
-A RH-Firewall-1-INPUT -i lo -j ACCEPT
-A RH-Firewall-1-INPUT -p icmp -m icmp --icmp-type any -j ACCEPT
-A RH-Firewall-1-INPUT -p esp -j ACCEPT
-A RH-Firewall-1-INPUT -p ah -j ACCEPT
-A RH-Firewall-1-INPUT -d 224.0.0.251 -p udp -m udp --dport 5353 -j ACCEPT
-A RH-Firewall-1-INPUT -p udp -m udp --dport 631 -j ACCEPT
-A RH-Firewall-1-INPUT -p tcp -m tcp --dport 631 -j ACCEPT
-A RH-Firewall-1-INPUT -m state --state RELATED,ESTABLISHED -j ACCEPT
-A RH-Firewall-1-INPUT -p tcp -m state --state NEW -m tcp --dport 21 -j ACCEPT
-A RH-Firewall-1-INPUT -p tcp -m state --state NEW -m tcp --dport 22 -j ACCEPT
-A RH-Firewall-1-INPUT -p tcp -m state --state NEW -m tcp --dport 80 -j ACCEPT
-A RH-Firewall-1-INPUT -p tcp -m state --state NEW -m tcp --dport 25 -j ACCEPT
-A RH-Firewall-1-INPUT -p tcp -m state --state NEW -m tcp --dport 808 -j
ACCEPT
-A RH-Firewall-1-INPUT -p tcp -m state --state NEW -m tcp --dport 8080 -j
ACCEPT
```

可以看到，/etc/sysconfig/iptables 文件中包含了一些 iptables 规则，这些规则的形式与 iptables 命令类似，但也有区别。

🔔注意：一般不建议用户手工修改这个文件的内容，这个文件只用于保存启动 iptables 时，需要自动应用的防火墙规则。

以上看到的实际上是默认安装 RHEL 6 时该文件中的内容，其所确定的规则的解释见 9.2.2 节。还有一种保存 iptables 规则的方法是使用 iptables-save 命令，格式如下：

```
# iptables-save > abc
```

此时，正在使用的防火墙规则将保存到 abc 文件中。如果希望再次运行 iptables，可以使用以下命令：

```
# /etc/rc.d/init.d/iptables start
```

上述命令实际上是清空防火墙所有规则后，再按/etc/sysconfig/iptables 文件的内容重新设定防火墙规则。还有一种复原防火墙规则的命令如下：

```
# iptables-restore < abc
```

此时，由 iptables-save 命令保存在 abc 文件中的规则将重新载入到防火墙中。如果使用以下命令，将停止 iptables 的运行。

```
# /etc/rc.d/init.d/iptables stop
```

上述命令实际上是清空防火墙中的规则，与"iptables -F"命令类似。此外，/etc/sysconfig 目录的 iptables-config 文件是 iptables 防火墙的配置文件，去掉注释后的初始内容和解释如下所示。

配置 1：

```
IPTABLES_MODULES="ip_conntrack_netbios_ns ip_conntrack_ftp"
```

功能：当 iptables 启动时，载入 ip_conntrack_netbios_ns 和 ip_conntrack_ftp 两个 iptables 模块。

配置 2：

```
IPTABLES_MODULES_UNLOAD="yes"
```

功能：当 iptables 重启或停止时，是否卸载所载入的模块，yes 表示是。

配置 3：

```
IPTABLES_SAVE_ON_STOP="no"
```

功能：当停止 iptables 时，是否把规则和链保存到/etc/sysconfig/iptables 文件，no 表示否。

配置 4：

```
IPTABLES_SAVE_ON_RESTART="no"
```

功能：当重启 iptables 时，是否把规则和链保存到/etc/sysconfig/iptables 文件，no 表示否。

配置 5：

```
IPTABLES_SAVE_COUNTER="no"
```

功能：当保存规则和链时，是否同时保存计数值，no 表示否。

配置 6：

```
IPTABLES_STATUS_NUMERIC="yes"
```

功能：输出 iptables 状态时，是否以数字形式输出 IP 地址和端口号，yes 表示是。

配置 7：

```
IPTABLES_STATUS_VERBOSE="no"
```

功能：输出 iptables 状态时，是否包含输入输出设备，no 表示否。

配置 8：

```
IPTABLES_STATUS_LINENUMBERS="yes"
```

功能：输出 iptables 状态时，是否同时输出每条规则的匹配数，yes 表示是。

9.2.2　RHEL 6 开机时默认的防火墙规则

在 Linux 系统中，可以通过使用 iptables 命令构建各种类型的防火墙。RHEL 6 操作系统默认安装时，iptables 防火墙已经安装，并且开机后会自动添加了一些规则，这些规则实际上是由/etc/sysconfig 目录中的 iptables 文件决定的。可以通过"iptables -L"命令查看这些默认添加的规则。

```
# iptables -L
Chain INPUT (policy ACCEPT)                    #INPUT 链中的规则
target              prot opt source              destination
RH-Firewall-1-INPUT  all  --  anywhere            anywhere          #规则 1
```

```
Chain FORWARD (policy ACCEPT)                    # FORWARD 链中的规则
target               prot opt source              destination
RH-Firewall-1-INPUT  all  -- anywhere             anywhere                #规则 2

Chain OUTPUT (policy ACCEPT)                     # OUTPUT 链中的规则
target               prot opt source              destination

Chain RH-Firewall-1-INPUT (2 references)        #自定义的 RH-Firewall-1-INPUT 链
                                                  中的规则，被其他链引用两次
target          prot opt  source                 destination
ACCEPT          all  -- anywhere                 anywhere                  #规则 3
ACCEPT          icmp -- anywhere                 anywhere    icmp any      #规则 4
ACCEPT          esp  -- anywhere                 anywhere                  #规则 5
ACCEPT          ah   -- anywhere                 anywhere                  #规则 6
ACCEPT          udp  -- anywhere                 224.0.0.251  udp dpt:mdns #规则 7
ACCEPT          udp  -- anywhere                 anywhere    udp dpt:ipp   #规则 8
ACCEPT          tcp  -- anywhere                 anywhere    tcp dpt:ipp   #规则 9
ACCEPT          all  -- anywhere  anywhere  state RELATED,ESTABLISHED     #规则 10
ACCEPT          tcp  -- anywhere  anywhere  state NEW tcp dpt:ftp         #规则 11
ACCEPT          tcp  -- anywhere  anywhere  state NEW tcp dpt:ssh         #规则 12
ACCEPT          tcp  -- anywhere  anywhere  state NEW tcp dpt:http        #规则 13
ACCEPT          tcp  -- anywhere  anywhere  state NEW tcp dpt:smtp        #规则 14
REJECT          all  -- anywhere  anywhere  reject-with icmp-host-
                                                  prohibited              #规则 15
#
```

由于上面的 iptables 命令没有用-t 选项指明哪一张表，也没有指明是哪一条链，因此默认列出的是 filter 表中的规则链。由以上结果可以看出，filter 表中总共有 4 条链。其中，INPUT、FORWARD 和 OUTPUT 链是内置的，而 RH-Firewall-1-INPUT 链是用户自己添加的。

1．规则列

在前面列出的防水墙规则中，每一条规则列出了 5 项内容。target 列表示规则的动作目标。prot 列表示该规则指定的上层协议名称，all 表示所有的协议。opt 列出了规则的一些选项。source 列表示数据包的源 IP 地址或子网，而 destination 列表示数据包的目的 IP 地址或子网，anywhere 表示所有的地址。除了上述 5 列以外，如果存在，每一条规则的最后还要列出一些子选项，如 RH-Firewall-1-INPUT 链中的规则 4 等。

如果执行 iptables 命令时加了-v 选项，则还可以列出每一条规则当前匹配的数据包数、字节数，以及要求数据包进来和出去的网络接口。如果加上-n 选项，则不对显示结果中的 IP 地址和端口做名称解析，直接以数字的形式显示。另外，如果加上"--line-number"选项，可以在第一列显示每条规则的规则号。

2．规则解释

INPUT 链中的规则 1 其 target 列的内容是 RH-Firewall-1-INPUT，opt 列是 all，source 和 destination 列均为 anywhere，表示所有的数据包都交给自定义的 RH-Firewall-1-INPUT 链去处理。FORWARD 链的规则 2 与规则 1 完全一样。OUTPUT 链中没有规则。

在自定义的 RH-Firewall-1-INPUT 链中，列出了很多的规则，规则 3 表示接收所有的数据包。需要注意的是，如果在 iptables 中加-v 选项列出这条规则时，将会看到 in 列是 lo，即要求数据包是从环回接口中进来的，而不是任意网络接口进来的数据包都接收。

规则 4 表示所有 icmp 数据包都接收。即其他计算机 ping 本机时，予以接收，而且在 OUTPUT 链中没有规则。因此本机的 ICMP 回复数据包也能顺利地进入网络，被对方收到。规则 5 和规则 6 表示接收所有的 esp 和 ah 协议的数据包，这两种协议属于 IPv6 协议。

规则 7 表示目的地址是 224.0.0.251，目的端口是 mdns 的 UDP 数据包允许通过。224.0.0.251 是一种组播地址，mdns 是端口号的一种名称。如果执行 iptables 命令时加了-n 选项，则会显示数字 5353，它是组播地址的 DNS 端口。

规则 8 和规则 9 表示允许所有目的端口是 ipp 的 UDP 和 TCP 数据包通过。ipp 是端口 631 的名称解析，它是用于网络打印服务的端口。规则 10 表示所有状态是 RELATED 和 ESTABLISHED 的数据包通过，RELATED 状态表示数据包要新建一个连接，而且这个要新建的连接与现存的连接是相关的，如 FTP 的数据连接。ESTABLISHED 表示本机与对方建立连接时，对方回应的数据包。

规则 11 至规则 14 表示允许目的端口是 ftp、ssh、http 和 smtp，状态是 NEW 的 TCP 数据包通过，状态为 NEW 即意味着这个 TCP 数据包将与主机发起一个 TCP 连接。这几条规则的端口对应的都是最常见的网络服务，它们的端口号分别是 21、22、80 和 25。最后一条规则 15 表示拒绝所有的数据包，并向对方回应 icmp-host-prohibited 数据包。

3．补充解释

需要再次提醒的是，这些规则是有次序的。当一个数据包进入 RH-Firewall-1-INPUT 链后，将依次与规则 3 至规则 15 进行比较。按照这些规则的目标设置，如果数据包能与规则 3 至 14 中的任一条匹配，则该数据包将被接收。如果都不能匹配，则肯定能和规则 15 匹配，于是数据包被拒绝。

由于 RH-Firewall-1-INPUT 链是被 INPUT 链调用的，如果要返回到 INPUT 链，需要执行名为 RETURN 的目标动作。

🔔说明：在 FORWARD 链中也调用了 RH-Firewall-1-INPUT 链，即数据包如果不是发送给本机的，当经过 FORWARD 链时，还要进入 RH-Firewall-1-INPUT 链，与规则 3 到规则 15 再次进行匹配。

9.2.3　管理主机防火墙规则

可以有很多功能种类的防火墙。有些是安装在某一台主机上，主要用于保护主机本身的安全；有些是安装在网络中的某一节点，专门用于保护网络中其他计算机的安全；也有一些可以为内网的客户机提供 NAT 服务，使内网的客户机共用一个公网 IP，以便节省 IP 地址资源。下面首先介绍一下主机防火墙的应用示例。

当一台服务器为外界提供比较重要的服务，或者一台客户机在不安全的网络环境中使用时，都需要在计算机上安装防火墙，以最大限度地防止主机受到外界的攻击。9.2.2 节介绍的开机时默认的防火墙设置非常典型，用户可以根据自己主机的功能关闭已经开放的端口，或者开放更多的端口，以便允许符合更多规则的数据包通过。

例如，为了使主机能为外界提供 telnet 服务，除了配置好 telnet 服务器外，还需要开放 TCP23 号端口。因为在默认的防火墙配置中，并不允许目的端口为 23 的 TCP 数据包进入主机。为了开放 TCP23 号端口，可以有两种办法，一种是在 RH-Firewall-1-INPUT 链中加入相应的规则，还有一种是把规则加到 INPUT 链中。但需要注意的是，规则是有次序的，如果使用以下命令，则是没有效果的。

```
# iptables -A RH-Firewall-1-INPUT -p tcp --dport 23 -j ACCEPT
```

上述命令执行后，可以再次查看规则情况。

```
# iptables -L -n --line-number
...
Chain RH-Firewall-1-INPUT (2 references)
num  target      prot opt  source              destination
...
11   ACCEPT      tcp  --   0.0.0.0/0           0.0.0.0/0      state NEW tcp dpt:80
12   ACCEPT      tcp  --   0.0.0.0/0           0.0.0.0/0      state NEW tcp dpt:25
13   REJECT      all  --   0.0.0.0/0           0.0.0.0/0      reject-with icmp-host-
                                                              prohibited
14   ACCEPT      tcp  --   0.0.0.0/0           0.0.0.0/0       tcp dpt:23
                                                              # 新添加的规则
#
```

可以看到，新添加的规则位于最后的位置。由于所有的数据包都可以与目标动作为 REJECT 的规则号为 13 的规则匹配，而 REJECT 代表的是拒绝，因此数据包到达新添加的规则前肯定已被丢弃，这条规则是不会被使用的。为了解决这个问题，需要把上述规则插入到现有的规则中，要位于规则 13 的前面。下面是正确的开放 TCP23 号端口的命令：

```
# iptables -I RH-Firewall-1-INPUT 11 -p tcp --dport 23 -j ACCEPT
```

以上命令中，"-I RH-Firewall-1-INPUT 11" 表示在 RH-Firewall-1-INPUT 链原来的规则 11 前面插入一条新规则，规则内容是接受目的端口为 23 的 TCP 数据包。为了删除前面添加的无效规则，可以执行以下命令：

```
# iptables -D RH-Firewall-1-INPUT 15
```

15 是第一次添加的那条无效规则此时的规则号，也可能是其他的数值，可根据具体显示结果加以改变。如果希望新加的规则与原来的规则 11、12 等类似，可以执行以下命令：

```
# iptables -I RH-Firewall-1-INPUT 11 -m state --state NEW -p tcp --dport
23 -j ACCEPT
```

以上是在 RH-Firewall-1-INPUT 链中添加规则，以开放 TCP23 号端口。还有一种开放 TCP23 号端口的方法是在 INPUT 链中添加规则，具体命令如下所示。

```
# iptables -I INPUT 1 -p tcp --dport 23 -j ACCEPT
# iptables -L --line-number
Chain INPUT (policy ACCEPT)
num  target              prot opt  source         destination
1    ACCEPT              tcp  --    anywhere       anywhere        tcp dpt:telnet
2    RH-Firewall-1-INPUT all  --    anywhere       anywhere
...
```

注意：添加的规则也要位于原来规则 2 的前面，否则，任何数据包都匹配规则 2，将会跳到 RH-Firewall-1-INPUT 链，并且不再回来。因此，添加在规则 2 后面的规则都是无效的。

前面介绍的是在 RHEL.6 默认防火墙规则的基础上添加用户自己的防火墙规则，以开放 TCP23 号端口。在很多的时候，用户可能希望从最初的状态开始，构建自己的防火墙。为了从零开始设置 iptables 防火墙，可以用以下命令清空防火墙中所有的规则：

```
# iptables -F
```

然后再根据要求，添加自己的防火墙规则。一般情况下，保护防火墙所在主机的规则都添加在 INPUT 内置链中，以挡住外界访问本机的部分数据包。本机向外发送的数据包只经过 OUTPUT 链，一般不予限制。如果不希望本机为外界数据包提供路由转发功能，可以在 FORWARD 链中添加一条拒绝一切数据包通过的规则，或者干脆在内核中设置不转发任何数据包。

9.2.4　常用的主机防火墙规则

当设置主机防火墙时，一般采取先放行，最后全部禁止的方法。也就是说，根据主机的特点，规划出允许进入主机的外界数据包，然后设计规则放行这些数据包。如果某一数据包与放行数据包的规则都不匹配，则与最后一条禁止访问的规则匹配，被拒绝进入主机。下面列出一些主机防火墙中常用的 iptables 命令及其解释，这些命令添加的规则都放在 filter 表的 INPUT 链中。

示例 1：

```
iptables -A INPUT -p tcp --dport 80 -j ACCEPT
```

功能：允许目的端口为 80 的 TCP 数据包通过 INPUT 链。

说明：这种数据包一般是用来访问主机的 Web 服务，如果主机以默认的端口提供 Web 服务，应该用这条规则开放 TCP80 端口。

示例 2：

```
iptables -A INPUT -s 192.168.1.0/24 -i eth0 -j DROP
```

功能：从接口 eth0 进来的、源 IP 地址的前 3 字节为 192.168.1 的数据包予以丢弃。

说明：需要注意这条规则的位置，如果匹配这条规则的数据包同时也匹配前面的规则，而且前面的规则是放行的，则这条规则对匹配的数据包将不起作用。

示例 3：

```
iptables -A INPUT -p udp --sport 53 --dport 1024:65535 -j ACCEPT
```

功能：在 INPUT 链中允许源端口号为 53，目标端口号为 1024 至 65535 的 UDP 数据包通过。

说明：这种特点的数据包是当本机查询 DNS 时，DNS 服务器回复的数据包。

示例 4：

```
iptables -A INPUT -p tcp --tcp-flags SYN,RST,ACK SYN -j ACCEPT
```

功能：SYN、RST、ACK 3 个标志位中 SYN 位为 1，其余两个为 0 的 TCP 数据包予以放行。符合这种特征的数据包是发起 TCP 连接的数据包。

说明："--tcp-flags"子选项用于指定 TCP 数据包的标志位，可以有 SYN、ACK、FIN、RST、URG 和 PSH 共 6 种。当这些标志位作为"--tcp-flags"的参数时，用空格分成两部分。前一部分列出有要求的标志位，用","分隔；后一部分列出要求值为 1 的标志位，如果有多个，也用","分隔，未在后一部分列出的标志位其值要求为 0。

注意：这条命令因为经常使用，可以用"--syn"代替"--tcp-flags SYN,RST,ACK SYN"。

示例 5：

```
iptables -A INPUT -p tcp -m multiport --dport 20:23,53,80,110 -j ACCEPT
```

功能：接收目的端口为 20 至 23、53、80 和 110 号的 TCP 数据包。

说明："-m multiport"用于指定多个端口，最多可以有 15 项，用","分隔。

示例 6：

```
iptables -A INPUT -p icmp -m limit --limit 6/m --limit-burst 8 -j ACCEPT
```

功能：限制 ICMP 数据包的通过率，当一分钟内通过的数据包达到 8 个时，触发每分钟通过 6 个数据包的限制条件。

说明：以上命令中，除了 m 表示分以外，还可以用 s（秒）、h（小时）和 d（天）。这个规则主要用于防止 DoS 攻击。

示例 7：

```
iptables -A INPUT -p udp -m mac --mac-source ! 00:0C:6E:AB:AB:CC -j DROP
```

功能：拒绝源 MAC 地址不是 00:0C:6E:AB:AB:CC 的 UDP 数据包。

说明：该规则不应该放在前面，否则，大部分的 UDP 数据包都将被拒绝，随后的规则将不会使用。

9.2.5　使用图形界面管理主机防火墙规则

为了使初学者也能构建 iptables 主机防火墙，在 RHEL 6 中，还为用户提供了配置主机防火墙的图形界面。在 RHEL 6 桌面环境下，选择"系统"|"管理"|"防火墙"命令后，将出现图 9-4 所示的对话框。

在图 9-4 中，名为"可信的服务"的列表框中列出了常见的网络服务名称，前面打勾的服务所对应的网络端口是开放的，允许外界的用户访问。如果用户需要开放更多的端口，可以在列出的服务名称前的框内单击鼠标，打上勾后再单击"应用"按钮即可。

此外，窗口中还提供了启用或禁用防水墙的选择菜单，如图 9-5 所示。另外，如果在图 9-4 中单击了"其它端口"标签，将出现如图 9-5 所示的一个列表框和"添加"、"删除"按钮，用于添加和删除"信任的服务"列表框中未列出的端口。

在图 9-5 中，如果单击"添加"按钮，将出现图 9-6 所示的对话框。此时，可以输入需要开放的端口号，并选择 TCP 或 UDP 协议，然后单击"确定"按钮，将返回到图 9-5 所示的防火墙设置对话框，在"其它端口"列表框中将出现所添加的端口号和协议名称。单击"删除"按钮可以删除列表框中选中的端口。为了使添加或删除端口生效，需要单击图 9-5 中的"应用"按钮，此时将出现图 9-7 所示的对话框，要求用户确认该操作。

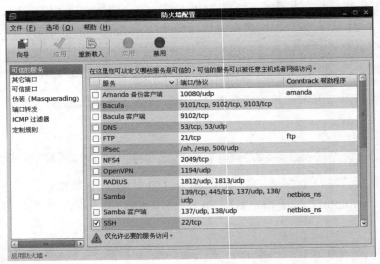

图 9-4　防火墙设置对话框

图 9-5　展开后的防火墙设置对话框

图 9-6　添加端口

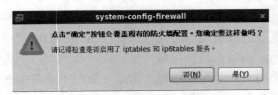

图 9-7　确认修改防火墙设置

　　以上是通过图形界面管理主机防火墙规则，实际的结果和命令方式是一样的。例如，如果在图 9-6 所示的窗口中输入 8080 端口并选择 TCP 协议，再到终端查看防火墙中的规则时，将会发现如下结果：

```
[root@localhost sysconfig]# iptables -L --line-number
...
11   ACCEPT     tcp  --  anywhere     anywhere     state NEW tcp dpt:http
12   ACCEPT     tcp  --  anywhere     anywhere     state NEW tcp dpt:smtp
13   ACCEPT     tcp  --  anywhere     anywhere     state NEW tcp dpt:webcache
14   REJECT     all  --  anywhere     anywhere     reject-with icmp-host-
prohibited
#
```

　　从以上结果可以看出，与初始的设置相比，规则 13 原来是没有的，它是刚才通过图形界面操作后添加的。也就是说，刚才的图形界面操作相当于输入了以下命令：

```
iptables -I RH-Firewall-1-INPUT 13 -m state --state NEW -m tcp -p tcp --dport
8080 -j ACCEPT
```

说明：实际上，RHEL.6 提供的防火墙图形界面管理功能非常有限，远不如命令方式功能丰富。

9.3　iptables 网络防火墙配置

　　与主机防火墙不一样，网络防火墙主要用于保护内部网络的安全。此时，一般由一台专门的主机承担防火墙角色，有时还要承担网络地址转换（NAT）的功能，其配置要比主机防火墙复杂。本节主要讲述有关网络防火墙的过滤配置，以及通过给数据包做标志的方法进行策略路由的例子。

9.3.1　保护服务器子网的防火墙规则

　　与主机防火墙不一样，保护网络的防火墙一般有多个网络接口。而且绝大部分的规则应该添加在 filter 表的 FORWARD 链中，其配置要比主机防火墙复杂得多。为了使 iptables 承担网络防火墙的角色，首先要确保 Linux 能够在各个网络接口之间转发数据包，其方法是输入以下命令，使 ip_forward 文件的内容为 1。

```
echo "1">/proc/sys/net/ipv4/ip_forward
```

　　上述命令的结果在系统重启后会失效。为了使系统在每次开机后能自动激活 IP 数据包转发功能，需要编辑配置文件/etc/sysctl.conf。它是 RHEL 6 的内核参数配置文件，其中包含了 ip_forward 参数的配置。具体方法是确保在/etc/sysctl.conf 文件中有以下一行代码：

```
net.ipv4.ip_forward = 1
```

　　即原来的值如果是 0 的，现把它改为 1。然后执行以下命令使之生效：

```
# sysctl -p
```

　　上述命令的功能是实时修改内核运行时的参数。IP 数据包转发功能激活后，就可以设置网络防火墙规则了。下面以图 9-8 所示的网络结构为例，介绍 iptables 网络防火墙的配置方法。

在图 9-8 中，安装了 iptables 的 Linux 主机安装了 3 块网卡。其中，eth0 的 IP 地址是 192.168.0.1，它通过一台网关设备与 Internet 连接；eth1 的 IP 地址是 10.10.1.1，它与子网 10.10.1.0/24 连接；eth2 的 IP 地址是 10.10.2.1，它连接的子网是 10.10.2.0/24。

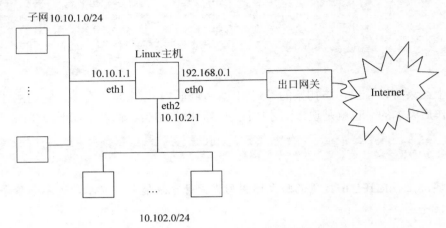

图 9-8　用于网络防火墙配置的例子网络

现假设 10.10.1.0/24 子网里运行的是为外界提供网络服务的服务器，而 10.10.2.0/24 子网里的计算机是用户上网用的客户机。对于服务器来说，它向外提供服务的端口号是固定的，为了保证其安全，应该只开放这些端口，即只允许目的端口是这些端口的数据包进入服务器子网，其余的数据包一律禁止。下面是一些在防火墙上执行的保护服务器子网的 iptables 命令。

```
iptables -A FORWARD -p tcp --dport 22 -i eth0 -o eth1 -j ACCEPT
iptables -A FORWARD -p tcp --dport 25 -i eth0 -o eth1 -j ACCEPT
iptables -A FORWARD -p udp --dport 53 -i eth0 -o eth1 -j ACCEPT
iptables -A FORWARD -p tcp --dport 80 -i eth0 -o eth1 -j ACCEPT
```

假设服务器子网采用默认端口为外界提供了 SSH、SMTP、DNS 和 HTTP 服务。以上 4 条命令在 filter 表的 FORWARD 链中加入了 4 条规则，允许从 eth0 网进入到 eth1 网卡，并且协议和目的端口分别是 TCP22、TCP25、UDP53 和 TCP80 的数据包通过这些协议和端口对应了该子网提供的网络服务。

以上 4 条命令确定了从 eth0 到 eth1 转发数据包的规则。这些数据包是进入服务器子网的数据包，而从服务器子网出去的数据包目前还是畅通无阻的，因为 FORWARD 链中还没有规则对 eth1 到 eth0 的数据包做任何限制。

需要注意的是，前面的规则规定了放行哪些数据包后，最后必须要有一条规则拒绝所有的数据包。否则，即使数据包与前面所有的规则都不匹配，最后也照样能被转发。因此，为了达到保护服务器子网的目的，还需要执行以下命令：

```
iptables -A FORWARD -i eth0 -o eth1 -j DROP
```

以上命令把从网卡 eth0 到 eth1 的数据包全部丢弃，当然，这些数据包是那些与前面的规则都不匹配的数据包。此外，也可以用以下命令指定 FORWARD 链的默认目标动作来代替上述命令。

```
iptables -P FORWARD DROP
```

上面命令的意思是与所有规则都不匹配的数据包将采用 DROP 目标动作予以丢弃，对于只保护服务器子网的防火墙来说可以这样做。

⚟注意：由于图 9-8 的网络结构中还要为 10.10.2.0/24 子网的客户机提供上网服务。如果设定默认目标动作为 DROP，需要添加明确的规则放行该子网的数据包。

另外，如果发现某些计算机，如 IP 为 11.22.33.44 的计算机对服务器子网有攻击行为，防火墙可以不转发这些数据，把它阻挡在防火墙的外面，命令如下：

```
iptables -A FORWARD -i eth0 -o eth1 -s 11.22.33.44 -j DROP
```

或者如果发现服务器子网发往某一台主机，如 55.66.77.88 的数据流量特别大，出现了异常情况，可以执行以下命令，限制其流量。此时，数据流向应该是从 eth1 到 eth0。

```
iptables -A FORWARD -i eth1 -o eth0 -d 55.66.77.88 -m limit --limit 60/m
--limit-burst 80 -j ACCEPT
```

网卡 eth0 收到的是来自 Internet 的数据包，因此对它们做了严格的限制。但对于来自 10.10.2.0/24 子网的数据包来说，其限制应该相对宽松，因为它是内网。下面是几条有关内网到服务器子网的转发规则的设置命令。

```
iptables -A FORWARD -i eth2 -o eth1 -m multiport --dport 1:1024,2049,32768
-j ACCEPT
iptables -A FORWARD -i eth2 -o eth1 -s 10.10.2.2 -j ACCEPT
iptables -A FORWARD -i eth2 -o eth1 -s 10.10.2.3 -j ACCEPT
```

上面的第一条命令允许来自 eth2 网卡的数据包转发到服务器子网 eth1 网卡，前提是数据包的目的端口号是 1 至 1024、2049 或者 32768。1 至 1024 包含了大部分网络服务默认使用的端口，2049 和 32768 是 NFS 服务器工作时需要开放的端口。第二条和第三条命令允许源 IP 地址是 10.10.2.2 或 10.10.2.3 数据包通过，这两台计算机可能是由管理员使用的。

也有一些服务要使用 1024 号以上的端口，可以采用类似的命令加入规则，以开放这些端口。最后，如果不是采用-P 选项指定默认的 DROP 策略，还需要在 FORWARD 链中加入以下命令，以拒绝所有不匹配的数据包。

```
iptables -A FORWARD -i eth2 -o eth1 -j DROP
```

上面的这条命令也可以和前面的"iptables -A FORWARD -i eth0 -o eth1 -j DROP"命令合并在一起，成为以下命令：

```
iptables -A FORWARD -o eth1 -j DROP
```

显然，上面这条命令指定的规则应该放在最后的位置。另外，每一台主机还可以根据自己的特点设置自己的主机防火墙，以提供更多的保护。

9.3.2　保护内部客户机的防火墙规则

9.3.1 节介绍的是针对服务器子网的防火墙配置，侧重点是如何对其进行保护。因此，规则排列的特点是先放行指定的数据包，再拒绝所有的数据包。但对于图 9-8 中的子网 10.10.2.0/24 来说，配置的原则应该是不一样的。因为这个子网中的计算机是用户上网的计算机，为了给用户提供尽量多的上网功能，应该放行所有的数据包，但事先要对部分有问题的数据包进行拒绝。

要限制的数据包分为两类。一类是限制用户对 Internet 上某些内容的访问，还有一类是不允许 Internet 上的某些内容进入该子网。前者的数据包是从网卡 eth2 到 eth0，而后者应该是从 eth0 到 eth2。例如，如果不希望内网的计算机使用 QQ，可以使用以下命令进行限制。

```
iptables -A FORWARD -p UDP --dport 8000 -i eth2 -o eth0 -j DROP
```

🔎说明：UDP 协议 8000 号端口是 QQ 客户端登录服务器时使用的目的端口，该命令限制内网的计算机向外发送目的端口是 8000 的数据包。

下面的这条命令与上面命令功能相同，但它限制的是进来的数据包，客户端发起登录请求的数据包还是能通过的，效果不如上面那条命令好。

```
iptables -A FORWARD -p UDP --sport 8000 -i eth0 -o eth2 -j DROP
```

但实际上，目前 QQ 也可以通过 TCP 协议的 80 和 443 端口进行登录，而这两个端口是不能封的。否则，用户的浏览器将不能访问网站。因此，比较可靠的方法是封锁访问 QQ 服务器 IP 地址的数据包，具体命令如下：

```
iptables -A FORWARD -p tcp -d 60.191.124.236 -i eth2 -o eth0 -j DROP
iptables -A FORWARD -p tcp -d 58.60.15.38 -i eth2 -o eth0 -j DROP
...
```

60.191.124.236 和 58.60.15.38 等 IP 地址是 QQ 服务器的地址，有几十个 IP，而且是动态变化的，需要即时搜集更新。此外，如果有些网站或者其他服务器也不允许内网的用户访问，可以查出其 IP 地址后，使用类似的命令进行限制。有些计算机病毒或木马程序要使用固定的端口进行传播或通信，为了保护内网不受这些程序的影响，需要把这部分端口封掉，例子命令如下所示。

```
iptables -A FORWARD -i eth0 -o eth2 -m multiport --dport 135:139,445,593,5554 -j DROP
```

135 至 139 是 Windows 网络共享使用的端口号。为了防止内网数据可能会泄露，一般要封掉该端口，使内网和 Internet 之间不能进行 Windows 网络共享。其他几个端口都是病毒或木马程序端口，如果有最新的病毒或木马使用其他端口，应该在上述命令中添加进去。

有些蠕虫病毒发作时会产生大量的 ICMP 数据包，可以设置拒绝 ICMP 数据包的规则。但由于 ping 命令也是使用 ICMP 数据包工作的，如果设置拒绝转发 ICMP 数据包，内网将不能 ping 外网的任何主机，会给网络维护带来不便。因此比较好的办法是限制 ICMP 数据包的注量，命令如下所示。

```
iptables -A FORWARD -p icmp -m limit --limit 50/m --limit-burst 60 -j ACCEPT
```

前面的规则限制了 10.10.2.0/24 子网与 Internet 之间的部分数据包，管理员可以根据具体情况随时添加更多的规则或删除、修改部分规则。最后，还应该添加使所有数据包都能通过的规则，具体命令如下所示。

```
iptables -A FORWARD -i eth2 -o eth0 -j ACCEPT
iptables -A FORWARD -i eth0 -o eth2 -j ACCEPT
```

由于还有一个与服务器相连的 eth1 网卡，它默认时是不允许数据包通过的，因此上述命令要指明是在 eth2 和 eth0 网卡之间可以通过所有的数据包。

9.3.3　mangle 表应用举例

前面介绍的防火墙规则其所在的规则链都位于 filter 表，下面再看一个有关 mangle 表的使用例子。mangle 表的主要功能是根据规则修改数据包的一些标志位，以便其他规则或程序可以利用这种标志对数据包进行过滤或策略路由。

如图 9-9 所示的是一种典型的网络结构。内网的客户机通过 Linux 主机连入 Internet，而 Linux 主机与 Internet 连接时有两条线路，它们的网关如图所示。现要求对内网进行策略路由，所有通过 TCP 协议访问 80 端口的数据包都从 ChinaNet 线路出去，而所有访问 UDP 协议 53 号端口的数据包都从 Cernet 线路出去。

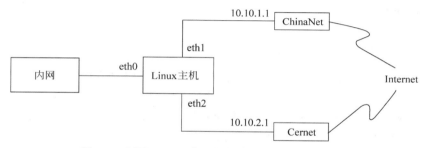

图 9-9　利用 mangle 表进行策略路由的例子网络结构

这是一个策略路由的问题。为了达到目的，在对数据包进行路由前，要先根据数据包的协议和目的端口给数据包做上一种标志，然后再指定相应规则，根据数据包的标志进行策略路由。为了给特定的数据包做上标志，需要使用 mangle 表，mangle 表共有 5 条链，由于需要在路由选择前做标志，因此应该使用 PREROUTING 链，下面是具体的命令。

```
iptables -t mangle -A PREROUTING -i eth0 -p tcp --dport 80 -j MARK --set--mark
1
iptables -t mangle -A PREROUTING -i eth0 -p udp --dprot 53 -j MARK --set-
mark 2
```

以上命令在 mangle 表的 PREROUTING 链中添加规则，为来自 eth0 接口的数据包做标志，其匹配规则分别是 TCP 协议、目的端口号是 80 和 UDP 协议、目的端口号是 53，标志的值分别是 1 和 2。数据包经过 PREROUTING 链后，将要进入路由选择模块，为了对其进行策略路由，执行以下两条命令，添加相应的规则。

```
ip rule add from all fwmark 1 table 10
ip rule add from all fwmark 2 table 20
```

以上两条命令表示所有标志是 1 的数据包使用路由表 10 进行路由，而所有标志是 2

的数据包使用路由表 20 进行路由。路由表 10 和 20 分别使用了 ChinaNet 和 Cernet 线路上的网关作为默认网关，具体设置命令如下所示。

```
ip route add default via 10.10.1.1 dev eth1 table 10
ip route add default via 10.10.2.1 dev eth2 table 20
```

以上两条命令在路由表 10 和 20 上分别指定了 10.10.1.1 和 10.10.2.1 作为默认网关，它们分别位于 ChinaNet 和 Cernet 线路上。于是，使用路由表 10 的数据包将通过 ChinaNet 线路出去，而使用路由表 20 的数据包将通过 Cernet 线路出去。

上面介绍了有关 mangle 表在策略路由上的应用，有关策略路由的具体内容，可参见 8.3 节。

9.4　iptables 防火墙的 NAT 配置

NAT（Network Address Translation，网络地址转换）是一项非常重要的 Internet 技术。它可以让内网众多的计算机访问 Internet 时，共用一个公网地址，从而解决了 Internet 地址不足的问题，并对公网隐藏了内网的计算机，提高了安全性能。本节主要介绍利用 iptables 防火墙实现 NAT 的方法。

9.4.1　NAT 简介

NAT 并不是一种网络协议，而是一种过程。它将一组 IP 地址映射到另一组 IP 地址，而且对用户来说是透明的。NAT 通常用于将内部私有的 IP 地址翻译成合法的公网 IP 地址，从而可以使内网中的计算机共享公网 IP，节省了 IP 地址资源。可以这样说，正是由于 NAT 技术的出现，才使得 IPv4 的地址至今还足够使用。因此，在 IPv6 广泛使用前，NAT 技术仍然还会广泛地应用。

1. NAT 的工作原理

NAT 的工作原理如图 9-10 所示。

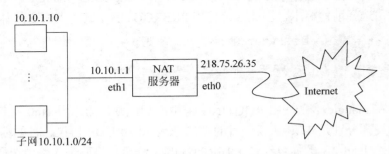

图 9-10　NAT 服务器工作原理图

内网中 IP 为 10.10.1.10 的计算机发送的数据包其源 IP 地址是 10.10.1.10，但这个地址是 Internet 的保留地址，不允许在 Internet 上使用，Internet 上的路由器是不会转发这样的数据包的。为了使这个数据包能在 Internet 上传输，需要把源 IP 地址 10.10.1.10 转换成一个能在 Internet 上使用的合法 IP 地址，如 218.75.26.35，才能顺利地到达目的地。

　　这种 IP 地址转换的任务由 NAT 服务器完成，运行 NAT 服务的主机一般位于内网的出口处，至少需要有两个网络接口。一个设置为内网 IP，另一个设置为外网合法 IP。NAT 服务器改变出去的数据包的源 IP 地址后，需要在内部保存的 NAT 地址映射表中登记相应的条目，以便回复的数据包能返回给正确的内网计算机。

　　当然，从 Internet 回复的数据包也并不是直接发送给内网的，而是发给了 NAT 服务器中具有合法 IP 地址的那个网络接口。NAT 服务器收到回复的数据包后，根据内部保存的 NAT 地址映射表，找到该数据包是属于哪个内网 IP 的，然后再把数据包的目的 IP 转换回来，还原成原来的那个内网地址，最后再通过内网接口路由出去。

　　以上地址转换过程对用户来说是透明的，计算机 10.10.1.10 并不知道自己发送出去的数据包在传输过程中被修改过，只是认为自己发送出去的数据包能得到正确地响应数据包，与正常情况没有什么区别。

　　通过 NAT 转换还可以保护内网中的计算机不受到来自 Internet 的攻击。因为外网的计算机不能直接发送数据包给使用保留地址的内网计算机，只能发给 NAT 服务器的外网接口。在内网计算机没有主动与外网计算机联系的情况下，在 NAT 服务器的 NAT 地址映射表中是无法找到相应条目的，因此也就无法把该数据包的目的 IP 转换成内网 IP。

　　💭说明：在有些情况下，数据包还可能会经过多次的地址转换。

2．动态 NAT

　　以上介绍的 NAT 也称为源 NAT，即改变数据包的源 IP 地址，通常也称为静态 NAT，它用于内网的计算机共用公网 IP 上网。还有一种 NAT 是目的 NAT，改变的是数据包的目的 IP 地址，通常也称为动态 NAT，它用于把某一个公网 IP 映射为某一内网 IP，使两者建立固定的联系。当 Internet 上的计算机访问公网 IP 时，NAT 服务器会把这些数据包的目的地址转换为对应的内网 IP，再路由给内网计算机。

3．端口 NAT

　　另外还有一种 NAT 称为端口 NAT，它可以使公网 IP 的某一端口与内网 IP 的某一端口建立映射关系。当来自 Internet 的数据包访问的是这个公网 IP 的指定端口时，NAT 服务器不仅会把数据包的目的公网 IP 地址转换为对应的内网 IP，而且会把数据包的目的端口号也根据映射关系进行转换。

　　除了存在单独的 NAT 设备外，NAT 功能还通常被集成到路由器、防火墙等设备或软件中。iptables 防火墙也集成了 NAT 功能，可以利用 NAT 表中的规则链对数据包的源或目的 IP 地址进行转换。下面两节将分别介绍在 iptables 防火墙中实现源 NAT 和目的 NAT 的方法。

9.4.2　使用 iptables 配置源 NAT

　　在前面的有关章节中，已经介绍了路由和过滤数据包的方法，它们都不牵涉到对数据包的 IP 地址进行改变。但源 NAT 需要对内网出去的数据包的源 IP 地址进行转换，用公网 IP 代替内网 IP，以便数据包能在 Internet 上传输。iptables 的源 NAT 的配置应该是在路由和网络防火墙配置的基础上进行的。

iptables 防火墙中有 3 张内置的表,其中的 nat 表实现了地址转换的功能。nat 表包含 PREROUTING、OUTPUT 和 POSTROUTING 3 条链,里面包含的规则指出了如何对数据包的地址进行转换。其中,源 NAT 的规则在 POSTROUTING 链中定义。这些规则的处理是在路由完成后进行的,可以使用“-j SNAT”目标动作对匹配的数据包进行源地址转换。

在图 9-10 所示的网络结构中,假设让 iptables 防火墙承担 NAT 服务器功能。此时,如果希望内网 10.10.1.0/24 出去的数据包其源 IP 地址都转换外网接口 eth0 的公网 IP 地址 218.75.26.35,则需要执行以下 iptables 命令。

```
# iptables -t nat -A POSTROUTING -s 10.10.1.0/24 -o eth0 -j SNAT --to-source
218.75.26.35
```

以上命令中,“-t nat”指定使用的是 nat 表,“-A POSTROUTING”表示在 POSTROUTING 链中添加规则,“--to-source 218.75.26.35”表示把数据包的源 IP 地址转换为 218.75.26.35,而根据-s 选项的内容,匹配的数据包其源 IP 地址应该是属于 10.10.1.0/24 子网的。还有,“-o eth0”指定了只有从 eth0 接口出去的数据包才做源 NAT 转换,因为从其他接口出去的数据包可能不是到 Internet 的,不需要进行地址转换。

以上命令中,转换后的公网地址直接是 eth0 的公网 IP 地址。也可以使用其他地址,例如,218.75.26.34。此时,需要为 eth0 创建一个子接口,并把 IP 地址设置为 218.75.26.34,使用的命令如下所示。

```
# ifconfig eth0:1 218.75.26.34 netmask 255.255.255.240
```

以上命令使 eth0 接口拥有两个公网 IP。也可以使用某一 IP 地址范围作为转换后的公网地址,此时要创建多个子接口,并对应每一个公网地址。而“--to-source”选项后的参数应该以“a.b.c.x-a.b.c.y”的形式出现。

前面介绍的是数据包转换后的公网 IP 是固定的情况。如果公网 IP 地址是从 ISP 服务商那里通过拨号动态获得的,则每一次拨号所得到的地址是不同的,并且网络接口也是在拨号后才产生的。在这种情况下,前面命令中的“--to-source”选项将无法使用。为了解决这个问题,iptables 提供了另一种称为 IP 伪装的源 NAT,其实现方法是采用“-j MASQUERADE”目标动作,具体命令如下所示。

```
# iptables -t nat -A POSTROUTING -s 10.10.1.0/24 -o ppp0 -j MASQUERADE
```

以上命令中,ppp0 是拨号成功后产生的虚拟接口,其 IP 地址是从 ISP 服务商那里获得的公网 IP。“-j MASQUERADE”表示把数据包的源 IP 地址改为 ppp0 接口的 IP 地址。

注意:除了上面的源 NAT 配置外,在实际应用中,还需要配置其他一些有关 iptables 网络防火墙的规则,同时,路由的配置也是必不可少的。

9.4.3　使用 iptables 配置目的 NAT

目的 NAT 改变的是数据包的目的 IP 地址。当来自 Internet 的数据包访问 NAT 服务器网络接口的公网 IP 时,NAT 服务器会把这些数据包的目的地址转换为某一对应的内网 IP,再路由给内网计算机。这样,使用内网 IP 地址的服务器也可以为 Internet 上的计算机提供网络服务了。

　　如图 9-11 所示，位于子网 10.10.1.0/24 的是普通的客户机，它们使用源 NAT 访问 Internet，而子网 10.10.2.0/24 是服务器网段，里面的计算机运行着各种网络服务，它们不仅要为内网提供服务，而且要为 Internet 上的计算机提供服务。但由于使用的是内网地址，因此需要在 NAT 服务器配置目的 NAT，才能让来自 Internet 的数据包能顺利到达服务器网段。

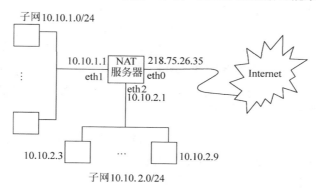

图 9-11　用于目的 NAT 配置的例子网络结构

　　假设 IP 为 10.10.2.3 的计算机需要为 Internet 提供网络服务，此时，可以规定一个公网 IP 地址，使其与 10.10.2.3 建立映射关系。假设使用的公网 IP 是 218.75.26.34，则配置目的 NAT 的命令如下：

```
# iptables -t nat -A PREROUTING -i eth0 -d 218.75.26.34/32 -j DNAT --to
10.10.2.3
```

　　以上命令是在 PREROUTING 链中添加规则，这条链位于路由模块的前面。因此是在路由前改变了数据包的目的 IP，这将对路由的结果造成影响。由于网络接口 eth0 与 Internet 连接，因此，"-i eth0" 保证了数据包是来自 Internet 的数据包。"-d 218.75.26.34/32" 表示数据包的目的地是到 218.75.26.34 主机，而这个 IP 应该是 eth0 某个子接口的地址，这样才能由 NAT 服务器接收数据包。否则，数据包将会因为无人接收而丢弃。

　　"-j DNAT" 指定了目标动作是 DNAT，表示要对数据包的目的 IP 进行修改，它的子选项 "--to 10.10.2.3" 表示修改后的 IP 地址是 10.10.2.3。于是，目的 IP 修改后，接下来将由路由模块把数据包路由给 10.10.2.3 服务器。

　　以上是让一个公网 IP 完全映射到内网的某个 IP 上，此时同 10.10.2.3 主机直接位于 Internet，并且使用 218.75.26.34 地址是没有区别的。因此这种方式虽然达到了地址转换的目的，但实际上并没有带来多大好处。因为使用 NAT 的主要目的是为了能够共用公网 IP 地址，以节省日益紧张的 IP 地址资源。为了达到共用 IP 地址的目的，可以使用端口映射。

　　端口映射是把一个公网 IP 地址的某一端口映射到内网某一 IP 地址的某一端口上去。它使用起来非常灵活，两个映射的端口其端口号可以不一样，而且同一个公网 IP 的不同端口可以映射到不同的内网 IP 地址上去。

　　例如，假设主机 10.10.2.3 只为外网提供 Web 服务，只需要开放 80 端口，而主机 10.10.2.9 为外网提供了 FTP 服务，因此需要开放 21 号端口。在这种情况下，完全可以把公网 IP 地址 218.75.26.34 的 80 号和 21 号端口分别映射到 10.10.2.3 和 10.10.2.9 的 80 号和 21 号端口，以便两台内网服务器可以共用一个公网 IP。具体命令如下所示。

```
# iptables -t nat -A PREROUTING -i eth0 -d 218.75.26.34/32 -p tcp --dport
80 -j DNAT --to 10.10.2.3:80
# iptables -t nat -A PREROUTING -i eth0 -d 218.75.26.34/32 -p tcp --dport
21 -j DNAT --to 10.10.2.9:21
```

以上命令中，目的地址是 218.75.26.34 的 TCP 数据包。当目的端口是 80 时，将转发给 10.10.2.3 主机的 80 端口；当目的端口是 21 时，将转发给 10.10.2.9 主机的 21 号端口。当然，两个映射的端口完全可以不一样。例如，如果还有一台主机 10.10.2.8 也通过 80 端口提供 Web 服务，并且映射的 IP 地址也是 218.75.26.34，此时需要把 218.75.26.34 的另一个端口，如 8080，映射到 10.10.2.8 的 80 端口，命令如下：

```
# iptables -t nat -A PREROUTING -i eth0 -d 218.75.26.34/32 -p tcp --dport
8080 -j DNAT --to 10.10.2.8:80
```

💬注意：上面介绍的只是有关 iptables 中的 DNAT 配置，在实际应用中，还需要其他一些配置的配合才能真正成功。例如，filter 表的 3 个链应该允许相应的数据包通过，应该为每一个外网 IP 创建 eth0 接口的子接口等。

此外，对于 FTP 服务来说，由于 21 号端口只是建立控制连接时用到的端口，真正传输数据时要使用其他端口。而且在被动方式下，客户端向 FTP 服务器发起连接的端口号是随机的。因此，无法通过开放固定的端口来满足要求。为了解决这个问题，可以在 Linux 系统中载入以下两个模块：

```
modprobe ip_conntrack_ftp
modprobe ip_nat_ftp
```

这两个模块可以监控 FTP 控制流，以便能事先知道将要建立的 FTP 数据连接所使用的端口，从而可以允许相应的数据包通过，即使防火墙没有开放这个端口。

9.5　小　　结

防火墙是保护主机和网络安全的一种重要设施，Linux 自带的 iptables 防火墙功能非常丰富，是 Linux 系统构建防火墙的首选。本章首先讲述 iptables 防水墙的实现方式及 iptables 命令的格式；然后分别介绍了使用 iptables 命令配置主机防火墙、网络防火墙的方法；最后还介绍了用 iptables 防火墙实现动态地址转换（NAT）的配置方法。

第 10 章　Snort 入侵检测系统

入侵检测系统已经成为了安全市场上新的热点，不仅越来越多地受到人们的关注，而且已经开始在各种不同的环境中发挥着关键的作用。本章将介绍入侵检测的基本概念、Snort 的安装与使用、Snort 的配置，以及 Snort 规则的编写等内容。

10.1　入侵检测简介

传统上，企业网络一般采用防火墙作为安全的第一道防线。但随着攻击工具与手法的日趋复杂多样，单纯的防火墙策略已经无法满足对网络安全的进一步需要，网络的防卫必须采用一种纵深的、多样化的手段。入侵检测系统是继防火墙之后，保护网络安全的第二道防线。它可以在网络受到攻击时，发出警报或者采取一定的干预措施，以保证网络的安全。本节主要介绍网络安全的基础知识、网络攻击的类型、入侵检测系统的组成与工作原理等内容。

10.1.1　网络安全

网络安全是指提供网络服务的整个系统的硬件、软件，以及数据要受到保护。这三者不会因为偶尔或恶意的原因而遭到破坏、更改、泄露或者中断服务，确保系统能连续、可靠、正常地运行。网络安全是一门涉及计算机科学、应用数学、信息论、密码技术、网络技术、通信技术和信息安全技术等多种学科的综合性学科。在不同的应用和环境下，网络安全会被赋予不同的内容。

首先，网络安全可以是指系统运行的安全。它侧重于保证系统正常的运行，避免因为系统的崩溃和损坏而对系统存储、处理和传输的信息造成破坏和损失。例如，对计算机硬件系统所在机房的保护，计算硬件系统结构设计上的安全考虑，计算机操作系统、应用软件、数据库系统设计时的安全考虑，电磁信息泄露的防护等，这些措施都是为了保证系统安全可靠地运行。

其次，网络安全可以是指网络上系统信息的安全，即有关系统安全的信息不被泄露、修改或删除。这些系统信息包括用户密码、用户访问控制权限、系统日志等，可以采取安全审计、计算机病毒防治、入侵检测以及数据加密等措施保证安全。

还有，网络安全可以是指如何控制网络上不良信息的传播，防止因这些不良信息的传播而影响实体安全。它侧重于防止和控制非法、有害的信息传播后所产生的不良后果，本质上是维护道德、法律或国家利益。采用的技术包括不良信息过滤、反垃圾邮件技术等。

最后，网络安全可以是指网络上信息内容的安全，即"信息安全"。它侧重于保护信息的私密性、真实性和完整性，避免攻击者通过各种攻击手段进行窃听、冒充和诈骗等有损于合法用户的行为，本质上是保护用户的利益和隐私。

网络安全涉及的内容既有技术方面的，也有管理方面的，两个方面相互补充，缺一不可。技术方面主要侧重于防范外部非法用户的攻击，管理方面则侧重于内部人为因素的管理。在新的形势下，如何更加有效地提高计算机网络系统的安全性能、保护重要的数据资源，已经成为所有计算机网络应用系统必须要考虑和解决的一个重要问题。

10.1.2　常见的网络攻击类型

防范网络攻击是保证网络安全的一项重要内容。黑客攻击网络的手法虽然五花八门，但也是有一定规律的。一般来说，黑客攻击网络前，要先通过各种手段收集网络设备及主机信息，以便能找出系统的漏洞，然后再采用有效的方法对系统实施攻击。具体来说，黑客常用的攻击手法有以下 5 种类型。

1. 漏洞扫描

漏洞是指计算机软件存在的某些缺陷，这些缺陷如果被攻击者利用，可能会对计算机或网络的安全造成威胁。漏洞扫描是指对计算机系统进行检查，以发现其中已知或未知的漏洞。安全管理员可以通过漏洞扫描发现系统中存在的漏洞，以便及时安装补丁程序，修补漏洞。黑客也可以通过漏洞扫描发现系统中存在的漏洞，以便实施攻击。

漏洞扫描可以是基于主机或基于网络进行的。基于主机的漏洞扫描需要在主机上进行，虽然可以发现更多的漏洞，但由于需要主机管理员的权限，而黑客是不具备这样的条件的，因此一般由系统管理员使用，以便能发现并修补漏洞。

黑客主要使用基于网络的方法进行漏洞扫描。它控制某一台主机，并通过网络对其他计算机进行扫描。一般的做法是根据不同漏洞的特点，构造特定的网络数据包，发送给一个或多个目标主机，再根据目标主机回复的数据包判断某一漏洞是否存在。一般来说，基于网络的漏洞扫描工具由以下几个部分组成。

- ❑ 漏洞数据库模块：漏洞数据库包含了各种操作系统、数据库系统及网络应用软件的各种漏洞信息，以及对漏洞进行检测时所需的指令。由于新的安全漏洞会不断地出现，该数据库需要经常进行更新，以便能够检测到最新发现的漏洞。
- ❑ 扫描引擎模块：扫描引擎是漏洞扫描工具的主要组成部分。它根据用户的要求，构造出扫描某一漏洞所需的网络数据包，发送到目标系统。然后对目标系统回复的应答数据包进行分析，提取其中的特征信息，再与漏洞数据库中的漏洞特征进行比较，于是就能判断出所扫描的目标系统中是否存在该漏洞。
- ❑ 用户接口模块：用户接口模块使用户可以通过一定的形式设置扫描参数，包括目标系统位置、扫描范围等。
- ❑ 报告生成工具：根据扫描引擎模块的扫描结果，生成用户可读的扫描报告，告知在哪些目标系统上发现了哪些漏洞。

🔊说明：漏洞扫描一般是黑客攻击计算机系统时首先要做的事情，如果某一目标系统被黑客发现存在严重的安全漏洞，则该目标系统一般都会被轻而易举地攻破。

2．密码破解

密码是保证系统安全的最基本的措施。如果黑客得到了系统管理员账号的密码，则意味着系统已经被完全攻破，黑客可以在系统上做任何事情了，这一般也是黑客进行攻击的最终目标。正是由于密码对保护系统安全是如此的重要，因此一般密码在系统中存放时都经过加密，并且进行了非常严格的安全访问控制。但不管怎样，黑客有时还是能通过某种方法，比如利用系统漏洞得到存放密码的文件。

如果黑客得到的是密码的密文，则他就需要通过一定的手段试图对密码进行破解，以便能得到密码的明文。破解密码的难易程度取决于加密的算法，有些简单的加密算法，例如算法是可逆的，可以被轻而易举地破解。但大多数的加密算法不会这么简单，而且是不可逆的，需要通过特定的方法进行破解，而且不能保证成功。

由于不可逆的加密算法无法通过密文直接得到明文，因此需要对明文进行猜测，然后把猜测的明文进行加密后再与密文进行比较。如果相符，则证明猜测是正确的。由于目前已知的加密算法只有有限的几种，而且大多数系统所采用的加密算法是公开的，因此通过猜测进行密码破解是可行的，而且实践证明成功的概率也是相当高的。

一种最简单的猜测方法是对所有可以用于密码的字符进行组合，然后把加密后的密文与得到的密文进行比较，这种猜测方法也称为强力破解。由于可以用于密码的字符非常多，它们排列组合后产生的合法字符串是一个天文数字，而且一般加密计算时需要耗费较多的时间，因此想在有限的时间内把所有的字符组合都试一遍是不可能的。但在实际情况中，很多人设置密码时所使用的字符没有那么复杂，例如只使用数字，或者字符数很少，则被猜中的可能性将会大大增加。

除了强力破解外，还有一种有效的破解方法是字典破解，它使用字典上的单词或单词组合进行有限的猜测。因为大多数的人设置密码时为了方便记忆，一般会使用某些特定的单词或单词组合作为密码。虽然各种单词的组合非常复杂，可能性也非常多，但与强力猜测相比，所需的猜测次数已经大大降低。

除了使用真实字典上的单词外，还有一种更有效的方法是搜集各种已经被人使用过的密码，组成一个密码字典。在实际应用中，使用密码的场合非常多，大多数的人不会为每一个系统都设置一个不同的密码，而是在所有的系统中使用有限的几个密码。于是，如果一个人在某个不重要的系统设置的密码被人搜集过去，加入了密码字典，则以后在其他系统中设置同样密码时将会很容易被破解。

例如，目前 Internet 需要注册的系统非常多，用户为了使用某一网站的资源，经常需要在该网站上注册一个账号，指定一个用户名和密码。为了记忆方便，指定密码时，经常使用在其他系统中使用过的密码，例如某一银行卡的密码。此时，如果在该网站中指定的密码被加入了密码字典，则会为黑客破解该用户的银行卡密码提供方便。

以上情况发生的可能性很大，因为很多网站的安全性非常差，密码很容易会被人盗走，或者网站的管理员本身也是一名黑客。这些密码的盗窃者通过 Internet 进行交流，把各自搜集到的密码贡献出来，可以组成一个非常大的密码字典。因此，虽然用户觉得某些系统中的密码即使被盗也无所谓，但实际上会对其他系统中使用同样密码的账号造成潜在的威胁。

🔔说明：使用密码字典进行密码破解的有效性还可以通过以下方法进行计算。全世界目前的人口接近 70 亿，假设每人使用 5 个密码，则所有密码的个数只有 350 亿个。按照目前计算机的运算速度，测试这个数字的密码很快就可以完成。

3．DoS 和 DDoS 攻击

DoS（Denial of Service，拒绝服务）是一种通过合法的请求占用过量的服务器资源，从而使其他用户无法得到服务的攻击方式。DoS 攻击的直接目的并不是为了获取目标主机的系统权限或窃取系统资源，而是通过消耗资源使目标主机处于瘫痪状态，甚至崩溃。这里所指的资源可以是服务器的内存、网络带宽、CPU 及磁盘空间等。

在 DoS 攻击中，攻击者要精心构造某种形式的网络数据包，然后不断地向目标主机发送。其中，用得最多的数据包形式是 SYN 数据包。在 TCP 协议中，建立一个 TCP 连接需要经过 3 次握手，即作为连接发起方的客户端首先向对方发送一个 SYN 标志位为 1 的数据包，然后进入 SYN_SEND 状态，等待服务端确认。服务端收到该 SYN 数据包后，要回复一个 SYN 和 ACK 都为 1 的数据包，然后进入 SYN_RECV 状态。正常情况下，客户端要再发送一个 ACK 数据包，以完成 TCP 连接的建立过程。

但是，如果此时客户端不发送 ACK 数据包，则服务端将会在 SYN_RECV 状态等待一定的时间，此时也称为半连接状态。在半连接关闭前，是需要占用一定的服务端资源的。如果半连接情况是少量出现的，不会有什么问题，但如果客户端有意地向服务端发送 SYN 数据包而不发送随后的 ACK 数据包，则服务端将会出现大量的半连接，此时将会消耗大量的资源，严重时将不能为外界提供服务。这种攻击形式也称为 SYN-Flood 攻击。

由于大部分的操作系统或网络应用软件都有防范 DoS 攻击的措施，因此目前由一台主机发起的 DoS 攻击效果一般不是很理想，更多的是采用 DDoS，即分布式的拒绝服务攻击。DDoS 与 DoS 最大的区别是在 DDoS 中，攻击发起者不是一台主机，而是大量受黑客控制的傀儡机。这种情况下，被攻击者是很难防范的。

🔔说明：如果发起 DoS 或 DDoS 攻击时利用了服务器的某些漏洞，则攻击的效果可能会非常明显，此时，少量的数据包就可能会使服务器处于瘫痪状态。

4．缓冲区溢出

利用缓冲区溢出进行攻击是一种很有效的攻击方法，在各种操作系统和应用软件中广泛存在着缓冲区溢出漏洞。一般情况下，大部分的程序都需要接受用户的输入，它们在处理这些输入前，一般都是先放到缓冲区。正常情况下，缓冲区的大小是足够存放这些用户输入的数据的。但是，如果攻击者有意地输入一些超长的数据，而接受这些数据的程序不做输入检查，则存放这些超长数据时有可能会溢出缓冲区，从而覆盖掉其他程序代码，出现不可意料的后果。

更为严重的是，如果这些数据是经过精心构造的，则有可能从缓冲区溢出的数据是一段程序代码，而且会通过某种方式被执行，从而引起严重的后果。因为如果此时这段代码执行者的身份是管理员用户，则等于黑客拥有了主机的管理员权限，可以在主机上做任何事情。例如，下面的一段 C 语言程序就存在着缓冲区溢出漏洞。

```
void function(char *str)
{
  char buffer[16];
  strcpy(buffer,str);
}
void main()
{
  char input[1024];
  scanf("%s",input);
  function(input);
  printf("Hello World!");
}
```

以上程序中，main()函数要求用户输入一个字符串，然后以输入的字符串作为参数调用 function()函数。如果用户输入的字符串小于 15 个字符，不会有什么问题。但如果用户输入的字符多于 15 个，例如输入 100 个字符 A，则 function()函数中的字符数组 buffer 将会发生溢出，把正常的程序代码覆盖掉。

通过进一步分析可以发现，程序代码在内存中存放时，buffer 数组后面的某个位置可能存放的是调用 function()函数后的返回地址。如果这个返回地址被字符 A 覆盖，则执行完 function()函数后，程序将会返回到内存地址 0x41414141 处执行（41 是字符 A 的十六进制 ASCII 代码值），此时将会出现不可预料的结果。

更进一步地，如果黑客事先知道内存的某一位置有一段可利用的程序代码，或者其通过缓冲区溢出或其他方式在内存的某个位置放了一段代码，则可以用这段代码的地址值覆盖 function()函数的返回地址。于是，这段代码就有机会被执行，黑客就可以通过这段代码的执行控制了计算机的运行。

由于历史的原因，缓冲区溢出漏洞在各种软件中广泛存在，而且最新的软件中也不断地被发现存在缓冲区溢出漏洞。因此，利用缓冲区溢出漏洞进行攻击是黑客最常用的一种手法，占了远程网络攻击中的大多数。

5．系统后门与木马程序

攻击者在成功获得系统的管理员权限后，需要采取一定的措施保留这个权限，以便即使系统管理员修补了系统漏洞，仍然可以轻松地进入系统。为了达到这个目的，一般的做法是修改系统的配置，或者在系统中安装一个程序，以便设置一个后门，方便下次进入。设置后门的程序也称为特洛伊木马程序，简称木马程序。

除了利用系统漏洞安装木马程序外，木马也可以通过正常方式安装到用户的系统中。例如，通过让用户打开带木马的电子邮件附件、把木马程序捆绑在其他软件中等方式，都可以让木马程序潜入到用户的系统中。此时，黑客无需其他攻击手段，就可以轻易地控制用户的系统。

木马程序的原理实际上与常用的远程控制软件差不多，只不过它功能比较少，而且是隐藏在用户的系统中，一般情况下很难发现。木马程序一般也包含服务端和客户端，留在用户系统中的是服务端，黑客在自己的计算机里运行客户端就可以控制目标主机。

10.1.3　入侵检测系统

为了保证网络安全，防范网络攻击，除了及时修补系统漏洞、使用防火墙隔离内外网、控制计算机病毒的传播、加强用户的安全教育和采用安全的通信协议等措施外，还有一种有效的安全措施是在主机或网络中构建入侵检测系统。

入侵是指对计算机系统的非授权访问或者未经许可在计算机系统中进行的操作，入侵者可能是通过非法的手段获取了系统的账号，然后进行非授权的访问。或者其本身是合法的系统用户，但超越了合法的权限，在系统中进行了非法的操作。

入侵检测是对企图入侵、正在进行的入侵或者已经发生的入侵进行识别的过程。它通过对计算机系统的运行状态进行监视，发现各种攻击企图、攻击行为或者攻击结果，包括检测外部的非法入侵者的恶意攻击或试探，以及内部合法用户的超越使用权限的非法行为。

IDS（Intrusion Detection System，入侵检测系统）是指执行入侵检测任务或具有入侵检测功能的系统，可以是软件系统或者软硬件结合的系统。入侵检测系统通过对计算机网络或主机系统中的若干关键点收集信息并对其进行分析，从中发现网络或主机中是否有违反安全策略的行为和被攻击的迹象。入侵检测系统通常具有以下几个功能：

- ❑ 监控、分析用户和系统的活动情况；
- ❑ 检查系统的配置是否存在漏洞；
- ❑ 评估关键系统和数据文件的安全性；
- ❑ 识别攻击的活动模式并报警；
- ❑ 通过统计分析发现异常活动；
- ❑ 对操作系统进行审计跟踪，识别违反安全策略的用户活动。

入侵检测系统可以分为基于网络、基于主机及分布式 3 类。基于网络的入侵检测系统主要监视网络中流经的数据包，以发现入侵或者攻击的蛛丝马迹。基于主机的入侵检测系统主要监视针对主机的活动日志（用户的命令、登录/退出过程，使用的数据等），以此来判断入侵企图。分布式 IDS 通过分布于网络中各个节点的传感器或者代理对整个网络和主机环境进行监视，收集到的数据再由中心监视平台进行处理，以发现入侵或攻击企图。如图 10-1 所示的是典型的入侵检测系统的结构模型。

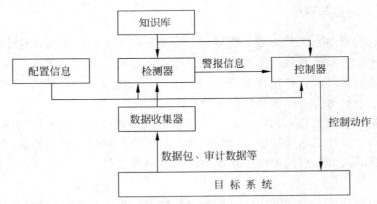

图 10-1　典型的入侵检测系统模型

在图 10-1 中，各种组件的功能如下所示。

- ❑ 数据收集器（又称为探测器）：主要负责收集任何可能包含入侵行为线索的系统数据，包括网络数据包、日志文件和系统调用记录等。探测器将这些数据收集起来，再送给检测器进行处理。

- ❑ 检测器（又称分析引擎）：通过分析探测器送来的数据，再结合知识库中的内容，分析和发现入侵行为，并发出警报信号。
- ❑ 知识库：存放入侵行为的模式、用户历史活动档案或者检测规则集合等内容。
- ❑ 控制器：根据警报信号，由系统管理员人工发出控制动作，或者自动做出反应。

大部分的入侵检测系统还提供良好的用户界面，以及运行状态的监控界面和接口。入侵检测系统使用的检测方法可以分为两类：基于特征码的检测方法和异常检测。使用基于特征码检测方法的系统主要从所搜集的数据中发现已知的攻击特征，例如，某些 URL 中包含的一些怪异的 Unicode 编码字符就是针对 IIS Unicode 缺陷的攻击特征。通过各种模式匹配技术的应用，可以进一步提高基于特征码检测方法的精确性。

使用异常检测的系统能够把获得的数据与一个基准进行比较，以检测这些数据是否异常。例如，如果某个用户的工作时间是上午 9 点到下午 5 点，但是在某个晚上他却登录了公司的某台服务器，这就属于一个异常事件，需要进一步深入分析。目前，有大量的统计学方法可以用于检测数据是否异常。

10.2　Snort 的安装与使用

Snort 是 Linux 平台上最常用的遵循 GNU GPL 的入侵检测系统，同时它还是一个非常优秀的数据包抓取工具。本节将介绍 Snort 的功能特点，Snort 软件的获取、安装与运行，snort 命令的格式以及 Snort 作为抓包工具时的使用方法等内容。

10.2.1　Snort 简介

Snort 是一种开放源代码、免费、跨平台的网络入侵保护和检测系统。它使用了一种规则驱动的语言，支持各种形式的插件、扩充和定制，具有实时数据流量分析、对 IP 网络数据包进行日志记录以及对入侵进行探测的功能。具体来说，snort 具有以下一些功能特点。

- ❑ 实时通信分析和网络数据包记录；
- ❑ 检查包装的有效载荷；
- ❑ 对数据包的协议进行分析，并对内容进行查询匹配；
- ❑ 可以检测端口扫描、缓冲区溢出、CGI 攻击、SMB 探测等许多入侵尝试；
- ❑ 报警的方式可以是系统日志、指定文件、UNIX socket 或通过 Samba 到其他操作系统平台。

虽然 Snort 的功能非常强大，但其代码非常简洁，可移植性非常好。迄今为止数百万的下载量使得 Snort 成为使用最为广泛的入侵保护和检测系统，并且成为了事实上的行业标准。

10.2.2　Snort 的安装与运行

Snort 是一种开放源代码的软件，可以从其主页 http://www.snort.org 下载源代码进行编译安装，目前最新的开发版本是 2.9.3.1 版。另外，在其主页的下载页面中还提供了 ForRHEL 6 的 RPM 软件包，其文件名是 snort-2.9.3.1-1.RHEL6.i386.rpm。把该文件下载到当前目录后，可以通过以下命令进行安装（这里有 daq 和 libdnet 两个依赖包需要先安装，然后再安装 snort）。

```
# rpm -ivh snort-2.9.3.1-1.RHEL6.i386.rpm
Preparing...              ######################################### [100%]
   1:snort                ######################################### [100%]
#
```

Snort 软件包安装完成后，在系统中将会出现以下一些主要文件。

- ❑ /etc/logrotate.d/snort：有关 Snort 日志转储功能的配置。
- ❑ /etc/rc.d/init.d/snortd：以守护进程运行 Snort 时的启动脚本。
- ❑ /etc/snort：存放 Snort 各种配置文件的目录。
- ❑ /etc/snort/rules：存放 Snort 规则的目录。
- ❑ /etc/sysconfig/snort：设置环境变量的脚本。
- ❑ /usr/sbin/snort-plain：Snort 程序文件。
- ❑ /usr/share/doc/snort-2.9.3.1：存放说明文档的目录。
- ❑ /var/log/snort：Snort 日志文件。

除此之外，在/usr/sbin 目录下还有一个名为 Snort 的符号链接文件。如果链接到/usr/sbin/ snort-plain 文件，则以后执行 snort 命令时，实际上真正执行的是/usr/sbin/snort-plain 文件。除了命令方式外，还可以输入以下命令使 Snort 以守护进程的方式执行。

```
# /etc/rc.d/init.d/snortd start
```

🔖说明：安装 Snort 时会自动创建一个名为 snort 的用户，用于执行 Snort 守护进程。

10.2.3　Snort 命令的格式

Snort 有 3 种工作模式：嗅探器、数据包记录器和网络入侵检测系统。Snort 工作在嗅探器模式时相当于一个抓包软件，仅仅是从网络上读取数据包并连续不断地显示在终端上。当工作在数据包记录器模式时，Snort 把数据包记录到磁盘中。网络入侵检测模式是最复杂的。用户可以通过配置让 Snort 分析网络数据包，并与用户定义的一些规则进行匹配。然后根据检测结果采取一定的动作。Snort 命令的格式如下：

```
snort [-options] <filter options>
```

options 是 Snort 命令执行时的一些选项，主要有以下一些。

- ❑ -A <警报模式>：设置警报模式，警报模式可以是 full、fast、unsock 和 none。full 是默认模式，它以完整的格式把警报记录到警报文件中；fast 模式只记录时间戳、消息、IP 地址、端口到警报文件中；unsock 模式把警报发送到 Unix Socket；none 模式是关闭报警。
- ❑ -b：以 tcpdump 格式记录数据包到日志，速度相对较快。
- ❑ -c <文件>：指定存放规则的配置文件。
- ❑ -C：以 ASCII 码来显示数据报文，不使用十六进制。
- ❑ -d：分析应用层数据并显示。
- ❑ -D：以守护进程的形式运行 Snort，默认情况下警报将被发送到/var/log/snort/alert 文件。

- ❑ -e：显示或记录数据链路层头部的数据。
- ❑ -F <文件>：从文件中读 BPF 过滤器，而不是在命令行中指定。
- ❑ -g <用户组>：Snort 初始化完成后以指定的用户组身份运行，主要是为了安全考虑。
- ❑ -h <home-net>：设置本地网络，以 192.168.1.0/24 的形式表示。
- ❑ -i <网络接口>：在指定的网络接口上监听。
- ❑ -I：在警报中包含网络接口名。
- ❑ -l <目录名>：指定日志信息的存放目录。
- ❑ -L <文件>：指定二进制日志的文件名。
- ❑ -n <n>：指定处理 n 个数据包后退出。
- ❑ -P <n>：设置 Snort 抓包时的截断长度为 n。
- ❑ -s：把警报记录到系统日志，在 Linux 中使用/var/log/secure 文件。
- ❑ -S <变量=值>：设置某一变量的值，被规则文件使用。
- ❑ -T：进入自检模式，Snort 将检查所有的命令行和规则文件是否正确。
- ❑ -u <用户>：Snort 初始化完成后以指定的用户身份运行，主要是为安全考虑。
- ❑ -v：工作于冗余模式，把数据包打印到屏幕，会使处理速度变慢。
- ❑ -?：显示 Snort 简要的使用说明并退出。

filter options 是以 BPF 规则书写的过滤字符串，使 Snort 只处理符合规则的数据包，下面是几个简单的过滤例子。

```
host 10.10.1.20
```

说明：表示源地址或目的地址包含 10.10.1.20 的数据包，即与主机 10.10.1.20 通信的数据包。

```
src net 10.10.1.0/24 and udp dst port 53
```

说明：表示来自子网 10.10.1.0/24，目的端口号是 53 的 UDP 数据包。

```
ether host 11:22:33:44:55:66 and greater 512
```

说明：表示与 MAC 地址 11:22:33:44:55:66 通信、并且数据包长度大于等于 512 字节的数据包。

以上是几个 BPF 过滤规则的简单例子，所有的 BPF 规则及使用方法可参见相关书籍。

10.2.4　用 Snort 抓取数据包

除了使用 Snort 作为入侵检测工具外，Snort 还具有强大的数据包抓取功能，可以作为数据包分析工具使用。在 snort 命令格式中，如果不使用-c 选项指定规则文件，则 Snort 将简单地从网络抓取数据包，在屏幕上显示或保存到文件中。下面是几个 Snort 命令抓取数据包的例子。

```
[root@localhost ~]# snort -v
Snort BPF option:
Running in packet dump mode
```

```
        --== Initializing Snort ==--
...
        --== Initialization Complete ==--
...
Not Using PCAP_FRAMES
```

　　"snort -v" 命令表示让 Snort 以默认的方式抓取数据包，并把数据包的内容显示到屏幕上。命令执行后，将做一些初始化的工作，并出现一些工作状态的提示，然后就处于停顿状态，等待数据包的到来。如果此时某一网络接口到达或发送了一个数据包，则数据包的内容将显示出来。下面是一个 ICMP 查询和一个 ICMP 回复数据包的例子显示内容。

```
01/20-11:56:42.904934 10.10.1.253 -> 10.10.1.29
ICMP TTL:64 TOS:0x0 ID:0 IpLen:20 DgmLen:84 DF
Type:8 Code:0 ID:6189 Seq:1 ECHO
=+=+=+=+=+=+=+=+=+=+=+=+=+=+=+=+=+=+=+=+=+=+=+=+=+=+=+=+=+=+=+=+

01/20-11:56:42.905564 10.10.1.29 -> 10.10.1.253
ICMP TTL:64 TOS:0x0 ID:20660 IpLen:20 DgmLen:84
Type:0 Code:0 ID:6189 Seq:1 ECHO REPLY
=+=+=+=+=+=+=+=+=+=+=+=+=+=+=+=+=+=+=+=+=+=+=+=+=+=+=+=+=+=+=+=+
```

　　以上显示中，每个数据包的第一行显示的是时间戳和源、目的 IP 地址。第二行和第三行显示了数据包所包含的标志位的值及含义。默认情况下，Snort 只显示 ICMP、UDP、TCP 等数据包的包头。如果希望应用层的数据也显示出来，可以增加一个-d 选项。下面是显示应用层数据后的一个数据包例子。

```
01/20-12:14:37.133238 10.10.1.29:22 -> 10.10.1.253:49130
TCP TTL:64 TOS:0x0 ID:2069 IpLen:20 DgmLen:72 DF
***AP*** Seq: 0xA8D6C43B Ack: 0x59CD3D97 Win: 0x2E TcpLen: 32
TCP Options (3) => NOP NOP TS: 336120889 1711261917
53 53 48 2D 32 2E 30 2D 4F 70 65 6E 53 53 48 5F SSH-2.0-OpenSSH_
34 2E 33 0A                                      4.3.

=+=+=+=+=+=+=+=+=+=+=+=+=+=+=+=+=+=+=+=+=+=+=+=+=+=+=+=+=+=+=+=+
```

　　由以上显示可以看出，Snort 列出 TCP 包头及附加选项后，接着再分别以十六进制和 ASCII 的形式显示收到的应用层数据。如果还希望 Snort 显示数据包的 MAC 地址，可以再加一个-e 选项，此时收到的数据包显示形式如下：

```
01/20-12:33:30.260603 0:0:E8:95:4B:5C  ->  0:C:29:9E:C5:AA  type:0x800
len:0x62
10.10.1.253 -> 10.10.1.29 ICMP TTL:64 TOS:0x0 ID:0 IpLen:20 DgmLen:84 DF
Type:8 Code:0 ID:39470 Seq:1 ECHO
0E 52 75 49 88 34 07 00 08 09 0A 0B 0C 0D 0E 0F .RuI.4..........
10 11 12 13 14 15 16 17 18 19 1A 1B 1C 1D 1E 1F ................
20 21 22 23 24 25 26 27 28 29 2A 2B 2C 2D 2E 2F  !"#$%&'()*+,-./
30 31 32 33 34 35 36 37                          01234567

=+=+=+=+=+=+=+=+=+=+=+=+=+=+=+=+=+=+=+=+=+=+=+=+=+=+=+=+=+=+=+=+
```

　　与前面的显示相比，以上显示多出了 "0:0:E8:95:4B:5C -> 0:C:29:9E:C5:AA type:0x800 len:0x62" 一行，它是以太数据帧的头部，包含了数据包的源 MAC 地址和目的 MAC 地址、上层协议类型和数据帧长度信息。

　　以上例子中，Snort 实际上是工作在嗅探器方式，是在屏幕上显示数据包。Snort 还有一种记录数据包的方法是把数据包保存到磁盘文件中，以供以后分析时使用。为了明确数据包存放在哪个位置，需要用-l 选项指定一个目录位置，命令如下：

```
# snort -dve -b -l /var/log/snort
```

以上命令中，-l 选项指定了存放数据包的目录是/var/log/snort，文件名由 Snort 自己命名。-b 选项指定存储数据包时，采用 tcpdump 的二进制格式。另外，前面用过的-vde 选项现在还在，表示除了把数据包存储在文件中外，屏幕上也显示抓到的数据包。可以用以下命令查看一下/var/log/snort 目录中的文件。

```
# ls /var/log/snort
snort.log.1232432898   snort.log.1232433452   snort.log.1232434667
snort.log.1232432911   snort.log.1232433661
snort.log.1232433345   snort.log.1232434388
```

上面列出的这些文件都存放了 Snort 抓到的数据包，文件名是由 Snort 决定的。数据包在文件中存放时，采用的是二进制格式。其目的是为了加快存储速度，以免主机因为来不及处理而出现丢包现象。为了事后查看这些数据包的内容，可以使用以下命令：

```
# snort -dv -r /var/log/snort/snort.log.1232432898
```

以上命令将在屏幕上列出 snort.log.1232432898 文件中包含的数据包，格式选项为-dv，也可以自由指定其他格式。此外，这些数据还可以供其他数据包分析工具使用，也可以使用 Snort 规则检测这些数据包是否包含了入侵模式。

🔊说明：虽然 Snort 可以同时在屏幕和文件中显示或存储数据包，但显示或存放时的内容却是独立的。也就是说，数据包包含的全部信息在文件中都要存放，但屏幕上显示的信息是由选项决定的。如果只希望在文件中记录数据包，而不需要在屏幕中显示数据包，可以使用以下命令。

```
# snort -b -l /var/log/snort
```

以上是 Snort 作为抓包工具时的使用方法，相对来说比较简单。10.3 节将介绍 Snort 的主要的入侵检测功能。

10.3　配置 Snort

Snort 最主要的功能是对入侵进行检测。其工作方式是对抓取的数据包进行分析后，与特定的规则模式进行匹配。如果能匹配，则认为发生了入侵事件。此时，执行 snort 命令时需要用-c 选项指定入侵检测时所使用的配置文件。当默认安装 Snort 时，已经在/etc/snort 目录提供了一个例子配置文件，其文件名是 snort.conf。本节主要以该文件的内容为中心，介绍 Snort 的配置方法。

10.3.1　定义 Snort 变量

/etc/snort/snort.conf 文件是 Snort 命令运行时的主配置文件。为了使用的方便，用户可以在其中定义许多变量，以便以后在其他位置进行引用。另外，Snort 系统本身也使用某些名称的变量，用户赋予的值将影响 Snort 的工作状态。变量的值一般是文件系统中的路径、IP 地址、端口号等。定义一个变量并对其赋值的形式如下：

```
var <变量名>   <变量值>
```

例如，下面的配置定义一个名为 MY_NET 的变量。

```
var MY_NET 10.10.1.0/24
```

为了阅读的方便，在 Snort 中习惯以大写字母作为变量名。当定义变量并赋值后，就可以在配置文件的其他位置引用该变量了，其形式是"$变量名"。下面的语句引用了上面定义的 MY_NET 变量。

```
Alert tcp any any -> $MY_NET any (flags:S; msg:"SYN packet";)
```

Snort 在配置文件中处理以上语句时，将用 10.10.1.0/24 代替$MY_NET。还有两种引用变量的形式，一种是"$(var:-default)"，表示如果 var 没有定义，则使用 default 值代替 var。另一种形式是"$(var:?message)"，表示如果 var 没有定义，则输出 message，例如：

```
log tcp any any -> $(MY_NET:?MY_NET is undefined!) 23
```

以上是通用的变量定义。由于经常要使用 IP 地址作为变量内容，Snort 还用关键字 ipvar 来定义表示 IP 地址的变量，并且给予了更灵活的赋值形式。例如，给 ipvar 变量赋值时，可以是单个 IP 地址、IP 地址列表、CIDR 形式的地址块，以及它们的组合。下面是一个定义 ipvar 类型的变量的例子。

```
ipvar EXAMPLE [1.1.1.1,2.2.2.0/24,![2.2.2.2,2.2.2.3]]
```

以上定义中，EXAMPLE 表示 IP 是 1.1.1.1，以及在 2.2.2.0/24 网段，但不是 2.2.2.2 和 2.2.2.3 的 IP 地址。表示 ipvar 变量的值时，IP 地址列表和 CIDR 地址块应该用方括号括起来。另外，"!"表示取反，也可以用 any 表示所有的 IP 地址。

除了 ipvar 以外，Snort 还用 portvar 来定义表示端口的变量，此时，变量可以表示一个端口、端口列表或端口范围。表示端口列表时，端口值用","分隔，并用方括号围起来。表示端口范围时，端口值由":"分隔。此外，还可以用"!"或 any 表示取反或任何端口。下面是一个定义端口变量的例子。

```
portvar PORT1 [80:90,888:900,8080]
```

以上 portvar 定义的 PORT1 变量表示端口号 80～90、888～900，以及 8080 端口。

在初始的/etc/snort/snort.conf 文件中，定义了几个重要的变量。其中，HOME_NET 变量用于表示主机所在的子网，EXTERNAL_NET 表示与 HOME_NET 相对应的外网。默认时，它们的值都是 any，如下所示。

```
var HOME_NET any
var EXTERNAL_NET any
```

🔔说明：一般情况下，应该把 HOME_NET 定义成主机网卡所在的网段，如 10.10.1.0/24 这样的形式。也可以用以下形式进行定义。

```
var HOME_NET $eth0_ADDRESS
```

eth0_ADDRESS 是系统内置的一个变量，表示网络接口 eth0 的地址。

snort.conf 文件中还定义了 DNS_SERVERS、SMTP_SERVERS、HTTP_SERVERS、SQL_SERVERS、TELNET_SERVERS、SNMP_SERVERS 等变量，它们的值都等于$HOME_NET。还有几个用 portvar 定义的端口变量，定义形式如下所示。

```
portvar HTTP_PORTS 80
portvar SHELLCODE_PORTS !80
portvar ORACLE_PORTS 1521
```

还有两个定义规则路径的变量：

```
var RULE_PATH /etc/snort/rules
var PREPROC_RULE_PATH ../preproc_rules
```

以上列出的变量在以后编写 Snort 规则都要用到，因此事先进行声明、赋值，以方便用户修改。

10.3.2　配置 Snort 选项

当执行 Snort 命令时，可以通过指定命令行选项使 Snort 工作于不同的状态。实际上，很多的命令行选项都可以在 snort.conf 文件中进行配置。于是，就不需要在 snort 命令行中指定了。除了命令行选项外，在 snort.conf 文件中还可以指定其他一些不能在命令行中使用的选项。配置 Snort 选项的格式如下：

```
config <directive> [: <value>]
```

以上格式中，config 是关键字，directive 表示选项的名称，value 表示选项的值。选项名称和值之间用 "："分隔，"："紧跟在选项后面，但和值之间需要有空格。有些选项可能没有值，此时，"："也要省略。例如，下面一行代码配置了选项 alertfile 的值是 alerts。

```
config alertfile: alerts
```

以上配置指定了放置 Snort 警报的文件名称是 alerts。

注意：如果希望 Snort 警报输出时附加上网络接口名称，可以用以下指令进行配置。

```
config alert_with_interface_name
```

下面再列出几个也可以用 snort 命令选项指定的配置。
配置 1：

```
config bpf_file: filters.bpf
```

功能：设置 BPF 数据包过滤规则文件名称，与 Snort 命令的-F 选项作用相同。
配置 2：

```
config chroot: /home/snort
```

功能：设置/home/snort 目录为 Snort 的虚拟根目录，与 snort 命令的-t 选项作用相同。

配置 3：

```
config daemon
```

功能：以后台进程方式运行 Snort，与 Snort 命令的-D 选项作用相同。

在初始的 snort.conf 文件中，还列出了一些有关 Snort 数据包解码器的配置，但这些配置已经被注释，并未生效，用户可以根据需要使之生效。下面对这些配置进行解释。

配置 4：

```
# config disable_decode_alerts
```

功能：关闭解码器的警报功能，即发现入侵时也不进行警报。

配置 5：

```
# config disable_tcpopt_experimental_alerts
```

功能：关闭解码器对 TCP 实验选项的警报。

配置 6：

```
# config disable_tcpopt_obsolete_alerts
```

功能：关闭解码器对 TCP 过时选项的警报。

配置 7：

```
# config disable_tcpopt_ttcp_alerts
```

功能：关闭解码器对 TTCP 选项的警报。

配置 8：

```
# config disable_tcpopt_alerts
```

功能：关闭解码器对所有其他 TCP 选项的警报。

配置 9：

```
# config disable_ipopt_alerts
```

功能：关闭解码器对所有无效 IP 选项的警报。

配置 10：

```
# config enable_decode_oversized_alerts
```

功能：如果 IP、TCP 或 UDP 数据包的长度域比 Snort 实际收到的数据包长度要大，则解码器要发出警报。

配置 11：

```
# config enable_decode_oversized_drops
```

功能：如果 IP、TCP 或 UDP 数据包的长度域比 Snort 实际收到的数据包长度要大，并且 Snort 工作在内嵌模式，则丢弃该数据包。这个选项需要 enable_decode_oversized_alerts 启用才能生效。

配置 12：

```
# config detection: search-method lowmem
```

功能：配置入侵检测引擎的字符串搜索模式，lowmem 表示 Snort 工作在内存少、性能很差的主机上。如果主机性能较好，可以使用 ac、ac-std、ac-bnfa 等值。

配置 13：

```
# config layer2resets: 00:06:76:DD:5F:E3
```

功能：当 Snort 工作于内嵌模式时使用，表示指定的源 MAC 地址的数据包可以做 RESET 操作。

可以配置的 Snort 选项还有很多，具体内容可以参见 Snort 的用户手册。

10.3.3　配置 Snort 预处理模块

预处理程序从 1.5 版的 Snort 开始引入。它使用户和程序员能够将模块化的插件方便地集成到 Snort 中，使 Snort 的功能非常容易地得到扩展。预处理程序代码在数据包解码之后，并在入侵检测引擎被调用之前运行。这样，数据包就可以通过额外的方法被分析或修改。在 snort.conf 文件中，可以使用 preprocessor 关键字加载和配置预处理程序，其格式如下：

```
preprocessor <name>: <options>
```

以上格式中，name 是预处理模块的名称，options 是预处理模块运行时所需要的一些参数。在初始的 snort.conf 文件中，已经定义并启用了许多内置的预处理模块。下面将对部分模块及其配置指令作一下解释。

1. Frag3 模块

Frag3 是一个基于目标进行分析的 IP 碎片重组预处理模块，它将取代 Snort 以前版本中使用的 Frag2 模块。Frag3 的处理速度比 Frag2 要快，但配置也相对复杂。在 Frag3 中，至少需要两条指令。一条是全局配置指令，另一条是对引擎进行实例化的指令。下面是初始 snort.conf 中关于 Frag3 的配置：

```
preprocessor frag3_global: max_frags 65536
preprocessor frag3_engine: policy first detect_anomalies
```

以上配置指令中，前面的那条指令是 Frag3 的全局配置。max_frags 指定最大可以同时跟踪的碎片数，默认为 8192，此处指定为 65536。此外，还可以用 memcap 指定内存消耗的最大值，用 prealloc_frags 指定为多少碎片预分配内存。

后面的那条指令是对 Frag3 引擎进行实例化的配置指令。policy 参数指定 first 为基于主机的碎片重组模式。detect_anomalies 指定对碎片进行异常检测。此外还可以用 timeout 指定没有重组的碎片将被丢弃的时间长度、bind_to 指定只对某一目的地址的 IP 碎片进行重组等。

2. HTTP Inspect 模块

HTTP Inspect 是一种通用的 HTTP 解码器。它可以对给定的数据缓冲区中的数据进行分析，找到 HTTP 的各种头域，并进行标准化。HTTP Inspect 既可以对客户端的 HTTP 请求进行分析，也可以对服务器的应答进行分析。

🔔说明：目前 HTTP Inspect 还只能进行无状态的处理。也就是说，它只是在一个独立的包
　　　　中查找 HTTP 头域。如果某些包是分割开的，在没有重组前 HTTP Inspect 将得到
　　　　不正确的结果。如果有另外的模块在 HTTP Inspect 工作前对包进行重组，将可以
　　　　解决这个问题。

　　HTTP Inspect 为用户提供非常丰富的配置内容。它的配置分为两种，一种是全局配置，
决定了 HTTP Inspect 总的工作状态，只能有一条配置指令；另一种是针对单个 HTTP 服务
器的配置，它可以为某种 Web 服务器指定特定的选项，可以有多个配置。HTTP Inspect 全
局配置的格式如下：

```
http_inspect: global iis_unicode_map <map_filename> codemap <n> [detect_
anomalous_servers] [proxy_alert]
```

　　以上格式中，iis_unicode_map 指定使用哪一个 Unicode 代码文件，而 codemap 指定了
使用 Unicode 代码文件中的哪种编号的代码页。detect_anomalous_servers 表示对非 HTTP
端口的 HTTP 数据进行分析。proxy_alert 表示对使用代理的 HTTP 服务器进行报警。在初
始的 snort 文件中，使用了以下 HTTP Inspect 全局配置。

```
preprocessor http_inspect: global iis_unicode_map unicode.map 1252
```

　　在/etc/snort 目录中，有一个文件 unicode.map，里面包含了很多 Unicode 代码页，其一
个代码页的编号是 1252。HTTP Inspect 服务器配置的格式如下：

```
preprocessor http_inspect_server: server [ default | IP ] profile [ all |
apache | iis ] ... ports { n }
```

　　server 参数指定 Web 服务器范围，如果是 default，表示对所有的 Web 服务器进行检测；
如果是某 IP 地址或 IP 地址范围，则只对指定范围的 Web 服务器进行检测。profile 指定了
Web 服务器的类型，all 表示所有的类型，也可以是 apache 或 iis。每一种服务器类型都有
自己的一套配置参数，可以根据需要进行配置。ports 表示对哪些端口进行检测。下面是初
始 snort.conf 文件中有关 HTTP Inspect 服务器的配置。

```
preprocessor http_inspect_server: server default profile all ports { 80 8080
8180 } oversize_dir_length 500
```

　　oversize_dir_length 指定 URL 中最大的目录名的字符长度，如果超过，将会报警。
　　有关 HTTP Inspect 配置的内容还非常多，限于篇幅，不再赘述，如果想进一步了解，
可参考 Snort 的用户手册。

3．SMTP 解码器

　　SMTP 预处理模块是对用户的应用进行 SMTP 解码的解码器。给定一个数据缓冲区，
SMTP 解码器将对其中的数据进行分析，找到 SMTP 命令和应答。SMTP 解码器还能区分
命令、数据头、数据体，以及 TLS 数据。
　　除了无状态处理外，SMTP 解码器也能进行有状态的处理。它可以保存单个数据包的
状态，以便与其他数据包进行关联。但是，这种有状态处理依赖于客户端数据流的重装配。
如果数据流的某些部分在传输过程中丢失了，则状态将不能维持。另外，为了提高性能，

可以忽略 TLS 加密数据、普通的邮件数据等内容，因为针对邮件数据的攻击很少。SMTP
解码器的配置参数如下所示。

```
preprocessor smtp: \
 ports { <port> [<port>]... } \
                # 对哪些端口进行 SMTP 检查。默认是 25,对加密 SMTP 来说是 465
 inspection_type <stateful | stateless> \       # 工作在有状态还是无状态模式
 normalize <all | none | cmds> \
                # 是否开启规范化检查功能,即是否检查命令后超过一个以上的空格字符
 ignore_data \                              # 处理规则时,忽略邮件正文
 ignore_tls_data \                          # 处理规则时,忽略 TLS 加密的数据
 max_command_line_len <int> \       # 最大的命令行长度,超过后即报警
 max_header_line_len <int> \        # 最大 SMTP DATA 头的长度,超过后即报警
 max_response_line_len <int> \      # 最大的应答行长度,超过后即报警
 alt_max_command_line_len <int> { <cmd> [<cmd>] } \
                # 指定部分命令行的最大长度,要覆盖 max_command_line_len 的设置
 no_alerts \    #关闭所有的报警功能
 invalid_cmds { <Space-delimited list of commands> } \
                                # 如果客户端发送了指定的命令,将报警
 valid_cmds { <Space-delimited list of commands> } \
                                # 承认列表中的命令是合法的,不报警
 alert_unknown_cmds \           # 对未知的命令进行报警。
 normalize_cmds { <Space-delimited list of commands> } \
                                # 实行规范化检查的命令
 xlink2state { enable | disable [drop] } \
                                # 是否激活 xlink2state 报警,默认是 enable
 print_cmds                     # 输出所有能理解的命令
```

在初始的 snort.conf 文件中，有关 SMTP 预处理的配置如下所示。

```
preprocessor smtp:      ports { 25 587 691 }  inspection_type stateful
normalize_cmds \
 normalize_cmds { EXPN VRFY RCPT }  alt_max_command_line_len 260 { MAIL }\
 alt_max_command_line_len 300 { RCPT } alt_max_command_line_len 500 { HELP
HELO ETRN } \
 alt_max_command_line_len 255 { EXPN VRFY }
```

除了上面解释的预处理模块外，初始的 snort.conf 文件中还配置了以下一些模块。

❑ Stream4：提供 TCP 流的重装配置和有状态的分析功能。

❑ Flow：提供把状态统一保持在一个单一的位置的功能。

❑ Stream5：是一种基于目标的 TCP 重装模块。

❑ sfPortscan：用于检测端口扫描，这是网络攻击的开始阶段。

❑ RPC Decode：用于把多个分割的记录规范到一个单一的非分割记录。

❑ Performance Monitor：测定 Snort 实时的和理论上最大的性能。

❑ FTP/Telnet：对 FTP 和 Telnet 数据流提供有状态的解码。

❑ SSH：该模块用于检测 Gobbles、CRC 32 等攻击。

❑ DCE/RPC：该模块对 SMB 和 DEC/RPC 数据包进行解码。

❑ DNS：对 DNS 应答进行解码并检测 DNS 客户端 RData 溢出、过时的和实验性的
记录类型。

上述模块具体的配置方法可参见 Snort 用户手册，此处不再赘述。

10.3.4　配置 Snort 输出插件

配置输出插件可以允许 Snort 为用户提供更加人性化的输出。它们在 Snort 的报警和日志模块中被调用，以便把预处理和入侵检测引擎中产生的数据输出。每一个输出插件与某一事件相联系，当该事件发生时，这些输出模块将依次被调用。

🔔 **说明**：与标准的日志和报警系统一样，这些输出插件默认使用/var/log/snort 目录，用户也可以通过–l 选项指定到其他位置。

输出插件在运行时被装载，其配置与预处理模块的配置类似，格式如下：

```
output <name>: <options>
```

其中，name 是插件的名称，options 是配置选项。不同的插件其配置选项是很不一样的。下面以 alert_syslog 插件为例介绍 Snort 输出插件的配置方法。

alert_syslog 插件用于把警报发送到系统日志，其功能与命令行选项-s 类似。alert_syslog 插件也可以允许在 Snort 的规则文件中指定日志设备和级别，为用户提供了很大的自由度。当配置该插件时，需要指定日志设备、日志级别和一些选项，其格式如下：

```
alert_syslog: <facility> <priority> <options>
```

facility 指定日志设备的名称，如 log_auth、log_daemon、log_local0~log_local7 和 log_user 等。priority 指定日志的级别，如 log_emerg、log_alert、log_crit、log_err、log_warning、log_notice、log_info、log_debug 等。options 可以是 log_cons、log_ndelay、log_perror、log_pid 等。在初始的 snort.conf 文件中，关于 alert_syslog 的配置有以下几个例子。

配置 1：

```
# output alert_syslog: LOG_AUTH LOG_ALERT
# output alert_syslog: host=hostname, LOG_AUTH LOG_ALERT
# output alert_syslog: host=hostname:port, LOG_AUTH LOG_ALERT
```

功能：后面两条配置用于 Windows 平台。由于 Windows 本身一般没有运行系统日志的服务，需要指定运行日志服务的主机及端口号。snort.conf 文件中其他的一些输出插件配置例子解释如下所示。

配置 2：

```
# output log_tcpdump: tcpdump.log
```

功能：把数据包记录到 TCPDUMP 格式的文件 tcpdump.log 中。该插件只有一个配置参数，用于指定日志文件的名称。

配置 3：

```
# output database: log, mysql, user=root password=test dbname=db host=
localhost
# output database: alert, postgresql, user=snort dbname=snort
```

功能：把日志或警报发送到数据库中。需要指定数据库类型、名称、运行数据库的主机和登录数据库的用户名、密码等参数。

配置 4：

```
# output alert_unified: filename, snort.alert limit 128
# output log_unified: filename snort.log, limit 128
```

功能：以 unified 格式记录警报或日志到文件中，文件名是 snort.alert 或 snort.log，大小限制是 128MB。Unified 是一种直接的二进制格式数据，速度很快，一般提供给其他工具处理。

10.3.5　配置 Snort 规则文件

Snort 判断是否发生了入侵检测事件的主要依据是数据包中是否包含与规则相匹配的模式，因此规则是 Snort 实现入侵检测功能的基础。已知的网络入侵种类成千上万，这些入侵的特征需要转化成 Snort 规则，才能让 Snort 使用。因此，只有规则的数量足够多，并且及时进行更新，Snort 工作时才能得到有意义的结果。

Snort 软件包本身并不提供规则。用户如果需要，可以从 Snort 的主页下载。Snort 网站为 3 种不同的用户提供不同的规则更新服务。付费用户可以得到最新的 Snort 规则，一旦有新的规则出现，将会得到实时更新。注册用户比付费用户迟 30 天得到最新规则，即新规则出来后，需要过 30 天之后才提供给注册用户下载。非注册用户只能在 Snort 版本更新时才能得到新的规则。

为了获取 Snort 规则，需要在 http://www.snort.org 网站上注册一个用户账号。然后在主页上选择 Rules 及 VRT Rules 链接，再在页面中间找到为注册用户提供的 2.9 版的规则集，并单击 Download 链接下载。下载后的文件约为 66MB，文件名是 snortrules-snapshot- 2.9.tar。

上述文件解压后，rules 目录中包含了最新的 Snort 规则，这些规则根据类型存放在不同的文件中。例如，smtp.rules 文件中包含了有关 SMTP 协议的规则。另外，每一条规则都有一个编号。在 doc/signatures 目录中存放着对规则的说明文件，以对应的规则编号为文件名。

为了使用 Snort 规则，需要把 rules 目录中的规则文件复制到/etc/snort/rules 目录中。因为在 snort.conf 文件中，包含了以下一些配置：

```
...
include $RULE_PATH/smtp.rules
include $RULE_PATH/imap.rules
...
```

而在初始的 snort.conf 文件中，RULE_PATH 变量已经被赋予了/etc/snort/rules 值。因此，上面的这些配置会把/etc/snort/rules 目录中相应文件名的规则文件包含到 snort.conf 文件中，以便让 snort 命令使用。

🔔**注意**：需要检查配置文件中的规则文件名与用户复制进去的规则文件名是否一致。如果某些规则文件还没有被包含，需要在 snort.conf 文件中添加相应的配置。

10.4　编写 Snort 规则

前面介绍了 Snort 规则的获得、配置与使用，这些规则是由各种组织或厂商提供的。有时用户也希望能够自己编写 Snort 规则，以便能对最新的入侵行为作出反应。下面介绍有关 Snort 规则的编写方法。

10.4.1　Snort 规则基础

Snort 使用一种简单的，轻量级的规则描述语言，这种语言灵活而强大。一条 Snort 规则包含两个逻辑部分：规则头和规则选项。规则头包含规则的动作、协议、源和目的 IP 地址与网络掩码以及源和目的端口信息。规则选项部分包含警报消息和匹配模式，Snort 要对部分数据包进行检查以查看该数据包是否与模式匹配。如果匹配，将采取规则头中指定的动作。

当书写 Snort 规则时，所有的内容都应该在一个单行上。如果需要分成多行书写，要在行尾加上分隔符"\"。另外，snort.conf 文件中定义的变量都可以在规则中使用。最常用的变量是 HOME_NET 和 EXTERNAL_NET，分别表示本地子网和其他网段。下面是一个 Snort 规则的例子：

```
alert icmp $EXTERNAL_NET any -> $HOME_NET any (msg:"ICMP Source Quench";
icode:0; itype:4; \
classtype:bad-unknown; sid:477; rev:3;)
```

以上规则中，第一个左括号前的部分是规则头部分，alert 是警报动作。即如果数据包与指定的模式匹配时，将发出警报。icmp 是协议，即该规则只与 ICMP 协议的数据包进行匹配。$EXTERNAL_NET 表示数据包的源 IP 地址范围，随后的 any 表示任何源端口号。"->"是数据包的方向示意。$HOME_NET 表示数据包的目的 IP 地址范围，随后的 any 表示任何目的端口号。

括号内的部分是规则选项，由"选项:值"组成。它们之间用";"分隔。"选项:值"之间可以认为是逻辑"与"的关系，即只有数据包与所有选项指定的值匹配时，才认为是与该规则匹配的。同时，Snort 规则库中的所有规则可以认为是逻辑"或"关系。

10.4.2　Snort 规则头

规则头定义了一个数据包的 who、where 和 what 信息，以及当数据包满足了规则定义的所有选项的值时，将对数据包采取什么样的动作。规则头的第一项就定义了规则动作的名称，在 Snort 中，可以有以下 5 种内置的规则动作。

❏ alert：以指定的方式发送警报，然后记录数据包。警报模式可以由命令行参数-A 指定。
❏ log：记录数据包到指定的位置。
❏ pass：忽略数据包，不采取任何动作。
❏ activate：执行 alert 动作，并激活另一条 dynamic 动作类型的规则。
❏ dynamic：保持空闲直到被一条 activate 动作激活，被激活后将作为一条 log 动作的规则执行。

如果 Snort 被 iptables 等工具调用，工作在内嵌方式时，还可以使用以下 3 种动作。

❏ drop：使 iptables 丢弃数据包，并记录到日志中。
❏ reject：使 iptables 丢弃数据包，记录到日志，然后发送 TCP 复位或 ICMP 不可到达数据包。
❏ sdrop：使 iptables 丢弃数据包而且不记录到日志。

除了上述 Snort 内置的动作外，用户还可以自定义动作，并使动作与 snort.conf 文件中配置的输出插件进行联系，然后就可以在规则中使用自定义的动作了。下面的语句定义了一个名为 suspicious 的自定义动作。

```
ruletype suspicious
{
  type log
  output log_tcpdump: suspicious.log
}
```

ruletype 关键字指定了自定义动作的名称。type 指定了自定义动作使用哪个内置动作。而 output 指定了使用哪个输出插件，以及其所需的一些选项。上面的语句表示执行 suspicious 动作时，将把数据包以 TCPDUMP 格式记录到 suspicious.log 文件中。下面是另一个自定义动作的例子。

```
ruletype redalert
{
  type alert
  output alert_syslog: LOG_AUTH LOG_ALERT
  output database: log, mysql, user=snort dbname=snort host=localhost
}
```

上面的语句定义了一个名为 redalert 的自定义动作。执行时，将发出警报，并把数据包以 LOG_ALERT 级别记录到系统日志的 LOG_AUTH 设备中。同时，还把数据包记录到本机的 MySQL 数据库，用户名和数据库名均为 snort。

在规则头中，紧跟着规则动作的下一个域是协议类型。Snort 当前可以分析的协议类型有 4 种：TCP、UDP、ICMP 和 IP，这已经包括了 Internet 最主要的协议。将来可能会支持更多的协议，例如 ARP、IGRP、GRE、OSPF、RIP、IPX 等。

接下来的域是 IP 地址。除了单个 IP 地址外，还可以使用以 IP 地址和 CIDR 块组成的 IP 地址段。例如 192.168.1.0/24。此外，还可以用方括号表示 IP 地址列表，用"!"表示取反，以及用 any 表示任意的 IP 地址。下一个域是端口号，除了定义单个端口号外，还可以以"："表示端口范围，也可以以 any 表示任何端口，"!"表示取反。有关 IP 地址与端口号的具体例子可参见 10.3.1 节。

方向操作符"->"表示规则要求的数据包的方向。"->"左边的 IP 地址和端口号被认为是数据包的源主机，右边的 IP 地址和端口号是目标主机。也可以使用双向操作符"<>"，它告诉 Snort 把任一边的 IP 地址和端口号既作为源，又作为目标来考虑，这为记录或分析双向会话提供了方便。例如，下面的规则头可以用来表示 Telnet 会话双向数据包。

```
log !192.168.1.0/24 any <> 192.168.1.0/24 23
```

以上是有关 Snort 规则头的解。括号内的部分是规则选项，将在 10.4.3 节解释。

10.4.3　Snort 规则选项

Snort 的规则选项是入侵检测引擎的核心。所有的入侵行为都可以通过 Snort 规则选项将其表达出来，使用起来非常灵活。所有的 Snort 规则选项和选项值之间用"："分隔，而规则选项本身由"；"进行分隔。目前，Snort 中共有 40 多个规则选项，可以分为以下 4 类。

❑ meta-data；

❑ payload；

❑ non-payload；

❑ post-detection。

meta-data 类的选项提供了关于规则的一些信息，但对检测没有任何影响，所包含的具体选项及功能如表 10-1 所示。

表 10-1　Snort 规则中的 meta-data 类选项

选 项 名 称	功　　能
msg	和数据包一起，在报警或日志中打印一个字符串消息
reference	允许 Snort 参考一个外部的攻击鉴别系统
sid	指定 Snort 规则的唯一标号，用 1 000 000 以内的整数表示，小于 100 的整数保留
rev	指定 Snort 规则的版本号
classtype	指定 Snort 规则的类别标识
priority	指定 Snort 规则的优先级标识号
metadata	提供 Snort 规则的一些额外信息

payload 类选项指定的内容是要求在数据包的负载数据中进行搜索的，所包含的具体选项及功能如表 10-2 所示。

表 10-2　Snort 规则中的 payload 类选项

选 项 名 称	功　　能
content	在包的负载数据中搜索指定的内容并根据内容触发响应
nocase	content 选项的修饰符，表示 content 指定的字符串大小写不敏感
rawbytes	content 选项的修饰符，表示直接在二进制流中搜索，忽略解码数据
depth	content 选项的修饰符，设定搜索的最大深度
offset	content 选项的修饰符，设定开始搜索的位置
distance	content 选项的修饰符，设定搜索的最大广度
within	content 选项的修饰符，把匹配模式的搜索限制在一定的范围
http_client_body	content 选项的修饰符，把匹配模式的搜索限制在客户端的 HTTP 请求的实体数据中
http_uri	content 选项的修饰符，把匹配模式的搜索限制在 HTTP 请求的头域中
uricontent	content 选项的修饰符，在数据包的 URI 部分搜索一项内容
isdataat	content 选项的修饰符，表示模式匹配后，其后面还跟随指定个数的非换行字符
pcre	允许使用 Perl 兼容的正则表达式书写 Snort 规则
byte_test	对数据包中的某些字节进行值比较，可以用字符串及操作符表示字节值
byte_jump	把数据包中的某些字节转换成数值，并进行相应的偏移量调整
ftpbounce	用于检测 FTP 跳跃攻击
asn1	由 ASN.1 插件使用，解码全部或部分数据包，再搜索各种恶意代码

non-payload 类选项指定的内容要求在数据包的报文头域中进行搜索，所包含的具体选项及功能如表 10-3 所示。

表 10-3　Snort 规则中的 non-payload 类选项

选 项 名 称	功　　能
fragoffset	检查 IP 头的分段偏移位
ttl	检查 ip 头的 ttl 的值
tos	检查 IP 头中 TOS 字段的值
id	检查 ip 头的分片 id 值
ipopts	查看 IP 选项字段的特定编码
fragbits	检查 IP 头的分段位
dsize	检查数据包载荷的大小
flags	检查是否有特定的 TCP 标志存在
flow	检查特定 TCP 数据流向的数据包
flowbits	用于 Flow 预处理模块，跟踪会话状态
seq	检查 tcp 序列号的值
ack	检查 tcp 应答（ACK）的值
window	检查 TCP 特定的窗口域值
itype	检查 icmp type 的值
icode	检查 icmp code 的值
icmp_id	检查 icmp ID 的值
icmp_seq	检查 icmp seq 的值
rpc	检查 RPC 请求的应用、版本号和过程号
ip_proto	检查 IP 头的上层协议值
sameip	检查数据包的源 IP 和目的 IP 是否相等

post-detection 类选项指定当某一数据包与规则匹配后，试图触发某一种其他的动作，所包含的具体选项及功能如表 10-4 所示。

表 10-4　Snort 规则中的 post-detection 类选项

选 项 名 称	功　　能
logto	把触发该规则的所有的包记录到一个指定的输出日志文件中
session	用于从 TCP 会话中抽取用户数据
resp	当一个数据包触发警报时，试图关闭会话
react	使用户能对与规则匹配的数据包流作出反应，如阻止该流
tag	对触发规则的数据包作上标签，以便可以记录其他相关数据到日志

以上是有关 Snort 规则选项的解释，下面看两个具体的规则例子。

```
alert tcp $HOME_NET any -> $EXTERNAL_NET $HTTP_PORTS (msg:"WEB-CLIENT
Microsoft wmf metafile \
access"; flow:from_client,established; uricontent:".wmf"; flowbits:set,
wmf.download; metadata:service http; \
classtype:attempted-user; sid:2436; rev:9;)
```

以上规则选项表示检查数据包是否来自客户端并具有 TCP 已连接标志、URI 包含

"`.wmf`" 字符串。如果有，除了报警外，还要做上 wmf.download 状态标志。这条规则属于 attempted-user 类，标识号为 2436，版本号为 9。同时，规则头还指定了数据包应该是从本地网络计算机的任何端口发往外界网络计算机的 HTTP 端口。

```
alert tcp $EXTERNAL_NET any -> $SQL_SERVERS 139(msg:"SQL shellcode attempt";\
flow:to_server,established; content:"9 |D0 00 92 01 C2 00|R|00|U|00|9 |EC
00|"; \
classtype:shellcode-detect; sid:692; rev:7;)
```

以上规则选项表示检查数据包是否具有 TCP 已连接标志并且负载数据中是否包含 "9 |D0 00 92 01 C2 00|R|00|U|00|9|EC 00|"。其中，由 "|" 包围的内容表示是一个二进制序列。这条规则属于 shellcode-detect 类，标识号为 692，版本号为 7。同时，规则头还指定了数据包应该是从外界网络计算机的任何端口发往本地网络计算机的 139 号端口。

10.5　小　　结

入侵检测系统是对网络攻击进行主动防范的一种手段，是保证网络安全的一种重要措施。本章首先介绍有关入侵检测的基础知识，包括网络安全的定义、网络攻击的类型及入侵检测系统的定义等内容。然后介绍最知名的开源入侵检测系统——Snort，包括它的 3 种运行方式、配置方法、规则的使用和编写等内容。

第3篇 Linux 常见服务器架设

第 11 章　远程管理 Linux

在实际情况下，各种服务器主机工作时都是摆放在标准机房内的，管理人员对服务器进行各种操作时，并不一定都需要直接在控制台上进行，完全可以通过远程管理技术进行远程操作。下面介绍几种 Linux 系统下架设远程管理服务器的方法，包括传统的 Telnet 服务器、提供安全连接的 SSH 服务器，以及提供图形界面的 VNC 服务器。

11.1　架设 Telnet 服务器

Telnet 是 TCP/IP 协议族中应用最广泛的应用层协议之一，提供一个以联机方式访问网上资源的通用工具。它允许用户与一个远程机器上的服务器进行通信。它通过一个协商过程来支持不同的物理终端，从而提供了极大的灵活性。Telnet 协议可以在任何主机（任何操作系统）或任何终端之间工作。各种操作系统都内置了 Telnet 协议的客户端软件，不需要安装，使用方便。下面介绍有关 Telnet 的内容，包括 Telnet 的工作原理、协议、服务器的架设方法等。

11.1.1　远程管理

远程管理是指通过网络由一台终端或计算机去控制另一台计算机的技术，只要网络是相通的，这两台计算机的距离可以很远。随着网络的高度发展，计算机管理及技术支持的需要，远程操作及控制技术越来越引起人们的关注。远程管理可以支持多种网络连接方式，包括 LAN、WAN、拨号方式、互联网等。传统的远程管理软件一般使用 NETBEUI、NETBIOS、IPX/SPX、TCP/IP 等协议来实现，也有一些远程控制软件还支持通过串口、并口、红外端口来对远程机进行控制。

💡说明：随着网络技术的发展，目前很多远程管理软件也可以通过 Web 页面以 Java 技术来控制远程计算机。

远程管理技术可以有以下一些应用。

1. 远程办公

通过远程管理功能可以实现远程办公，提高工作效率，节省成本。

2. 远程技术支持

通常，远距离的技术支持必须依赖技术人员和用户之间的电话交流来进行，这种交流既耗时又容易出错。有了远程管理技术后，技术人员就可以远程控制用户的计算机，就像直接操作本地计算机一样。因此，问题的解决可能会变得非常简单。

3．远程教学

利用远程管理技术，商业公司可以实现和用户的远程交流。采用交互式的教学模式，通过实际操作来培训用户，使用户从专业人员那里学习示例知识变得十分容易。而教师和学生之间也可以利用这种远程管理技术实现教学问题的交流，学生可以在没见到老师的情况，就得到老师手把手的辅导和讲授；教师能够实时看到学生在计算机中进行的习题演算和求解，了解学生的解题思路和步骤，并在需要时加以实时地指导。

4．远程维护和管理

网络管理员或者普通用户可以通过远程管理技术，为远端的计算机或网络设备安装和配置软件、下载并安装软件修补程序、配置应用程序和进行系统软件设置。

11.1.2　Telnet 工作原理

Telnet 协议可以工作在任何操作系统的主机或任何终端之间。RFC854 定义了该协议的规范，其中还定义了一种通用字符终端，称为 NVT（Network Virtual Terminal，网络虚拟终端）。NVT 是虚拟设备，连接的双方即客户机和服务器，都必须把它们的物理终端和 NVT 进行相互转换。也就是说，不管客户进程终端是什么类型，操作系统必须把它转换为 NVT 格式。同时，不管服务器进程的终端是什么类型，操作系统必须能够把 NVT 格式转换为终端所能够支持的格式。

NVT 是带有键盘和打印机的字符设备。用户敲击键盘时产生的数据被发送到服务器进程，服务器进程回送的响应则输出到打印机上。

默认情况下，用户敲击键盘时产生的数据是发送到打印机上的，但可以通过设置加以改变。

Telnet 采用的是典型的客户端/服务器工作方式，如图 11-1 所示。当用 Telnet 登录进入远程计算机系统时，将启动两个程序，一个叫 Telnet 客户程序，它运行在用户的本地机上；另一个叫 Telnet 服务器程序，它运行在用户要登录的远程计算机上。

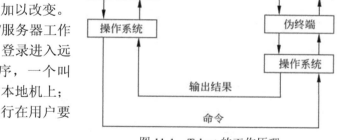

图 11-1　Telnet 的工作原理

本地机上的客户程序要完成如下的功能。

❑ 建立与服务器的 TCP 连接；
❑ 从键盘上接收输入的字符；
❑ 把输入的字符串变成标准格式并送给远程服务器；
❑ 从远程服务器接收输出的信息；
❑ 把该信息显示在屏幕上。

远程 Telnet 服务器上的 Telnet 服务程序平时处于监听状态，一旦接到客户端的连接请求，就马上活跃起来，并完成以下几个功能。

❑ 通知计算机，远程计算机已经准备好了；

- 等候输入命令；
- 对输入的命令做出反应（如显示目录内容，或执行某个程序等）；
- 把执行命令的结果送回给用户的计算机；
- 重新等候输入的命令。

说明：客户机和服务器上的操作系统类型可以不一样。

11.1.3 Telnet 协议

Telnet 通信的两个方向都采用带内信令方式。字节 0xff 是命令的前导字节，随后的一个字节才是命令字节。如果要发送数据 0xff，则必须发送两个连续的 0xff 字节。所有的 Telnet 命令如表 11-1 所示。

表 11-1 Telnet 命令集

名　　称	编　　码	说　　明
EOF	236	文件结束符
SUSP	237	挂起当前进程
ABORT	238	异常中止进程
EOR	238	记录结束符
SE	240	子选项结束
NOP	241	空操作
DM	242	数据标记
BRK	243	终止符
IP	244	终止进程
AO	245	终止输出
AYT	246	请求应答
EC	247	转义字符
EL	248	删除一行
GA	249	继续进行
SB	250	子选项开始
WILL	251	选项协商
WONT	252	选项协商
DO	253	选项协商
DON'T	254	选项协商
IAC	255	字符 0xFF

Telnet 连接的双方都是标准的网络虚拟终端 NVT，但实际上 Telnet 连接双方首先进行交互的信息还是选项协商数据。选项协商是对称的，也就是说任何一方都可以主动发送选项协商请求给对方。但实际情况下，由于远程登录不是对称的应用，所以有些选项仅仅适合于客户进程。某些选项则仅仅适合于服务器进程。对于任何给定的选项，连接的任何一方都可以发送下面 4 种请求的任意一种请求。

- ❏ WILL：发送方本身将激活（Enable）选项。
- ❏ DO：发送方想让接收端去激活选项。
- ❏ WONT：发送方本身想禁止选项。
- ❏ DON'T：发送方想让接收端去禁止选项。

Telnet 规定，对于激活选项请求（即 WILL 和 DO），对方有权同意或者不同意。而对于使选项失效请求必须同意。这样，4 种请求再加上回应就会组合出 6 种情况，如表 11-2 所示。

表 11-2 Telnet 选项协商的 6 种情况

发 送 者	接 收 者	说　明
WILL	DO	发送者想激活某选项，接收者接收该选项请求
WILL	DON'T	发送者想激活某选项，接收者拒绝该选项请求
DO	WILL	发送者希望接收者激活某选项，接收者接受该请求
DO	DON'T	发送者希望接收者激活某选项，接收者拒绝该请求
WONT	DON'T	发送者希望使某选项无效，接收者必须接受该请求
DON'T	WONT	发送者希望接受者使某选项无效，接收者必须接收该请求

选项协商需要 3 个字节。一个前导字节 0xff，接着一个字节是 WILL、DO、WONT 和 DON'T 这四者之一，最后一个选项标识字节用来指明协商什么内容。常用的选项标识如表 11-3 所示。

表 11-3 常用的 Telnet 选项标识

选 项 标 识	协 商 内 容	由哪个 RFC 描述
1	回应	857
3	禁止继续	858
5	状态	859
6	时钟标识	860
24	终端类型	1019
31	窗口大小	1073
32	终端速率	1079
33	远程流量控制	1372
34	行模式	1184
36	环境变量	1408

对于大多数 Telnet 的服务器和客户机进程来说，它们之间进行交互时，可以采用以下 4 种操作方式中的一种。

1. 半双工

客户进程在接收用户的输入以前，必须从服务器进程获得 GA 命令。用户的输入首先在本地回显，方向是从键盘到打印机，客户进程到服务器进程只能发送整行的数据。虽然这种方式适用于所有类型的终端设备，但是它不能充分发挥目前绝大部分支持双工通信的终端的性能，因此现在很少使用。

2．一次一个字符方式

客户端所输入的每个字符都单独发送到服务器进程。正常情况下，服务器进程再回显大多数的字符。这种方式的缺点是显而易见的，它会产生不必要的网络流量。当网络速度很慢时，回显的速度也会很慢。但目前大多数的 Telnet 实现都把这种方式作为默认方式。

3．一次一行方式

这种方式也称为准行方式，它的实现是遵照 RFC858 标准文档的。具体来说，使表 11-3 中的"回应"选项和"禁止继续"选项中的其中一个无效，Telnet 就工作在一次一行方式。

4．行方式

这个选项是在 RFC1184 中定义的，也是通过客户机进程和服务器进程进行协商后确定的，它纠正了准行方式的所有缺陷，目前比较新的 Telnet 实现支持这种方式。

11.1.4　实际的 Telnet 数据包

在用户利用 Telnet 协议从客户机登录到服务器的过程中，客户端和服务器端要交互很多的数据包。下面通过抓包工具 Wireshark 捕获这些数据包，并进行观察，以便更深入地理解 Telnet 协议。假设一台 IP 地址为 192.168.127.1 的计算机通过 Telnet 成功连接到 IP 地址为 192.168.127.130 的服务器，Wireshark 抓到的数据包如图 11-2 所示。

技巧：抓包时可设置 host 192.168.127.130 过滤规则，以免其他数据包的干扰。

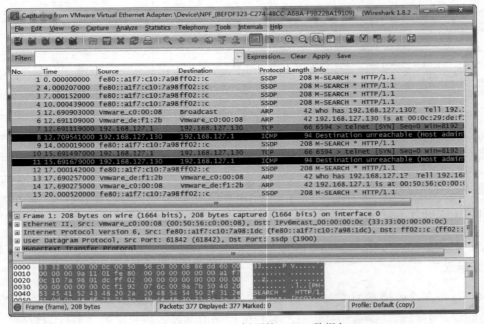

图 11-2　Wireshark 抓到的 Telnet 数据包

从图 11-2 中可以看出，客户机（192.168.127.1）向服务器的 23 号端口发起 TCP 连接，通过编号为 1、2、3 的 3 个数据包完成了 TCP 3 次握手，建立了 TCP 连接，23 号 TCP 端口是 Telnet 服务器默认时监听的端口。连接建立后，服务器通过数据包 4 向客户端发送了 4 条 Telnet 命令，用于协商选项，图中高亮显示的数据包所携带的命令是 Do Terminal Type，其二进制数据是 0xff、0xfd 和 0x18。0xff 是命令的前导字节。从表 11-1 可知，0xfd 表示的是 DO 选项协商，而 0x18 是选项标识中的一种，但在表 11-3 中尚未列出。

　　然后，Telnet 客户端和服务器总共交换了 25 个数据包，主要是通过选项协商命令进行有关终端参数的协商，最后完成了连接过程。可见，相对其他协议，Telnet 协议的数据包数量是比较大的。下面再看最后一个由服务器发给客户端的 Telnet 数据包，即 24 号数据包的内容，如图 11-3 所示。

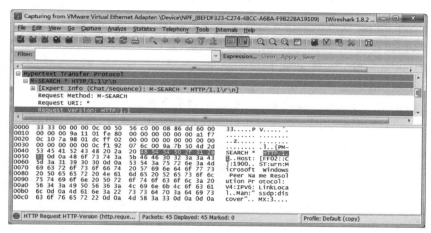

图 11-3　24 号数据包的内容

　　从图 11-3 中可以看出，服务器发给客户端的这个数据包包含了命令和数据。没有前导字节 0xff 的字节均被认为是数据字节，具体内容是发送给客户端的提示信息。客户端收到这个提示信息后，可以在终端上输入用户名和密码进行登录。如果进一步抓包，可以看到用户名和密码都是明文传输的，而且采用的是一次一个字符方式，即一个数据包只包含一个数据字符。

11.1.5　Telnet 服务器软件的安装

　　因为 Telnet 采用明文传输用户名和密码，因此对系统的安全造成了很大的威胁。在一些重要的系统中，一般不使用 Telnet 进行远程管理。因此，在 RHEL 6 中默认情况下是不安装 Telnet 服务器软件的。可以通过以下命令查看：

```
# rpm -qa | grep telnet
telnet-0.17-47.el6.i686.rpm
telnet-server-0.17-47.el6.i686.rpm
```

　　telnet-0.17-47.el6.i686.rpm 是 Telnet 客户端 RPM 包。为了安装 Telnet 服务器 RPM 包，需要在光盘中找到 telnet-server-0.17-47.el6.i686.rpm 包安装上。另外，telnet 服务端软件运行时，还需要 xinetd-2.3.14-34.el6.i686.rpm 包的支持，这个包默认也是没有安装的，需要从光盘中找到把它复制到当前目录。这两个 RPM 包复制到当前目录后，再输入以下命令进行安装：

```
# rpm -ivh xinetd-2.3.14-34.el6.i686.rpm
warning: xinetd-2.3.14-34.el6.i686.rpm: Header V3 RSA/SHA256 Signature, key
ID fd431d51: NOKEY
Preparing...              ########################################### [100%]
    package xinetd-2:2.3.14-34.el6.i686 is already installed

[root@localhost ]# cd Packages
[root@localhost Packages]# rpm -ivh telnet-server-0.17-47.el6.i686.rpm
warning:  telnet-server-0.17-47.el6.i686.rpm:  Header  V3  RSA/SHA256
Signature, key ID fd431d51: NOKEY
Preparing...              ########################################### [100%]
  1:telnet-server         ########################################### [100%]
#
```

telnet-server-0.17-47.el6.i686.rpm 包安装完成后，所包含的文件如下所示。

❑ /etc/xinetd.d/telnet：被 inetd 调用时的配置文件。

❑ /usr/sbin/in.telnetd：被 inetd 调用的命令文件。

❑ /usr/share/man/man8/in.telnetd.8.gz：帮助手册页文件。

❑ /usr/share/man/man8/telnetd.8.gz：帮助手册页文件。

xinetd 是一个守护进程，用于处理对各种服务的请求。当 xinetd 监控的连接请求出现时，xinetd 会通过/etc/xinetd.conf 文件读取/etc/xinetd.d 目录中的相应配置文件，启动相应的程序。这样做的目的是为了节省系统资源。因为在 Linux 中有一些服务使用得不多，如是作为单独的进程运行，大部分的时间都是空闲的，白白占用了系统资源。在采用 xinetd 运行方式后，可以使这些服务进程平时不运行，只有在客户请求的时候才运行。同时，在采用 xinetd 运行方式后，这些服务的安全可以统一交给 xinetd 管理，从面提高了系统的安全性能。在 RHEL 6 中，Telnet 服务器必须要通过 xinetd 才能运行。xinetd-2.3.14-34.el6.i686 包中包含的主要文件如下：

❑ /etc/rc.d/init.d/xinetd：开机自动运行 xinetd 的脚本文件。

❑ /etc/sysconfig/xinetd：xinetd 运行时的一些环境变量设置脚本文件。

❑ /etc/xinetd.conf：xinetd 的主配置文件。

❑ /usr/sbin/xinetd：xinetd 的命令文件。

❑ /usr/share/doc/xinetd-2.3.14：xinetd 的帮助说明文件。

❑ /usr/share/man/man5/xinetd.conf.5.gz：xinetd.conf 文件的帮助手册页。

❑ /usr/share/man/man8/xinetd.8.gz：xinetd 的帮助手册页。

❑ /usr/share/man/man8/xinetd.log.8.gz：xinetd 日志的帮助手册页。

另外，xinetd 安装时还要在/etc/xinetd.d 目录建立 xinetd 自带的各种服务的初始配置文件。

💭注意：在早期的 Linux 版本中，Telnet 服务可以单独运行，不需要安装 xinetd 软件包。

11.1.6　Telnet 服务器软件的运行

为了使用 Telnet 服务器能得到初步的运行，先查看一下/etc/xinetd.d/telnet 文件。

```
# vi /etc/xinetd.d/telnet
# default: on
# description: The telnet server serves telnet sessions; it uses \
#       unencrypted username/password pairs for authentication.
```

```
service telnet
{
        flags           = REUSE
        socket_type     = stream
        wait            = no
        user            = root
        server          = /usr/sbin/in.telnetd
        log_on_failure  += USERID
        disable         = yes
}
```

其中，disable 配置默认是 yes，表示 telnet 还在禁用状态，把它改为 no，再存盘。然后输入以下命令。

```
# /usr/sbin/xinetd
```

此时，就启动了 xinetd 进程。可以用以下命令查看 xinetd 进程是否已启动。

```
# ps -eaf|grep xinetd
root 2010  1 0 02:51 ? 00:00:00 xinetd -stayalive -pidfile /var/run/xinetd.pid
root 3337 1761  0 10:53 pts/0  00:00:00 grep xinetd
#
```

可见，xinetd 进程已经启动。但此时的 Telnet 进程还未运行，可以用以下命令检验。

```
# ps -eaf|grep telnet
root     3347 1761  0 10:54 pts/0     00:00:00 grep telnet
#
```

另外，还可以用以下命令查看一下 Telnet 默认的 23 号端口是否已经处于监听状态。

```
# netstat -an|grep :23
tcp      0      0 0.0.0.0:23              0.0.0.0:*                LISTEN
```

可见，主机所有网络接口的 TCP23 号端口已经处于 LISTEN 状态，这是运行 xinetd 进程的结果。为了使用网络中其他主机可以访问本机的 TCP23 号端口，如果本机防火墙未开放该端口，可以用以下命令予以开放。

```
# iptables --I INPUT -p tcp --dport 23 -j ACCEPT
```

以上过程完成后，客户端就可以通过 Windows 下的 PuTTY 与本机建立连接了。具体方法是在 Windows 下打开 PuTTY，将出现如图 11-4 所示的 PuTTY Configuration 界面。在 PuTTY Configuration 界面输入要连接的服务器的地址，Connection type 选项 Telnet 将出现如图 11-5 所示的窗口（192.168.127.130 是按照以上步骤安装的 telnet 服务器的主机 IP 地址）。

此时，可以输入操作系统账号的用户名和密码进行登录。但由于安全方面的原因，默认情况下，root 用户是不能登录的。客户端连接进来后，在服务器上输入以下命令，可以看到 in.telnetd 进程已在运行。

```
# ps -eaf|grep telnet
root     5857 5730  0 22:54 ?        00:00:00 in.telnetd: 10.10.91.252
root     5860 5092  0 22:54 pts/0    00:00:00 grep telnet
```

如果有多个客户端连接进来，就会看到有多个进程在运行。因为每一个客户端的连接都需要一个服务器进程去处理。

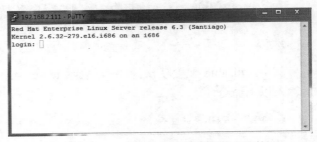

图 11-4　PuTTY Configuration 界面　　　　图 11-5　Telnet 客户端与服务器建立连接

11.1.7　Telnet 服务器软件的配置

由于 telnet 进程是在 xinetd 进程的控制下运行的，因此为了讲述 telent 服务器的配置，需要先了解 xinetd 的配置。xinetd 进程的主配置文件为/etc/xinetd.conf，其初始内容如下。

```
[root@localhost ~]# more /etc/xinetd.conf
# 首先定义一套默认的配置,作用于所有的服务。如果某一服务定义了自己同样的配置,会覆盖默认
的配置
defaults
{
# 通过设置以下选项为 yes 或 no,可以快速启用或禁用所有的服务 (那些服务没有自己的 enable
或 disable)
#       enabled       =
#       disabled      =

# 定义日志的类型。使用系统日志,daemon 设备,info 级别的日志
        log_type       = SYSLOG daemon info

# 失败时,记录客户机的 IP 地址
        log_on_failure = HOST

# 成功时,记录进程 PID、客户机 IP、会话持续时间、进程终止时间
        log_on_success = PID HOST DURATION EXIT

# 不允许访问的客户机列表
#       no_access      =

# 允许访问的客户机列表
#       only_from      =

# 设置最大的负载,0 表示不限制
#       max_load       = 0

# 设置最大连接频率。下面的设置表示如果达到了 50 次/秒,则服务要暂停 10 秒钟
        cps            = 50 10

# 设置同时工作实例数为 50
        instances      = 50
```

```
# 同一个客户机最多允许 10 个连接
      per_source      = 10

#  绑定到某一网络接口。如是主机有多个接口,可以选择只在某些接口监听
#     bind            =

#  只在支持 mdsn 服务注册的系统中使用,RHEL 5 不支持
#     mdns            = yes
# 表示支持 Ipv4。
      v6only          = no

# setup environmental attributes
# 把某些环境变量传递给服务器
#     passenv         =

# 使用用户组的权限
      groups          = yes

# 设 umask 值, 即各种服务创建文件时默认的权限值
      umask           = 002

#  输给客户端的提示信息, 放在一个文件中, 一般不使用
#     banner          =
#     banner_fail     =
#     banner_success  =
}

# 以上定义的是默认的配置。下面指出各种服务自身的配置放在/etc/xinetd.d 目录
includedir /etc/xinetd.d
```

各种由 xinetd 启动的服务的默认配置放在/etc/xinetd.conf 中，每一种服务根据情况还要定义自己独有的配置，这些配置文件要放在/etc/xinetd.d 目录中，文件名就是服务的名称。可以查看该目录下有哪些文件。

```
# ls /etc/xinetd.d
chargen-dgram   daytime-dgram   discard-stream   rsync         time-stream
chargen-stream  daytime-stream  echo-dgram       tcpmux-server
cvs             discard-dgram   echo-stream      time-dgram
```

以上列出的文件均是可以由 inetd 启动的服务的配置文件，下面再看 telnet 文件中配置的解释。

```
service telnet   #定义了名为 telnet 的服务,要启用/etc/services 文件中与 telnet
对应的 23 号端口
# 下面的"{  }"内定义 telnet 服务的选项,如果某个选项与 xinetd.conf 中一样,则要覆
盖它
{
      flags          = REUSE        # 为服务设置特定的标志
      socket_type    = stream       # 套接口的类型,stream 为流式,表示使用 TCP
                                       协议
      wait           = no           # 服务进程是否是单线程,no 表示是多线程
      user           = root         # 运行服务进程的用户身份是 root 用户
      server         = /usr/sbin/in.telnetd # 服务对应的命令文件的位置与名称
      log_on_failure += USERID      # 当失败时,日志记录的内容。其值表示在原来基
                                       础上加上 USERID
```

```
          disable              = no               # 是否禁用。no 表示不禁用
}
```

由于 telnet 的配置功能比较少，而且由于其安全性比较差等原因，Linux 系统并不建议使用，因此不再举有关 telnet 的配置例子。最后，还有一个与 xinetd 相关的文件是 /etc/services，在这个文件中，包含了每一种服务器默认的监听端口。例如，可以用以下命令查看为 telnet 服务所设置的监听端口。

```
# cat /etc/services | grep telnet
telnet          23/tcp
telnet          23/udp
...
```

可见，为 telnet 服务器设置的监听端口是 23 号。如果改变这个值，xinetd 进程监听 telnet 服务时的监听端口将会发生变化。

注意：如果要进行测试，防火墙需要开放相应的端口。

11.2　架设 SSH 服务器

由于 Telnet 等远程管理工具采用明文传送密码和数据，存在着严重的安全问题。因此在实际应用中并不推荐使用，而是使用经过加密后才传输数据的安全的终端。本节介绍 SSH 服务器的安装、运行和配置方法，以及如何使用 SSH 客户端，以便在不安全的网络环境下通过加密机制来保证数据传输的安全。

11.2.1　SSH 概述

最初 SSH 是由芬兰的一家公司在 1995 年开发的，但是因为受版权和加密算法的限制，后来很多系统都采用了 OpenSSH。OpenSSH 完全实现了 SSH 协议，而且开放代码，移植性好，因此很快流行起来，自 2005 年以来一直是 SSH 领域的主流软件。

1. SSH 的特点

Telnet、rlogin 等传统的网络服务程序在本质上都是不安全的。因为它们在网络上采用明文传送密码和数据，攻击者通过网络监听等方法很容易地就可以截获这些密码和数据。而且，这些服务程序的安全验证方式也存在着漏洞，很容易受到"中间人"（man-in-the-middle）这种方式的攻击。

说明：所谓中间人攻击，就是客户端和服务器之间传送的数据在中途被某一中间人截获，于是"中间人"就冒充真正的服务器接收客户端传给服务器的数据，然后再冒充客户端把数据传给真正的服务器。服务器传给客户端的数据也同样经过中间人的转手。因此，数据在传送过程中很容易被中间人做手脚，但服务器和客户端却一无所知，就造成了很严重的安全问题。

SSH 的英文全称是 Secure Shell。它是一种建立在 TCP 之上的网络协议，允许通信双方通过一种安全的通道交换数据，保证了数据的安全。SSH 不仅可以防止类似中间人的攻

击方式、防止 DNS 和 IP 欺骗，而且还可以加快数据传输的速度。因为通过 SSH 传输的数据是经过压缩的。除此之外，SSH 还有很多功能，它完全可以代替 telnet，而且还可以为 FTP、POP，甚至 PPP 等协议提供一个安全的"通道"。

2．SSH 的版本

SSH 有两个不兼容的版本，分别是 SSH1 和 SSH2。SSH2 的客户程序是不能连接到 SSH1 的服务器上去的。SSH1 采用 DES、3DES、Blowfish 和 RC4 等对称加密算法保护数据安全传输，而对称加密算法的密钥是通过非对称加密算法（RSA）来完成交换的。SSH1 使用循环冗余校验码（CRC）来保证数据的完整性，但是后来发现这种方法有缺陷。SSH2 避免了 RSA 的专利问题，并修补了 CRC 的缺陷，它采用数字签名算法（DSA）和 Diffie-Hellman（DH）算法代替 RSA 来完成对称密钥的交换，用消息证实代码（HMAC）来代替 CRC。同时，SSH2 增加了 AES 和 Twofish 等对称加密算法。OpenSSH 2.x 同时支持 SSH 1.x 和 2.x。

3．SSH 的安全验证

从客户端来看，SSH 提供两种级别的安全验证。第一种级别也称为基于口令的安全验证，只要知道用户名和密码，就可以登录到远程主机。所有传输的数据都会被加密，但是不能保证客户端正在连接的服务器就是它想要连接的那台服务器。可能会有别的计算机冒充真正的服务器，也就是说，这种方式还是有可能会受到中间人的攻击。

第二种级别也称为基于密匙的安全验证，也就是客户机必须创建一对密匙，并把公用密匙放在需要访问的服务器上。当客户端与 SSH 服务器连接时，客户端会向服务器发出请求，要求用密匙进行安全验证。服务器收到请求后，就要到登录的用户的个人目录下寻找对应的公用密匙，然后把它和客户端发送过来的公用密匙进行比较。如果两个密匙一致，服务器就用公用密匙加密"凭据"（challenge）并把它发送给客户端。客户端软件收到凭据之后，就可以用私人密匙解密再把它发送给服务器，从而完成了安全验证。

采用第二种方式时，用户必须知道自己密匙的密码，但远程操作系统上的用户密码无需输入，因此也就不需要在网络上传送密码了。另外，由于其他计算机没有私人密匙，也就不可能实施中间人攻击了。

11.2.2　OpenSSH 服务器的安装和运行

在 Red Hat Enterprise Linux 6 下安装 OpenSSH 服务器可以有两种方式，一种是源代码方式安装，另一种是 RPM 软件包方式安装。源代码可以从 http://download.用 chinaunix.net/download/0008000/7713.shtml 处下载，目前最新的版本是 6.1p1 版，文件名是 tar zxvf openssh-6.1p1.tar.gz。RHEL 6 自带的 OpenSSH 版本是 5.3p1 版，文件名是 openssh-server-5.3p1-81.el6.i686。

如果采用源代码方式安装，则下载 tar zxvf openssh-6.1p1.tar.gz 文件到当前目录后，使用以下命令进行安装。

```
#tar zxvf openssh-6.1p1.tar.gz        //解压源代码文件包,到openssh-5.1p1目录中
# cd  openssh-6.1p1
# ./configure                         //产生Makefile文件
# make                                //编译链接
```

```
# make install                           //把各种文件复制到相应的系统目录
```

下面介绍 RPM 方式的安装。一般情况下，当安装 RHEL 6 系统安装时，默认都会把所有的 OpenSSH 包安装进来。如果由于某种原因没有安装，或者这些包丢失了，可以重新安装。此时，需要从安装光盘把下列文件复制到当前目录。

- ❑ openssh-server-5.3p1-81.el6.i686；
- ❑ openssh-askpass-5.3p1-81.el6.i686；
- ❑ openssh-5.3p1-81.el6.i686；
- ❑ openssh-clients-5.3p1-81.el6.i686。

以上文件中，根据名称可以知道，第一个是服务器 SSH 软件，第二个是有关密码对话框的库，第三个是基础包，第四个是客户端 SSH 软件。下面对这些包进行安装。

```
# rpm  -ivh  server-5.3p1-81.el6.i686.rpm
# rpm  -ivh      openssh-askpass-5.3p1-81.el6.i686.rpm
# rpm  -ivh      openssh-5.3p1-81.el6.i686.rpm
# rpm  -ivh      openssh-clients-5.3p1-81.el6.i686.rpm
```

实际上，当安装这些包时，还需要 OpenSSL 等 RPM 包的支持，如果还没有安装的，也需要事先安装。当安装成功后，有关 SSH 服务器软件的几个重要文件分布如下所示。

- ❑ /etc/pam.d/sshd：sshd 的 PAM 认证配置文件。
- ❑ /etc/rc.d/init.d/sshd：sshd 的开机自动运行脚本。
- ❑ /etc/ssh/sshd_config：sshd 的主配置文件。
- ❑ /usr/libexec/openssh/sftp-server：实现 sftp 协议的服务端程序。
- ❑ /usr/sbin/sshd：sshd 的命令文件。
- ❑ /usr/share/man/man5/sshd_config.5.gz：sshd_config 的帮助手册页。
- ❑ /usr/share/man/man8/sshd.8.gz：sshd 的帮助手册页。

下面以 RPM 包安装为例介绍 OpenSSH 的运行与配置。当 RPM 安装完成后，其初始的主配置文件/etc/ssh/sshd_config 已经可以使 sshd 运行，并能正常地提供服务。在 root 用户下，可以输入以下命令运行 sshd 进程。

```
# /sbin/service  sshd  start
```

以上命令要调用/etc/rc.d/init.d/sshd 脚本运行 sshd 进程。当第一次运行时，会在/etc/ssh创建 3 对主机密钥文件。当客户端连接进来时，如果要登录的用户没有自己的密钥，则服务器会使用这里的密钥与客户端进行通信。

🔔注意：初次运行时如果用/usr/sbin/sshd 命令直接运行，将不会创建主机密钥，从而使进程不能运行。

下面看这些密钥文件。

```
# ls ssh_host*
ssh_host_dsa_key        ssh_host_key        ssh_host_rsa_key
ssh_host_dsa_key.pub  ssh_host_key.pub  ssh_host_rsa_key.pub
```

如果想开机时能自动运行 sshd，可以在合适的启动目录建一个 Linux 启动文件，使之调用/etc/rc.d/init.d 目录下的 sshd 脚本文件。用以下命令可以查看 sshd 进程是否已启动。

```
[root@localhost ssh]# ps -eaf | grep sshd
root      18765      1  0 19:26 ?        00:00:00 /usr/sbin/sshd
root      18981  18732  0 21:29 pts/1    00:00:00 grep sshd
#
```

可以看到，名为/usr/sbin/sshd 的进程已经启动，并且以 root 用户的身份运行。再看 SSH 默认的端口是否已经处于监听状态，输入以下命令：

```
# netstat -an|grep :22
tcp        0      0 :::22                   :::*                    LISTEN
```

如果看到以上一行，说明 TCP 的 22 号端口已经处于监听状态，它就是 sshd 监听的端口。为了确保客户端能够访问 SSH 服务器，如果防火墙未开放 22 号端口，可以输入以下命令开放 22 号端口。

```
# iptables -I INPUT -p tcp --dport 22 -j ACCEPT
# iptables -I INPUT -p udp --dport 22 -j ACCEPT
```

或者用以下命令清空防火墙的所有规则。

```
# iptables -F
```

上述过程完成后，就可以通过客户端连接到 SSH 服务器了。

11.2.3　SSH 客户端的使用

SSH 服务器安装完成后，需要 SSH 客户端软件与之进行连接，然后客户端就可以对 SSH 服务器所在的主机进行远程管理了。在 Red Hat Enterprise Linux 6 下，安装 SSH 客户端，其 RPM 包的名称为 openssh-clients-5.3p1-81.el6.i686.rpm，可以用以下命令查看该包所包含的文件。

```
[root@localhost ssh]# rpm -ql openssh-clients-5.3p1-81.el6.i686.rpm
/etc/ssh/ssh_config           //ssh 的配置文件
/usr/bin/scp                  //代替 rcp 的安全命令
/usr/bin/sftp                 //sftp 客户端
/usr/bin/slogin               //代替 rlogin 的安全命令
/usr/bin/ssh                  //SSH 客户端命令文件
...
/usr/share/man/man1/...       //帮助手册页文件
```

其中，/usr/bin/ssh 是 OpenSSH 客户端的命令文件，/etc/ssh/ssh_config 是它的主配置文件。与 Telnet 客户端不一样，使用 SSH 客户端命令时，需要事先指定在远程机上登录的用户名，可以通过–l 选项指定，也可以以 "<用户名>@<主机名>" 的形式指定。

注意：如果不指定用户名，则默认以本机的当前用户名登录远程机。

下面是具体的例子。

```
[abc@localhost ~]$ ssh -l bob 192.168.127.130
The authenticity of host '192.168.127.130 (192.168.127.130)' can't be
established.
RSA key fingerprint is db:c7:94:10:bf:4e:52:6d:34:aa:dd:f5:3a:8e:a6:c3.
Are you sure you want to continue connecting (yes/no)? yes
//要输入 yes 确认
```

```
Warning: Permanently added '192.168.127.130' (RSA) to the list of known
hosts.
bob@192.168.127.130's password:          //输入 abc 用户的密码
Last login: Fri Sep 21 12:28:35 2012 from 192.168.127.130
[bob@localhost ~]$                       //现在的位置是在 192.168.127.130 上
```

上述命令是在 IP 地址为 192.168.127.130 的计算机上，以 abc 用户的身份运行的，它使用 bob 用户名安全登录到 192.168.127.130。当初始登录时，通信双方都没有对方的公共密钥。因此，服务器会提示客户端连接可能会是假冒的，需要用户确认。当用户确认后，会在本机用户的个人目录下的.ssh 目录下创建一个名为 known_hosts 的文件，里面包含了对方主机的名称及发过来的公共密钥。可以在 192.168.127.130 计算机上输入以下命令查看这个文件的内容。

```
$ cat /home/abc/.ssh/known_hosts
192.168.127.130 ssh-rsa AAAAB3NzaC1yc2EAAAABIwAAAQEAnE+3xsHN9rzm5hL68D7
UVHXFQpSCimRXanBLgpG8QoTazqTfeG7m/KkKS/MuSFeQMGH4OSxQ6XO+D5K/0qMzd5veqS
2V2mPPIFsjxdn22v0/1uscVH5qtWh4Zen1KlSu2dpafKfdYx2pIN5XCGIIboSrn7z7GnLFj
sU8h/SXIjBfeLe4Kd3lbUZn2SVgaMa0QR6mJOEcDVUdcZY//3CwygNhAY4gl+pX/xm+dotC
gkJotfW1IywAna2Clk6E7hmnofHSar3gr6amJ0b02FOUJoEZFwZilzryh3ebOHwd1ouxQ+V
pVOt/zuhJC1Mr1pFQCi18or2ryXQkeKwsHfR3Qw==
```

其中，192.168.127.130 表示对方主机的地址，ssh-rsa 指公共密钥的算法，随后是公共密钥内容。有了这些内容后，abc 用户以后将信任对方，下次与 192.168.127.130 连接时将不要出现警告提示。

🔔**注意**：如果 192.168.127.130 上的 SSH 换了一对密钥，abc 用户与对方的连接将会失败。

上述登录实际上是 SSH 登录的第一种方式。也就是说，公共密钥是由服务器提供给客户端的，当在客户端登录时，还需要输入要登录用户的密码。还可以采用第二种方式登录，此时，公共密钥由客户端提供给服务器，而私人密钥则是由客户端的某一用户保留。因此，需要先创建密钥对。在 RHEL 6 中，可以用以下步骤创建密钥对。

```
[os@radius os]$ ssh-keygen -t rsa
[abc@localhost ~]$ ssh-keygen -t rsa
Generating public/private rsa key pair.
Enter file in which to save the key (/home/abc/.ssh/id_rsa):
                                         //确定密钥对的存盘位置,按下 Enter 键
Enter passphrase (empty for no passphrase):          //设定私钥的密码
Enter same passphrase again:                         //再确认一次密码
Your identification has been saved in /home/abc/.ssh/id_rsa.
Your public key has been saved in /home/abc/.ssh/id_rsa.pub.
The key fingerprint is:
1c:7d:b9:77:cc:12:f2:81:d5:8e:ae:c2:9d:75:84:f6 abc@localhost
[abc@localhost ~]$
```

通过以上命令产生密钥时，所采用的加密算法是 RSA。如果希望采用 DSA 算法产生密钥，可以用"ssh-keygen-tdsa"命令。以上步骤完成后，会在/home/abc/.ssh 目录下出现 id_rsa 和 id_rsa.pub 两个文件，分别是产生的私钥和公钥。还有，这里所设的密码是私钥的密码，可以为空。命令完成后，可以查看所产生的文件。

```
[abc@localhost ~]$ ls -l /home/abc/.ssh/
总用量 12
```

```
-rw-------. 1 abc abc 1766 9月  21 12:45 id_rsa
-rw-r--r--. 1 abc abc  395 9月  21 12:45 id_rsa.pub
-rw-r--r--. 1 abc abc  397 9月  21 12:39 known_hosts
[abc@localhost ~]$
```

为了使用基于私钥的安全验证，需要把所产生的公钥传给 192.168.127.130 主机上的 abc 用户，可以通过 FTP 办法上传，也可以采用其他方法。下面的步骤由 192.168.127.130 主机上的 abc 用户完成。首先查看个人目录中的文件，应该可以看到由 192.168.127.130 传过来的 id_rsa.pub。

```
[abc@localhost ~]$ ls -l /home/abc/.ssh/
总用量 12
-rw-r--r--. 1 abc abc  395 9月  21 12:45 id_rsa.pub
...
```

然后在个人目录下创建一个.ssh 目录，并把权限值改为 700（如果 abc 用户作为客户端与其他 SSH 服务器连接过，自动会有该目录，此时无需创建），然后把两个公钥文件移进去。

```
[abc@localhost ~]$ mkdir .ssh
[abc@localhost ~]$ chmod 700 .ssh
[abc@localhost ~]$ mv id_rsa.pub ./.ssh
[abc@localhost ~]$ cd .ssh
[abc@localhost .ssh]$ ls
id_rsa.pub
```

sshd 服务默认的用户个人公钥文件名是 authorized_keys。因此，需要把公钥 id_rsa.pub 的内容放到该文件中，并要把它的权限值改为 600。

```
[abc@localhost .ssh]$ cat id_rsa.pub >> authorized_keys
[abc@localhost .ssh]$ chmod 600 authorized_keys //必须要改权限,否则不能工作
```

至此，服务器端的工作已经全部完成。下面再回到客户端进行操作。

```
[abc@localhost ~]$ ssh -l bob 192.168.127.130
Enter passphrase for key '/home/abc/.ssh/id_rsa':    //输入私钥的密码
Last login: Tue Nov 25 23:47:57 2012 from 192.168.127.130
[abc@localhost ~]$
```

可以看到，客户端不需要输入 abc 用户的密码即可登录。在以上步骤中所输的密码是私钥的密码，如果前面用 ssh-keygen 命令创建私钥时没有设置密码，则此处也不需要密码，直接就以用户 abc 的身份登录到 192.168.127.130 主机。

下面总结 SSH 客户端登录的过程。当客户端与 sshd 服务器建立连接时，需要事先提供用户名，于是 sshd 就到该用户个人目录下的.ssh 目录查找是否有 authorized_keys 文件，里面包含的是一个公钥。如果找到了，就通过该公钥加密一个凭据发送给客户端。当客户端接收到凭据后，就根据算法查找当前用户个人目录下的.ssh 目录中是否有 id_rsa（或 id_dsa）文件，里面包含了私钥。如果找到了，就用该私钥解密凭据，再发送给服务器。服务器再比较收到的凭据是否和刚才发送的一样，如果一样，就认为是合法的用户，直接让他登录。

如果 sshd 在要登录用户的个人目录下找不到 authorized_keys 文件，就向客户端发送一个自己的公钥，这个公钥位于/etc/ssh 目录。客户端如果是第一次登录的，就把该公钥加入

到个人目录下.ssh 目录中的 known_hosts 文件中，再通过该公钥与服务器进行通信。此时，要提供密码。

11.2.4　配置 OpenSSH 客户端

11.2.3 节讲述了 OpenSSH 客户端的使用方法，当时的 ssh 是在初始配置下运行的。如果希望 ssh 工作在特定的状态下，则需要改变 ssh 的初始配置。ssh 的配置文件在/etc/ssh 目录，文件名为 ssh_config，初始配置文件里包含了大部分常见的配置指令。下面对这些配置指令做解释。在 ssh_config 文件中，每一行都以"关键词　值"的形式存在。其中，关键词是忽略大小写的。还有，每一行"#"后面的字符是注释。

```
[root@localhost ssh]# more ssh_config

#  Host 指令指出一个计算机范围,随后的配置指令只对这个范围内的计算机有效,直到碰到下一
   个 Host 指令为止
#  "*" 表示所有的计算机
#  Host *

#  设置与认证代理的连接是否转发给远程计算机
#  ForwardAgent no

#  使用 Xwindow 的用户是否想自动地把 X11 会话通过安全通道和 DISPLAY 设置重定向到远程
   主机
#  对于不使用图形界面的计算机就应该设为 no
#  ForwardX11 no

#  设置是否使用经过 RSA 认证的 rhosts
#  RhostsRSAAuthentication no

#  设置是否允许使用 RSA 认证。为了使会话更安全,应该设为 yes
#  RSAAuthentication yes

#  设置是否应该使用基于密码的认证
#  PasswordAuthentication yes

#  设置是否使用经过公钥认证的 rhosts
#  HostbasedAuthentication no

#  设置是否交互式输入用户名和密码,no 表示使用交互式输入。在用脚本自动登录时,应该设为
   yes
#  BatchMode no

#  设置是否对主机 IP 地址进行额外地检查以防止 DNS 欺骗
#  CheckHostIP yes

#  设置使用 Ipv4 还是 Ipv6
#   AddressFamily any

#  设置与服务器连接时的超时值
#  ConnectTimeout 0

#  设置是否把新连接的主机加到./.ssh/known_hosts 文件中,ask 表示让用户选择
#  StrictHostKeyChecking ask
```

```
#   设置从哪个文件读取用户的 RSA 安全验证标识, 可以设置多个
#   IdentityFile ~/.ssh/identity
#   IdentityFile ~/.ssh/id_rsa
#   IdentityFile ~/.ssh/id_dsa

#   确定连接到远程主机的哪一个端口号
#   Port 22

#   以哪一种次序支持协议版本。"2,1"表示先试着用 SSH2,如是失败, 则试用 SSH1
#   Protocol 2,1

#   设置 SSH2 允许使用的加密算法。列出的各种算法按次序被选用
#   Cipher 3des
#   Ciphers aes128-cbc,3des-cbc,blowfish-cbc,cast128-cbc,arcfour,aes192-
    cbc,aes256-cbc

#   使用哪个字符作为 Esc 键
#   EscapeChar ~

#   是否使用隧道设备。no 表示不使用
#   Tunnel no

#   强制使用某一隧道设备。any:any 表示任何可用的设备
#   TunnelDevice any:any

#   是否允许在 ssh 中执行本地命令
#   PermitLocalCommand no

# 此处的 Host 设定了另一个主机范围,后面的配置只对这个范围起作用
  Host *

# 确定是否允许使用基于 GSSAPI 的用户认证,只用于 SSH2
      GSSAPIAuthentication yes

# 远程 X11 客户端是否对原来的 X11 显示有完全的控制权
      ForwardX11Trusted yes

# 确定把哪些本地变量发送给服务器, 只用于 SSH2
      SendEnv  LANG  LC_CTYPE  LC_NUMERIC  LC_TIME  LC_COLLATE  LC_MONETARY
LC_MESSAGES
      SendEnv LC_PAPER LC_NAME LC_ADDRESS LC_TELEPHONE LC_MEASUREMENT
      SendEnv LC_IDENTIFICATION LC_ALL
```

以上是 ssh 工作时初始配置文件内容的解释。其中大部分配置指令是被注释掉的, 可以根据需要予以启用。另外, 还有很多配置指令在初始配置文件中没有出现, 可以通过 "man ssh_config" 命令查看手册页得到。

🔔说明: 有些配置指令的功能可以通过 ssh 的命令行参数实现, 具体可以查看 ssh 的手册页。

11.2.5　OpenSSH 的端口转发功能

在实际应用中, 有很多的网络程序要通过 TCP/IP 进行数据传输。例如 Telnet、FTP、POP3 等, 受到协议本身的限制, 这些数据传输往往是不安全的。利用 SSH 的端口转发功

能，可以对这些网络程序在各种 TCP 端口上建立的 TCP/IP 数据传输进行加密和解密，而且这个过程的绝大多数操作对用户来说都是透明的，功能非常强大。也就是说，只要将其连接通过 SSH 转发，就可以使一些基于 TCP 的不安全的协议都变得安全可靠。

🔔说明：端口转发有时也称为隧道传输。

下面看如何使 Telnet 通过 SSH 转发访问远程主机的例子。

假设有两台计算机，一台是运行了 Telnet 服务器的主机，IP 地址为 192.168.2.111；另一台是使用 Telnet 服务的客户机，IP 地址是 192.168.2.100。两台计算机的防火墙都处于关闭状态。在 192.168.2.100 上使用 telnet 命令可以远程登录到 192.168.2.111，如图 11-6 所示。

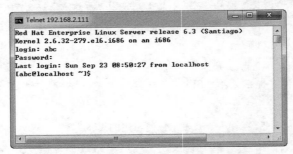

图 11-6　客户机按一般方法登录 Telnet 服务器

上图中是使用一般方法登录，数据在网络中传输时是没经过加密的。现在希望通过 SSH 转发登录到 192.168.2.111 服务器，一种方法是在客户机，也就是 192.168.2.100 上执行以下命令：

```
[root@localhost ~]# ssh -L 2323:192.168.2.100:23 root@192.168.2.100
```

以上命令的作用是通过 SSH 以 root 用户身份登录到 192.168.2.111 上去。同时，"-L"表示是本地转发，2001:192.168.2.11:143 表示将到本地 2001 号端口的连接转发到服务器 192.168.2.111 的 23 号端口，23 号端口是 Telnet 的默认端口。在退出 SSH 之前，SSH 端口转发功能一直有效。为了测试结果，需要通过另一个终端进行，因为图 11-6 所示的终端此时是登录在 192.168.2.111 上的。

到了 192.168.2.100 的另外一个终端后，可以先输入以下命令，查看 2323 号端口是否已处于监听状态。

```
[root@radius os]# netstat -an | grep :2323
tcp        0      0 127.0.0.1:2323          0.0.0.0:*               LISTEN
[root@radius os]#
```

然后再通过如图 11-7 所示的方法进行测试。

在图 11-7 中，客户机输入的命令是"telnet 127.0.0.1 2323"，也就是跟本机的 2323 号端口进行连接。虽然本机的 23 号端口没有提供 Telnet 服务，但前面已经设置了 SSH 转发，连接到本机 2323 号端口的连接都要转发到 192.168.2.111 上去，而且是经过加密的通道。因此，当执行上述命令时，实际上是跟 192.168.2.111 的 23 号端口进行连接，因此能够成功地连上，并以 abc 的用户名登录。

图 11-7　客户机通过 SSH 转发登录到 Telnet 服务器

🔔说明：图 11-6 所示的命令也可以在配置文件 ssh_config 中加入 "LocalForward　2323 192.168.2.111:23" 配置指令进行设置。与 SSH 端口转发功能有关的还有一个 -g 选项，它表示允许除本机以外的其他计算机使用转发功能。出于安全问题，应该禁止这个功能。-g 选项的功能也可以通过 "GatewayPorts　yes|no" 配置指令进行设置。

以上例子讲述的实际上是本地转发，还可以通过远程转发实现同样的功能。关键的区别是当远程转发时，SSH 转发命令应该在服务器上进行，也就是说，要在 192.168.2.111 上执行以下命令。

```
# ssh -R 2323: 192.168.2.111:23 root@192.168.2.100
```

以上命令中，-R 表示进行远程转发，也就是把到远程机（现在是 192.168.2.100）2323 号端口的连接转发到本机（现在是 192.168.2.111）的 23 号端口。此时，在 192.168.2.100 上通过 telnet 127.0.0.1 2323 进行测试，可以得到同样的效果。

除了端口转发以外，OpenSSH 还可以提供 X11 转发功能，即让 X11 协议数据通过隧道转发。如果客户端是在图形界面下工作的，就可以通过 ssh 连接到远程系统，在 ssh 提示符后面输入一条 X11 命令，OpenSSH 就会创建一条新的安全通道来承载 X11 数据。此时，虽然 X11 程序是在服务器上运行的，但它图形化输出会到客户机屏幕上，其效果就像是在本地运行一样。

11.2.6　Windows 下的 SSH 客户端

除了 Linux 下的 ssh 命令以外，在 Windows 平台下也有很多的 SSH 客户端软件，例如 Secure CRT、SSH Shell、PuTTY 等，都以图形界面的形式实现了 SSH1 和 SSH2 协议，同时还附加了其他一些功能。下面以 PuTTY 为例介绍这类软件的使用。与其他同类软件相比，Putty 具有以下特点。

- ❑　完全免费，还同时支持 telnet。
- ❑　全面支持 ssh1 和 ssh2。
- ❑　绿色软件，无需安装，直接运行即可。
- ❑　容量很小仅几百 KB。

❑ 操作简单，所有的操作都在一个控制面板中实现。

从 http://www.chiark.greenend.org.uk/~sgtatham/putty/download.html 处下载 putty.exe 文件后，直接双击运行，将出现如图 11-8 所示的主界面。

当出现主界面后，可以输入主机的名称或 IP 地址进行登录。如果是初次与这台主机连接，将出现如图 11-9 所示的对话框，警告所连接的主机不能保证是真正要连的对象。

此时，单击"是"按钮，这台主机会加到已知主机列表，以后再连接时不会再出现这个对话框。然后，会出现一个登录窗口，可以使用用户账号进行登录，如图 11-10 所示。

此时，就可以输入命令对所登录的主机进行远程管理了。以上介绍的是密码登录方式，即客户端使用服务器提供的公钥进行登录。下面再看密钥登录方式，即客户端使用私钥，不需要输入密码就能登录，具体步骤如下所示。

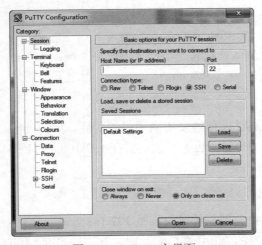

图 11-8　PuTTY 主界面

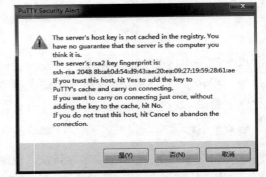

图 11-9　PuTTY 与一台主机初次连接时的警告对话框

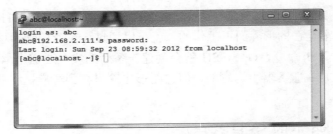

图 11-10　PuTTY 登录成功后的界面

（1）从 http://www.chiark.greenend.org.uk/~sgtatham/putty/download.html 处下载 puttygen.exe 程序文件，这个程序的作用是产生一对密钥。运行后，出现如图 11-11 所示的界面。

（2）为了增强加密效果，把右下角的位数 1 024 改为 2 048，再单击 Generate 按钮，稍等片刻，会出现如图 11-12 所示对话框。

⚠️注意：单击 Generate 按钮后，鼠标要在 Key 框内的空白处移动，以产生算法使用的随机数。

（3）通过 Save public key 和 Save private key 按钮分别把公钥和私钥保存到磁盘，再关

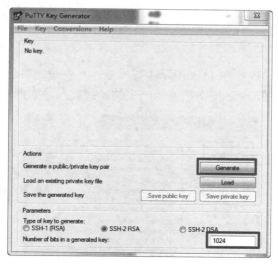

图 11-11　PuTTY 密钥产生器界面

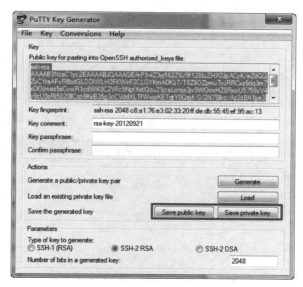

图 11-12　PuTTY 密钥产生后的界面

闭对话框退出。

（4）把保存好的公钥文件上传到 SSH 服务器上要登录用户的个人目录下的.ssh 目录中，并把它改名为 authorized_keys，并用 Chmod 命令把权限值改为 600。

（5）由于 PuTTY 中产生的公钥文件格式与 OpenSSH 不一样，需要进行修改，即把 authorized_keys 改成类似以下代码。

```
[abc@localhost .ssh]$ more authorized_keys
---- BEGIN SSH2 PUBLIC KEY ----
Comment: "rsa-key-20120921"
AAAAB3NzaC1yc2EAAAABJQAAAQEArP9+1Z3yj562Z6J5lf128IuZHX0JpACyK/eZ
dQQZyCYraAFvRIlbdGLDDlWLH0FKWIrF2CLGYKmADfQ7/T8ZIiOZpmu7yJRRCxz6
dq3m7xOOzwes5sCvwR1cdWK8C2VFc9NpfXxtlQzu21jcaLorsjs3jv9WOoxHZ8Rx
oU5758vV4y9zU9sRi5820llCzp9KxB35g3cCVddXLTfWwpKETqtY0Qayf/0/2N7S
```

```
lkc/Az2zBAljys3O25G7WSD5l9BOPpimj08bEv3EHQSt0zVcuhEgvxbkVxFW1kHY
Z44IRjx2PWfKvLIMvXeTQtV9RqaJ6d0zT6ei0vHm1SR/n4By3Q==
---- END SSH2 PUBLIC KEY ----
[abc@localhost .ssh]$
```

（6）运行 PuTTY，出现如图 11-8 所示主界面后，在左边的菜单列表中选择 Connetion|
SSH|Auth 节点，再单击 Browse 按钮把前面产生的私钥载入，如图 11-13 所示。

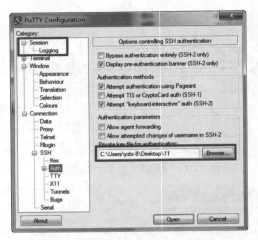

图 11-13　在 PuTTY 中载入私钥

（7）选择图 11-13 左边菜单栏目中的 Session 主菜单，回到初始界面，再进行登录。此时，
如果登录用户名是刚才接受公钥的用户，则无需输入密码直接就可以登录，如图 11-14 所示。

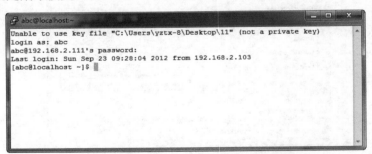

图 11-14　有了私钥后，用户无需密码即可登录

💬说明：为了把每一次登录时的设置保留起来，可以单击主界面中的 Save 按钮把当前会
话设置保存起来。当下次再登录时，再单击 Load 按钮装入。

11.2.7　配置 OpenSSH 服务器

前面以较大的篇幅介绍了 SSH 客户端的配置和使用，下面再看有关 SSH 服务器的配
置。OpenSSH 服务器的配置文件在/etc/ssh/sshd_config，openssh-server-5.3p1-81.el6.i686 包
安装完成后，会自动产生这个文件，初始内容包含了常见的配置指令，下面对这些配置指
令做解释。

配置 1：

```
#Port 22
```

功能：指定 sshd 进程监听的端口号，默认为 22。可以使用多条指令监听多个端口。默认将在本机的所有网络接口上监听。

配置 2：

```
#Protocol 2,1
Protocol 2
```

功能：指定 sshd 支持的 SSH 协议的版本号。1 或 2 表示仅仅支持 SSH-1 或 SSH-2 协议。2,1 表示同时支持 SSH-1 和 SSH-2 协议。

配置 3：

```
#AddressFamily any
```

功能：设置应当使用哪种地址族。取值范围是 any（默认）、inet（仅 IPv4）和 inet6（仅 IPv6）。

配置 4：

```
#ListenAddress 0.0.0.0
#ListenAddress ::
```

功能：指定 sshd 监听的本机网络接口地址，默认监听所有接口地址。可以使用多个该指令监听多个地址。

配置 5：

```
#HostKey /etc/ssh/ssh_host_key           #只用于 SSH1
#HostKey /etc/ssh/ssh_host_rsa_key       #只用于 SSH2
#HostKey /etc/ssh/ssh_host_dsa_key       #只用于 SSH2
```

功能：主机私钥文件的位置。如果不存在或权限不对，sshd 会拒绝启动。一台主机可以拥有多个不同的私钥。

配置 6：

```
#KeyRegenerationInterval 1h
```

功能：由 SSH1 协议使用，表示不断更新的服务器密钥将以此指令设置的时间为周期（秒），不断重新生成。这个机制可以尽量减小密钥丢失或者黑客攻击造成的损失。设为 0 表示永不重新生成，默认为 3 600（秒）。

配置 7：

```
#ServerKeyBits 768
```

功能：指定服务器密钥的长度。仅用于 SSH1。默认值是 768（位），最小值是 512。

配置 8：

```
#SyslogFacility AUTH
SyslogFacility AUTHPRIV
```

功能：指定 sshd 将日志消息通过哪个日志设备（facility）发送。有效值是 DAEMON、USER、AUTH（默认）、AUTHPRIV 和 LOCAL0-LOCAL7。

配置 9：

```
#LogLevel INFO
```

功能：指定 sshd 的日志等级（即详细程度）。可用值如下：QUIET、FATAL、ERROR、INFO（默认）、VERBOSE、DEBUG、DEBUG1、DEBUG2 和 DEBUG3。

配置 10：

```
#LoginGraceTime 2m
```

功能：限制用户必须在指定的时限内认证成功，0 表示无限制。默认值是 120 秒。

配置 11：

```
#PermitRootLogin yes
```

功能：是否允许 root 登录。yes（默认）表示允许，no 表示禁止。

配置 12：

```
#StrictModes yes
```

功能：指定是否要求 sshd 在接受连接请求前对用户主目录和相关的配置文件进行宿主和权限检查。默认值为 yes。

配置 13：

```
#MaxAuthTries 6
```

功能：指定每个连接最大允许的认证次数。默认值是 6。

配置 14：

```
#RSAAuthentication yes
```

功能：是否允许使用纯 RSA 公钥认证。仅用于 SSH-1。默认值是 yes。

配置 15：

```
#PubkeyAuthentication yes
```

功能：是否允许公钥认证。仅可以用于 SSH-2。默认值为 yes。

配置 16：

```
#AuthorizedKeysFile     .ssh/authorized_keys
```

功能：存放用户使用 RSA/DSA 私钥登录时所对应的公钥文件。

配置 17：

```
#RhostsRSAAuthentication no
```

功能：是否使用强可信主机认证（通过检查远程主机名和关联的用户名进行认证）。仅用于 SSH-1。

配置 18：

```
#HostbasedAuthentication no
```

功能：功能与 RhostsRSAAuthentication 类似，但是仅可以用于 SSH-2。

配置 19：

```
#IgnoreUserKnownHosts no
```

功能：在 RhostsRSAAuthentication 或 HostbasedAuthentication 时是否忽略用户的 ~/.ssh/known_hosts 文件。

配置 20：

```
#IgnoreRhosts yes
```

功能：在 RhostsRSAAuthentication 或 HostbasedAuthentication 时是否忽略.rhosts 和.shosts 文件。

配置 21：

```
#PermitEmptyPasswords no
```

功能：是否允许密码为空的用户远程登录。默认为 no。

配置 22：

```
ChallengeResponseAuthentication no
```

功能：是否允许质疑-应答（challenge-response）认证。默认值是 yes。

配置 23：

```
PasswordAuthentication yes
```

功能：是否允许使用基于密码的认证。默认为 yes。

配置 24：

```
#KerberosAuthentication no
```

功能：是否要求用户为 PasswordAuthentication 提供的密码必须通过 Kerberos KDC 认证。

配置 25：

```
#KerberosOrLocalPasswd yes
```

功能：如果 Kerberos 密码认证失败，那么该密码是否还要通过其他的认证机制（例如 /etc/passwd）。

配置 26：

```
#KerberosTicketCleanup yes
```

功能：是否在用户退出登录后自动销毁用户的 ticket。默认值是 yes。

配置 27：

```
#KerberosGetAFSToken no
```

功能：如果使用了 AFS 并且该用户有一个 Kerberos 5 TGT，那么开启该指令后，将会在访问用户的个人目录前尝试获取一个 AFS token。默认为 no。

配置 28：

```
GSSAPIAuthentication yes
```

功能：是否允许使用基于 GSSAPI 的用户认证。默认值为 no。仅用于 SSH-2。

配置 29:

```
GSSAPICleanupCredentials yes
```

功能：使用基于 GSSAPI 的用户认证时，是否在用户退出登录后自动销毁用户凭证缓存。默认值是 yes。仅用于 SSH-2。

配置 30:

```
UsePAM yes
```

功能：是否使用 PAM 认证。设为 yes 时只有 root 用户才能运行 sshd。

配置 31:

```
AcceptEnv LANG LC_CTYPE LC_NUMERIC LC_TIME LC_COLLATE LC_MONETARY LC_
MESSAGES
AcceptEnv LC_PAPER LC_NAME LC_ADDRESS LC_TELEPHONE LC_MEASUREMENT
AcceptEnv LC_IDENTIFICATION LC_ALL
```

功能：指定客户端发送的哪些环境变量将会被传递到会话环境中。只有 SSH-2 协议支持环境变量的传递。

配置 32:

```
#AllowTcpForwarding yes
```

功能：是否允许 TCP 转发。默认值为 yes。

配置 33:

```
#GatewayPorts no
```

功能：是否允许远程主机连接本地的转发端口。默认值是 no。

配置 34:

```
X11Forwarding yes
```

功能：是否允许进行 X11 转发。默认值是 no。

配置 35:

```
X11DisplayOffset 10
```

功能：指定 sshd X11 转发的第一个可用显示区（display）数字。默认值是 10。

配置 36:

```
#X11UseLocalhost yes
```

功能：是否应当将 X11 转发服务器绑定到本地 loopback 地址。默认值是 yes。

配置 37:

```
#PrintMotd yes
```

功能：设置是否在每一次交互式登录时打印/etc/motd 文件的内容。默认值是 yes。

配置 38:

```
#PrintLastLog yes
```

功能：设置是否在每一次交互式登录时打印上一次用户的登录时间。默认值是 yes。

配置 39：

```
#TCPKeepAlive yes
```

功能：指定系统是否向客户端发送 TCP keepalive 消息。这种消息可以检测到死连接、连接不当关闭，以及客户端崩溃等异常。默认值是 yes。

配置 40：

```
#UseLogin no
```

功能：是否在交互式会话的登录过程中使用 login。默认值是 no。

配置 41：

```
#UsePrivilegeSeparation yes
```

功能：是否让 sshd 通过创建非特权子进程处理接入请求的方法来进行权限分离。默认值是 yes，此时，认证成功后，将以该认证用户的身份创建另一个子进程。其目的是为了防止通过有缺陷的子进程提升权限，从而使系统更加安全。

配置 42：

```
#PermitUserEnvironment no
```

功能：指定是否允许 sshd 处理 ~/.ssh/environment 及 ~/.ssh/authorized_keys 中的 environment= 选项。默认值是 no。

配置 43：

```
#Compression delayed
```

功能：是否对通信数据进行加密，还是延迟到认证成功之后再对通信数据加密。delayed 表示延迟。

配置 44：

```
#ClientAliveInterval 0
```

功能：设置一个以秒为单位的时间，如果超过这么长时间没有收到客户端的任何数据，sshd 将通过安全通道向客户端发送一个 alive 消息，并等候应答。默认值为 0，表示不发送 alive 消息。这个选项仅对 SSH-2 有效。

配置 45：

```
#ClientAliveCountMax 3
```

功能：sshd 在未收到任何客户端回应前最多允许发送多少个 alive 消息。默认值是 3。

配置 46：

```
#ShowPatchLevel no
```

功能：设置是否显示软件补丁编号。

配置 47：

```
#UseDNS yes
```

　　功能：设置是否应该对远程主机名进行反向解析，以检查此主机名是否与其 IP 地址真实对应。默认值为 yes。

　　配置 48：

```
#PidFile /var/run/sshd.pid
```

　　功能：指定在哪个文件中存放 SSH 守护进程的进程号。默认为/var/run/sshd.pid 文件。

　　配置 49：

```
#MaxStartups 10
```

　　功能：最大允许保持多少个未认证的连接。默认值是 10。

　　配置 50：

```
#PermitTunnel no
```

　　功能：设置是否允许 tunnel 设备转发。

　　配置 51：

```
#Banner /some/path
```

　　功能：将这个指令指定的文件中的内容在用户进行认证前显示给远程用户。仅用于 SSH-2。

　　配置 52：

```
Subsystem        sftp      /usr/libexec/openssh/sftp-server
```

　　功能：配置一个外部子系统。仅用于 SSH-2 协议。

　　以上是 sshd 进程运行时初始配置文件内容的解释。已经包含了大部分的配置指令，其中大部分配置指令是被注释掉的，可以根据需要予以启用。全部的配置指令可以通过"man sshd_config"命令查看帮助手册页。有此配置指令的功能可以通过 sshd 的命令行参数实现，具体可以查看 sshd 的手册页。由于 sshd 的配置指令比较简单，而且注释中已经做了详细的解释。因此不再列举更多的例子，只是对最后一行的 Subsystem 配置指令做说明。

　　作为 openssh-server-5.3p1-81.el6.i686 包的一部分，OpenSSH 提供了/usr/libexec/openssh/sftp-server 作为实现 sftp 协议的服务端程序。sftp 是一种安全性更高的 ftp 替代品，在功能上等同于 ftp，它将 ftp 命令映射成 OpenSSH 命令。当在 sshd 的主配置文件中加入以下配置指令时，sftp 客户端可以通过 SSH 的 22 号端口与 sftp-server 服务器进行连接，完成与FTP 相似的功能。

```
Subsystem        sftp      /usr/libexec/openssh/sftp-server
```

　　sftp 客户端已经包含在 openssh-client-4.3p2-16.el5 包中，以下是 sftp 的使用方法。

```
[root@localhost ]# sftp bob@192.168.127.130
Connecting to 192.168.127.130...
bob@192.168.127.130's password:
sftp> ls
.
..
.bash_history
```

```
.bash logout
.bash profile
.bashrc
.lesshst
.ssh
public html
sftp>
```

🔊说明：可以通过在 sftp>后输入 "?" 查看 sftp 支持的命令，这些命令的功能与使用方法
与字符型的 FTP 客户端差不多。

11.3　使用 VNC 实现远程管理

前两节介绍了远程管理工具 Telnet 和 OpenSSH，它们是基于字符界面的。对于桌面用
户来说，可能使用起来不太方便。本节介绍一种基于图形界面的远程管理工具，它与 Windows
平台下的远程桌面连接，以及著名的远程控制工具 pcAnywhere 等具有类似的功能。

11.3.1　VNC 简介

VNC（Virtual Network Computing，虚拟网络计算）是一种图形桌面共享系统，它使用
RFB 协议远程控制另外一台计算机。VNC 通过网络把控制端的键盘和鼠标事件传输给被控
端，并把被控端的屏幕显示回传给控制端，使在控制端的操作者感觉犹如坐在被控端计算
机面前操作一样。

VNC 具有平台无关的特性，在任何操作系统上的客户端（VNC viewer）都可以连接到
任何操作系统上安装的服务器（VNC server），VNC 支持几乎所有的图形界面操作系统，
并且支持 Java。多个 VNC 客户端可以同时连接到服务器，流行的应用包括远程技术支持、
相互传输两台计算机中的文件等。

VNC 由 Olivetti & Oracle Research Lab 开发，AT&T 在 1999 年获得了这个实验机构，
并在 2002 年将其关闭。此后，VNC 开发成员中的一部分构建了 RealVNC 这个开源项目，
同时致力于商业化推广。目前用得最广泛的 VNC 就是这个 RealVNC。

VNC 由客户端、服务器和通信协议 RFB 这 3 部分组成。RFB（Remote Frame Buffer，
远程帧缓存）是一个远程图形用户的简单协议，它工作在帧缓存级别上，所以它可以应用
于所有的窗口系统，例如，X11、Windows 和 Mac 等系统。远程终端用户使用的机器（例
如显示器、键盘、鼠标）叫做客户端，提供帧缓存变化的被称为服务器。

11.3.2　VNC 服务器的安装与运行

默认情况下 RHEL 6 的安装程序会将 libvnc 服务端程序安装在系统上，可以使用下面
的命令检查系统是否已经安装了 VNC 服务器。

```
rpm -qa | grep vnc
libvncserver-0.9.7-4.el6.i686
#
```

以上结果显示 RHEL 6 上安装了 libvnc 服务器。这里没有看到 vnc-server 包，可以可

以从 http://www.realvnc.com/下载源码包。解压后得到两个 rpm 包：VNC-Server-5.0.2-Linux-x86.rpm 和 VNC-Viewer-5.0.2-Linux-x86.rpm。并输入以下命令进行安装。

```
# rpm -ivh VNC-Server-5.0.2-Linux-x86.rpm
```

安装成功后，有关 VNC 服务器软件的几个重要文件分布如下所示。

- ❑ /etc/rc.d/init.d/vncserve-x11-servicedr：VNC 服务器的启动脚本。
- ❑ /etc/sysconfig/vncservers：VNC 系统环境变量设置脚本。
- ❑ /usr/bin/vncconfig：vnc-server 进程的管理工具。
- ❑ /usr/bin/vncpasswd：VNC 连接密码设置与改变工具。
- ❑ /usr/bin/vncserver：VNC 服务器进程命令文件。
- ❑ /usr/share/man/man1/…：VNC 帮助手册页。
- ❑ /usr/share/vnc/classes/vncviewer.jar：提供给 Java 客户端的运行包。

如果使用源代码安装，可以从 http://www.realvnc.com/下载，目前最新版本是 5.0.2 版。有关源代码的安装方式请参见其 README 文件。下面以 RPM 包安装为例介绍 VNC 的运行与配置。当 RPM 包安装完成后，可以通过以下命令启动 vncserver 进程。

```
# vncserver
VNC(R) Server 5.0.2 (r93293)
Built on Aug 15 2012 21:14:00
Copyright (C) 2002-2012 RealVNC Ltd.
VNC is a registered trademark of RealVNC Ltd. in the U.S. and in other
countries.
Protected by UK patent 2481870.
See http://www.realvnc.com for information on VNC.
For third party acknowledgements see:
http://www.realvnc.com/products/vnc/documentation/5.0/acknowledgements.
txt

xauth:  creating new authority file /root/.Xauthority

Running applications in /etc/vnc/xstartup

VNC Server signature: ee-0c-a7-a8-93-bc-fd-82
Log file is /root/.vnc/localhost:1.log
New desktop is localhost:1 (192.168.127.130:1)
#
```

VNC 服务命令初次运行时，会在当前用户的个人目录下创建一个名为.vnc 的目录，里面包含了 3 个文件，如下所示。

```
[root@localhost .vnc]# ls
config.d localhost:1.log localhost:1.pid private.key
```

其中，xstartup 是 VNC 服务器的启动脚本，localdomain:1.log 是第一个桌面的日志文件，localdomain:1.pid 是 vncserver 的进程 PID，private.key 文件里存放着连接密码的密文。可以再次执行 vncserver 命令启动多个桌面，每个桌面的编号默认为依次增大，也可以用"vncserver :<n>"的形式指定第 n 个桌面号。桌面数决定了客户端的同时连接数。下面再执行一次 vncserver 命令。

```
[root@localhost .vnc]# vncserver
VNC(R) Server 5.0.2 (r93293)
```

```
Built on Aug 15 2012 21:14:00
Copyright (C) 2002-2012 RealVNC Ltd.
Running applications in /etc/vnc/xstartup
Log file is /root/.vnc/localhost:2.log
```

此时就启动了第二个桌面，连接密码与第一个桌面相同，不需要再次设置。每个桌面启动后，都会在.vnc 目录下增加一个对应的日志文件和进程 PID 文件。另外，每个用户均可以执行 vncserver 命令创建自己的桌面提供给 VNC 客户端连接，但桌面编号是唯一的，即所有用户的桌面号是不会重复的，客户端连入时可以选择不同的桌面号。还有，每个用户第一次运行 vncserver 时也要设置连接密码，也会在个人目录下创建.vnc 目录，也会出现相应的日志文件、进程 PID、xstartup 和 passwd 文件。下面查看上述命令执行后出现的进程。

```
# ps -eaf|grep vnc
root     27576     1  0 18:02 pts/2    00:00:04 Xvnc :1 -desktop localhost.
localdomain:1 (root) -httpd /usr/share/vnc/classes -auth /root/.Xauthority
-geometry 1024x768 -depth 16 -rfbwait 30000 -rfbauth /root/.vnc/passwd
-rfbport 5901 -pn
root     27580     1  0 18:02 pts/2    00:00:00 vncconfig -iconic
root     27642     1  0 18:15 pts/2         00:00:04 Xvnc :2 -desktop
localhost.localdomain:2 (root)   -httpd /usr/share/vnc/classes  -auth
/root/.Xauthority -geometry 1024x768 -depth 16 -rfbwait 30000 -rfbauth
/root/.vnc/passwd -rfbport 5902 -pn
root     27646     1  0 18:15 pts/2    00:00:00 vncconfig -iconic
root     27824 19374  0 18:32 pts/2    00:00:00 grep vnc
#
```

可以看到，每个桌面均有两个进程。实际上，这两个进程是由.vnc 下的 xstartup 脚本启动的。另外，VNC 服务器第一个桌面使用的默认端口号是 TCP5801 和 5901 号端口，其余桌面依次增加，其中前者用于浏览器中 Java Applet 的访问。下面查看这些端口是否已经处于监听状态。

```
# netstat -an  | grep :580
tcp        0      0 0.0.0.0:5801            0.0.0.0:*               LISTEN
tcp        0      0 0.0.0.0:5802            0.0.0.0:*               LISTEN
# netstat -an  | grep :590
tcp        0      0 0.0.0.0:5901            0.0.0.0:*               LISTEN
tcp        0      0 0.0.0.0:5902            0.0.0.0:*               LISTEN
#
```

可见，这些端口都已经正常打开。为了确保客户端能够访问 VNC 服务器，如果防火墙未开放这些端口，可以输入以下命令开放这些端口。

```
# iptables -I INPUT -p tcp -m multiport --dports 5801:5805,5901:5905 -j ACCEPT
```

以上命令开放了防火墙 TCP 协议的 5801-5805 和 5901-5905 号端口。或者用以下命令清空防火墙的所有规则。

```
# iptables -F
```

上述过程完成后，就可以通过客户端连接到 VNC 服务器了，具体方法见 11.3.3 节。

11.3.3　VNC 客户端

为了体现 VNC 跨平台的特性，下面以 Windows 下的 RealVNC 客户端为例，讲述 VNC

客户端的使用方法。RealVNC 可以从 http://www.realvnc.com 处下载，有自由版、个人版和企业版 3 种版本，其中自由版是免费的，其余两种版本有 30 天的试用期。本节介绍的是企业版的安装和使用方法，3 种版本的安装和使用基本上是一样的。

　　下载 VNC-Viewer-5.0.2-Windows-32bit.exe 到本机后，双击"安装"，当出现如图 11-15 所示的对话框时，要求选择安装组件，包括 VNC 服务器和客户端。可以两者都选，但选了 VNC 服务器后，后续需要做更多的设置。安装完成后，运行"VNC Viewer"，将出现如图 11-16 所示的对话框。

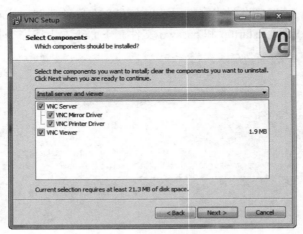

图 11-15　选择 VNC 组件

　　此时，在 Server 文本框内输入 192.168.127.130:3，表示要连接到 192.168.127.130 服务器的第三个桌面，单击 Connect 按钮后，再输入在 192.168.127.130 主机上运行 vncserver 时所设的连接密码，就可以登录了，此时出现的画面如图 11-17 所示。

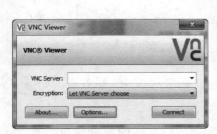

图 11-16　VNC Viewer 初始对话框

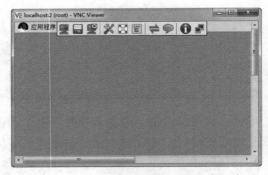

图 11-17　VNC 客户端看到的远程服务器桌面

在这里可以通过以下步骤重启 vncserver。

```
# vncserver -kill :3
# vncserver :3

Running applications in /etc/vnc/xstartup

VNC Server signature: ee-0c-a7-a8-93-bc-fd-82
Log file is /root/.vnc/localhost:3.log
New desktop is localhost:3 (192.168.127.130:3)
```

以上命令中，-kill 选项表示终止进程，:3 表示第 3 个桌面。于是，在 Windows 再运行 VNC viewer 时，连接成功后看到的将是 Gnome 桌面系统，如图 11-18 所示。

图 11-18　VNC Viewer 中看到的 Gnome 远程桌面系统

通过 VNC viewer 提供的选项菜单还可以改变 VNC viewer 的工作状态，如图像颜色、是否加密传输等，也可以实现在服务器和客户端之间传输文件等功能，具体请参见 VNC viewer 使用手册。

11.3.4　VNC 服务器配置

Vncserver 运行时，会读取/etc/vnc/config 和$HOME/.vnc/config 两个文件中的内容作为其运行时的配置，但在 vnc-server 包安装完成后，并没有提供这两个配置文件的初始内容，所有的选项均采用默认值。但是这些默认值可以在运行过程中通过 vncconfig 工具进行改变。vncconfig 命令的格式如下：

```
vncconfig [parameters]
vncconfig [parameters] -connect <host>[:<port>]
vncconfig [parameters] -disconnect
vncconfig [parameters] [-set] <Xvnc-param>=<value> ...
vncconfig [parameters] -list
vncconfig [parameters] -get <param>
vncconfig [parameters] -desc <param>
```

如果只有 parameters，没有其他内容，vncconfig 将运行成为一个帮助器。parameters 有以下几项。

❑ -display <桌面号>：确定对哪一个桌面号进行控制，必须要确定。

❑ -nowin：不要在窗口中运行帮助器。

❑ -iconic：运行帮助器，窗口最小化为图标。

其余的内容称为选项，解释如下所示。

选项 1：

```
-connect host[:port]
```

功能：使某一桌面系统做一个"反转"的连接到客户端。一般情况下，远程控制一般都是由客户端发起连接的，利用这个选项可以让 VNC 服务器主动与客户端连接。前提是客户机上已经运行了监听模式的 VNC Viewer，它默认的监听端口是 TCP5500 号。

选项 2：

```
-disconnect
```

功能：断开与某一客户端的连接（但服务器相应的进程并未中止）。

选项 3：

```
[-set] <Xvnc 参数=值>
```

功能：设置 Xvnc 参数值。某些参数值只在配置文件中读入时有效，中途改变并不会生效。

选项 4：

```
-list
```

功能：列出所有 Xvnc 支持的参数。

选项 5：

```
-get <Xvnc 参数>
```

功能：输出 Xvnc 参数的当前值。

选项 6：

```
-desc <Xvnc 参数>
```

功能：输出 Xvnc 参数的简短解释。

另外，从进程列表中可以看出，vncserver 命令只是一个包裹器，真正运行的进程是 Xvnc。当 Xvnc 运行时，要从配置文件中读入所有参数的值。如果配置文件中没有设置或没有配置文件，则采用默认值。而且在运行过程中，可以通过 vncconfig 工具加以改变。重要的 Xvnc 参数名称及功能说明如表 11-4 所示。

表 11-4　Xvnc 参数表

参 数 名 称	值	功　　能
desktop	desktop-name	设置一个在 VNC Viewer 中显示的桌面名称，默认为 x11
rfbport	port	设定监听的 TCP 端口号，默认为 5900 加上桌面编号
rfbwait	time	Xvnc 被 VNC Viewer 阻塞时，等待的时间，单位为毫秒
httpd	directory	以 directory 主目录，运行一个微型的 HTTP 服务器，用于为 Java VNC viewer 服务
httpPort	port	设置内置 HTTP 服务器的端口号
rfbauth	passwd-file	设定认证 VNC Viewer 的密码文件
deferUpdate	time	设置推迟更新的时间，很多情况下可以提高性能
SendCutText	on 或 off	设定是否发送剪贴板的内容给客户端

续表

参 数 名 称	值	功　　能
AcceptCutText	on 或 off	设定是否接受客户端的剪贴板更新
AcceptPointerEvents	on 或 off	设定是否接受客户端的鼠标单击和放松释放事件
AcceptKeyEvents	on 或 off	设定是否接受客户端的击键和松键事件
DisconnectClients	on 或 off	如果一个客户端已经连上一个桌面，另一个非共享的客户端同样也要连接这个桌面，此时，当设为 on 时，将断开已连的客户端；当设为 off 时，将拒绝新的客户端
NeverShared	on 或 off	当设为 on 时，禁止共享桌面，即使客户端设为共享连接，默认为 on
AlwaysShared	on 或 off	当设为 on 时，依客户端的设置决定是否共享一个桌面，默认为 off
Protocol3.3	on 或 off	总是使用协议版本 3.3，以便向后兼容，默认为 off
CompareFB	on 或 off	设置是否进行像素比较，默认为 on
SecurityTypes	sec-types	确定采用哪一种安全认证模式，目前只能用 None 或 VncAuth，默认为 VncAuth，表示使用 VNC 所设的连接密码
IdleTimeout	Seconds	设置空闲多长时间后，客户端将被断开，默认为 3600 秒
QueryConnect	on 或 off	有客户端连接时，是否在桌面提示用户是接受还是拒绝
localhost	on 或 off	只允许本机的客户端进行连接
log	name:dest:level	确定日志的各种属性
RemapKeys	mapping	设置字符编码重新映射，"RemapKeys=0x22<>0x40" 表示编码 0x22 映射为 0x40

下面再看几条 vncconfig 命令例子。注意，命令中所用到的桌面号应该是已经在运行的桌面。

```
# vncconfig -display :1 -list              //列出第 1 个桌面所有的 Xvnc 参数
localhost
desktop
...
MaxCutText
# vncconfig -display :2 -get rfbport       //查询第 2 个桌面 Xvnc 参数 rfbport 的值
5902
# vncconfig -display :2 -get localhost     //列出第 2 个桌面 Xvnc 参数
                                              localhost 的值
0
# vncconfig -display :2 -set localhost=1    //把第 2 个桌面 Xvnc 参数
                                              localhost 的值设为 1
# vncconfig -display :2 -get localhost     //再看一下 localhost 的值
1
#
```

如上所示，把第二个桌面的 localhost 设为 1，即 on 后，其他计算机的 VNC Viewer 将不能与本机 VNC 服务器的第二个桌面连接，但本机可以连接。

说明：这个功能在使用 SSH 端口转发时非常有用，可以很方便地阻止其他非加密的连接。

11.4　小　　结

远程登录是系统管理员管理服务器的常用方式，在实际工作中，除了操作系统的安装外，大部分系统和服务器管理工作都是通过远程方式进行的。本章介绍了 3 种远程管理服务器的架设方法，分别是传统的 Telnet 服务器、安全连接 SSH 服务器和客户端使用图形界面的 VNC 服务器。包括它们的工作原理、协议、服务器的安装、运行与配置方法等内容。

第 12 章　架设 FTP 服务器

FTP（File Transfer Protocol，文件传输协议）是一种用于在不同计算机之间传输文件的标准规范，属于 TCP/IP 网络模型中的应用层协议。在它基础上所搭建的 FTP 服务是 Internet 上使用频率最高的应用服务之一。本章首先介绍 FTP 的工作原理、FTP 协议规范以及 FTP 客户端的使用方法，再以 Vsftpd 为例介绍 FTP 服务器的架设方法，最后还介绍了 FTP 用户磁盘限额的方法。

12.1　FTP 的工作原理

FTP 协议在 RFC959 文档中定义，其历史最早可以追溯到 1971 年，算得上是一种比较古老的协议了。它的目标是提高文件的共享性，使程序可以隐含地使用远程计算机中的数据，并在计算机之间可靠、高效地传送数据。值得一提的是，利用 FTP 传输文件时，传输双方的操作系统、磁盘文件系统类型可以不一样。

12.1.1　FTP 的工作流程

FTP 的工作原理如图 12-1 所示。客户端是希望从服务器端下载或上传文件的计算机。服务器端是提供 FTP 服务的计算机，它监听某一端口的 TCP 连接请求。控制连接和数据连接均是 TCP 连接，控制连接用于传送用户名、密码、设置传输方式等控制信息，数据连接用于传送文件数据。客户端和服务器端分别运行着控制进程和数据传送进程。

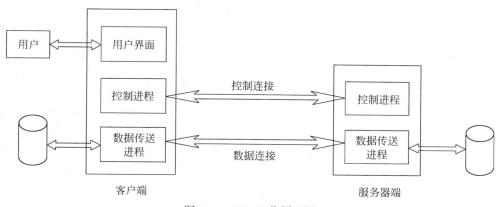

图 12-1　FTP 工作原理图

当用户需要从服务器下载文件时，可以通过用户界面让客户端的控制进程发起一个 TCP 连接请求，服务器端的控制进程接受了该请求后，建立了控制连接。于是，双方就可以相互传递控制信息了，但此时双方还不能传输文件数据。为了传输数据，双方的数据传送进程还需要再建立一个数据连接。

当客户端向服务器端发出建立 TCP 控制连接请求时，默认情况下，使用的服务器端的端口号是 21，同时要告诉服务器端一个空闲的端口号，用于以后建立数据传送连接。接着，在默认情况下，服务器端用端口 20 与客户端所提供的端口建立数据传送连接，然后开始数据传送。

🔔说明：由于客户端和服务器端分别使用了两个不同的端口号来传送控制信息和数据，因此，它们之间不会相互干扰，而且可以同时进行。

一般情况下，控制连接是一直存在的，但数据连接在一个文件传输完成后要断开。如果还需传输另一个文件，要重新建立数据连接。这个特性使得 FTP 在传输大量的小文件时效率比较低，因为每一个文件传输时都需要建立和关闭 TCP 连接，这样会消耗一定的时间，不像有些协议（如 Samba），可以在一个连接内把所有的文件一次性传输完毕。

FTP 的工作模式和其他网络通信协议有很大的区别。通常在采用 HTTP 等协议进行通信时，通信双方只用一个通信端口进行通信，即只有一个连接。而 FTP 使用两个独立的连接，其主要优点是使网络数据传输分工更加明确，同时在文件传输时还可以利用控制连接传送控制信息。

12.1.2　FTP 协议规范之一：数据传送格式

FTP 在工作过程中使用了专用的数据连接。在传输文件数据时，FTP 协议规范提供了控制文件传送与存储的多种选择，可以在文件类型、格式控制、文件结构和传输方式 4 个方面所规定的选项中确定一种，这些选项类型分别如下所示。

1. 文件类型

第一种选项是 ASCII 码文件型，也称为文本类型，是默认的选项。该选项使文件数据以 ASCII 码的形式在数据连接中传输。要求传送方在传输数据前，先将本地文件转换成 ASCII 码的形式，再传送到网络。而接收方要将从网络中收到的 ASCII 码还原成本地文件格式，再存入外存。

🔔注意：不同的系统存储文本文件时对换行有不同的规定，有的系统规定只需在换行处存储一个换行符（LF），有的规定要存储回车（CR）和换行（LF）两个连续的符号。

第二种选项是 EBCDIC 文件类型，它的中文意思是广义二进制编码的十进制交换码。这是一种字母或数字字符的二进制编码，每个字母或数字字符都被表示为一个 8 位的二进制数。当采用该选项传输时，要求两端都是 EBCDIC 系统。

第三种选项是二进制文件类型，也称为图像文件类型。数据传送时呈现的是一个连续的比特流，没有任何的格式，通常用于传输二进制文件。

第四种选项是本地文件类型。大部分的主机规定一个字节是 8 位，但也有一些主机规定一个字节不是 8 位。当具有不同字节大小的主机之间传输文件时，需要使用该选项。如果双方都规定是 8 位，则就相当于是二进制文件类型。

2．格式控制

格式控制只对 ASCII 和 EBCDIC 两种文件类型有效，具体有 3 种选项。第一种是非打印选项，是默认选项，表示文件中不含有垂直格式信息。第二种是远程登录格式控制选项，表示文件中含有向打印机解释的远程登录垂直格式控制符。第三种是 Fortran 回车控制选项，表示每行首字符是 Fortran 格式控制符。

3．数据结构

数据结构也有 3 种选项。第一种选项是文件结构，是默认选项，认为数据是一个连续的字节流，不存在其他结构；第二种选项是记录结构，该选项只用于文本文件，认为数据是由一条条记录组成的；第三种选项是页结构，发送的数据中规定包含页号，以便接收方能随机地存储各页。

4．传输方式

传输方式共有 3 种。第一种是流方式，这是默认方式，文件以字节流的形式传输。对于文件结构，发送方在文件结束处提示关闭数据连接。对于记录结构，有专用的两字节序列码标志记录结束和文件结束。第二种是块方式，文件作为一系列的块来传输，每一个块的前面都带有一个或多个首部字节。第三种是压缩方式，该方式用一个简单的全长编码压缩方法，压缩连续出现的相同字节。由于发送方可以采用更好的方法事先压缩文件，再进行传输，因此该传输方式很少使用。

以上介绍的 3 个方面的选项在数据传输前都要事先确定，这些选项经过组合后，可以产生 72 种不同的组合方式。也就是说，两台主机在传输和存储文件数据时，根据主机和文件类型的不同，可以从 72 种方式中采用其中的一种。可见，FTP 协议规范提供了非常丰富的选择，用于在两台不同类型的主机之间传输文件数据。但事实上，大部分常用的系统是没有这么复杂的，这 72 种传输方式中，很多方式已经废弃不用了，也有很多不为大多数的系统支持，因此，基本上可以不用理会。

通常主流的 Windows 和 UNIX 操作系统平台下的 FTP 客户端和服务器对上述选项的限制如下所示。

- ❑ 文件类型：ASCII 方式或二进制方式。
- ❑ 格式控制：只允许非打印。
- ❑ 数据结构：只允许文件结构。
- ❑ 传输方式：只允许流方式。

也就是说，可以选用的方式事实上只有 ASCII 和二进制两种。

12.1.3　FTP 协议规范之二：控制命令种类

当客户端与服务器端建立控制连接后，客户端的控制进程就可以通过该连接向服务器端发送控制命令了。服务器端随时处于监听状态，服务器端的控制进程接到命令后，将根据命令内容做相应的工作，并把结果返回给客户端。

🔔注意：此处所讲的控制命令用于通信双方控制进程之间的交互，与后面讲到的用户在字
符型 FTP 客户端所输入的命令不是一回事，但两者在所表示的功能上是有联系的。

控制命令以 ASCII 字符串的形式被传输，每个命令以 3 个或 4 个大写的 ASCII 字符开
始，后面可以带有参数，命令和参数之间用空格符分隔，并以一对回车符和换行符（CR/LF）
做为命令的结束标志。FTP 协议常见的控制命令如表 12-1 所示。

表 12-1　FTP 常用控制命令列表

名称	参数说明	功 能 说 明
ABOR	无	告诉服务器终止上一次 FTP 服务命令及所有相关的数据传输
ALLO	N	要求服务器保留 N 个字节的存储空间用于存放将要传输的文件
APPE	文件名	让服务器准备接收一个文件，如果同样的文件在服务中已存在，则追加到其后
CDUP	无	把服务器上当前目录的父目录改为当前目录
CWD	路径	把服务器上指定的路径变为当前目录
DELE	文件名	删除服务器上指定的文件
HELP	命令名	返回指定命令的帮助信息，如果没有指定命令，则返回所有命令的帮助信息
LIST	路径名	让服务器返回一份指定路径下的文件和目录列表，如果没指定路径，则为当前目录
MKD	路径名	在服务器上建立指定的目录
MODE	S、B 或 C	指传输方式，S 表示流方式，B 表示块方式，C 表示压缩方式
NLIST	路径名	让服务器返回一份指定路径下的目录列表，如果没指定路径，则为当前目录
NOOP	无	空操作，目的是为了使控制连接不会断开
PASS	密码字符串	向服务器发送要登录用户的密码
PASV	无	告诉服务器在一个非标准端口上监听客户端的数据连接
PORT	6 个数字	为数据连接指定一个客户端的 IP 地址和端口，n1~n4 表示 IP 地址，n5、n6 表示端口号
PWD	无	返回当前工作目录的名称
QUIT	无	终止控制连接
REST	偏移值 n	指定文件起始位置的一个偏移值，以后将从这个偏移位置开始传送文件
RETR	文件名	从服务器复制一个指定的文件到客户端
RMD	路径名	在服务器上删除指定目录
RNFR	文件名	指定将要重命名的文件，后面应该紧跟 RNTO 命令
RNTO	文件名	把 RNFR 指定的文件改为该文件名
STAT	目录名	促使服务器以应答形式发送状态给客户
STOR	文件名	让服务器接收来自数据连接的文件，如果服务器上有同样名字的文件，则予以覆盖
STOU	文件名	让服务器接收来自数据连接的文件，如果服务器上有同样名字的文件，则出错
SYST	无	返回服务器使用的操作系统类型
TYPE	A、E 或 I	确定数据传输方式，A 表示 ASCII 方式，E 表示 EBCDIC 方式，I 表示二进制方式
USER	用户名	指定登录服务器系统的用户名

12.1.4　FTP 协议规范之三：应答格式

当服务器端接收到客户端的命令后，将根据命令的功能做相应的处理。处理以后的情况，例如命令执行是否成功、出错类型、服务器端是否已处于就绪状态等信息，将通过控制连接发送给客户端。这些内容就是应答。对 FTP 控制命令进行应答的目的是为了对数据传输过程进行同步，也是为了让客户端了解服务器目前的状态。

FTP 应答由 3 个 ASCII 码数字构成，后面再跟随一些解释性的文本符号。数字是供机器处理的，而文本符号则是面向用户的。三位数字每位都有一定的意义，第一位确定响应是好的、坏的还是不完全的。通过检查第一位，用户进程通常就能够知道大致要采取什么行动了。如果用户程序希望了解出了什么问题，可以继续检查第二位。第三位表示其他一些信息。

第一位有 5 个值，其含义如下所示。

- ❑ 1xx　确定预备应答：表示仅仅是在发送另一个命令前期待另一个应答时启动。
- ❑ 2xx　确定完成应答：表示要求的操作已经完成，可以接受新命令。
- ❑ 3xx　确定中间应答：该命令已经被接受，另一个命令必须被发送。
- ❑ 4xx　暂时拒绝完成应答：请求的命令没有执行，但差错状态是暂时的，命令以后可以再发。
- ❑ 5xx　永久拒绝完成应答：该命令不被接受，并且要求不要再重试。

第二位所代表的含义如下所示。

- ❑ x0x：语法错误。
- ❑ x1x：一般性的解释信息。
- ❑ x2x：与控制和数据连接有关。
- ❑ x3x：与认证和账户登录过程有关。
- ❑ x4x：未指明。
- ❑ x5x：与文件系统有关。

第三个数字是在第二个数字的基础上对应答内容的进一步细化，没有具体的规定。

下面是几个常见的应答例子。

- ❑ 125：数据连接已经打开，传输开始。
- ❑ 200：已处于就绪状态。
- ❑ 214：面向用户的帮助信息。
- ❑ 331：用户名已接受，要求输入口令。
- ❑ 425：不能打开数据连接。
- ❑ 452：写文件出错。
- ❑ 500：语法错误（未认可的命令）。
- ❑ 501：语法错误（无效参数）。
- ❑ 502：未实现的 MODE 类型。

12.1.5　用抓包工具观察 FTP 协议数据包

在用户利用 FTP 协议进行文件传输的过程中，客户端和服务器端要交互很多的数据包。

下面通过抓包工具 Wireshark 捕获这些数据包，并进行观察，以便更深入地理解 FTP 协议。

假设一台 IP 地址为 192.168.64.1 的计算机以用户名 abc 和密码 123 登录，从一台 IP 地址为 192.168.64.205 的服务器上下载了一个名为 test.rar 的文件，然后退出。在这个过程中，Wireshark 抓到的数据包如图 12-2 所示。

🔔说明：抓包时可设置 host 192.168.64.205 过滤规则，避免其他数据包的干扰。

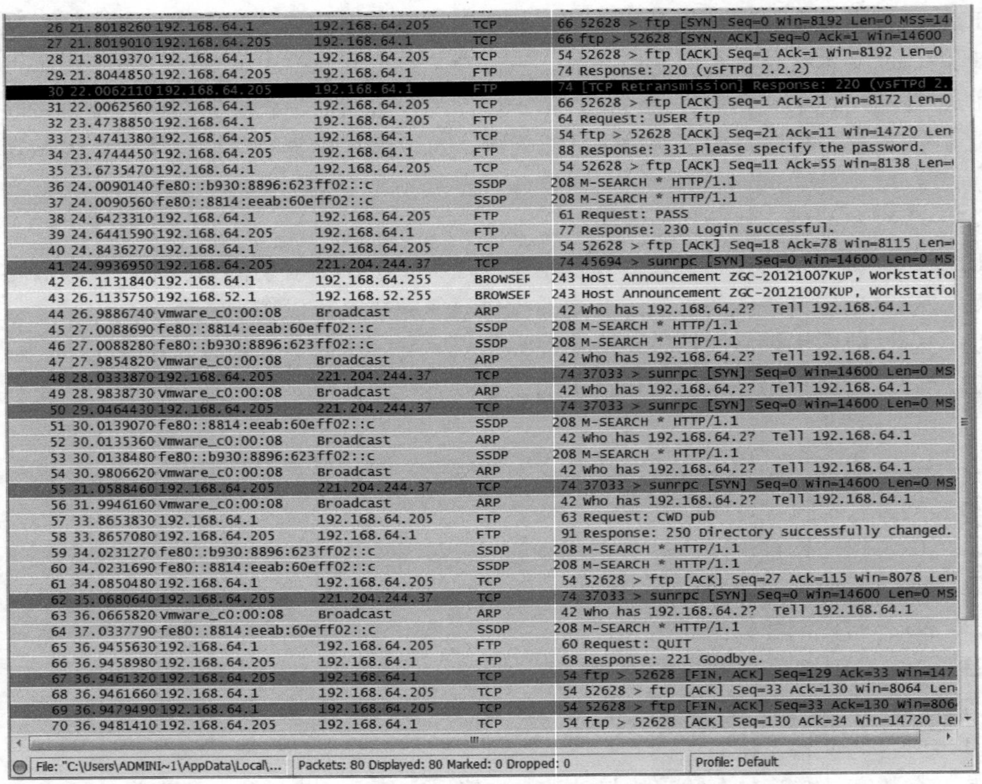

图 12-2　Wireshark 抓到的 FTP 数据包

从图 12-2 可以看出，客户机 192.168.127.1 向服务器的 21 号端口发起 TCP 连接，通过编号为 6、7、8 的 3 个数据包完成了 TCP 3 次握手，建立了 TCP 连接。当连接建立后，服务器通过数据包 29 向客户端发送了 220 应答，表示处于就绪状态，可以接受新命令。数据包 30 和 31 是客户端向服务器发送的 TCP 确认数据包。

接着，客户端通过数据包 32 向服务器发送了 USER 命令，表示要登录，后面跟的是用户名 ftp。当服务器收到 USER 命令后，通过数据包 34 向客户端发送了 331 应答，表示用户名已接受，要求输入口令。于是，客户端通过数据包 38 发送了 Response 命令，后面加上了密码 PASS。

🔔说明：这里也可以看出，FTP 用户的密码在网络中是以明文传输的，在传输过程中很容易被人窃取，因此就这点而言，FTP 协议是不够安全的。

当服务器端得到密码，并验证其正确性后，通过数据包 39 给出了 230 应答，告诉客户端登录成功，可以继续发送命令。客户端通过数据包 57 发送了一个 CWD 命令，这条命令告诉服务器我要切换当前的目录。于是，服务器通过数据包 58 给出了应答 250，表示文件行为完成。

当目录改变后，客户端通过数据包 65 给出了 QUIT 命令，表示要退出；服务器通过数据包 66 响应了 221 应答，再由服务器发起，通过数据包 67、68、69 拆除了控制连接，至此，FTP 会话结束。也就是说，控制连接在整个 FTP 会话过程中是一直存在的，控制连接的拆除也就意味着 FTP 会话的结束。

12.2　FTP 客户端

FTP 服务是 Internet 上最常用的服务之一。对于上网用户来说，FTP 客户端工具是一种必备的软件，通过 FTP 客户端从 Internet 下载文件也是一种必备的技能。下面先介绍几个使用 FTP 客户端前必须了解的知识，再介绍常用 FTP 客户端命令，以及图形界面的客户端。

12.2.1　数据连接的主动方式和被动方式

上一节提到，FTP 传输文件数据前，要先建立一个数据连接，然后要通过数据连接传输文件数据。建立数据连接可以有两种方式：主动方式和被动方式。具体选用哪种方式，是由客户端决定的。客户端在上传下载文件数据前，要先发送一个 PORT 或 PASV 命令，分别表示采用主动方式或被动方式。

主动和被动是相对服务器而言的：如果数据连接是由服务器首先发起的，称为主动方式；如果是由客户端首先发起的，则称为被动方式。可见，主动方式和被动方式的区别就在于开始时，是由哪一方首先发起 TCP 连接的。

在主动方式下，客户端将首先通过 PORT 命令向服务器发送自己的一个空闲端口号，然后服务器通过默认的 20 端口向客户端提供的这个端口发起连接请求，成功后建立了数据连接。

如果采用被动方式，则客户端发送的是 PASV 命令，服务器端回应了一个端口号，告诉客户端它将在这个端口监听来自客户端的 TCP 连接请求。于是，客户端向服务器的这个端口发起了连接请求，成功后也建立了数据连接。

在全开放的网络环境下，不管采用哪一种方式，都能正常地建立数据连接，传输的效率也是一样的。因此，对用户来说是没有区别的。但是，如果在客户端和服务器之间的网络传输路径中有防火墙存在的时候，情况就完全不一样了。

首先考虑第一种情况，如图 12-3 所示。出于安全方面的考虑，在 FTP 服务器和公网之间安装了防火墙，假设防火墙对公网只开放了 21 端口。也就是说，外界的计算机可以通过 21 端口和服务器建立 TCP 连接，但通过其他端口则不行。这样，FTP 客户端可以主动与服务器 21 号端口建立 TCP 连接，也就是控制连接。但在建立数据连接的时候，情况就有点复杂了，采用不同的连接方式会有不同的结果。

如果采用主动方式，是由服务器通过 20 号端口向客户端事先提供的一个端口发起 TCP 连接请求。由于从内部到公网的数据包是可以穿过防火墙的，于是，这个 TCP 请求数据包就可以顺利地到达客户端，正常地建立数据连接。因此，在这种情况下，采用主动方式时 FTP 是可以正常地工作的。

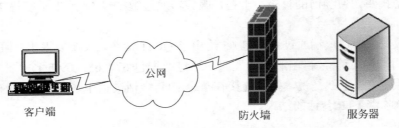

图 12-3　服务器端有防火墙

现在再来看一下采用被动方式的情况。此时，数据连接是由客户端主动首先发起的，客户端要发一个 TCP 连接请求数据包到服务器所提供的端口，这个端口号是随机的。由于防火墙只对外开放了有限的端口，客户端到服务器随机端口的这个 TCP 连接请求数据包一般情况下肯定是要被挡住的。因此无法建立数据连接，双方也就无法传输文件数据了，只能通过控制连接交换命令和应答，这是没有意义的。因此，这种情况下，如果采用被动方式的话，FTP 就不能正常地工作了。

再考虑第二种有防火墙的情况，如图 12-4 所示。防火墙是在客户端这一边的，也就是说，客户端和公网之间是通过防火墙隔离的，并且很多时候，这个防火墙还兼有 NAT 功能。如果采用主动方式连接，服务器是没办法透过防火墙和客户端建立数据连接的。因此，FTP 也就不能正常地工作了。

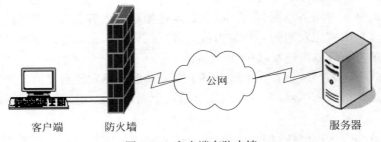

图 12-4　客户端有防火墙

此时，可以采用被动方式，也就是说，由客户端首先发起数据连接请求。由于这个请求数据包也是从内网到公网的，因此能够顺利地穿过防火墙，可能需要再经过了 NAT 地址转换后，与服务器顺利地建立了数据连接，FTP 也就能够正常地工作了。

图 12-5　Windows XP 下的防火墙警报

在 Windows XP 下，如果开启了本机防火墙功能，在使用 FTP 客户端工具并采用主动方式建立数据连接时，可能会看到类似图 12-5 所示的警报对话框，告诉用户由 FTP 服务器发起的数据连接请求被本机防火墙阻止了，请用户做相应处理。此时，如果单击了"解除阻止"按钮，也可以正常地建立数据连接。

说明：考虑到 FTP 协议的这些情况，现在有很多防火墙采取了一些措施，能够在上述两种情况下根据控制连接判别出 FTP 数据连接请求，并且予以放行，于是数据连接也可以顺利地建立起来。但在更复杂的情况下，如改变默认的控制连接端口（21）和数据连接端口（20），大部分的防火墙还是无能为力的。

12.2.2　匿名账号

大部分的操作系统都要经过授权后才能访问系统资源。FTP 客户端的功能是要对服务器上的文件资源进行各种各样的操作，必然也要经过授权后才能操作。因此，FTP 客户端与服务器建立控制连接后，要先用 USER 和 PASS 命令进行登录，成功后服务器才会接受其他命令。但是，由于 Internet 上的 FTP 服务器为数众多，如果用户从 FTP 服务器下载文件前，都事先要得到该服务器上的一个账号，还是非常困难的。

为了方便用户，FTP 协议规定了一种匿名账号的机制。即用户可以使用一个通用的账号登录系统，然后就可以发送 FTP 命令对服务器进行操作。当然，为了服务器系统的安全，这个匿名账号的操作权力一般是非常有限的，只能做一些列出目录、下载文件等读取权限的操作。另外，并不是每一个 FTP 服务器都会支持匿名账号，只有服务器管理员觉得有必要的时候才会配置。

💬 **说明**：匿名用户的用户名是 anonymous，按规定密码要求是一个 Email 地址，但在大部分的情况下，密码可以是任意一个字符串。

用普通账号登录时，该账号是和操作系统中的同名账号相对应的，它们的权限也是一致的。匿名账号一般也要和操作系统中的某一具体账号相对应，该账号的权限就决定了匿名账号的权限，只不过登录时采用了一个通用的账号名。

匿名账号的引入大大方便了 Internet 用户从 FTP 服务器下载文件，这也是 FTP 服务能在 Internet 上用得如此广泛的一个重要原因。

12.2.3　数据传输的 ASCII 模式和二进制模式

在 12.1.2 节中提到，在数据连接中传输文件数据时，FTP 协议规范提供了控制文件传送与存储的多种选择。其中，文件类型提供的选项可以是 ASCII、EBCDIC、二进制和本地模式，但实际的 FTP 服务器一般只支持 ASCII 和二进制模式。因此，当客户端上传下载文件时，必须指定这两种模式中的一种。

ASCII 模式也称为文本模式，该选项要求传送方在传输数据前，先将本地文件转换成 ASCII 码的形式，再传送到网络。而接收方要将从网络中收到的 ASCII 码还原成本地文件格式，再存入外存。而二进制模式是不做任何转换的，认为传输的数据是一个连续的比特流，没有任何的格式。

在 ASCII 模式下，由于存在着编码转换，即使传输双方存储文本文件时采用不同的编码规定，传输的结果也可能是正确的。例如，在 DOS、Windows 等系统中，在文本文件的换行处存储了回车（CR）和换行（LF）两个符号，而 Linux 系统规定只需存储一个换行（LF）符。当 DOS、Windows 系统把文本文件传给 Unix 系统时，如果采用文本模式传输，则 Unix 系统在存储时会把 CR/LF 两个符号变为 LF 一个符号，而 Linux 系统把文本文件传给 DOS、Windows 系统时，会做相反的转变。

但是，如果采用二进制模式传输文本文件的话，由于它不会对编码做任何的转换。因

此，上述的 CR/LF 和 LF 之间不会自动转换，会造成传输结果的不正确。同样，如果采用
ASCII 模式传输二进制文件，则 FTP 会把二进制文件中
与 CR，LF 等编码相同的字节理解成回车、换行等符号，
从而也会造成传输结果的不正确。

　　为了进一步说明文本模式和二进制模式的区别，下面
看一个例子。如图 12-6 所示，在 Windows 7 的记事本中
输入图示内容，并以 test.txt 的文件名保存，于是，test.txt
就是一个文本文件。接着，把 test.txt 文件分别以 ASCII
模式和二进制模式上传到 Linux 6 系统，在 Linux 下用 vi
命令查看 test.txt 文件内容时，会分别看到如图 12-7 和图
12-8 所示的结果。

　　图 12-7 所示的传输结果是符合要求的。采用 ASCII
模式传输时，原来test.txt文件中换行处的CR/LF到了Linux
系统后变为了 LF，符合 Linux 系统文本文件的换行规定。

图 12-6　test.txt 文件的原始内容

但采用二进制模式传输时，由于没有自动转换，test.txt 文件到了 Linux 系统后，换行处还是
CR/LF。因此，当显示 vi 命令时，认为 CR 是一个文本符号，以^M 的方式显示出来。

　　下面把正确结果的 test.txt（换行处只有 LF，原来以 ASCII 模式传上去的）分别以 ASCII
模式和二进制模式重新下载到 Windows 7 中，再用记事本进行显示，可以发现，以 ASCII
模式下载的 test.txt 显示结果还是和图 12-6 一样，但以二进制模式下载的 test.txt 就不一样
了，其结果如图 12-9 所示。

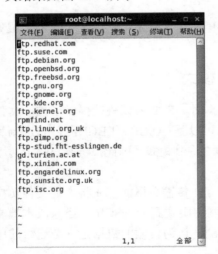

图 12-7　ASCII 模式上传的 test.txt 文件

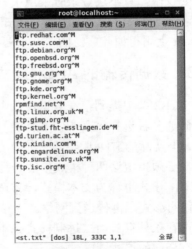

图 12-8 二进制模式上传的 test.txt 文件

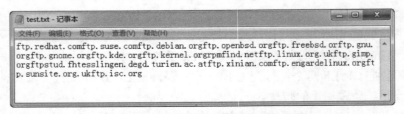

图 12-9　二进制方式下载的 test.txt 文件

可见，用 ASCII 模式传输时，得到了符合要求的结果，因为 test.txt 回到 Windows 7 时，换行处的 LF 重新变为了 CR/LF，符合 Windows 系统的换行规定。但用二进制模式传输时，test.txt 文件回到 Windows 7 后，换行处还是一个 LF，记事本并不会把 LF 理解成是换行。因此，在原来的换行处现在不换行了，而是连续显示出来。

注意：当显示时，记事本的自动换行功能不要启用。

由此可见，在不同的操作系统之间，文件只有以 ASCII 模式进行传输，才能得到正确的结果。同样道理，对于 exe、rar 等二进制文件，也只有采用二进制模式传输，结果才会正确，如果采用文本模式进行传输，也会得到不正确的结果，读者可以自行测试。

在很多的 FTP 客户端工具中，提供了一种自动模式来代替 ASCII 和二进制模式。实际上是 FTP 客户端根据待传输文件的各种信息判定文件的类型，选择一种合适的传输模式。但这种判断并不一定总是正确的，有时也会出现误判，此时就需要手工指定 ASCII 或二进制模式了。

12.2.4　FTP 客户端常用命令详解

早期的计算机系统由于缺乏图形界面的支持，用户使用 FTP 客户端工具时，一般是通过输入命令的方式对 FTP 服务器进行操作的。目前大部分客户机都有完善的图形界面，用户不需要输入 FTP 命令，而是通过鼠标单击就可以完成所有的 FTP 操作。但是，在很多的时候，特别是在一些调试环境下进行排错时，通过 FTP 命令对服务器进行操作还是必不可少的。

在大多数的操作系统中，字符型 FTP 客户端工具均是默认安装的。在 Windows 的命令提示符窗口或 Linux 的命令提示符后面输入 ftp 命令，均会出现 FTP 的命令提示符 ftp>，FTP 客户端命令要求要输在 ftp> 后面。

在 ftp> 后输入 help 命令，可以把字符型 FTP 客户端所支持的命令都显示出来，如图 12-10 所示。下面介绍一些常用 FTP 命令的功能和使用方法。

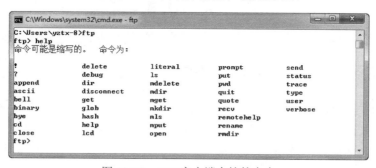

图 12-10　FTP 客户端支持的命令

bye

功能：与服务器断开所有连接，退出 ftp 命令状态，回到操作系统。

说明：与 QUIT 命令相同，也可以用 "!" 代替。

help [命令名]

功能：显示 ftp 命令帮助信息。

说明：

- ❑ 可以用 "?" 代替 help 命令。
- ❑ 没有指定命令名称时，显示所支持命令的列表。
- ❑ 可以指定命令名，此时显示该命令的帮助信息。

append　<本地文件>　[远程文件]

功能：将<本地文件>上传并附加到 FTP 服务器上的[远程文件]后面。

说明：

- ❑ 没有指定[远程文件]时，默认和<本地文件>一样。
- ❑ 如果指定的[远程文件]不存在，则上传后文件名即为[远程文件]，此时的功能也和 put 命令一样。

ascii

功能：将文件传输模式设置为 ASCII 方式。

说明：

- ❑ ASCII 方式是默认的工作方式。
- ❑ 传送文本文件时使用该方式。
- ❑ 设为文本模式后，将一直对后面的有关命令起作用，除非用 binary 命令改为二进制模式。

binary

功能：将文件传输模式设置为二进制模式。

说明：

- ❑ 除了文本文件以外，大部分文件都应该使用该二进制模式传输。
- ❑ 设为二进制模式后，将一直对后面的有关命令起作用，除非用 ascii 命令改为 ASCII 模式。

cd　<远程目录路径>

功能：更改远程计算机上的当前工作目录。

说明：

- ❑ 默认的工作目录是当前用户在操作系统中的工作目录。
- ❑ 当前登录的用户在操作系统中必须有访问该目录的权限。
- ❑ 目录名之间的分隔符是 "/"，而不是 "\"。
- ❑ "cd .." 表示退到上一级目录，"cd /" 表示退到根目录。

delete　<远程文件>

功能：删除远程计算机当前工作目录下的文件。

说明：

- ❑ 文件名前可以带路径，此时删除其他目录中的文件。
- ❑ 不能使用通配符 "*" 和 "?"，一次只能删除一个文件。

❑　当前用户在操作系统中必须有删除该文件的权限。

`dir [远程目录路径] [本地文件]`

功能：显示指定的远程目录路径下的文件和子目录列表。

说明：

❑　如果没有指定[远程目录路径]，则显示远程主机的当前工作目录内容。

❑　显示的格式相当于 ls –l 命令。

❑　指定[远程目录路径]后再指定[本地文件]时，则显示结果要下载到本地文件中。

`get <远程文件> [本地文件]`

功能：从 FTP 服务器下载指定的远程文件到本地计算机。

说明：

❑　文件传输模式事先由 ascii 或 binary 命令指定。

❑　可以用 lcd 命令预先指定本地文件存放的本地目录。

❑　[本地文件]没有指明时，文件名和<远程文件>一样。

❑　文件名前可以带路径，此时下载其他目录中的文件。

❑　不能使用通配符"*"和"?"，一次只能下载一个文件。

`lcd [本地目录路径]`

功能：更改本地计算机上的工作目录到指定的目录。

说明：

❑　默认情况下，本地工作目录是在操作系统提示符下输入 ftp 命令时所在的目录。

❑　如果没有指定[本地目录路径]，将显示本地计算机中当前的工作目录。

❑　注意和 cd 命令的区别。

`ls [远程目录路径] [本地文件]`

功能：显示指定的远程目录路径下的文件和子目录列表。

说明：

❑　以缩写形式显示，即只显示子目录名和文件名，其余信息不显示。

❑　如果没有指定[远程目录路径]，则显示远程主机的当前工作目录内容。

❑　可以带–l、-a 等参数。

❑　指定[远程目录路径]后再指定[本地文件]时，则显示结果要下载到本地文件中。

`mdelete <远程文件> [...]`

功能：删除远程计算机上的指定文件。

说明：

❑　[...]表示后面可以跟多个文件，这样一次就可以删除多个文件。

❑　文件名前可以带路径，此时删除其他目录中的文件。

❑　在 Globbing 处于 On 的时候，"*"和"?"代表的是通配符。

❑　当前用户在操作系统中必须有删除文件的权限。

`mdir <远程目录路径> [...] <本地文件>`

功能：显示远程目录文件和子目录列表。

说明：

❑ 远程目录路径和本地文件都要指定，如果不指定会提示输入。

❑ [...]表示可以指定多个远程目录路径。

❑ <远程目录路径>可用"-"代替，表示计算机上的当前工作目录。

❑ <本地文件>可用"-"代替，表示在屏幕上显示列表。

`get <远程文件> [...]`

功能：从 FTP 服务器下载指定的远程文件到本地计算机。

说明：

❑ 文件传输模式事先由 ascii 或 binary 命令指定。

❑ 可以用 lcd 命令预先指定本地文件存放的本地目录。

❑ 下载到本地时的文件名和<远程文件>一样。

❑ 在 Globbing 处于 On 的时候，可以使用通配符"*"和"?"。

`mkdir <远程目录路径>`

功能：在远程计算机上创建目录。

说明：当前用户在操作系统中必须有创建文件的权限。

`mls <远程目录路径> [ ...] <本地文件>`

功能：显示远程目录文件和子目录的缩写列表。

说明：

❑ 远程目录路径和本地文件都要指定，如果不指定会提示输入。

❑ [...]表示可以指定多个远程目录路径。

❑ 在 Globbing 处于 On 的时候，可以使用通配符"*"和"?"。

❑ <远程目录路径>可用"-"代替，表示计算机上的当前工作目录。

❑ <本地文件>可用"-"代替，表示在屏幕上显示列表。

`mput <本地文件> [ ...]`

功能：将本地文件上传到远程计算机上。

说明：

❑ 文件传输模式事先由 ascii 或 binary 命令指定。

❑ <本地文件>前可以带目录路径，也可以用 lcd 命令切换到本地文件所在的本地目录。

❑ [...]表示可以指定多个本地文件。

❑ 上传到远程计算机的文件名和<本地文件>一样；

❑ 在 Globbing 处于 On 的时候，可以使用通配符"*"和"?"。

❑ 当前用户在操作系统中必须有创建文件和写文件的权限。

`open <主机> [端口号]`

功能：与 FTP 服务器建立控制连接。

说明：

❑ 主机可以是 IP 地址或可解析成 IP 地址的主机名称。

❑ 默认情况下与主机的 21 号端口进行连接，也可以指定其他端口号。

❑ 如果在操作系统提示符后输入 ftp 命令时，后面跟一个主机名，则会自动执行 open 命令。

❑ open 命令执行成功后，如果自动登录打开（默认），会自动执行 user 命令。

`put <本地文件> [远程文件]`

功能：将本地文件复制到远程计算机上。

说明：

❑ 文件传输模式事先由 ascii 或 binary 命令指定。

❑ <本地文件>前可以带目录路径，也可以用 lcd 命令切换到本地文件所在的本地目录。

❑ 如果不指定[远程文件]，上传到远程计算机的文件名和<本地文件>一样。

❑ 一次只能上传一个文件，不能使用通配符"*"和"?"。

❑ 当前用户在操作系统中必须有创建和写文件的权限。

`rename <旧远程文件名> <新远程文件名>`

功能：重命名远程文件。

说明：<旧远程文件名>必须存在，且没有与<新远程文件名>同名的文件。

`rmdir <远程目录路径>`

功能：删除远程目录。

说明：

❑ <远程目录路径>内必须不存在文件和子目录。

❑ 当前用户在操作系统中必须有相应的权限。

`user <用户名> [密码] [账号]`

功能：指定远程计算机的用户。

说明：

❑ 如果密码不指定，但是需要，会提示输入密码。

❑ 如果账号不指定，但是需要，会提示输入账号。

除了上述命令外，FTP 客户端还提供了很多其他命令。由于其使用和功能比较简单，此处不再详述，而是以表格的形式给出，如表 12-2 所示。

表 12-2　FTP 常用命令列表

名称	参数说明	功　能　说　明
bell	无	切换响铃，决定每个文件传送命令完成后是否响铃，默认情况下，铃声是关闭的
bye	无	结束与远程计算机的 FTP 会话并退出 ftp
close	无	结束与远程服务器的 FTP 会话，但还在 ftp 命令状态

续表

名称	参数说明	功 能 说 明
debug	无	切换调试状态，当打开时，发送到远程计算机的每个控制命令都要输出，默认是关闭的
disconnect	无	从远程计算机断开，保留 ftp 提示
glob	无	是否可使用通配符（*和?），默认情况下，是可以使用的
hash	无	每下载 2 048 字节大小的数据块时，是否打印一个 "#"，默认是不打印的
help	命令名	显示 ftp 命令说明，没有指定命令时，显示所有的命令名称
literal	参数名	向远程 ftp 服务器发送协商参数，与 quote 命令功能相同
prompt	无	用 mput 和 mget 上传下载多个文件时提示功能是否打开，默认是打开的
pwd	无	显示远程计算机上的当前工作目录
quit	无	结束与远程计算机的 FTP 会话并退出 ftp
quote	参数名	向远程 ftp 服务器发送协商参数，与 literal 命令功能相同
recv	文件名	recv 命令与 get 命令相同
remotehelp	命令名	由远程计算机显示命令帮助
send	命令名	send 命令与 put 命令相同
status	无	显示当前的各种工作状态
trace	无	运行 ftp 命令时是否显示每个数据包的路由
type	模式名	设置或显示当前文件传输模式
verbose	无	是否显示传输双方详细的交互信息

下面是一个 FTP 命令操作的简单例子。

```
D:\>ftp 10.10.1.253                      //与 FTP 服务器 10.10.1.253 建立连接
Connected to 10.10.1.253.
220 (vsFTPd 2.0.7)
User (10.10.1.253:(none)): anonymous     //以匿名用户登录
331 Please specify the password.
Password:                                //此处要输入密码,可以是任何字符串,不显示
230 Login successful. Have fun.
ftp> ls                                  //列出远程用户工作目录下的文件和子目录
200 PORT command successful. Consider using PASV.
150 Here comes the directory listing.
banner
pub
test
226 Directory send OK.
ftp: 收到 19 字节, 用时 0.00Seconds 19000.00Kbytes/sec.
ftp> cd pub                              //进入 pub 子目录。
250 Directory successfully changed.
ftp> ls                                  //列出文件和子目录,此时当前工作目录已变为 pub 目录
200 PORT command successful. Consider using PASV.
150 Here comes the directory listing.
main.c
my.txt
nasmw.exe
226 Directory send OK.
ftp: 收到 27 字节, 用时 0.00Seconds 27000.00Kbytes/sec.
ftp> lcd d:\                             //把本地计算机的当前工作目录改为 d:\
Local directory now D:\.
ftp> get main.c                          //下载远程计算机上的 main.c 文件
```

```
200 PORT command successful. Consider using PASV.
150 Opening BINARY mode data connection for main.c (309 bytes).
226 File send OK.
ftp: 收到 309 字节, 用时 0.00Seconds 309000.00Kbytes/sec.
ftp>
```

可以看到, 相对平常使用的图形方式, 命令行方式相对要麻烦。

12.2.5　图形界面的 FTP 客户端

为了方便用户的使用, 出现了大量图形界面的 FTP 客户端, 其中最常用的浏览器实际上也支持 FTP 协议。如果在浏览器的地址栏内输入 "ftp://<ftp 服务器>", 则可以通过浏览器访问 FTP 服务器。如图 12-11 所示, 在 IE 浏览器的地址栏内输入 ftp://ftp.redhat.com/pub/redhat/, 则 ftp.redhat.com 服务器/pub/redhat/目录下的的内容将出现在 IE 浏览器内。此时, 默认情况下是以匿名账号登录的。如果所访问的 FTP 服务器不支持匿名账号, 或者单击"设置"按钮, 选择 Internet 选项, 然后在 Internet 对话框中选择"高级"按钮将"设置"栏中在文件资源管理器和"运行"对话框中使用直接插入自动完成功能。再次登录 FTP 服务器时, 则会出现图 12-12 所示的登录框, 要求用户输入一个 FTP 用户账号。

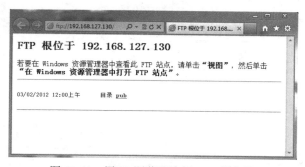

图 12-11　用 IE 浏览器访问 FTP 服务器

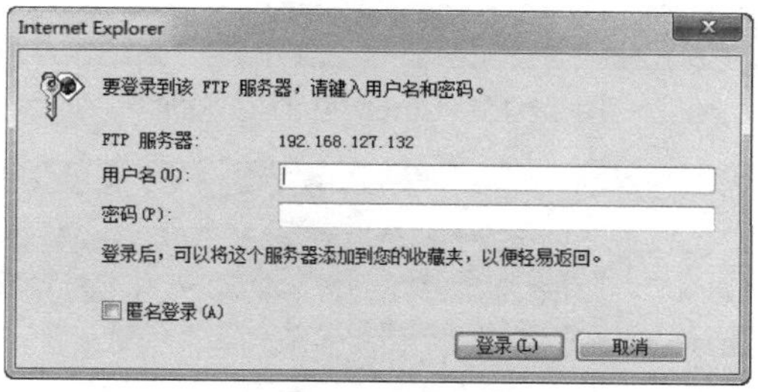

图 12-12　IE 浏览器使用 FTP 账号登录 FTP 服务器

IE 浏览器出现 FTP 服务器中内容后, 可以通过常规的鼠标操作在本地计算机和 FTP 服务器之间相互复制文件, 也就是上传和下载文件。此时的传输模式是自动检测的, 建立数据连接时采用的是主动方式。

另外, Red Hat Linux 6 下面的 Konqueror 浏览器也具有类似的功能。如图 12-13 所示是 Konqueror 浏览器通过 FTP 协议访问 ftp.redhat.com 服务器时出现的内容, 可以通过常规的鼠标操作在本地计算机和 FTP 服务器之间上传和下载文件。此时是匿名登录的, 传输模式是自动检测的, 建立数据连接时采用的是主动方式。可以通过在地址栏内输入 ftp://用户名@<ftp 服务器>的形式用非匿名用户登录, 如图 12-14 所示。

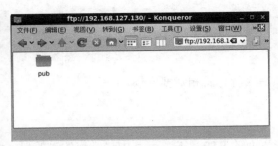

图 12-13　用 Firefox 浏览器访问 FTP 服务器

图 12-14　使用 FTP 账号登录

除了浏览器外，FTP 还有很多专用的客户端可以使用，而且功能更加强大，使用也更加方便。其中，最有代表性的 FTP 客户端是 CuteFTP 软件，其主界面如图 12-15 所示。可以通过"文件"|"传输类型"命令改变传输模式，还可以通过选择"工具"|"安全选项"命令，出现如图 12-16 所示对话框后，选择数据连接的建立方式。

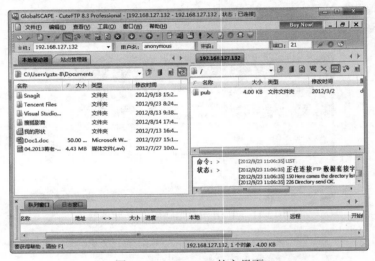

图 12-15　CuteFTP 的主界面

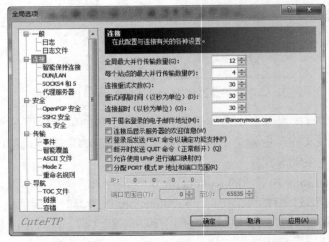

图 12-16　在 CuteFTP 中选择数据连接的建立方式

在图 12-16 中，还可以看到许多其他有关连接的设置。

12.3　Vsftpd 的安装与运行

Vsftpd 也称为 Very Secure FTP Daemon，是一种遵循 GPL 协议的开放源代码的 FTP 服务器软件，具有安全、快速、稳定的特点。它可以在多种 UNIX 系统或 Linux 系统下运行。下面介绍 Vsftpd 的有关情况，以及它的安装与运行方法。

12.3.1　Vsftpd 服务器软件简介

FTP 服务在 Internet 中使用得非常广泛，利用它可以更容易地分享有限的软件资源，配置 FTP 服务也是服务器建设中的一项重要的服务。Linux 下具有代表性的 FTP 服务器软件是 Wu-FTP、ProFTP 及 Vsftpd，其中，RHEL 6 自带的 FTP 服务器软件是 Vsftpd。

Wu-FTP（Washington University FTP）是由美国华盛顿大学开发的、以效率和稳定性为参考量的 FTP 软件，它的功能强大，配置较复杂。由于开发时间较早，应用十分广泛，也因此成为黑客们主要的攻击目标。Wu-FTP 的早期各级版本不断出现安全漏洞，系统管理员不得不因安全因素而经常对其进行升级。

ProFTP 针对 Wu-FTP 的弱项而开发，除了在安全性方面进行了改进外，还具备设置简单的特点，并提供了一些 Wu-FTP 没有的功能，大大简化了架设和管理 FTP 服务器的工作。

Vsftpd 在安全性、高性能及稳定性 3 个方面有上佳的表现。它提供的主要功能包括虚拟 IP 设置、虚拟用户、Standalone、inetd 操作模式、强大的单用户设置能力及带宽限流等。在安全方面，它从原理上修补了大多数 Wu-FTP、ProFTP，乃至 BSD-FTP 的安全缺陷，使用安全编码技术解决了缓冲溢出问题，并能有效避免 globbing 类型的拒绝服务攻击。

> 说明：许多著名的站点，如 Red Hat、SuSE、Debian、GNU、GNOME、KDE、Gimp 和 OpenBSD 等，都使用了 Vsftpd 来构建官方下载网站。

12.3.2　Vsftpd 的安装

在 RedHat Enterprise Linux 6 下安装 Vsftpd 服务器可以有两种方式，一种是源代码方式安装，另一种是 RPM 软件包方式安装。源代码可以从 ftp://vsftpd.beasts.org/users/cevans/ 处下载，目前最新的版本是 3.0.2 版，文件名是 vsftpd-3.0.2.tar.gz。RHEL 6 自带的 Vsftpd 版本是 2.2.2 版，文件名是 vsftpd-2.2.2-11.el6.i686.rpm。

先看一下 RPM 方式安装。如果安装 RHEL 6 系统的时候没有选择安装 vsftpd-2.2.2-11.el6.i686 包，需要从安装光盘把相应文件复制到当前目录以后，再用以下命令安装。

```
# rpm -ivh vsftpd-2.2.2-11.el6.i686.rpm
```

安装成功后，几个重要的文件分布如下所示。

❑ /usr/sbin/vsftpd：Vsftpd 服务器的进程文件；

❑ /etc/vsftpd/vsftpd.conf：Vsftpd 服务器的配置文件；

❑ /etc/pam.d/vsftpd：Vsftpd 服务器认证本地用户的 PAM 接口配置文件；

❑ /usr/share/doc/vsftpd-2.2.2：帮助和说明文档存放的目录；

❑ /usr/share/man：手册页文件安装目录；

❑ /var/ftp：Vsftpd 服务器匿名用户的工作目录。

如果采用源代码方式安装，则下载 vsftpd-3.0.2.tar.gz 文件到当前目录后，使用以下命令进行安装。

```
# rpm -e vsftpd-2.2.2-11.el6.i686.rpm        //如果安装了 2.2.2 包,则先拆除
# tar -xvzf vsftpd-3.0.2.tar.gz      //解压源代码文件包,到 vsftpd-3.0.2 目录中
# cd vsftpd-3.0.2
# make                    //主要的结果是编译产生了执行文件 vsftpd,放在当前目录下
# make install                //把 vsftpd 文件复制到/usr/sbin 和/usr/local/sbin 目录
                              //vsftpd.8 和 vsftpd.conf.5 复制到手册页目录
```

与 RPM 安装方式相比，采用源代码方式安装后，用户还需要额外做以下事情。

```
# cp ./vsftpd.conf /etc      //vsftpd.conf 是 vsftpd 的配置文件,默认要放在/etc
                              //才能被 vsftpd 命令运行时读取
# mkdir /var/ftp              //要手工创建匿名用户的个人目录
# mkdir /var/ftp/pub
```

12.3.3 Vsftpd 的运行与简单配置

RPM 包安装完成后，可以输入以下命令启动 vsftpd 进程。

```
# /usr/sbin/vsftpd
```

上述命令可以放到/etc/rc.local 文件中，则开机时会自动运行。还可以查看一下进程是否启动，输入以下命令：

```
# ps -eaf|grep vsftpd
root      4832        1   0 09:52 ?              00:00:00 /usr/sbin/vsftpd
/etc/vsftpd/vsftpd.conf
root      4837 3062  0 09:53 pts/0     00:00:00 grep vsftpd
```

可以看到，vsftpd 进程已启动。再输入以下命令：

```
# netstat -tnl | grep :21
tcp       0     0 0.0.0.0:21          0.0.0.0:*          LISTEN
```

可以看到，21 号端口已经处于监听状态。此时，可以用以下过程测试 Vsftpd 服务器是否能正常工作（这里需要安装 ftp RPM 包才可以执行下面的命令）。

```
# ftp 127.0.0.1                          //与本机的 FTP 服务器建立连接
Connected to 127.0.0.1.
220 (vsFTPd 2.2.2)
530 Please login with USER and PASS.
530 Please login with USER and PASS.
KERBEROS_V4 rejected as an authentication type
Name (127.0.0.1:root):anonymous         //匿名用户登录
331 Please specify the password.
Password:                                //输入一个 E-mail 地址作为密码
230 Login successful.
Remote system type is UNIX.
```

```
Using binary mode to transfer files.
ftp> ls                                    //列出服务器端的目录
227 Entering Passive Mode (127,0,0,1,136,175)
150 Here comes the directory listing.
drwxr-xr-x    2 0        0            4096 Jan 17  2007  pub
226 Directory send OK.
ftp> bye                                   //退出
221 Goodbye.
```

从以上过程可以看出，Vsftpd 已经处于正常的工作状态，其功能主要由配置文件 vsftpd.conf 决定。配置文件以"选项名=值"的形式对某一选项进行配置。如果选项没有进行配置，则采用其默认值。"#"是行注释符，其后面的符号被认为是注释，实际工作时被忽略。

  注意：在配置语句"选项名=值"中，"="前后不允许有空格。

在 RPM 包安装完成后的初始状态下，实际起作用的配置和解释如下：

```
anonymous_enable=YES              #允许匿名用户登录
local_enable=YES                  #允许本地用户登录
write_enable=YES                  #允许有写入操作的 FTP 控制命令,如 STOR、DELE 等
local_umask=022                   #设定本地用户上载文件的 umask 值为 022
dirmessage_enable=YES             #用户首次进入一个新目录时,允许得到欢迎信息
xferlog_enable=YES                #允许产生日志
connect_from_port_20=YES          #使用 20 号端口作为建立数据连接时的源端口
xferlog_std_format=YES            #日志采用标准的 xferlog 格式
listen=YES                        #vsftpd 在操作系统中运行在独立模式,并监听 IPv4 端口
pam_service_name=vsftpd           #指定 PAM 服务配置文件的名字,在/etc/pam.d 目录
userlist_enable=YES               #使 userlist_file 选项生效,定义一个用户列表
tcp_wrappers=YES                  #连接请求转由 TCP_Wrappers 完成访问控制
```

当进行测试时，如果从其他客户机连接到 vsftpd，并且 Vsftpd 服务器配置了防火墙，则还要注意防火墙应该要开放 21 号端口，以便客户机的连接能到达 vsftpd。同时，在采用主动方式建立数据连接时，客户机如果有防火墙，也要注意其配置，以便测试能顺利地进行。

当 vsftpd 运行时，还需要两个操作系统用户的支持，一个是 nobody，它的作用是当 vsftpd 进程处于非特权状态时，进程将以 nobody 的身份运行。这个用户在 Linux 操作系统中一般已经默认存在，如果由于某种原因不存在了，要重新把它创建起来。当然，也可以通过配置选项 nopriv_user 指定其他名字的用户。

还有一个用户是名为 ftp 的用户。当 vsftpd 允许匿名登录时，匿名用户要和操作系统中的一个实际用户相对应，这个用户就是 ftp 用户。也就是说，FTP 匿名用户在操作系统中所拥有的权限实际上就是 ftp 用户拥有的权限。ftp 用户在 Linux 中也是默认存在的，如果由于某种原因不存在了，也要重新把它创建起来。

另外，默认情况下，ftp 用户还有一个要求，就是它的个人工作目录必须是/var/ftp。这样，匿名用户登录到 vsftpd 后，它开始时所处的目录就是/var/ftp 目录。为了安全起见，/var/ftp 目录的所有者最好改为 root 用户，ftp 用户对它只有读的权限。

采用源码安装时，其配置文件 vsftpd.conf 初始配置的选项只有 4 个。

```
anonymous_enable=YES              #允许匿名用户登录
```

```
dirmessage_enable=YES                    #用户首次进入一个新目录时,允许得到欢迎信息
xferlog_enable=YES                       #允许产生日志
connect_from_port_20=YES                 #使用 20 号端口作为建立数据连接时的源端口
```

由于没有 listen=YES 选项,这样的配置只能在 inetd 方式下运行,如果以独立方式运行,即输入以下命令:

```
# ./vsftpd &
```

会出现以下错误提示:

```
500 OOPS: vsftpd: not configured for standalone, must be started from inetd
```

此时,在 vsftpd.conf 文件中加入 listen=YES,当再次运行上述命令时,可避免这种情况。

由于源码安装方式时 vsftpd.conf 文件的初始内容与 RPM 方式安装时有所不同,因此,此时的 vsftpd 服务所提供的功能和 RPM 安装方式相比会有所区别。例如,由于源码安装方式时缺少 local_enable=YES 及 pam_service_name=vsftpd 选项,操作系统用户是不能在 vsftpd 中登录的,这点可以在下面的测试中得到验证。

```
# ftp 127.0.0.1
Connected to 127.0.0.1.
220 (vsFTPd 2.2.2)
530 Please login with USER and PASS.
530 Please login with USER and PASS.
KERBEROS_V4 rejected as an authentication type
Name (127.0.0.1:root): lintf          //输入操作系统用户 lintf 登录
530 This FTP server is anonymous only.
Login failed.                          //提示登录失败
ftp> bye                               //退出
221 Goodbye.
#
```

12.4　Vsftpd 高级配置

Vsftpd 自带的 vsftpd.conf 文件初始内容比较简单,虽然可以让 vsftpd 运行起来,也能让客户端连接进来,但是,这样的配置文件用在实际中是不合适的。因为在实际情况下,用户的需求、主机的实际情况是千差万别的,而且服务器一旦面向 Internet,就会引来黑客的攻击。因此,需要根据实际情况,对 Vsftpd 进行进一步的配置,才能真正地投入使用。下面介绍一些常见的配置选项,以及为了某种目的所需要配置的内容。

12.4.1　初始配置文件

以 RPM 方式安装完成 vsftpd 后,会提供一个例子 vsftpd.conf 文件,里面介绍了一些常见的 vsftpd 配置选项。为了使读者对 vsftpd.conf 配置有一个初步的了解,下面先逐一介绍该文件中列出的配置选项,再介绍一些其他常用的配置选项。去掉注释后的例子 vsftpd.conf 文件内容如下:

```
anonymous_enable=YES
local_enable=YES
```

```
write_enable=YES
local_umask=022
#anon_upload_enable=YES
#anon_mkdir_write_enable=YES
dirmessage_enable=YES
xferlog_enable=YES
connect_from_port_20=YES
#chown_uploads=YES
#chown_username=whoever
#xferlog_file=/var/log/vsftpd.log
xferlog_std_format=YES
#idle_session_timeout=600
#data_connection_timeout=120
#nopriv_user=ftpsecure
#async_abor_enable=YES
#ascii_upload_enable=YES
#ascii_download_enable=YES
#ftpd_banner=Welcome to blah FTP service.
#deny_email_enable=YES
#banned_email_file=/etc/vsftpd/banned_emails
#chroot_list_enable=YES
#chroot_list_file=/etc/vsftpd/chroot_list
#ls_recurse_enable=YES
listen=YES
#listen_ipv6=YES
```

anonymous_enable=YES 表示允许匿名用户登录 FTP 服务器。为了更加方便用户的使用，面向大量用户的 FTP 服务器一般都开放了匿名服务。但是匿名服务的提供对安全造成了很大的威胁，需要在服务器软件设计、操作系统配置和 FTP 服务配置方面采取很多的措施，才能保证系统的安全。因此，对于用户数量少，账号容易发布的场合，一般不配置匿名服务，可以把该选项设为 NO。

local_enable=YES 表示允许本地用户账号登录，本地账号是指匿名账号以外的用户账号，包括操作系统账号和虚拟账号。但是，local_enable 设为 YES 后，并不意味着本地用户肯定能登录，还要取决于 PAM 和虚拟账号等方面的正确配置，本地用户才能真正登录成功。

write_enable=YES 表示服务器接收与写有关的控制命令，包括 STOR、DELE、RNFR、RNTO、MKD、RMD、APPE 和 SITE 命令。需要注意的是，write_enable 设为 YES 仅仅是表示 vsftpd 接受这些命令，而这些命令能不能成功执行，还要取决于其他配置及操作系统的权限设置。

local_umask=022 表示本地用户创建新的文件时，该文件初始的权限值。值 022 是一个八进制数，与 UNIX 中的规定一样，表示初始的权限值是创建者有全部的权限，其他用户只有读和执行权限。local_umask 选项的默认值是 077，表示初始权限是创建者有全部权限，其他用户没有权限。

anon_upload_enable=YES 表示匿名用户可以上传文件。当然，真正能够成功地上传文件，还需要配置 write_enable 为 YES，以及匿名用户对应的本地用户（默认为 ftp）对相应目录有写权限。与其类似的选项还有 anon_mkdir_write_enable 和 anon_other_write_enable，分别决定匿名用户是否可以在服务器上创建目录和另外的命名、删除等写操作。这些选项对系统的安全会带来很大的风险，一般配置为 NO，默认值也都是 NO。

dirmessage_enable=YES 表示用户第一次进入一个新目录时，会给用户一些提示信息。

这些信息默认情况下存放在该目录的.message 文件中，但可以通过 message_file 选项进行更改。

xferlog_enable=YES、xferlog_file=/var/log/vsftpd.log 和 xferlog_std_format=YES 是一组相关的配置，表示启用 vsftpd 的日志功能，vsftpd 日志的文件名是 vsftpd.log，存放在/var/log 目录下，采用与其他 FTP 服务器兼容的格式。vsftpd 的日志详细记录了用户登录、上传、下载、退出等信息，日志的格式由 xferlog_std_format 决定，默认值是 NO，采用 vsftpd 自定的可读性更好的格式。

connect_from_port_20=YES 表示当 FTP 服务器采用主动模式与客户端建立数据连接时，是否固定使用端口 20。由于安全原因，有些客户端可能有这方面的要求。但是，当该选项设为 NO 时，vsftpd 进程运行时可以使用 1024 以上的端口，需要的权限可以稍微小一点。默认值也是 NO。

chown_uploads=YES 和 chown_username=whoever 是一对相关的配置选项，表示所有匿名用户上传的文件其所有者将变为 whoever。这个配置一般是为了安全目的，例如，文件所有者变为其他用户后，匿名用户可能将不能再对该文件进行删除，甚至读操作。

idle_session_timeout=600 表示控制连接的超时值为 600 秒，即客户端不输入任何与服务器交互的命令时，经过 600 秒，控制连接将断开。超时断开主要是为了减轻服务器的负担，因为大量的闲置客户端会占用主机和网络资源。有些 FTP 客户端即使在闲置时，也会定期自动向服务器发送命令，从而使连接不会断开。

data_connection_timeout=120 表示数据连接的超时值是 120 秒，即建立数据连接后，如果客户端在 120 秒后还没响应，将会自动断开连接。

nopriv_user=ftpsecure 表示当 vsftpd 进程处于非特权运行状态时，所使用的用户身份是 ftpsecure。为了使系统更加安全，vsftpd 有时会处于非特权状态，此时需要一个用户身份来运行 vsftpd 进程。该选项的默认值是 nobody，但由于很多其他的 UNIX 软件也经常要以 nobody 身份运行，因此，为了安全等原因，最好指定另一个用户。一般 nobody 用户系统中默认已创建，如果指定其他用户，需另外再创建。

async_abor_enable=YES 表示 vsftpd 支持一种称为"async ABOR"的 FTP 命令。由于这条命令会影响 vsftpd 的安全，一般使用默认的 NO 设置。但有少数客户端可能会使用这条命令，而且当服务器不支持这条命令时，客户端将会处于挂起状态。因此，为了照顾这些客户端，该选项设为了 YES。

ascii_upload_enable=YES 和 ascii_download_enable=YES 表示上传下载文件时真正允许 ASCII 模式。有些 FTP 服务器在实现 ASCII 传输模式时，容易遭受 DoS 攻击。为了避免这种情况的发生，vsftpd 给客户端回应时可以假装允许 ASCII 模式，但实际上使用的是二进制方式，这是通过把上述两个选项设为 NO 来达到的。

ftpd_banner=Welcome to blah FTP service.表示用户登录时，将显示"Welcome to blah FTP service."，没有这个选项时，将显示 vsftpd 服务器的名称和版本信息，这样做的目的是为了隐藏这些信息。因为这些信息给黑客提供了有价值的线索，使攻击更加方便。如果需要显示更多的信息，还可以把这些信息放在一个文件中，再通过 banner_file 选项指定这个文件。

chroot_list_enable=YES 和 chroot_list_file=/etc/vsftpd/chroot_list 两个选项指定了一个用户列表，这个用户列表存放在/etc/vsftpd/chroot_list 文件中。当 chroot_local_user 选项设为

NO 时，这些用户登录 FTP 服务器后，他们看到的根目录是他们自己的个人目录。也就是说，虽然在实际的文件系统中，这些用户个人目录的上级还有目录，但这些用户是不能切换到这些上级目录的。

🔔 说明：这样做的目的是为了安全，因为有时候不希望随便让无关的用户看到主机文件系统中的其他文件。

当 chroot_local_user 选项设为 YES 时，情况正好相反，上述两个选项指定的用户列表将不会被限制在个人目录中，而是可以转到上级目录，也可以进一步转到其他目录。不在这个用户列表中的用户将会被限制在个人目录中。

ls_recurse_enable=YES 表示客户端在使用 ls 命令时可以加-R 参数。-R 参数表示 ls 命令可以列出整个目录树中的内容。当目录层次比较多的时候，将需要大量的处理时间，特别存在恶意用户时，情况会更严重。因此，vsftpd 默认是不允许这个选项的。但有些客户端使用 ls 命令时默认带有该参数，因此，有时还需要启用该选项。

listen=YES 和 listen_ipv6=YES 表示 vsftpd 将以独立的方式运行，前者监听 IPv4 网络接口，后者监听 IPv6 网络接口，但两者不能同时在一个配置文件中设置。vsftpd 的另一种运行方式是 inetd 方式，它可以对网络方面的安全有更多的控制。

以上介绍了例子 vsftpd.conf 文件中提供的各种选项，熟悉了这些选项后，基本上可以配置一个实用的 FTP 服务器了。但如果 FTP 服务器要面对大量用户时，速度和连接数方面的限制还是必不可少的，否则，很容易会造成网络或主机的瘫痪。vsftpd 主要有 anon_max_rate、local_max_rate、max_clients 和 max_per_ip 4 个选项可以做这方面的限制。

anon_max_rate 选项用于设置匿名用户客户端能够达到的最大速率，其值是一个数值，单位是 b/s。如果设置为 0，则表示速率无限制。默认情况下是无限制的，但在实际情况下，要根据网络和主机的情况做出限制。local_max_rate 选项限制的是本地用户的速率，其余情况与 anon_max_rate 一样。

max_clients 选项限制 vsftpd 能接受的最大客户端连接数，max_per_ip 选项限制每一台主机可以连入的客户端数。这两个选项默认值都是 0，表示没有限制。当实际要工作时，需要根据具体情况加以设置。否则，用户为了加快下载速度，可能会打开很多的客户端连接，从而影响其他用户的正常使用。更严重的是，会很容易遭受 DoS 攻击。

12.4.2　匿名用户配置

支持匿名账号可以大大方便用户使用 FTP，在账号分发有困难的情况下，支持匿名账号更是必不可少。但是支持匿名账号也会带来很多的安全问题，如果配置不当，很容易会漏泄主机的很多信息，甚至直接受到攻击。因此，vsftpd 提供了很多与匿名账号有关的配置，用于管理匿名用户的安全。下面通过一个例子熟悉有关匿名账号的配置。现假设：

❑ vsftpd.conf 的初始内容与 12.4.1 节所示的例子 vsftpd.conf 一样。
❑ 用户 ftp 是匿名用户对应的本地用户，其主目录在/var/ftp。
❑ /var/ftp 目录下有一个 pub 子目录。

并希望达到以下配置目标：

❑ 支持匿名用户登录。

❑ 只要 ftp 用户在操作系统中有读权限，就可以下载文件。

❑ 匿名用户登录后进入/var/ftp/pub 目录，可以下载该目录中的文件。

❑ 可以把文件上传到/var/ftp/pub/upload 目录中，但不能下载或删除该目录中的文件。

❑ 匿名用户登录如果输入 aaa@做为登录密码，将被拒绝。主要目的是为了防止一些
　自动登录的攻击工具进行登录。

为了达到上述配置目标，可以按以下步骤进行配置。

（1）在配置文件中加入以下内容，实现目标 1。

```
anonymous_enable=YES
```

（2）在配置文件中加入以下内容，实现目标 2。

```
anon_world_readable_only=NO
```

（3）在配置文件中加入以下内容，实现目标 3。

```
anon_root=/var/ftp/pub
```

（4）在配置文件中加入以下内容，使匿名用户可以上传文件，并且这些文件的所有者
是 root。

```
anon_upload_enable=YES
chown_uploads=YES
```

（5）在操作系统中输入以下命令。

```
# mkdir /var/ftp/pub/upload
# chown ftp /var/ftp/pub/upload
```

（6）在配置文件中加入以下内容。

```
deny_email_enable=YES
banned_email_file=/etc/vsftpd/banned_email
```

（7）建立/etc/vsftpd/banned_email，输入以下内容。

```
aaa@
```

（8）重启 vsftpd 进程。

```
# killall -HUP vsftpd
```

以上步骤完成后，可以按以下方法进行测试。

```
[root@radius pub]# ls -l /var/ftp/pub              //首先 telnet 到主机，看一下
                                                   /var/ftp/pub 目录下的内容
总用量 336
-rw----r--    1 root      root           309 11 月  7 00:43 main.c
-rw-r--r--    1 root      root           884 11 月  7 00:43 my.txt
-rw-r--r--    1 root      root        324608 11 月  7 00:44 nasmw.exe
drwxr-xr-x    2 ftp       root          4096 11 月 10 21:30 upload
C:\ >ftp 10.10.1.253                               //通过 FTP 连接到主机
Connected to 10.10.1.253.
220 (vsFTPd 1.1.3)
User (10.10.1.253:(none)): anonymous               //用匿名用户登录
```

```
331 Please specify the password.
Password:                              //此处输入密码 aaa@
530 Login incorrect.
Login failed.                          //登录失败
ftp> user anonymous                    //再用匿名用户登录
331 Please specify the password.
Password:                              //此处输入除 aaa@以外的任意字符串
230 Login successful. Have fun.        //登录成功
ftp> ls -l                             //列出目录,可以发现与前面列出的/var/
                                         ftp/pub 目录中的内容一样
200 PORT command successful. Consider using PASV.
150 Here comes the directory listing.
-rw----r--    1 0        0              309 Nov 06 16:43 main.c
-rw-r--r--    1 0        0              884 Nov 06 16:43 my.txt
-rw-r--r--    1 0        0           324608 Nov 06 16:44 nasmw.exe
drwxr-xr-x    2 14       0             4096 Nov 10 13:30 upload
226 Directory send OK.
ftp: 收到 259 字节, 用时 0.02Seconds 16.19Kbytes/sec.
ftp> pwd                               //看一下当前目录
257 "/"                                //提示是根目录,实际上在主机中的位置是
                                         /var/ftp/pub
ftp> get main.c                        //下载 main.c 文件
200 PORT command successful. Consider using PASV.
150 Opening BINARY mode data connection for main.c (309 bytes).
226 File send OK.               //虽然 main.c 不是所有用户都可读,但也可以下载
ftp: 收到 309 字节,用时 0.00Seconds 309000.00Kbytes/sec.
ftp> cd upload                         //进入 upload
250 Directory successfully changed.
ftp> ls -l                             //查看一下 upload 目录中的内容,是一个空目录
200 PORT command successful. Consider using PASV.
150 Here comes the directory listing.
226 Directory send OK.
ftp> put main.c                        //把 main.c 文件上传
200 PORT command successful. Consider using PASV.
150 Ok to send data.
226 File receive OK.                   //上传成功
ftp: 发送 309 字节,用时 0.00Seconds 309000.00Kbytes/sec.
ftp> ls -l                             //查看一下结果,发现存在 main.c 文件
200 PORT command successful. Consider using PASV.
150 Here comes the directory listing.
-rw-------    1 0        50             309 Nov 10 13:43 main.c
                                       //权限值由 anon_umask 默认值 077 决定
226 Directory send OK.
ftp: 收到 64 字节, 用时 0.00Seconds 64000.00Kbytes/sec.
ftp> get main.c                        //试图下载 main.c
200 PORT command successful. Consider using PASV.
550 Failed to open file.               //不能下载
ftp> rm main.c                         //试图删除 main.c
550 Permission denied.                 //不能删除
ftp>
```

12.4.3　Vsftpd 虚拟主机的配置

　　Vsftpd 的虚拟主机是指在一台主机上配置多个 vsftpd 服务，各个 vsftpd 服务可以采用不同的配置，给用户的感觉好像这些 vsftpd 服务是不同的主机上运行的。Vsftpd 的虚拟主

机是基于 IP 地址的，即不同的 vsftpd 服务绑定在不同的 IP 地址上，这点与 Apache 服务器中的虚拟主机不一样。

如果主机上有多块网卡，典型情况是内网连一块网卡，外网也连一块网卡，两块网卡各有一个 IP 地址。此时，两个网卡上可以运行不同配置的 vsftpd 服务。例如，内网网卡上的 vsftpd 服务对用户的限制可以少一点，外网网卡上的 vsftpd 服务对用户的限制可以多一点。但两个服务可以共享主机的文件系统，使用起来可以非常灵活。

还有一种情况是不增加网卡，但在原有网卡的基础上配置子接口，得到逻辑网卡，不同的逻辑网卡设置不同的 IP 地址。这样在形式上也可以认为有多块网卡，不同的逻辑网卡上运行不同配置的 vsftpd 服务。

△注意：各块逻辑网卡的 IP 地址必须要在同一个网段。

下面介绍一下采用逻辑网卡实现的虚拟主机配置。现假设：

❑ 主机上有一块网卡，IP 地址为 10.10.1.253。
❑ 主机上已配置运行了 12.4.2 节所示的 vsftpd 服务。

如果想实现以下目标：

❑ 不影响 10.10.1.253 上原有 vsftpd 服务的功能。
❑ 再增加一块逻辑网卡，IP 地址为 10.10.1.251。
❑ 在 10.10.1.251 地址上再运行一个 vsftpd 服务。
❑ 第二个 vsftpd 服务的其他配置参照 12.4.1 节的例子 vsftpd.conf。

则可以按以下步骤完成：

（1）以 root 用户身份执行以下命令。

```
# ifconfig eth0:1 10.10.1.251 netmask 255.255.255.0 up
```

（2）停止 vsftpd 服务。

```
# killall vsftpd
```

（3）在/etc/vsftpd/vsftpd.conf 中增加以下配置。

```
listen_address=10.10.1.253
```

（4）重新启动 vsftpd 服务。

```
/usr/sbin/vsftpd /etc/vsftpd/vsftpd.conf &
```

（5）为第二个 vsftpd 服务器建立匿名用户对应的本地账号及个人目录。

```
# useradd -d /var/myftp -s /sbin/nologin myftp
```

（6）改变/var/myftp 的所有者，目的是使 myftp 用户对其没有写权限。

```
# chown root /var/myftp
```

（7）复制一份 12.4.1 的例子 vsftpd.conf，命名为/etc/vsftpd/myvsftpd.conf。

（8）编辑 myvsftpd.conf，加入以下配置：

```
ftpd_banner=Welcome to my virtual ftp server
ftp_username=myftp
```

```
listen=YES
listen_address=10.10.1.251
```

（9）启动第二个 vsftpd：

```
# /usr/sbin/vsftpd /etc/vsftpd/myvsftpd.conf
```

以上步骤完成后，可按以下方法进行测试。

```
C:\>ftp 10.10.1.253                          //先连接到 10.10.1.253
Connected to 10.10.1.253.
220 (vsFTPd 2.2.2)                           //出现的是默认提示
User (10.10.1.253:(none)): anonymous         //匿名用户登录
331 Please specify the password.
Password:                                    //除 aaa@以外的字符串
230 Login successful. Have fun.
ftp> ls -l                                   //看一下内容
200 PORT command successful. Consider using PASV.
150 Here comes the directory listing.
-rw----r--    1 0         0              309 Nov 06 16:43 main.c
-rw-r--r--    1 0         0              884 Nov 06 16:43 my.txt
-rw-r--r--    1 0         0           324608 Nov 06 16:44 nasmw.exe
drwxr-xr-x    2 14        0             4096 Nov 10 13:43 upload
226 Directory send OK.
ftp: 收到 259 字节, 用时 0.00Seconds 259000.00Kbytes/sec.
ftp> close                                   //关闭与 10.10.1.253 的连接
221 Goodbye.
ftp> open 10.10.1.251                         //打开与 10.10.1.251 的连接
Connected to 10.10.1.251.
220 Welcome to my virtual ftp server         //出现了自己设定的提示,表明是不同的服
                                             //务器
User (10.10.1.251:(none)): anonymous         //匿名用户登录
331 Please specify the password.
Password:
230 Login successful. Have fun.
ftp> ls -l                  // 查看一下内容,与上一次不一样,进一步表明是不同的服务器
200 PORT command successful. Consider using PASV.
150 Here comes the directory listing.
226 Directory send OK.
ftp>
```

以上测试表明，虽然 10.10.1.251 和 10.10.1.253 两个 IP 地址实际上是在同一台计算机上，但是，就使用 vsftpd 服务而言，给人的感觉好像是在两台计算机上，因为两者看起来好像是完全独立的。

12.4.4　虚拟用户的配置

Vsftpd 中的用户有 3 种形式。第一种是匿名用户，登录时可以使用任意一个 E-mail 地址作为密码，其权限对应操作系统中名为 ftp 的用户。第二种是本地用户，也就是操作系统中建立的用户，用户名和密码存放在/etc/passwd 文件中，它们可以通过控制台或 telnet 登录操作系统，也可以作为 FTP 用户登录到 Vsftpd 中。还有一种叫虚拟用户，它们的用户名和文件存放在特定的数据文件中，只在 Vsftpd 中有效，一般情况下是不能在其他系统中登录的。

采用虚拟用户的优点是很明显的。首先，它对操作系统的安全有好处，FTP 用户账号

的泄漏不会对操作系统的安全造成任何影响。其次，在需要大量 FTP 用户账号的情况下，不需要在操作系统中建立用户，减轻了操作系统的管理负担。还有，虚拟用户的账号的权限设置更加方便，存储位置也可以灵活多样，便于与其他系统的集成。

PAM（Plugable Aauthentication Module，可插拔认证模块）是一种完成通用认证功能的程序。它可以被其他程序调用，是 vsftpd 支持的一种认证方式。当使用 PAM 时，程序不需要重新编译，只需要通过编辑一个配置文件来决定认证模块如何插入到程序之中。下面以 PAM 认证为例，介绍 vsftpd 虚拟用户的配置方法。假设：

❑ vsftpd.conf 的初始内容与 12.4.1 节所示的例子 vsftpd.conf 一样。

❑ 在例子 vsftpd.conf 情况下，操作系统环境已经使 vsftpd 能运行，并正常地提供服务。

现希望达到以下配置目标：

❑ 建立三个虚拟用户 usr1、usr2 和 usr3，密码分别是 pass1、pass2 和 pass3。

❑ 用户 usr1 的主目录为 dir1，只有读权限。

❑ 用户 usr2 的主目录为 dir2，只有读权限。

❑ 用户 usr3 的主目录为 dir2，拥有所有权限。

所需的步骤如下所示。

（1）创建文件 ftpusr.txt，里面包括要创建的虚拟账号，格式和内容如下：

```
usr1
Pass1
usr2
Pass2
usr3
pass3
```

（2）生成虚拟账户数据库。

确保 DB 库及工具包已安装。可输入以下命令查看：

```
# rpm -qa|grep db4
db4-4.7.25-17.el6.i686
db4-cxx-4.7.25-17.el6.i686
db4-devel-4.7.25-17.el6.i686
db4-utils-4.7.25-17.el6.i686
#
```

以上的显示表明 4 个 db4 包已正确安装，然后通过以下命令在/etc/vsftpd 目录下生成账户数据库文件 ftpusr.db，并设置访问权限为 600。

```
# db_load -T -t hash -f ./ftpusr.txt /etc/vsftpd/ftpusr.db
# chmod 600 /etc/vsftpd/ftpusr.db
```

（3）新建/etc/pam.d/vsftpd_login 文件，输入以下内容：

```
auth required /lib/security/pam_userdb.so db=/etc/vsftpd/ftpusr
account required /lib/security/pam_userdb.so db=/etc/vsftpd/ftpusr
```

所有支持 PAM 的程序都有一个与 PAM 进行对接的配置文件，它们存放在/etc/pam.d 目录，vsftpd 与 PAM 的对接配置文件名可以由 vsftpd.conf 文件中的 pam_service_name 选项确定，默认的文件名是 ftp。

说明：当 vsftpd 认证本地用户时，实际上也是通过 PAM 方式进行的。当使用 RPM 安装方式时，会把一个名为 vsftpd 的文件复制到/etc/pam.d 目录，然后在 vsftpd.conf 文件中加入选项 pam_service_name=vsftpd，当以后认证本地用户时，会根据/etc/pam.d/vsftpd 文件的配置内容进行认证。

PAM 定义了 4 种类型的模块，其中 auth 模块提供了实际的认证过程，可能是提示口令输入并检查输入的口令，设置保密字或 KERBEROS 通行证。account 模块负责检查并确认是否可以进行认证，例如，账户是否到期，用户此时此刻是否可以登录等。因此，vsftpd_login 文件中的两行内容表示调用/lib/security/pam_userdb.so 模块并根据/etc/vsftpd/ftpusr 进行认证。

（4）建立所有 FTP 虚拟用户账号使用的操作系统账号，并设置该账号工作目录的权限。

```
# useradd -d /home/ftpsite -s /sbin/nologin ftp_virt
# chmod 700 /home/ftpsite
```

"-s /sbin/nologin" 参数表示 ftp_virt 用户永远不能在操作系统中登录。

（5）在 12.4.1 节所示的例子 vsftpd.conf 中添加以下有关虚拟用户的配置内容。

```
guest_enable=YES
guest_username=ftp_virt
pam_service_name=vsftpd_login
```

此时如果重启 vsftpd 进程，使虚拟用户配置生效，则刚才 3 个在 ftpusr.txt 中输入的用户账号将可以在 vsftpd 中登录。此时操作系统用户将不能在 vsftpd 中登录，但匿名用户还是可以登录的。下面再看一下这些虚拟用户账号对操作系统中各种文件和目录的操作权限如何设置。

（6）设置虚拟用户的权限。

操作系统本身有一套控制用户权限的机制。当 vsftpd 采用本地用户登录时，本地用户对文件的权限是由操作系统规定的。如果要求所有的虚拟用户对操作系统文件的权限是一样的，可以在 vsftpd.conf 中使用 virtual_use_local_privs=YES 配置。其功能是使虚拟用户的权限与操作系统中所对应的用户（例子中的 ftp_virt）的权限一样，这样就可以通过设置本地用户权限来决定虚拟用户的权限。

但如果要求每个虚拟用户具有不同的权限，使用上面的方法就不行了。为了解决这个问题，vsftpd 可以为每个虚拟用户设置自己的配置文件，其文件名和用户名相同，这些配置文件要统一放在一个目录下，目录的位置由 user_config_dir 选项指定。由于不同的用户可以在自己的配置文件中设置不同的内容，因此，vsftpd 就可以为虚拟用户指定不同的权限了。下面看一下具体的做法。

首先在 vsftpd.conf 中加入一行，指定放置用户配置文件的目录位置是/etc/vsftpd。

```
user_config_dir=/etc/vsftpd
```

然后在/var/ftp 下创建两个目录。

```
# mkdir /var/ftp/dir1
# mkdir /var/ftp/dir2
```

为了使 **ftp_virt** 对这两个目录有完全的权限，再执行下面命令：

```
# chown ftp_virt /var/ftp/dir1
# chown ftp_virt /var/ftp/dir2
```

最后，在/etc/vsftpd 目录中建立 3 个文件，其文件名分别是 3 个虚拟账号的用户名 usr1、usr2 和 usr3，内容分别如下：

```
# vi /etc/vsftpd/usr1
local_root=/var/ftp/dir1
# vi /etc/vsftpd/usr2
local_root=/var/ftp/dir2
# vi /etc/vsftpd/usr3
local_root=/var/ftp/dir2
anon_mkdir_write_enable=YES
anon_other_write_enable=YES
anon_upload_enable=YES
anon_world_readable_only=YES
write_enable=YES
```

local_root 选项指定用户登录后起始的工作目录位置。usr1 和 usr2 用户在自己的配置文件中没有指定权限，则其权限默认和匿名用户一样。在本例的 vsftpd.conf 配置中，匿名用户的权限配置成只能读，于是，usr1 和 usr2 用户对自己的工作目录也只有读的权限。usr3 在自己的配置文件增加了几条可以写的配置。因此，这些配置覆盖了 vsftpd.conf 文件中的默认配置，对 dir2 目录就有了写的权限。

以上步骤完成后，可以通过以下方法进行测试：

```
# ftp 127.0.0.1
Connected to 127.0.0.1.
220 (vsFTPd 2.2.2)
530 Please login with USER and PASS.
530 Please login with USER and PASS.
KERBEROS_V4 rejected as an authentication type
Name (127.0.0.1:root): usr3          //首先用 usr3 用户登录
331 Please specify the password.
Password:                            //输入密码 pass3
230 Login successful.                //提示登录成功
Remote system type is UNIX.
Using binary mode to transfer files.
ftp> mkdir create_by_usr3           //创建一个目录 create_by_usr3
257 "/create_by_usr3" created       //提示创建成功
ftp> ls                              //检验一下
227 Entering Passive Mode (10,10,1,29,67,7)
150 Here comes the directory listing.
drwx------    2 501      501      4096 Nov 09 12:37 create_by_usr3
226 Directory send OK.
ftp> close                           //由于不能用 USER 命令改变用户，先关闭连接
221 Goodbye.
ftp> open 127.0.0.1                  //再重新打开
...
Name (127.0.0.1:root): usr2          //用 usr2 登录
331 Please specify the password.
Password:                            //输入密码 pass2
230 Login successful.                //提示登录成功
Remote system type is UNIX.
Using binary mode to transfer files.
```

```
ftp> ls                              //看一下工作目录
227 Entering Passive Mode (10,10,1,29,43,239)
150 Here comes the directory listing.
drwx------    2 501        501            4096 Nov 09 12:37 create_by_usr3
        //看到了刚才 usr3 用户所建的目录,说明 usr2 和 usr3 的工作目录是同一个
226 Directory send OK.
ftp> rmdir create_by_usr3            //试图删除 create by usr3 目录
550 Permission denied.               //删除不了
ftp> close
221 Goodbye.                         //关闭连接
ftp> open 127.0.0.1                  //重新打开
...
Name (127.0.0.1:root): usr1          //用 usr1 登录
331 Please specify the password.
Password:                            //输入密码 pass1
230 Login successful.                //提示登录成功
Remote system type is UNIX.
Using binary mode to transfer files.
ftp> ls                              //看一下个人目录
227 Entering Passive Mode (10,10,1,29,231,249)
150 Here comes the directory listing.
        //没有看到 create_by_usr3 目录,表明 usr1 和 usr2、usr3 的工作目录不同
226 Directory send OK.
ftp> mkdir abc                       //试图创建一个目录
550 Permission denied.               //创建不了
ftp> bye                             //测试结束,退出
221 Goodbye.
```

可以看到，配置目标已经达到。

12.4.5　Vsftpd 的日志

日志是 vsftpd 服务运行时各种工作状态的记录，如用户登录、下载文件、创建目录等操作，均可以被日志记录下来。有了日志，管理员可以及时了解服务器运行过程中出现的问题，并在解决问题的调试过程中得到各种信息。

Vsftpd 有关日志配置的选项有很多。其中当 xferlog_enable 选项设为 YES 时，就启用了日志功能。此时，日志默认被记录在/var/log 目录的 vsftpd.log 文件中，但这个文件的位置和名称可以通过设置选项 vsftpd_log_file 加以改变。vsftpd.log 中的日志格式是 vsftpd 自己定义的，具有良好的可读性。

如果在配置文件中把 xferlog_std_format 选项设为 YES，则可以输出另外一种称为 xferlog 格式的日志。这种格式是与 wu-FTP 服务器兼容的，可读性比较差，但更容易被工具分析。xferlog 日志默认记录在/var/log 目录的 xferlog 文件中，它的位置和名称也可以通过设置 xferlog_file 选项加以改变。

默认情况下，vsftpd 只记录自定义格式的日志。如果希望同时还记录 xferlog 格式的日志，则需要把 dual_log_enable 设为 YES。此时，两种格式的日志会同时被记录，存到相应的日志文件中。

注意：单个日志文件的大小或记录时间是有限制的，当超过一定限度时，日志文件会自动改为另一个名字，如 vsftpd.log.1 等，同时，原来的文件又从头开始记录日志信息。

还有，当 syslog_enable 选项设为 YES 时，vsftpd 会把本来输出到/var/ftp/vsftpd.log 文件中的日志输到系统日志中。log_ftp_protocol 表示把 FTP 协议的控制命令和应答也记录下来，这种日志信息量是非常大的。最后，还有一个 no_log_lock 选项与日志有关，它设为 YES 时，在写日志文件时，将阻止 Vsftpd 使用文件锁定，目的是为了免受某些操作系统 bug 的影响，一般是不启用的。下面是一些在 vsftpd.log 文件中记录的日志信息。

```
Sun Nov  9 14:26:05 2008 1 192.168.1.147 2690 /home/os/1.txt b _ o r os ftp
0 * c
Sun Nov  9 14:26:52 2008 1 192.168.1.147 156 /home/os/1.txt b _ i r os ftp
0 * c
Sun Nov  9 14:27:21 2008 1 10.10.1.29 156 /home/os/1.txt b _ o r os ftp 0
* c
Sun Nov  9 14:45:26 2008 1 10.10.1.29 717 /home/os/vsftpd.conf b _ i r os
ftp 0 * c
Sun Nov  9 14:46:22 2008 1 192.168.1.147 717 /home/os/vsftpd.conf a _ o r
os ftp 0 * c
Sun Nov  9 20:44:05 2008 1 10.10.1.29 4440 /home/os/vsftpd.conf b _ i r os
ftp 0 * c
...
```

以上日志中，每一列的含义分别如下所示。

❑ 记录日志时间。
❑ 文件传输时所花的时间。
❑ 客户机的名称或 IP 地址。
❑ 传输的字节数。
❑ 上传或下载的文件名称及路径。
❑ 传输的方式。a 表示 ASCII 方式、b 表示二进制方式。
❑ 行为标志："-" 表示没有行为，其余的保留未用。
❑ 传输方向：o 表示出去，i 表示进来，都是相对服务器而言。
❑ 访问方式：a 表示匿名用户，g 表示客人用户，r 表示真实用户。
❑ 用户名。
❑ 服务名称：都是 ftp。
❑ 认证方式：0 表示未使用。
❑ 认证的用户 ID：*表示未使用。
❑ 完成状态：c 表示完成传输，i 表示未完成传输。

一般情况下，Vsftpd 的日志内容非常多，需要通过专门的日志分析工具进行分析。

12.5　磁　盘　限　额

除了为用户提供文件下载服务外，很多的 FTP 服务器还可以为用户提供空间，允许用户上传文件。但是，每个用户一般都会倾向于使用更多的磁盘空间，如果不对用户的磁盘空间进行限制，则磁盘空间将很快消耗完。为了避免这种情况的发生，可以采取措施，对用户使用磁盘进行限额。下面介绍在 Linux 系统中使用 quota 软件限制用户磁盘空间的方法。

12.5.1　设置支持磁盘限额的分区

磁盘限额（quota）是系统管理员用来监控和限制用户或组对磁盘的使用的工具。磁盘限额是针对磁盘分区而言的，也就是说，一个磁盘分区不能一部分用于限额使用，而另一部分却随便使用。还有，Linux 内核必须要提供对限额的支持，编译时需要设定对 quota 的支持。

🔔注意：磁盘限额只对一般用户有效，对 root 用户是无效的。

Quota 可以有两种形式。一种是限制用户或组可以拥有的 inode 数，也就是文件数。还有一种是限制分配给用户或组的磁盘块的数目，也就是磁盘空间。通过使用 quota，系统管理员可以限制用户无节制地占用磁盘空间。在 RHEL 6 操作系统默认安装时，已经安装了 quota 软件包，可以用以下命令查看。

```
# rpm -qa|grep quota
quota-3.17-16.el6.i686
```

为了使用磁盘限额功能，首先需要设置挂载文件系统时对磁盘限额的支持，具体方法是修改/etc/fstab 文件，在需要进行磁盘限额的分区行的选项位置添加 usrquota（用户限额）或 grpquota（用户组限额），具体如下所示。

```
/dev/VolGroup00/LogVol00 /          ext4    defaults                    1 1
LABEL=/boot              /boot      ext4    defaults                    1 2
/dev/sdb1                /ftpuser   ext4    defaults,usrquota,grpquota 1 1
devpts                   /dev/pts           devpts  gid=5,mode=620      0 0
tmpfs                    /dev/shm           tmpfs   defaults            0 0
proc                     /proc              proc    defaults            0 0
sysfs                    /sys               sysfs   defaults            0 0
/dev/VolGroup00/LogVol01 swap               swap    defaults            0 0
```

第 3 行表示/dev/sdb1 分区挂载在/ftpuser 目录，其选项包含了 usrquota 和 grpquota，因此这个分区将支持磁盘限额功能。为了使修改生效，可以重新启动计算机，也可以用以下命令重新装载分区：

```
# mount -o remount /ftpuser
```

以上命令执行时，/ftpuser 中不能有打开的文件，因此，根分区只能通过重启才能重新装载。以上工作完成后，还需在分区的安装目录生成 aquota.group 和 aquota.user 两个文件，分别用来记录该分区空间的使用情况。这两个文件需要通过 quotacheck 命令建立，具体命令如下：

```
[root@localhost ftpuser]# ls
lost+found
[root@localhost ftpuser]# quotacheck -agu
[root@localhost ftpuser]# ls
aquota.group  aquota.user  lost+found
[root@localhost ftpuser]#
```

可以看到，执行了"quotacheck -agu"命令后，/ftpuser 目录下出现了两个文件 aquota. group 和 aquota.user，它们是二进制文件。quotacheck 命令中，-a 表示扫描所有挂载的分区。

如果发现该分区挂载时具有 usrquota 和 grpquota 选项，则会检查其挂载的目录是否有 aquota.user 文件。如果没有，则会建立。-g 选项表示还要检查是否有 aquota.group 文件；-u 是默认选项，检查是否有 aquota.user 文件。

12.5.2　设置对用户的磁盘限额

设置了支持磁盘限额的分区后，就可以对具体的用户或用户组进行该分区的磁盘限额了。这些限额信息都存储在挂载目录的 aquota.user 和 aquota.group 文件中，但由于这两个文件不是文本文件，因此不能直接用 vi 等命令进行编辑，需要通过 quota 软件包提供的 edquota 命令进行编辑。edquota 命令的格式如下：

```
edquota [-u] [-p 用户名] [-f 文件系统] <用户名>
edquota -g [-p 用户组名] [-f 文件系统 <用户组名>
edquota [-u|-g] [-f 文件系统] -t
edquota [-u|-g] [-f 文件系统] -T <用户名|用户组名>
```

以上格式中，第一行的-u 是对用户进行磁盘限额设置，这也是默认的选项。-f 选项用于指定特定的限额分区，-p 选项表示以某一用户为模板进行用户的磁盘限额设置。第二行的-g 选项表示对用户组进行磁盘限额设置，此时，后面要跟用户组名。第三行的-t 选项表示要进行宽限时间限制，可以是针对所有用户或用户组，默认两者都是。-T 选项可以是针对选定的用户或用户组进行宽限时间的设置。

在 quota 中，有两种类型的磁盘空间限额。一种是软限额，表示用户达到这个限额后，系统将给出警告，但用户在宽限时间内还可以继续使用空间或 inode。还有一种是硬限额，表示用户不能超过这个限额。

💭说明：所谓的宽限时间，就是指用户使用的磁盘空间或 inode 数超过软限额后，要求在多长时间内必须要降到软限额以下，否则，将不能继续使用空间或 inode 数。

下面是执行"edquota abc"命令后出现的结果。此时实际上是进入了 vi 状态，用户可以对各种数字进行编辑，其作用是对用户 abc 进行磁盘限额设置。

```
Disk quotas for user abc (uid 500):
  Filesystem         blocks        soft       hard      inodes      soft       hard
  /dev/sdb1               0           0          0           0         0          0
```

以上各列中，第一列表示限额的分区，第二列表示该用户已经使用的磁盘块数，第三列表示磁盘块数的软限制，第四列表示磁盘块数的硬限制。后面的三列分别表示用户已经使用的 inode 数及 inode 的软限制和硬限制。每一行表示一个要进行磁盘限额的分区。如果有多个分区设置了限额功能，将会出现多行，除非用-f 选项指定了某一具体分区。

例如，如果设置 abc 用户在/dev/sdb1 分区上最多只能使用 100 个磁盘块，如果达到 90 个磁盘块，将会给予警告。而且最多只能创建 8 个文件，达到 6 个时将给予警告，则设置的内容如下：

```
Disk quotas for user abc (uid 500):
  Filesystem         blocks        soft       hard      inodes      soft       hard
  /dev/sdb1               0          90        100           0         6          8
```

默认情况下，每个磁盘块的容量是 1KB。但需要注意的是，并不是每一个磁盘块都会充分利用，这是因为空间分配是以块为单位的，有些磁盘块可能只存放了一部分数据，剩余的部分空间只能是浪费了。因此，abc 用户的磁盘限额为 100 个磁盘块，并不是所有文件的字节数加起来后可以达到 100KB。如果要对宽限时间进行调整，可以输入"edquota -t"命令，vi 编辑器中将出现以下文字：

```
Grace period before enforcing soft limits for users:
Time units may be: days, hours, minutes, or seconds
 Filesystem              Block grace period    Inode grace period
 /dev/sdb1                    7days                  7days
```

此时是对所有的用户设置宽限时间。块限额和 inode 限额默认都是 7 天，可以改为其他时间。除 days 外，单位也可以改为 hours、minutes 或 seconds。以上是对用户进行磁盘限额的方法。对用户组进行磁盘限额的方法与用户完全一样，其含义是属于这个用户组的所有用户使用的总的磁盘块或 inode 数不能超过限制。

12.5.3 启用和终止磁盘限额

设置好用户或用户组的磁盘限额后，为了使所做的限制生效，需要开启磁盘限额功能，其命令是 quotaon，格式如下：

```
quotaon <文件系统>
```

或者使用以下命令自动搜索所有设置了磁盘限额的分区，并启用。

```
quotaon -aguv
```

如果要关闭磁盘限额功能，使用的是 quotaoff 命令，其格式与 quotaon 命令相似。下面启用/ftpuser 分区的磁盘限额功能。输入以下命令：

```
quotaon /ftpuser
```

为了测试磁盘限额功能，root 用户执行了以下命令：

```
# mkdir /ftpuser/abc
# chown abc /ftpuser/abc
```

于是，abc 用户拥有了/ftpuser/abc。由于 12.5.2 节已经给 abc 用户做了磁盘限额，因此接下来以 abc 用户登录，执行以下命令：

```
[abc@localhost ~]$ cd /ftpuser/abc
 [abc@localhost abc]$ cp /bin/zcat ./
[abc@localhost abc]$ quota abc   //quota 命令用于查看用户当前磁盘使用和限额情况
Disk quotas for user abc (uid 500):
     Filesystem  blocks   quota   limit   grace   files   quota   limit   grace
     /dev/sdb1      72      90     100              1        6       8
[abc@localhost abc]$ cp /bin/true ./
sdb1: warning, user block quota exceeded.
            //true 文件复制进去后,abc 占用的磁盘块超过软限制,出现该提示
[abc@localhost abc]$ quota abc
            //再执行 quota 命令时,可以发现 abc 用户占用 96 块磁盘块,超过软件限制
Disk quotas for user abc (uid 500):
     Filesystem  blocks   quota   limit   grace   files   quota   limit   grace
     /dev/sdb1     96*      90     100   7days     2        6       8
[abc@localhost abc]$ cp /bin/touch ./        //如果继续复制文件,将超过硬限制
```

```
sdb1: write failed, user block limit reached.    //提示因达到硬限制,写入失败
cp: 写入"./touch": 超出磁盘限额
[abc@localhost abc]$ ls -l
总计 100
-rwxr-xr-x 1 abc abc     0 12-30 22:14 touch
-rwxr-xr-x 1 abc abc 16932 12-30 22:13 true
-rwxr-xr-x 1 abc abc 62136 12-30 22:13 zcat
[abc@localhost abc]$
```

从以上测试结果可以看到，第一次复制/bin/zcat 文件到 abc 目录后，虽然该文件大小只有 62136 字节，但要占用 72 个磁盘块。第二次复制/bin/true 文件到 abc 目录后，abc 用户占用的磁盘块数已经达到了 96，超过了软件限制 90，因此系统给出了"sdb1: warning, user block quota exceeded." 警告提示，但还可以继续使用。第三次复制/bin/touch 文件时，由于已经超出了硬限制，因此复制失败，此时由于 inode 数未达到限制，touch 文件还是能创建的，但字节数是 0。

12.6　小　　结

FTP 服务器是 Internet 上最常见的服务器之一。本章首先讲述了 FTP 的工作原理，主要是有关 FTP 协议的解释，然后介绍了 FTP 客户端的使用方法，接下来重点介绍了 Vsftpd 服务器的架设方法，包括 Vsftpd 的安装、运行与配置等内容，并通过几个例子讲解了配置方面的一些技巧。最后，为了达到限制 FTP 用户磁盘空间的目的，还介绍了使用 quota 软件进行磁盘限额的方法。

第 13 章 DHCP 服务

DHCP（Dynamic Host Configuration Protocol，动态主机配置协议）用于为计算机自动提供 IP 地址、子网掩码和路由网关等网络配置信息。它是通过网络内一台服务器提供相应的 DHCP 服务来实现的，减少了网络客户机 IP 地址配置的复杂度和管理开销。本章将详细介绍 DHCP 服务器的工作原理、安装、配置、运行和使用方法。

13.1 DHCP 服务概述

动态主机配置协议 DHCP 的前身是 BOOTP 协议。它工作在 OSI 的应用层，是一种帮助计算机从指定的 DHCP 服务器获取网络配置信息的自举协议。下面介绍 DHCP 的基本知识，包括 DHCP 的功能、工作过程、报文格式及其与 BOOTP 协议的关系等内容。

13.1.1 DHCP 的功能

在基于 Internet 的企业网络中，每一台计算机都必须正确地配置 TCP/IP 协议。这些配置内容包括 IP 地址、子网掩码、默认网关地址、DNS 服务器地址等。如果工作站的数量众多，完成这些配置工作对网络安装、维护人员来说将是一项非常大的工程，并且要避免不出差错是很困难的。如果同一个 IP 地址被使用了两次，这将引起 IP 地址的冲突，有可能使整个网络不能正常工作。采用动态地址分配可以解决这个问题。此时，客户机事先不做任何网络参数配置，只是在开机工作前，通过网络和 DHCP 服务器取得联系，然后从 DHCP 服务器获取网络配置参数，这样大大减轻了网络管理员的工作负担。

另外，DHCP 也给移动客户机带来了很大的方便。因为某一子网为客户机设定的参数往往只有在这个子网才能使用。如果移动到另一子网，这些网络参数往往需要重新设置。在某些场合下，这往往是不可能的。采用动态地址分配则可以解决这一问题。因为客户机事先是不设网络参数的，到了哪个子网，就可以从那个子网的 DHCP 服务器得到能正常工作的网络参数设置。

此外，采用 DHCP 还可以节省 IP 地址资源。在很多网络中，并不是连网的计算机都会同时工作的，如果为每台计算机分配一个固定 IP，将不可避免地会引起 IP 地址资源的浪费。如果采用动态地址分配，则只需要分配最大同时工作客户机的 IP 数就够了。

🔔 说明：例如，一个网络总共有 1 000 个客户，但同时工作的计算机最多只有 800 台。此时 DHCP 服务器只需准备 800 个 IP 地址就足够了。与固定 IP 相比，这种方式就节省了 200 个 IP 地址。

总的来说，网络管理员可以通过 DHCP 服务器集中指派和指定全局的或子网特有的 TCP/IP 参数，以供整个网络使用。客户机不需要手动配置 TCP/IP，并且当租约到期后，旧的 IP 地址将被释放以便重新使用。也就是说，DHCP 服务器接管了对工作站的 TCP/IP 进行适当配置的责任，这将有助于大幅度降低网络维护和管理的耗费。具体来说，DHCP 具有以下特点：

- ❑ 允许本地系统管理员控制配置参数，本地系统管理员能够对所希望管理的资源进行有效的管理。
- ❑ 客户端不需要手工配置，能够在不参与的情况下发现合适于本地机的配置参数，并利用这些参数加以配置。
- ❑ 不需要为单个客户端配置网络。在通常情况下，网络管理员没有必要输入任何预先设计好的用户配置参数。
- ❑ DHCP 服务器不需要在每个子网上都配置一台，它可以和路由器或 BOOTP 转发代理一起工作。
- ❑ 出于网络稳定与安全的考虑，有时需要在网络中添加多台 DHCP 服务器。DHCP 客户端能够对多个 DHCP 服务器提供的服务做出响应。
- ❑ DHCP 必须静态配置，而且必须用现存的网络协议实现。
- ❑ DHCP 必须能够为现有的 BOOTP 客户端提供服务。
- ❑ 不会为多个客户端分配置同一个网络地址。
- ❑ 如果可能，客户端重新启动后，将被指定为与原来相同的配置参数。
- ❑ 在 DHCP 服务器重新启动后仍然能够保留客户端的配置参数。
- ❑ 能够为新加入的客户端自动提供配置参数。
- ❑ 支持对特定客户端永久固定分配网络地址。

13.1.2　DHCP 的工作过程

DHCP 是工作在 UDP 基础上的一种应用层协议，采用的是客户端/服务器模式。提供信息的叫做 DHCP 服务器，而请求配置信息的计算机叫做 DHCP 客户端。其中，DHCP 服务器使用的是 67 号端口，而客户机使用的是 68 号端口。下面介绍 DHCP 客户机是如何获得 IP 地址的，这个过程也称为 DHCP 租借过程。

1. 发现阶段

发现阶段即 DHCP 客户机寻找 DHCP 服务器的阶段。由于 DHCP 服务器的 IP 地址对于客户机来说是未知的。因此，DHCP 客户机必须以广播方式发送"DHCP Discover"消息来寻找 DHCP 服务器，即向 IP 地址 255.255.255.255 发送该消息。网络上每一台安装了 TCP/IP 协议的主机都会接收到这种广播信息，但只有 DHCP 服务器才会做出响应。

2. 提供阶段

提供阶段即 DHCP 服务器提供 IP 地址的阶段。每一台从网络中接收到"DHCP Discover"消息的 DHCP 服务器都会做出响应。从尚未出租的 IP 地址池中挑选一个 IP 地址，再加上其他一些配置信息，通过"DHCP Offer"消息发送给 DHCP 客户机。由于此时客户机还没有 IP 地址，服务器用的也是广播方式。

3. 选择阶段

选择阶段即 DHCP 客户机选择哪一台 DHCP 服务器提供的 IP 地址的阶段。如果 DHCP

客户机收到了多台 DHCP 服务器发来的 "DHCP Offer" 消息, 则 DHCP 客户机只接收第一个收到的 "DHCP Offer" 消息。然后它就以广播方式回答一个 "DHCP Request" 消息, 该消息中包含了向所选的 DHCP 服务器请求 IP 地址的内容。

说明：之所以要以广播方式回答, 是为了通知所有的 DHCP 服务器, 它选择由哪一台 DHCP 服务器提供 IP 地址。

4. 确认阶段

确认阶段即 DHCP 服务器确认所提供的 IP 地址的阶段。当被选中的 DHCP 服务器收到 DHCP 客户机回答的 "DHCP Request" 消息之后, 它便向 DHCP 客户机发送一个包含它所提供的 IP 地址和其他设置的 "DHCP Ack" 消息, 告诉 DHCP 客户机现在可以使用它所提供的 IP 地址了, 于是 DHCP 客户机便采用了服务器所提供的网络设置。另外, 除 DHCP 客户机选中的那台服务器外, 其他的 DHCP 服务器都将收回曾经提供的 IP 地址。

5. 重新申请

以后 DHCP 客户机每次重新连上网络时, 就不需要再发送 "DHCP Discover" 消息了, 而是直接发送包含前一次所分配的 IP 地址的 "DHCP Request" 消息。当 DHCP 服务器收到这一信息后, 它会尝试让 DHCP 客户机继续使用原来的 IP 地址, 回答一个 "DHCP Ack" 消息。如果此 IP 地址已无法再继续分配给原来的 DHCP 客户机使用时（例如该 IP 地址已分配给其他 DHCP 客户机使用）, 则 DHCP 服务器给 DHCP 客户机回答一个 "DHCP NACK" 消息。当原来的 DHCP 客户机收到这个 "DHCP NACK" 消息后, 它就会重新发送 "DHCP Discover" 消息来请求新的 IP 地址。

6. 更新租约

DHCP 服务器向 DHCP 客户机出租的 IP 地址一般都有一个租借期限, 期满后 DHCP 服务器便会收回出租的 IP 地址。如果 DHCP 客户机要延长其 IP 租约, 则必须在到期前更新其 IP 租约。一般情况下, DHCP 客户机启动时和 IP 租约期限过一半时, DHCP 客户机都会自动向 DHCP 服务器发送 "DHCP Request" 消息, 以进行 IP 地址租约的更新。如果客户端可以继续使用此 IP 地址, 则 DHCP 服务器回应 "DHCP Ack" 报文, 通知客户端已经获得新 IP 租约。如果此 IP 地址不可以再分配给客户端, 则服务器回应 "DHCP Nack" 消息, 通知客户端不能获得新租约。

如图 13-1 所示, 说明了正常情况下, DHCP 客户端获得 IP 地址及网络配置参数的 4 个阶段。除了以上租借过程所对应的 DHCP 消息外, 还有两种 DHCP 消息。一种是 "DHCP

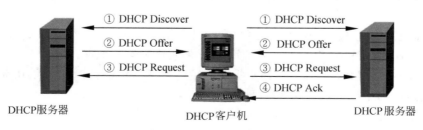

图 13-1　DHCP 协议的四个阶段

Decline”消息，它是在客户端判定 DHCP 服务器所提供的配置参数是无效时，向服务器发送的，然后 DHCP 客户端需要重新开始租借过程。还有一种是“DHCP Release”消息，它是在客户端不再使用服务器所提供的 IP 地址时发送的，通知服务器取消任何剩下的租约。

13.1.3　DHCP 报文格式

在 DHCP 获取 IP 地址及其他网络配置参数的过程中，DHCP 客户端和服务器之间要交换很多的消息报文，这些 DHCP 报文总共 8 种类型。每种报文的格式相同，只是某些字段的取值不同。如图 13-2 所示是 DHCP 报文的格式，每一个字段名的含义如下所示。

op(1)	htype(1)	hlen(1)	hops(1)
xid(4)			
secs(2)		flags(2)	
ciaddr(4)			
yiaddr(4)			
siaddr(4)			
giaddr(4)			
chaddr(16)			
Sname(64)			
file(128)			
options(variable)			

图 13-2　DHCP 报文格式

❑ op：报文的操作类型分为请求报文和响应报文，1 为请求报文；2 为响应报文。具体的报文类型在 option 字段中标识。

❑ htype：DHCP 客户端的硬件地址类型。1 表示 ethernet 地址。

❑ hlen：DHCP 客户端的硬件地址长度。ethernet 地址为 6。

❑ hops：DHCP 报文经过的 DHCP 中继的数目。初始为 0，报文每经过一个 DHCP 中继，该字段就会增加 1。

❑ xid：客户端发起一次请求时选择的随机数，用来标识一次地址请求过程。

❑ secs：DHCP 客户端开始 DHCP 请求后所经过的时间。目前尚未使用，固定取 0。

❑ flags：DHCP 服务器响应报文是采用单播还是广播方式发送。只使用第 0 比特位，0 表示采用单播方式，1 表示采用广播方式，其余比特保留不用。

❑ ciaddr：DHCP 客户端的 IP 地址。

❑ yiaddr：DHCP 服务器分配给客户端的 IP 地址。

❑ siaddr：DHCP 客户端获取 IP 地址等信息的服务器 IP 地址。

❑ giaddr：DHCP 客户端发出请求报文后经过的第一个 DHCP 中继的 IP 地址。

❑ chaddr：DHCP 客户端的硬件地址。

❑ sname：DHCP 客户端获取 IP 地址等信息的服务器名称。

❑ file：DHCP 服务器为 DHCP 客户端指定的启动配置文件名称及路径信息。

❑ option：可选变长选项字段，包含报文的类型、有效租期、DNS 服务器的 IP 地址、WINS 服务器的 IP 地址等配置信息。

在图 13-2 所示的 DHCP 报文格式中，每一个字段后的数字表示该字段在报文中占用的字节数。

🔔注意：Options 字段的长度要根据服务器所提供参数的多少而定，是可变的。

13.1.4　DHCP 与 BOOTP

bootstrap 协议（BOOTP）是先于 DHCP 开发的主机配置协议。它主要用于无盘工作站网络中，用来配置只有有限引导能力的无盘工作站。DHCP 协议在 BOOTP 的基础上进行了改进，并消除了 BOOTP 作为主机配置服务所具有的特殊限制。DHCP 用来配置经常移动的网络计算机，这些机器有本地硬盘驱动器和完全的引导能力。它们之间有以下共同之处与联系。

❑ BOOTP 和 DHCP 使用的消息报文格式几乎相同。
❑ BOOTP 和 DHCP 消息报文都使用用户数据报协议（UDP）封装。
❑ BOOTP 和 DHCP 均使用相同的 23 号端口在服务器和客户端之间发送和接收消息。
❑ BOOTP 和 DHCP 都在启动期间将 IP 地址分配给客户端，而且可以带有其他网络配置参数。
❑ 提供 DHCP 服务的服务器一般均能同时提供 BOOTP 服务。
❑ BOOTP 和 DHCP 的中继代理程序通常将 BOOTP 和 DHCP 消息视为相同的消息类型，而不做区分。

虽然 BOOTP 和 DHCP 非常相似，但由于 DHCP 是通过改进 BOOTP 协议而产生的，而且两者的目的也不一样，因此它们之间还是存在很大区别的，具体表现在以下几个方面。

❑ BOOTP 消息报文的最后一个字段限制为 64 个字节，称为"特定供应商区域"。而 DHCP 消息报文的最后一个字段最多可有 312 字节，称为"选项"字段。
❑ BOOTP 通常为每台客户机提供单个 IP 地址的固定分配，在 BOOTP 服务器数据库中永久保留该地址。DHCP 通常提供可用 IP 地址的动态、租用分配，在 DHCP 服务器数据库中暂时保留每台 DHCP 客户台地址。
❑ BOOTP 引导配置需要两个阶段，客户机首先连接到 BOOTP 服务器进行地址决定和引导文件名选择，再连接到 TFTP 服务器进行引导映像文件的文件传输。DHCP 只需一个阶段引导配置过程，DHCP 客户机和 DHCP 服务器协商以决定 IP 地址并获得其他网络配置参数。
❑ 除非系统重启，否则 BOOTP 客户机不会通过 BOOTP 服务器重绑定或更新配置。而 DHCP 客户机无需系统重启就能在设置的时间段内向服务器提出更新租约请求，与 DHCP 服务器重绑定或更新配置。这个过程无需用户干预。

13.2　DHCP 服务器的安装与运行

ISC DHCP 一个开源的软件项目。它实现了 RFC 文档所定义的 DHCP 协议，可以在高容量、高可靠性的场合应用。RHEL 6 就采纳了该软件作为发行版的 DHCP 服务器软件，下面介绍 ISC DHCP 服务器的安装、运行和使用。

13.2.1　DHCP 服务的安装

在 RedHat Enterprise Linux 6 下安装 DHCP 服务器可以有两种方式,一种是源代码方式安装,另一种是 RPM 软件包方式安装。源代码可以从 ftp://ftp.isc.org/isc/dhcp/处下载,目前正式使用的最新版本是 4.2.2 版,文件名是 dhcp-4.2.2.tar.gz。RHEL 6 自带的 DHCP 服务器版本是 4.1.1 版, dhcp-4.1.1-31.P1.el6.i686.rpm 是它的文件名。

先看一下 RPM 方式安装。如果安装 RHEL 6 系统的时候没有选择安装 dhcp-4.1.1-31.P1.el6 包,需要从安装光盘上把相应的文件复到当前目录以后,再用以下命令安装。

```
# rpm -ivh dhcp-4.1.1-31.P1.el6.i686.rpm
warning: dhcp-4.1.1-31.P1.el6.i686.rpm: Header V3 RSA/SHA256 Signature, key
ID fd431d51: NOKEY
Preparing...
########################################### [100%]
  1:dhcp
########################################### [100%]
#
```

安装成功后,几个重要的文件分布如下所示。

❑ /etc/dhcpd.conf:DHCP 服务器主配置文件。
❑ /etc/rc.d/init.d/dhcpd:开机自动运行 DHCP Server 的执行脚本。
❑ /etc/rc.d/init.d/dhcrelay:开机自动运行 DHCP 中继的执行脚本。
❑ /usr/bin/omshell:ISC DHCP 服务器控制工具。
❑ /usr/sbin/dhcpd:DHCP 服务器的执行命令文件。
❑ /usr/sbin/dhcrelay:DHCP 中继的执行命令文件。
❑ /usr/share/doc/dhcp-4.1.1:DHCP 帮助和说明文件。
❑ /var/lib/dhcpd/dhcpd.leases:已分配的 IP 地址存放在该文件中。

如果采用源代码方式安装,则下载 dhcp-4.2.2.tar.gz 文件到当前目录后,使用以下命令进行安装。

```
# tar -zxvf dhcp-4.2.2.tar.gz        //解压源代码文件包,到 dhcp-4.2.2 目录中
# cd dhcp-4.2.2
# ./configure                        //产生 Makefile 文件
# make                               //由于文件较多,需要较长时间
# make install                       //把各种文件复制到相应的系统目录
```

🔲注意:如果已经安装了 dhcp-4.1.1-31.P1.el6 包,则先要用 rpm -e dhcp-4.1.1-31.P1.el6 命令拆除,以免引起冲突。

13.2.2　DHCP 服务器的运行

下面以 RHEL 6 自带 DHCP RPM 包为例,介绍 dhcpd 的运行。当 dhcp-4.1.1-31.P1.el6 安装完成后,将会出现文件/etc/dhcpd.conf,它是 dhcpd 的主配置文件。但开始时,里面除注释外是没有配置内容的。为了方便,可以把/usr/share/doc/dhcp-4.1.1 目录下的例子配置文

件 dhcpd.conf.sample 复制为/etc/dhcpd.conf，再查看该文件的内容。

```
# more /etc/dhcpd.conf
ddns-update-style interim;          #   支持动态 DNS,DHCP 服务器对 DNS 服务器的更新
                                        方式为 interim
subnet 10.152.187.0 netmask 255.255.255.0{
}
# This is a very basic subnet declaration.

subnet 10.254.239.0 netmask 255.255.255.224 {
  range 10.254.239.10 10.254.239.20;
  option routers rtr-239-0-1.example.org, rtr-239-0-2.example.org;
}
# A slightly different configuration for an internal subnet.
subnet 10.5.5.0 netmask 255.255.255.224 {
  range 10.5.5.26 10.5.5.30;
  option domain-name-servers ns1.internal.example.org;
  option domain-name "internal.example.org";
  option routers 10.5.5.1;
  option broadcast-address 10.5.5.31;
  default-lease-time 600;
  max-lease-time 7200;
}

     host passacaglia {
  hardware ethernet 0:0:c0:5d:bd:95;
  filename "vmunix.passacaglia";
  server-name "toccata.fugue.com";
}
# other clients get addresses on the 10.0.29/24 subnet.

class "foo" {
  match if substring (option vendor-class-identifier, 0, 4) = "SUNW";
}

shared-network 224-29 {
  subnet 10.17.224.0 netmask 255.255.255.0 {
    option routers rtr-224.example.org;
  }
  subnet 10.0.29.0 netmask 255.255.255.0 {
    option routers rtr-29.example.org;
  }
  pool {
    allow members of "foo";
    range 10.17.224.10 10.17.224.250;
  }
  pool {
    deny members of "foo";
    range 10.0.29.10 10.0.29.230;
  }
}
}
```

在 DHCP 配置文件中，每一个语句以 ";" 结束，某些语句可以由花括号包围而构成一个语句区。为了更容易阅读，DHCP 配置文件里可以包含额外的空格、空行和 TAB 符号，关键字是区别大小写的，每一行的 "#" 后面的符号被认为是注释。

💭注意：在语句区前面放置的配置参数可以影响整个语句区，但语句区内出现同样的配置参数时，将覆盖放在外面的配置参数。

在例子配置文件下，dhcpd 很可能还不能运行，因为 dhcpd 要求必须要为本地网卡所在的子网配置一个 subnet 语句。在例子配置文件中配置的 subnet 是 10.5.5.0，但主机唯一的网卡其子网是 192.168.127.0/24，如果此时运行 dhcpd，会有出错提示，并且会退出。

为了使 dhcp 能初步得到运行，需要改变例子配置文件内容。根据主机网络接口 IP 地址（例子中的主机使用的 IP 地址是 192.168.127.0）的情况，可以把"subnet 10.5.5.0 netmask 255.255.255.224"和"range 10.5.5.26 10.5.5.30"中的 10.5.5 改为 192.168.127，这样，输入以下命令时，可以使 dhcpd 运行起来。当然，此时其他的配置参数对 10.5.5.0 网段肯定是不合适的，也要根据实际情况进行修改。

```
/usr/sbin/dhcpd
```

可以用以下命令查看一下 dhcpd 进程是否已启动。

```
# ps -eaf|grep dhcp
root      7176      1      0  23:24  ?          00:00:00  /usr/sbin/dhcpd
root      7178   3300      0  23:24  pts/0      00:00:00  grep dhcp
```

可以看到，dhcpd 进程已经在运行，并且以 root 用户的身份在运行。再输入以下命令可以查看 UDP 协议的 67 号端口是否已在监听。

```
# netstat -an|grep :67
udp       0        0 0.0.0.0:67                  0.0.0.0:*          LISTEN
#
```

UDP 的 67 号端口是 DHCP 服务器默认要监听端口，客户端发给服务器的 DHCP 消息要通过这个端口送给 dhcpd，而 dhcpd 默认要通过 68 号端口给客户端回复 DHCP 消息。另外，为了确保客户端能够访问 DHCP 服务器，如果防火墙未开放 UDP 的 67 号端口，可以输入以下命令打开：

```
# iptables -I INPUT -p udp --dport 67 -j ACCEPT
```

或者用以下命令清空防火墙的所有规则。

```
# iptables -F
```

上述过程完成后，可以在 DHCP 客户端已经可以从服务器得到网络配置参数，但由于例子配置中的其他配置还未根据实际情况修改，因此，这些网络配置参数基本上还不能使客户端正常地工作。13.3 节将讲述 DHCP 服务器的配置。

13.2.3　DHCP 客户端

为了能使用 DHCP 服务器提供的服务，客户机需要做合适的设置。在 Linux 操作系统下安装好网络接口卡后，可以通过修改/etc/sysconfig/network-scripts 目录下的接口配置文件进行配置。如果主机有一块以太网卡已启用，则在该目录下将会有一个名为 ifcfg-eth0 的文件，里面包含了第一块以太网卡的配置。如果要求该网卡在主机启动时使用 DHCP 获得网络配置参数，网卡配置文件中需要包含以下配置内容：

```
# more ifcfg-eth0
DEVICE=eth0
BOOTPROTO=dhcp
```

```
ONBOOT=yes
```

其中，BOOTPROTO=dhcp 表示该网卡启动时利用 DHCP 自动获得地址。另外，在 RHEL 6 操作系统下，DHCP 客户端的功能是由 dhclient-4.1.1-31.P1.el6 包实现的，通过配置 dhclient.conf，可以实现非常丰富的 DHCP 客户端功能，例如动态 DNS 和别名等。

在 RHEL 6 图形界面下，可以通过以下步骤设置 DHCP 客户端。

（1）选择"系统"|"首选项"|"网络连接"命令，可以出现如图 13-3 所示的网络配置对话框，其中列出了设备名为 eth0 的以太网卡设备。

（2）在 eth0 设备上双击，或者在工具栏上选择"编辑"按钮，将出现如图 13-4 所示的对话框。在对话框中选择"IPv4 设置"命令。

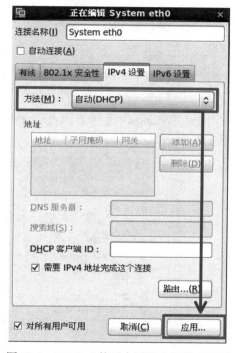

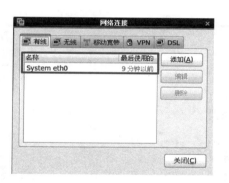

图 13-3　RHEL 6 下的网络配置对话框　　　　图 13-4　RHEL 6 的以太网设备配置对话框

（3）在该对话框的"方法"下拉菜单中选择"自动（DHCP）"选项。

（4）单击"应用"按钮，并在随后的对话框中确认保存并重启网络。

注意：以上的操作实际上也是改变了/etc/sysconfig/network-scripts/ifcfg-eth0 文件的内容。

在 Windows 系统下，使用 DHCP 客户端获取 IP 地址的设置可以在网络设置中进行，步骤如下所示。

（1）双击"控制面板"中的"网络和共享中心"，然后单击"更改适配器设置"选项，可以在出现的窗口中看到各个网络接口。

（2）在某一网络接口上右击，在弹出的快捷菜单中选择"属性"命令，可以出现如图 13-5 所示的对话框。

（3）在如图 13-5 所示的对话框中双击"Internet 协议（TCP/IP）"选项，或选中"Internet 协议（TCP/IP）"选项后单击"属性"按钮，可以出现如图 13-6 所示的对话框。

（4）选择"自动获取 IP 地址"和"自动获取 DNS 服务器"两个单选按钮，再单击"确定"按钮。

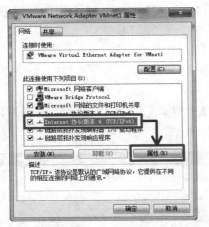

图 13-5　Windows 下的网络接口属性对话框

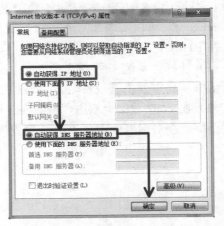

图 13-6　Windows 下的 TCP/IP 属性对话框

另外，在 Windows 系统下还可以使用"ipconfig /all"命令列出有关 DHCP 客户端获取的网络配置参数情况，如图 13-7 所示。

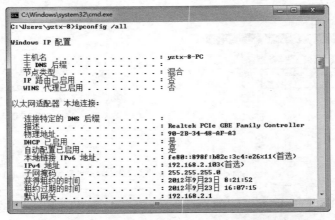

图 13-7　列出 Windows 客户端获取的网络配置参数

除了 IP 地址、子网掩码、默认网关和 DNS 服务器以外，从图 13-7 中还可以看出，DHCP 客户端功能是启用的，DHCP 服务器的 IP 地址是 192.168.2.103，获得 IP 地址的时间是"2012 年 9 月 23 日 8:21:52"，该 IP 地址将在"2012 年 9 月 23 日 16:07:15"到期。

13.3　DHCP 服务配置

有关 DHCP 服务器的配置比较简单，所有的配置集中在一个配置文件中，其名称和位置是/etc/dhcpd.conf。所有的配置语句可以分为 3 类：一类是参数（Parameters），用于表明如何执行任务，是否要执行任务。第二类是声明（Declarations），用来描述网络布局、客户、提供 IP 地址的策略等。还有一类是发送给客户的选项，实际上是加了 option 关键字的参数。下面看一下 DHCP 配置语句的种类和功能，以及使用方法。

13.3.1　ISC DHCP 配置参数

在 ISC DHCP 配置文件/etc/dhcpd.conf 中，参数语句用于表明如何执行任务，是否要执行任务，以及进程的总体运行状态。其中，很多参数是为 BOOTP 客户使用的。所有除 DDNS 参数以外的 DHCP 配置参数见表 13-1。

表 13-1　ISC DHCP 配置文件中的参数（Parameters）

参 数 名 称	功　　能
always-broadcast　[true|false]	是否总是通过广播方式回应客户，某些客户端需要这样做
always-reply-rfc1048　[true|false]	是否总是按 RFC1048 回复，为某些特殊的客户启用
authritative | not Authritative	是否拒绝 IP 地址不正确的客户机的请求
boot-unknown-clients　[true|false]	未在 host 语句中定义的客户机是否允许获得 IP 地址
default-lease-time　<时间值>	指定默认租赁时间的长度，单位是秒
dynamic-bootp-lease-cutoff <日期>	设置终止分配给 BOOTP 客户的 IP 地址租期的日期
dynamic-bootp-lease-length <时间值>	动态分配给 BOOTP 客户的 IP 地址的租期长度，单位为秒
filename <"文件名">	指定客户机初始引导文件的名字
fixed-address <地址> [,地址]	分配给客户端一个固定的地址，只用在 host 语句
get-lease-hostnames　[true|false]	是否检查 IP 地址池中每个 IP 地址的主机名，默认为否
hardware <硬件类型> <硬件地址>	指定 BOOTP 客户的网卡接口类型和 MAC 地址
lease-file-name <文件名>	指定租借文件的位置和名称，默认为/var/lib/dhcpd/dhcpd.leases
local-address <IP 地址>	指定 dhcpd 在本地的哪一个网络接口上监听
local-port <端口号>	指定 dhcpd 监听的本地 UDP 端口号，默认为 67 号
log-facility　<设备名>	指定 dhcpd 日志的设备
max-lease-time　<时间值>	指定最大租借时间长度，单位是秒
min-lease-time　<时间值>	指定最大租借时间长度，单位是秒
min-secs　<秒数>	从客户端发出请求到 DHCP 服务器回应客户端请求时最小的秒数
next-server <服务器名>	存放客户机初始引导文件的服务器的地址
server-name <"名称">	通知 DHCP 客户机引导它的服务器的名称
omapi-port　<端口号>	监听 OMAPI 连接的端口号，用于 omshell 工具的使用
one-lease-per-client　[true|false]	每个客户是否只允许有一个租约
pid-file-name　<文件名>	设置 dhcpd 进程 PID 的位置，默认是/var/run/dhcpd.pid
ping-check　[true|false]	服务器分配 IP 地址，是否先 ping 一下该地址，以决定是否分配
ping-timeout　<秒数>	执行 ping-check 时的超时值
server-identifier　<主机名>	定义发送给客户的服务器标识
site-option-space　<名称>	决定本地地址选项（site-local），与 vendor-option-space 语句相似
stash-agent-options　[true|false]	在特定条件下，服务器是否记录中继代理信息

续表

参 数 名 称	功　　能
use-host-decl-names　　[true|false]	host 语句中声明的主机名是否提供给客户机作为主机名
use-lease-addr-for-default-route [true|false]	是否把租借给客户机的 IP 地址作为其默认网关
vendor-option-space　　<字符串>	指定开发商参数

下面对表中列出的部分参数作进一步的解释。

authritative | not Authritative

网络管理员为他们的网络设置权威 DHCP 服务器，需要在配置文件的顶层添加 authoritative 语句，来指示此 DHCP 服务器应该回应 DHCPNAK 信息。如果没有做这些，客户端在改变子网后就不能得到正确的 IP 地址，除非它们旧的租约已经到期，这可能需要相当长的时间。通常，在配置文件的顶部标明 authoritative 应该是足够的，但是如果一个 DHCP 服务器知道它在一些子网中是权威的服务器，而在另一些子网中不是，它就需要在需要的网段声明自己是权威的。注意，不能为一个 shared-network 语句中定义的不同子网设置不同的 authritative。

dynamic-bootp-lease-cutoff <date>;

设置所有动态分配的 BOOTP 客户端租约的结束时间。因为 BOOTP 客户端没有任何方法更新租约，而且不知道租约会过期。默认情况下，dhcpd 会分配给 BOOTP 客户无限的租约。然而，有时给 BOOTP 用户设置一个终止时间是有意义的，例如，当学期结束时，或者到晚上设备关机时。<date>是所有 BOOTP 租约结束时间，按"W YYYY/MM/DD HH:MM:SS"格式设定，是 UTC 时间，而不是本地时间。

log-facility <facility>

这个语句使 DHCP 服务器把它的所有日志记录到一个指定的日志设备上。默认时，DHCP 服务器会把日志记录到 daemon 设备中。可选的设备有 auth、authpriv、cron、daemon、ftp、kern、lpr、mail、mark、news、ntp、security、syslog、user、uucp、local0～local7。这些设备并不是在所有系统中都可以使用，有些系统中可能还有其他可用的设备。另外，有些系统中可能需要修改 syslog.conf 文件。

min-secs <seconds>

设置从客户端试图获得一个新的租约开始到DHCP服务器回应客户端请求时最小的秒数。这个秒数基于客户端的报告，客户端可以报告的最大值是 255 秒。通常设置它会导致 DHCP 服务器对客户端的第一次请求不做回应，但却对其第二次请求回应。利用这个参数可以设置一个辅助 DHCP 服务器，通常它不对客户端分配地址，如果主服务器死机，客户端就会绑定到这个辅助服务器上。

ping-check [true|false]

当 DHCP 服务器准备动态分配 IP 地址给一个客户端时，如果 ping-check 设为 true，它将首先发送一个 ICMP Request 请求（即 ping）给这个要分配的地址，然后等由 ping-timeout

设定的秒数。如果没有 ICMP Echo 信息返回，它就分配这个地址。如果有返回信息，就把这个地址放弃，服务器不会给客户端回应。这个 ping 检查导致在回应 "DHCP Discover" 消息时默认有 1 秒钟的延迟，这对某些客户端可能是问题。可以在这里配置是否检查。如果这个值设置为 false，就不进行 ping 检查。

以上介绍了 ISC DHCP 配置中的参数，部分有关 DDNS 的参数介绍见 13.3.3 节。另外，当配置语句发生改变时，需要重启 dhcpd 服务才能生效。

说明：ISC DHCP 服务器还提供了一个服务控制工具 omshell，它可以与 dhcpd 进行通信，了解 DHCP 服务器的工作状态，并在无需停止 dhcp 服务的前提下使修改后的配置生效。使用 omshell 工具的命令是/usr/sbin/omshell。

13.3.2　ISC DHCP 配置的声明和选项

除了 13.3.1 节介绍的参数外，ISC DHCP 配置中还有一些语句属于声明和选项。表 13-2 和表 13-3 分别列出了部分声明和选项。

表 13-2　ISC DHCP配置文件中的部分声明（Declarations）

声 明 名 称	功　　能
shared-network <名称> {　}	定义一个超级域，可以包含其他声明语句，并为它们设置全局参数
subnet <子网名> netmask <子网掩码> {　}	描述一个 IP 地址是否属于该子网
range [dynamic-bootp] <起始 IP> [终止 IP]	提供动态分配 IP 的范围
host <主机名称> {　　}	每一个 BOOTP 客户都需要有一个 host 语句，指明与其相关的参数
group {}	使某些参数作用于一组声明
pool {}	定义一个地址池，可以为池中的地址规定特有的属性
[allow	deny] unknown-client	是否允许动态分配 IP 给未知的使用者，默认为允许
[allow	deny] bootp	是否允许响应 bootp 查询，默认为允许
[allow	deny] booting	只在 host 语句中出现，表示是否允许该客户机引导，默认为允许

表 13-3　ISC DHCP 配置文件中的部分选项（Options）

选 项 名 称	功　　能
subnet-mask	为客户端设定子网掩码
domain-name	为客户端指明 DNS 名字
domain-name-servers	为客户端指明 DNS 服务器 IP 地址
host-name	为客户端指定主机名称
Routers	为客户端设定默认网关
broadcast-address	为客户端设定广播地址
ntp-server	为客户端设定网络时间服务器 IP 地址
Time-offset	为客户端设定和格林威治时间的偏移时间，单位是秒

DHCP 配置的基本思路是通过 subnet 语句定义子网，再通过 shared-network 语句把多

个子网定义在一个超级作用域中。在每一个子网和超级作用域中都可以包含许多参数语句，参数语句的位置决定了它们起作用的范围。此外，还有一些参数是对全局起作用的。下面通过例子介绍 DHCP 的一些常见的配置。首先看一个子网配置的例子。

```
subnet 192.168.127.0 netmask 255.255.255.0{    # 定义了一个子网192.168.1.0/24
    range 192.168.127.100 192.168.127.200;       # 分配的 IP 地址范围，即地址池
    option domain-name-servers ns1.internal.example.org; # 域名服务器地址
    option domain-name "internal.example.org";        # 域名选项
    option routers 192.168.127.1;              # 默认网关选项
    option broadcast-address 192.168.127.255;         # 广播地址选项
    default-lease-time 600;                  # 默认租约时间
    max-lease-time 7200;                    # 最大租约时间
}
```

以上是 DHCP 服务器必备的一种基本配置。rang 语句所定义的 IP 地址范围必须要在 subnet 所定义的子网内。同时，要求 DHCP 必须要有一个网络接口卡的地址也在 192.168.127.0/24 子网内。否则，dhcpd 将不能正常地启动。其余的 option 都是针对这个子网的，只在该子网内起作用，它们所定义的选项要随 IP 地址一起发送给客户机，其功能见注释。下面再看一个超级作用域的配置例子。

```
shared-network name {                    # 定义了一个超级作用域，名为 name
                                # 定义一个子网 10.17.224.0/24
    …                              # 为 10.17.224.0/24 设置的参数
    subnet 10.17.224.0 netmask 255.255.255.0 {
        option routers rtr-224.example.org;     # 默认网关选项
}
    …                              # 其他作用于超级域的参数
    subnet 10.0.29.0 netmask 255.255.255.0 {
                                # 定义一个子网 10.0.29.0/24
        …                          # 为 10.0.29.0/24 设置的参数
        option routers rtr-29.example.org;
}
    pool {
        allow members of "foo";
        range 10.17.224.10 10.17.224.250; # 分配的 IP 地址范围，即地址池
}
    pool {
        deny members of "foo";
        range 10.0.29.10 10.0.29.230;      # 分配的 IP 地址范围，即地址池
    }
}
```

以上配置定义了名为 name 的一个超级作用域，其中包含了两个子网。超级作用域中定义的参数语句同时作用于两个子网，每一个子网还可以有自己的参数语句。如果子网中定义了与超级作用域同样的参数语句，则子网中的参数语句定义的内容将覆盖超级作用域同样的参数语句所定义的内容。下面看一个组声明语句的例子（下面配置可以参考 /etc/dhcpd.conf 手册页）。

```
group {
    option routers               192.168.1.254;
    option subnet-mask            255.255.255.0;
    option domain-name            "example.com";
    option domain-name-servers     192.168.1.1;
```

```
option time-offset                    -5;
host apex {
  option host-name "apex.example.com";
  hardware ethernet 00:A0:78:8E:9E:AA;
  fixed-address 192.168.1.4;
}
host raleigh {
  option host-name "raleigh.example.com";
  hardware ethernet 00:A1:DD:74:C3:F2;
  fixed-address 192.168.1.6;
}
}
```

　　group 组声明语句可以把子网、超级作用域或主机等组合在一起，目的是为了使某些参数对组合中的子网、超级作用域或主机起作用。以上配置中，host 语句定义了一台命名的客户机，其中列出了主机名选项、硬件类型和地址、固定 IP 地址参数，起到了一种 IP 地址和硬件地址绑定的效果。例如，主机 apex 中的配置表示以太网卡地址为 00:A0:78:8E:9E:AA 客户机，将固定得到 IP 地址 192.168.1.4，同时会得到 apex.example.com 的主机名选项。但是，由于 group 语句中还定义了 routers 等其他一些选项，因此，这些选项也将一起发送给 apex 主机。

　　另外，group 语句中除了放置 host 语句以外，还可以放置 subnet 等语句。另外，group 语句可以放在 shared-network 等语句中，成为其他语句的子语句，于是，还可能会有更多的参数作用在它身上。下面再看一个有关地址池（pool）的例子。

```
subnet 10.0.0.0 netmask 255.255.255.0 {
 option routers 10.0.0.254;
 # 未知的客户机从下面的地址池中分配置 IP 地址
 pool {
   allow members of "foo";
   range 10.17.224.10 10.17.224.250;
    }
 # 已知的客户机从下面的地址池中分配置 IP 地址
 pool {
   deny members of "foo";
   range 10.0.29.10 10.0.29.230;
 }
}
```

　　pool 声明语句可以为同一个网段或子网中的部分 IP 地址确定一些特别的属性。例如，一个子网中大部分的 IP 希望分配给已经注册的客户机，但也留一部分给未知的客户。还有，如果要求某些 IP 地址的客户机可以访问外网，而某些地址不行，则也可以通过为不同的地址池配置不同的参数来达到目的。

　　allow 和 deny 语句可以使 DHCP 服务器对不同的请求做不同的响应，根据不同的上下文，这两个语句可以有不同的含义。如果用在 pool 语句内，实际上是为地址池建立了一种类似于访问列表的功能。unknown client 是指没有用 host 语句声明的客户机。

13.3.3　ISC DHCP 的 DDNS 功能

　　DDNS（Dynamic Domain Name Server，动态域名服务）是将用户的动态 IP 地址映射到一个固定的域名解析服务上，用户每次连接网络的时候，客户端程序就会通过网络把用户主机的动态 IP 地址传送给服务端程序，服务端程序负责提供动态域名解析。DDNS 是

DHCP 服务和 DNS 服务的结合，实现动态更新 DNS 区域数据文件内容的一项综合服务。

🔔说明：实际上，DDNS 就是如何为 DHCP 客户机在 DNS 区域数据文件中建立资源记录，并能及时随着 DHCP 客户机 IP 地址的变化而动态更新相应的资源记录。

在 ISC DHCP 配置参数中，提供了以下参数支持 DDNS 功能。

配置 1：

```
ddns-hostname  <name>
```

功能：设置客户机在 DNS 中的主机名。所指定的 name 参数将被用来在 DNS 区域数据文件中设置客户机的 A 和 PTR 记录。如果没有 ddns-hostname 语句，服务器将会自动使用 option host-name 语句指定的主机名。两种方法使用不同的算法更新。

配置 2：

```
ddns-domainname  <name>
```

功能：设置客户机在 DNS 中的域名。所指定的参数 name 参数是域名，它将被添加到客户端主机名的后面，形成一个完整有效的域名（FQDN）。

配置 3：

```
ddns-rev-domainname  <name>
```

功能：设置客户机在 DNS 中的反转域名。所指定的 name 参数是反转域名，它会添加到反向解析区域数据文件中，在有关客户机的 PTR 记录中产生一个可用的名字。默认情况下，它是 "in-addr.arpa."，但是这里可以修改默认值。这个反转域名要添加在客户机的反向 IP 地址后，并用 "." 号分隔。例如，如果客户机得到的 IP 地址是 10.17.92.74，那么反向 IP 地址就是 74.92.17.10，于是与这个客户机对应的 PTR 记录就会是 10.17.92.74.in-addr.arpa。

配置 4：

```
ddns-update-style  <style>
```

功能：指定 DHCP 服务器对 DNS 服务器进行更新时采用的更新类型。style 参数必须是 ad-hoc、interim 或者为 none。由 ISC 开发的 DHCP 服务器目前主要支持 interim 方式来进行 DNS 的动态更新，ad-hoc 方式基本上已经不再采用。因此，实际上 interim 方式是目前 Linux 环境下通过 DHCP 实现安全 DDNS 更新的唯一方法。ddns-update-style 语句只在全局范围使用，在 dhcpd 读入 dhcpd.conf 文件时进行解释，而不是在每次客户机获得地址时解释，因此不能为不同的客户机指定不同的 DDNS 更新方法。

配置 5：

```
ddns-updates [on|off]
```

功能：指定当一个新的租约被确认后服务器是否尝试进行 DNS 更新，默认是 on。如果希望在某一范围内不尝试进行更新，则对该范围可以设置成 off。如果希望在全部范围内禁止 DNS 更新，一般不使用这个语句，而是把 ddns-update-style 语句的参数设置成 none。

配置 6：

```
do-forward-updates [enable|disable]
```

功能：在客户机获得或更新租约时指定 DHCP 服务器是否尝试更新 DHCP 客户的 A 记录。这个语句在 ddns-updates 为 on，并且 ddns-update-style 设置为 interim 时才有效。默认值是 enable。如果设为 disable，DHCP 服务器将会不再尝试更新客户机的 A 记录。但如果客户机提供在 PTR 记录中使用的 FQDN 信息时，服务器将尝试更新客户端的 PTR 记录。即使这个选项设为 enabled，DHCP 服务器仍然会依照 client-updates 语句的设置进行更新。

配置 7：

```
update-optimization   [true|false]
```

功能：对于指定的客户机，如果该语句设为 false，则每次在这个客户机更新租约时，服务器都会为这个客户尝试进行 DNS 更新，而不是服务器认为有必要时才更新。这将使 DNS 更容易保持数据的一致性，但 DHCP 服务器要做更多次数 DNS 更新。推荐激活这个功能，这也是默认的。这个语句只影响 interim 方式的 DNS 更新，对 ad-hoc 方式的 DNS 更新没有影响。如果参数设为 true，DHCP 服务器只在客户端信息改变时进行更新，例如客户端得到了一个不同的租约，或者租约过期。

配置 8：

```
update-static-leases   [enable|disable]
```

功能：当分配给客户机的 IP 地址是固定地址时，指定 DHCP 服务器是否也做 DNS 更新，只对 interim 方式的 DNS 更新有效。一般不推荐使用，因为这时 DHCP 服务器没办法结束更新，地址不使用时也不会删除记录。而且，服务器必须在客户机更新租约时尝试更新，这在负载很高的 DHCP 系统中造成了明显的性能下降。

13.3.4　客户端租约数据库文件 dhcpd.lease

当 dhcpd 进程运行时，还需要一个名为 dhcpd.leases 的文件，其中保存所有已经分发的 IP 地址。在 RHEL 6 中，如果通过 RPM 方式安装 ISC DHCP，那么这个文件已经在 /var/lib/dhcpd 目录中存在。

注意：如果 dhcpd 进程运行时找不到这个文件，将会出错，因此，还需要事先用以下命令创建这个文件。

```
# touch /var/lib/dhcpd /dhcpd.leases
```

通过配置文件中的 lease-file-name 语句可以改变 dhcpd.leases 文件的位置和名称。这个文件是一种自由格式的 ASCII 文件，包含了一系列的租借声明。每当一个租借被允许、更新或释放时，这些新的租借将会被记录在这个文件的后面。因此，如果有多个关于同一个租借的记录，应该以最后一个为准。

由于租借信息是不断地加到 leases 文件的后面的，因此这个文件将会越来越大。为了防止这个文件无限制地增大，到了一定的时候，需要把这个文件的内容导入后备的租借数据文件，然后再把租借信息重头开始写入 leases 文件。这个过程是自动完成的，与处理一般日志时的方式类似。租借文件的格式如下：

```
lease ip-address { statements... }
```

lease 是一个关键字，表示一条租借记录的开始。ip-address 是一个已被租借的单个 IP 地址。花括号内的 statements 可以有多条，指明了该 IP 地址租借给了哪个客户机，什么时候租借的，什么时候到期等许多信息。下面是一个实际的 leases 文件例子，里面包含了常见的 statements。

```
lease 172.16.5.198 {                        # IP 地址 172.16.5.198 的租借情况
  starts 4 2008/07/10 17:09:53;             # 租约开始时间
  ends 5 2008/07/11 03:09:53;               # 租约结束时间
  binding state active;                     # 租约正在使用中
  next binding state free;                  # 租约到期后，IP 将变为自由状态
  hardware ethernet 00:10:66:66:66:fa;      # 客户机网络接口的类型和 MAC 地址
  uid "\001\000\020fff\372";                # 客户机的用户名，因为不能打印，用八进制表示
  client-hostname "des001";                 # 客户机的主机名
}
lease 172.16.4.176 {                        # IP 地址 172.16.4.176 的租借情况
  starts 4 2008/07/10 17:11:46;
  ends 5 2008/07/11 03:11:46;
  binding state active;
  next binding state free;
  hardware ethernet 00:e0:18:ac:5d:0f;
  uid "\001\000\340\030\254]\017";
  client-hostname "des040";
}
lease 172.16.5.198 {                        # IP 地址 172.16.4.198 的租借情况
  starts 4 2008/07/10 17:11:25;
  ends 5 2008/07/11 03:11:25;
  binding state active;
  next binding state free;
  hardware ethernet 00:10:66:66:66:fa;
  uid "\001\000\020fff\372";
  client-hostname "des001";
}
lease 172.16.5.252 {                        # IP 地址 172.16.4.252 的租借情况
  starts 4 2008/07/10 17:12:22;
  ends 5 2008/07/11 03:12:22;
  binding state active;
  next binding state free;
  hardware ethernet 00:50:da:8e:1b:83;
  uid "\001\000P\332\216\033\203";
  client-hostname "acc002";
}
```

以上文件中，共有 4 条租借记录，其中 IP 为 172.16.5.198 的租借记录有两条。这样，前面的那条是历史记录，最新情况应该以后面那条为准。每条记录的要花括号内均包含了 6 条语句，说明了对应 IP 地址的租借情况，具体含义如下所示。

starts 和 ends 语句指出了被租借的 IP 地址的租期，starts 表示出借时间，而 ends 表示到期时间。binding state 语句指出了所租借的 IP 地址目前的状态，可以是 active 或 free。active 表示目前正在绑定使用中，而 free 表示未被绑定。next binding state 表示当租借到期后，IP 地址将转变成什么状态，也可以是 active 或 free。

hardware 记录了租借 IP 地址的客户机网络接口的类型和硬件地址。ethernet 表示以太网卡，后面是 48 位的 MAC 地址。uid 记录了客户机的标识符，它是在提出租借请求时发送给 DHCP 服务器的，但 DHCP 服务器并不要求必须要这样做。uid 的内容可以是字符串，

但如果碰到不能打印的字符时，将用反斜杠（"\"）后跟 3 个八进制数表示。client-hostname 表示客户机的主机名，由 host-name 语句决定，但是，也有很多客户机并不向服务器发送主机名，此时，这一项将不作记录。

除了例子租借记录中的语句外，还有一些其他语句，其中有一部分是和 DDNS 有关的，在此不再作介绍，有兴趣的读者可以参考 leases 文件的手册页。

13.3.5　DHCP 中继代理

DHCP 客户机需要通过网络广播消息获得 DHCP 服务器的响应后得到 IP 地址。但在大型的网络中，可能会存在多个子网，而广播消息是不能跨越子网的。因此，如果 DHCP 客户机和服务器在不同的子网内，客户机将不能向服务器直接申请 IP 地址。此时，就需要用到 DHCP 中继代理。DHCP 中继代理实际上是一种软件技术，它的任务是为不同子网间的 DHCP 客户机和服务器转发 DHCP 消息报文，承担着一种代理的角色，安装了 DHCP 中继代理的计算机也称为 DHCP 中继代理服务器。

下面看中继代理的工作原理，如图 13-8 所示。DHCP 中继代理服务器通过两个网络接口分别连在子网 1 和子网 2 上，子网 2 上有一台 DHCP 服务器。因此，子网 2 上的客户机可以直接从 DHCP 服务器得到 IP 地址等网络配置参数。但子网 1 没有 DHCP 服务器，为了从子网 2 上的 DHCP 服务器得到 IP 地址等参数，需要通过 DHCP 中继代理。具体过程如图 13-8 所示。

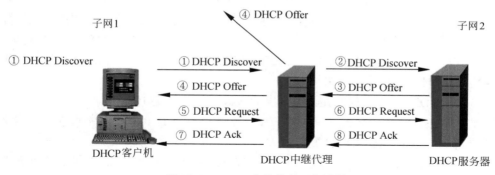

图 13-8　DHCP 中继代理工作过程

（1）子网 1 上的 DHCP 客户端 C 使用默认的 UDP67 号端口在子网 1 上以 UDP 协议的数据报广播"DHCP Discover"消息。

（2）中继代理从 UDP67 号端口收到这个 UDP 数据包后，将检测 DHCP 消息报文中的网关 IP 地址字段（giaddr）。如果该字段的 IP 地址是 0.0.0.0，中继代理会在其中填入自己的 IP 地址，然后将消息转发到子网 2 的上 DHCP 服务器。对于中继代理来说，DHCP 服务器的 IP 地址是已知的。因此，转发时，使用的不是广播数据包。

（3）子网 2 上的 DHCP 服务器收到此消息时，它会根据网关 IP 地址字段确定从哪一个作用域分配 IP 地址和选项参数。

（4）然后 DHCP 服务器向中继代理回应"DHCP Offer"消息报文，里面包含了它提供的 IP 址和其他选项参数。

（5）中继代理将"DHCP Offer"消息报文转发给 DHCP 客户端，此时中继代理仍然还不知道客户机的 IP 地址，所以使用的是广播数据包。

（6）最后，中继代理再转发客户机给 DHCP 服务器的"DHCP Request"消息报文和 DHCP 服务器给客户机的"DHCP Ack"消息报文，完成 IP 地址租借过程。这两次转发的目的 IP 地址都是已知的，因此使用的都是单播数据包。

ISC DHCP 提供了 dhcrelay 命令用于实现 DHCP 中继代理。命令文件在/usr/sbin 目录中，以 RPM 方式安装 dhcp-4.1.1-31.P1.el6 包时，该文件已经自动安装。其命令格式如下：

```
dhcrelay  [ -p port ]  [ -d ]  [ -q ]  [ -i if0 [ ... -i ifN ] ]  [ -a ]
          [ -c count ]  [ -A length ]
          [ -D ]  [ -m append | replace | forward | discard ]  server0
          [ ...serverN ]
```

以上格式中，server0 是本机能访问的 DHCP 服务器，是必须要指明的一个参数。表示当 dhcrelay 收到 DHCP 消息包时，将转发到这台 DHCP 服务器。

🔊注意：可以指定多台 DHCP 服务器，此时 dhcrelay 将根据情况选择其中的一台作为转发目的地。

-p 选项指定不同的 UDP 端口作为接收 DHCP 消息报文的端口，一般在调试时才做这样的指定，默认是 67 号端口。

-d 选项使 dhcrelay 运行在前台，一般在调试时使用。正常情况下，dhcrelay 启动时，在配置好接口后将转入后台运行。

-q 选项使 dhcrelay 启动时不在控制台上打印网络配置信息，一般用在启动脚本里。

-i 选项指定 dhcrelay 在哪些网络接口上监听 DHCP 消息报文，没有指明的将被排除。默认情况下，所有的网络接口都要监听，即使是与 DHCP 服务器通信的接口。

-a 选项被设置时，dhcrelay 在转发 DHCP 请求报文前先附加一个代理选项域，但把报文转发给客户机时又会把这个域去掉。

-c 选项确定 DHCP 消息报文允许被转发的次数。默认值是 10。

-A 选项规定 DHCP 消息报文最大的长度。由于每一个 DHCP 中继都可能会在报文中附加代理选项域，因此报文可能会变得很大。

-D 选项指定 decrelay 丢弃自己没有附加了代理选项域的数据包，这些包是 DHCP 服务器传给它的，再由它传给客户机的。

-m 选项确定当收到的 DHCP 消息报文已经附加了代理选项域时，decrelay 如何处理它。可以是附加上自己的代理选项域（append）、替换原有的代理选项域（replace）、不做任何改变（forward）或丢弃（discard）。

13.4　小　　结

DHCP 服务器的主要功能是为网络中的客户机提供 IP 地址及其他网络配置参数，是比较常用的一种服务器。本章首先讲述了 DHCP 协议的有关情况，然后以 ISC DHCP 服务器软件为例，介绍了 DHCP 服务器的安装、运行与配置方法。

第 14 章　DNS 服务器架设与应用

DNS（Domain Name System，域名服务系统）是 Internet 上最常用的服务之一。它是一个分布式数据库，组织成域层次结构的计算机和网络服务命名系统。通过它人们可以将域名解析为 IP 地址，从而使人们能够通过简单好记的域名来代替枯燥难记的 IP 地址来访问网络。本章将详细介绍 DNS 服务的基本概念、工作原理、BIND 的运行、架设和使用方法。

14.1　DNS 工作原理

DNS 是一个分布式数据库，它在本地负责控制整个分布式数据库的部分段，每一段中的数据通过客户服务器模式在整个网络上均可存取。通过采用复制技术和缓存技术使得整个数据库可靠的同时，又拥有良好的性能。下面介绍 DNS 的工作原理及 DNS 协议的有关情况。

14.1.1　名称解析方法

网络中为了区别各个主机，必须为每台主机分配一个唯一的地址，这个地址即称为"IP 地址"。但这些数字难以记忆，所以就采用"域名"的方式来取代这些数字了。不过最终还是必须要将域名转换为对应的 IP 地址才能访问主机，因此需要一种将主机名转换为 IP 地址的机制。在常见的计算机系统中，可以使用 3 种技术来实现主机名和 IP 地址之间的转换：Host 表、网络信息服务系统（NIS）和域名服务（DNS）。

1. Host 表

Host 表是简单的文本文件，文件名一般是 hosts。其中存放了主机名和 IP 地址的映射关系，计算机通过在该文件中搜索相应的条目来匹配主机名和 IP 地址。Hosts 文件中的每一行就是一个条目，包含一个 IP 地址及与该 IP 地址相关联的主机名。如果希望在网络中加入、删除主机名或者重新分配 IP 地址，管理员所要做的就是增加、删除或修改 hosts 文件中的条目，但是要更新网络中每一台计算机上的 hosts 文件。

在 Internet 规模非常小的时候，这个集中管理的文件可以通过 FTP 发布到各个主机。每个 Internet 站点可以定期地更新其 hosts 文件的副本，并且发布主机文件的更新版本来反映网络的变化。但是，当 Internet 上的计算机迅速增加时，通过一个中心授权机构为所有 Internet 主机管理一个 hosts 文件的工作将无法进行。文件会随着时间的推移而增大，这样按当前和更新的形式维持文件以及将文件分配至所有站点将变得非常困难。

📢说明：虽然 Host 表目前不再广泛使用，但大部分的操作系统依旧保留。

2. NIS 系统

将主机名转换为 IP 地址的另一种方案是 NIS（Network Information System，网络信息系统），它是由 Sun Microsystems 开发的一种命名系统。NIS 将主机表替换成主机数据库，客户机可以从它这里得到所需要的主机信息。然而，因为 NIS 将所有的主机数据都保存在中央主机上，再由中央主机将所有数据分配给所有的客户机，以至于将主机名转换为 IP 时的效率很低。在 Internet 迅猛发展的今天，没有一种办法可以用一张简单的表或一个数据库为如此众多的主机提供服务，因此 NIS 一般只用在中型以下的网络。

说明：NIS 还有一种扩展版本，称为 NIS+，提供了 NIS 主计算机和从计算机间的身份验证和数据交换加密功能

3. DNS 系统

DNS 是一种新的主机名称和 IP 地址转换机制，它使用一种分层的分布式数据库来处理 Internet 上众多的主机和 IP 地址转换。也就是说，网络中没有存放全部 Internet 主机信息的中心数据库，这些信息分布在一个层次结构中的若干台域名服务器上。DNS 是基于客户/服务器模型设计的。本质上，整个域名系统以一个大的分布式数据库方式工作。具有 Internet 连接的企业网络都可以有一个域名服务器，每个域名服务器包含有指向其他域名服务器的信息，结果是这些服务器形成了一个大的协调工作的域名数据库。

14.1.2　DNS 组成

每当一个应用需要将域名翻译成为 IP 地址时，这个应用便成为域名系统的一个客户。这个客户将待翻译的域名放在一个 DNS 请求信息中，并将这个请求发给域名空间中的 DNS 服务器。服务器从请求中取出域名，将它翻译为对应的 IP 地址，然后在一个回答信息中将结果返回给应用。如果接到请求的 DNS 服务器自己不能把域名翻译为 IP 地址，将向其他 DNS 服务器查询。整个 DNS 域名系统由以下 3 个部分组成。

1. DNS 域名空间

指定用于组织名称的域的层次结构，它如同一棵倒立的树，层次结构非常清晰，如图 14-1 所示。根域位于顶部，紧接着在根域的下面是几个顶级域，每个顶级域又可以进一步划分为不同的二级域，二级域再划分出子域，子域下面可以是主机也可以是再划分的子域，直到最后的主机。在 Internet 中的域是由 InterNIC 负责管理的，域名的服务则由 DNS 来实现。

2. DNS 服务器

DNS 服务器是保持和维护域名空间中数据的程序。由于域名服务是分布式的，每一个 DNS 服务器含有一个域名空间自己的完整信息，其控制范围称为区（Zone）。对于本区内的请求由负责本区的 DNS 服务器解释，对于其他区的请求将由本区的 DNS 服务器与负责该区的相应服务器联系。

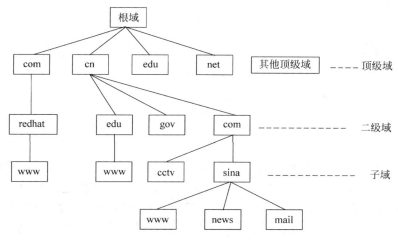

图 14-1　DNS 域名空间

3．解析器

解析器是简单的程序或子程序，它从服务器中提取信息，以响应对域名空间中主机的查询，用于 DNS 客户端。

14.1.3　DNS 查询的过程

当客户端程序要通过一个主机名称来访问网络中的一台主机时，它首先要得到这个主机名称所对应的 IP 地址。因为 IP 数据报中允许放置的是目地主机的 IP 地址，而不是主机名称。可以从本机的 hosts 文件中得到主机名称所对应的 IP 地址，但如果 hosts 文件不能解析该主机名称时，只能通过向客户机所设定 DNS 服务器进行查询了。

🔔说明：在 UNIX 系统中，可以设置 hosts 和 dns 的使用次序。

可以以不同的方式对 DNS 查询进行解析。第一种是本地解析，就是客户端可以使用缓存信息就地应答，这些缓存信息是通过以前的查询获得的。第二种是直接解析，就是直接由所设定的 DNS 服务器解析，使用的是该 DNS 服务器的资源记录缓存或者其权威回答（如果所查询的域名是该服务器管辖的）。第三种是递归查询，即设定的 DNS 服务器代表客户端向其他 DNS 服务器查询，以便完全解析该名称，并将结果返回至客户端。第四种是迭代查询，即设定的 DNS 服务器向客户端返回一个可以解析该域名的其他 DNS 服务器，客户端再继续向其他 DNS 服务器查询。

1．本地解析

本地解析的过程如图 14-2 所示。客户机平时得到的 DNS 查询记录都保留在 DNS 缓存中，客户机操作系统上都运行着一个 DNS 客户端程序。当其他程序提出 DNS 查询请求时，这个查询请求要传送至 DNS 客户端程序。DNS 客户端程序首先使用本地缓存信息进行解析，如果可以解析所要查询的名称，则 DNS 客户端程序就直接应答该查询。而不需要向

DNS 服务器查询，该 DNS 查询处理过程也就结束了。

图 14-2　本地解析

2．直接解析

如果 DNS 客户端程序不能从本地 DNS 缓存回答客户机的 DNS 查询，它就向客户机所设定的局部 DNS 服务器发一个查询请求，要求局部 DNS 服务器进行解析，如图 14-3 所示。局部 DNS 服务器得到这个查询请求，首先查看一下所要求查询的域名是不是自己能回答的。如果能回答，则直接给予回答；如是不能回答，再查看自己的 DNS 缓存。如果可以从缓存中解析，则也是直接给予回应。

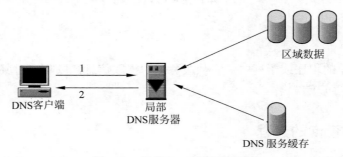

图 14-3　局部 DNS 服务器解析

3．递归解析

当局部 DNS 服务器自己不能回答客户机的 DNS 查询时，它就需要向其他 DNS 服务器进行查询。此时有两种方式，如图 14-4 所示的是递归方式。局部 DNS 服务器自己负责向其他 DNS 服务器进行查询，一般是先向该域名的根域服务器查询，再由根域名服务器一级级向下查询。最后得到的查询结果返回给局部 DNS 服务器，再由局部 DNS 服务器返回给客户端。

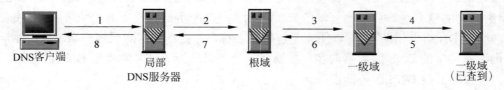

图 14-4　DNS 解析的递归方式

4．迭代解析

当局部 DNS 服务器自己不能回答客户机的 DNS 查询时，也可以通过迭代查询的方式进行解析，如图 14-5 所示。局部 DNS 服务器不是自己向其他 DNS 服务器进行查询，而是把能解析该域名的其他 DNS 服务器的 IP 地址返回给客户端 DNS 程序，客户端 DNS 程序再继续向这些 DNS 服务器进行查询，直到得到查询结果为止。

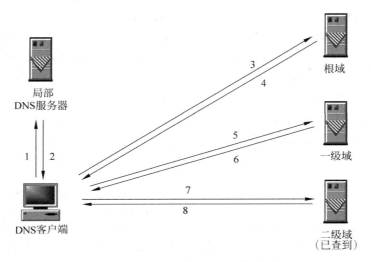

图 14-5　DNS 解析的迭代方式

以上介绍了 DNS 解析的 4 种方式，下面看 DNS 报文的格式。

14.1.4　DNS 报文格式

DNS 客户端与 DNS 服务器进行交互时，需要传送各种各样的数据报，这些数据报的总体格式如图 14-6 所示。DNS 报文由 12 字节长的首部和 4 个长度可变的字段组成。标识字段由客户程序设置并由服务器返回结果，客户程序通过它来确定响应与查询是否匹配。标识字段包含了以下内容。

0	31
标识	标志
问题数	资源记录数
授权资源记录数	额外资源记录数
查询问题	
回答 （资源记录数可变）	
授权 （资源记录数可变）	
额外信息 （资源记录数可变）	

图 14-6　DNS 数据报的总体格式

❑ 定义是查询报文还是响应报文；
❑ 查询类型是标准查询、反向查询还是服务器状态请求；
❑ 是否是权威回答；
❑ 查询方式是递归查询还是迭代查询；

❑ 是否支持递归查询；

❑ 查询是否有差错或要查的域名不存在。

问题部分中每个问题的格式如图 14-7 所示，通常只有一个问题。查询名是要查找的名字，它是一个或多个标识符的序列。每个标识符以首字节的计数值来说明随后标识符的字节长度，每个名字以最后字节为 0 结束，长度为 0 的标识符是根标识符。计数字节的值必须是 0~63 的数，因为标识符的最大长度仅为 63。与其他常用报文格式不一样的是，该字段无需以整 32bit 边界结束，即无需填充字节。图 14-8 显示了如何存放域名 www.wzvtc.cn。其中，3、5、2 表示后续字符的个数。

图 14-7　DNS 数据包问题部分格式

| 3 | w | w | w | 5 | w | z | v | t | c | 2 | c | n | 0 |

图 14-8　域名 www.wzvtc.cn 的表示方法

每个问题都有一个查询类型，而每个应答（也称为一条资源记录）也有一个应答类型。大约有 20 个不同的类型值，有一些目前已经过时，如表 14-1 所示，列出了常用的一些值。其中有两种可以用于查询类型：一种是 A 类型，表示期望获得查询名的 IP 地址。另一种是 PTR 类型，表示请求获得一个 IP 地址对应的域名，也称为指针查询。查询报文格式中的查询类通常是 1，指互联网地址。

注意：某些站点也支持其他非 IP 地址查询，此时查询类将是其他数值。

表 14-1　DNS 问题和响应的类型值和查询类型值

名　字	数　值	描　述	名　字	数　值	描　述
A	1	IP 地址	HINFO	13	主机信息
NS	2	名字服务器	MX	15	邮件交换记录
CName	5	规范名称	AXFR	252	对区域转换的请求
PTR	12	指针记录	*或 ANY	255	对所有记录的请求

DNS 报文一般格式中的最后 3 个字段是回答字段、授权字段和附加信息字段，它们均采用一种称为资源记录 RR（Resource Record）的相同格式。如图 14-9 所示，显示了资源记录的格式，各个字段的含义如下所示。

❑ 域名是记录中资源数据对应的名字，它的格式和前面介绍的查询名字段格式（图 14-8）相同。

❑ 类型说明 RR 的类型码，它的值的取值及含义见表 14-1。

❑ 类通常为 1，指 Internet 数据。

❑ 生存时间字段是客户程序保留该资源记录的秒数，资源记录通常的生存时间值为 2 天。

❑ 资源数据长度说明资源数据的数量。

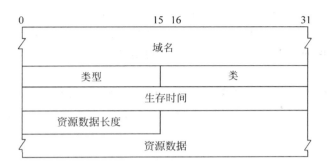

图 14-9　DNS 资源记录格式

❑ 资源数据的格式依赖于类型字段的值，对于类型 1（A 记录）资源数据是 4 字节的 IP 地址。

14.1.5　实际的 DNS 报文数据

在客户机利用域名访问一台主机时，首先要向所设的 DNS 服务器发送查询报文，以获得该域名所对应的 IP 地址，DNS 服务器要根据具体情况返回给客户端应答。下面通过抓包工具 Wireshark 捕获这些数据包，并进行观察，以便更深入地理解 DNS 协议。

假设在一台 IP 地址为 192.168.0.20 的客户机上执行 ping mail.benet.com 命令，成功执行后，用 Wireshark 抓到的数据包，如图 14-10 所示。在命令执行前，先用 ipconfig /flushdns 清除本地的 DNS 缓存，否则客户机有可能不发送 DNS 报文而是直接从 DNS 缓存中得到 IP 地址。

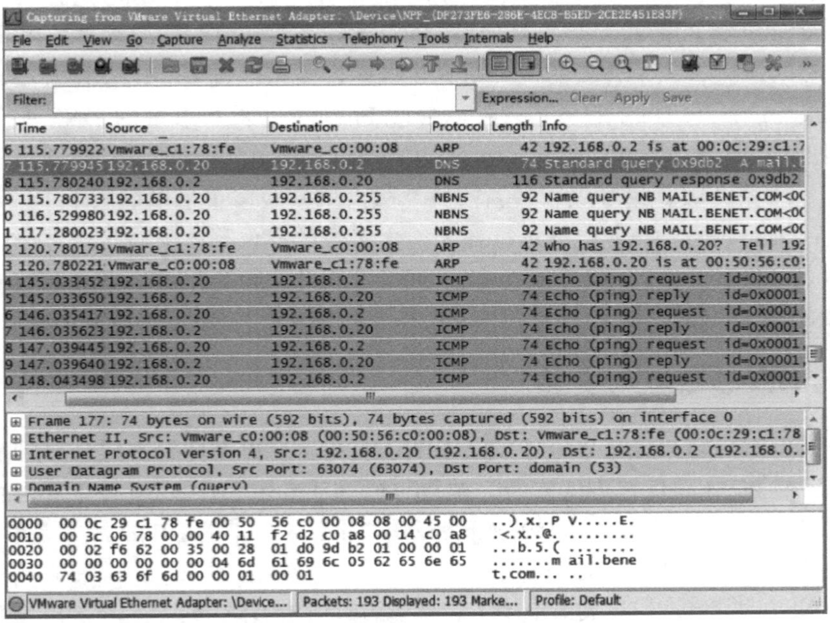

图 14-10　Wireshark 抓到的 DNS 数据包

从图 14-10 可以看出，客户机 192.168.0.20 在 ping 一个域名时，要先通过 DNS 查询获得该域名所对应的 IP 地址，因此向所设的 DNS 服务器 192.168.0.2 发送了数据包 7，可以看出查询类型为 A。DNS 服务器 192.168.0.2 通过数据包 8 告诉客户机，mail.benet.com 域名所对应的 IP 地址是 192.168.0.2。于是，ping 命令向 192.168.0.20 发送了数据包 14、16、18、和 20 这 4 个 ICMP 请求，而 192.168.0.2 则通过 15、17、19 和 21 这 4 个数据包进行了回复。

从数据包 17 还可以看出，DNS 服务器返回了一条 CNAME 资源记录和两条 A 资源记录，客户端根据自己的算法取出了第一条 A 资源记录中所包含的 IP 地址。另外，从图 4-10 中所示窗口的中间部分还可以看出，DNS 报文是通过 UDP 协议发送的，服务器的端口号是 53 号。

📭 **说明**：以上是 DNS 客户端与服务器的报文交互情况。实际，DNS 服务器为了解析 mail.benet.comn 域名，可能还需要与其他 DNS 服务器进行交互，这些交互数据包不能在客户机上捕获。

14.2　BIND 的安装与运行

Bind 是最知名的域名服务器软件，它完整地实现了 DNS 协议规定的各种功能。可以在各种主流的操作系统平台上运行，并且被作为许多供应商的 UNIX 标准配置封装在产品中。下面介绍有关 Bind 服务器软件的安装与运行方法。

14.2.1　BIND 简介

Linux 系统下架设 DNS 服务器通常是使用 Bind 程序来实现的。Bind 是 Berkeley Internet Name Domain Service 的简写，是一款架设 DNS 服务器的开放源代码软件。Bind 原本是美国 DARPA 资助伯克里大学开设的一个研究生课题，后来经过多年的变化发展，已经成为世界上使用最为广泛的 DNS 服务器软件，目前 Internet 上绝大多数的 DNS 服务器都是用 Bind 来架设的。

Bind 经历了第 4 版、第 8 版和最新的第 9 版，第 9 版修正了以前版本中的许多错误，并提升了执行时的效能。Bind 能够运行在当前大多数的操作系统系统平台之上。目前 Bind 软件由 ISC（Internet Software Consortium，因特网软件联合会）这个非赢利性机构负责开发和维护。ISC 的官方网站域名为 http://www.isc.org/，包含了 Bind 的最新错误修复和更新。

14.2.2　BIND 的获取与安装

在 Red Hat Enterprise Linux 6 下安装 BIND 服务器可以有两种方式，一种是源代码方式安装，一种是 RPM 软件包方式安装。源代码可以从 ftp://ftp.isc.org 处下载，目前最新的版本是 9.9.2 版，文件名是 bind-9.9.2rc1.tar.gz。RHEL 6 自带的 BIND 版本是 9.8.2 版，文件名是 bind-9.8.2-0.10.rc1.el6.i686.rpm。

先看 RPM 方式安装。如果安装 RHEL 6 系统的时候没有选择安装 bind-9.8.2-0.10.rc1.el6 包，需要从安装光盘把相应文件复制到当前目录以后，再用以下命令安装：

```
# rpm -ivh bind-9.8.2-0.10.rc1.el6.i686.rpm
```

如果安装成功，会出现以下提示：

```
warning: bind-9.8.2-0.10.rc1.el6.i686.rpm: Header V3 RSA/SHA256 Signature,
key ID fd431d51: NOKEY
Preparing...                 ###########################################
[100%]
   1:bind                    ###########################################
[100%]
```

再输入以下命令，可以看到安装后的文件分布情况。

```
# rpm -ql bind-9.8.2-0.10.rc1.el6
```

其中比较重要的文件分布如下所示。

❑ /etc/rc.d/init.d/named：Bind 开机自动启动时所用的启动脚本。

❑ /usr/sbin/bind-chroot-admin：启用或禁用 chroot 功能的命令。

❑ /usr/sbin/named：named 进程的程序文件。

❑ /usr/sbin/rndc：远程控制 named 进程运行的工具。

❑ /usr/sbin/rndc-confgen：产生 rndc 密钥的工具。

❑ /usr/share/doc/bind-9.8.2：该目录下安装了 BIND 的帮助文档和例子文件。

❑ /usr/share/man/man5：该目录下安装了 BIND 的手册页。

❑ /usr/share/man/man8：该目录下也安装了 BIND 的手册页。

❑ /var/named：Bind 配置文件的默认存放目录（不包含主配置文件）。

❑ /var/run/named：named 进程 PID 文件的存放目录。

named 进程是以 named 用户的身份运行的，因此，操作系统中要事先存在这个用户。

🔔说明：当默认安装 RHEL 6 时，named 用户已经创建，如是由于某种原因该用户不存在了，需要重新创建。

如果采用源代码方式安装，则从 ftp://ftp.isc.org/isc/bind9/9.9.2rc1 处下载 Bind 的最新版 9.9.2 版的源代码文件 bind-9.9.2rc1.tar.gz ，文件复制到当前目录后，使用以下命令进行安装：

```
# rpm -e bind-9.8.2-0.10.rc1.el6      //如果安装了bind 9.8.2包，则先卸载
# tar xvzf bind-9.9.2rc1.tar.gz       //解压源代码文件包,到bind-9.9.2rc1目录中
# cd bind-9.9.2rc1
# ./configure
# make                                //编译连接，产生可执行文件
# make install                        //把文件安装到相应的目录
```

当练习测试时，可选择上述两种安装方式中的一种。本章后面的例子是以 RPM 安装方式为基础进行讲解的。

14.2.3　BIND 的简单配置与运行

与其他服务器相比，BIND 的配置文件结构要复杂得多，而且在配置文件不正确的情况下，BIND 将无法运行。为了使 BIND 能初步得到运行，下面先提供一套最简单的配置文件，使得 BIND 能正常地运行起来，并具有初步的域名解析功能，具体内容的解释见 14.3 节。

（1）在/etc 目录下建立 BIND 的主配置文件 named.conf，内容如下所示。

```
options {
        listen-on port 53 { any; };
        listen-on-v6 port 53 { ::1; };
        directory       "/var/named";
        dump-file       "/var/named/data/cache dump.db";
        statistics-file "/var/named/data/named stats.txt";
        memstatistics-file "/var/named/data/named mem stats.txt";
        allow-query     { any; };
        recursion yes;

        dnssec-enable yes;
        dnssec-validation yes;
        dnssec-lookaside auto;

        /* Path to ISC DLV key */
        bindkeys-file "/etc/named.iscdlv.key";

        managed-keys-directory "/var/named/dynamic";
};

logging {
        channel default debug {
                file "data/named.run";
                 severity dynamic;
        };
};

zone "." IN {                         ////定义一个名为"."的区,查询类为 IN
        type hint;                    ////类型为 hint
        file "named.ca";              //区文件是 named.ca
};

include "/etc/named.rfc1912.zones";
//include "/etc/named.root.key";
```

其中，加粗的代码是需要修改的内容。可以看出主配置文件 named.conf 里面只有"."区域，在代码中 named.rfc1912.zones，是 named.conf 的辅助区域配置文件。意思是除了根域外，其他所有的区域配置建议在 named.rfc1912.zones 文件中配置，主要是为了方便管理，不会轻易破坏主配置文件 named.conf。这是 RHEL 6 版本跟 RHEL 5 不同的地方。

（2）在辅助区域配置文件 named.rfc1912.zones 中创建正向反向区域。

```
vi /etc/named.rfc1912.zones
zone "benet.com" IN {
   type master;
   file "named.benet.com";
   allow-update { none; };
};
zone "0.168.192.in-addr.arpa" IN {
        type master;
        file "named.0.168.192";
        allow-update { none; };
};
```

（3）通过模版创建对应的正向反向区域数据库文件。BING 数据库配置文件在/var/named/下。

```
# cd /var/named/
```

```
# cp -p named.localhost benet.com.zone
# cp -p named.localhost named.0.168.192
```

（4）创建并修改正反向区域数据库配置文件。/var/named/named.benet.com 文件的内容如下：

```
# vi named.benet.com
$TTL 1D
@       IN SOA  @ rname.invalid. (
                                  0       ; serial
                                  1D      ; refresh
                                  1H      ; retry
                                  1W      ; expire
                                  3H )    ; minimum
benet.com.       IN  NS   www.benet.com.
benet.com.       IN  MX   10  mail
www.benet.com.   IN   A    192.168.0.2
mail             IN  A    192.168.0.1
www              IN  A    192.168.0.2
oa               IN  CNAME  www
lib              IN  A     192.168.0.3
gsx              IN  A     221.224.2.234
```

/var/named/named.0.168.192 文件的内容如下：

```
# vi /var/named/named.0.168.192
$TTL 1D
@       IN SOA  benet.com rname.invalid. (
0       ; serial
                                  1D    ; refresh
                                  1H    ; retry
                                  1W    ; expire
                                  3H )  ; minimum
0.168.192.in-addr.arpa.    IN   NS  www.benet.com.
2                          IN  PTR  www.benet.com.
1                          IN  PTR  mail.benet.com.
3                          IN  PTR  lib.benet.com.
```

（5）用以下命令启动 named 进程，加-g 选项的目的是为了显示启动过程的详细信息，以便出错时能及时发现原因。

```
# /usr/sbin/named  -g &
23-Sep-2012 16:05:19.165 using default UDP/IPv4 port range: [1024, 65535]
23-Sep-2012 16:05:19.165 using default UDP/IPv6 port range: [1024, 65535]
23-Sep-2012 16:05:19.184 listening on IPv4 interface lo, 127.0.0.1#53
23-Sep-2012 16:05:19.186 binding TCP socket: address in use
23-Sep-2012 16:05:19.187 listening on IPv6 interface lo, ::1#53
23-Sep-2012 16:05:19.187 binding TCP socket: address in use
23-Sep-2012 16:05:19.253 ignoring config file logging statement due to -g
option
23-Sep-2012 16:05:19.254 zone 0.in-addr.arpa/IN: loaded serial 0
23-Sep-2012 16:05:19.255 zone 1.0.0.127.in-addr.arpa/IN: loaded serial 0
23-Sep-2012                         16:05:19.256              zone
1.0.0.0.0.0.0.0.0.0.0.0.0.0.0.0.0.0.0.0.0.0.0.0.0.0.0.0.0.0.0.0.ip6.arp
a/IN: loaded serial 0
23-Sep-2012 16:05:19.261 zone localhost.localdomain/IN: loaded serial 0
23-Sep-2012 16:05:19.261 zone localhost/IN: loaded serial 023-Sep-2012
16:05:19.264 running
```

（6）用以下命令查看 named 进程是否已正常启动。

```
# ps -eaf|grep named
```

```
root     3849  3469  0 18:18 pts/0    00:00:00 /usr/sbin/named -g
root     3862  3469  0 18:23 pts/0    00:00:00 grep named
#
```

（7）由于 DNS 采用的是 UDP 协议，监听的是 53 号端口，可以用下面的命令进一步验证 named 是否已正常工作。

```
# netstat -an | grep :53
tcp      0      0 10.10.1.29:53          0.0.0.0:*              LISTEN
tcp      0      0 127.0.0.1:53           0.0.0.0:*              LISTEN
udp      0      0 10.10.1.29:53          0.0.0.0:*
udp      0      0 127.0.0.1:53           0.0.0.0:*
```

可见，UDP53 号端口已经打开，同时也可以看到，TCP 的 53 号端口也是处于监听状态的，这个端口主要是用于 DNS 服务器之间传送域数据。

（8）上述步骤完成后，再检查防火墙是不是开放了 TCP 和 UDP 的 53 号端口。如果还没开放，可输入以下命令打开。

```
#iptables -I INPUT -p tcp --dport 53 -j ACCEPT
#iptables -I INPUT -p udp --dport 53 -j ACCEPT
```

（9）最后，可以在本机或网络中的其他计算机进行以下测试（">"后面是用户输入的内容）。

```
C:\ >nslookup
Default Server: www.benet.com
Address: 192.168.0.2       # 原来默认的 DNS 服务器是 192.168.0.2

> www.benet.com            # 查询 www.benet.com 的 IP 地址
Server: www.benet.com
Address: 192.168.0.2

Name:   www.benet.com
Address: 192.168.0.2        # DNS 服务器回复www.benet.com的IP地址是192.168.0.2
> mail.benet.com            # 再查询 mail.benet.com 的 IP 地址
Server: www.benet.com
Address: 192.168.0.2

Name:   mail.benet.com
Address: 192.168.0.1        # DNS 服务器回复mail.benet.com的IP地址是192.168.0.1

> www.baidu.cn             # 查询其他域的域名 www.baidu.cn
Server: wwwbenetcom
Address: 192.168.0.2

Non-authoritative answer:                # 表示是非权威的回答
Name:   www.a.shifen.com
Addresses: 220.181.6.18, 220.181.6.19    # DNS 服务器回复 www.baidu.cn 的 IP 地
                                           址,有两个
Aliases: www.baidu.cn, www.baidu.com

> exit

C:\ >
```

从以上测试可以看出，DNS 已经能正常地工作，能解析 benet.com 区中的域名，还能

通过其他的 DNS 服务器解析互联网上的所有域名。

14.2.4　chroot 功能

chroot 是 Change Root 的缩写，它可以将文件系统中某个特定的子目录作为进程的虚拟根目录，即改变进程所引用的"/"根目录位置。chroot 对进程可以使用的系统资源、用户权限和所在目录进行严格控制，程序只在这个虚拟的根目录及其子目录具有权限。一旦离开该目录就没有任何权限了，所以也将 chroot 称为"jail 监禁"。

说明：在 Vsftpd 服务器架设中，也有几个关于 chroot 的配置选项。可以把操作系统中的某一个目录（通常是该用户的主目录）作为用户的根目录，用户登录到 FTP 服务器时，看到的根目录并不是服务器上真正的根目录，而是其他目录。用户不能访问除这个目录以外的任何文件，即把用户监禁在某一目录中，用户的任何操作仅对这个目录有效，不会影响到系统和其他用户的文件。

早期 Linux 服务都是以 root 权限启动和运行的。随着技术的发展，各种服务变得越来越复杂，导致 BUG 和漏洞也越来越多。黑客利用服务的漏洞入侵系统，就能获得 root 级别的权限，从而可以控制整个系统。为了减缓这种攻击所带来的负面影响，现在的服务器软件通常设计成以 root 权限启动，然后服务器进程自行放弃 root 权限，再以某个低权限的系统账号来运行进程。这种方式的好处在于该服务被攻击者利用漏洞入侵时，由于进程权限比较低，攻击者得到的访问权限是基于这个较低权限的，因此对系统造成的危害比以前减轻了许多。

基于同样的道理，chroot 的使用并不能说是让程序本身更安全了，它跟没有 chroot 的程序比较，依然有着同样多的 bug 和漏洞，依然会被攻击者利用这些 bug 和漏洞进行攻击并得逞。但由于程序本身的权限被严格限制了，因此攻击者无法造成更大的破坏，也无法夺取操作系统的最高权限。DNS 服务器主要是用于域名解析，需要面对来自网络各个位置的大量访问，并且一般不限制来访者的 IP，因此，存在的安全隐患和被攻击的可能性相当大，使用 chroot 功能也就特别地有意义了。

在 Red Hat Enterprise Linux 6 下，chroot 的安装包文件名为 bind-chroot-9.8.2-0.10.rc1.el6.i686.rpm，在安装盘中。把安装文件复制到当前目录后，输入以下命令进行安装。

```
# rpm -ivh bind-chroot-9.8.2-0.10.rc1.el6.i686.rpm
```

当成功安装 chroot 后，named 的虚拟根目录变为/var/named/chroot，即以后运行 named 进程时，会把这个目录当作根目录。同时，这个虚拟根目录下还自动创建了 dev、etc 和 var 3 个目录，分别对应实际根目录下的同名目录。另外，安装 chroot 时，还会自动把实际根目录下的这 3 个目录中的配置文件都复制到虚拟根目录下对应的 3 个目录中，例如，/etc/named.conf 会复制到/var/named/chroot/etc。因此，以后编辑 named 的配置文件时，要注意其存放的目录位置。

14.2.5　使用 rndc

rndc 是 BIND 安装包提供的一种控制域名服务运行的工具，它可以运行在其他计算机上，通过网络与 DNS 服务器进行连接，然后根据管理员的指令对 named 进程进行远程控制。此时，管理员不需要 DNS 服务器的根用户权限。

使用 rndc 可以在不停止 DNS 服务器工作的情况下进行数据的更新，使修改后的配置文件生效。在实际情况下，DNS 服务器是非常繁忙的，任何短时间的停顿都会给用户的使用带来影响。因此，使用 rndc 工具可以使 DNS 服务器更好地为用户提供服务。

rndc 与 DNS 服务器实行连接时，需要通过数字证书进行认证，而不是传统的用户名/密码方式。在当前版本下，rndc 和 named 都只支持 HMAC-MD5 认证算法，在通信两端使用共享密钥。rndc 在连接通道中发送命令时，必须使用经过服务器认可的密钥加密。为了生成双方都认可的密钥，可以使用 rndc-confgen 命令产生密钥和相应的配置，再把这些配置分别放入 named.conf 和 rndc 的配置文件 rndc.conf 中，具体操作步骤如下所示。

（1）执行 rndc-confgen 命令，得到密钥和相应的配置。

```
# rndc-confgen
# Start of rndc.conf
key "rndc-key" {
    algorithm hmac-md5;
    secret "S+2mvy1ubipGETPKpx37Eg==";
};

options {
    default-key "rndc-key";
    default-server 127.0.0.1;
    default-port 953;
};
# End of rndc.conf

# Use with the following in named.conf, adjusting the allow list as needed:
# key "rndc-key" {
#    algorithm hmac-md5;
#    secret "S+2mvy1ubipGETPKpx37Eg==";
# };
#
# controls {
#    inet 127.0.0.1 port 953
#        allow { 127.0.0.1; } keys { "rndc-key"; };
# };
# End of named.conf
```

（2）在/etc 目录下创建 rndc.conf 文件，根据提示输入上述输出中不带注释的内容。

```
# vi /etc/rndc.conf
key "rndckey" {
  algorithm hmac-md5;
  secret "TKuaJSEo58zohJBfrdF7dQ==";
};

options {
  default-key "rndckey";
  default-server 127.0.0.1;
  default-port 953;
};
```

（3）根据提示，把下列内容放入原有的/etc/named.conf 文件后面。

```
 key "rndckey" {
      algorithm hmac-md5;
      secret "TKuaJSEo58zohJBfrdF7dQ==";
```

```
};

controls {
    inet 127.0.0.1 port 953
        allow { 127.0.0.1; } keys { "rndckey"; };
};
```

（4）重启 named 进程后，就可以使用 rndc 工具对 named 进行控制了。例如，下面的命令可以使 named 重新装载配置文件和区文件。

```
# rndc reload
server reload successful
#
```

此外，所有 rndc 支持的命令及帮助信息可以通过不带参数的 rndc 命令显示。

```
[root@localhost named]# rndc
Usage: rndc [-c config] [-s server] [-p port]
       [-k key-file ] [-y key] [-V] command

command is one of the following:
 reload       Reload configuration file and zones.
 reload zone [class [view]]
 ...
 statusDisplay status of the server.
 recursing Dump the queries that are currently recursing
 (named.recursing)
 *restart      Restart the server.

* == not yet implemented
Version: 9.8.2rc1-RedHat-9.8.2-0.10.rc1.el6
```

可以看到，rndc 提供了非常丰富的命令，可以让管理员在不重启 named 进程的情况下，完成大部分 DNS 服务器管理工作。

🔔说明：rndc 命令后面可以跟 "-s" 和 "-p" 选项连接到远程 DNS 服务器，以便对远程 DNS 服务器进行管理，但此时双方的密钥要一致才能正常连接。

14.3　BIND 的配置

14.2 节提供了一个简单的配置例子，使得 BIND 运行后具有初步的 DNS 服务器功能。本节先详细解释各种配置选项的含义，再通过几个例子使读者能配置相对复杂的 DNS 服务器。与其他服务器不同的是，BIND 配置需要较多的配置文件，而不是所有的配置都集中在一个配置文件里，因此相对要复杂些。

14.3.1　BIND 的主配置文件

BIND 主配置文件由 named 进程运行时首先读取，文件名为 named.conf，默认在/etc 目录下。该文件只包括 Bind 的基本配置，并不包含任何 DNS 的区域数据。安装 DNS 服务后，安装程序不会自动生成/etc/named.conf 文件，用户需要自行创建或将/usr/share/doc/bind-9.8.2/sample/etc/named.conf 范本文件复制为/etc/named.conf。

named.conf 配置文件由语句与注释组成，每一条主配置语句均有自己的选项参数。这些选项参数以子语句的形式组成，并包含在花括号内，作为主语句的组成部分。每一条语句，包括主语句和子语句，都必须以分号结尾。注释符号可以使用类似于 C 语言中的块注释 "/*" 和 "*/" 符号对，以及行注释符 "//" 或 "#"。BIND 9 支持的主配置语句及功能如表 14-2 所示。

表 14-2　BIND 9 主配置语句名称

主配置语句名称	功　　能
acl	定义一个访问控制列表，用于以后对列表中的 IP 进行访问控制
controls	定义有关本地域名服务器操作的控制通道，这些通道被 rndc 用来发送控制命令
include	把另一个文件中的内容包含进来做为主配置文件的内容
key	定义一个密匙信息，用于通过 TSIG 进行授权和认证的配置中
logging	设置日志服务器，以及日志信息的发送位置
options	设置 DNS 服务器的全局配置选项
server	定义了与远程服务器交互的规则
trusted-keys	定义信任的 DNSSED 密匙
view	定义一个视图
zone	定义一个区域

1．acl 语句

acl 主配置语句用于定义一个命名的访问列表，里面包含了一些用 IP 表示的主机，这个访问列表可以在其他语句使用，表示其所定义的主机。其格式如下：

```
acl acl-name {
    address_match_list
};
```

address_match_list 表示 IP 地址或 IP 地址集。其中，none、any、localhost 和 localnets 这 4 个内定的关键字有特别含义，分别表示没有主机、任何主机、本地网络接口 IP 和本地子网 IP。具体的例子如下所示。

```
acl "someips" {                    //定义一个名为 someips 的 ACL
  10.0.0.1; 192.168.23.1; 192.168.23.15;    //包含 3 个单个 IP
};
acl "complex" {                    //定义一个名为 complex 的 ACL
  "someips";                       //可以包含其他 ACL
  10.0.15.0/24;                    //包含 10.0.15.0 子网中的所有 IP
  !10.0.16.1/24;                   //非 10.0.16.1 子网的 IP
  {10.0.17.1;10.0.18.2;};          //包含了一个 IP 组
  localhost;                       //本地网络接口 IP(含实际接口 IP 和 127.0.0.1)
};
zone "example.com" {
  type slave;
  file "slave.example.com";
  allow-notify {"complex";};       //在此处使用了前面定义的 complex 访问列表
};
```

2．controls 语句

controls 主语句定义有关本地域名服务器操作的控制通道，这些通道被 rndc 用来发送控制命令。在上一节的例子 named.conf 配置文件中有以下语句，现解释如下：

```
controls {
    inet 127.0.0.1 port 953        //在 127.0.0.1 接口的 953 号端口进行监听
      allow { 127.0.0.1; }          //只接受 127.0.0.1 的连接，即只有在本机使用 rndc
                                     //才能对 named 进行控制
      keys { "rndckey"; };          //使用名为 rndckey 的密钥才能访问
};
```

3．include 语句

include 主语句表示把另一个文件的内容包含进来，作为 named.conf 文件的配置内容，其效果与把那个文件的内容直接输入 named.conf 时一样。之所以这样做，一是为了简化一些分布式的 named.conf 文件的管理，此时，每个管理员只负责自己所管辖的配置内容；二是为了安全，因为可以把一些密钥放在其他文件，不让无关的人查看。

4．key 语句

key 主语句定义一个密匙，用于 TSIG 授权和认证。它主要在与其他 DNS 服务器或 rndc 工具通信时使用，可以通过运行 rndc-confgen 命令产生。在 14.2.5 节的例子 named.conf 配置文件中有以下语句，现注释如下：

```
key "rndckey" {                          //定义一个密钥，名为 rndckey
    algorithm hmac-md5;            //采用 hmac-md5 算法,这也是目前唯一支持的加密算法
    secret "TKuaJSEo58zohJBfrdF7dQ==";      //密钥的具体数据
  };
```

5．logging 语句

logging 是有关日志配置的主语句，可以有众多的子语句，指明了日志记录的位置、日志的内容、日志文件的大小和日志的级别等内容。下面是一个典型的日志语句内容。

```
logging{
  channel simple log {   //定义一个名为 simple log 的日志通道。可以定义多个通道,每
                          //个通道代表一种日志
    file "/var/log/named/bind.log" versions 3
                          //该日志记录在/var/log/named/bind.log 文件中,版本号为3

  size 5m;              //文件的大小是 5MB,超过 5MB 时,会以 bind.log.1 的名字备份起来
    severity warning;        //高于或等于 warning 级别的日志才被记录
    print-time yes;          //日志记录包含时间域
    print-severity yes;      //日志记录包含日志级别域
    print-category yes;      //日志记录包含日志分类域
  };
  category default{            //所有的分类都记录到 simple log 日志通道中
    simple log;
  };
};
```

6．options 语句

options 语句设定可以被整个 BIND 使用的全局选项。这个语句在每个配置文件中只有一处，如果出现多个 options 语句，则第一个 options 的配置有效，并且会产生一个警告信息。如果没有 options 语句，每个子语句使用默认值。options 选项的子语句很多，下面先解释在 14.2.3 节的例子主配置文件中出现的子语句。

❑ directory：指定服务器的工作目录。配置文件其他语句中所使用的相对路径，指的都是在这个子语句指定的目录下。大多数的输出文件默认时也生成在这个目录下。如果没有设定，工作目录默认设置为服务器启动时的目录。指定目录时，应该以绝对路径表示。

❑ pid-file：设定进程 PID 文件的路径名，如果没有指定，默认为/var/run/named.pid。因此，此时要注意运行进程的用户 named 对该目录要有写入的权限，否则，named 将不能正常启动。pid-file 是给那些需要向运行着的服务器发送信号的程序使用的。

❑ forwarders：设定转发使用的 IP 地址。该子语句只有在 forward 设置成允许转发后才生效，默认的列表是空的，表示不转发。转发也可以设置在每个域中，这样全局选项中的转发设置就不会起作用了。用户可以将不同的域转发到不同的其他DNS 服务器上，或者对不同的域实现 forward only 或 first 的不同方式，也可以选择根本就不转发。

❑ allow-query：主语句用于设定 DNS 服务器为哪些客户机提供 DNS 查询服务，可以在后面的花括号内放置命名的 ACL 或 address_match_list，any 表示任何主机都可以访问。allow-query 也能在 zone 语句中设定，这样全局 options 中的 allow-query选项在 zone 中就不起作用了。默认时是允许所有主机进行查询。

7．server 语句

server 主语句定义了与远程服务器交互的规则，例如，决定本地 DNS 服务器是作为主域名服务器还是辅域名服务器，以及与其他 DNS 服务器通信时采用的密钥等。语句可以出现在配置文件的顶层，也可以出现在视图语句的内部。如果一个视图语句包括了自己的server 语句，则只有那些视图语句内的 server 语句才起作用，顶层的 server 语句将被忽略。如果一个视图语句内不包括 server 语句，则顶层 server 语句将被当做默认值。

8．trusted-keys 语句

trusted-keys 语句定义 DNSSEC 安全根的 trusted-keys。DNSSEC 指由 RFC2535 定义的DNS sercurity。当一个非授权域的公钥是已知的，但不能安全地从 DNS 服务器获取时，需要加入一个 trusted-keys。这种情况一般出现在 singed 域是一个非 signed 域的子域的时候，此时加了 trusted key 后被认为是安全的。trusted-keys 语句能包含多重输入口，由键的域名、标志、协议算法和 64 位键数据组成。

9．view 语句

view 语句定义了视图功能。视图是 BIND 9 提供的强大的新功能，允许 DNS 服务器根据客户端的不同有区别地回答 DNS 查询，每个视图定义了一个被特定客户端子集见到的 DNS 名称空间。这个功能在一台主机上运行多个形式上独立的 DNS 服务器时特别有用。

10．zone 语句

zone 语句定义了 DNS 服务器所管理的区，也就是哪一些域的域名是授权给该 DNS 服务器回答的。一共有 5 种类型的区，由其 type 子语句指定，具体名称和功能如下所示。

- ❑ Master（主域）：主域用来保存某个区域（如 www.wzvtc.cn）的数据信息。
- ❑ Slave（辅域）：也叫次级域，数据来自主域，起备份作用。
- ❑ Stub：Stub 区与辅域相似，但它只复制主域的 NS 记录，而不是整个区数据。它不是标准 DNS 的功能，只是 BIND 提供的功能。
- ❑ Forward（转发）：转发域中一般配置了 forward 和 forwarders 子句，用于把对该域的查询请求转由其他 DNS 服务器处理。
- ❑ Hint：Hint 域定义了一套最新的根 DNS 服务器地址，如果没有定义，DNS 服务器会使用内建的根 DNS 服务器地址。

在 14.2.3 节的例子 named.rfc1912.zones 配置文件中有以下语句，现解释如下：

```
zone  "benet.com" IN {              //定义一个名为 benet.com 的区,查询类为 IN
   type master;                     //类型为 master
   file "named.benet.com ";         //区文件是 named.benet.com
   allow-update { none; };          //不允许任何客户端对数据进行更新
};
zone  "0.168.192.in-addr.arpa" IN {
                      //定义一个名为 0.168.192.in-addr.arpa 的区,查询类为 IN
     type master;                   //类型为 master
     file "named.0.168.192";        //区文件是 named.0.168.192
     allow-update  { none; };       //不允许任何客户端对数据进行更新
};
```

🔊说明：在每一个 zone 语句中，都用 file 子语句定义一个区文件，这个文件里存放了域名与 IP 地址的对应关系。14.3.3 节将对区文件进行详细解释。

14.3.2　根服务器文件 named.root

在主配置文件/etc/named.conf 中，定义了一个根域，区文件是/var/named 目录下的 named.ca 文件。它是一个非常重要的文件，包含了 Internet 根服务器的名字和 IP 地址。当 Bind 接到客户端的查询请求时，如果本地不能解释，也不能在 Cache 中找到相应的数据，就会通过根服务器进行逐级查询。

例如，当服务器收到 DNS 客户机的一个查询请求，要求查询一个不在本域的 www.example.com 域名时，如果 Cache 里没有相应的数据，DNS 服务器就会向 named.root 文件中列出的 Internet 根服务器请求，然后根服务器将查询交给负责域.com 的授权名称服务器，域.com 授权名称服务器再将请求交给负责域 example.com 的授权名称服务器进行查询，最后再把结果返回给客户机。

由于 Internet 根服务器的地址经常会发生变化，因此 named.ca 也应该要随之更新。最新的根服务器列表可以从 ftp://ftp.rs.internic.net/domain/下载，文件名是 root.zone，它包含了国际互联网络信息中心（InterNIC）提供的最新数据。另外，也可以用 Bind 提供的命令 dig 列出最新的根服务器，命令如下：

```
# dig

; <<>> DiG 9.8.2rc1-RedHat-9.8.2-0.10.rc1.el6 <<>>
;; global options: printcmd
;; Got answer:
;; ->>HEADER<<- opcode: QUERY, status: NOERROR, id: 46053
;; flags: qr rd ra; QUERY: 1, ANSWER: 13, AUTHORITY: 0, ADDITIONAL: 15

;; QUESTION SECTION:
;.                              IN      NS

;; ANSWER SECTION:
.                     459744   IN      NS      F.ROOT-SERVERS.NET.
.                     459744   IN      NS      M.ROOT-SERVERS.NET.
.                     459744   IN      NS      I.ROOT-SERVERS.NET.
.                     459744   IN      NS      E.ROOT-SERVERS.NET.
...
.                     459744   IN      NS      D.ROOT-SERVERS.NET.

;; ADDITIONAL SECTION:
M.ROOT-SERVERS.NET.   546144   IN      A       202.12.27.33
J.ROOT-SERVERS.NET.   546144   IN      A       192.58.128.30
C.ROOT-SERVERS.NET.   546144   IN      A       192.33.4.12
A.ROOT-SERVERS.NET.   546144   IN      A       198.41.0.4
...
I.ROOT-SERVERS.NET.   546144   IN      A       192.36.148.17

;; Query time: 2 msec
;; SERVER: 10.10.1.2#53(10.10.1.2)
;; WHEN: Tue Nov 18 16:48:23 2008
;; MSG SIZE  rcvd: 492
```

以上列出的就是 Internet 根服务器的 IP 地址，如果使用以下命令，可以把这些内容存到 root.zone 文件中，这个文件就可以做为主配置文件中指定的根域的区文件。

```
dig > /etc/named/named.root
```

14.3.3　区域数据文件

一个区域内的所有数据，包括主机名和对应 IP 地址、刷新间隔和过期时间等，都必须要存放在 DNS 服务器内，而用来存放这些数据的文件就称为区域文件。DNS 服务器的区域数据文件一般存放在/var/named 目录下。一台 DNS 服务器内可以存放多个区域文件，同一个区域文件也可以存放在多台 DNS 服务器中。下面是 14.2.3 节配置例子中提供的 wzvtc.cn 域的区域数据文件 named.benet.com 的内容。

```
# vi /var/named/named.benet.com
$TTL 3h
wzvtc.cn. IN SOA ns.wzvtc.cn. ltf@wzvtc.cn. (
                    1           ; 定义序列号的值,同步辅助名称服务器数据时使用
                    3h          ; 更新时间间隔值。定义该服务器的辅助名称服务器隔
                                  多久时间更新一次
                    1h          ; 辅助名称服务器更新失败时,重试的间隔时间
```

```
                          1w          ; 辅助名称服务器一直不能更新时,其数据过期的时间
                          1h )        ; 最小默认 TTL 的值,如果第一行没有$TTL,则使用该值
benet.com.       IN   NS   www.benet.com.
benet.com.       IN   MX   10   mail
www.benet.com.        IN   A    192.168.0.2
mail             IN   A    192.168.0.1
www              IN   A    192.168.0.2
oa               IN   CNAME  www
lib              IN   A    192.168.0.3
gsx              IN   A    221.224.2.234
```

在区域数据文件中，使用"；"作为行注释符，除第一条语句以外，区域数据文件中的每一条语句称为一条记录。以上配置中各条语句的含义如下所示。

1．设置其他 DNS 服务器缓存本机数据的默认时间

$TTL 指令要求放在文件的第 1 行，定义了其他 DNS 服务器缓存本机数据的默认时间，默认单位是秒，也可以用 h（小时）、d（天）和 w（星期）为单位。DNS 服务器在应答中提供 TTL 值，目的是允许其他的服务器在 TTL 间隔内缓存数据。如果本地的 DNS 服务器数据改变不大，可以考虑几天的默认 TTL，最长可以设为一周。但是不推荐设置 TTL 为 0，此时将导致大量的 DNS 数据传输。

2．设置起始授权机构

SOA 是 Start of Authority（起始授权机构）的缩写，它指出这个域名服务器是作为该区数据的权威的来源。在指令"benet.com. IN SOA www.benet.com. ltf@benet.com."中，指定了负责解析 benet.com.域的授权主机名是"www.benet.com."，授权主机名称将在区域文件中解析为 IP 地址。IN 表示属于 Internet 类，是固定不变的，"ltf@benet.com."表示负责该区域的管理员的 E-mail 地址。每一个区文件都需要一个 SOA 记录，而且只能有一个。SOA 资源记录还要指定一些附加参数，放在 SOA 资源记录后面的括号内，其名称和功能见例子中的注释。

3．设置名称服务器 NS 资源记录

"benet.com. IN NS www.benet.com."是一条 NS（Name Server）资源记录，定义了域"benet.com."由 DNS 服务器"www.benet.com."负责解析，NS 资源记录定义的服务器称为区域权威名称服务器。权威名称服务器负责维护和管理所管辖区域中的数据，被其他服务器或客户端当作权威的来源，并且能肯定应答区域内所含名称的查询。这里的配置要求和 SOA 记录配置一致。

4．设置邮件服务器 MX 资源记录

"benet.com. IN MX 10 mail"是一条 MX（Mail eXchanger）资源记录，表示发往 benet.com 域的电子邮件由 mail.benet.com.邮件服务器负责处理。例如，当一个邮件要发送地址到 test@benet.com 时，发送方的邮件服务器通过 DNS 服务器查询 benet.com 这个域名的 MX 资源记录，查到后会把邮件发送到指定的邮件服务器，如 mail.benet.com。至于该域名对应的 IP 地址，需要通过随后的 A 资源记录设定。

说明：可以设置多个 MX 资源记录，指明多个邮件服务器，优先级别由 MX 后的数字决定，数字越小，邮件服务器的优先权越高。优先级高的邮件服务器是邮件传送的主要对象，当邮件传送给优先级高的邮件服务器失败时，可以把它传送给优先级低的邮件服务器。

5. 设置主机地址 A 资源记录

主机地址 A（Address）资源记录是最常用的记录，它定义了 DNS 域名对应 IP 地址的信息。在上面的例子中，使用了两种方式来定义 A 资源记录。一种是使用相对名称，即在名称的末尾没有加 "."；另外一种是使用完全规范域名 FQDN（Fully Qualified Domain Name），即名称的最后以 "." 结束。这两种方式只是书写形式不同而已，在使用上没有任何区别。例如，对于相对名称 mail、oa 等，Bind 会自动在相对名称的后面加上后缀 ".benet.com."，所以相当于完全规范域名的 mail. benet.com.和 oa. benet.com.。

6. 设置别名 CNAME 资源记录

别名 CNAME（Canonical Name）资源记录也被称为规范名字资源记录。CNAME 资源记录允许将多个名称映射到同一台计算机上，使得某些任务更容易执行。例如，对于同时提供 Web、OA 服务的计算机（IP 地址为 192.168.0.3），为了便于用户访问服务，可以先为其建立一条主机地址 A 资源记录 "www   IN   A   192.168.0.3"，将 www. benet.com 映射到 192.168.0.3 地址，然后再为该计算机设置 oa 别名，即建立 CNAME 资源记录 "oa   IN   CNAME   www"。这样，当访问 www. benet.com 和 oa.benet.com 时，实际是访问 IP 地址为 192.168.0.3 的计算机。

14.3.4 反向解析区域数据文件

反向解析区域数据文件的结构和格式与区域数据文件类似，只不过它的主要内容是建立 IP 地址映射到 DNS 域名的指针 PTR 资源记录。下面是 14.2.3 节配置例子中提供的 named.0.168.192 域的反向解析区域数据文件 named.0.168.192 的内容。

```
# vi /var/named/named.0.168.192
$TTL 3h
0.168.192.in-addr.arpa. IN SOA www.benet.com. ltf@benet.com.(
                        1          ; Serial
                        3h         ; Refresh after 3 hours
                        1h         ; Retry after 1 hour
                        1w )       ; Expire after 1 week
                        1h )       ; Negative caching TTL of 1 hour
0.168.192.in-addr.arpa.       IN   NS    www.benet.com.
2                     IN   PTR    www.benet.com.
1                     IN   PTR    mail.wzvtc.cn.
3                     IN   PTR    lib.wzvtc.cn.
```

反向域名解析是通过 in-addr.arpa 域和 PTR 记录实现的。in-addr.arpa 域入口可以设成最不重要到最重要顺序，从左至右阅读，这与 IP 地址的通常顺序相反。于是，一台 IP 地址为 10.1.2.3 的机器将会有对应的 in-addr.arpa 名称：3.2.1.10.in-addr.arpa。这个名称应该具有一个 PTR 资源记录，它的数据字段是主机名称。下面看一下以上配置的具体解释。

1. 设置 SOA 和 NS 资源记录

反向解析区域文件必须包括 SOA 和 NS 资源记录，使用固定格式的反向解析区域 in-addr.arpa 作为域名。结构和格式与区域数据文件类似，这里不再重复。

2. 设置指针 PTR 资源记录

指针 PTR 资源记录只能在反向解析区域文件中出现。PTR 资源记录和 A 资源记录正好相反，它是将 IP 地址解析成 DNS 域名的资源记录。与区域文件的其他资源记录类似，它也可以使用相对名称和完全规范域名 FQDN。例如，"6.1.10.10.in-addr.arpa. IN PTR mail.benet.com." 表示 IP 地址 10.10.1.6 对应的域名为 mail. benet.com。

14.3.5　配置 DNS 负载均衡功能

随着网络的规模越来越大，用户数急剧增加，网络服务器的负担也变得越来越重，一台服务器要同时应付成千上万用户的并发访问，必然会导致服务器过度繁忙，响应时间过长的结果。DNS 负载均衡的优点是简单易行，而且实现代价小。它在 DNS 服务器中为同一个域名配置多个 IP 地址（即为一个主机名设置多条 A 资源记录），在应答 DNS 查询时，DNS 服务器对每个查询将以 DNS 文件中主机记录的 IP 地址按顺序返回不同的解析结果，将客户端的访问引导到不同的计算机上去，从而达到负载均衡的目的。下面是一个实现邮件服务器负载平衡的配置片段（在区域数据文件中）。

```
        IN  MX  10  mail.example.com.
        IN  MX  10  mail1.example.com.
        IN  MX  10  mail2.example.com.
...
mail  IN  A        192.168.0.4
mail1 IN  A        192.168.0.5
mail2 IN  A        192.168.0.6
```

在以上配置中，mail、mail1 和 mail2 均是 example.com.域中的邮件服务器，而且优先级都是 10。当客户端(通常是 SMTP 软件)查询邮件服务器 IP 地址时，Bind 将根据 rrset-order 语句定义的次序把配置中设定的 3 条 A 记录都发送给客户端，客户端可以使用自己规定的算法从 3 条记录中挑选一条。rrset-order 语句是主配置文件中 options 主语句的一条子语句，可以定义固定、随机和轮询的次序。下面的配置是另一种实现邮件服务器负载平衡的方法。

```
        IN  MX  10  mail.example.com.
...
mail        IN  A        192.168.0.4
            IN  A        192.168.0.5
            IN  A        192.168.0.6
```

在以上配置中，mail.example.com 对应了 3 个 IP 地址，此时，具体选择哪一条 A 记录，也是由 rrset-order 语句决定。另外，在反向解析文件中，这 3 个 IP 都要对应 mail 主机，以免有些邮件服务器为了反垃圾邮件进行反向查询时出现问题。

除了邮件服务器以下，其他的服务也可以采用类似的配置实现负载均衡。例如，要使用 3 台内容相同的 FTP 服务器共同承担客户机的访问，它们的 IP 地址分别是 192.168.0.10、192.168.0.20 和 192.168.0.30。可以根据 14.2.3 节所提供的一套配置文件，在 named.benet.com

区域数据文件中输入以下内容来达到目的。

```
ftp    IN    A    192.168.0.10
ftp    IN    A    192.168.0.20
ftp    IN    A    192.168.0.30
```

此时，为了解析客户端对 ftp.benet.com 的域名查询，DNS 服务器会轮询这 3 条 A 资源记录，以 rrset-order 子语句设定的顺序响应用户的解析请求，实现了将客户机的访问分担到每个 FTP 服务器上的负载均衡功能。测试结果如图 14-11 所示，可以看到，3 次查询 ftp.benet.com 域名得到的 IP 地址次序是不一样的。

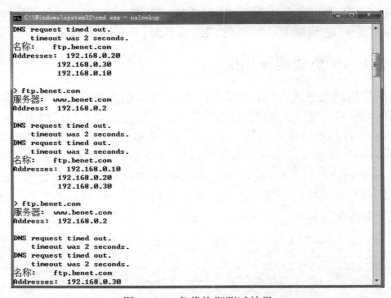

图 14-11　负载均衡测试结果

注意：以上的 Bind 配置只是为其他服务器的负载平衡提供了条件。当具体使用时，还需要多台服务器之间采取同步等措施才能真正实现。

14.3.6　直接域名、泛域名与子域

许多用户有直接使用域名访问 Web 网站的习惯，即在浏览器中不输入 www 等主机名，而是直接使用如 http://baidu.com/ 或 http://tom.com/ 等域名来访问。然而，并不是所有的 Web 网站都支持这种访问方式，只有 DNS 服务器能解析直接域名的网站才可以使用。可以在 named.empty 区域文件中加入以下内容实现直接域名解析。

```
benet.com.  IN    A    192.168.0.2
```

此时，域名 empty 可以解析为 192.168.0.2，与 www.benet.com 域名的解析结果一样，测试情况如图 14-12 所示。

另外，如果在 named.empty 中加入以下语句，还可以实现一种泛域名的效果。

```
*.benet.com.  IN    A    192.168.0.2
```

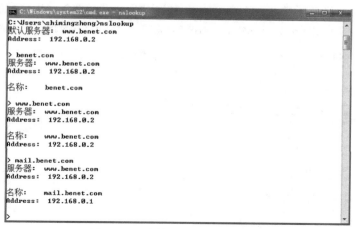

图 14-12　直接域名解析测试结果

泛域名是指一个域名下的所有主机和子域名都被解析到同一个 IP 地址上。在以上配置中，所有以 ".benet.com" 为后缀的域名的 IP 地址都将解析为 192.168.0.2。另外，默认情况下泛域名解析的优先级最高，如果区域文件中存在其他主机的 A 资源记录，它们都将失效。如图 14-13 所示的是泛域名的测试结果。

从图 14-13 中可以看到，不管采用什么样的主机名，只要后缀是 ".benet.com"，IP 地址都将解析为 192.168.0.2。

子域（Subdomain），是域名层次结构中的一个术语，是对某一个域进行细分时的下一级域。例如，benet.com 是一个顶级域名，可以把 dean.benet.com 配置成是它的一个子域。配置子域可以有两种方式，一种是把子域配置放在另一台 DNS 服务器上，另一种是子域配置与父域配置放在一起，此时也称为虚拟子域。下面介绍虚拟子域的配置方法。

假设在 14.2.3 节所提供的一套配置文件的基础上，要求配置一个虚拟子域，名为 dean.benet.com。此时，需要在区域文件 named.benet.com 添加以下内容。

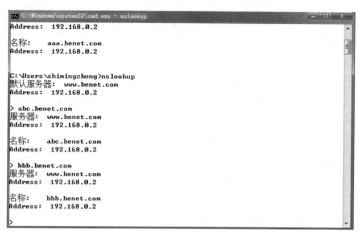

图 14-13　泛域名解析测试结果

```
$ORIGIN dean.wzvtc.cn.
mail        IN      A       10.10.3.28
ftp         IN      A       10.10.3.29
```

mail 和 ftp 是定义在子域 dean.benet.com 中的主机名，即域名 mail.dean.benet.com 和 ftp. dean.benet.com 对应的 IP 地址分别是 192.168.0.4 和 192.168.0.5。测试结果如图 14-14 所示。

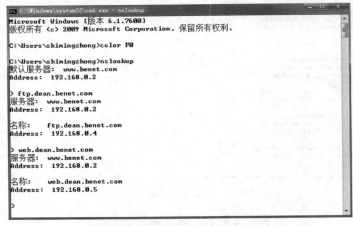

图 14-14　虚拟子域测试结果

当然，在子域 dean.benet.com 中也可以配置邮件网关等功能，其配置与父域中的配置类似。

14.3.7　辅域服务器和只缓存服务器

在 Bind 服务器中，还可以根据需要配置辅域服务器和只缓存服务器，以便能更快地为客户端提供 DNS 服务，并提高可靠性。

1. 辅域服务器

辅域服务器也可以向客户机提供域名解析功能。但它与主域服务器不同的是，它的数据不是直接输入的，而是从其他 DNS 服务器（主域服务器或其他的辅域服务器）中复制过来的，只是一份副本，所以辅域服务器中的数据无法被修改。

当启动辅域服务器时，它会和指定的所有主域服务器建立联系，并从中复制数据。在辅域服务器工作时，还会定期地更改原有的数据，以尽可能保证副本与正本数据的一致性。在大型网络中，经常设置多台辅域服务器，主要目的如下所示。

- ❑ 提供容错能力：当主域服务器发生故障时，由辅域服务器提供服务。
- ❑ 分担主域服务器的负担：在 DNS 客户端较多的情况下，通过架设辅域服务器完成对客户端的查询服务，可以有效地减轻主域服务器的负担。
- ❑ 加快查询的速度：如果本地网络必须使用某一台 DNS 服务，但与这台 DNS 服务器连接的速度较慢，可以在本地网络配置一台远程 DNS 服务器的辅服务器，使本地 DNS 客户端直接向此辅域服务器进行查询，而不需要向速度较慢的主域服务器查询，以加快速度，并减少用于 DNS 查询的外网通信量。

辅域服务器的主配置文件也是/etc/named.rfc1912.zones，也需要设置服务器的 options 主语句和根区域，方法与配置主域服务器的方法相同。但在配置区域时，只需要提供区域名和主域服务器的 IP 地址，而不需要建立相应的区域文件。因为一个辅域服务器不需要在本地建立各种资源记录，而是通过一个区域复制过程来得到主域服务器上的资源记录。下面是辅域服务器主配置文件/etc/named.rfc1912.zones 的部分内容。

```
...    ;其余配置未变化
zone "benet.com" {
    type slave;                      ;区类型为 slave
    file "slaves/benet.com.zone";
    masters {192.168.0.2;};          ;要联系的主服务器为 192.168.0.2
};
zone "0.168.192.in-addr.arpa" {
    type slave;    ;区类型为 slave
    file "slaves/0.168.192.arpa";    该文件名不是必须和主服务器名相同的
    masters {192.168.0.2;};          ;要联系的主服务器为 192.168.0.2
};
...;其余配置未变化
```

与前面主域服务器的配置相比，以上配置中的 benet.com 和 0.168.192.in-addr.arpa 两个区的 type 设成 slave，区域数据文件的位置也发生了变化。另外，在两个区域中均增加了"masters {192.168.0.2;}"语句，表示主域服务器的 IP 地址是 192.168.0.2。此时，要假设在 IP 地址为 192.168.0.2 的计算机上运行着 Bind，其使用的配置文件是 14.2.3 节所提供的那一套，但有关 benet.com 和 0.168.192.in-addr.arpa 区域的配置改为以下内容：

```
...;其余配置未变化
zone  "benet.com" IN {
    type master;
    file "named.benet.com";
    allow-update { none; };
    allow-transfer {192.168.0.3;};        ; 允许向 192.168.0.3 传送区域数据
};

zone  "0.168.192.in-addr.arpa" IN {
    type master;
    file "named.0.168.192";
    allow-update  { none; };
    allow-transfer {192.168.0.3;};        ; 允许向 192.168.0.3 传送区域数据
};
...;其余配置未变化
```

与原来相比，两个区的配置中均多了"allow-transfer {192.168.0.3;};"子语句，表示允许向 192.168.0.3（辅域服务器 IP 地址）的计算机传送区域数据。

2．只缓存服务器

只缓存服务器是一种很特殊的 DNS 服务器。它本身并不管理任何区域，但是 DNS 客户端仍然可以向它请求查询。只缓存服务器类似于代理服务器，它没有自己的域名数据库，而是将所有查询转发到其他 DNS 服务器处理。当只缓存服务器从其他 DNS 服务器收到查询结果后，除了返回给客户机外，还会将结果保存在缓存中。当下一个 DNS 客户端再查询相同的域名数据时，就可以从高速缓存里得到结果，从而加快对 DNS 客户端的响应速度。如果在局域网中建立一台这样的 DNS 服务器，就可以提高客户机 DNS 的查询效率并减少内部网络与外部网络的流量。

架设只缓存服务器非常简单，只需要建立主配置文件 named.conf 即可。一个典型的只缓存服务器配置如下：

```
options {
 directory "/var/named";
 version "not currently available";        ;隐藏名称与版本号
forwarders { 202.96.0.133;61.144.56.101;}  ;转发到其他 DNS 服务器进行查询
 forward only;                             ;只转发,自己不提供解析服务
 allow-transfer{"none";};
 allow-query {any;};
};
logging{                                   ;定义了一个日志
 channel example_log{
  file "/var/log/named/example.log" versions 3;
  severity info;
  print-severity yes;
  print-time yes;
  print-category yes;
 };
 category default{
  example_log;
 };
};
```

其中关键的语句是"forward only;",表示只对客户端提交的查询进行转发,由其他 DNS 服务器提供查询结果,自己只对结果进行缓存,以便下次碰到同样的查询时能更快地响应。至于转发到哪一台 DNS 服务器,由 "forwarders { 202.96.0.133;61.144.56.101;} " 语句决定。

14.4　小　　结

DNS 是 Internet 上必不可少的一种网络服务,它提供把域名解析为 IP 地址的服务,是每一台上网的计算机都必须使用的服务之一。本章首先介绍了 DNS 的工作原理、DNS 协议,然后介绍了用 Bind 软件架设 DNS 服务器的方法,包括 Bind 的安装、运行和配置,以及 chroot、负载均衡、泛域名、辅域服务器、只缓存服务器等特殊功能的配置方法。

第 15 章　Web 服务器架设和管理

随着网络技术的普及和 Web 技术的不断完善，WWW（World Wide Web，环球信息网）服务已经成为 Internet 上最重要的服务形式之一。通过浏览器访问各种网站，已经成为人们从 Internet 获取信息的主要途径。正是 Web 服务的应用，才使得 Internet 普及的进程大大加快。另外，各种应用系统也已经逐渐从原有的"客户端/服务器"模式转变为"浏览器/服务器"模式，其中的 Web 技术起着非常重要的作用。本章将重点介绍 Web 工作原理、HTTP 协议、Apache 服务器的安装、运行与配置方法。

15.1　HTTP 协议

HTTP（HyperText Transfer Protocol，超文本传输协议）是 Web 系统最核心的内容，它是 Web 服务器和客户端之间进行数据传输的规则。Web 服务器就是平时所说的网站，是信息内容的发布者。最常见的客户端就是浏览器，它是信息内容的接收者。下面介绍有关 HTTP 协议的主要内容。

15.1.1　HTTP 协议的通信过程

HTTP 协议是基于请求/响应范式的。一个客户端与服务器建立连接后，发送一个请求给服务器。请求消息的格式包括统一资源标识符（URI）、协议版本号以及 MIME 信息，MIME 信息包括请求修饰符、客户机信息和可能的内容。服务器接到请求后，将给予相应的响应信息，其格式包括 HTTP 的协议版本号、一个成功或错误的代码及 MIME 信息，MIME 信息包括服务器信息、实体信息和可能的内容。

最简单的 HTTP 通信方式是由用户代理和源服务器之间通过一个单独的连接来完成的。如图 15-1 所示，客户端的一个用户代理首先向源服务器发起连接请求，源服务器接受请求后就建立了一个 TCP 连接，然后客户端通过这个 TCP 连接提交一个申请源服务器上资源的请求链。如果源服务器能满足这个请求链。就回应给客户端一个响应链。

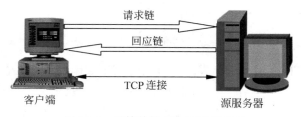

图 15-1　最简单的 HTTP 通信方式

当一个或多个中介出现在请求／响应链中时，情况就变得复杂一些。如图 15-2 所示，

A、B、C 均是中介，客户端和服务器之间的数据通道不是直接连通的，而是要经过 A、B、C 转发，总共有 4 个连接段。也就是说，客户端的请求链要经过中介 A、B、C 后才到达服务器，而服务器的回应链也要经过中介 A、B、C 后才到达客户端。虽然图中所示的连接是线性的，但每个节点都可能从事多重的、并发的通信。例如，B 可能同时会接受其他客户端的请求，客户端可能会直接发送另一个请求链到 C。

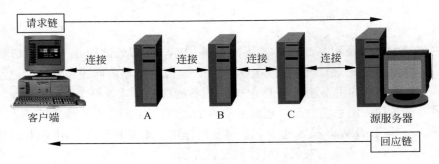

图 15-2　具有中介的 HTTP 通信方式

中介包括 3 种类型：代理（Proxy）、网关（Gateway）和通道（Tunnel）。代理根据 URI 的绝对格式来接受请求，重写全部或部分消息，通过 URI 标识把已修改过的请求发送到服务器。网关是一个接收代理，作为一些其他服务器的上层，如果必须，可以把请求翻译给下层的服务器协议。通道不会改变消息，只是两个连接之间的中继点，当通信只需简单穿过一个中介或者是中介不需识别消息的内容时，经常采用通道。

除了通道以外，代理和网关可以为接收到的请求启用一个内部缓存。如图 15-3 所示，中介 B 具有缓存功能，客户端向服务器提交的请求链到达 B 以后，B 发现所请求的内容可以从缓存中得到。于是 B 不再把请求链向 C 转发，而是把缓存中的内容通过响应链发送给客户端。于是，整个通信过程被缩短了，响应速度也就加快了。客户端并不知道回应链是由中介 B 过来的，以为还是来自源服务器。当然，缓存的数据要及时更新，才能与源服务器数据保持一致。

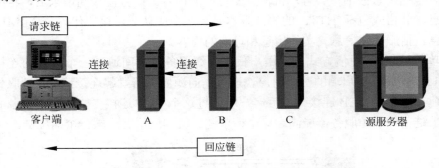

图 15-3　具有缓存的 HTTP 通信方式

在 Internet 上，HTTP 通信通常发生在 TCP/IP 连接上。默认情况下，服务器在 80 号 TCP 端口处于监听状态。客户端首先向服务器的这个端口发起连接请求，服务器接受请求后，建立了 TCP 连接。于是双方就可以通过这个 TCP 连接交换数据了。

说明：HTTP 协议也可以工作在其他任何协议上，前提是这个协议必须要提供一种可靠的传输。

15.1.2　HTTP 协议的请求行和应答行

在 HTTP 协议中，客户端和服务器的信息交换过程要经过 4 个阶段，包括建立连接、发送请求信息、发送响应信息、关闭连接，如图 15-4 所示。在 Internet 中，HTTP 协议是建立在 TCP/IP 协议之上的。因此，建立连接和关闭连接是由传输层完成的，HTTP 协议规定的是请求消息和应答消息的格式。

图 15-4　Web 客户机和服务器的数据交互

HTTP 请求消息的格式如下：

```
<请求行>
[通用头域]
[请求头域]
[实体头域]
CR/LF
[实体数据]
```

应答消息的格式如下：

```
<应答行>
[通用头域]
[应答头域]
[实体头域]
CR/LF
[实体数据]
```

在以上格式中，每一种头域都可以有一个或多个成员，以"域名:域值"的形式给出，后面以 CR/LF 结束。请求行和应答行必须要有，后面也跟 CR/LF。头域下面的空行是必需的，再接下来是可选的实体数据。请求行由 3 部分组成：请求方法、URI 和 HTTP 版本，它们之间用空格分隔。例如，下面是常见的一种请求行：

```
GET http://httpd.apache.org/docs/2.4/license.html HTTP/1.1
```

其中，GET 是请求方法，http://httpd.apache.org/docs/2.4/license.html 是 URI，HTTP/1.1 是协议版本。HTTP 规范定义了 8 种可能的请求方法，其名称和含义如下所示，其中 GET、HEAD 和 POST 方法是大部分的 Web 服务器都支持的，其余方法很少得到支持。

❑ GET：检索 URI 所标识的资源。
❑ HEAD：与 GET 方法相同，但只要求返回状态行和头域，并不返回所请求的文档。
❑ POST：请求服务器接受被写入客户端输出流中的数据。
❑ PUT：服务器保存请求数据作为指定 URI 新内容的请求。

- ❏ DELETE：请求服务器删除 URI 中命名的资源。
- ❏ OPTIONS：请求得到服务器所支持的请求方法。
- ❏ TRACE：用于调用已请求消息的远程、应用层回送。
- ❏ CONNECT：已文档化但当前未实现的一个请求方法，预留做隧道处理。

URI（Universal Resource Identifier，通用资源标识符）用于定位 Web 上可用的每种资源，包括 HTML 文档、图像、视频片段、程序等。一般由访问方式、主机名和资源名称 3 部分组成。例如，下面是一个典型的 URI。

```
http://httpd.apache.org/docs/2.4/license.html
```

其中，http 表示以 http 协议的方式进行访问，其他常见的访问方式还有 ftp、mailto 等。httpd.apache.org 是一个用域名表示的主机，表示资源在该主机上。/docs/2.4/license.html 是一个带路径的资源名称，表示该资源在主机上的位置和名字。在实际的 HTTP 请求行中，也可以使用相对 URI，即省略访问方式和主机名。此时这两项默认采用前一个请求中的访问方式和主机名。

🔷注意：平时常用的 URL 并不等同于 URI，URL 只是 URI 命名机制的一个子集。

目前使用的 HTTP 版本有 3 种，HTTP0.9 HTTP1.0 和 HTTP1.1。大部分的 Web 服务器使用的均是 HTTP1.1 版本。

应答消息的应答行由 3 个部分组成，HTTP 版本、响应代码和响应描述，它们之间用空格隔开。HTTP 版本表示服务器可以接受的最高协议版本。响应代码由 3 位的数字组成，指出请求的成功或失败，如果失败则指出原因。响应描述部分为响应代码作出了可读性解释。响应代码的规定如下所示。

- ❏ 1xx：信息，请求收到，继续处理。
- ❏ 2xx：成功，行为被成功地接受、理解和采纳。
- ❏ 3xx：重定向，为了完成请求，必须进一步执行的动作。
- ❏ 4xx：客户端错误，请求包含语法错误或者请求无法实现。
- ❏ 5xx：服务端错误，服务器不能实现一种明显无效的请求。

例如，下面是一个常见的应答行例子。

```
HTTP/1.1 200 OK
```

表示服务端已成功地接受了请求。

15.1.3　HTTP 的头域

在 HTTP 的请求消息和应答消息中，均包含有头域。头域分为 4 种，其中请求头域和应答头域分别在请求消息和应答消息中出现，通用头域和实体头域在两种消息中都可以出现，但实体头域只有当消息中包含了实体数据时才会出现。所有的请求头域名称及功能如表 15-1 所示。

应答头域只在应答消息中出现，是 Web 服务器向浏览器提供的一些状态和要求。所有的应答头域名称及功能如表 15-2 所示。

表 15-1　HTTP 请求头域

头 域 名 称	功　　能
Accept	表示浏览器可以接受的 MIME 类型
Accept-Charset	浏览器可接受的字符集
Accept-Encoding	浏览器能够进行解码的数据编码方式，例如 gzip
Accept-Language	浏览器所希望的语言种类，当服务器能够提供一种以上的语言版本时要用到
Authorization	授权信息，通常出现在对服务器发送的 WWW-Authenticate 头的应答中
Expect	用于指出客户端要求的特殊服务器行为
From	请求发送者的 E-mail 地址，由一些特殊的 Web 客户程序使用，浏览器不会用到它
Host	初始 URL 中的主机和端口
If-Match	指定一个或者多个实体标记，只发送其 ETag 与列表中标记匹配的资源
If-Modified-Since	只有当所请求的内容在指定的日期之后又经过修改才返回它，否则返回 304 应答
If-None-Match	指定一个或者多个实体标记，资源的 ETag 不与列表中的任何一个条件匹配，操作才执行
If-Range	指定资源的一个实体标记，客户端已经拥有此资源的一个复制文件，必须与 Range 头域一同使用
If-Unmodified-Since	只有自指定的日期以来，被请求的实体还不曾被修改过，才会返回此实体
Max-Forwards	一个用于 TRACE 方法的请求头域，以指定代理或网关的最大数目，该请求通过网关才得以路由
Proxy-Authorization	回应代理的认证要求
Range	指定一种度量单位和被请求资源的偏移范围，即只请求所要求资源的部分内容
Referer	包含一个 URL，用户从该 URL 代表的页面出发访问当前请求的页面
TE	表示愿意接受扩展的传输编码
User-Agent	浏览器类型，如果 Servlet 返回的内容与浏览器类型有关则该值非常有用

表 15-2　HTTP 应答头域

头 域 名 称	功　　能
Accept-Ranges	服务器指定它对某个资源请求的可接受范围
Age	服务器规定自服务器生成该响应以来所经过的时间，以秒为单位，主要用于缓存响应
Etag	提供实体标签的当前值
Location	因资源已经移动，把请求重定向至另一个位置，与状态编码 302 或者 301 配合使用
Proxy-Authenticate	类似于 WWW-Authenticate，但回应的是来自请求链（代理）的下一个服务器的认证
Retry-After	由服务器与状态编码 503（无法提供服务）配合发送，以标明再次请求之前应该等待多长时间
Server	标明 Web 服务器软件及其版本号
Vary	用于代理是否可以使用缓存中的数据响应客户端的请求
WWW-Authenticate	提示客户端提供用户名和密码进行认证，与状态编码 401（未授权）配合使用

通用头域既可以用在请求消息，也可以用在应答消息。所有的通用头域名称及功能如

表 15-3 所示。

表 15-3　HTTP 通用头域

头 域 名 称	功　　能
Cache-Control	用于指定在请求/应答链上所有缓存机制所必须服从的规定，可以附带很多的规定值
Connection	表示是否需要持久连接
Date	表示应答消息发送的时间
Pragma	如果指定 no-cache 值表示服务器必须返回一个刷新后的文档，即使代理服务器已经有了页面的本地复制
Trailer	表示以 Chunked 编码传输的实体数据的尾部存在哪些头域
Transfer-Encoding	说明 Trailer 头域所定义的尾部头域所采用的编码
Upgrade	允许服务器指定一种新的协议或者新的协议版本，与响应编码 101（切换协议）配合使用
Via	由网关和代理指出在请求和应答中经过了哪些网关和代理服务器
Warning	用于警告应用到实体数据上的缓存操作或转换可能缺少语义透明度

只有在请求和应答消息中包含实体数据时，才需要实体头域。请求消息中的实体数据是一些由浏览器向 Web 服务器提交的数据，如在浏览器中采用 POST 方式提交表单时，浏览器就要把表单中的数据封装在请求消息的实体数据部分。应答消息中的实体数据是 Web 服务器发送给浏览器的媒体数据，如网页、图片、文档等。实体头域说明了实体数据的一些属性，所有的实体头域名称及功能如表 15-4 所示。

表 15-4　HTTP 实体头域

头 域 名 称	功　　能
Allow	列出由请求 URI 标识的资源所支持的方法集
Content-Encoding	说明实体数据是如何编码的
Content-Language	说明实体数据所采用的自然语言
Content-Length	说明实体数据的长度
Content-Location	说明实体数据的资源位置
Content-MD5	给出实体数据的 MD5 值，用于保证实体数据的完整性
Content-Range	说明分割的实体数据位于整个实体的哪一位置
Content-Type	说明实体数据的 MIME 类型
Expires	指定实体数据的有效期
Last-Modified	指定实体数据上次被修改的日期和时间

15.1.4　HTTP 协议数据包实例

HTTP 请求与应答消息可以包含种类繁多的头域，各种头域的取值也是多种多样的，因此功能非常丰富，本书对这些头域的细节不再详细解释，感兴趣的读者可参考 RFC2616 规范。下面通过几个实际发生的请求与应答消息的例子，解释常见头域的具体作用。

如图 15-5 所示的是客户机 172.16.1.100 访问域名 daohang.google.cn 时用 Ethereal 工具

抓到的数据包。编号为 1、2、3 的数据包是 DNS 查询数据包，客户机 172.16.1.100 从 DNS 服务器 61.157.177.196 处查到了域名 daohang.google.cn 的 IP 地址是 203.208.37.104。接下来的 3 个数据 4、5、6 表示客户机与 Web 服务器 203.208.37.104 建立了 TCP 连接。然后第 7 个数据包是客户端发送的 HTTP 请求消息，Web 服务器通过数据包 8 确认收到 HTTP 请求消息包，然后通过数据包 9 发送了一个应答消息，后面的数据包 10、12、13、15、17、18、20、22、23 都是依次接在数据包 9 后面的应答消息的实体数据，而数据包 11、14、16、19、21、24 都是客户端收到数据包的 TCP 确认包。

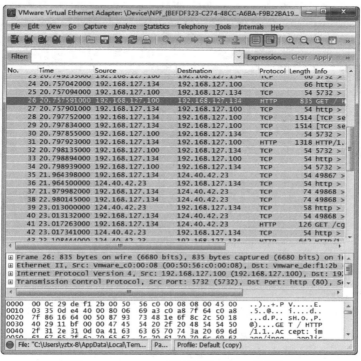

图 15-5　Etherel 工具抓到的 HTTP 数据包

可以进一步查看 HTTP 请求消息，即数据包 7 的内容。如图 15-6 所示，方框内的符号是数据包 7 的文本显示，去掉无关的 IP、TCP，以及 Cookie 数据后，再经整理，实际的请求消息内容如下所示。

```
GET / HTTP/1.1                  //使用 GET 方法得到 URI 为"/"的资源,HTTP 版本为 1.1
Accept: */*                     //接受所有媒体类型
Accept-Language: zh-cn          //接受简体中文语言
Accept-Encoding: gzip, deflate       //可以接受的压缩格式是采用 deflate 算法的
                                     //gzip 格式
User-Agent: Mozilla/4.0 (compatible; MSIE 6.0; windows NT 5.1; SV1)
                                //客户端浏览器的类型
Host: daohang.google.cn         //初始 URL 的主机是 daohang.google.cn
Connection: keep-Alive          //采用持久 TCP 连接
Cookie: ...                     //Cookie 数据
```

在以上消息中，URI 是 "/" 的主机域由 Host 头域指定，资源名称采用由 Web 服务器指定的默认名称，一般为 index.html 等。"Accept-Encoding: gzip, deflate" 表示浏览器可以

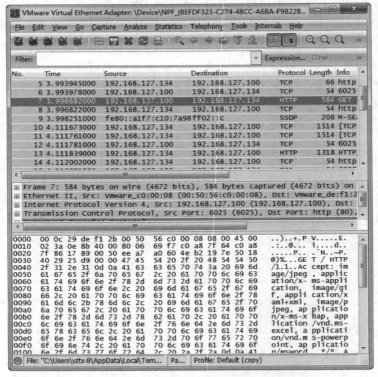

图 15-6　HTTP 请求行的具体内容

接受采用 deflate 算法的 gzip 压缩格式，以后服务器传送实体数据时，可以采用这种方式进行压缩，以减少传输时间。

　　Cookie 是一个扩展头域，得到了目前大部分浏览器和 Web 服务器的支持。它可以把与某一 Web 服务器有关的客户端数据存放在客户端，以后再访问这个 Web 服务器时，这些数据会自动放在 Cookie 头域中传送给 Web 服务器。

　　如图 15-7 所示的是数据包 9，也就是 HTTP 应答消息的具体内容。方框内的符号是数据包 7 的文本显示，去掉无关的 IP、TCP 及实体数据后，再经整理，实际的应答消息内容如下所示。

```
HTTP/1.1 200 OK              //应答行,HTTP 版本为 1.1,应答代码为 200,文本提示为"OK"
Date: Sat, 15 NOV 2008 04:26:47 GMT      //服务器发送应答消息时的时间
Content-Type: text/html              //实体数据的媒体类型
Server: shallowdirectory             //服务器的类型提示
Transfer-Encoding: chunked           //实体数据采用 chunked 编码方式传输
Content-Encoding: gzip               //实体数据的压缩方式
Cache-Control: private, x-gzip-ok=""  //说明 Cache 的一些属性
```

　　媒体类型是指实体部分所传送的数据类型，用于告诉对方用哪一种应用程序对这些数据进行处理。例如，text/html 表示 html 类型的文本文件，默认时使用浏览器打开，application/word 表示是 Word 文档等。

注意：包含有实体数据的应答行都要告诉客户端实体数据的媒体类型，以便客户端能正确处理这些数据。

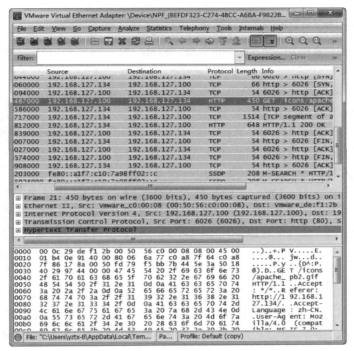

图 15-7　HTTP 应答行的具体内容

Chunked 编码使用若干个 Chunk 串连而成，由一个标明长度为 0 的 chunk 标示结束。每个 Chunk 分为头部和正文两部分，头部内容指定下一段正文的字符总数（十六进制的数字）和数量单位（一般不写），正文部分就是指定长度的实际内容，两部分之间用回车换行（CRLF）隔开。在最后一个长度为 0 的 Chunk 中的内容是称为 footer 的内容，是一些附加的 Header 信息（通常可以直接忽略）。

HTTP 的缓存机制相当复杂，这里不再赘述，有兴趣的读者可以参阅 RFC2616 规范。

15.1.5　持久连接和非持久连接

浏览器与 Web 服务器建立 TCP 连接后，双方就可以通过发送请求消息和应答消息进行数据传输。在 HTTP 协议中，规定 TCP 连接既可以是非持久的，也可以是持久的，具体采用哪种连接方式，可以由通用头域中的 Connection 头域指定。在 HTTP 1.0 版本中，默认使用的是非持久连接，HTTP 1.1 默认使用的是持久连接。

1．非持久连接

为了解释什么是非持久连接，下面先看一个例子。假设在非持久连接的情况下从服务器向客户端传送一个 Web 页面，该页面由一个基本 HTML 文件和 10 个 JPEG 图像构成，而且所有这些对象文件都存放在同一台服务器主机中，再假设该基本 HTML 文件的 URL 为 http://www.example.cn/somepath/index.html。则传输步骤如下所示。

（1）HTTP 客户端初始化一个与主机 www.example.cn 中的 Web 服务器的 TCP 连接，Web 服务器使用默认端口号 80 监听来自 HTTP 客户端的连接建立请求。

（2）HTTP 客户端经由与 TCP 连接相关联的本地套接字发出一个 HTTP 请求消息，这个消息中包含路径名/somepath/index.html。

（3）Web 服务器经由与 TCP 连接相关联的本地套接字接收这个请求消息，再从服务器主机的内存或硬盘中取出对象/somepath/index.html，经由同一个套接字发出包含该对象的应答消息。

（4）Web 服务器告知本机的 TCP 协议栈关闭这个 TCP 连接（但 TCP 协议栈要到客户端收到刚才这个应答消息之后才会真正终止这个连接）。

（5）HTTP 客户端经由同一个套接字接收这个应答消息，TCP 连接就断开了。

（6）客户端根据应答消息中的头域内容取出这个 HTML 文件，从中加以分析后发现其中有 10 个 JPEG 对象的引用。

（7）客户端重复步骤（1）～（5），从服务器得到所引用的每一个 JPEG 对象。

上述步骤之所以称为使用非持久连接，原因是每次服务器发出一个对象后，相应的 TCP 连接就被关闭，也就是说每个连接都没有持续到可用于传送其他对象。每个 TCP 连接只用于传输一个请求消息和一个应答消息。就上述例子而言，用户每请求一次那个 Web 页面，就会产生 11 个 TCP 连接。

实际上，客户端还可以通过并行的 TCP 连接同时取得其中某些 JPEG 对象，这样可以大大提高数据传输速度，缩短响应时间。目前的浏览器允许用户通过配置来控制并行连接的数目，大多数浏览器默认可以打开 5 到 10 个并行的 TCP 连接，每个连接处理一个请求/应答事务。

非持久连接有些缺点。首先，客户端需要为每个待请求的对象建立并维护一个新的连接。对于每个这样的连接，TCP 都需要在客户端和服务器端分配 TCP 缓冲区，并维持 TCP 变量。对于有可能同时为来自成千上万个不同客户端的请求提供服务的 Web 服务器来说，这会严重增加其负担。另外，建立 TCP 连接时需要时间，在频繁建立 TCP 连接的情况下，所积累的时间也是相当可观的。最后，TCP 协议还有一种缓启动的功能，这也要浪费一定的时间。当然，采用并行 TCP 连接时能够部分减轻 TCP 创建延迟和缓启动延迟的影响。

2．持久连接

持久连接是指服务器在发出响应后可以让 TCP 连接继续打开着，同一对客户端/服务器之间的后续请求和响应都可以通过这个连接继续发送。不仅整个 Web 页面（包含一个基本 HTML 文件和所引用的对象）可以通过单个持久的 TCP 连接发送，而且存放在同一个服务器中的多个 Web 页面也可以通过单个持久 TCP 连接发送。从图 15-5 中也可以看出，Web 服务器发送完应答消息后，TCP 还处于连接状态，说明采用的是持久连接。

💬说明：Web 服务器在某个连接闲置一段特定时间后将关闭它，而这段时间通常是可以配置的。

持久连接分为不带流水线和带流水线两种方式。如果是不带流水线的方式，那么客户端只在收到前一个请求的应答后才发出新的请求。在这种情况下，服务器送出一个对象后开始等待下一个请求，而这个新请求却不能马上到达，这段时间服务器资源便闲置了。

HTTP 1.1 的默认模式是使用带流水线的持久连接。这种情况下，HTTP 客户端每碰到一个引用就立即发出一个请求，因而 HTTP 客户端可以一个接一个紧挨着发出对各个引用对象的请求。服务器收到这些请求后，也可以一个接一个紧挨着发送各个对象。与非流水线模式相比，流水线模式的效率要高得多。

15.2　Apache 的安装与运行

随着网络技术的普及、应用和 Web 技术的不断完善，Web 服务已经成为互联网上最重要的网络服务之一。原有的客户端/服务器模式正逐渐被浏览器/服务器模式所取代。下面介绍用得最为广泛的 Web 服务器软件——Apache，以及它的安装与运行。

15.2.1　Apache 简介

Apache 源自美国 NCSA（National Center for Supercomputer Applications，国家超级计算机应用中心）所开发的 httpd，是一种开放源代码的软件。1994 年中期，许多 Web 服务管理员根据自己的需要自行修改 httpd 软件，他们相互之间也通过电子邮件交流各种各样的软件补丁（patche）。1995 年 2 月底，8 位核心贡献者成立了最初的 Apache 组织（取自 A PAtCHE），1995 年 4 月，Apache 0.6.2 公布。

从 1995 年 5 月到 7 月，Apache 组织开发了一种名为 Shambhala 的服务器架构，并把它应用到 Apache 服务器上。同年 8 月，推出了 Apache 0.8.8，获得了巨大的成功。在不到一年的时间里，Apache 服务器的装机数超过了 NCSA 的 httpd，成为 Internet 上排名第一的 Web 服务器。

Netcraft 有关 Web 服务器使用率的统计（http://www.netcraft.com/）显示，自 1996 年 4 月以后，Apache 就成为了 Web 服务器领域应用最为广泛的软件。而在此之前，使用最广泛的是 NCSA 的 Web 服务器，它实际上就是 Apache 的前身。

从 2000 年开始，Netcraft 尝试只计算那些"活跃"的 Web 站点，因为很多 Web 站点被创建以后并未被使用。很显然，这种统计方式更能反映实际的情况。2006 年 6 月的数据显示 Apache 占据了 61.25%的市场份额，IIS 占据了 29.71%，而 Sun 的份额是 1.53%，Zeus 的份额是 0.62%。

说明：据最新统计，2008 年 10 月，Apache 依然占据着一半以上的 Web 服务器市场。

Apache 的主要特征如下所示。

❑ 支持 HTTP/1.1 协议：Apache 是最先使用 HTTP/1.1 协议的 Web 服务器之一，它完全实现 HTTP/1.1 协议并与 HTTP/1.0 协议向后兼容。

❑ 支持通用网关接口（CGI）：Apache 使用 mod_cgi 模块来支持 CGI 功能。在遵守 CGI/1.1 标准的同时还提供了扩充的特征，如定制环境变量功能以及很难在其他 Web 服务器中找到的调试支持功能。

❑ 支持 HTTP 认证：Apache 支持基于 Web 的基本认证，它还为支持基于消息摘要的认证做好了准备。Apache 可以使用标准的密码文件，也可以通过对外部认证程序的调用来实现基本的认证功能。

❑ 集成的 Perl 语言：Perl 已成为 CGI 脚本编程的基本标准，这与 Apache 的支持是分不开的。通过 mod_perl 模块的调用，Apache 可以将基于 Perl 的 CGI 脚本装入内存，并可以根据需要多次重复使用该脚本，从而消除了执行解释性语言时的启动开销。

- □ 集成的代理（Proxy）服务器：Apache 可作为前向代理服务器，也可作为后向代理服务器。
- □ Apache 在监视服务器本身状态和记录日志方面提供了很大的灵活性，可以通过 Web 浏览器来监视服务器的状态，也可根据自己的需要来定制日志。
- □ 支持虚拟主机：即通过在一个机器上使用不同的主机名来提供多个 HTTP 服务。Apache 支持包括基于 IP、名字和 Port 3 种类型的虚拟主机服务。
- □ Apache 的模块可以在运行时按需动态加载，避免了不需要的程序代码占用内存空间。
- □ 支持安全 Socket 层（SSL）。
- □ 用户会话过程的跟踪能力：通过使用 HTTP Cookies，一个称为 mod_usertrack 的 Apache 模块可以在用户浏览 Apache Web 站点时对其进行跟踪。
- □ 支持 Java Servlets：Apache 的 mod_jserv 模块支持 Java Servlets，这项功能可以使 Apache 服务器支持 Java 应用程序。
- □ 支持多进程：当负载增加时，服务器会快速生成子进程来应对，从而提高系统的响应能力。

15.2.2　Apache 软件的获取与安装

在 Red Hat Enterprise Linux 6 下安装 Apache 服务器可以有两种方式，一种是源代码方式安装，另一种是 RPM 软件包方式安装。源代码可以从 http://httpd.apache.org 处下载，目前最新的版本是 2.4.3 版，文件名是 httpd-2.4.3.tar.gz。RHEL 6 自带的 Apache 版本是 2.2.15 版，文件名是 httpd-2.2.15-15.el6_2.1.i686.rpm。

首先看 RPM 方式安装。如果安装 RHEL 6 系统的时候没有选择安装 httpd-2.2.15-15.el6_2.1.i686 包，需要从安装光盘把相应文件复制到当前目录以后，再用以下命令安装。

```
# rpm -ivh httpd-2.2.15-15.el6_2.1.i686.rpm
```

安装成功后，几个重要的文件分布如下所示。

- □ /etc/httpd/conf/httpd.conf：Apache 的主配置文件。
- □ /etc/httpd/logs：Apache 日志的存放目录。
- □ /etc/httpd/modules：Apache 模块存放目录。
- □ /usr/lib/httpd/modules：同样，Apache 模块在该目录也存放。
- □ /usr/sbin/apachectl：Apache 控制脚本，用于 Apache 的启动、停止和重启等操作。
- □ /usr/sbin/httpd：Apache 服务器的进程程序文件。
- □ /usr/share/doc/httpd-2.2.15：Apache 说明文档目录。
- □ /var/www：Apache 提供的一个例子网站。

另外，安装光盘上还有 Apache 的帮助手册包，名为 httpd-manual-2.2.15-15.el6_2.1. noarch.rpm，可以用以下命令安装。

```
# rpm -ivh httpd-manual-2.2.3-6.el5.i386.rpm
```

安装完成后，在/var/www/manual 目录下会出现网页文件形式的帮助手册。这些网页和

Apache 的例子网站结合在一起，可以在客户端用浏览器访问。

如果采用源代码方式安装，则下载 httpd-2.4.3.tar.gz 文件到当前目录后，使用以下命令进行安装。

```
# rpm -e httpd-2.2.15-15.el6_2.1.i686        //如果安装了 2.2.15 包,则先拆除
# tar -zxvf httpd-2.4.3.tar.gz        //解压源代码文件包,到 httpd-2.2.10 目录中
# cd httpd-2.4.3
# ./configure                         //产生 Makefile 文件
# make                                //由于文件较多,需要较长时间
# make install                        //把各种文件复制到相应的系统目录
```

httpd 进程运行时需要 apache 用户身份，所以操作系统应该要已经存在这个用户才能运行。

⚠注意：RHEL 6 安装完成后，apache 用户默认是创建好的。如果由于某种原因这个用户不存在了，还需要重新把它创建起来。

15.2.3　Apache 的运行

下面以 RHEL 6 自带 RPM 为例，介绍 Apache 的运行。RPM 包安装完成后，Apache 使用例子配置文件就可以工作，输入以下命令启动 httpd 进程。

```
# /usr/sbin/apachectl start
```

如果想开机时能自动运行 Apache，可以建一个 Linux 启动文件链接到/etc/rc.d/init.d 目录下名为 httpd 的脚本文件。用以下命令可以查看 httpd 进程是否已启动。

```
# ps -eaf|grep httpd
root       413       1  0 10:21 ?        00:00:00 /usr/sbin/httpd
apache     416     413  0 10:21 ?        00:00:00 /usr/sbin/httpd
apache     417     413  0 10:21 ?        00:00:00 /usr/sbin/httpd
apache     418     413  0 10:21 ?        00:00:00 /usr/sbin/httpd
apache     419     413  0 10:21 ?        00:00:00 /usr/sbin/httpd
apache     420     413  0 10:21 ?        00:00:00 /usr/sbin/httpd
apache     421     413  0 10:21 ?        00:00:00 /usr/sbin/httpd
apache     422     413  0 10:21 ?        00:00:00 /usr/sbin/httpd
apache     423     413  0 10:21 ?        00:00:00 /usr/sbin/httpd
root       427   28062  0 10:21 pts/0    00:00:00 grep httpd
#
```

可以看到，初始时系统中启动了 9 个 httpd 进程，其中一个是以 root 用户的身份在运行，另外 8 个以 apache 的用户身份运行，而且是以 root 身份运行的那个进程的子进程。

⚠说明：启动多个进程的目的是为了更好地为客户端提供服务，初始进程的个数可以在配置文件中确定。

再输入以下命令查看 Apache 监听的端口。

```
# netstat -an|grep :80
tcp        0        0 :::80             :::*                   LISTEN
#
```

可以看到，80 号端口已经处于监听状态。另外，为了确保客户端能够访问 Apache 服

务器，如果防火墙未开放 80 号端口，可以输入以下命令打开 TCP80 号端口。

```
# iptables -I INPUT -p tcp --dport 80 -j ACCEPT
```

或者用以下命令清空防火墙的所有规则。

```
# iptables -F
```

上述过程完成后，就可以在客户端使用浏览器访问 Apache 服务器，在正常情况下，会出现 Apache 的测试页面，如图 15-8 所示。

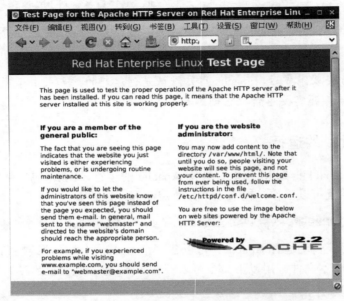

图 15-8　Apache 服务器测试页

另外，如果安装了帮助手册包，则访问主页的/manual 目录时，会出现如图 15-9 所示的手册页，其中包含了所有 Apache 配置指令的解释。

图 15-9　Apache 服务器手册页

至此，Apache 服务器已经能够正常地运行，使用的是自带的例子配置文件。通过改变配置文件内容，可以使 Apache 工作于不同的状态。15.3 节将讲述 Apache 的配置方法。

15.3　Apache 服务器的配置

Apache 服务器的配置主要集中在一个配置文件中，其位置和名称是/etc/httpd/conf/httpd.conf。本节先介绍 Apache 提供的例子配置文件内容，再通过几个例子讲述 Apache 的高级配置，包括目录访问控制、用户个人网站配置、认证与授权配置、虚拟主机配置、日志配置、SSL 配置等内容。

15.3.1　Apache 全局配置选项

Apache 的例子配置文件包含了很多的配置选项，涵盖了 Apache 服务器大部分的重要功能。里面的配置指令分为全局配置指令、主服务器配置和虚拟主机配置 3 大部分。下面首先解释以下例子配置文件中有关全局的配置指令，它们决定了 Apache 服务器的总体性能，如 Apache 能处理的并发请求数等。

```
# 当服务器响应主机头(header)信息时显示 Apache 的版本和操作系统名称
ServerTokens OS

# 设置服务器的根目录,以后在配置文件中指定起始符号不是"/"的路径时,这个目录是起始目录
ServerRoot "/etc/httpd"

# 设置运行 httpd 进程时使用的 Pid 文件的路径和名称
PidFile run/httpd.pid

# 设置超时值,表示 TCP 连接建立后如果 300 秒后没有收到或送出任何数据就切断该连接
Timeout 120

#"OFF"表示不使用持久连接功能,即在一个 TCP 连接中只传送一个请求和一个应答消息
# 建议用户将此参数的值设置为 On,即改为持久连接,可提高性能
KeepAlive Off

# 在使用持久连接时,设置客户端通过该连接发送的最大请求消息数。如果设为 0,表示没有限制
MaxKeepAliveRequests 100

# 在使用持久连接功能时,客户端的下一个请求消息超过 15 秒还未到达,就切断连接
KeepAliveTimeout 15

# 设置使用 preforkMPM 运行方式的参数,此运行方式是 Red Hat 默认的方式
# 它规定 Apache 运行时,启动多少个 httpd 子进程来处理客户端的请求
<IfModule prefork.c>              # 表示如果 prefork 模块已装载,则予以启用
StartServers          8          # 起始时的 httpd 子进程总数为 8
MinSpareServers       5          # 最小的空闲 httpd 子进程总数为 5
MaxSpareServers      20          # 最大的空闲 httpd 子进程总数为 20
ServerLimit         256          # 最大的 httpd 子进程允许值为 256
MaxClients          256          # 最大的客户连接数为 256
MaxRequestsPerChild 4000         # 每一个 httpd 子进程处理了 4000 个请求后要关闭
</IfModule>                       # 模块定义结束

# 与 preworkMPM 类似,但设置的是线程数
```

```
<IfModule worker.c>
StartServers         2          # 主控制进程生成 2 个 httpd 子进程
MaxClients           150        # 最大的客户连接数为 150
MinSpareThreads      25         # 最小的空闲线程总数为 25
MaxSpareThreads      75         # 最大的空闲线程总数为 25
ThreadsPerChild      25         # 每个子进程可产生 25 个线程
MaxRequestsPerChild  0          # 每个子进程处理的最大请求数,0 表示没有限制
</IfModule>

# 设置服务器的监听端口号为 80,可以采用"Listen 12.34.56.78:80"的形式指定监听的本
  地接口
Listen 80

# 加载动态模块(DSO)
LoadModule auth_basic_module modules/mod_auth_basic.so
LoadModule auth_digest_module modules/mod_auth_digest.so
...
LoadModule cgi_module modules/mod_cgi.so

# 把 conf.d/目录下的*.conf 内容包含进来。注意,根据以上 ServerRoot 的设置,实际应该
  在/etc/httpd 目录下
# 这个目录中包含了许多专用功能的配置,如 PHP、SSL 等的配置文件
Include conf.d/*.conf

# 这个指令只有在 mod_status 模块启用时才有效。表示服务器是否为每一个请求保持扩展状态的
  轨迹
# ExtendedStatus On

# 指定运行 httpd 子进程的用户和用户组身份
User apache
Group apache
```

15.3.2　Apache 主服务器配置

　　Apache 处理客户端的请求时，会根据 URL 判定客户端是否要访问虚拟主机，如果不是访问虚拟主机，则认为是访问主服务器。下面是 Apache 例子配置文件中有关主服务器的配置指令，决定了主服务器的工作状态，同时，也决定了后面虚拟主机的默认配置。如果在虚拟主机中也出现了同样的指令，则会覆盖对应的指令。

```
# 管理员的 E-mail 地址,会出现在一些出错页面中
ServerAdmin root@localhost

# 当 Apache 服务器引用自己的 URL 时,使用这里指定的域名和端口号。与 UseCanonicalName
  指令配合使用
# ServerName www.example.com:80

# 当 Apache 构建引用自己的 URL 时,使用客户端提供的主机名和端口
# 如果打开,则使用由 ServerName 指令指定的主机名和端口
UseCanonicalName Off

# 设置主服务器的根文档路径。路径名由"/"开头,不是相对/etc/httpd 目录
DocumentRoot "/var/www/html"

# 设置根目录的访问控制权限
<Directory />
```

```
    Options FollowSymLinks    # 允许符号链接跟随, 访问不在本目录下的文件
AllowOverride None           # 不允许使用目录中.htaccess 文件的配置内容, 即不被它覆盖
</Directory>
```

```
# 设置主服务器主目录的访问控制权限, 目录位置应该随 DocumentRoot 选项内容的改变而改变
<Directory "/var/www/html">
Options Indexes FollowSymLinks   # Indexs 表示当在目录中找不到指定文件时, 就生成
                                   当前目录的文件列表
                                 # FollowSymLinks 表示允许符号链接跟随, 访问不在本目
                                   录下的文件
AllowOverride None               # 本目录的权限设置不允许被目录下的.htaccess 配置文件
                                   的内容覆盖
    Order allow,deny             # 指定先执行 Allow(允许)访问规则, 再执行 Deny(拒绝)
                                   访问规则
    Allow from all               # 设置 Allow 访问规则, 允许所有连接
</Directory>
```

```
# 不允许用户的个人服务器
<IfModule mod_userdir.c>
    UserDir disable
</IfModule>
```

```
# 指定主服务器的主页文件名称。当客户端访问服务器时, 将依次查找页面 index.html、
index.html.var
DirectoryIndex index.html index.html.var
```

```
# 每个目录都可以包含对本目录的访问权限进行设置的文件, 这里指定这个配置文件的名称
AccessFileName .htaccess
```

```
# 拒绝访问以.ht 开头的文件, 即保证.htaccess 不被客户端访问
<Files ~ "^\.ht">
    Order allow,deny
    Deny from all
</Files>
```

```
# 指定负责处理 MIME 对应格式的配置文件的存放位置
TypesConfig /etc/mime.types
```

```
# 指定默认的 MIME 文件类型为纯文本或 HTML 文件
DefaultType text/plain
```

```
# 当 mod_mime_magic.c 模块被加载时, 指定 Magic 信息码配置文件的存放位置
<IfModule mod_mime_magic.c>
    MIMEMagicFile conf/magic
</IfModule>
```

```
# 日志中只记录连接 Apache 服务器的客户端的 IP 地址, 而不记录其主机名
HostnameLookups Off
```

```
# 分发文件时是否启用内存映射功能, 启用时, 在有些操作系统下可以提高性能
#EnableMMAP off
```

```
# 分发文件时是否启用 sendfile 内核支持。默认是启用的, 如果使用 NFS 文件系统, 应该要禁用
#EnableSendfile off
```

```
# 错误日志的位置, 保存在/etc/httpd/logs/error_log 中
ErrorLog logs/error_log
```

```
# 指定记录错误信息的日志级别为 warn 及以上
LogLevel warn

# 定义 combined、common、referer 和 agent4 种记录日志的格式
LogFormat "%h %l %u %t \"%r\" %>s %b \"%{Referer}i\" \"%{User-Agent}i\""
combined
LogFormat "%h %l %u %t \"%r\" %>s %b" common
LogFormat "%{Referer}i -> %U" referer
LogFormat "%{User-agent}i" agent

# 指定访问日志的位置,日志的格式采用上面定义的 common 格式
# CustomLog logs/access_log common

# 如果需要,还可以再采用 referer 和 agent 格式把访问日志记录在 referer_log 和
agent_log 文件中
#CustomLog logs/referer_log referer
#CustomLog logs/agent_log agent

# 如果只启用一个访问日志,可以采用 combined 格式
CustomLog logs/access_log combined

# 设置在 Apache 自身产生的页面中使用 Apache 服务器版本的签名
ServerSignature On

# 设置/var/www/icons/目录在 URL 中的访问别名。即以后在客户端提供的 URL 中,"/icons/"
  代表的是
#"/var/www/icons/"目录。注意: 最后的"/"不能省略
Alias /icons/ "/var/www/icons/"

# 设置/var/www/icons 目录的访问权限
<Directory "/var/www/icons">
Options Indexes MultiViews        # MultiViews 表示使用内容协商功能决定被发送的
                                    网页的性质
    AllowOverride None
    Order allow,deny
    Allow from all
</Directory>

# 配置 WebDAV 模块

# WebDAV(Web-based Distributed Authoring and Versioning)是基于 HTTP 1.1 的
  一个通信协议
# 它为 HTTP 1.1 添加了一些扩展(就是在 GET、POST、HEAD 等几个 HTTP 标准方法以外添加
  了一些新的方法),使得应用程序可以直接将文件写到 Web Server 上,并且在写文件时候可以对
  文件加锁
# 写完后对文件解锁,还可以支持对文件所做的版本控制。这个协议的出现极大地增加了 Web 作为
  一种创作媒体的价值。基于 WebDAV 可以实现一些功能强大的内容管理系统或者配置管理系统
  <IfModule mod_dav_fs.c>
    # Location of the WebDAV lock database.
    DAVLockDB /var/lib/dav/lockdb                # 指定 DAV 加锁数据库文件的存放位置
</IfModule>

# 设置脚本目录 CGI 的访问别名,URL 中的"/cgi-bin/"代表"/var/www/cgi-bin/"
ScriptAlias /cgi-bin/ "/var/www/cgi-bin/"

# 设置 CGI 目录的访问权限
<Directory "/var/www/cgi-bin">
```

```
    AllowOverride None
    Options None
    Order allow,deny
    Allow from all
</Directory>
```

```
# 重定向链接。即客户端提交的 URL 中出现/foo 时,转向 http://www.example.com/bar
# Redirect permanent /foo http://www.example.com/bar
```

```
# 设置自动生成目录列表的显示方式
# FancyIndexing:          对每种类型的文件前加上一个小图标以示区别
# VersionSort:            对同一个软件的多个版本进行排序
# NameWidth=*:            文件名字段自动适应当前目录下最长文件名
# HTMLTable:              与 FancyIndexing 一起使用,构建一个简单的 HTML 表格
IndexOptions FancyIndexing VersionSort NameWidth=* HTMLTable
```

```
# 当使用 IndexOptions FancyIndexing 之后,配置下面的参数,用于告知服务器在遇到不同
   的文件类型或扩展名时采用 MIME 编码格式辨别文件类型并显示相应的图标
AddIconByEncoding (CMP,/icons/compressed.gif) x-compress x-gzip
AddIconByType (TXT,/icons/text.gif) text/*
AddIconByType (IMG,/icons/image2.gif) image/*
AddIconByType (SND,/icons/sound2.gif) audio/*
AddIconByType (VID,/icons/movie.gif) video/*
```

```
# 当使用 IndexOptions FancyIndexing 之后,配置下面的参数,用于告知服务器在遇到不同
   的文件类型或扩展名时采用所指定的格式并显示所对应的图标
AddIcon /icons/binary.gif .bin .exe
AddIcon /icons/binhex.gif .hqx
...
AddIcon /icons/blank.gif ^^BLANKICON^^
```

```
# 使用 IndexOptions FancyIndexing 之后,碰到无法识别的文件类型时显示此处定义的图标
DefaultIcon /icons/unknown.gif
```

```
# 使用 IndexOptions FancyIndexing 之后,在某些类型的文件后加一些解释文本
#AddDescription "GZIP compressed document" .gz
#AddDescription "tar archive" .tar
#AddDescription "GZIP compressed tar archive" .tgz
```

```
# 当服务器自动列出目录列表时,在所生成的页面之后附上 README.html 的内容
ReadmeName README.html
```

```
# 当服务器自动列出目录列表时,在所生成的页面之前加上 HEADER.html 的内容
HeaderName HEADER.html
```

```
# 当服务器自动列出目录列表时,下面的这些文件不会列出
IndexIgnore .??* *~ *## HEADER* README* RCS CVS *,v *,t
```

```
# 设置网页内容的语言种类(浏览器要启用内容协商)
DefaultLanguage nl     # 设置一种默认的语言,没有指定语言的页面采用该语言
```

```
# 下面加入对各种语言的支持
AddLanguage ca .ca
...
AddLanguage zh-CN .zh-cn     # 加入对简体中文的支持
AddLanguage zh-TW .zh-tw     # 加入对繁体中文的支持
```

```
# 当启用内容协商时，设置语言的先后顺序
LanguagePriority en ca cs da de el eo es et fr he hr it ja ko ltz nl nn no
pl pt pt-BR ru sv zh-CN zh-TW

# Prefer: 当有多种语言可以匹配时，使用 LanguagePriority 列表次序的前一项
# Fallback: 当没有语言可以匹配时，使用 LanguagePriority 列表的第 1 项
ForceLanguagePriority Prefer Fallback

# 设置默认字符集为 UTF-8
AddDefaultCharset UTF-8

# 添加新的 MIME 类型，会覆盖掉/etc/mime.types 中的设定
# AddType application/x-tar .tgz
# AddType application/x-compress .Z
# AddType application/x-gzip .gz .tgz

# 添加压缩编码方式的支持
#AddEncoding x-compress .Z
#AddEncoding x-gzip .gz .tgz

# 设置对特定扩展名的处理方式
#AddHandler cgi-script .cgi       # 把扩展名是".cgi"的文件当作脚本处理(还需要其他
                                    选项的支持)

#AddHandler send-as-is asis
AddHandler type-map var

# ".shtml"的 MIME 类型是 text/html
AddType text/html .shtml

# 服务器处理响应时，把扩展名为".shtml"的文件映射到过滤器 INCLUDES
AddOutputFilter INCLUDES .shtml

# 用户指定错误响应代码的解释文本
#ErrorDocument 500 "The server made a boo boo."  # 普通的文本作为解释文本
#ErrorDocument 404 /missing.html                 # 一个网页的内容作为解释文本
#ErrorDocument 404 "/cgi-bin/missing_handler.pl"    # 一个脚本的执行结果作为
                                                      解释文本

#ErrorDocument 402 http://www.example.com/subscription_info.html
                                                 # 重定向到另一位置


# 设置错误页面目录的别名
Alias /error/ "/var/www/error/"

<IfModule mod_negotiation.c>          # 如果装入了 mod_negotiation 模块
<IfModule mod_include.c>              # 如果装入了 mod_include 模块
# 设置/var/www/error 目录的访问权限
    <Directory "/var/www/error">
        AllowOverride None
        Options IncludesNoExec
        AddOutputFilter Includes html
        AddHandler type-map var
        Order allow,deny
        Allow from all
        LanguagePriority en es de fr
        ForceLanguagePriority Prefer Fallback
    </Directory>

# 设置发生错误时输出的页面
```

```
#    ErrorDocument 400 /error/HTTP_BAD_REQUEST.html.var
#    ErrorDocument 401 /error/HTTP_UNAUTHORIZED.html.var
...
#    ErrorDocument 506 /error/HTTP_VARIANT_ALSO_VARIES.html.var

</IfModule>
</IfModule>


# 对于特定的浏览器,给予特定的响应
BrowserMatch "Mozilla/2" nokeepalive
BrowserMatch "MSIE 4\.0b2;" nokeepalive downgrade-1.0 force-response-1.0
BrowserMatch "RealPlayer 4\.0" force-response-1.0
BrowserMatch "Java/1\.0" force-response-1.0
BrowserMatch "JDK/1\.0" force-response-1.0

# 解决某些浏览器的 bug 引起的问题
BrowserMatch  "Microsoft  Data  Access  Internet  Publishing  Provider"
redirect-carefully
BrowserMatch "MS FrontPage" redirect-carefully
BrowserMatch "^WebDrive" redirect-carefully
BrowserMatch "^WebDAVFS/1.[0123]" redirect-carefully
BrowserMatch "^gnome-vfs/1.0" redirect-carefully
BrowserMatch "^XML Spy" redirect-carefully
BrowserMatch "^Dreamweaver-WebDAV-SCM1" redirect-carefully

# 允许由 mod_status 模块产生状态报告
#<Location /server-status>
#    SetHandler server-status
#    Order deny,allow
#    Deny from all
#    Allow from .example.com
#</Location>

# mod_info 装载时,设置远程服务器配置报告功能
#<Location /server-info>
#    SetHandler server-info
#    Order deny,allow
#    Deny from all
#    Allow from .example.com
#</Location>

# 启用代理服务器功能
#<IfModule mod_proxy.c>
#ProxyRequests On
#<Proxy *>
#    Order deny,allow
#    Deny from all
#    Allow from .example.com
#</Proxy>

# 代理服务器需要处理"Via:"头域功能
#ProxyVia On

# 代理服务器启用 Cache 功能
#<IfModule mod_disk_cache.c>
#    CacheEnable disk /
#    CacheRoot "/var/cache/mod_proxy"
#</IfModule>
#</IfModule>
```

以上介绍的是主服务器的配置，有关虚拟主机的配置，将在 15.3.6 节中介绍。

15.3.3　目录访问控制

目录访问控制是指对文件系统中的目录进行权限指定，指定哪一些客户端可以访问该目录，哪些不行。对于可以访问的客户端，还能够指定客户端在该目录中可以做哪些操作，如列出目录内容、执行等操作。Apache 可以在主配置文件 httpd.conf 中配置目录访问控制，但是针对每个目录，Apache 还允许在它们各自的目录下放置一个叫做.htacess 的文件，这个文件同样也能控制这个目录的访问权限。在主配置文件中，配置目录访问控制的配置指令名称与格式如下：

```
<Directory "目录路径">
  [访问控制指令]
</Directory>
```

其中，访问控制指令可以是以下一些指令。

- ❑ 授权访问指令（AuthConfig）：包括 AuthDBMGroupFile、AuthDBMUserFile、AuthGroupFile、AuthName AuthTypeAuthUserFile 和 Require 等。
- ❑ 文件控制类型的指令（FileInfo）：包括 AddEncoding、AddLanguage、AddType、DefaultType、ErrorDocument、LanguagePriority、AddHandler 和 AddOutputFilter 等。
- ❑ 目录显示方式的指令（Indexes）：包括 AddDescription、AddIcon、AddIconByEncoding、AddIconByType、DefaultIcon、DirectoryIndex、FancyIndexing、HeaderName、IndexIgnore、IndexOptions 和 ReadmeName 等。
- ❑ 主机访问控制指令（Limit）：包括 Allow、Deny 和 Order。
- ❑ 目录访问权限的指令（Options）：包括 Options 和 XbitHack。

其中，Options 指令还可以有以下选项及功能。

- ❑ All：准许以下除 MultiViews 以外所有功能。
- ❑ None：禁止以下所有功能。
- ❑ MultiViews：允许多重内容被浏览，如果目录下有一个叫做 foo.txt 的文件，那么可以通过/foo 来访问到它，这对于一个多语言内容的站点比较有用。
- ❑ Indexes：表示若该目录下无 index 文件，则准许显示该目录下的文件列表以供选择。
- ❑ IncludesNOEXEC：准许 SSI，但不可使用#exec 和#include 功能。
- ❑ Includes：准许 SSI。
- ❑ FollowSymLinks：表示在该目录中，服务器将跟踪符号链接。注意，即使服务器跟踪符号链接，也不会改变用来匹配不同区域的路径名。
- ❑ SymLinksIfOwnerMatch：表示在该目录中仅仅跟踪本站点内的链接。
- ❑ ExecCGI：在该目录下准许使用 CGI。

另外，每一个目录中都还可以存在一个.htaccess 文件，Apache 服务器可以读取该文件的内容作为目录访问控制的配置。用 AllowOverride 指令可以指明哪些选项可以被.htaccess 文件的内容覆盖。如果设置为 None，那么服务器将忽略.htaccess 文件。如果设置为 All，那么所有在.htaccess 文件里的指令都起作用，并且将覆盖掉主配置文件中的相应配置。

由于控制目录访问的指令比较多，限于篇幅，此处不详细解释。下面只是以 Options 指令为例，说明目录访问权限的设置。假设在例子配置文件所指定的主服务器主目录 /var/www/html 下创建一个目录 mytest，命令如下：

```
#mkdir  /var/www/html/mytest
```

则由于在例子配置文件中对/var/www/html 的目录访问权限做了如下配置：

```
<Directory "/var/www/html">
    Options Indexes FollowSymLinks
    AllowOverride None
    Order allow,deny
    Allow from all
</Directory>
```

于是 mytest 目录的访问权限默认要继承同样的权限。假设在 mytest 目录创建一个 test.html 文件，内容如下：

```
# vi /var/www/html/mytest/test.html
<html>
<body>
<h1>This is a test file.</h1>
</body>
</html>
```

然后，在客户端的浏览器中就可以看到这个 HTML 文件，如图 15-10 所示。

如果在浏览器的地址栏中输入 http://192.168.127.134/mytest/，则会到 mytest 目录中寻找 DirectoryIndex 指令指定的主页文件 index.html 和 index.html.var，但是这两个文件都不存在。由于 mytest 目录继承了父目录的 Options Indexes 属性，于是，Apache 会把 mytest 目录中的文件列表发送给浏览器，显示结果如图 15-11 所示。

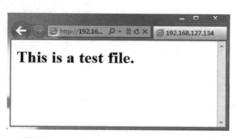

图 15-10　例子 HTML 文件显示效果

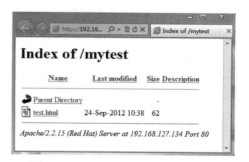

图 15-11　mytest 目录中的文件列表

如果使 Options Indexes 属性失效，即在例子配置文件中加入以下配置指令：

```
<Directory "/var/www/html/mytest">
    Options None
    Order allow,deny
    Allow from all
    AllowOverride All
</Directory>
```

再用以下命令重启 Apache：

```
# /usr/sbin/apachectl restart
```

然后再访问 http:// 192.168.127.134/mytest/，则看到的页面如图 15-12 所示，表示 Apache
在 mytest 目录中找不到主页文件，也不允许列出该
目录中的文件，于是就发送了一个出错页面。

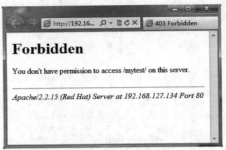

注意：如果此时在浏览器的地址栏内输入 http://
192.168.127.134/mytest/test.html，即指定
了要访问的网页文件，则还可以正常显示
test.html 文件的内容，如图 15-10 所示。

下面再看.htaccess 文件作用。假设在 mytest 目
录中创建.htaccess 文件，内容如下：

图 15-12　不允许列出目录中的文件

```
# vi /var/www/html/mytest/.htaccess
Options Indexes
```

则又可以使 Apache 具有了列出 mytest 目录中的文件的权限，访问结果如图 15-11 所
示。但是，如果把配置文件中 "<Directory "/var/www/html/mytest">" 下的 AllowOverride All
改为 AllowOverride None，即不允许.htaccess 文件的配置覆盖主配置文件中对该目录的配
置，则 mytest 目录还是 Options None，即不允许列出该目录中的文件，于是访问 http://
192.168.127.134/时，又是如图 15-12 所示的结果。

下面再看一个客户端访问控制的例子。客户端访问控制有 3 条指令，其名称和意义分
别如下所示。

- ❑ Order：用于指定执行允许访问规则和执行拒绝访问规则的先后顺序。
- ❑ Deny：定义拒绝访问列表。
- ❑ Allow：定义允许访问列表。

Order 指令有以下两种形式。

- ❑ Order Allow，Deny：在执行拒绝访问规则之前先执行允许访问规则，默认会拒绝
  所有没有明确被允许的客户。
- ❑ Order Deny,Allow：在执行允许访问规则之前先执行拒绝访问规则，默认会允许所
  有没有明确被拒绝的客户。

注意：在书写 "Allow，Deny" 和 "Deny,Allow" 时，中间不能添加空格字符。

Deny 和 Allow 指令的后面需要跟访问列表，访问列表有如下几种形式。

- ❑ All：表示所有客户机。
- ❑ 域名：表示域内的所有客户机，如 wzvtc.cn。
- ❑ IP 地址：可以指定完整的 IP 地址或部分 IP 地址。
- ❑ 网络/子网掩码：如 192.168.1.0/255.255.255.255.0。
- ❑ CIDR 规范：如 192.168.1.0/24。

接着上一例子，假设/var/www/html/mytest 目录的访问控制配置如下：

```
<Directory "/var/www/html/mytest">
    Order deny,allow
    Deny  from all
    Allow  from 192.168.127.134 #192.168.127.134 是例子中 Apache 服务器的 IP 地址
```

```
    Allow  from 127.0.0.1
    AllowOverride None
</Directory>
```

这样的配置将使得只有本机 IP 才能访问 mytest 目录，网络中其他任何计算机都不能访问。当在本机和其他计算机的浏览器访问 http://192.168.127.134/mytest/test.html 时，其结果如图 15-13 和图 15-14 所示。

图 15-13　在本机可以访问 mytest 目录中的文件

图 15-14　在其他计算机上不能访问 mytest
目录中的文件

如果 Order 语句中的 deny 和 allow 次序反一下，则所有客户机的访问将都不被允许。

15.3.4　配置用户个人网站

个人网站是指在主机上拥有账号的用户可以通过 Apache 服务器发布自己个人目录中的文件，其访问方式为 http://<主机名>/~<用户名>/。例如，在 192.168.127.134 的主机上有一个 test 用户，则可以通过 http:// 192.168.127.134/~test/的形式访问 test 用户个人目录 /home/test 目录中的一个目录，即 test 用户的个人目录中的一个目录成了一个网站的主目录。配置个人网站需要加载模块 mod_userdir，在例子 httpd.conf 文件中，其配置如下：

```
<IfModule mod_userdir.c>
    UserDir disable
</IfModule>
```

"UserDir disable" 表示禁用了个人网站功能，为了使个人网站生效，需要的配置如下：

```
<IfModule mod_userdir.c>
    UserDir disable root          # 基于安全考虑,禁止 root 用户使用自己的个人网站
    UserDir public_html           # 配置对每个用户个人网站主目录的位置
</IfModule>
//设置每个用户网站目录的访问权限
<Directory /home/*/public_html>
    AllowOverride FileInfo AuthConfig Limit
    Options MultiViews Indexes SymLinks IfOwnerMatch  IncludesNoExec
    <Limit GET POST OPTIONS>
        Order allow,deny
        Allow from all
    </Limit>
    <LimitExcept GET POST OPTIONS>
        Order deny,allow
        Deny from all
    </LimitExcept>
</Directory>
```

以上配置中，用户的个人网站主目录是其个人目录下的 public_html，Apache 中配置的

目录访问权限如<Directory>语句所示，用户可以根据需要加以改变。为了测试以上的配置效果，在操作系统中创建一个用户，并在用户的个人目录下创建一个 public_html 目录。

```
# useradd test
# cd /home/test
# mkdir public_html
#
```

另外，由于用户个人目录默认情况下只有自己能访问，其他任何用户是没有访问权限的。因此，为了让 apache 用户能访问该目录，需要重新设置该目录的访问权限，使得其他用户有访问权，命令如下：

```
# chmod  711  /home/test
```

然后，在 public_html 目录中创建一个 index.html 文件，内容如下：

```
# vi /home/test/public_html/index.html
<html>
<body>
<h1>This file is in test's work directory.</h1>
</body>
</html>
```

以上工作全部完成后，就可以在客户端的浏览器内输入 http://192.168.127.134/~test，正常情况下，将会看到如图 15-15 所示的页面。

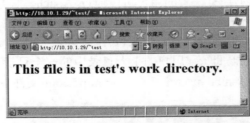

图 15-15　test 用户的个人网站主页

Apache 服务器的个人网站功能可以为操作系统中的用户建立自己的网站提供有利的条件。当存在大量用户时，这种配置、使用和管理方式将非常方便。

15.3.5　认证与授权配置

认证是指用户通过浏览器访问某一受保护资源时，需要提供正确的用户名和密码才能访问。在 Apache 中支持两种认证类型：基本（Basic）认证和摘要（Digest）认证。摘要认证比基本认证更加安全，但并不是所有的浏览器都支持摘要认证，所以大多数情况下用户只使用基本认证。下面介绍基本认证的配置方式，如表 15-5 所示。

表 15-5　Apache 的认证配置指令

配 置 指 令	格　　式	功　　能
AuthName	AuthName　<领域名称>	定义受保护领域的名称
AuthType	AuthType　<Basic|Digest>	定义使用 Basic 或 Digest 认证方式
AuthGroupFile	AuthGroupFile <文件名>	指定认证组文件的位置
AuthUserFile	AuthUserFile <文件名>	指定认证密码文件的位置

上述配置指令要放在受保护的领域中，领域是由 Directory、Files 或 Location 等配置指令指定的目录、文件或网络空间容器。对于目录容器，这些指令也可以放在目录的.htaccess文件中，并根据 AllowOverride 指令决定是否启用。认证口令文件由 htpasswd 命令创建，组文件是一个普通的文本文件，里面的每一行都可以用以下形式把某些用户归到一个组中。

```
组名: 用户名  用户名
```

如果密码文件不存在，可以用以下命令创建密码文件并加入用户。

```
# htpasswd -c <认证密码文件名> <用户名>
```

如果密码文件已经存在了，可以用以下命令添加用户。

```
# htpasswd -c <认证密码文件名> <用户名>
```

上述两条命令执行完后，都会提示输入两次为新建用户设定的密码。认证密码文件的格式很简单，每一行包含用冒号分隔的用户名和加密的密码。

当使用认证指令配置了认证之后，还需要为指定的用户或组进行授权。为用户或组进行授权的配置指令是 Require，它有 3 种使用格式，具体如表 15-6 所示。

表 15-6　Require 指令的格式和功能

指 令 格 式	功　　能
Require　user　<用户名>　[用户名] ……	授权给指定的一个或多个用户
Require　group　<组名>　[组名] ……	授权给指定的一个或多个组
Require　valid-user	授权给认证密码文件中的所有用户

下面看一个认证与授权的配置例子。假设以前创建的/var/www/html/mytest 目录和目录中的 test.html 都还存在，如果现在需要对 mytest 目录进行保护，即客户端只有通过用户账号成功登录后，才能访问 mytest 目录中的内容，如 test.html 文件。则需要在例子配置文件中添加以下内容（将 15.3.3 节所添加的配置指令去掉）。

```
<Directory "/var/www/html/mytest">
      AllowOverride None          # 不使用.htaccess 文件
      AuthType Basic              # 指定使用基本认证方式
      AuthName "myrealm"          # 指定认证领域名称
      AuthUserFile /var/www/passwd/myrealm     # 指定认证密码文件的存放位置
      require valid-user          # 把目录授权给认证密码文件中的所有用户
</Directory>
```

再用以下命令重启 Apache：

```
# /usr/sbin/apachectl restart
```

为了测试结果，还需要创建密码文件及用户账号。基于安全因素的考虑，认证密码文件和认证组文件都不应该与 Web 文档存在于相同的目录下，一般存放在/var/www/目录或其子目录下。现假设要把密码文件放在/var/www/passwd 目录下，则先创建该目录，再创建口令文件。

```
# mkdir /var/www/passwd
# cd /var/www/passwd
```

```
# htpasswd -c myrealm test1
New password:
Re-type new password:
Adding password for user test1
# htpasswd myrealm test2
New password:
Re-type new password:
Adding password for user test2
# chown apache myrealm
# chmod 700 myrealm
#
```

以上命令在/var/www/passwd 目录中创建了认证密码文件 myrealm，并在其中添加了两个用户 test1 和 test2，这与配置文件中的 AuthUserFile 指令相对应。为了安全起见，还把密码文件改成只有 apache 用户能访问。接下来可以用浏览器访问 http://192.168.127.134/mytest/test.html，由于 mytest 是受到认证保护的，所以会看到如图 15-16 所示的登录提示框。

图 15-16　访问受保护资源时出现的登录提示框

如果此时输入用户名 test1 和正确的密码，则能正常访问，看到如图 15-10 所示结果。如果 3 次认证都失败，会出现如图 15-17 所示的结果。

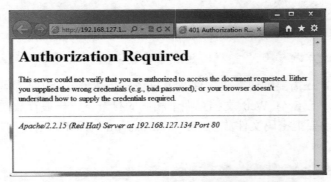

图 15-17　认证失败后出现的页面

💭说明：上述的认证授权配置指令也可以放在 mytest 目录下.htaccess 文件中，其效果是一样的，方法与设置目录访问控制时类似。

认证授权配置指令也可以用在网络空间容器 Location。Location 与 Directory 的区别是 Location 是针对 URL 中的路径名，即使这个路径是映射到另一个目录和网络中的其他位置，而 Directory 针对的是文件系统中的真实目录。一般在指令作用于不存在于文件系统的对象时，例如，一个由数据库生成的网页要用 Location 指令。

例如，下面的配置段会使 Apache 服务器拒绝任何以/private 开头的 URL 的访问，如 http://192.168.127.134/private、http://192.168.127.134/private123 和 http://192.168.127.134/private/dir/file.html 等所有以/private 开头的 URL。

```
<Location /private>
  Order Allow,Deny
  Deny from all
</Location>
```

但此时，在文件系统中并不一定存在/private 目录。

15.3.6　虚拟主机配置

虚拟主机是指在一台机器运行多个网站。其实现对客户端是透明的，即客户端感觉不到有多个网站存在于同一台服务器。如果每个网站拥有不同的 IP 地址，则称为是基于 IP 的虚拟主机。如果只有一个 IP 地址，但通过不同的主机名访问不同的网站，则称为是基于主机名或域名的虚拟主机。Apache 是率先支持基于 IP 的虚拟主机的服务器之一，自 1.3 版后，对两种方式的虚拟主机都提供了支持。

基于 IP 的虚拟主机存在于具有多个网络接口的主机，每个网络接口的 IP 地址对应着一台虚拟主机。此时，需要为每台虚拟主机分配一个独立的 IP 地址。而基于域名的虚拟主机是根据客户端提交的 HTTP 头域中标识主机名的部分决定的，使用这种技术，很多虚拟主机可以共享同一个 IP 地址。

基于域名的虚拟主机相对比较简单，因为只需要通过 DNS 服务器将每个主机名映射到正确的 IP 地址，然后配置 Apache 服务器，使其辨别不同的主机名就可以了。基于域名的服务器也可以缓解 IP 地址不足的问题。所以，如果没有特殊原因，最好还是使用基于域名的虚拟主机。

为了使用基于域名的虚拟主机，需要使用 NameVirtualHost 指令来进行配置，该指令后面的选项可以指定接受虚拟主机请求的服务器 IP 地址和可能的端口号。如果服务器上所有的 IP 地址都接受虚拟主机请求，可以用"*"作为 NameVirtualHost 的参数。例如，下面的配置指令表示在服务器所有 IP 地址的 80 号端口接受虚拟主机请求。

```
NameVirtualHost *:80
```

设置了 NameVirtualHost 配置指令后，接下来要为每个虚拟主机建立<VirtualHost>段。<VirtualHost>的参数与 NameVirtualHost 的参数必须是一样的。在每个<VirtualHost>段中，至少要有一个 ServerName 指令来指定该虚拟主机服务于哪个域名，以及一个 DocumentRoot 指令来指明这个主机的主目录位于文件系统的什么位置。例如，下面的指令配置了一台虚拟主机。

```
<VirtualHost *:80>
ServerAdmin webmaster@dummy-host.example.com    # 出现在错误页面中的管理员
                                                       E-mail
    DocumentRoot /www/docs/dummy-host.example.com
    ServerName dummy-host.example.com
    ErrorLog logs/dummy-host.example.com-error_log    # 指定错误日志的位置
CustomLog logs/dummy-host.example.com-access_log common
                                                  # 指定访问日志的格式
</VirtualHost>
```

以上配置指定的虚拟主机服务于 dummy-host.example.com 域名，即通过该域名访问
Apache 服务器时，起作用的是这台虚拟主机。至于 dummy-host.example.com 到 Apache 服
务器的映射，是由 DNS 服务器实现的。另外，该虚拟主机的主目录由 DocumentRoot 指令
设置在/www/docs/dummy-host.example.com 目录中。另外 3 条指令的作用见注释。

下面的配置定义了两台虚拟主机。

```
<VirtualHost *:80>
ServerName www.domain.tld
ServerAlias domain.tld *.domain.tld
DocumentRoot /www/domain
</VirtualHost>
<VirtualHost *:80>
ServerName www.otherdomain.tld
DocumentRoot /www/otherdomain
</VirtualHost>
```

可以用一个固定的 IP 地址来代替 NameVirtualHost 和<VirtualHost>指令中的“*”号，
以达到一些特定的目的。例如，可以在一个 IP 地址上运行一个基于域名的虚拟主机，而在
另外一个 IP 地址上运行一个基于 IP 的或是另外一套基于域名的虚拟主机。

很多服务器希望自己能通过不止一个域名被访问，这时可以把 ServerAlias 指令放入
<VirtualHost>段中来解决这个问题。例如，第一个<VirtualHost>配置段中 ServerAlias 指令
后列出的 domain.tld *.domain.tld 就是用户可以用来访问同一个 Web 站点的其他名字，通配
符“*”和“?”可以用于域名的匹配。这样，所有对域 domain.tld 的访问请求都将由虚拟
主机 www.domain.tld 处理。

当一个请求到达的时候，服务器会首先检查它是否使用了一个能和 NameVirtualHost
相匹配的 IP 地址。如果能够匹配，它就会查找每个与这个 IP 地址相对应的<VirtualHost>
段，并尝试找出一个与请求的主机名相同的 ServerName 或 ServerAlias 配置项。如果找到
了，它就会使用这个虚拟主机。否则，将使用符合这个 IP 地址的第一个列出的虚拟主机。
所以，第一个列出的虚拟主机充当了默认虚拟主机的角色，主服务器中的 DocumentRoot
将永远不会被用到。

⌂注意：虚拟主机中的配置指令如果已经出现在主服务器配置中，则会覆盖主服务器中的
　　　　配置；而主服务器中出现的配置指令如果在虚拟主机中没有配置，则虚拟主机默
　　　　认会采用主服务器所使用的配置。

下面看一个有关虚拟主机配置的实际例子。假设 15.3.3 节所创建的/var/www/html/mytest
目录和该目录中的 test.html 文件都还存在。然后，在/usr 目录下创建一个 myweb 目录，并

在该目录创建一个 index.html 文件，其命令如下：

```
# mkdir  /usr/myweb
# vi  /usr/myweb/index.html
<H1>This web is in /usr/myweb</H1>
```

再假设 www.baidu.com 和 www.sohu.com 两个域名指向了 Apache 服务器所在的 IP 为192.168.127.134 的主机。现要求，如果客户机用 www.baidu.com 域名访问 Apache 服务器时，访问的是/var/www/html/mytest 目录中的 test.html 文件，即出现如图 15-10 所示的页面。但如果用 www.sohu.com 访问 Apache 服务器时，则访问的是/usr/myweb/index.html 文件。

以上要求需要用虚拟主机来实现，可以配置两台虚拟主机，一台对应 www.baidu.com域名，再把主目录设为/var/www/html/mytest，主页文件设为 test.html。另一台对应www.sohu.com 域名，主目录设为/usr/myweb。具体配置内容如下所示（只是在例子配置文件的最后加入以下内容，不改动其他内容）。

```
NameVirtualHost *:80
<VirtualHost *:80>
    DocumentRoot /var/www/html/mytest
    ServerName www.baidu.com
    DirectoryIndex test.html
</VirtualHost>
<VirtualHost *:80>
    DocumentRoot /usr/myweb
    ServerName www.sohu.com
  //此处无需配置DirectoryIndex,默认使用的是主服务器配置的DirectoryIndex
    index.html index.html.var
</VirtualHost>
```

测试时，如果不能配置 DNS 服务器使 www1.wzvtc.cn 和 www.sohu.com 域名指向192.168.127.134，而且客户机是 Windows 系统，可以在 Windows 安装目录下的system32\drivers\etc 目录中找到 hosts 文件（Linux 的 hosts 文件在/etc 目录），然后添加以下内容，就可以保证本客户机使用的 www.baidu.com 和 www.sohu.com 域名指向192.168.127.134。

```
192.168.127.134    www.baidu.com
192.168.127.134    www.sohu.com
```

下面重启一下 Apache 服务器：

```
# /usr/sbin/apachectl restart
```

然后在设置了 hosts 文件的客户机访问 http://www.baidu.com，出现如图 15-18 所示的页面。如果访问 http://www.sohu.com，则出现如图 15-19 所示的页面。

图 15-18　www.baidu.com 虚拟主机的主页

图 15-19　www.sohu.com 虚拟主机的主页

以上介绍了虚拟主机的配置方法。除了上述的配置指令外，还可以用 Alias 指令指定某一目录的别名，用 Redirect 指令把对虚拟主机的访问转发到另一 URL 等配置，使虚拟主机的功能更加强大。

15.3.7　日志记录

如果想有效地管理 Web 服务器，就有必要了解 Web 服务器的活动、性能以及出现的问题。Apache 服务器提供了非常全面而灵活的日志记录功能。下面介绍如何在 Apache 服务器中配置日志功能以及如何理解日志内容。

错误日志是最重要的日志文件，其文件名和位置取决于 ErrorLog 指令。Apache httpd 进程将在这个文件中存放诊断信息和处理请求中出现的错误，由于这里经常包含了出错细节，有时还有一些解决问题的提示。因此，当服务器启动或运行过程中有问题时，首先应该查看这个错误日志。

错误日志通常被写入一个文件（UNIX 系统上一般是 error_log，Windows 和 OS/2 上一般是 error.log）。在 UNIX 系统中，错误日志还可能被重定向到 syslog 或通过管道操作传递给一个程序。错误日志的格式相对灵活，并可以附加文字描述。某些信息会出现在绝大多数记录中，下面是一个典型的例子：

```
[Wed Nov 19 18:35:18 2008] [error] [client 127.0.0.1] client denied by server
configuration: /export/home/live/ap/htdocs/test
```

其中，第一项是错误发生的日期和时间。第二项是错误的严重性，LogLevel 指令使只有高于指定严重性级别的错误才会被记录。第三项是导致错误的客户端 IP 地址。最后是信息本身。在此例中，服务器拒绝了这个客户的访问。服务器在记录被访问文件时，用的是文件系统路径，而不是 Web 路径。错误日志中会包含类似上述例子的多种类型的信息。此外，CGI 脚本中任何输出到 stderr 的信息都会作为调试信息原封不动地记录到错误日志中。

用户可以增加或删除错误日志的项。但是对某些特殊请求，在访问日志（access log）中也会有相应的记录。例如上述例子在访问日志中也会有相应的记录，其状态码是 403。因为访问日志也可以定制，所以可以从访问日志中得到错误事件的更多信息。在调试中，对任何问题持续监视错误日志是非常有用的。在 UNIX 系统中，可以使用以下命令查看最新添加到错误日志中的记录。

```
tail -f error_log
```

访问日志记录的是服务器所处理的所有请求，其文件名和位置取决于 CustomLog 指令。LogFormat 指令可以指定访问日志记录什么样的内容，格式高度灵活，使用时很像 C 语言的 printf() 函数的格式字符串。下面是例子配置文件中的语句，指定了访问日志，并采用一种名为 common 的记录格式。

```
LogFormat "%h %l %u %t \"%r\" %>s %b" common
CustomLog logs/access_log common
```

在 LogFormat 指令中，"%" 指示服务器用某种信息替换，其他字符则不作替换。引号（"）必须加反斜杠转义，以避免被解释为字符串的结束。格式字符串还可以包含特殊的控制符，如换行符 "\n"、制表符 "\t"。上述配置产生的访问记录如下所示。

```
127.0.0.1 - lintf [19/Nov/2008:18:52:21 -0700] "GET /index.html HTTP/1.1"
200 1457
```

记录的各部分说明如下：

```
127.0.0.1
```

对应的是 LogFormat 中的"%h"，是发送请求到服务器的客户机的 IP 地址。如果 HostnameLookups 设为 On，则服务器会尝试解析这个 IP 地址的主机名并替换此处的 IP 地址，但并不推荐这样做，因为这样做会显著拖慢服务器。如果客户和服务器之间存在代理，那么记录中的这个 IP 地址是那个代理的 IP 地址，而不是客户机的真实 IP 地址。

```
-
```

对应的是 LogFormat 中的"%l"，是由客户端 identd 进程判断出来的用户身份，输出中的符号"-"表示此处的信息无效。除非在严格控制的内部网络中，此信息通常是很不可靠的，不应该被使用。只有在将 IdentityCheck 指令设为 On 时，Apache 才会试图得到这项信息。

```
lintf
```

对应的是 LogFormat 中的"%u"，这是 HTTP 认证系统得到的访问该网页的客户标识（userid），环境变量 REMOTE_USER 会被设为该值并提供给 CGI 脚本。如果状态码是 401，表示客户未通过认证，则此值没有意义。如果网页没有设置密码保护，则此项将是"-"。

```
[19/Nov/2008:18:52:21]
```

对应的是 LogFormat 中的"%t"，这是服务器完成请求处理时的时间，其格式是"[日/月/年:时:分:秒时区]"。其中，-0700 表示与标准时区相差 7 小时。可以在格式字符串中使用"%{format}t"来改变时间的输出形式，其中的 format 与 C 标准库中的 strftime()用法相同。

```
"GET /index.html HTTP/1.1"
```

对应的是 LogFormat 中的\"%r\"，是客户端发出的包含许多有用信息的请求行。可以看出，该客户的动作是 GET，请求的资源是/index.html，使用的协议是 HTTP 1.1。此外，还可以记录其他信息，例如，格式字符串"%m %U%q %H"会记录动作、路径、查询字符串和协议，其输出和"%r"一样。

```
200
```

对应的是 LogFormat 中的"%>s"，是服务器返回给客户端的状态码。这个信息非常有价值，因为它指示了请求的结果。

```
1457
```

对应的是 LogFormat 中的%b，这项是返回给客户端的不包括响应头的字节数。如果没有信息返回，则此项应该是"-"，如果希望记录为 0 的形式，就应该用%B。

另一种常用的记录格式是组合日志格式，形式如下：

```
LogFormat "%h %l %u %t \"%r\" %>s %b \"%{Referer}i\" \"%{User-agent}i\""
```

```
combined
CustomLog log/access_log combined
```

这种格式与通用日志格式类似，但是多了两个"%{header}i"项，其中的 header 可以是任何请求头域。"\"%{Referer}i\""表示要记录请求是从哪个网页提交过来的，"\"%{User-agent}i\""表示要记录客户端提供的浏览器识别信息。

除了用 LogFormat 指令起一个别名外，记录格式也可以直接由 CustomLog 指令指定，可以简单地在配置文件中用多个 CustomLog 指令来建立多文件访问日志。下面的配置中，既采用 common 格式记录基本的信息，又在最后两行记录了提交网页和浏览器的信息。

```
LogFormat "%h %l %u %t \"%r\" %>s %b" common
CustomLog logs/access_log common
CustomLog logs/referer_log "%{Referer}i -> %U"
CustomLog logs/agent_log "%{User-agent}i"
```

即使一个并不繁忙的服务器，其日志文件的信息量也会很大，一般每 10 000 个请求，访问日志就会增加 1MB 或更多，这就有必要定期滚动日志文件。

🔔注意：由于 Apache 一直保持日志文件的打开，并持续写入信息，因此服务器运行期间不能执行滚动操作。移动或者删除日志文件以后，必须重新启动服务器才能让它打开新的日志文件。

15.3.8　让 Apache 支持 SSL

SSL（Secure Socket Layer）由 Netscape 公司研发，目的是用来保障 Internet 上数据传输的安全。它利用数据加密技术，可确保数据在网络传输过程中不会被截取或窃听，已被广泛地用于 Web 浏览器与服务器之间的身份认证和加密数据传输。

SSL 协议位于 TCP/IP 协议与各种应用层协议之间，为数据通信提供安全支持。SSL 协议可分为两层，首先是 SSL 记录协议（SSL Record Protocol），它建立在可靠的传输协议（如 TCP）之上，为高层协议提供数据封装、压缩、加密等基本功能的支持。其次是 SSL 握手协议（SSL Handshake Protocol），它建立在 SSL 记录协议之上，用于在实际的数据传输开始前，通信双方进行身份认证、协商加密算法、交换加密密钥等。SSL 协议提供的服务主要有以下几个。

❑ 认证用户和服务器，确保数据发送到正确的客户机和服务器；
❑ 加密数据以防止数据中途被窃取；
❑ 维护数据的完整性，确保数据在传输过程中不被改变。

SSL 协议的工作流程包括服务器认证阶段和用户认证阶段，服务器认证阶段的步骤如下所示。

（1）客户端向服务器发送一个开始信息 Hello，以发起一个新的会话连接。

（2）服务器根据客户的信息确定是否需要生成新的主密钥，如需要则服务器在响应客户的 Hello 信息时将包含生成主密钥所需的信息。

（3）客户根据收到的服务器响应信息，产生一个主密钥，并用服务器的公开密钥加密后传给服务器。

（4）服务器恢复该主密钥，并返回给客户一个用主密钥认证的信息，以此让客户认证服务器。

服务器通过了客户认证后，就进入了用户认证阶段。这一阶段主要由服务器完成对客户的认证，经认证的服务器发送一个提问给客户，客户则返回数字签名后的提问和其公开密钥，从而向服务器提供认证。

HTTPS（Secure Hypertext Transfer Protocol，安全超文本传输协议）由 Netscape 开发并内置于其浏览器中，用于对数据进行压缩和解压操作，并返回网络上传送回的结果。HTTPS实际上应用了 SSL 作为 HTTP 应用层的子层，使用端口 443 进行通信，SSL 使用 40 位关键字作为 RC4 流加密算法。HTTPS 和 SSL 都支持使用 X.509 数字认证，如果需要，用户可以确认发送者是谁。下面看在 RHEL 6 中，如何使 Apache 在 SSL 的基础上，接受 HTTPS协议的访问。

在 Apache 服务器配置 SSL 功能，需要 mod_ssl-2.2.15-15.el6_2.1.i686 包的支持，下面是这个包所包含的文件。其中，mod_ssl.so 需要作为一个模块被 Apache 装载，有关支持 SSL 的配置已经存在于 ssl.conf 文件中。

```
# rpm -ql mod_mod_ssl-2.2.15-15.el6_2.1.i686
/etc/httpd/conf.d/ssl.conf
/usr/lib/httpd/modules/mod_ssl.so
/var/cache/mod_ssl
#
```

去除注释后，/etc/httpd/conf.d/ssl.conf 文件的内容如下：

```
LoadModule ssl_module modules/mod_ssl.so        //装载 SSL 模块
Listen 443                                      //HTTPS 的监听端口
AddType application/x-x509-ca-cert .crt
AddType application/x-pkcs7-crl   .crl
SSLPassPhraseDialog  builtin
SSLSessionCache         shmcb:/var/cache/mod_ssl/scache(512000)
SSLSessionCacheTimeout  300
SSLMutex default
SSLRandomSeed startup file:/dev/urandom  256
SSLRandomSeed connect builtin
SSLCryptoDevice builtin
<VirtualHost _default_:443>
ErrorLog logs/ssl_error_log
TransferLog logs/ssl_access_log
LogLevel warn
SSLEngine on
SSLProtocol all -SSLv2
SSLCipherSuite ALL:!ADH:!EXPORT:!SSLv2:RC4+RSA:+HIGH:+MEDIUM:+LOW
SSLCertificateFile /etc/pki/tls/certs/ locale.crt       //指定证书
SSLCertificateKeyFile /etc/pki/tls/private/locale.key  //指定密钥
<Files ~ "\.(cgi|shtml|phtml|php3?)$">
   SSLOptions +StdEnvVars
</Files>
<Directory "/var/www/cgi-bin">
   SSLOptions +StdEnvVars
</Directory>
SetEnvIf User-Agent ".*MSIE.*" \
       nokeepalive ssl-unclean-shutdown \
       downgrade-1.0 force-response-1.0
CustomLog logs/ssl_request_log \
       "%t %h %{SSL_PROTOCOL}x %{SSL_CIPHER}x \"%r\" %b"
</VirtualHost>
```

为了使以上配置能正常工作，需要制作 SSLCertificateFile 和 SSLCertificateKeyFile 指令指定的证书和密钥。在 RHEL 6 中，可以通过以下步骤完成这些操作。

（1）进入/etc/pki/tls/certs 目录。

```
# cd /etc/pki/tls/certs
```

（2）创建私钥。

```
# make server.key
[root@localhost certs]# make server.key
umask 77 ; \
      /usr/bin/openssl genrsa -aes128 2048 > server.key
Generating RSA private key, 2048 bit long modulus
....................+++
...........................................+++
e is 65537 (0x10001)
Enter pass phrase:                      //输入密码(密码不可以小于 6 位)
Verifying - Enter pass phrase:          //再输一次
```

（3）重写私钥，清除密码，保证 httpd 启动时不必输入密码。

```
# openssl rsa -in server.key -out server.key
Enter pass phrase for server.key:
writing RSA key
```

（4）创建证书签发请求（Certificate Signing Request，CSR）。

```
# make server.csr
umask 77 ; \
    /usr/bin/openssl req -utf8 -new -key server.key -out server.csr
You are about to be asked to enter information that will be incorporated
into your certificate request.
What you are about to enter is what is called a Distinguished Name or a DN.
There are quite a few fields but you can leave some blank
For some fields there will be a default value,
If you enter '.', the field will be left blank.
-----
Country Name (2 letter code) [GB]:CN                     //输入国家代码
State or Province Name (full name) [Berkshire]:Zhejiang  //输入省份
Locality Name (eg, city) [Newbury]:Wenzhou              //输入城市名
Organization Name (eg, company) [My Company Ltd]:wzvtc  //输入公司名
Organizational Unit Name (eg, section) []:             //输入部门名
Common Name (eg, your name or your server's hostname) []:10.10.1.29
                                                        //服务器的域名
Email Address []:aaa@                                   //邮件地址

Please enter the following 'extra' attributes
to be sent with your certificate request
A challenge password []:lintf                           //输入附加信息
An optional company name []:wzvtc                       //输入附加信息
#
```

（5）如果不能申请上级 CA 授权认证，可以创建个一个个人 CA。

```
# openssl x509 -in server.csr -req -signkey server.key -days 365 -out
server.crt
Signature ok
subject=/C=CN/ST=Zhejiang/L=Wenzhou/O=wzvtc/CN=10.10.1.29/emailAddress=
```

```
aaa@
Getting Private key
#
```

（6）以上操作完成后，产生了 3 个文件。

```
# ls server.*
server.crt server.csr server.key
```

（7）改变 ssl.conf 配置，启用所产生的证书和私钥。

```
# vi /etc/httpd/conf.d/ssl.conf
...
SSLCertificateFile /etc/pki/tls/certs/server.crt
SSLCertificateKeyFile /etc/pki/tls/certs/server.key
...
```

（8）由于 Apache 的初始配置文件中已经包含了"Include conf.d/*.conf"语句，ssl.conf 的配置实际上已经包含在 httpd.conf 中，因此，不需改变 httpd.conf，重启 Apache 即可。

```
# /usr/sbin/apachectl restart
```

另外，如果防火墙还未开放 443 端口，还需要用以下命令开放 443 端口。

```
# iptables -I INPUT -p tcp --dport 443 -j ACCEPT
```

以上步骤完成后，Apache 服务器就能够支持基于 SSL 的 HTTPS 协议，通过在客户端 IE 浏览器的地址栏内输入 https://10.10.1.29 可以进行测试，如果出现如图 15-20 所示页面，表明配置已经成功。单击"是"按钮后，可以通过 HTTPS 协议访问 Apache 服务器，出现 Apache 的测试页面。

说明：在图 15-20 中，如果单击"查看证书"按钮，可以查看到第（2）、（4）、（5）步骤中输入的有关证书的一些信息。

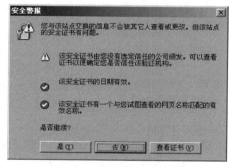

图 15-20　通过 https 协议访问 Apache 服务器

15.4　Apache 对动态网页的支持

除了对静态 HTML 文件的支持外，Apache 服务器还可以支持多种形式的动态网页，包括 CGI 脚本、PHP 和 JSP 等。CGI 脚本在初始的例子配置文件中就已经提供了支持，其余的动态网页还需要其他模块的支持。下面介绍 Apache 支持这些动态网页的配置方法。

15.4.1　CGI 脚本

CGI（Common Gateway Interface，公共网关接口）定义了网站服务器与外部内容协商程序之间进行交互的方法。通常是指 CGI 程序或者 CGI 脚本，是在网站上实现动态页面的最简单和常用的方法。它在 Web 服务器所在的主机上运行，能接受客户端浏览器的输入，并可以把运行结果输出到浏览器。下面对如何在 Apache 服务器上配置 CGI，以及如何运行 CGI 程序作介绍。

要让 CGI 程序能正常运行，必须配置 Apache 以允许 CGI 的执行，其方法有多种。首先可以使用 ScriptAlias 配置指令，它能够允许 Apache 执行一个特定目录中的 CGI 程序。当客户端请求此特定目录中的资源时，Apache 假定其中文件都是 CGI 程序并试图运行。例子配置文件中起用的 ScriptAlias 指令如下所示。

```
ScriptAlias /cgi-bin/ "/var/www/cgi-bin/"
```

ScriptAlias 指令定义了映射到一个特定目录的 URL 前缀，与 Alias 指令非常相似，两者一般都用于指定位于 DocumentRoot 目录以外的目录。其区别是 ScriptAlias 又多了一层含义，即其 URL 中指明的任何文件都被视为 CGI 程序。所以，上述例子会指示 Apache，/cgi-bin/应该指向/var/www/cgi-bin/目录，且视之为 CGI 程序。

例如，如果某一浏览器提交了 URL 为 http://www.example.com/cgi-bin/test.pl 的请求，则 Apache 会试图通过主机执行/var/www/cgi-bin/test.pl 文件并返回其输出结果给浏览器。当然，这个文件必须存在而且可执行，并以特定的方法产生输出，否则 Apache 将返回一个出错消息。

由于安全原因，CGI 程序通常被限制在 ScriptAlias 指令指定的目录中，这样的话，管理员就可以严格地控制谁可以使用 CGI 程序。但是，如果采取了恰当的安全方面的措施，也可以允许其他目录中的 CGI 程序运行。例如，如果用户在 UserDir 指定的个人目录中存放页面，并且需要运行自己的 CGI 程序，但无权存取 cgi-bin 目录，这样，就产生了运行其他目录中的 CGI 程序的要求。可以在主服务器配置文件中，使用 Options 指令显式地允许特定目录中 CGI 的执行，例如：

```
<Directory /var/www/htdocs/somedir>
Options +ExecCGI
</Directory>
```

上述 Options 指令使 Apache 允许 CGI 文件的执行。也可以用.htaccess 文件实现上述配置，即把上例中的"Options +ExecCGI"改为"AllowOverride Options"，然后在/var/www/htdocs/somedir 目录中建立.htaccess 文件，并把"Options +ExecCGI"放入该文件，可以达到一样的配置效果。

另外，还必须告诉服务器哪些文件是 CGI 文件。下面的 AddHandler 指令告诉服务器所有带有 cgi 或 pl 后缀的文件是 CGI 程序。

```
AddHandler cgi-script cgi pl
```

下面看一个简单的 CGI 程序运行方法的例子。由于例子配置文件已经把/var/www/cgi-bin/目录设为 CGI 脚本目录，并且采用的脚本语言是 Perl，因此不需要改动例子配置文件，就可以使用 CGI 程序。在/var/www/cgi-bin 目录创建一个名为 first.pl 的文本文件，内容如下：

```
#!/usr/bin/perl
print "Content-type: text/html\n\n";
print "<h1>Hello, World!</h1>\n";
```

这个 Perl 脚本程序的含义是用 print 语句输出两行字符串。第一行是每一个 Perl 脚本程序都必须有的，告诉操作系统使用的是 Perl 脚本程序。然后还要把这个文件设为 apache

用户可执行，命令如下：

```
# chmod a+x /var/www/cgi-bin/first.pl
```

此时如果在操作系统中执行 first.pl，产生的输出也可以在终端上出现，如下所示。

```
# ./first.pl
Content-type: text/html

<h1>Hello, World!</h1>
#
```

现在用浏览器在客户端访问这个 Perl 程序，即在地址栏内输入 http://192.168.127.134/ cgi-bin/first.pl，则可以看到如图 15-21 所示的页面。

从图 15-21 中可以看到，first.pl 程序的输出结果送给了浏览器。

图 15-21　Perl 程序的测试运行结果

📖说明：CGI 程序还有很多其他功能，如处理用户提交的数据等，具体实现方法可参考有关资料。

15.4.2　使 Apache 支持 PHP5

PHP 是一种用于创建动态 Web 页面的服务端脚本语言。像 ASP 一样，用户可以混合使用 PHP 和 HTML 编写 Web 页面，当访问者浏览到该页面时，服务端会首先对页面中的 PHP 命令进行处理，然后把处理后的结果连同 HTML 内容一起传送到访问者的浏览器。与 ASP 不同的是，PHP 是一种源代码开放程序，拥有很好的跨平台兼容性。

📖说明：用户可以在 Windows NT 系统以及许多版本的 UNIX 系统上运行 PHP，而且可以将 PHP 作为 Apache 服务器的内置模块或 CGI 程序运行。

除了能够精确地控制 Web 页面的显示内容之外，用户还可以通过使用 PHP 发送 HTTP 消息、设置 cookies 和管理用户身份识别，并对用户浏览页面进行重定向等工作。PHP 具有非常强大的数据库支持功能，能够访问几乎目前所有较为流行的数据库系统。此外，PHP 可以与多个外部程序集成，为用户提供更多的实用功能，如生成 PDF 文件等。

Apache 服务器是通过模块的形式提供对 PHP 6 的支持。RHEL 6 安装盘包含了 PHP 5 的 RPM 包，该 RPM 包包含了可以装载在 Apache 中的模块。为了安装 PHP 5，需要在系统安装盘中找到 php-5.3.3-3.el6_2.8.i686.rpm 文件，并把它复制到当前目录后，输入以下命令进行安装。

```
# rpm -ivh php-5.3.3-3.el6_2.8.i686.rpm
```

安装成功后，所有的文件分布如下：

```
# rpm -ql php-5.3.3-3.el6_2.8.i686
/etc/httpd/conf.d/php.conf
/usr/lib/httpd/modules/libphp5.so
/var/lib/php/session
/var/www/icons/php.gif
```

```
#
```

其中，/usr/lib/httpd/modules/libphp5.so 是 Apache 模块，/etc/httpd/conf.d/php.conf 包含了让 Apache 支持 PHP 5 的配置，可以在 /etc/httpd/conf/http.conf 中用 "Include conf.d/php.conf" 把这些配置包含进来。/etc/httpd/conf.d/php.conf 的内容如下所示（不包含原有注释）。

```
# more /etc/httpd/conf.d/php.conf
LoadModule php5_module modules/libphp5.so      # 装入 PHP 5 模块
AddHandler php5-script .php                     # 让 PHP 解释器处理 .php 文件
AddType text/html .php                          # 设定 .php 文件的媒体类型
DirectoryIndex index.php                        # 添加 index.php 为主页文件
```

由于例子配置文件中已经包含了 "Include conf.d/*.conf" 语句，因此无需再加入 "include conf.d/php.conf" 语句，只需用以下命令重启 Apache 即可。

```
# /usr/sbin/apachectl restart
```

为了测试 PHP 5 是否已正常运行，在主目录下创建一个文件 test.php，内容如下：

```
<?php
echo "Hello,World! This is PHP 5";
?>
```

现在用浏览器在客户端访问这个 Perl 程序，即在地址栏内输入 http://10.10.1.29/test.php，则可以看到如图 15-22 所示的页面。

从图 15-22 中可以看到，test.php 程序的输出结果送给了浏览器。PHP 脚本程序具有强大的功能，关于其程序设计方法，请参考其他资料。

图 15-22　PHP 程序的测试运行结果

15.4.3　使 Apache 支持 JSP

JSP（Java Server Pages）是由 Sun Microsystems 公司倡导、并由许多公司参与制订的一种动态网页技术标准。JSP 技术有点类似 ASP 技术，它是在传统的 HTML 网页文件中插入 Java 程序段和 JSP 标记，从而形成 JSP 文件。

1. JSP 简介

用 JSP 开发的 Web 应用是跨平台的，既能在 Linux 下运行，也能在其他操作系统上运行。JSP 技术使用 Java 编程语言编写类 XML 的程序段和标记，用于封装产生动态网页的处理逻辑，同时还能用于访问存在于服务端的资源。JSP 将网页逻辑同网页设计和显示逻辑进行分离，支持可重用的基于组件的设计，使基于 Web 的应用程序的开发变得迅速和容易。

Web 服务器在遇到访问 JSP 网页的请求时，首先执行其中的程序段，然后将执行结果连同 JSP 文件中的 HTML 代码一起返回给客户端。插入的 Java 程序段可以操作数据库、重新定向网页等，以实现建立动态网页所需要的功能。JSP 与 Java Servlet 一样，是在服务器端执行的，通常返回该客户端的就是一个 HTML 文本，因此客户端只要有浏览器就能浏览。

JSP 页面由 HTML 代码和嵌入其中的 Java 代码所组成，服务器在页面被客户端请求以后对这些 Java 代码进行处理,然后将生成的 HTML 页面返回给客户端的浏览器。Java Servlet 是 JSP 的技术基础,而且大型的 Web 应用程序的开发需要 Java Servlet 和 JSP 配合才能完成。JSP 具备了 Java 技术的简单易用、完全的面向对象、具有平台无关性且安全可靠、主要面向因特网等所有的特点。

自 JSP 推出后,众多大公司都推出了支持 JSP 技术的服务器,如 IBM、Oracle 和 Bea 公司等,所以 JSP 迅速成为商业应用的服务器端语言。Apache 和 Tomcat 是 Apache 基金会下面的两个项目。一个是 HTTP Web 服务器,另一个是 Servlet 容器,最新的 Tomcat 5.5.X 系列实现了 Servlet 2.4/JSP 2.0 规范。

在应用环境中,往往需要 Apache 做前端服务器,Tomcat 做后端服务器,此时就需要一个连接器,这个连接器的作用就是把所有对 Servlet/JSP 的请求转给 Tomcat 处理。

☝说明:在 Apache 2.2 之前,一般有两个连接器组件可供选择: mod_jk 和 mod_jk2。后来 mod_jk2 没有更新了,转而更新 mod_jk,所以现在一般都使用 mod_jk 做 Apache 和 Tomcat 的连接器。

自从 Apache 2.2 以后,连接器又多了一种选择,那就是 proxy-ajp。Apache 里的 proxy 模块,可以实现双向代理功能,功能非常强大。proxy 模块的功能主要是把相关的请求转发给特定的主机再返回结果,正好符合连接器的实现原理。因此,用 proxy 模块来实现连接器是非常自然的。具体来说,proxy-ajp 连接器的功能就是把所有对 Servlet/JSP 的请求都转给后台的 Tomcat。另外,使用 proxy-ajp 要比使用 mod_jk 的效率高。

2. JSP 运行环境的安装与配置

由于 Tomcat 需要在 Java 平台下运行,因此,首先要安装 Java 开发工具,即 JDK。目前最新的 JDK 版本是 7u7,可以从 http://java.sun.com/javase/downloads/处下载 Linux 平台下的版本,文件名是 jdk-7u7-linux-i586.rpm。它是一个二进制的可执行文件,安装时直接执行该文件即可,把文件复制到当前目录后,执行以下命令进行安装。

```
# rpm -ivh rpm -ivh jdk-7u7-linux-i586.rpm
Preparing... ################################### [100%]
1:j2sdk ################################### [100%]
```

JDK 安装完成后再执行以下命令设置环境变量,这些命令可以设成开机时自动执行。

```
# export JAVA_HOME=/usr/java/jdk1.7.0_07
# export CLASSPATH=.:$JAVA_HOME/lib/dt.jar:$JAVA_HOME/lib/tools.jar
# export PATH=$PATH:$JAVA_HOME/bin
```

接下来安装和运行 Tomcat。从 http://tomcat.apache.org/处下载最新版的 Tomcat,目前是 7.0.30 版,文件名是 apache-tomcat-7.0.30.tar.gz,把该文件复制到当前目录,输入以下命令进行解压。

```
# tar -zvxf ./ apache-tomcat-7.0.30.tar.gz
```

解压完成后,Tomcat 所有的文件都在 apache-tomcat-7.0.30-src 目录下,其默认的配置文件已经可以使 Tomcat 正常运行,因此,输入以下命令即可。

```
# ./ apache-tomcat-7.0.30-src/bin/startup.sh
```

```
Using CATALINA_BASE:   /root/apache-tomcat-7.0.30
Using CATALINA_HOME:   /root/apache-tomcat-7.0.30
Using CATALINA_TMPDIR: /root/apache-tomcat-7.0.30/temp
Using JRE_HOME:        /usr
#
```

可以用以下命令查看 tomcat 进程是否已启动。

```
# ps -eaf|grep tomcat
root      8417  7982  0 07:32 pts/1    00:00:00 grep tomcat
root     26866     1  0 Nov20 ?       00:00:17 /usr/java/jdk1.6.0_10/bin/java
-Djava.util.logging.manager=org.apache.juli.ClassLoaderLogManager
-Djava.util.logging.config.file=/root/apache-tomcat-6.0.18/conf/logging
.properties    -Djava.endorsed.dirs=/root/apache-tomcat-6.0.18/endorsed
-classpath            :/root/apache-tomcat-6.0.18/bin/bootstrap.jar
-Dcatalina.base=/root/apache-tomcat-7.0.30
-Dcatalina.home=/root/apache-tomcat-7.0.30
-Djava.io.tmpdir=/root/apache-tomcat-7.0.30/temp
org.apache.catalina.startup.Bootstrap start
#
```

可以看出，Tomcat 是在 Java 虚拟机环境下运行的，并且带了很多运行参数，进程运行的身份是 root。默认配置下，Tomcat 监听的是 8080 号端口，而与 Apache 整合时，要从 8009 端口接受代理请求。可以用 netstat 命令查看这两个端口是否已经处于监听状态。

```
# netstat -an|grep :8080
tcp        0      0 :::8080                     :::*                        LISTEN
# netstat -an | grep 8009
tcp        0      0 :::8009                     :::*                        LISTEN
```

可见，端口的监听也是正常的。为了确保客户端能够访问 Tomcat 服务器，如果防火墙未开放 8080 号端口，可以输入以下命令打开 8080 号端口。

```
# iptables -I INPUT -p tcp --dport 8080 -j ACCEPT
```

或者用以下命令清空防火墙的所有规则。

```
# iptables -F
```

上述过程完成后，就可以在客户端通过浏览器访问 Tomcat 了。正常情况下，在浏览器的地址栏内输入 http://10.10.1.29:8080，会出现如图 15-23 所示的 Tomcat 测试页面。

3. Apache 与 Tomcat 的连接配置

Tomcat 运行正常后，下面再采用双向代理的方式整合 Apache 和 Tomcat。在 /etc/httpd/conf.d/下有一个文件 proxy_ajp.conf，其中已经包含了有关的配置，去掉注释后，其内容如下：

```
# cat /etc/httpd/conf.d/proxy_ajp.conf
LoadModule proxy_ajp_module modules/mod_proxy_ajp.so
ProxyPass /tomcat/ ajp://localhost:8009/
ProxyPass /examples/ ajp://localhost:8009/jsp-examples/
```

第一条语句表示要装入 ajp 代理模块。第二条语句的意思是当客户端提交的 URL 中如果在主机名后包含/tomcat/，则会把请求以 ajp 协议转给本机的 8009 端口，而这个端口正是 Tomcat 监听的端口。ProxyPass 指令的作用是设置双向代理。第三条语句与第二条的作

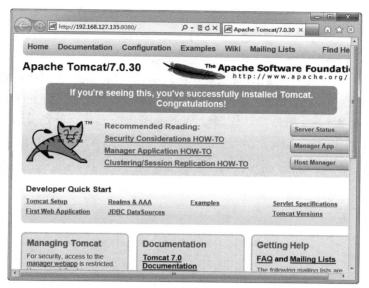

图 15-23　Tomcat 的测试页面

用类似。由于在例子配置文件中已经包含了以下语句，因此 proxy_ajp.conf 文件中的三条
配置指令实际上已经包含在 Apache 服务器的配置中。

```
Include conf.d/*.conf
```

为了测试 JSP 是否已经能正常运行，在 Tomcat 安装目录下的 webapps/ROOT 目录中创
建以下内容的 JSP 文件。

```
<%@ page contentType="text/html;charset=gb2312" %>
<HTML>
<BODY>
<%out.println("<h1>Hello World! This is JSP test.</h1>");%>
</BODY>
</HTML>
```

然后在客户端浏览器的地址栏内输入 http://192.168.127.134/tomcat/test.jsp 进行测试，
出现如图 15-24 所示的画面。

图 15-24　JSP 运行环境测试

Tomcat 安装目录下的 webapps/ROOT/是 Tomcat 的主目录。当浏览器通过 8080 端口访
问 Tomcat 时，默认时网页和 JSP 文件是存放在该目录的。至于 Tomcat 的详细配置，可参
考有关资料。

15.5　小　　结

Web 服务器是 Internet 是最为常见的一种服务器，Internet 上不计其数的网站正是由 Web 服务器支持的。可以这样说，正是因为有了 Web 服务器，才使得 Internet 如此地流行。本章主要介绍使用 Apache 服务器软件架设 Web 服务器的方法。首先讲述了有关 HTTP 协议的知识，然后介绍 Apache 服务器的安装、运行与配置，最后介绍了 Apache 对动态网页的支持。

第 16 章 MySQL 数据库服务器架设

MySQL 是一种开放源代码的关系数据库管理系统，支持各种各样的操作系统平台，它采用客户机/服务器工作模式，是一个多用户、多线程的 SQL 数据库。本章介绍数据库基础知识、MySQL 安装、运行、配置和管理等内容。

16.1 数据库简介

数据库技术产生于 20 世纪 60 年代中期，是数据管理的最新技术，是计算机科学的重要分支，它的出现极大地促进了计算机在各行各业的应用。下面介绍有关数据库的基本概念、SQL 语言的基本知识，以及 MySQL 数据库的特点。

16.1.1 数据库的基本概念

数据、数据库、数据库系统和数据库管理系统是数据库领域最基本的概念。数据库是数据的有序集合，数据库管理系统是人们操作、管理数据库的工具，而数据库系统包含了所有与数据库有关的内容。下面分别介绍这 4 个概念。

1．数据

数据（data）是数据库中存储的基本对象。说起数据，人们首先想到的是数字。其实，数字只是最简单的一种数据。数据的种类很多，在日常生活中无处不在，像文字、图形、图像、声音、学生的档案、货物的运输情况等，这些都是数据。

在日常生活中，人们直接用自然语言（如汉语）描述事物。在计算机中，为了存储和处理这些事物，就要抽出对这些事物感兴趣的特征组成一个记录来描述。例如，在学生档案中，如果人们最感兴趣的是学生的学号、姓名、性别、出生年月、籍贯、所在系别、入学时间，那么，可以用以下方式的记录来描述一个学生。

（020907，金姗姗，女，1984，浙江，计算机系，2002）

2．数据库

数据库（database，简称 DB），顾名思义，是存放数据的仓库。只不过这个仓库是在计算机的存储设备上，而且数据是按一定的格式存放的。所谓数据库是指长期储存在计算机内的、有组织的、可共享的数据集合。数据库中的数据按一定的数据模型组织、描述和储存，具有较小的冗余度、较高的数据独立性和易扩展性，并可为各种用户共享。

3．数据库管理系统

某种应用所需要的大量数据收集之后，为了能科学地组织这些数据并将其存储在数据库中，然后又能高效地对这些数据进行各种处理，需要借助于数据库管理系统的使用。DBMS（Database Management System，数据库管理系统）是位于用户和操作系统之间的一层数据管理软件，它的功能主要包括以下几个方面。

- ❑ 数据定义功能；
- ❑ 数据操纵功能；
- ❑ 数据库的运行管理；
- ❑ 数据库的建立和维护功能。

4．数据库系统

DBS（Database System，数据库系统）是指在计算机系统中引入数据库后的系统。一般由数据库、数据库管理系统（及其开发工具）、应用系统、数据库管理员和用户构成。在一般不引起混淆的情况下，常常把数据库系统简称为数据库。数据库系统的组成与结构如图 16-1 表示。

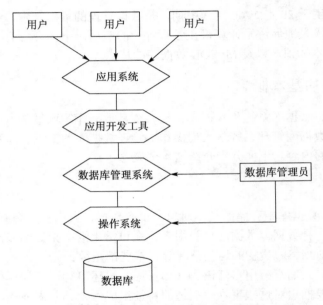

图 16-1　数据库系统的组成与结构

由图 16-1 可见，数据库系统包含的内容非常广泛，所有为数据库服务的计算机系统以及用户都是数据库系统的组成部分。

16.1.2　SQL 语言简介

SQL（Structure Query Language，结构化查询语言）是数据库的核心语言，它于 1974 年由 Boyce 和 Chamberlin 提出，并在随后的几年里得到了 IBM、Oracle 等公司的数据库产品的支持，然后于 1986 年被美国国家标准化组织 ANSI 宣布为数据库工业标准，后来又经过多次修订。

△说明：目前最新的 SQL 版本是 SQL 2006。

SQL 是一种标准的数据库语言，是面向集合的描述性非过程化语言。它功能强、效率高、简单易学、易维护，充分体现了关系数据库语言的优点。其主要特点如下：

- ❑ 综合统一；
- ❑ 高度非过程化；
- ❑ 面向集合的操作方式；
- ❑ 以同一种语法结构提供两种使用方式；
- ❑ 语言简洁，易学易用。

SQL 语句可以分为 4 大类：数据查询语言 DQL、数据操纵语言 DML、数据定义语言 DDL 和数据控制语言 DCL，它们的格式如下所示。

数据查询语言 DQL 的基本结构是由 SELECT 子句、FROM 子句、WHERE 子句组成的查询块。

```
SELECT<字段名表>
FROM<表或视图名>
WHERE<查询条件>
```

数据操纵语言 DML 主要有以下 3 种形式。

- ❑ 插入：INSERT；
- ❑ 更新：UPDATE；
- ❑ 删除：DELETE。

数据定义语言 DDL 用来创建、修改、删除数据库中的各种对象——表、视图、索引、同义词及序列等，其命令动词如下所示。

- ❑ 创建对象：CREATE；
- ❑ 修改对象：ALTER；
- ❑ 删除对象：DROP。

数据控制语言 DCL 用来授予或回收访问数据库的某种权限，控制数据库操纵事务发生的时间及效果，以及对数据库实行监视等，如下所示。

- ❑ GRANT：授权；
- ❑ REVOKE：取消授权；
- ❑ COMMIT：向数据库提交改变；
- ❑ ROLLBACK：回滚，即使数据库回到上次提交后的状态。

自 SQL 成为数据库的国际标准语言后，各个数据库厂商纷纷推出支持 SQL 的软件或与 SQL 的接口软件。目前大多数的数据库均使用 SQL 作为共同的数据库存取语言和管理接口，为不同数据库系统之间的互操作提供了极大的方便。

16.1.3　MySQL 数据库简介

MySQL 是最流行的开放源代码的关系数据库管理系统，它是由 MySQL AB 公司开发、发布并支持的。MySQL AB 是由多名 MySQL 开发人员创办的一家商业公司，也是一家第二代开放源码公司，结合了开放源码价值取向、方法和成功的商业模型。

MySQL 是一种关系数据库管理系统。数据库是数据的结构化集合，要想将数据添加到数据库，或访问、处理计算机数据库中保存的数据，需要使用数据库管理系统，如 MySQL

服务器。计算机是处理大量数据的理想工具。因此，数据库管理系统在计算方面扮演着关键的中心角色。关系数据库将数据保存在不同的表中，而不是将所有数据放在一个大的仓库内，这样就增加了速度并提高了灵活性。MySQL 的 SQL 指的是"结构化查询语言"，SQL 是用于访问数据库的最常用的标准化语言，它由 ANSI/ISO SQL 标准定义，MySQL 5 支持 SQL 2003 版本。

　　MySQL 数据库是一种开放源码软件。开放源码也就意味着任何人都能使用和改变 MySQL 软件，任何人都能从 Internet 上下载 MySQL 软件，而无须支付任何使用费用。如果愿意，也可以研究源码并进行恰当的更改，以满足自己的个性化需求。

🔔说明：MySQL 软件遵循 http://www.fsf.org/licenses/处定义的 GPL（GNU 通用公共许可证）。如果对 GPL 不满意，或需要在自己的商业应用程序中嵌入 MySQL 代码，可以购买商业许可版本。

　　MySQL 数据库服务器具有快速、可靠和易于使用的特点。MySQL 服务器最初是为处理大型数据库而开发的，与现有的数据库解决方案相比，它的速度更快。多年以来，它已成功地应用于众多要求很高的企业应用环境。目前的 MySQL 服务器已能提供丰富和有用的功能，它具有良好的连通性、速度和安全性，而且将来还会一直不断地发展。这些特点使得 MySQL 十分适合构建基于 Internet 的数据库。

　　MySQL 服务器工作在客户端/服务器模式下，由支持不同后端的 1 个多线程 SQL 服务器、多种不同的客户端程序和库、众多的管理工具和应用编程接口 API 组成。另外，MySQL 也可以工作在嵌入式系统中，或者将其链接到其他的应用程序中，从而获得更小、更快和更易管理的产品。由于 MySQL 的优良特性，网络上有大量可用的共享 MySQL 软件，流行的编程语言均支持 MySQL 数据库服务器。

16.2　MySQL 数据库服务器的架设

　　MySQL 数据库是 Linux 操作系统上用得最多的数据库系统，它可以非常方便地与其他服务器，如 Apache、Vsftpd、Postfix 等集成在一起。下面介绍 RHEL 6 平台 MySQL 数据库服务器的安装、运行、配置和管理方法。

16.2.1　MySQL 数据库软件的安装与运行

　　默认情况下 RHEL 6 操作系统安装完成后，并没有安装 MySQL 包，如果要安装 MySQL 数据库，可以从 http://dev.mysql.com/downloads/处下载 For RHEL 6 的 RPM 包，目前最新版本是 5.5.27。也可以从 RHEL 6 发行版的光盘把有关 MySQL 的 RPM 包复制过来。安装完整的 MySQL 数据库需要以下几个 RPM 包文件。

- ❏ perl-DBI-1.609-4.el6.i686.rpm：Perl 语言的数据 API。
- ❏ perl-DBD-MySQL-4.013-3.el6.i686.rpm：MySQL 与 Perl 语言的接口程序包。
- ❏ mysql-5.1.61-4.el6.i686.rpm：MySQL 数据库客户端程序。
- ❏ mysql-connector-odbc-5.1.5r1144-7.el6.i686.rpm：MySQL 数据库与 ODBC 的连接器。
- ❏ mysql-server-5.1.61-4.el6.i686.rpm：MySQL 数据库服务器程序。

把上述文件复制到当前目录后，依次输入以下命令进行安装。

```
# rpm -ivh perl-DBI-1.609-4.el6.i686.rpm
# rpm -ivh perl-DBD-MySQL-4.013-3.el6.i686.rpm
# rpm -ivh mysql-5.1.61-4.el6.i686.rpm
# rpm -ivh mysql-connector-odbc-5.1.5r1144-7.el6.i686.rpm
# rpm -ivh mysql-server-5.1.61-4.el6.i686.rpm
```

安装成功后，有关 MySQL 服务器软件的几个重要文件分布如下所示。

❑ /etc/rc.d/init.d/mysqld：MySQL 服务器的启动脚本。

❑ /usr/bin/mysqlshow：显示数据库、表和列信息。

❑ /usr/libexec/mysqld：MySQL 服务器的进程程序文件。

❑ /usr/libexec/mysqlmanager：实例管理程序文件。

❑ /usr/share/doc/：存放说明文件的目录。

❑ /usr/share/man/man1/……：存放手册页的目录。

❑ /var/lib/mysql/：MySQL 服务器的数据库文件存储目录。

❑ /var/log/mysqld.log：MySQL 服务器的日志文件。

为了运行 mysqld，可以输入以下命令：

```
# /etc/rc.d/init.d/mysqld start
```

再输入以下命令查看一下进程是否已启动。

```
[root@localhost mysql]# ps -eaf|grep mysqld
root     12448     1  0 09:51 pts/1    00:00:00 /bin/sh /usr/bin/mysqld_safe
--datadir=/var/lib/mysql                    --socket=/var/lib/mysql/mysql.sock
--pid-file=/var/run/mysqld/mysqld.pid --basedir=/usr --user=mysql
mysql    12537 12448  1 09:51 pts/1    00:00:00 /usr/libexec/mysqld
--basedir=/usr         --datadir=/var/lib/mysql              --user=mysql
--log-error=/var/log/mysqld.log    --pid-file=/var/run/mysqld/mysqld.pid
--socket=/var/lib/mysql/mysql.sock
root     12559 12277  0 09:51 pts/1    00:00:00 grep mysqld
[root@localhost mysql]#
```

可见，MySQL 服务器启动了两个进程。其中，/usr/bin/mysqld_safe 是一个脚本程序，由 root 用户运行，它的作用是启动真正的服务器进程 mysqld，并一直监控其运行情况。如果发现其死机时，就重新启动它。还有一个就是真正的服务器进程 mysqld，它以 mysql 用户的身份运行。

🔔说明：安装 MySQL 数据库 RPM 包时，会自动创建 mysql 用户。

进程启动后，可以用以下命令查看一下 mysqld 默认的监听端口是否已经打开。

```
# netstat -anlp | grep 3306
tcp      0      0 0.0.0.0:3306      0.0.0.0:*      LISTEN      1121/mysqld
#
```

可见，3306 端口已经处于打开状态，并且是由 mysqld 进程监听的。为了确保网络上的客户端能够访问 MySQL 服务器，如果防火墙未开放这个端口，可以输入以下命令开放这个端口。

```
# iptables -I INPUT -p tcp --dport 3306 -j ACCEPT
```

或者用以下命令清空防火墙的所有规则。

```
# iptables -F
```

上述过程完成后，就可以通过客户端连接到 MySQL 服务器了。为了测试 MySQL 是否已正常启动，可以执行以下命令，其功能是列出 MySQL 当前的版本情况。

```
# mysqladmin version
mysqladmin Ver 8.42 Distrib 5.1.61, for redhat-linux-gnu on i386
Copyright (c) 2000, 2011, Oracle and/or its affiliates. All rights reserved.

Oracle is a registered trademark of Oracle Corporation and/or its
affiliates. Other names may be trademarks of their respective
owners.

Server version          5.1.61
Protocol version        10
Connection              Localhost via UNIX socket
UNIX socket             /var/lib/mysql/mysql.sock
Uptime:                 1 min 39 sec

Threads: 1  Questions: 2  Slow queries: 0  Opens: 15  Flush tables: 1  Open
tables: 8  Queries per second avg: 0.20
#
```

出现类似以上结果时，表明 MySQL 服务器已经在正常运行。

16.2.2　MySQL 数据库客户端

有许多不同的 MySQL 客户端程序可以连接到 MySQL 服务器，以便能访问数据库或执行管理任务。它们可以在本机，也可以通过网络对数据库进行远程管理。RPM 包 mysql-5.1.61-4.el6.i686 就包含了丰富的 MySQL 客户端程序，这些程序都是通过命令行的方式进行操作的。还有很多第三方的 MySQL 客户端工具，有些可以提供操作非常方便的图形界面。下面先对 mysql-5.1.61-4.el6.i686 包中的客户端工具做介绍，有关图形界面的客户端，可以参见 16.2.3 节。

最常用的 MySQL 客户端工具是 mysql 命令，它是一个简单的 SQL 外壳，支持交互式和非交互式使用。当采用交互方式时，查询结果采用 ASCII 表格式。当采用非交互方式（例如，用作过滤器）时，结果采用 TAB 分割符格式。可以使用命令行选项更改输出格式。使用 mysql 很简单，可以直接在命令提示符下使用，其常用的命令格式如下：

```
mysql [-h <主机>] [-u <用户名>] [-p] [数据库名]
```

上面命令格式，"主机"表示 MySQL 服务器所在的主机，默认是本地主机 127.0.0.1。"用户名"是指 MySQL 数据库中的用户名，初始状态下，MySQL 服务器中只有一个管理员用户，名为 root，没有密码（注意：这个 root 和操作系统中的 root 不是一回事）。-p 表示登录时要输入密码，如是没有这个选项，表示用户没有密码，不需要输入就可以直接登录。"数据名"表示用户登录后要使用哪一个数据库，MySQL 可以同时管理很多数据库，每个数据库都有一个名称。下面是 mysql 在本机登录的情况。

```
[root@localhost ~]# mysql
Welcome to the MySQL monitor.  Commands end with ; or \g.
```

```
Your MySQL connection id is 3
Server version: 5.1.61 Source distribution

Copyright (c) 2000, 2011, Oracle and/or its affiliates. All rights reserved.

Oracle is a registered trademark of Oracle Corporation and/or its
affiliates. Other names may be trademarks of their respective
owners.

Type 'help;' or '\h' for help. Type '\c' to clear the current input statement.

mysql>
```

此时，mysql 是在本机以 root 用户登录，没有密码，也没有指定使用哪一个数据库。
下面看一下在 mysql 中如何修改用户密码、如何创建用户。

```
mysql> use mysql                          //使用 mysql 数据库
Reading table information for completion of table and column names
You can turn off this feature to get a quicker startup with -A
Database changed
mysql> update user set password=password('root.123') where user='root';
                                          //修改 root 记录的 password 字段
Query OK, 2 rows affected (0.00 sec)
Rows matched: 2  Changed: 2  Warnings: 0
mysql> insert into user(host,user,password) values("%","abc",password
("abc"));                                 //往 user 表插入一条 abc 记录
Query OK, 1 row affected, 3 warnings (0.00 sec)
mysql> flush privileges;                  //刷新 MySQL 的系统权限相关表
Query OK, 0 rows affected (0.00 sec)
mysql>
```

MySQL 服务器安装完成后，事先会创建一个名为 mysql 的数据库，里面包含了 MySQL
所有的系统信息。其中有一个名为 user 的表，包含了系统中所有的用户信息，如果往这个
表中加入记录，就意味着创建了用户。user 表的 password 字段存放着密码，如果改变了这
个字段的值，就意味着改变了用户的密码。另外，每一个用户记录都有一个 host 字段，其
中的值表示允许该用户从哪一台主机登录，"%"表示可以从所有客户机进行远程登录，
localhost 表示只能从本机登录。例如，下面是 mysql 在客户机 10.10.1.253 上分别以 root 和
abc 用户身份登录 10.10.1.29 服务器的情况。

```
[os@radius os]$ mysql -h 10.10.1.29 -u root -p
Enter password:
ERROR 1130 (00000): Host '10.10.1.253' is not allowed to connect to this
MySQL server  # root 用户不能登录
[[os@radius os]$ mysql -h 10.10.1.29 -u abc -p
Enter password:
Welcome to the MySQL monitor.  Commands end with ; or \g.
Your MySQL connection id is 3
Type 'help;' or '\h' for help. Type '\c' to clear the buffer.
mysql>                                             # abc 用户可以登录
```

在 mysql 数据库中，user 表 root 用户记录的 host 字段的值是 localhost，所以不能从其
他客户机远程登录，而 abc 用户记录的 host 字段的值是"%"，所以能从客户机远程登录。
host 字段的值还可以是一台具体主机的名称或 IP 地址。

在 mysql 命令提示符下，可以输入各种各样的 SQL 命令对数据库进行操作。可以这样

说，只要熟悉 SQL 命令和 mysql 数据库的结构，几乎所有的数据库管理操作都可以通过 mysql 客户端进行。除了 mysql 外，MySQL 服务器还提供了很多其他客户端工具，具体命令名称与功能如下所示。

- myisampack：生成压缩、只读 MyISAM 表。
- mysqlaccess：用于检查访问权限的客户端。
- mysqladmin：用于管理 MySQL 服务器的客户端。
- mysqlbinlog：用于处理二进制日志文件的实用工具。
- mysqlcheck：表维护和维修程序。
- mysqldump：数据库备份程序。
- mysqlhotcopy：数据库热备份程序。
- mysqlimport：数据导入程序。
- mysqlshow：显示数据库、表和列信息。
- myisamlog：显示 MyISAM 日志文件内容。
- perror：解释错误代码。
- replace：字符串替换实用工具。
- mysql_zap：杀死符合某一模式的进程。

每个命令都有许多不同的选项，这些选项可以通过 "--help" 选项加以显示，并有充分的解释。

注意：上述命令执行时均要求以某一用户登录，并且所登录的用户要有相应的权限。

16.2.3　MySQL 图形界面管理工具

RPM 包 mysql-5.1.61-4.el6.i686 提供的客户端工具尽管功能十分强大，但由于以命令行的方式操作，对使用人员的要求比较高，不仅要熟悉各种命令，而且还要熟悉系统数据库的结构，因此，一般情况下是提供给数据库管理员使用的。对于一般的开发人员和数据库操作员来说，最常用的还是 mysql 图形管理工具。目前，常见的 MySQL 图形界面管理工具主要有以下一些。

- phpMyAdmin：用 PHP 写的一个软件，功能非常强大，当服务器不支持远程连接时，是唯一的选择。
- MySQL Control Center：与 MS SQL Server 企业管理器非常相似，但是已经停止开发了，MySQL 新的功能它并不支持。
- MySQL-Front：它的功能也非常强大，对中文的支持也非常好，但是是商业软件，而且它也已经停止开发了。
- MySQL Query Browser：这是 MySQL 官方版本的图形管理工具。
- SQLyog：该软件分为企业版和免费版本，免费版的功能也非常强大。

下面介绍 MySQL Query Browser 和 SQLyog 这两种图形管理工具。MySQL Query Browser 是 MySQL 官方推荐的 MySQL 图形管理工具，支持各种平台，可以从 MySQL 的官方网站下载。目前最新版本是 5.0 版，下载地址是 http://dev.mysql.com/downloads/gui-tools/。For Windows 版本下载安装后，初次运行 MySQL Query Browser 时，需要建立一个

命名的数据库连接，出现的对话框如图 16-2 所示。

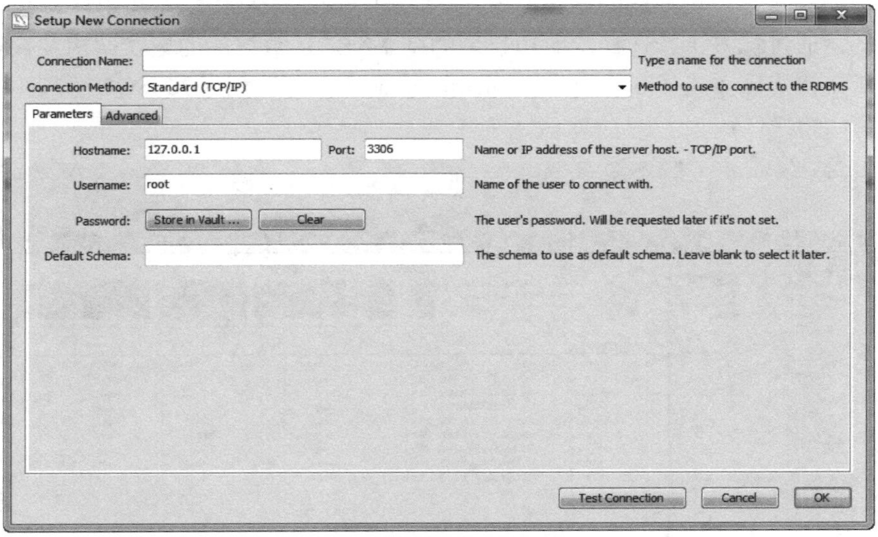

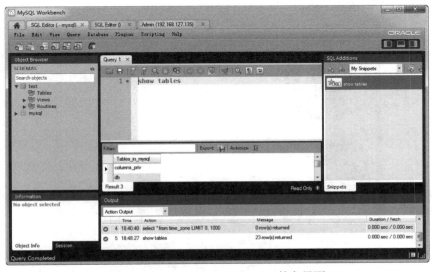

图 16-2　MySQL Query Browser 的建立连接对话框

此时，要输入连接的名称、要连接的主机名称或地址、端口号、用户名、密码和数据库名称，除端口号默认值是 3306 以外，其余的值要手工输入（注意：这里输入的用户名不可以是 "root"，而且该用户的口令不能为空）。否则，连接不成功。数据库名称可以不填，表示要访问所有的数据库。

注意：由于 root 用户默认只能在本机登录，如果要从另一台客户机连接，需要修改好相应的设置，具体方法见 16.2.2 节。

如果参数输入正确，MySQL 服务器的运行和网络连接均正常，连接成功后，将出现如图 16-3 所示的主界面。

图 16-3　MySQL Query Browser 的主界面

在以上界面中，菜单栏下面是查询命令输入框，可以输入各种 SQL 语句，再单击右边的 Execute 按钮执行。执行后的结果出现在下面的结果显示框内，结果显示框内可以显示多个结果集，通过标签进行选择。右边显示的是 MySQL 数据库的树状结构及在线帮助手册。另外，在初始界面选择 Server Administration 命令，可以调用 MySQL 管理工具，出现如图 16-4 所示的窗口。

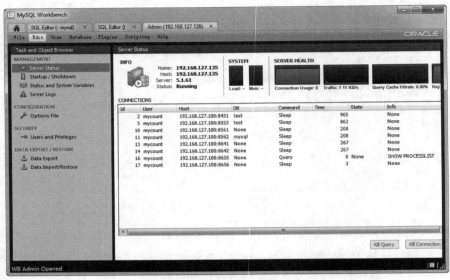

图 16-4　MySQL Administrator 窗口

MySQL Administrator 是与 MySQL Query Browser 一起提供的工具，主要对 MySQL 数据库进行管理。从图 16-4 中可以看出，它包含了很多的工具，包括用户管理、性能监控、日志管理、数据库的备份与恢复和数据库同步等。

SQLyog 的官方网站是 http://www.webyog.com，目前最新版本是 10.3。下载安装后，初次运行时，将出现连接对话框，单击 New 按钮建立一个新连接，再命名连接以后，将出现连接对话框，如图 16-5 所示。

图 16-5　SQLyog 的连接设置对话框

此时，可以输入要连接的主机名称或地址、用户名、密码、端口号和数据库名称，其默认值如图 16-5 所示。数据库名称可以不填，表示要访问所有的数据库。如果 MySQL 服务器的运行、配置和网络连接均正常，连接成功后，将出现如图 16-6 所示的主界面。

图 16-6　SQLyog 的主界面

除菜单和工具栏外，SQLyog 的主界面主要由 3 部分组成。左边框内列出了数据库结构树，包括有哪几个数据库，每个数据库内有哪些表、视图等对象，每个对象有哪些列、索引等。右边的上半部分是构造查询的窗口，可以在这里直接输入 SQL 语句或用其他方式构造查询命令。右边的下半部分是查询命令的执行结果，以及其他一些查询信息。

说明：SQLyog 的数据库管理功能，如数据库备份、数据导出、数据同步等，可以通过选择工具栏上相应的按钮来运行。

16.3　MySQL 服务器的配置与连接

MySQL 安装完成后，默认情况下已经能正常运行，但初始的配置并不一定能让 MySQL 服务器工作于最佳状态，为了适应具体应用的实际情况，需要对 MySQL 的配置进行调整。下面简单介绍 MySQL 服务器的配置方法，以及通过编程语言与 MySQL 服务器进行连接的方法。

16.3.1　配置文件 my.cnf

MySQL 服务器默认的配置文件是/etc 目录下的 my.cnf 文件，MySQL 的 RPM 包安装完成后，这个文件会自动提供，但里面包含的配置指令很少，用于初步学习时使用。与这个简单的配置文件一起提供的还有另外 5 个例子配置文件，它们位于/usr/share/doc/mysql-server-5.1.61 目录下。这 5 个文件的名称和配置目标如下所示。

❑ my-small.cnf：是为运行在小内存（<=64MB）主机上的数据库而设计的。在这种

配置下，mysqld 进程没有占用很多的资源，MySQL 数据库只是不时地使用一下。

- ❑ my-medium.cnf：也是为运行在小内存（32MB～64MB）主机的数据库而设计的，但此时的 MySQL 起到重要的作用。最常见的情况是这个数据库与其他应用系统，如 Web 等一起运行在一台主机上，而主机的内存会在 128MB 以上。
- ❑ my-large.cnf：是为专门运行 MySQL 数据库的主机而设计的，这种主机应该为 MySQL 数据库提供多达 512MB 的内存。一般情况下，这种类型的系统一般要达到 1GB 的内存，以便它能够同时处理操作系统与数据库应用程序。
- ❑ my-huge.cnf：是为企业应用的 MySQL 数据库而设计的，这样的数据库需要专用的服务器主机和 1GB 或 1GB 以上的 RAM。
- ❑ my-innodb-heavy-4G.cnf：是为使用 InnoDB 引擎的 MySQL 数据库而设计的。它应该运行在专用的服务器主机上，拥有的内存至少有 4GB，数据连接比较少，但查询非常复杂。

以上的例子配置文件中的配置指令种类相差不大，主要的区别在于配置参数的值不同。因此下面只是以 my-medium.cnf 文件为例，介绍 MySQL 常用的配置指令。

🔔说明：一般常见的应用，如一台用作一般网站的主机，里面可能同时运行着 Web 服务、Web 编程语言模块和 MySQL 数据库，此时的 MySQL 使用 my-medium.cnf 配置文件最为合适。

my-medium.cnf 配置文件由很多配置段组成，每一个配置段都有一个名称，由方括号包围，与某一应用程序对应，具体如下所示。

[client]段包含的配置指令将传递给所有的客户端。

```
[client]

# 提供默认的用户密码
#password       = your_password

# 客户端连接服务器时,默认使用服务器的 3306 端口
port           = 3306

# 为 MySQL 客户端指定一个与服务器通信的本地套接字文件
socket         = /var/lib/mysql/mysql.sock
```

[mysqld]段包含的是为 MySQL 服务器配置的指令。

```
[mysqld]

# 服务器监听的端口号
port           = 3306

# 为 MySQL 服务器指定一个与客户端通信的本地套接字文件
socket         = /var/lib/mysql/mysql.sock

# 避免外部数据锁
skip-locking

# 设置用来存放索引区块的 RMA 值(默认设置是 8MB)
key_buffer = 16M
# 设置系统最大的缓冲区
```

```
max allowed packet = 1M

# 指定表高速缓存的大小。当 MySQL 访问一个表时,如果在表缓存中还有空间,该表就被打开并放
   入其中
table cache = 64

# 指定排序高速缓存的大小
sort buffer size = 512K

# 指定连接缓冲区和结果缓冲区的初始大小
net buffer length = 8K

# 为从数据表顺序读取数据的读操作保留的缓存区大小 (默认设置是 128KB)
read buffer size = 256K

# 类似于 read buffer size 选项,但针对的是按某种特定次序输出的查询结果 (默认设置是 256KB)
read rnd buffer size = 512K

# 在修复表或创建索引时,分配给 ISAM 索引排序的缓冲区大小
myisam sort buffer size = 8M

# 不通过 TCP 网络与客户端进行连接,而是采用 UNIX 的命名管道或套接口用于客户端与服务器运
   行在同一台主机时,增加安全性能
#skip-networking

# 设置二进制日志的文件名为 mysql-bin。二进制日志包含所有已执行的更新数据的语句,其目
   的是在恢复数据库时利用它把数据尽可能恢复到最后的状态。如果做同步复制 (Replication),
   也需要使用二进制日志来传送修改情况
log-bin=mysql-bin

# 设置服务器的 ID 号,在设置主/从数据库时需要
server-id       = 1
```

[mysqldump]段指定用户使用 mysqldump 工具在不同类型的 SQL 数据库之间传输数据时的配置。

```
[mysqldump]

#   表示支持较大数据库的转储
quick

# 设置用来传输数据库表到其他数据库的最大允许包大小。应大于客户与服务器之间的通信所使用
   的信息包
max_allowed_packet = 16M
```

[mysql]配置段指定启动 MySQL 服务的配置。

```
[mysql]

# 设置这个选项时,服务启动得比较快
no-auto-rehash

# 如果用户对 SQL 不熟悉,可以启用安全更新功能
#safe-updates
```

[isamchk]段指定使用 isamchk 工具修复 isam 类型表时所采用的配置。

```
[isamchk]
key_buffer = 20M                      # 用于存放索引块的缓冲区大小
sort_buffer_size = 20M                # 排序时使用的缓冲区大小
read_buffer = 2M                      # 读操作时使用的缓冲区大小
write_buffer = 2M                     # 写操作时使用的缓冲区大小
```

[myisamchk]指定使用 myisamchk 工具修复 myisam 类型表时所采用的配置。

```
[myisamchk]
key_buffer = 20M                      # 用于存放索引块的缓冲区大小
sort_buffer_size = 20M                # 排序时使用的缓冲区大小
read_buffer = 2M                      # 读操作时使用的缓冲区大小
write_buffer = 2M                     # 写操作时使用的缓冲区大小
```

[mysqlhotcopy]指定使用 mysqlhotcopy 热备工具时采用的配置。

```
[mysqlhotcopy]

# 在一个数据库热备份期间，连接会被挂起。该指令设置最大的超时时间。默认为 28800 秒
interactive-timeout
```

如果要使用 my-medium.cnf 文件所指定的配置，可以把它复制到/etc 目录，并改名为 my.cnf，此时该文件是对全局起作用的。也可以把它复制到 MySQL 服务器的数据库文件存储目录，如/var/lib/mysql，并改名为 my.cnf，此时只对该服务器起作用。还可以复制到某一用户个人目录下，并改名为.my.cnf，此时只对该用户起作用。

16.3.2　mysqld 进程配置

在/etc/my.cnf 配置文件中，各种 MySQL 工具都可以有一段配置指令。其中 mysqld 进程的配置指令以[mysqld]为起始标志。此外，MySQL 服务器可以启动多个 mysqld 进程，其他进程配置分别以[mysqld1]、[mysqld2]……为起始标志。如表 16-1 所示，列出了一些与 mysqld 进程启动时有关的配置选项。

表 16-1 所列的配置选项也可以在启动 mysqld 进程时，以命令行选项的方式提供。mysqld 所有的命令行选项和功能解释可以通过以下命令列出。

```
# /usr/libexec/mysqld --verbose --help | more
```

以上命令运行时，还会列出很多的 MySQL 系统变量，这些系统变量是在 MySQL 服务器运行时维护的，按照其作用范围可以分为以下两种。

一种是全局变量，它影响服务器的全局操作。当服务器启动时，将所有全局变量初始化为默认值，可以在选项文件或命令行中指定选项的值来代替这些默认值。服务器启动后，通过连接服务器并执行"SET GLOBAL 变量名[=值]"语句可以更改动态全局变量，但必须具有管理员的权限。

还有一种是会话变量，它只影响与其连接的具体客户端的相关操作，连接时使用相应全局变量的当前值对客户端会话变量进行初始化。客户端可以通过"SET SESSION 变量名[=值]"语句来更改动态会话变量，更改会话变量不需要特殊权限，但客户端只能更改自己的会话变量，而不能更改其他客户端的会话变量。

表 16-1　部分 mysqld 进程配置选项

选 项 名 称	功　　能
basedir=path	MySQL 安装目录的路径，通常配置文件中的其他路径是在该路径下面的
bind-address=IP	指定与主机的哪个网络接口绑定，默认时与所有接口绑定
console	除了写入日志外，还将错误消息写入 stderr 和 stdout
character-sets-dir=path	字符集安装的目录路径
chroot=path	将某一目录设为 mysqld 的根目录，是一种安全措施
character-set-server=charset	指定 charset 作为默认的服务器字符集
core-file	如果 mysqld 异常终止，要求把内核文件写入磁盘
datadir=path	数据库文件的的路径
default-time-zone=type	设置服务器默认的时区
init-file=file	mysqld 启动时从该文件读 SQL 语句并执行，每个语句必须在同一行且不包括注释
log[=file]	设置常规日志文件的文件名，默认为<host_name>.log
log-bin=[file]	设置二进制日志文件的文件名，默认为<host_name>-bin，mysqld 将更改数据的所有操作记入该文件，用于备份和复制
log-bin-index[=file]	设置二进制日志文件的索引文件名，默认为<host_name>-bin.index
log-error[=file]	设置错误日志，默认使用<host_name>.err 作为文件名，如果指定的文件没有扩展名，则要加上.err 扩展名
log-slow-queries	将所有执行时间超过 long_query_time 秒的查询记入该文件
pid-file=path	进程 ID 文件的路径
port=port_num	监听 TCP/IP 连接时使用的端口号
server_id	指定 mysqld 进程的一个编号，值为以 1 开始的整数
skip-bdb	禁用 BDB 存储引擎，可以节省内存，并可能加速某些操作
skip-networking	不监听 TCP/IP 连接，必须通过命名管道或 Unix 套接字文件与 mysqld 进行连接，对于只允许本地客户端的系统，可以使用该选项，以增加安全性能
socket=path	在 Unix 中，该选项指定用于本地连接的 Unix 套接字文件，默认值是 /tmp/mysql.sock
tmpdir=path	指定临时文件的路径
user={user_name | user_id}	指定运行 mysqld 进程的操作系统用户

任何访问全局变量的客户端都可以即时看见全局变量的改变。但是，如果客户端要从某一全局变量初始化自己的会话变量,这一全局变量的更改只对后来连接的客户端有影响，而不会影响已经连接上的客户端的会话变量，即使是执行 SET GLOBAL 语句的客户端也一样。下面是两个设置系统变量的例子。

```
mysql> SET SESSION sort_buffer_size = 10 M;
mysql> SET GLOBAL sort_buffer_size = 20 M;
```

以上两条命令都是设置系统变量 sort_buffer_size 的值。SESSION 选项表示设置的是会话变量，GLOBAL 选项表示设置全局变量，如果两个选项均没有，则语句将设置会话变量。由于全局变量只影响后来连接的客户端，因此以上两条命令执行后，该客户端的

sort_buffer_size 的值还是 10MB。

⚠️说明：当使用启动选项或 SET 命令设置系统变量时，变量值可以使用后缀 K、M 或 G，分别表示字节数是千、兆和吉。

16.3.3　MySQL 实例管理器

MySQL 实例管理器可以通过 TCP/IP 端口与 MySQL 服务器进行连接，用来监视和管理 MySQL 数据库服务器进程，包括启动和停止 MySQL 服务器。MySQL 实例管理器可以在 mysqld_safe 脚本中使用，也可以在远程主机上使用。

默认情况下，操作系统调用/etc/init.d/mysqld 脚本启动 MySQL 服务器时，先调用 mysqld_safe 脚本，再由该脚本启动 mysqld 进程。但是，如果把/etc/init.d/mysqld 脚本中的 use_mysqld_safe 变量设置为 0，便可以禁用 mysqld_safe 脚本，而是使用 MySQL 实例管理器来启动服务器。此时，实例管理器的行为取决于 MySQL 配置文件中的设置。如果没有配置文件，MySQL 实例管理器将采用编译时默认的配置来启动。

如果配置文件存在，实例管理器将分析配置文件中的[mysqld]配置段（包括[mysqld1]和[mysqld2]等）。每个部分指定一个实例。启动时实例管理器将启动所有找到的实例，关闭时默认停止所有实例。[mysqld]配置段有一个特殊选项 mysqld-path，它只能用实例管理器来识别，让实例管理器知道 mysqld 进程文件在磁盘中的哪个位置。此外，还应该为服务器设置 basedir 和 datadir 选项。

MySQL 实例管理器需要创建自己的用户，方法如下：

```
# /usr/libexec/mysqlmanager --passwd >> /etc/mysqlmanager.passwd
Creating record for new user.
Enter user name: admin
Enter password:
Re-type password:
# more /etc/mysqlmanager.passwd
admin:*4ACFE3202A5FF5CF467898FC58AAB1D615029441
#
```

上述命令为实例管理器创建了一个名为 admin 的用户，并保存在/etc 目录下的 mysqlmanager.passwd 文件中。在/etc/my.cnf 文件中，可以按以下示例配置实例管理器，它使用[manager]配置段，并读取[mysqld]配置段来创建实例。

```
[manager]
default-mysqld-path = /usr/local/mysql/libexec/mysqld
                                           #mysqld 进程文件的位置
socket=/tmp/manager.sock                   #指定通信套接口文件位置
pid-file=/tmp/manager.pid                  #指定进程 PID 文件
password-file = /etc/mysqlmanager.passwd   #指令实例管理器密码文件的位置
monitoring-interval = 2                    #监视实例的间隔时间，单位为秒
port = 2999                                #与实例管理器连接时使用的 TCP 端口
```

下面再给出/etc/my/cnf 中两个实例的配置示例。

```
[mysqld]
datadir=/var/lib/mysql
socket=/var/lib/mysql/mysql.sock
```

```
old_passwords=1
server_id=1
port=3307
user=mysql

[mysqld1]
user=mysql
datadir=/var/lib/mysql1
socket=/var/lib/mysql1/mysql.sock
server_id=2
port=3308
user=mysql
```

以上配置中，定义了两个 mysqld 实例，两者除了 port、server_id、socket 等配置选项应该不同之外，最主要的是 dadadir 选项也应该不一样。上述配置在运行前，在/var/lib/mysql 和/var/lib/mysql 目录都应该已经存在一个数据库。初始的数据库可以通过运行 service mysqld start 命令首次启动 mysqld 时得到，如果把初始 my.cnf 文件中的 datadir 设到不同的目录，就可以得到不同的初始数据库。上述配置完成后，可以输入以下命令启动实例管理器。

```
[root@localhost mysql1]# /usr/libexec/mysqlmanager &
[1] 7912
081130 20:57:33          You are running mysqlmanager as root! This might
introduce security problems. It is safer to use --user option istead.

081130 20:57:33 loaded user admin
081130 20:57:33 accepting connections on ip socket
081130 20:57:33 accepting connections on unix socket /tmp/manager.sock
081130 20:57:33 guardian: starting instance mysqld
081130 20:57:33 guardian: starting instance mysqld1
081130 20:57:33 starting instance mysqld        # 正在开始启动 mysqld 实例
081130 20:57:33 starting instance mysqld1       # 正在开始启动 mysqld1 实例
081130 20:57:33  InnoDB: Started; log sequence number 0 43655
081130 20:57:33 [Note] /usr/libexec/mysqld: ready for connections.
Version: '5.0.22'  socket: '/var/lib/mysql/mysql.sock' port: 3307 Source
distribution
081130 20:57:33  InnoDB: Started; log sequence number 0 43655
081130 20:57:33 [Note] /usr/libexec/mysqld: ready for connections.
Version:  '5.0.22'   socket:  '/var/lib/mysql1/mysql.sock'  port: 3308
Source distribution
#
```

实例管理器将根据/etc/my.cnf 中的[mysqld]配置段启动 mysqld 实例。一旦成功后，就可以用以下命令查看 mysql 进程的情况。

```
# ps -eaf|grep mysql
root     16296     1  0 12:55 pts/1    00:00:00 /bin/sh /usr/bin/mysqld_safe
--datadir=/var/lib/mysql             --socket=/var/lib/mysql/mysql.sock
--pid-file=/var/run/mysqld/mysqld.pid --basedir=/usr --user=mysql
mysql    16385 16296  0 12:55  pts/1     00:00:00 /usr/libexec/mysqld
--basedir=/usr     --datadir=/var/lib/mysql        --user=mysql
--log-error=/var/log/mysqld.log  --pid-file=/var/run/mysqld/mysqld.pid
--socket=/var/lib/mysql/mysql.sock
root     17151 12277  0 13:33 pts/1    00:00:00 grep mysql
```

可以看到，有两个 mysqld 进程在运行，分别对应了两个 MySQL 实例。下面还可以再看一下端口的监听情况。

```
# netstat -anp | grep :330
tcp       0      0 0.0.0.0:3307           0.0.0.0:*          LISTEN       7919/mysqld
tcp       0      0 0.0.0.0:3308           0.0.0.0:*          LISTEN       7920/mysqld
[root@localhost mysql1]# netstat -anp | grep :2999
tcp       0      0 0.0.0.0:2999           0.0.0.0:*       LISTEN 7912/mysqlmanager
#
```

可见，mysqld 监听了 TCP3307 和 3308 两个端口，而 mysqlmanager 监听的是 2999 端口。接下来可以使用 mysql 客户端工具通过标准 MySQL API 与 mysqlmanager 进行连接，然后通过命令对实例进行管理。具体命令如下：

```
# mysql -u admin -p -S /tmp/manager.sock
Enter password:          # 此处输入前面创建的 MySQL 实例管理器 admin 用户和密码
Welcome to the MySQL monitor.  Commands end with ; or \g.
Your MySQL connection id is 1 to server version: 0.2-alpha

Type 'help;' or '\h' for help. Type '\c' to clear the buffer.

mysql>
```

上述命令是在本机执行的，将使用[manager]段中所设定的 UNIX 套接口进行连接。

🔔注意：连接实例管理器时，使用的是它自己创建的用户，而不是数据库用户，这里使用的是前面创建的 admin 用户。

出现"mysql>"提示后，就可以使用实例管理命令了，如下所示。

```
mysql>show instances;
+---------------+--------+
| instance_name | status |
+---------------+--------+
| mysqld1       | online |
| mysqld        | online |
+---------------+--------+
2 rows in set (0.01 sec)

mysql>
```

"show instances"命令表示列出实例管理器所管理的实例的当前状态。还可以用"stop instance <实例名>"和"start instance <实例名>"命令停止或启动指定的实例。更多的命令请参见 MySQL 管理员手册。

16.3.4　编程语言与 MySQL 数据库的连接

MySQL 作为一个数据库服务器，很多时候是提供给其他编程语言访问的。其中最为常见的是作为网站的后台数据库服务器，通过网站编程语言进行访问。下面介绍 PHP 语言和 JSP 语言访问 MySQL 数据库的方法。

PHP 是一种用于创建动态 Web 页面的服务端脚本语言。像 ASP 一样，用户可以混合使用 PHP 和 HTML 编写 Web 页面。当访问者浏览到该页面时，服务端会首先对页面中的 PHP 命令进行处理，然后把处理后的结果连同 HTML 内容一起传送到访问端的浏览器。下面是一段 PHP 5 访问 MySQL 数据库的代码。

```
<HTML>
```

```
<BODY>
<?php
$con = mysql_connect("localhost","root","123qwe");
//与数据库建立连接,要提供主机名、用户名、密码
if (!$con)
{
  die('Could not connect: ' . mysql_error());
}
mysql_select_db("mysql", $con);                        //选择数据库
$result = mysql_query("SELECT * FROM user");
//让数据库执行 SQL 语句,返回结果放在$result 中
while($row = mysql_fetch_array($result))               //从结果集中提取一行
  {
  echo $row['user'] . " " . $row['password'];          //把这一行指定的列输出到网页
  }
mysql_close($con);
?>
</BODY>
</HMTL>
```

PHP 访问 MySQL 的语句非常简单，它使用 mysql_connect 函数与 MySQL 数据库建立连接，再使用 mysql_select_db 函数选择数据库，最后用 mysql_query 函数让数据库执行 SQL 语句，得到的结果集再让程序进行处理。

还有一种常用的 MySQL 数据库访问方式是 Java 或 JSP 使用的 JDBC 方式。它需要一个 JDBC 连接器的支持，可以从 http://dev.mysql.com/downloads/connector/j/5.1.html 处下载 JDBC 连接器，目前最新版本是 5.1.22，文件名是 mysql-connector-java-5.1.22.tar.gz。

说明：JDBC 全称是 Java DataBase Connectivity standard，它是一个面向对象的应用程序接口（API），通过它可访问各种关系数据库。

JDBC 连接器下载完成后，可以从压缩包中解出一个文件名为 mysql-connector-java-5.1.22-bin.jar 的 Java 包，在 CLASSPATH 中设置使用该 Java 包，或把它复制到 Tomcat 等系统的库目录，然后就可以在程序中使用 JDBC 与 MySQL 数据库进行连接了。下面是一段 JSP 程序示例。

```
<%
String server="localhost";
String dbname="mysql";
String user="root";
String pass="123qwe";
String url ="jdbc:mysql://127.0.0.1/mysql";
Class.forName("com.mysql.jdbc.Driver");
//使用 JDBC FOR MySQL 的类
Connection conn= DriverManager.getConnection(url,user,pass);
//建立数据库连接
Statement stmt=conn.createStatement();
String sql="select * from user";
ResultSet rs=stmt.executeQuery(sql);                    //执行 SQL 语句
rs.first();
while(rs.next())  {
  out.print("name:");
  out.print(rs.getString("user")+"passwd");
  out.println(rs.getString("password")+"<br>");
}
```

```
rs.close();
stmt.close();
conn.close();*/
%>
```

　　另外，还可以通过 ODBC 连接器与 MySQL 数据库进行连接。由于 ODBC 是 Windows 平台下通用的数据库连接标准，支持 ODBC 就意味着可以使大部分在 Windows 下工作的语言与 MySQL 数据库进行连接了。

16.4　小　　结

　　数据库服务器是构建信息管理系统的基础，常用的数据库类型非常多，MySQL 是一种开放源代码的数据库系统，得到了广泛的应用。本章首先讲述了有关数据库的基本常识，然后介绍 MySQL 数据库的安装、运行和使用方法，最后介绍了 MySQL 数据库服务器的配置及编程语言与它的连接方法。

第 17 章　Postfix 邮件服务器架设

Email（Electronic Mail，电子邮件）是 Internet 最基本、也是最重要的服务之一。与传统的邮政信件服务相比，电子邮件具有快速、经济的特点。与实时信息交流（如电话通话）相比，电子邮件采用存储转发的方式，发送邮件时并不需要收件人处于在线状态。因此，电子邮件具有其他通信方式不可比拟的优势。本章介绍以 Postfix 系统为中心的邮件服务器的安装、运行、配置和使用方法。

17.1　邮件系统工作原理

与其他各种 Internet 服务相比，电子邮件服务相对比较复杂。要牵涉到 POP3、SMTP、IMAP 等多种协议，而且一个实际的邮件服务系统往往由很多相互独立的软件包组成，需要解决它们之间集成时的接口问题。本节先介绍邮件系统的工作原理，包括系统组成和协议等内容。

17.1.1　邮件系统的组成及传输流程

虽然邮件系统也是基于客户端/服务器模式的，但邮件从发件人的客户端到收件人的客户端的过程中，还需要邮件服务器之间的相互传输。因此，与其他单纯的客户端/服务器工作模式，如 FTP、Web 等相比，电子邮件系统相对要复杂。如图 17-1 所示的是电子邮件系统的组成和传输流程示意图。

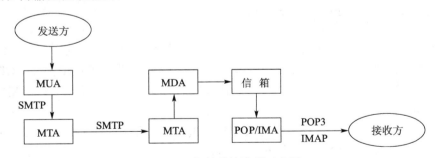

图 17-1　邮件传输流程示意图

在图 17-1 中，MUA 称为邮件用户代理，它是邮件用户直接接触的软件，提供邮件编辑、从信箱收取邮件、委托 MTA 发送邮件等功能，常见的 Outlook，Foxmail 都属于 MUA。MTA 也称为邮件传输代理，是邮件系统的核心部分，完成邮件在 Internet 上传输的过程。MDA 也称为邮件投递代理，它的功能是把本地 MTA 转送过来的邮件投递到本地用户的邮箱。

发送方发邮件时,要使用某一 MUA 把邮件通过 SMTP 协议传送给邮件传输代理 MTA。MTA 收到 MUA 的发件请求后,会先判断是否应该受理。通常情况下,如果邮件是来自本地系统的用户,或者是同一子网上的系统,以及具有转发许可的系统,MTA 都会受理发件请求。

MTA 收下邮件后,要根据收件人的信息决定下一步的动作。如果收件人是自己系统上的用户,则直接投递;如果收件人是其他网络系统的用户,则需要把邮件传递给对方网络系统的 MTA。此时,可能要经过多个 MTA 的转发才真正到达目的地。如果邮件无法投递给本地用户,也无法转交给其他 MTA 处理,则要把邮件退还给发件人,或者发通知邮件给管理员。

邮件最终到达了收件人所在网络的 MTA,于是该 MTA 发现收件人是本地系统的用户,就交给了 MDA 处理,MDA 再把邮件投递到收件人的信箱里。信箱的形式可以是普通的目录,也可以是专用的数据库。不管是哪种方式,这些邮件都需要有一种长期保存的机制。

邮件被放入信箱后,就一直保存在那里,等待收件人来收取。收件人也是通过 MUA 来读取邮件的,但此时 MUA 要联系的,并不是发邮件时所联系的 MTA,而是另一个提供 POP/IMAP 服务的软件,而且读取邮件时所采用的协议也不是 SMTP,而是 POP3 或者 IMAP。

图 17-1 所示的两个 MTA 分别承担了发邮件和收邮件的功能。实际上,任何 MTA 都可以同时承担收邮件和发邮件功能。即除了接受 MUA 的委托,将邮件投递到收件人所在的邮件系统外,还可以接收另一个 MTA 发来的邮件,然后根据收件人信息决定是投递给本地用户还是转发给其他 MTA。

说明:在实际系统中,MTA、MUA、MDA,以及 POP/IMAP 服务器等组件均可以由不同的软件来承担。另外,一个实际的邮件服务系统还可能包括账号管理、信箱管理、安全传输、提供 Web 界面访问等功能,这些功能都还需要其他软件的支持,因此,建立一个实际的邮件系统需要对很多软件进行集成。

17.1.2　简单邮件传输协议 SMTP

SMTP(Simple Mail Transfer Protocol,简单邮件传输协议)是一组用于由源地址到目的地址传送邮件的规则,其设计目标是能够可靠高效地传送邮件。SMTP 属于 TCP/IP 协议簇,是建立在传输层之上的应用层协议,以请求/响应方式工作,其默认的传输端口是 TCP 协议的 25 号端口。

SMTP 的一个重要特点是它能够以接力的方式传送邮件,即邮件可以通过不同网络上的主机一站一站地传送。SMTP 可以在两种场合使用,一种是邮件从客户机传输到服务器;另一种是从某一个服务器传输到另一个服务器。SMTP 的工作模型如图 17-2 所示。

发送方首先向接收方的 25 号端口了发起 TCP 连接请求,接收方接受了请求后,就建立了 TCP 连接。连接建立后,发送方就可以向接收方发送 SMTP 命令了。接收方收到命令后,根据具体情况决定是否执行,然后给发送方相

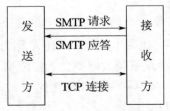

图 17-2　SMTP 工作模型图

应的应答。SMTP 协议属于请求/应答范式，请求和应答都基于 ASCII 文本，并以 CR 和 LF 符结束。应答包括一个 3 位数字的代码，以及供人阅读的文本解释。常见的 SMTP 命令如表 17-1 所示，其中包括部分扩展的 SMTP 命令。

表 17-1　常见的 SMTP 命令

命令名称及格式	功　　能
HELO <客户机域名>	鉴别对方是否支持 SMTP 协议，应该是发送方的第一条命令
EHLO	鉴别接收方是否支持 ESMTP 协议，接收方返回所支持的扩展命令
AUTH	表示要进行认证
MAIL FROM:<发件人地址>	告诉接收方即将发送一个新邮件，并对所有的状态和缓冲区进行初始化
RCPT TO:<收件人地址>	标识各个邮件接收者的地址，该命令可以发送多个，表示有多个收件人
DATA	告诉接收方此后的内容是邮件正文，直到以 "." 为唯一内容的一行为止
REST	退出/复位当前的邮件传输
NOOP	空操作，用于使 TCP 连接保持，并有助于命令和应答的同步
QUIT	要求停止传输并关闭 TCP 连接
VRFY <字符串>	验证给定的邮箱是否存在，出于安全考虑，SMTP 服务器一般都禁止该命令
EXPN <字符串>	查询是否有邮箱属于给定的邮箱列表，出于安全考虑，经常禁止使用
DEBUG	如果被接受，接收方将处于调试状态
HELP	返回帮助信息，包括服务器所支持的命令

SMTP 接收方收到命令后，将根据具体情况给发送方返回应答，应答包含应答码和供人阅读的文本解释，所有的应答码及解释如表 17-2 所示。

表 17-2　SMTP 应答及含义

应答	含　　义	应答	含　　义
200	表示成功执行了命令，不是标准的响应	500	语法错误，命令不被承认
211	系统状态，或系统帮助回复	501	命令的参数存在语法错误
214	帮助信息	502	命令没有被实现
220	<域名称>服务已准备就绪	503	不正确的命令次序
221	<域名称>服务正在关闭传输通道	504	命令参数未实现
250	所请求的命令已成功执行	521	<域名称>不接收邮件
251	收件人非本地用户，将根据收件人地址进行转发	530	拒绝访问
354	开始邮件输入，以<CDLF>.<CDLF>结束	550	因邮箱无效，所请求的 MAIL 命令没有执行
421	<域名称>服务无效，关闭传输通道	551	非本地用户
450	因邮箱无效，所请求的 MAIL 命令没有执行	552	因超过存储分配，MAIL 命令被放弃
451	因本地处理错误，放弃执行所请求的命令	553	因信箱名称未被允许，请求的命令没有执行
452	因系统存储不够，所请求的命令没有执行	554	传输事务失败

每次发送邮件时，用户代理都要与邮件所在的 SMTP 服务器连接，再通过 SMTP 服务器把邮件发送给收件人。如图 17-3 所示的是用户通过 Foxmail 发送邮件时，用 Ethereal 工

具抓取的数据包情况。发件人地址是 test123@wzvtc.cn，收件人地址是 lintf0610@163.com，客户机 IP 地址是 192.1680.127.135，wzvtc.cn 域的邮件网关，即 SMTP 服务器的 IP 地址是 192.168.127.100，这个 IP 地址在 Foxmail 中是要事先设定的。

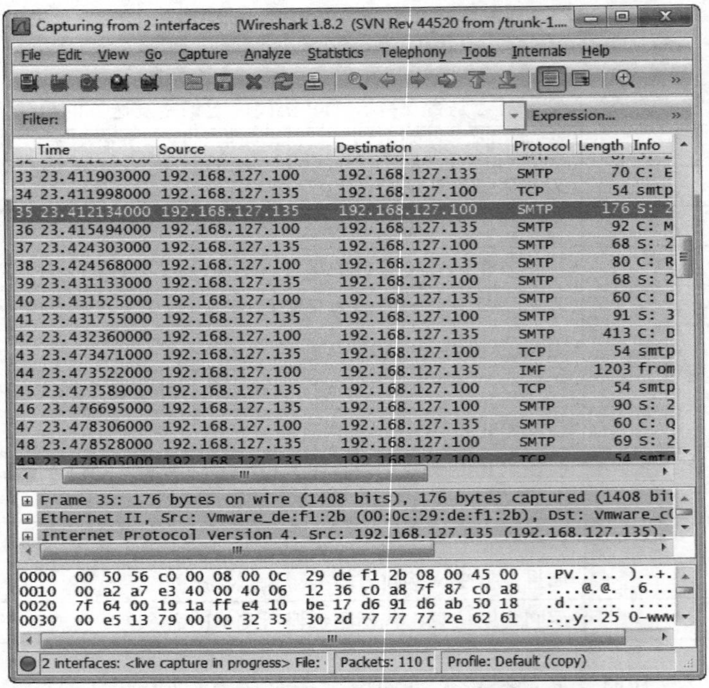

图 17-3　用 Wireshark 抓取的 SMTP 协议数据包

从图 17-3 可以看出，客户机 192.1680.127.135 通过编号为 1、2、3 的 3 个数据包与 SMTP 服务器 192.168.127.100 的 25 号端口建立了 TCP 连接。数据包 4 是服务器给客户机的应答，然后客户机通过数据包 5 发送了一个 EHLO 命令，服务器再通过数据包 7 回应了 250 应答，表示服务器支持扩展的 SMTP 命令，并且现在已经处于就绪状态。

然后，客户机通过数据包 8 发送了 AUTH LOGIN 命令，表示要进行认证，于是服务器通过数据包 9 响应了 334 应答，随后的字符串是经过 base64 编码的 username 字符串，要求输入用户名。接着客户机发送了数据包 10，里面包含的也是经过 base64 编码的用户名 test123，然后服务器再通过数据包 11 要求输入密码，客户端又把经过 Base64 编码的密码通过数据 12 发送给服务器。数据包 13 的应答表明认证成功，客户端可以开始发送邮件了。

客户通过数据包 14 发送了 MAIL 命令，并提交了发件人地址，再通过数据包 16 发送了 RCPT 命令，并提交了收件人地址。然后是数据包 18 的 DATA 命令，表示要发送邮件内容。随后的数据包 20 和 22 包含了邮件内容，包括头部和邮件正文。数据包 22 包含了 DATA 命令的结束标志<CRLF>.<CRLF>。最后通过数据包 27 发送了 QUIT 命令，表示要退出。随后的数据包 29、30、31 就拆除了 TCP 连接。

📖说明：图 17-3 所示的是用户代理，也就是邮件客户端发送邮件给 SMTP 服务器的过程，实际上邮件还要由 SMTP 服务器采用类似的过程转发给收件人所在域的 SMTP

服务器。但是 SMTP 服务器之间传输邮件时，没有通过 AUTH LOGIN 进行认证的步骤。

17.1.3　邮局协议 POP3

邮件客户端通过 SMTP 服务器转发邮件时，需要采用 SMTP 协议把邮件传递给服务器。但邮件客户端从自己的信箱读取邮件时，采用的却是另外一种称为 POP3（Post Office Protocol）的协议。POP3（Post Office Protocol 3），即邮局协议的第 3 版本，它规定怎样将个人计算机连接到 Internet 的邮件服务器并下载电子邮件的协议。

POP3 协议也是建立在 TCP 协议上的应用层协议，默认使用的是 110 端口。它是一种 Internet 电子邮件的离线协议标准，允许用户从服务器把邮件读取到本地主机（即自己的计算机），同时删除保存在邮件服务器上的邮件，而 POP3 服务器则是遵循 POP3 协议的邮件服务器，用于把信箱中的邮件传送给用户。POP3 的工作模型如图 17-4 所示。

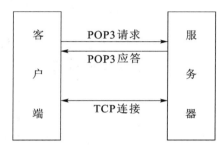

图 17-4　POP3 工作模型图

客户端首先向 POP3 服务器的 110 号端口了发起 TCP 连接请求，服务器接受了请求后，就建立了 TCP 连接。连接建立后，客户端就可以向服务器发送 POP3 命令了，服务器收到命令后，根据具体情况决定是否执行，然后给客户端回复相应的应答。POP3 协议也是属于请求/应答范式的，请求和应答都是基于 ASCII 文本，并以 CR 和 LF 符结束。应答包括确认或错误两种情况，以及供人阅读的文本解释。常用的 POP3 命令如表 17-3 所示。

表 17-3　常用的 POP3 命令

命令名称	功　　能
USER　<用户名>	提交用户名
PASS　<密码>	提交密码
STAT	请求服务器返回信箱统计资料，如邮件数、邮件总字节数等
LIST　<n>	列出第 n 封邮件的信息
RETR　<n>	返回第 n 封邮件的全部内容
DELE　<n>	删除第 n 封邮件，只有 QUIT 命令执行后才真正删除
RSET	撤销所有的 DELE 命令
UIDL　<n>	返回第 n 封邮件的标识
TOP　<n,m>	返回第 n 封邮件的前 m 行内容
NOOP	空操作，用于使 TCP 连接保持，并有助于命令和应答的同步
QUIT	结束会话，退出

除了表 17-3 所列的 POP3 命令外，RFC1321 还增加了 3 条扩展的 POP3 命令，apop、name 和 digest，它们规定了一种安全传输口令的办法，以提高安全性能，但需要客户端和服务器同时支持。另外，POP3 的应答很简单，代码只有两种，+OK 表示确认成功，-ERR

表示错误，随后再跟一些解释文本。如图 17-5 所示是 Foxmail 通过 POP3 协议从邮件服务器读取邮件时用 Wireshark 抓取的数据包。

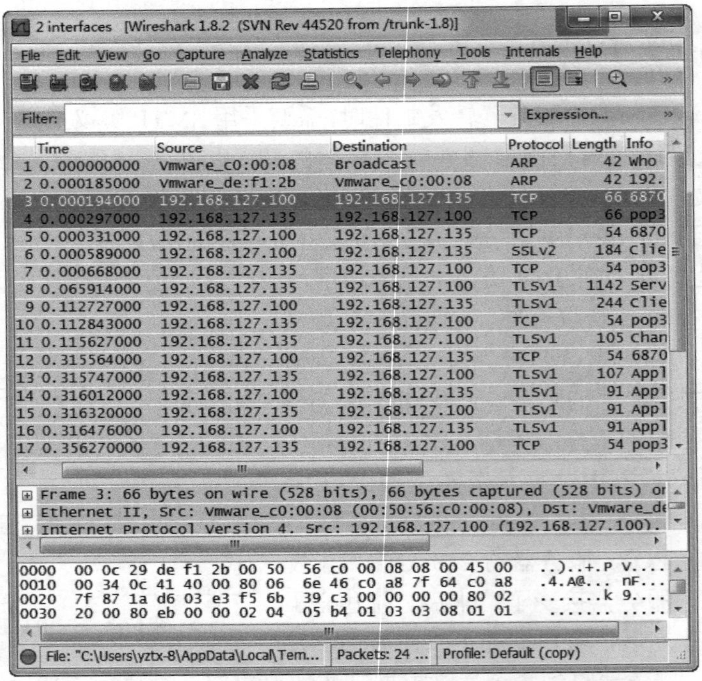

图 17-5　用 Wireshark 抓取的 pop3 协议数据包

从图 17-5 中可以看出，客户机 IP 地址是 10.10.91.252，通过数据包 1、2、3 与 POP3 服务器 10.10.1.6 的 110 号端口建立了 TCP 连接，10.10.1.6 也是 test123@wzvtc.cn 信箱所在的服务器。数据包 4 是服务器给客户机的应答，然后客户机通过数据包 5 和数据包 8 分别发送了 USER 和 PASS 命令进行登录。从图 17-5 中也可以看出，这两条命令所跟的用户名和密码都是明文传输的。

登录成功后，客户机首先通过数据包 10 发送 STAT 命令查询信箱中邮件的状态，服务器通过数据包回复了+OK 应答，随后所跟的数字 1 表示总共有 1 封邮件，1285 表示所有邮件的总字节数。接着，客户机通过数据包 12 发送 UIDL 命令，服务器通过数据包 13 和 15 返回了所有邮件的 ID 号。然后客户机再通过数据包 16 发送 LIST 命令，服务器通过数据包 17 和 19 返回了每一封邮件的编号和字节数。

最后，客户端通过数据包 20 发送 RETR 命令，随后的数字 1 表示要求返回第一封邮件的所有内容。服务器通过数据包 21 和 23 把第一封邮件的所有内容返回给客户端。如果服务器上有多封邮件，客户端将会重复 RETR 命令，直到把所有的邮件都读取过来。所有的邮件读取完成后，客户端再通过数据包 25 发送 QUIT 命令要求退出，服务器通过数据包 26 回应了 OK 后，再通过数据包 27、28、29 拆除了 TCP 连接。

在以上的服务器应答中，因为所有的命令都能执行，所以应答代码都是+OK。如果客户端发送了错误的命令，服务器的应答将是-ERR。

注意：在以上测试中，由于在 Foxmail 中设置了"在邮件服务器上保留备份"，因此，客户端把邮件读取回来后，不会发送 DELE 命令将其删除。否则，客户端在读取邮件后，还要发送 DELE 命令。

17.1.4　Internet 消息访问协议 IMAP 简介

用户代理从邮件服务器的信箱中读取邮件到本地时，除了使用 POP3 协议外，还有一种选择是采用 IMAP 协议。IMAP（Internet Message Access Protocol，Internet 消息访问协议）是由美国华盛顿大学所研发的一种邮件获取协议，在 RFC3501 标准文档中定义。

IMAP 是一种应用层协议，运行在 TCP/IP 协议之上，默认使用的端口是 143 号端口。IMAP 和 POP3 是最常见的读取邮件的 Internet 协议标准，目前在用的绝大部分邮件客户端和服务器都支持这两种协议。虽然这两种协议都允许邮件客户端访问服务器上存储的邮件信息，但它们之间的区别还是很明显的，IMAP 协议主要有以下几个特点。

1．在线和离线两种操作模式

当使用 POP3 时，客户端连接到服务器并读取所有邮件后，就要断开连接。但对 IMAP 来说，只要用户邮件代理是活动的并且需要随时读取邮件信息，则客户端可以一直连接在服务器上。对于有很多或者很大邮件的用户来说，使用 IMAP 方式可以更加方便地获取邮件，加快访问速度。

2．用户信箱的多重连接

IMAP 支持多个客户端同时连接到同一个用户信箱上。POP3 协议要求信箱当前的连接是唯一的，而 IMAP 协议允许多个客户端同时访问同一个用户的信箱。另外还提供一种机制使任何一个客户端可以知道当前连接的其他客户端所做的操作。

3．在线浏览

IMAP 可以只读取邮件消息中 MIME 内容的一部分。几乎所有的 Internet 邮件都是以 MIME 格式传输的，MIME 允许消息组织成一种树状结构，这种树状结构中的叶节点都是独立的消息，而非叶节点是其附属的叶节点内容的集合。IMAP 协议允许客户端读取任何独立的 MIME 消息以及附属在同一非叶节点上的那部分 MIME 消息。这种机制使得用户无需下载附件就可以浏览邮件内容或者在读取内容的同时进行浏览。

4．在服务器保留邮件的状态信息

IMAP 可以在服务器保留邮件的状态信息。通过使用 IMAP 协议中定义的标志，客户端可以跟踪邮件的状态。例如，邮件是否已被读取、回复或者删除。这些标志存储在服务器，所以多个客户端在不同时间访问同一个信箱时，可以知道其他客户端所做的操作。

5．支持多信箱

IMAP 支持在服务器上访问多个信箱。用户信箱通常以文件夹的形式存在于邮件服务器的文件系统中，IMAP 客户端可以创建、改名或删除这些信箱。除了支持多信箱外，IMAP 还支持客户端对共享的和公共的文件夹进行访问。

6．服务端搜索

IMAP 支持服务端搜索。IMAP4 提供了一种机制，使客户端可以让服务器搜索多个信箱中符合条件的邮件，然后再读取这些邮件，而不是把所有的邮件下载到客户端后再进行搜索。这种方式可以减少网络中不必要的数据流量。

7．良好的扩展机制

IMAP 还提供了一种良好的扩展机制。吸取早期 Internet 协议的经验，IMAP 为其扩展功能定义了一种明确的机制，使得协议扩展起来非常方便。目前，很多对原始协议的扩展都已经成为标准，并得到了广泛的使用。

8．支持密文传输

IMAP 协议本身还直接定义了密文传输机制。由于加密机制需要客户端和服务器相互配合才能完成，因此，IMAP 还保留明文密码传输机制，以便不同类型的客户端和服务器能进行邮件传输。另外，使用 SSL 也可以对 IMAP 的通信进行加密。

常见的 IMAP 命令如表 17-4 所示。

表 17-4　常见的 IMAP 命令列表

命　令　名	功　　　能
CREATE	创建一个新邮箱，信箱名称通常是带路径的目录名
DELETE	删除指定名字的信箱，信箱名通常是带路径的目录全名，信箱删除后，其中的邮件也不再存在
RENAME	修改信箱的名称，信箱名通常是带路径的目录全名
LIST	列出信箱内容
APPEND	使客户端可以上传一个邮件到指定的信箱
SELECT	让客户端选定某个信箱，表示以后的操作默认时是对该信箱进行的
FETCH	用于读取邮件的文本信息，仅用于显示目的
STORE	用于修改邮件的属性，包括给邮件打上已读标记、删除标记等
CLOSE	表示客户端结束对当前信箱的访问并关闭邮箱，该信箱中所有标为 DELETED 的邮件将被彻底删除
EXPUNGE	在不关闭信箱的前提下删除所有标为 DELETED 的邮件
EXAMINE	以只读方式打开信箱
SUBSCRIBE	在客户机的活动邮箱列表中添加一个新信箱
UNSUBSCRIBE	在客户机的活动邮箱列表中去除一个信箱
LSUB	与 LIST 命令相似，但 LSUB 命令只列出那些由 SUBSCRIBE 命令设置的活动信箱
STATUS	查询信箱的当前状态
CHECK	用来在信箱上设置一个检查点
SEARCH	根据指定的条件在处于活动状态的信箱中搜索邮件，然后加以显示
COPY	把邮件从一个信箱复制到另一个信箱
UID	与 FETCH、COPY、STORE 或者 SEARCH 命令一起使用，代替信箱中邮件的顺序号

续表

命　令　名	功　　能
CAPABILITY	请求返回 IMAP 服务器支持的命令列表
NOOP	空操作，防止因长时间处于不活动状态而导致 TCP 连接被中断，服务器对该命令的应答始终为肯定
LOGOUT	当前登录用户退出登录并关闭所有已打开的邮箱，任何标为 DELETED 的邮件都将被删除

有关 IMAP 命令具体的使用方法请参见有关资料，这里不再详述。

说明：IMAP 邮件工作方式适用于有大量邮件需要处理的用户。

17.2　Postfix 邮件系统

在 Linux 平台中，有许多邮件服务器可供选择。目前使用较多的是 Sendmail 服务器、Postfix 服务器和 Qmail 服务器等。Postfix 在快速、易于管理和提供尽可能高的安全性等方面都进行了较好的考虑，同时与历史悠久的 Sendmail 邮件服务器保持了较好的兼容性，因此是架设 Linux 平台下的邮件服务器的较好选择。本节将介绍有关 Postfix 邮件服务器的特点、系统结构、安装和运行等内容。

17.2.1　Postfix 概述

Postfix 是一个由 IBM 资助、由 Wietse Venema 负责开发的自由软件工程产物，它的目的就是为用户提供除 Sendmail 之外的邮件服务器的选择。Postfix 基于半驻留、互操作进程的体系结构，每个进程完成特定的任务，没有任何特定的进程衍生关系，使整个系统进程得到很好的保护。可靠性、安全性、高效率、灵活性、容易使用、兼容于 Sendmail，是 Postfix 的设计目标。

软件的可靠性需要在恶劣的运行环境下才能体现出来，例如，内存或磁盘空间耗尽时，受到攻击时，此时软件是否还能正常运行或者会不会出错，是衡量软件是否可靠的重要标志。Postfix 软件设计时充分考虑到运行过程中可能出现的种种状况，能够事先侦测出不良状况，让系统有机会恢复正常，或者采取各种预防措施，以稳定、可靠的方式应变。

Postfix 软件设计时，设置了多层保护措施来抵御可能的攻击者。"最低权限"这个安全理念在整个 Postfix 系统中都得到了很好的贯彻，每一个可以独立出来的功能，都分别写在了不同的模块里，并以最低的权限在专门的进程上下文环境中独立运行。权限较高的进程，决不会信任没有特权的进程。管理员可以把非必要的模块移出系统或停用，借此提高安全性，同时还减少了维护管理的工作量。

"效率"是 Postfix 设计时提倡的中心理念之一，除了极力提高自身的运行效率以外，Postfix 还尽可能地少占用系统资源，以确保它的运行不会影响到其他系统的运行效率。例如，进程只在需要的时候创建，不需要时马上关闭。尽量减少处理信息时访问文件系统的次数等。

Postfix 采用非常灵活的模块结构，整个系统其实是由多个不同程序与子系统构成的。

每个组件的运行状态都可以通过配置文件进行个别的调整，用户还可以根据需要使用其中的部分模块。另外，由于一个实际的邮件系统还需要很多其他软件的支持。因此，Postfix 还提供了各种接口以便能和其他系统方便地集成。

相对其他邮件系统，特别是 Sendmail 邮件系统，Postfix 的架设与管理要容易得多，它使用易读的配置文件与简单的查询表来管理转换地址、传递邮件等功能。另外，考虑到用户的习惯，Postfix 最大程度地保持了与 Sendmail 的兼容，可以轻易替换掉系统上原有的 Sendmail 邮件系统，不会破坏原本依赖于 Sendmail 的任何应用程序。

17.2.2　Postfix 邮件系统结构

Postfix 由十几个具有不同功能的半驻留进程组成，某一个特定的进程可以为其他进程提供特定的服务。为了安全起见，这些进程之间并无特定父进程和子进程关系。另外，Postfix 还有 4 种不同的邮件队列，由队列管理进程统一进行管理。

1．邮件接收流程

当邮件信息进入 Postfix 邮件系统时，第一站是先到 incoming 队列。如图 17-6 所示，显示了新邮件进入 incoming 队列的主要过程，来自网络的邮件由 smtpd 和 qmqpd 进程接收进入 Postfix 服务器。这两个进程去除了邮件的 SMTP 或 QMQP 协议的封装，并对邮件进行初步的安全检查，以保护 Postfix 系统。然后再把发件人、收件人和消息内容传送给 cleanup 进程。通过配置，可以使 smtpd 进程按照规则拒绝不想要的邮件。

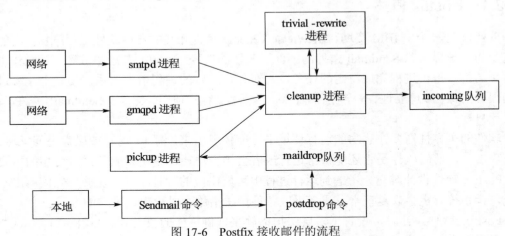

图 17-6　Postfix 接收邮件的流程

Postfix 提供了与 sendmail 兼容的命令，用于接收本地提交的邮件，并通过 postdrop 命令转送到 maildrop 队列。即使 Postfix 邮件系统没有运行的时候，这部分工作也照样进行。本地的 pickup 进程从 maildrop 队列读取邮件消息，经过初步的安全检查后，把发件人、收件人和消息内容传送给 cleanup 进程。

来自内部的邮件消息直接就传送给 cleanup 进程，内部邮件来源包括由 local 分发代理转发的邮件、由 bounce 进程退回的邮件，以及分发给邮件管理员有关 Postfix 系统问题的通知。这些邮件来源未在图 17-6 中表示出来。

邮件进入 incoming 队列前，cleanup 进程要对这些邮件进行最终的处理，包括加上丢失的 From 等信息头、转换邮件地址等工作。可以把 cleanup 进程配置成根据正则表达式只对邮件做轻量级的内容检查。最后，cleanup 把处理后的邮件作为单个文件放入 incoming 队列，并把新邮件的到达消息通知给该队列的管理进程。

trivial-rewrite 进程把邮件地址改写成标准的"用户名@完全域名"形式，当前的 Postfix 并没有实现有关改写的语言。但如果需要，可以利用正则表达式和查询表来实现。以上是有关邮件接收的流程，下面再看一下有关邮件发送的流程。

2．邮件发送流程

邮件的发送流程如图 17-7 所示。队列管理进程 qmgr 是 Postfix 邮件系统的核心，它与 smtp、lmtp、local、virtual、pipe、discard 和 error 等邮件分发代理进程进行联系，要求它们根据收件人地址进行分发。discard 和 error 进程用于丢弃或退回邮件，图 17-7 中未显示。

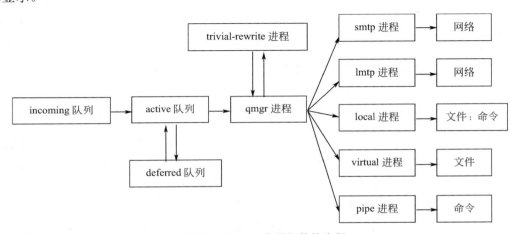

图 17-7　Postfix 发送邮件的流程

qmgr 进程还要维持一个相对较小的 active 队列，这个队列保存了正在进行发送处理的邮件。还有一个队列是 deferred 队列，它保存着暂时不能分发的邮件，以便 Postfix 能够腾出时间把能发的先发掉，从而提高整体速度。暂时不能分发的邮件以后还要根据一定的策略进行重发。

trivial-rewrite 进程可以依照所定义的当地或远程地址类分析每一个收件人的地址信息，还可以根据传输表加上有关的路由信息，还能查询 relocated 表以确定收件人地址已发生改变的邮件，这样的邮件会退回给发件人，并附上一个解释。

smtp 进程能根据目的主机寻找一个邮件接收服务器的列表，并按照一定的规则进行排序，再逐一与这些邮件服务器进行连接尝试，直到得到响应。然后把发件人、收件人和邮件内容通过 SMTP 协议封装起来，包括把 8 位的 MIME 编码转换为 7 位。

lmtp 进程的功能与 smtp 进程基本上一样，但采用的是 LMTP 协议。LMTP 也称为本地邮件传输协议，它是 SMTP 协议的优化版本，用于 Cyrus 等邮件服务器。它的优点是一台 Postfix 服务器可以同时发送邮件给其他邮件服务器。反过来也一样，一台 Postfix 服务器可以同时接收其他邮件服务器发送过来的邮件。

local 邮件分发代理进程能够理解各种各样的邮件格式，并对这些邮件进行分发。多个

local 进程可以同时运行，但给同一用户的同时分发数量是有限制的。local 进程能够进行各种形式的分发，通过配置，可以使它把邮件分发到用户的信箱里，也可以分发给 procmail 等外部的邮件客户端，或者也可以分发给其他的 Postfix 分发代理进程。

virtual 分发代理只能分发到 UNIX 类的邮箱或 qmail 类的邮件目录。它可以为各个子域分发邮件，因此特别适合工作在一台主机上有许多小型子域的场合。pipe 邮递进程提供了与其他邮件系统的外部接口，这个接口是 UNIX 兼容的，它通过管道给其他命令提供邮件内容，并得到返回码。

3. 其他进程

除了图 17-6 和图 17-7 所示的进程外，Postfix 邮件还可能运行着其他一些进程，这些进程有的提供了对邮件的额外检查，有的提供了附加的功能，还有一些提供了 Postfix 命令的接口。其中，最重要的一个进程是 master 进程，它监控着整个邮件系统中其他进程的工作，以 root 用户身份运行。master 进程在运行"postfix start"命令时启动，一直运行到整个系统退出。

📢说明：所有其他的进程都是 master 进程启动的，它们都以 postfix 用户身份运行。

17.2.3　Postfix 服务器软件的安装与运行

在 RHEL 6 发行版中提供了 Postfix 服务器软件的 RPM 包，并且默认安装了。如过用户想要安装源码包，需要通过 Internet 下载。为了能够使用更加灵活的安装方式，建议直接从 http://www.postfix.org/download.html 下载源代码进行安装，目前最新的版本是 2.9.0 版，文件名是 postfix-2.9.4.tar.gz。下载完成后，通过以下命令进行解压：

```
# tar -zxvf postfix-2.9.4.tar.gz
```

解压完成后，出现 postfix-2.9.4 目录，所有的源代码文件都在该目录中。为了使 Postfix 的安装和运行能顺利进行，先用以下命令创建所需的用户与用户组。

```
# useradd -g postfix -g 3001 postfix
# useradd -g postdrop -g 3002 postdrop
# groupadd -g postfix -u 3001 -s/sbin/nologin-M postfix
# groupadd -g postdrop -u 3002 -s/sbin/false -M postdrop
```

为了使 smtpd 进程能顺利运行，还要用以下命令创建/etc/aliases.db 文件。

```
# newaliases
```

为了实现与其他系统集成等目的，可以通过"make -f Makefile.init makefiles ……"的形式指定很多的编译选项。但为了简单起见，现在先不指定任何选项，所有的选项均采用默认值进行编译，命令如下：

```
# make
# make install
```

"make install"命令将调用执行名为 postfix-install 的脚本文件，这个文件要完成大部分的安装工作。在安装过程中，先要指定很多的目的安装目录，具体如下所示。

```
install_root: [/]
tempdir: [/root/postfix-2.9.4]
config_directory: [/etc/postfix]
command_directory: [/usr/sbin]
daemon_directory: [/usr/libexec/postfix]
data_directory: [/var/lib/postfix]
html_directory: [no]
mail_owner: [postfix]
mailq_path: [/usr/bin/mailq]
manpage_directory: [/usr/share/man]
newaliases_path: [/usr/bin/newaliases]
queue_directory: [/var/spool/postfix]
readme_directory: [no]
sendmail_path: [/usr/sbin/sendmail]
setgid_group: [postdrop]
```

　　每一个目的安装目录均有一个默认值，可以根据需要进行改变。为了简单起见，所有的目录先使用默认值。安装完成后，可以输入以下命令启动有关进程。

```
# /usr/sbin/postfix  start
```

注意：如果 sendmail 进程还在系统中运行，需将先将其中止，否则 postfix 将无法运行。

　　上述命令执行完成后，可以用以下命令查看一下有关的进程情况。

```
# ps -eaf|grep postfix
root      6597     1    0   Dec01    ?    00:00:00 /usr/libexec/postfix/master
postfix   6598    6597   0   Dec01    ?    00:00:00 qmgr -l -t fifo -u
postfix  10182    6597   0   17:15    ?    00:00:00 pickup -l -t fifo -u
root     11245   11008   0   17:47   pts/1  00:00:00 grep postfix
#
```

　　可以看到，初始时 Postfix 启动了 3 个进程。其中，主进程 master 是以 root 用户身份运行的，其他两个进程由 postfix 用户身份执行。再查看一下 25 号端口是否已处于监听状态。

```
# netstat -anp | grep :25
tcp     0     0 0.0.0.0:25          0.0.0.0:*           LISTEN    6597/master
```

　　可见，master 进程在监听 25 号端口。该端口是邮件服务器之间传送邮件时默认的端口，也是客户端发送邮件时与服务器进行连接的默认端口。另一个与客户端连接的 110 端口需要通过其他软件进行监听。为了使 Postfix 服务器能够接受远程客户机的连接，还需要开放防火墙的相应端口。

```
# iptables -I INPUT -p tcp --dport 25 -j ACCEPT
```

　　以上步骤完成后，虽然客户端已经可以通过 25 号端口与 Postfix 服务器进行连接，但此时 Postfix 还不具备基本的邮件功能，需要修改初始配置才能达到收发邮件的目的。

17.3　Postfix 服务器的配置

　　Postfix 服务器的配置相当复杂，而且要牵涉很多邮件系统以外的知识，例如操作系统的用户认证、用户特权、数据库文件、DNS 配置等。本节先从能实现基本功能的最简单配置着手，然后讲述邮件接收域、SMTP 认证等内容。

17.3.1　Postfix 服务器基本配置

Postfix 系统安装完成后，所有的配置文件均存放在/etc/postfix 目录，其中的 main.cf 是主配置文件。初始的 main.cf 配置内容已经可以让 Postfix 系统正常运行，但由于还没有指定一些必需的配置，因此还不能正常地收发邮件。为了使 Postfix 具有初步的邮件收发功能，需要了解并配置以下选项。

myhostname 和 mydomain 选项决定了 Postfix 本身的主机名和域名，它们是配置文件中最基础的配置，很多其他的配置选项需要用到这两项配置。它们以 FQDN 表示，通常情况下，主机名是在域名的基础上再增加一项。例如，当域名是 abc.cn 时，主机名可以是 mail.abc.cn。

myorigin 选项向收件人标示本地提交的邮件的来源，默认是 $myhostname（即 myhostname 选项的值）。这对于一个小系统是合适的，如果这台邮件服务器掌管着由多台机器组成的域时，应该改成 mydomain 的值，或者建立一个在整个域范围内使用的别名数据库。

mydestination 选项指定发往哪些域的邮件将会分发给本地用户，即确定哪些域为本地域。发往这些域的邮件将被传送给 local_transport 选项指定的分发代理，再由这个分发代理根据 /etc/passwd 或 /etc/aliases 等文件寻找收件人。默认情况下，该选项的值是 $myhostname，以及 localhost.$mydomain。

默认情况下，Postfix 将转发从授权网络范围内的客户机到任何目的地的邮件。授权网络范围可以由 mynetworks_style 选项指定，默认时其值是 subnet，表示与 Postfix 服务器在同一个子网内的计算机。但可以指定其他值，也可以由 mynetworks 选项指定具体的主机、子网等。

对于授权范围以外的客户机来说，默认情况下 Postfix 仅仅转发它们发送给授权的目的邮件服务器的邮件。目的邮件服务器由 relay_domains 配置选项指定，其默认值是 mydestination 选项列出的邮件服务器。

上面介绍了 main.cf 配置文件中最基本的选项，配置了这些选项后，再运行 postfix 时，就有了初步的邮件收发功能。下面看一个这些选项的配置例子。

```
Inet_interfaces=10.10.1.29,127.0.0.1    #设置postfix服务监听的IP地址,缺省为all
myhostname = mail.wzvtc.edu
mydomain = wzvtc.edu

# 本地发送邮件时,发件人的主机设为 mail.wzvtc.edu
myorigin = $myhostname

# 发往 mail.wzvtc.edu、localhost.wzvtc.edu 和 localhost 的邮件被认为是发给本地域
mydestination = $myhostname, localhost.$mydomain, localhost

mynetworks_style = subnet                # 授权网络范围是 Postfix 服务器主机所在的子网

# 授权网络范围外的客户机利用 Postfix 转发邮件时,其目的主机只能是 mydestination 指定
  的域以及 163.com 域
relay_domains = $mydestination
relay_domains=163.com
```

```
...
```

以上的配置内容表示 Postfix 服务器本身的域名是 wzvtc.edu，主机名是 mail.wzvtc.edu。在实际应用中，域名 wzvtc.edu 需要经过注册，使 mail.wzvtc.edu 与 Postfix 服务所在的主机 IP 地址建立对应关系，才能正常地在 Internet 上收发邮件。为了学习目的，可以通过本地 DNS 对 mail.wzvtc.edu 进行域名解析，或者直接在/etc/hosts 文件中加入以下一行：

```
10.10.1.29    mail.wzvtc.edu
```

10.10.1.29 是此处 Postfix 服务器所在的主机 IP，以后在其他客户机中如果也需要对 mail.wzvtc.edu 进行解析时，也应该在那台计算机的 hosts 文件中加入以上一行。main.cf 文件中其余的配置内容保持不变，与初始内容一致。然后再通过以下命令重启 Postfix 服务器。

```
# postfix stop
# postfix start
```

为了测试配置效果，先从授权网络以外的客户机通过 25 号端口与 Postfix 服务器建立连接，再通过 SMTP 命令发送邮件。所发的邮件有两种，一种是发给其他域的用户，还有一种是发给本域用户。下面看一下命令的执行过程（数字开头的行是服务器的回应）。

```
C:>telnet 10.10.1.29 25                  //与 Postfix 服务器的 25 号端口进行连接
220 mail.wzvtc.edu ESMTP Postfix
EHLO 192.168.1.146                       // 告诉服务器本机的 IP 地址
250-mail.wzvtc.edu
250-PIPELINING
250-SIZE 10240000
250-VRFY
250-ETRN
250-ENHANCEDSTATUSCODES
250-8BITMIME
250 DSN
MAIL FROM:<test@abc.com>                 //设置邮件的发送者地址
250 2.1.0 Ok
RCPT TO:<ltf@wzvtc.cn>                    //设置邮件的接收者地址为 wzvtc.cn
554 5.7.1 <ltf@wzvtc.cn>: Relay access denied
//由于 wzvtc.cn 没在$relay_domains 内定义,因此被拒绝
RCPT TO:<lintf0610@163.com>
//设置邮件的接收者地址,163.com 已经由$relay_domains 定义
250 2.1.5 Ok                             //因此 Postfix 服务器可以中继转发接受这个邮件
DATA                                     //要求输入邮件正文
354 End data with <CR><LF>.<CR><LF>
testing                                  //邮件正文内容
.                                        //邮件正文内容输入结束
250 2.0.0 Ok: queued as DAF3E855EDC
//Postfix 接受这个邮件到 incoming 队列,编号为 DAF3E855EDC
RCPT TO:<abc@mail.wzvtc.edu>             //再发一封邮件给 mail.wzvtc.edu,这个是本地域
250 2.1.5 Ok
DATA
354 End data with <CR><LF>.<CR><LF>
test                                     //邮件正文内容
.                                        //邮件正文内容输入结束
250 2.0.0 Ok: queued as B8BCD855EDC
//Postfix 接受这个邮件到 incoming 队列,编号为 B8BCD855EDC
quit                                     //退出与 Postfix 服务器的连接
221 2.0.0 Bye
```

以上测试完成后，可以检查一下 lintf0610@163.com 和 abc@mail.wzvtc.edu 两个收件人是否已收到邮件。事实上，lintf0610@163.com 邮箱是收不到以上命令所发的邮件的，因为此处的 wzvtc.edu 并不是真实的 Intenet 上的域名，163.com 域的邮件服务器将拒绝接收不真实域名的邮件服务器所转发的邮件。因此，这个邮件将留在队列中，不断地进行转发重试。这可以在 Postfix 服务器上通过 mailq 命令看到：

```
# mailq
-Queue ID- --Size-- ----Arrival Time---- -Sender/Recipient-------
DAF3E855EDC*     376 Wed Dec  3 05:28:44  test@abc.com
                                          lintf0610@163.com

-- 0 Kbytes in 1 Request.
```

mailq 命令用于显示队列中尚未发出的邮件列表。由以上显示可以看出，发给 lintf0610@163.com 的邮件还留在队列中，而发给 abc@mail.wzvtc.edu 的邮件在队列中没有看到，所以已经成功地发送出去。下面再以 abc 用户登录到 Postfix 服务器，查看一下刚才收到的邮件。

```
[root@localhost mnt]# telnet 10.10.1.29
Trying 10.10.1.29...
Connected to 10.10.1.29.
Escape character is '^]'.
+OK Dovecot ready.
user abc                              //以 abc 用户登录
+OK
pass 123456                          //登录密码为"123456"
+OK Logged in.
list                                 //查看邮件列表
+OK 1 messages:
1 483
.
retr 1                               //收取并查看第一封邮件的内容
+OK 483 octets
Return-Path: <test@abc.com>
X-Original-To: abc@wzvtc.edu
Delivered-To: abc@wzvtc.edu
Received: from 10.10.1.253 (localhost [10.10.1.29])
    by wzvtc.edu (Postfix) with SMTP id 094594C01F1
    for <abc@benet.com>; Wed, 13 Mar 2013 13:08:31 +0800 (CST)
Subject: A Test Mail
Message-Id: <20130313050843.094594C01F1@abc@wzvtc.edu>
Date: Wed, 13 Mar 2013 13:08:31 +0800 (CST)
From: test@abc.com
To: undisclosed-recipients:;

HELLO!
This is a test mail!
.
quit                                 //断开连接并退出
+OK Logging out.
Connection closed by foreign host.
```

mail 是 UNIX 系统中的邮件客户端命令，其功能相当于 Windows 系统中的 Outlook、Foxmail 等邮件客户端。从以上内容可以看到，abc 用户确实收到了刚才测试时发送的邮件。

🔔**注意**：如果刚才用 SMTP 命令发送邮件时，发件人不是 test@abc.com，而仅仅是 test，则当 Postfix 系统处理时，会自动加上 myorigin 配置指令所设的值，即变成 test@mail.wzvtc.edu。

当进行以上测试时，客户机与 Postfix 服务器不在同一个子网，即不在授权网络范围内，所以发送邮件给 relay_domains 指令没有指定的 wzvtc.cn 域时，Postfix 服务器会拒绝转发。下面可以在授权网络范围内的客户机上进行同样的测试，即在客户机 10.10.1.253 上通过 SMTP 连接到 Postfix 服务器，再分别发送 3 个邮件给 ltf@wzvtc.cn、lintf0610@163.com 和 abc@mail.wzvtc.edu。可以看到，Postfix 服务器均能接受邮件的转发请求，但除本地域外，其他域的邮件能不能发送成功还要取决于对方邮件服务器的配置。具体的测试过程这里不再介绍，读者可以自行测试。

另外，上述测试过程中采用的是直接连接到 10.10.1.29，再通过 SMTP 发送邮件的，此时，发给本地用户的邮件都可以成功发送。但如果使用 Outlook、Foxmail 等邮件客户端进行发送测试，则发给本地用户 abc@mail.wzvtc.edu 的邮件是不能成功发送的。这不是 Postfix 的配置原因，而是因为 mail.wzvtc.edu 不是真正的注册域名，它跟 Postfix 服务器所在的主机 IP 地址 10.10.1.29 没有对应关系。因此，Outlook、Foxmail 等所联系的 SMTP 服务器（即发件人账号所在的服务器）无法通过收件人地址联系到 10.10.1.29 主机，因此无法发送。

在 RHEL 6 中，发给系统用户的邮件默认是存放在/var/spool/mail 目录中的，每个系统用户在该目录下都会有一个对应的信箱文件，里面存放了该用户收到的邮件。当系统用户登录后，可以通过 mail 命令对自己信箱进行管理。

17.3.2　Postfix 邮件接收域

一般情况下，Postfix 服务器只是一小部分邮件的最终目的地。这些邮件包括发往 Postfix 服务器所在主机的主机名和 IP 址的邮件，有时也包括发往主机名父域的邮件，这些域也称为规范域，在本地域地址类中进行定义。除了规范域外，Postfix 也可以配置成是许多其他类型域的最终目的地，这些域和 Postfix 服务器的主机名没有直接联系，通常也称为托管域。托管域在虚拟别名域和虚拟邮箱域中定义。

此外，Postfix 还可以配置成其他域的后备邮件网关主机。在通常情况下，Postfix 并不是那些域的最终目的地，只有在那些域的主邮件服务器发生故障时临时接收发往那些域的邮件。当主邮件服务器恢复正常后，再把这些邮件转发给主邮件服务器。这些域在中继域地址类中定义。最后，Postfix 也可以配置成一种邮件中转网关，只为一些授权的用户提供邮件转发服务，这些用户在默认域地址类中定义。

Postfix 有多种形式的邮件账号，最简单的一种是把主机真正的域名加到配置文件的 mydestination 配置选项中，再在操作系统中创建用户账号。于是，user@domain 就成了用户的邮箱地址，这种形式也称为共享域。例如，在 main.cf 中加入以下一行：

```
mydestination = $myhostname  localhost.$mydomain   example.com
```

此时，Postfix 除了接收两个本地域外，还要接收托管域 example.com 的邮件。这种共享域的形式有两个缺点，一是本地域和托管域无法区分，即本地域和托管域如果存在同名账号，则会同时收到发给该账号的邮件。例如，发往 info@myhostname 的邮件同时也会发往 info@example.com。还有一个缺点就是操作系统要管理大量的账号。

为了解决共享域的第一个缺点，可以使用虚拟别名域。也就是把某些账号映射到操作系统账号，再把这些账号归到虚拟别名域中。下面是一个虚拟别名域的例子。

```
1  /etc/postfix/main.cf:
2     virtual_alias_domains = example.com ...other hosted domains...
3     virtual_alias_maps = hash:/etc/postfix/virtual
4
5  /etc/postfix/virtual:
6     postmaster@example.com postmaster
7     info@example.com          joe
8     sales@example.com         jane
9     # Uncomment entry below to implement a catch-all address
10     # @example.com           jim
11     ...virtual aliases for more domains...
```

第 2 行的设置表示 example.com 是一个虚拟别名域。需要注意的是，此时不能把 example.com 列在 mydestination 选项中。第 3 到第 8 行指明了包含虚拟别名的文件位置，此时发给 postmaster@example.com 的邮件将会发给本地用户 postmaster，而发给 sales@example.com 的邮件将会发给本地用户 jane。如果发给文件中没有列出的邮件账号，则会被拒绝。但是，如果把第 9 和第 10 行的注释去掉，则这些邮件都会送给本地账号 jim，这会给垃圾邮件的接收创建条件。

虚拟别名域解决了共享域的第一个缺点，但是每一个邮箱也都还需要一个 UNIX 系统账号。为了解决这个问题，可以采用虚拟邮箱域。此时，虚拟邮箱不需要从一个收件人地址到另一个地址的转换，邮箱的拥有者也不需要是系统用户。下面是一个虚拟邮箱的配置例子。

```
1  /etc/postfix/main.cf:
2     virtual_mailbox_domains = example.com ...more domains...
3     virtual_mailbox_base = /var/mail/vhosts
4     virtual_mailbox_maps = hash:/etc/postfix/vmailbox
5     virtual_minimum_uid = 100
6     virtual_uid_maps = static:5000
7     virtual_gid_maps = static:5000
8     virtual_alias_maps = hash:/etc/postfix/virtual
9
10 /etc/postfix/vmailbox:
11     info@example.com    example.com/info
12     sales@example.com   example.com/sales/
13     # Comment out the entry below to implement a catch-all.
14     # @example.com       example.com/catchall
15     ...virtual mailboxes for more domains...
16
17 /etc/postfix/virtual:
18     postmaster@example.com postmaster
```

第 2 行指定了域 example.com 是虚拟邮箱域，此时，example.com 将不能列在 main.cf 的 mydestination 和 virtual_alias_domains 配置选项中。第 3 行为所有邮箱指定了一个路径前缀，这样做可以防止因配置失误而造成邮件在整个文件系统中分发。

第 4 行和第 10～15 行指明了邮箱路径的查询表，它以虚拟邮件账号地址为索引。在以上配置中，发往 info@example.com 的邮件将会保存在/var/mail/vhosts/example.com/

info 邮箱文件中，而发往 sales@example.com 的邮件会保存在/var/mail/vhosts/example.com/
sales/中。

第 5 行确定了邮箱文件拥有者最小的 UID 是 100，这是一种安全机制，因为 UID 比较
小的用户可能会有比较大的权限，因此，确定最小的 UID 可以减小因为失误而对系统造成
损害的可能。第 6 行和第 7 行指定邮箱文件拥有者的 UID，这里指定的是固定值 5000，表
示所有账号的邮箱文件被同一个操作系统用户拥有。如果希望不同的邮箱文件由不同的用
户拥有，需要建立一个以收件人地址为索引的查询表。

注意：总的来说，Postfix 进程以及用户对邮箱文件要有相应的权限才能正常工作。

如果去掉第 14 行的注释，表示所有发到 example.com 域的邮件如果没有用户接收，都
将发到 catchall 邮箱里。第 8、17、18 行表示在虚拟邮箱域基础上建立的虚拟别名域，这
里的配置表示把发给 example.com 域 postmaster 用户的邮件重定向给本地的 postmaster 用
户，也可以用同样的方法重定向到远程地址。

另外，Postfix 还支持第三方软件对其收到的邮件进行分发，例如 CYRUS、Courier
maildrop 等，此时需要对 main.cf 配置文件中的 virtual_transport 选项进行配置，以便能和
这些第三方软件进行集成，并指定分发方式。配置的例子如下：

```
virtual_transport = lmtp:unix:/path/name # 使用 UNIX 的套接口传输给第三方软件
virtual_transport = lmtp:hostname:port   # 使用 TCP 套接口传输给远程的第三方软件
virtual_transport = maildrop:            # 采用管道命令传输给第三方软件
```

LMTP 是一种与 SMTP 相似的邮件收发协议，它主要用于邮件在本地的分发。Postfix
可以通过 LMTP 把邮件分发给同样也支持 LMTP 的第三方软件。

17.3.3　配置 SMTP 认证

一台功能完整的邮件服务器应该允许用户发送邮件到任何地址，17.3.1 节所配置的
Postfix 服务没有采用认证机制，任何客户机都可以通过 SMTP 与 Postfix 服务器进行连接，
然后通过 RCPT 命令要求 Postfix 服务器转发邮件到收件人的邮件服务器。这就意味着
Internet 上的任何计算机，不需要账号就可以通过邮件服务器向任何信箱发送邮件。

注意：这种工作方式给垃圾邮件的发送带来了很大的方便，不仅会浪费用户的时间，而
　　　且会大量占用网络带宽，造成网络资源的大量浪费。

为了解决这个问题，需要在 SMTP 服务器中使用身份认证机制。也就是说，只有通过
了身份认证的用户才能请求 SMTP 服务器转发邮件到目的地。认证的账号一般与接收邮件
的账号相同，按照配置，可以是操作系统用户，也可以是虚拟用户，或者是保存在数据库
中的用户账号。

目前，比较常用的 SMTP 认证机制是通过 Cyrus SASL 包来实现的。SASL 是 Simple
Authentication and Security Layer 的缩写，它的主要功能是为应用程序提供认证函数库。
Postfix 服务器可以调用这些函数库与邮件服务器主机进行沟通，从而提供认证功能。在
RHEL 6 中，可以通过以下命令查看系统是否已经安装了 Cyrus SASL。

```
# rpm -qa | grep cyrus-sasl
```

如果还没有看到 cyrus-sasl-2.1.23-13.el6.i686 包，可以从 RHEL6 发行版的光盘上把相应文件复制到当前目录后，用以下命令进行安装：

```
# rpm -ivh cyrus-sasl-2.1.23-13.el6.i686.rpm
```

安装完成后，主要产生的文件是/usr/sbin 目录中的 saslauthd，它提供了安全认证功能。为了使用/etc/passwd 文件认证系统用户，需要修改/etc/sysconfig/saslauthd 文件，把其中的 MECH=pam 改为 MECH=shadow，然后通过/etc/init.d 目录下的 saslauthd 脚本文件启动 saslauthd 进程。也可以用以下命令直接启动：

```
# /usr/sbin/saslauthd -m /var/run/saslauthd -a shadow
# ps -eaf|grep sasl
root     12311     1  0 01:41 ?        00:00:00  /usr/sbin/saslauthd     -m
/var/run/saslauthd -a shadow
root     12312 12311  0 01:41 ?        00:00:00  /usr/sbin/saslauthd     -m
/var/run/saslauthd -a shadow
root     12313 12311  0 01:41 ?        00:00:00  /usr/sbin/saslauthd     -m
/var/run/saslauthd -a shadow
root     12314 12311  0 01:41 ?        00:00:00  /usr/sbin/saslauthd     -m
/var/run/saslauthd -a shadow
root     12315 12311  0 01:41 ?        00:00:00  /usr/sbin/saslauthd     -m
/var/run/saslauthd -a shadow
root     12324  6840  0 01:41 pts/1    00:00:00 grep sasl
#
```

可以看到，在默认情况下，启动了 5 个 saslauthd 进程，命令中的-m 选项指定了进程 ID 文件，-a 选项指定了 shadow 为认证方式。为了检验 SASL 安全认证是否已经正常工作，可以输入以下命令进行测试：

```
# /usr/sbin/testsaslauthd -u root -p 123456
0: OK "Success."
#
```

文件/usr/sbin/testsaslauthd 也是 cyrus-sasl 包中的文件，用于检验某一账号是否可以通过 SASL 安全认证。其中，-u 选项指定了用户名，-p 选项指定了密码。从以上例子的结果提示可以看出，root/123456 账号已经成功通过了认证。以上工作完成后，可以通过修改配置文件 main.cf 的以下配置使 Postfix 启用 SMTP 认证功能。

```
...
smtpd_sasl_auth_enable = yes
smtpd_recipient_restrictions = permit_mynetworks,permit_sasl_authenticated,
reject_unauth_destination broken_sasl_auth_clients=yes
smtpd_sasl_security_options = noanonymous
...
```

以上配置中，smtpd_sasl_auth_enable 选项指定是否要启用 SASL 作为 SMTP 认证方式。默认不启用，所以要将该选项值设置为 yes，以启用 SMTP 认证。smtpd_recipient_restrictions 表示通过收件人地址对客户端发来的邮件进行过滤，通常可以有以下几种限制规则。

- ❏ permit_mynetworks：只要邮件的收件人地址位于 mynetworks 参数指定的网段就可以被转发。
- ❏ permit_sasl_authenticated：允许转发通过了 SASL 认证的用户的邮件。
- ❏ reject_unauth_destination：拒绝转发包含未授权的目的邮件服务器的邮件。

broken_sasl_auth_clients 选项表示是否接受非标准的 SMTP 认证。有一些 Microsoft 的 SMTP 客户端（如 Outlook Express 4.x）采用非标准的 SMTP 认证协议，需要将该参数设置为 yes 才可以解决这类不兼容问题。smtpd_sasl_security_options 选项用来限制某些登录的方式，将该选项值设置为 noanonymous 时，表示禁止采用匿名登录方式。

上述配置修改后，在重新启动进程前，还需要检查一下 Postfix 是否已经支持了 SASL 认证，方法如下：

```
# postconf -a
dovecot
#
```

postconf 命令用于输出 Postfix 服务器当前的配置状态，-a 表示输出当前支持的 SASL 认证类型。如上所示，如果只输出 dovecot，而不包括 cyrus，则表明 CYRUS 的 SASL 认证还未被支持，此时还需要重新编译 Postfix 源代码。停止 Postfix 服务器进程，再进入源代码目录后，输入以下命令：

```
make -f Makefile.init makefiles 'CCARGS=-DUSE_SASL_AUTH -DUSE_CYRUS_SASL
-I/usr/include/sasl' 'AUXLIBS= -L/usr/lib/sasl2 -lsasl2 -lz -lm'
make
make install
```

第一条 make 命令加入了很多编译选项，这些选项包含了对 Cyrus SASL 的支持。"make install"命令实际上是对原有 Postfix 文件的更新，步骤与 17.2.3 小节一样。安装完成后，当再执行"postconf -a"时，将会看到 cyrus 输出。

此外，由于当 Postfix 要使用 SMTP 认证时，会读取/etc/sasl2/smtpd.conf 文件中的内容，以确定所采用的认证方式。因此如果要使用 saslauthd 这个守护进程来进行密码认证，就必须确保/etc/sasl2/smtpd.conf 文件中的内容为：

```
pwcheck_method:saslauthd
```

所有的工作完成后，就可以重新启动 Postfix 了。此时，客户机与 Postfix 服务器正常连接后，输入 EHLO 命令时，服务器的回应如下所示。

```
C:\>telnet 10.10.1.29 25
220 mail.wzvtc.edu ESMTP Postfix
ehlo 10.10.1.253
250-mail.wzvtc.edu
250-PIPELINING
250-SIZE 10240000
250-VRFY
250-ETRN
250-AUTH LOGIN PLAIN                    //支持认证
250-AUTH=LOGIN PLAIN                    //支持认证
250-ENHANCEDSTATUSCODES
250-8BITMIME
250 DSN
```

可以发现，当客户端执行 EHLO 命令后，服务器的响应多了两行 AUTH，表明此时的 Postfix 已经支持 SMTP 认证。

17.4　Postfix 与其他软件的集成

17.3 节介绍了 Postfix 服务器本身的配置，但 Postfix 只是承担了邮件系统中的 MTA 功能。一个完整的邮件系统还需要其他很多功能，如 POP/IMAP 服务、Web 界面客户端、邮件账号存储在数据库中，以及过滤垃圾邮件等。这些功能 Postfix 软件并不具备，需要与其他软件配合才能实现。本节将介绍这些第三方软件的安装、运行和配置方法等内容。

17.4.1　用 vm-pop3d 构建 POP3 服务器

Postfix 服务器承担的是 MTA 角色，它可以把邮件投递到用户的信箱，在 UNIX 中可以直接通过 mail 命令查看用户信箱中的邮件，但用户有时更希望能把邮件下载到自己的客户端，以便能以图形界面的形式进行浏览。可以承担 POP3 或 IMAP 服务器的软件很多，如 courier-imapd、cyrus-imapd 等软件包，都在提供 IMAP 服务器的同时，也提供了 POP3 服务器的功能。但这些软件因为功能较多，配置起来相当复杂。下面先以最简单的 vm-pop3d 软件为例，讲述 POP3 服务器的架设。

vm-pop3d 的源代码可以从其官方网站 http://www.reedmedia.net/software/virtualmail-pop3d/下载，目前最新版本是 1.1.6，文件名是 vm-pop3d-1.1.6.tar.gz。下载到当前目录后，可以输入以下命令以默认方式进行解包、编译、链接与安装。

```
# tar -zxvf vm-pop3d-1.1.6.tar.gz
# cd vm-pop3d-1.1.6
# ./configure
# make
# make install
```

安装的过程实际上就是把命令文件 vm-pop3d 复制到/usr/local/sbin 目录，再把帮助手册页文件 vm-pop3d.8 复制到/usr/local/man/man8/目录。由于 vm-pop3d 没有自己的配置文件来设置连接、安全等方面的选项，因此需要通过 inetd 进程进行调用，方法是在/etc/xinetd.d 目录下建立一个名为 vm-pop3d 的文件，并输入以下内容：

```
# more /etc/xinetd.d/vm-pop3d
service pop3
{
    socket_type = stream
    protocol = tcp
    wait = no
    user = root
    instances = 25
    server = /usr/local/sbin/vm-pop3d
    server_args = -u nobody
    log_type = SYSLOG local4 info
    log_on_success = PID HOST EXIT DURATION
    log_on_failure = HOST ATTEMPT
    disable = no
}
```

以上配置中，server 选项指明了让 xinetd 调用/usr/local/sbin/vm-pop3d。user 选项指明了由 root 用户执行 vm-pop3d 进程。由于安全原因，在实际应用中可以创建一个普通用户执行 vm-pop3d 进程，但这个用户应该属于 mail 用户组，或者保证对用户的信箱文件有访问权限。其余的配置选项含义可参见 11.1.6 节。为了使配置生效，需要重启 xinetd 进程。

```
# service xinetd restart
```

由于 pop3 默认监听的是 TCP 的 110 号端口，因此可以用以下命令查看一下该端口是否已经处于监听状态。

```
# netstat -anp|grep :110
tcp       0      0 0.0.0.0:110        0.0.0.0:*        LISTEN      30767/xinetd
```

可见，110 端口已经被 xinetd 进程监听。为了使远程客户可以通过网络访问 POP3 服务器，再输入以下命令开放防火墙的 110 端口。

```
# iptables -I INPUT -p tcp --dport 110 -j ACCEPT
```

以上步骤完成后，还需要设置如何对 POP3 用户进行认证。如果邮箱用户使用的是操作系统用户账号，可以通过 PAM 模块使用/etc/passwd 文件对用户进行认证，具体方法是在/etc/pam.d 目录下创建一个名为 vm-pop3d 的文件，内容如下所示。

```
# more /etc/pam.d/vm-pop3d
#%PAM-1.0
auth required /lib/security/pam_unix.so shadow
account required /lib/security/pam_unix.so
#
```

下面可以通过 telnet 命令对 POP3 服务器进行测试（假设有一个系统用户 abc，已经在 17.3.1 节的测试中收到了一封邮件）。

```
C:\>telnet 10.10.1.29 110            //与 POP3 服务器的 110 端口进行连接
+OK POP3 Welcome to vm-pop3d 1.1.6 <32450.1228476145@localhost.localdomain>
user abc                  //用户名
+OK
pass abc                  //密码
+OK opened mailbox for abc
stat                      //列出邮箱中的邮件数和总字节数
+OK 1 442
list 1                    //列出第一封邮件的字节数
+OK 1 442
retr 1                    //读取第一封邮件的内容
+OK
Return-Path: <test123@wzvtc.cn>
X-Original-To: abc@mail.wzvtc.edu
Delivered-To: abc@mail.wzvtc.edu
Received: from er23r23 (unknown [10.10.91.252])
       by mail.wzvtc.edu (Postfix) with ESMTP id 754A3855EE1
       for <abc@mail.wzvtc.edu>; Fri,  5 Dec 2008 19:21:28 +0800 (CST)
Message-Id: <20081205112158.754A3855EE1@mail.wzvtc.edu>
Date: Fri,  5 Dec 2008 19:21:28 +0800 (CST)
From: test123@wzvtc.cn
To: undisclosed-recipients:;

testing

.
dele 1                    //给第一封邮件做上删除标志
```

```
+OK Message 1 marked
stat
+OK 0 0
quit                              //退出,并真正删除做上删除标志的邮件
+OK
```

系统用户 abc 默认的信箱文件是/var/spool/mail/abc。在以上测试中，系统账号 abc 登录到 POP3 服务器，再通过 POP3 命令从信箱中读取了邮件，再把邮件删除。相应地，信箱文件 abc 的字节数将会发生变化。也可以通过 Foxmail 邮件客户端进行测试，此时有关 POP3 服务器的设置如图 17-8 所示。

图 17-8　Foxmail 账号管理中的 POP3 服务器设置

以上设置完成后，单击工具栏上的"发送/接收"按钮，也可以从信箱读取邮件。

🔊说明：实际上，当使用 Outlook Express 读取邮件时，向 POP3 服务器发送的命令和前面手工测试时是差不多的，只不过都是由 Outlook Express 自动完成的，不需要人工输入。

17.4.2　用 Dovecot 架设 POP3 和 IMAP 服务器

用 vm-pop3d 架设 POP3 服务器非常简单，但提供的功能比较有限，而且不能提供 IMAP 服务器的功能。下面再介绍一款能同时提供 POP3 和 IMAP 服务的 Dovecot 软件，它也是一种可以在 Linux 下运行的开源软件，把安全作为主要的设计目标，而且速度快，占用内存小，配置简单，可以在各种规模的场合使用。可以使用下面的命令检查系统是否已经安装了 dovecot 软件包。

```
# rpm -qa|grep dovecot
```

RHEL 6 默认没有安装 dovecot 软件包，可以从发行版的光盘中把 dovecot-2.0.9-2.el6_1.1.i686.rpm 包文件复制到当前目录，再用以下命令安装 dovecot 软件包。

```
# rpm -ivh /mnt/Packages/dovecot-2.0.9-2.el6_1.1.i686.rpm
```

安装以上 dovecot 软件包时，还需要 perl-DBI 和 mysql 软件包的支持，应该要事先安装这两个软件包。安装完成后，为了启用 dovecot 服务，还需要对主配置文件/etc/dovecot.conf 文件做一下修改，即在初始的/etc/dovecot.conf 文件中加入以下内容。

```
protocols = imap pop3            # 启用 IMAP 和 POP3 服务器
ssl_disable = yes                # 禁用 SSL 安全链接
passdb passwd {                  # 选用/etc/passwd 认证文件
}
passdb shadow {                  # 选用/etc/shadow 认证文件
}
```

这些配置指令在初始配置文件中均已经存在，只是原来是被注释了，现在把注释去掉即可。在初始配置文件中还有很多内容，说明 dovecot 的功能是相当丰富的。以上步骤完成后，可以通过以下命令启动 dovecot 服务，进行检验。

```
# /etc/rc.d/init.d/dovecot start
# ps -eaf|grep dovecot
root      7137     1     0    06:29     ?            00:00:00   /usr/sbin/dovecot
root      7140  7137     0    06:29     ?            00:00:00   dovecot-auth
dovecot   7204  7137     0    06:30     ?            00:00:00   imap-login
dovecot   7271  7137     0    06:32     ?            00:00:00   pop3-login
dovecot   7305  7137     0    06:33     ?            00:00:00   pop3-login
dovecot   8285  7137     0    07:03     ?            00:00:00   imap-login
dovecot   8286  7137     0    07:03     ?            00:00:00   imap-login
dovecot   8293  7137     0    07:03     ?            00:00:00   pop3-login
root      8614  5082     0    07:12     pts/2        00:00:00   grep dovecot
```

可以看到，dovecot 服务包含了两个 root 用户运行的进程，以及 6 个 dovecot 用户运行的进程。dovecot 用户是在安装 dovecot 软件包时自动创建的。

注意：如果原来的 vm-pop3d 还在运行的，要先停掉，否则，端口 110 的监听将会出现冲突。停止 vm-pop3d 的方法是把/etc/xinetd.d/vm-pop3d 中的 disable 选项的值由 no 改为 yes，再重启 xinetd 进程。

下面再看一下 POP3 服务和 IMAP 服务相应的默认端口号是否已经处于监听状态。

```
# netstat -anp|grep :110
tcp    0    0 :::110                    :::*            LISTEN    7137/dovecot
# netstat -anp|grep :143
tcp    0    0 :::143                    :::*            LISTEN    7137/dovecot
#
```

可见，110 端口和 143 端口均已由 dovecot 进程进行监听。为了向远程用户提供服务，如果主机有防火墙的，还要用以下命令开放这两个端口。

```
# iptables -I INPUT -p tcp --dport 110 -j ACCEPT
# iptables -I INPUT -p tcp --dport 143 -j ACCEPT
```

可以从远程客户机连接到 dovecot 服务器主机，再通过命令测试 dovecot 服务是否已经正常运行。POP3 服务的测试过程见 17.4.1 节。下面看一下 IMAP 服务器的测试过程。

```
C:>telnet 10.10.1.29 143             //连接到 IMAP 服务器
* OK Dovecot ready.                  //提示连接成功
A LOGIN abc abc                      //用账号 abc/abc 进行登录
```

```
A OK Logged in.                    //提示登录成功
A SELECT INBOX                     //选择 INBOX 信箱
* FLAGS (\Answered \Flagged \Deleted \Seen \Draft)
* OK [PERMANENTFLAGS (\Answered \Flagged \Deleted \Seen \Draft \*)] Flags
permit
ted.
* 2 EXISTS
* 2 RECENT
* OK [UNSEEN 1] First unseen.
* OK [UIDVALIDITY 1228602613] UIDs valid
* OK [UIDNEXT 6] Predicted next UID
A OK [READ-WRITE] Select completed.
A FETCH 1 body[header]             //提取第一封邮件内容
* 1 FETCH (FLAGS (\Seen \Recent) BODY[HEADER] {696}
Return-Path: <ltf@wzvtc.cn>
X-Original-To: abc@mail.wzvtc.edu
Delivered-To: abc@mail.wzvtc.edu
Received: from jujumao (unknown [192.168.1.146])
        by mail.wzvtc.edu (Postfix) with SMTP id 9B025855EF8
        for <abc@mail.wzvtc.edu>; Sun, 7 Dec 2008 07:33:17 +0800 (CST)
Message-ID: <001801c957b7$0ed03e90$640110ac@jujumao>
From: "ltf" <ltf@wzvtc.cn>
To: <abc@mail.wzvtc.edu>
Subject: test
Date: Sat, 6 Dec 2008 23:25:02 +0800
MIME-Version: 1.0
Content-Type: multipart/alternative;
        boundary="-----_NextPart_000_0012_01C957F9.DCFCFB90"
X-Priority: 3
X-MSMail-Priority: Normal
X-Mailer: Microsoft Outlook Express 6.00.2900.3138
X-MimeOLE: Produced By Microsoft MimeOLE V6.00.2900.3350

)
A OK Fetch completed.
A LOGOUT
* BYE Logging out                  //退出
A OK Logout completed.
```

也可以在 Foxmail 中进行测试，此时在配置邮件账户时，要在如图 17-9 所示的设置对话框中选择接收邮件器是 IMAP 服务器，而不是默认的 POP3 服务器。

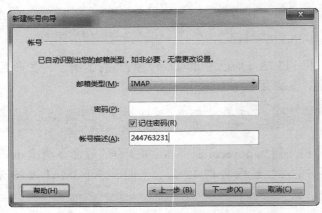

图 17-9　在 Foxmail 中设置 IMAP 账号

当配置 dovecot 与 Postfix 集成服务时，最重要的是有关认证方式和邮箱位置的配置。在 dovecot 的配置文件/etc/dovecot.conf 中提供了所有配置选项的例子，并有详细的解释，用户根据需要去掉注释，再做少量修改即可。

17.4.3　使用 MySQL 存储邮件账号

除了可以使用操作系统账号作为邮件账号以外，Postfix 还可以使用其他形式存储邮件账号。一种是 DBM 或 Berkeley DB 格式的本地文件，还有一种是利用网络数据库。其中，使用网络数据库可以拥有更多、更方便的账号管理方法，也可以很方便地与其他软件集成。下面讲述如何使用 MySQL 数据库来存储 Postfix 邮件账号。

为了使用 MySQL 数据库存储邮件账号，先要理解 Postfix 的查询表。Postfix 把查询表用于存储和查找各种信息的媒介，所有的查询表都以 type:table 的形式表示。其中，type 是某一种数据库的类型，包括 hash、ldap、mysql、nis、tcp 等，而 table 表示查询表的名称，在 Postfix 有时也称为数据库。下面是在 main.cf 中定义查询表的几个例子。

```
alias_maps = hash:/etc/postfix/aliases                    # 本地别名查询表
header_checks = regexp:/etc/postfix/header_checks         # 内容过滤查询表
transport_maps = hash:/etc/postfix/transport              # 路由查询表
virtual_alias_maps = hash:/etc/postfix/virtual            # 地址重写查询表
```

在以上配置中，为各种配置选项指定了一个查询表，Postfix 执行这些配置选项指定的功能时，将从相应的查询表中根据索引键查找指定的值。这种机制实际上用简单的接口实现了复杂的系统集成功能，给用户提供了极大的方便。另外，在配置 Postfix 时，可以先使用简单的 Berkeley DB 等本地文件作为查询表，成功后再移植到复杂的 MySQL 等数据库系统中，此时，Postfix 的配置几乎不需要改变。

🔔 说明：可以把固定的查询表建立在本地文件中，而把频繁变化的查询表建立在数据库系统中，这样可以提高性能，方便管理。

Postfix 的查询表可以使用 MySQL 类型，这样就可以把虚拟账号、访问控制信息、别名等存储在 MySQL 数据库中。还可以把这些表保存在多个 MySQL 数据库中，当一个数据库出现故障时，能马上切换到另一个数据库，以提高系统的可靠性。当 Postfix 服务器非常繁忙时，可能会产生很多并发的 MySQL 客户连接。因此，当使用 MySQL 作为 Postfix 的查询表时，要充分考虑到这种情况。如果可能，应该使用 Postfix 的 proxymap 服务降低并发连接数。

为了使 Postfix 支持 MySQL 数据库，需要在编译时加入相应的编译选项，同时还需要 MySQL 客户端库文件的支持。如果没有安装 MySQL 客户端接口库文件，可以从 http://www.mysql.com/downloads 处下载。当编译 Postfix 时，除了要指出这些 MySQL 库和头文件的位置外，还要加入-DHAS_MYSQL 选项，具体命令如下所示。

```
# make -f Makefile.init makefiles \
   'CCARGS=-DHAS_MYSQL -I/usr/local/mysql/include' \
'AUXLIBS=-L/usr/local/mysql/lib -lmysqlclient -lz -lm'
# make
# make install
```

按以上编译选项重建 Postfix 后，就可以支持 MySQL 数据库了，具体方法是在 main.cf
配置文件中加入类似以下内容。

```
alias_maps = mysql:/etc/postfix/mysql-aliases.cf
```

以上配置指定了一个本地别名的 MySQL 类型的查询表。文件/etc/postfix/mysql-
aliases.cf 包含很多关于怎样去访问 MySQL 数据库的信息，下面是这个文件的一些例子
内容。

```
# 下面是登录到 MySQL 数据库的用户名和密码
user = someone
password = some_password

# 确定使用 MySQL 的哪一个数据库
dbname = customer_database

# SQL 查询语句的模板
# 语句中的%s 表示 Postfix 引用查询表时的索引键
query = SELECT forw_addr FROM mxaliases WHERE alias='%s' AND status='paid'

# 如果使用 Postfix2.2 以前的版本，以上的 SQL 语句要用下面这种形式
select_field = forw_addr
table = mxaliases
where_field = alias
# Don't forget the leading "AND"!
additional_conditions = AND status = 'paid'
```

以上只是 MySQL 数据库接口文件的基本内容，根据需要，可以配置成使用多个 MySQL
数据库查询表。也可以使同一个查询表位于多个数据库内，当一个数据库出现故障时，可
以使用另一个数据库，以提高可靠性。

17.4.4　用 Squirrelmail 构建 Web 界面的邮件客户端

除了用 Outlook Express、Foxmail 等邮件客户端收发电子邮件外，还有一种流行的方
式是使用 Web 界面的邮件客户端。它的优点是客户机上只需要有浏览器即可，不需要安装
其他软件。为了能让用户使用 Web 界面的客户端，首先需要架设 Web 服务器，然后还需
要采用 Web 语言编写一组 Web 程序，这组 Web 程序与邮件服务器进行交互，帮助用户使
用 Web 页面的方式收发邮件。

可以使 Postfix 服务器和 Web 服务器进行对接的接口程序有很多种，其中的 Squirrelmail
软件包具有功能强大、配置灵活、开源等特点。下面就以 Squirrelmail 为例介绍一下 Web
界面邮件客户端的安装、使用和配置方法（该软件源码包可以通过 http://www.squirrelmail.
org 网站下载）。该软件名为 squirrelmail-webmail-1.4.22.tar.gz。

```
tar zxvf squirrelmail-webmail-1.4.22.tar.gz -C /usr/local/apache2/htdocs/
cd /usr/local/apache2/htdocs/
mv squirrelmail-webmail-1.4.22/ webmail
cd webmail/
mkdir -p attach data
chown -R daemon:daemon attach/ data/
chmod 730 attach/
cp -p config/config_default.php config/config.php
vi config/config.php
```

```
$squirrelmail_default_language = 'zh_CN';
$default_charset = 'zh_CN.UTF-8';
$domain = 'baidu.com';
$imapServerAddress = 'localhost'
$smtpPort = 25;
$imap_server_type = 'dovecot';
$imapPort = 143;
$data_dir = '/usr/local/apache2/htdocs/webmail/data/';
$attachment_dir = '/usr/local/apache2/htdocs/webmail/attach/';
/usr/local/apache2/bin/apachectl start
```

安装完成后，重启 Apache 服务器。然后，在地址栏中输入"http://主机名/webmail"，将会出现 Squirrelmail 的登录页面如图 17-10 所示。

图 17-10　Squirrelmai 的登录页面

当然，由于此时还没有配置 Squirrelmail 与邮件服务器的连接，还不能使用 Squirrelmail 进行邮件收发。Squirrelmail 的主配置文件是/etc/squirrelmail/config.php，可以直接修改该文件对 Squirrelmail 进行配置，但最常见的还是使用 Squirrelmail 提供的配置工具进行配置。在/usr/local/apache2/htdocs/webmail/config 目录下有一个名为 conf.pl 的文件，它是用 pl 语言编写的一个程序，可以以菜单方式让用户修改 Squirrelmail 的配置。可以通过"perl conf.pl"命令执行这个文件，此时将会出现以下菜单界面。

```
SquirrelMail Configuration : Read: config.php (1.4.0)
--------------------------------------------------------
Main Menu --
1.  Organization Preferences
2.  Server Settings
3.  Folder Defaults
4.  General Options
5.  Themes
6.  Address Books
7.  Message of the Day (MOTD)
8.  Plugins
9.  Database
10. Languages

D.  Set pre-defined settings for specific IMAP servers

C   Turn color off
S   Save data
```

```
Q    Quit

Command >>
```

在以上主菜单项目中，需要设置的内容主要有以下几个。

选择 D 以后，再选择所要连接的 IMAP 服务器。Squirrelmail 要通过 IMAP 协议读取用户的信箱，然后再把信箱中的邮件以 Web 界面的形式提供给用户管理。因此，在使用 Squirrelmail 以前，要先架设好一个能正常工作的 IMAP 服务器。前面已经用 dovecot 架设了 IMAP 服务器，因此，此处选择 dovecot 选项，然后按下任意键返回到主菜单。

在主菜单界面下，按下数字 2，可以进入服务器设置子菜单。由于前面已经对 IMAP 服务器做了预设置，因此这里只需要将服务器的域名（子菜单项 1）修改为 mail.wztvc.edu，将发送邮件的方式（子菜单项 3）改为 SMTP，然后按下 S 键保存数据，再按下 R 键返回到主菜单。

选择主菜单项 10，进入语言设置子菜单。这里可将默认语言（子菜单项 1）改为 zh_CN（中文），将默认字符集（子菜单项 2）改为 gb2312。这样设置后，Squirrelmail 就可以提供对中文的支持，而且所有的提示都变为中文。

返回主菜单后，再选择主菜单项 S，即可将所做的修改同时保存在文件/usr/local/apache2/htdocs/webmail/config/config.ph 和/usr/local/apache2/htdocs/webmail/config ure/config. php 中，实际上后者是前者的符号链接文件。以上根据实际情况对 squirrelmail 的基本配置做了修改，其他的配置根据需要也可以做进一步修改，特别是在主菜单选项 8 中，可以选择安装各种插件。配置完成后，需要用以下命令重启 Apache 服务器，使配置生效。

```
# /usr/local/apache2/bin/apachectl restart
```

💭注意：如果强制使用了 SELinux，为了使 Apache 能通过网络连接到 IMAP 服务器，可能还需要执行以下命令改变操作系统参数设置。

```
# setsebool -P httpd_can_network_connect=1
```

最后在如图 17-10 所示的 Squirrelmail 登录界面中输入用户名和密码，正常情况下，可以出现如图 17-11 所示的 Squirrelmail 主界面。

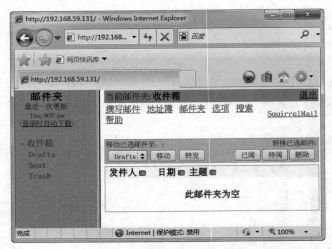

图 17-11　Squirrelmail 主界面

Squirrelmail 需要和其他软件配合才能正常工作，包括支持 PHP4 的 Apache 服务器、Postfix 服务器、用 dovecot 安装的 IMAP 服务器等。因此，如果运行时出现问题，除了从自身寻找原因外，还要注意其他服务器工作是否正常。

17.4.5　用 procmail 过滤邮件

电子邮件是互联网上最重要的通讯手段和工具之一。但从电子邮件诞生的那天起，人们就为经常收到无用的垃圾邮件而苦恼。这些垃圾邮件不仅传播病毒，而浪费了大量的网络带宽、系统资源。据统计，世界上每年由于垃圾电子邮件给人们带来的损失就高达数百亿美元。下面简单介绍一下如何利用 procmail 来对付垃圾邮件。

电子邮件系统的功能是用来接收和发送电子邮件，在 Linux 平台下最常见的是使用 Sendmail、Postfix、Qmail 等作为 MTA，再加上某种 POP3/IMAP 服务器，就可以构成一个基本的邮件系统。但是这样的系统对付垃圾邮件还是无能为力的，虽然 postfix 自带了黑白名单等过滤邮件的功能，但由于规则比较简单，过滤垃圾邮件的效果和功能都很一般。因此，还需要借助第三方的软件来承担反垃圾邮件的任务。在 Linux 平台下的开源软件中，procmail 无疑是最好的选择。

Procmail 是一个可以自定义的强大的邮件过滤工具。系统管理员可以通过在客户端或者服务器端配置 Procmail 来对付恼人的垃圾邮件。在 RHEL 6 操作系统中，procmail 邮件过滤程序一般默认已经安装，可以用以下命令查看：

```
# rpm -qa|grep procmail
procmail-3.22-25.1.el6.i686
#
```

以上提示表明，3.22 版的 procmail 已经安装在系统中。如果没有看到上述结果，可以在 RHEL 6 发行版的安装光盘找到 procmail-3.22-25.1.el6.i686.rpm，再进行安装，也可以从 http://www.procmail.org/下载源代码进行编译安装。

安装完成后，需要对 procmail 进行配置。Procmail 有两种形式的配置文件，一种是作用于全局的配置文件，是/etc 目录下的 procmailrc 文件。还有一种是只和某个用户相关的配置文件，位于每个用户的主目录下，文件名也是 procmailrc，它只对过滤该用户的邮件起作用。

procmail-3.22-25.1 软件包安装完成后，/etc/procmailrc 文件是不存在的，需要用户按照自己的要求建立该文件。为了方便用户，procmail 软件包在/usr/share/doc/procmail-3.22/examples 目录下提供了几个例子配置，用户可以根据自己的情况进行修改，然后复制到相应的目录。

procmail 的过滤规则主要由各种 recipe 组成，recipe 的格式如下：

```
:0 [flags] [ : [locallockfile] ]
[condition(每行一个)]
<action(只有一行)>
```

第一行的 ":0" 表示一个新的 recipe 开始。后面的那个 ":" 表示对文件进行锁定，避免多个 procmail 程序对相同的文件进行操作。所有的 flags 可以参见 procmailrc 的帮助手册页，下面列出几个常见的标志。

- ❑ H 对邮件的头部进行检查（默认）。
- ❑ B 对邮件的正文进行检查。
- ❑ h 把邮件头的数据放入管道、文件或其他邮件并导向到在后面规则中指定的地方。
- ❑ b 把邮件正文的数据放入管道、文件或其他邮件并导向到在后面规则中指定的地方。
- ❑ D 区分字母大小写。

conditions 可以有多行，每行都以“*”开头。如果处理时使用正则表达式进行匹配，还有其他可用的符号。例如，以“<”开头可以检查邮件的长度是否小于给定的值。其他所有的 conditions 可以参见 procmailrc 的帮助手册页。

接下来是 action 行，如果以“!”开头，则把邮件转发到指定的地址。如果是以“|”开头，则是启动相应的程序。以“{”开头则可以指定嵌套的 recipe，后面还要有一个对应的“}”。其他情况则被视为本地信箱，邮件将发送到这个信箱。此时，如果内容是一个目录，则信箱是 maildir 格式，如果是文件，则是 mbox 格式。

除了 recipe 外，procmailrc 配置文件还可能包含一些环境变量，常用的环境变量有以下几个。

- ❑ PATH：检索执行文件的路径。
- ❑ SENDMAIL：系统中 sendmail 的路径，也可以是 postfix 链接的 sendmail 路径。
- ❑ VERBOSE：打开或关闭详细日志信息。
- ❑ LOGFILE：指定日志文件，默认为/var/log/procmail.log。
- ❑ ORGMAIL：用户的主目录，默认为/var/mail/$LOGNAME。
- ❑ DEFAULT：系统放信箱文件的位置，默认和$ORGMAIL 相同。
- ❑ MAILDIR：procmail 工作和执行的目录，默认为$HOME 目录。

下面再看一个具体的 procmailrc 配置文件例子，各语句的含义见注释。

```
PATH=/bin:/sbin:/usr/bin:/usr/sbin:/:/usr/local/bin:/usr/local/sbin
VERBOSE=on
#在不完全了解系统的环境变量前,请不要修改
ORGMAIL=/var/spool/mail/$LOGNAME            # 指定用户邮箱文件的位置
#MAILDIR=$HOME/
#DEFAULT=$ORGMAIL
#LOGFILE=/var/log/procmail.log

:0                          # 开始一个 recipe
* ^From.*@uunet             # 来自 uunet 域的邮件
uunetbox                    # 都将发到$MAILDIR/uunetbox 信箱文件中

#下面的规则是用于过滤含 SirCam Virus 病毒的邮件
:0 Bh                       # 每个:0 表示一个规则的开始,用空格和检查的内容隔开
*I send you this file in order to have your advice
                            # 如果邮件正文内容包含该字符串
/dev/null                   # 就把邮件放到/dev/null 文件夹中,实际上是删除了该邮件

#下面是一个过滤附件的例子
:0 Bh
* ^Content-Type: audio/x-wav;  # 如果附件的 MIME 类型是 audio/x-wav
* name="readme.exe"            # 并且文件名是 readme.exe
/dev/null                   # 就把邮件放到/dev/null 文件夹中,实际上是删除了该邮件
```

```
#下面是过滤特定的邮件头,并把邮件内容放到指定的/mailhome/box 文件中
:0
* ^Subject:.*test        # 如果邮件的主题包含 test
/mailhome/box            # 则放到/var/spool/mail/test 信箱文件中

#下面是一个使用"{"和"}"嵌套 recipe 的例子
:0
* ^Subject:.*Hello
{
0:
/dev/null
}
```

　　为了能让 Postfix 服务器调用 procmail 进行邮件过滤,还需要在 Postfix 的配置文件 main.cf 中进行设置。在 main.cf 中,包含了 mailbox_command 这样一个配置选项,它指明了 Postfix 的 local 进程将调用哪个命令分发本地邮件,默认等于空,表示由 local 进程自己分发本地邮件。如果把它指定为 procmail,则本地邮件的分发将交给 procmail 程序执行,于是,前面所设定的 procmail 过滤规则就可以起作用了。具体的设置如下所示。

```
mailbox_command = /usr/bin/procmail
```

　　当 procmail 进程被 Postfix 调用时,可以使用由 Postfix 导入的一些环境变量。

　　说明:procmail 进程是以收件人的身份运行,但发给 root 用户的邮件并不是以 root 权限运行,而是使用 default_privs 选项指定的权限值。

17.5　小　　结

　　电子邮件是 Internet 上一项非常重要的应用,因此架设邮件服务器也是网络管理员经常要做的一项重要工作。本章首先介绍了有关邮件系统的工作原理,包括邮件系统的组成和传输流程以及几种重要的邮件协议。接着讲述了 Postfix 邮件服务器的架设方法,包括它的系统结构介绍、服务器软件的安装、运行和配置方法。最后鉴于一个完整的邮件系统还需要集成其他一些软件,又介绍了 Postfix 与 vm-pop3d、Dovecot、MySQL、Squirrelmail 和 procmail 的集成方法。

第 18 章　共享文件系统

在网络环境下，通过 FTP 实现了在不同操作系统的主机之间相互传输文件。但有时用户还希望两台计算机之间的文件系统能够更加紧密地结合在一起，让一台主机上的用户可以像使用本机的文件系统一样使用远程机的文件系统，这种功能可以通过共享文件系统来实现。本章主要介绍 NFS 和 Samba 这两种类型的文件共享服务。

18.1　NFS 服务的安装、运行与配置

NFS（Network File System，网络文件系统）是历史最为悠久的文件共享协议之一，其目的是让网络环境下的不同主机之间彼此可以共享文件。本节将介绍 NFS 服务器的安装、运行、配置，以及客户端使用 NFS 的方法等内容。

18.1.1　NFS 概述

NFS 最初是由 Sun Microsystems 公司于 1984 年开发出来的，它的功能是让整个网络共享某些主机的目录和文件。由于 NFS 使用起来非常方便，因此很快得到了大多数 UNIX 类系统的支持。目前，很多非 UNIX 类的操作系统也对 NFS 提供了支持，IETE 的 RFC1904、RFC1813 和 RFC3010 标准描述了 NFS 协议。

NFS 采用客户端/服务器工作模式。NFS 服务器相当于一台文件服务器，可以将自己文件系统中的某个目录设置为输出目录，然后客户端就可以将这个目录挂载到自己文件系统的某个目录下。以后客户端对这个目录下的文件进行各种操作，实际上就是对 NFS 服务器上的输出目录进行操作，而且操作方法和对本地文件系统的操作方法没有区别。

如图 18-1 所示，NFS 服务器将/nfs/public 目录设置为共享目录，客户端 A 和客户端 B 都可以将服务器的这个共享目录挂载到自己的文件系统中，客户端 A 将其挂载在/mnt/nfs 目录，而客户端 B 将其挂载在/home 目录。于是，当客户端 A 和客户端 B 分别进入自己的/mnt/nfs 和/home 目录时，实际上都是进入了 NFS 服务器的/nfs/public 目录。只要有相应权

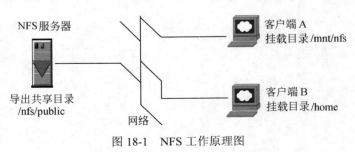

图 18-1　NFS 工作原理图

限，就可以使用 cp、mv、rm 等命令对目录中的文件进行操作。此时，都是对 NFS 服务器的/nfs/public 目录内的文件进行操作。

使用 NFS 既可以提高资源的使用率，又可以大大节省客户端本地硬盘的空间，同时也便于对资源进行集中管理。另外，网络中的任何主机都可以同时承担服务器和客户端的角色，就是在把自己的文件共享出来的同时，也可以使用其他计算机共享出来的文件。

使用 NFS，客户端可以透明地访问服务器中的文件系统，这不同于提供文件传输服务的 FTP 协议。FTP 客户端引用服务器中的文件时，需要在本机磁盘上产生文件的一个完整的副本。而 NFS 客户端引用服务器上的文件时，只需要读取需要读到内存的文件部分，不需要在磁盘中存放整个文件。并且通过 NFS 访问时还是透明的，即任何一个能够访问本地文件的客户端程序不需要做任何修改，就应该能够访问一个 NFS 文件。

△注意：虽然 NFS 协议可以使文件在网络中共享，但是 NFS 协议本身并没有提供数据传输的功能，它必须借助于远程过程调用（RPC）协议来实现数据的传输。

18.1.2　远程过程调用 RPC

大部分的网络协议都是以请求/应答的方式工作的，即客户端发送命令给服务器，服务器再向客户端发送应答。网络程序设计时一般是通过调用套接口函数来完成与对方进行通信的功能，通信双方的操作系统可以不一样，网络程序的编程语言也可以不一样。

RPC（Remote Procedure Call，远程过程调用）是另一种不同的网络程序设计方法，它定义了一种进程间通过网络进行交互通信的机制，使程序员编写客户程序时感觉只是调用了服务器程序提供的函数，而双方的通信过程对程序员来说完全是透明的。也就是说，一台计算机上的程序使用这种机制可以向网络中另一台计算机上的程序请求服务，并且不必了解支持通信的网络协议的具体情况。

一个 RPC 调用的过程有以下几个阶段。

（1）当客户端程序调用一个远程函数时，它实际上只是调用了一个位于本机的 RPC 函数。这个函数也称为客户桩（stub），客户桩将函数的参数封装到一个网络数据包中，然后将这个数据包发送给服务器。

（2）RPC 服务器接收了客户桩发送的这个数据包，解开封装后，从中提取出函数的参数，然后调用 RPC 服务端函数，并把参数传递给它。

（3）RPC 服务端函数执行完成后，就把结果返回给 RPC 服务器，服务器再把这个结果封装到网络数据包中，然后返回给原来的客户桩。

（4）客户桩收到结果数据包后，从中取出返回值，将其交给原来的客户端程序。

以上过程是由 RPC 程序包实现的，RPC 程序包一部分在客户端，另一部分在服务器，它们之间可以使用套接口、TLI 等方式进行通信，网络程序员不需要了解 RPC 通信的细节，只需要了解 RPC 客户端函数的使用方法即可。这种网络编程方式有以下优点。

- ❑ 网络程序设计变得更加简单。因为对程序员来说，使用 RPC 程序包后，不需要了解网络通信过程，编写网络程序与编写本地程序基本上没有区别。
- ❑ 由于 RPC 程序包本身具有保证可靠传输的机制，因此可以使用效率更高的不可靠协议，如 UDP。

❏　在异构环境中客户机和服务器主机如果数据存储格式不同，需要进行编码转换，RPC 程序包为参数和返回值提供了所需要的编码转换，程序员无需考虑这方面的问题。

对于工作在 TCP 或 UDP 协议上的 RPC 程序包来说，向客户端提供 RPC 服务的服务端程序也要使用一个网络端口。这个端口的端口号是临时的，而不像大部分的服务，有一个默认的端口号。这就需要某种机制来"注册"哪个 RPC 服务端程序使用了哪个临时端口，承担这个"注册"任务的程序也称为端口映射器。

端口映射器本身也是一个网络服务程序，要为客户端提供哪个 RPC 服务程序对应哪个端口的信息。因此，它自己必须要有一个默认端口，以便客户端能与它联系。端口映射器的默认端口号是 TCP 或 UDP111 号，它可以提供以下 4 种服务。

❏　PMAPPROC_SET：RPC 服务器启动时调用该服务向端口映射器注册要使用的端口号等内容。

❏　PMAPPROC_UNSET：RPC 服务器调用该服务取消以前的注册。

❏　PMAPPROC_GETPORT：RPC 客户端调用该服务，查询某一种 RPC 服务所注册的端口号。

❏　PMAPPROC_DUMP：调用该服务时，返回所有的 RPC 服务器及其注册的端口号等内容。

端口映射器和 RPC 服务的工作流程如下所示。

（1）一般情况下，当系统启动时，端口映射器首先启动，监听 TCP 和 UDP 的 111 号端口。

（2）当 RPC 服务器启动时，为其所支持的每个 RPC 服务程序各绑定一个 TCP 和 UDP 端口，然后调用端口映射器的 PMAPPROC_SET 服务，注册每个 RPC 服务程序的程序号、版本号和端口号等内容。

（3）RPC 客户端程序启动时，通过 111 号端口调用端口映射器的 PMAPPROC_GETPORT 服务，查询某一个 RPC 服务程序所对应的端口号。

（4）RPC 客户程序与查询到的端口号联系，调用对应的 RPC 服务。

18.1.3　NFS 协议

大部分的网络协议在交换数据时，服务器和客户端都各自启用一个进程，然后两个进程通过套接口等方式进行通信。但 NFS 协议并不是采用这种工作方式，它是一个建立在 Sun RPC 基础上的客户端/服务器应用程序，客户端通过向一台 NFS 服务器发送 RPC 请求来访问其中的文件。这种方式的优点是客户端访问一个 NFS 文件时是完全透明的，客户端只需按常规的方法向本机的操作系统提出文件使用请求。还有一个优点是效率比较高，因为实现通信的进程是位于操作系统内核的。因此，工作时无需在内核和用户进程之间进行频繁的切换。如图 18-2 所示是 NFS 客户端和服务器的典型结构。

客户端程序使用文件时，并不区分是本地文件还是 NFS 文件，而是按相同的方式向操作系统提出文件使用请求。操作系统接到请求后，要判断用户程序所请求的文件是本地文件还是 NFS 文件。如果是本地文件，则文件被打开之后，内核将其所有的引用传递给名为"本地文件访问"的结构中。如果是 NFS 文件，则将所有的引用传递给名为"NFS 客户端"的结构中。

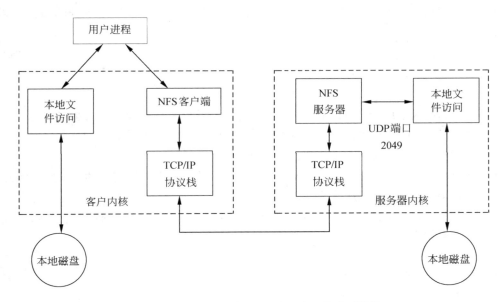

图 18-2　NFS 客户端和 NFS 服务器的典型结构

NFS 客户端上的操作系统通过其 TCP/IP 协议栈向 NFS 服务器发送 RPC 请求，一般使用的是 UDP 协议，也可以使用 TCP 协议，默认的服务器端口是 2049。服务端操作系统内的 NFS 服务器平时一直监听 2049 端口，当收到一个 NFS 客户端请求时，它将这个请求传递给本地文件访问例程，通过它访问服务器主机上的一个本地磁盘文件。

🔔注意：尽管 NFS 服务器可以使用一个临时端口，再通过端口映射器告诉客户端这个临时端口，但是大多数的实现都直接指定了端口 2049。

NFS 服务器处理一个客户端的请求和访问本地文件系统都需要花费一定的时间。在这段时间内，NFS 服务器还需要响应其他客户端的请求。为了实现这一功能，大多数的 NFS 服务器都是采用多线程的方法，即服务器操作系统内核中实际上有多个 NFS 服务器在 NFS 本身的加锁管理程序中运行，具体的实现取决于不同的操作系统。由于大多数的 UNIX 内核不是多线程的，一种通用的方法是启动一个用户进程（常被是 nfsd）的多个实例，每个实例执行一个系统调用，使其作为一个内核进程保留在操作系统的内核中。

在客户端主机上，NFS 客户端也需要花费一定的时间来处理用户进程的请求。NFS 客户端向 NFS 服务器主机发出一个 RPC 调用，然后等待服务器的回应，这也需要一定的时间。为了给用户进程提供更多的并发性，在客户端的操作系统内核中一般也运行着多个 NFS 客户端，具体的实现方法也取决于操作系统。

在客户端访问 NFS 服务器上的文件之前，操作系统必须先调用安装进程安装要使用的 NFS 文件系统，安装过程也需要一种安装协议。一般情况下，NFS 文件系统的安装是由客户机引导时向 NFS 服务器提出请求，服务器响应并处理请求后，最终给客户端返回一个文件句柄，以后客户端就可以通过这个文件句柄访问 NFS 服务器上被安装的文件系统了。

在安装过程中，还要用到 NFS 服务器上的端口映射器进程。因为服务器上的安装守护进程（mountd）所监听的端口是随机的，客户端需要通过端口映射器才能知道这个端口，才能通过这个端口与安装守护进程联系。NFS 协议为客户端提供了以下标准的 RPC 调用过程。

- ❏ GETATTR：返回一个文件的属性，包括文件类型、访问权限、文件大小、文件主用户，以及上次修改时间等信息。
- ❏ SETATTR：设置一个文件的属性。
- ❏ STATFS：返回一个文件系统的状态，包括可用空间、最佳传送大小等信息。
- ❏ LOOKUP：查找一个文件。当用户进程想打开 NFS 服务器上的一个文件时，NFS 客户需要调用该过程以查找要打开的文件。
- ❏ READ：从一个文件中读取数据。客户端调用时要说明文件的句柄、读操作的开始位置和数据的多少（最多 8192B）。
- ❏ WRITE：对一个文件进行写操作。客户端调用时要说明文件的句柄、开始位置、写数据的字节数和要写的数据内容。
- ❏ CREATE：创建一个文件。
- ❏ REMOVE：删除一个文件。
- ❏ RENAME：重命名一个文件。
- ❏ LINK：为一个文件构建一个硬链接。
- ❏ SYMLINK：为一个文件创建一个符号链接。
- ❏ READLINK：读一个符号链接，即返回一个符号链接所指的文件的名字。
- ❏ MKDIR：创建一个目录。
- ❏ RMDIR：删除一个目录。
- ❏ READDIR：读取一个目录中的内容。

💭注意：上述过程实际调用时名称前面都需要一个前缀 NFSPROC_。

18.1.4　NFS 服务的安装与运行

在 RHEL 6 系统安装完成后，NFS 的服务器和客户端程序默认都已经安装。可以用以下命令查看 NFS 服务器所需的软件包是否已经安装。

```
# rpm -qa|grep nfs
nfs-utils-1.2.3-26.el6.i686
nfs-utils-lib-1.1.5-4.el6.i686
nfs4-acl-tools-0.3.3-6.el6.i686
# rpm -qa|grep rpcbind
rpcbind-0.2.0-9.el6.i686
#
```

其中，nfs-utils-1.2.3-26.el6.i686 是提供 NFS 服务的软件包，而 rpcbind-0.2.0-9.el6.i686 则是提供端口映射服务的工具包。如果发现这两个软件包没有完全安装，可以在 RHEL 6 发行版的安装光盘上找到对应的 RPM 包文件，再用 rpm 命令进行安装。

rpcbind-0.2.0-9.el6.i686 软件包主要包含/sbin/rpcbind 程序文件，它称为 RPC 端口映射管理器，其功能是管理基于 RPC 服务的连接，并为客户端提供有关 RPC 服务的查询。一般 Linux 启动后，都会自动执行该文件，可以用以下命令查看：

```
# ps -eaf|grep rpcbind
```

```
rpc       1657     1  0 14:15 ?        00:00:00 rpcbind
root     20609  3035  0 16:14 pts/0    00:00:00 grep rpcbind
#
```

可以看出，rpcbind 进程是以 rpc 用户身份运行的，这个用户也是 RHEL 6 系统安装时自动创建的。如果没有看到 rpcbind 进程，可以手动输入/sbin/ rpcbind 命令运行。rpcbind 进程默认要监听 TCP 和 UDP 的 111 号端口，当客户端请求 RPC 服务时，会先与该端口联系，询问所请求的 RPC 服务是由哪个端口提供的。rpcbind 从 111 号端口接到询问后，会将其所管理的与 RPC 服务相对应的端口号提供给客户端，从而使客户端可以再通过该端口向 RPC 服务器请求服务。可以通过以下命令查看 111 号端口是否已经处于监听状态：

```
# netstat -anp|grep :111
tcp    0    0 0.0.0.0:111      0.0.0.0:* LISTEN1548/rpcbind
udp    0    0 0.0.0.0:111      0.0.0.0:* 1548/rpcbind
#
```

可见，TCP 和 UDP 的 111 号端口均已经由 protmap 进程进行监听。必须强调的是，rpcbind 只是一个端口映射器，真正提供 NFS 服务的是另外两个守护进程：rpc.nfsd 和 rpc.mountd。rpc.nfsd 是基本的 NFS 守护进程，主要功能是管理客户端是否能够登入服务器。rpc.mountd 是安装守护进程，主要功能是管理 NFS 的文件系统，根据所设的权限决定是否允许客户端安装使用指定的目录或文件。

rpc.nfsd 和 rpc.mountd 进程都是由 nfs-utils-1.2.3-26.el6.i686 程序包提供的，命令文件都在/usr/sbin 目录中。可以通过/etc/rc.d/init.d/nfs 脚本启动 NFS 服务。

```
# /etc/rc.d/init.d/nfs start
启动 NFS 服务：                              [确定]
关掉 NFS 配额：                              [确定]
启动 NFS 守护进程：                          [确定]
启动 NFS mountd：                           [确定]
# ps -eaf | grep nfs
root     20738     2  0 16:17 ?        00:00:00 [nfsd4]
root     20739     2  0 16:17 ?        00:00:00 [nfsd4_callbacks]
root     20740     2  0 16:17 ?        00:00:00 [nfsd]
root     20741     2  0 16:17 ?        00:00:00 [nfsd]
:
root     20747     2  0 16:17 ?        00:00:00 [nfsd]
root     20752  3035  0 16:17 pts/0    00:00:00 grep nfs
# ps -eaf | grep mountd
root     17714     1  0 19:26 ?        00:00:00 rpc.mountd
root     17738  6840  0 19:26 pts/1    00:00:00 grep mountd
```

以上列出的进程都是 NFS 服务器的组成部分。其中，nfsd 服务使用的是 2049 号端口，rpc.mountd 服务使用的端口如下所示。它不是固定的，进程每次启动后都会发生变化。

```
# netstat -anp|grep rpc.mountd
tcp    0    0 0.0.0.0:933      0.0.0.0:*      LISTEN 17714/rpc.mountd
udp    0    0 0.0.0.0:930      0.0.0.0:*             17714/rpc.mountd
#
```

由于与 NFS 服务器连接时，可能要使用多个 TCP 或 UDP 端口。因此，当远程客户调用 NFS 服务时，如果有防火墙，要注意开放相应的端口。另外，也可以使用 rpcinfo 命令了解 NFS 进程与端口的状态，如下所示：

```
# rpcinfo -p
program vers proto   port  service
   100000   4   tcp    111  portmapper
   100000   3   tcp    111  portmapper
   100000   2   tcp    111  portmapper
   100000   4   udp    111  portmapper
   100000   3   udp    111  portmapper
   100000   2   udp    111  portmapper
   100024   1   udp  50962  status
   ...
   100011   2   tcp    875  rquotad
   100005   1   udp  40933  mountd
   ...
   100003   4   tcp   2049  nfs
   100227   2   tcp   2049  nfs_acl
   ...
   100003   4   udp   2049  nfs
   100227   2   udp   2049  nfs_acl
   ...
   100021   3   tcp  58003  nlockmgr
   100021   4   tcp  58003  nlockmgr
#
```

以上列出了服务器中所有的 RPC 服务进程，第 1 列是程序号，第 2 列是版本号，第 3 列是使用的网络端口号，第 4 列是进程的名称。

🔊说明：上面列出的进程除了 rpcbindper 和 status 进程外，其他都是与 NFS 服务有关的服务进程。

18.1.5　NFS 服务器共享目录的导出

NFS 服务器成功启动后，并不意味着客户端可以随意访问 NFS 服务器所在主机的文件系统。需要 NFS 服务器通过一定的方法导出其共享目录，并设置一定的访问权限后客户端才能访问。导出共享目录有两种方法，一是通过设置/etc/exports 文件来确定；二是用 exports 命令来增加和去除共享目录。

/etc/exports 是 NFS 的主要配置文件，NFS 服务器 RPM 包并没有提供该文件的初始内容，用户要根据自己的需求来确定。当 NFS 服务器重新启动时会自动读取/etc/exports 文件的内容，然后根据该文件的内容确定要导出的文件系统及相应的访问权限。/etc/exports 文件的配置比较简单，每一行表示一个导出目录，格式如下：

目录路径　机器 1(选项 1,选项 2,...)　机器 2(选项 1,option2,...)　...

以上格式中，"目录路径"表示要导出的共享目录，这个目录下的子目录也同时导出。为了安全，一般不导出根目录。"机器"表示允许访问这个共享目录的客户机，可以用机器名、域名或 IP 地址表示。每一台机器还包含多个选项，这些选项指明了该客户机访问共享目录时，具体有哪些权限，选项之间用","分隔，不能有空格。常见的选项值有以下几种。

❏ ro：客户机对该共享目录只有读权限，这是默认选项。

❏ rw：客户机对该共享目录有读写权限。

❏ root_squash：客户机使用 root 用户访问该共享目录时，root 用户将被映射成服务器上的匿名用户（默认是 nobody 用户），这是默认的选项。

- ❑ no_root_squash：客户机用 root 用户访问该共享目录时，同样以 root 用户的身份访问。一般不这样做，只在客户机是无盘工作站等特殊情况时才使用该选项。
- ❑ all_squash：客户机上的任何用户访问该共享目录时都映射成匿名用户。
- ❑ anonuid：指定匿名访问用户的 ID。
- ❑ anongid：指定匿名访问用户的组 ID。
- ❑ sync：客户端把数据写入共享目录时，将同时写入到服务器磁盘中，这是默认选项。
- ❑ async：客户端把数据写入共享目录时，将先暂存于内存中，而不是同时写入磁盘。
- ❑ insecure：允许客户机使用非保留端口与服务器进行连接。保留端口是小于 1024 的端口。

下面是一个具体的/etc/exports 文件例子：

```
/                  trusty.(rw,no_root_squash)
/projects          *(ro)  *.wzvtc.edu(rw,sync)
/usr/ports         192.168.1.0/24(ro)
/home/abc          pc001.(rw,all_squash,anonuid=150,anongid=100)
/pub               *(ro,insecure,all_squash)
```

以上配置中，第 1 行表示在名为 trusty 的客户机上访问 NFS 服务器的文件系统时，每一个用户都可以以服务器上同名用户的权限对根目录进行操作，包括 root 用户。这项设置应该要非常小心，只有在充分信任这台客户机的情况下才能如此设置。第 2 行表示所有客户机都可以以只读的权限访问/projects 目录，位于 wzvtc.edu 域的主机访问该目录时有读写权限，并且同步写入数据。第 3 行表示设置共享目录/usr/ports，但限制为只允许读取，并且子网 192.168.1.0/24 中的计算机才能访问这个共享目录。

第 4 行设置了一个典型的 PC 用户，pc001 客户机上所有的用户都可以读写/home/abc，并且所有的用户都以 UID 为 150，GID 为 100 的权限访问/home/abc 目录。第 5 行设置了类似于 FTP 匿名用户的功能，所有的用户都能自由访问/pub 目录，而且都是映射为 nobody 用户。

/etc/exports 文件内容修改后，需要重启 NFS 服务器进程才能生效。另一种使之生效的办法是执行 exportfs 命令。实际上，NFS 服务器启动的时候都要调用该命令，以便能根据/etc/exports 的内容导出文件系统。不带任何参数的 exportfs 命令将显示/var/lib/nfs/etab 文件的内容，而该文件包含着当前正被导出的目录。exportfs 命令可用的选项及功能如下所示：

- ❑ -a：导出所有列在/etc/exports 文件中的目录。
- ❑ -v：输出每一个被导出或取消导出的目录。
- ❑ -r：重新导出所有列在/etc/exports 文件中的目录。
- ❑ -u：取消指定目录的导出。与-a 同时使用时，取消所有列在/etc/exports 文件中的目录的导出。
- ❑ -i：允许导出没有在/etc/exports 文件中列出的目录或者不按/etc/exports 文件所列的选项导出。
- ❑ -f：指定另一个文件来代替/etc/exports。
- ❑ -o：指定导出目录的选项。

下面是 exportfs 命令的几个例子，首先在/etc/exports 文件中输入以下内容：

```
# more /etc/exports
```

```
/projects       *(ro)  *.wzvtc.edu(rw,sync)
/home/abc       pc001.(rw,all_squash,anonuid=150,anongid=100)
/pub            *(ro,insecure,all_squash)
```

接着再执行下面的一系列命令，命令的功能见注释：

```
# exportfs -r -v    # 重新导出列在/etc/exports 文件中的目录,使/etc/exports 生效
exporting pc001:/home/abc
exporting *.wzvtc.edu:/projects
exporting *:/projects
exporting *:/pub
# exportfs -u *:/pub    # 取消/etc/exports 文件中所列的/pub 目录的导出
# exportfs -v *:/pub    # 重新导出/pub 目录
exporting *:/pub
# exportfs -v
/home/abc       pc001(rw,wdelay,root_squash,all_squash,no_subtree_check,
anonuid=150,anongid=100)
/projects       *.wzvtc.edu(rw,wdelay,root_squash,no_subtree_check,
anonuid=65534,anongid=65534)
/projects       <world>(ro,wdelay,root_squash,no_subtree_check,anonuid=
65534,anongid=65534)
/pub
<world>(ro,wdelay,insecure,root_squash,all_squash,no_subtree_check,anon
uid=65534,anongid=65534)
# exportfs -i *:/lintf -o ro -v# 以只读方式导出未在/etc/exports 文件中列
                                出的/lintf 目录给所有客户机
exporting *:/lintf
# exportfs -v                          # 查看一下目前目录的导出情况
/home/abc       pc001.wzy.edu.cn(rw,wdelay,root_squash,all_squash,no_
subtree_check,anonuid=150,anongid=100)
/projects       *.wzvtc.edu(rw,wdelay,root_squash,no_subtree_check,
anonuid=65534,anongid=65534)
/projects       <world>(ro,wdelay,root_squash,no_subtree_check,anonuid=
65534,anongid=65534)
/lintf          <world>(ro,wdelay,root_squash,no_subtree_check,anonuid=
65534,anongid=65534)
/pub   <world>(ro,wdelay,insecure,root_squash,all_squash,no_subtree_
check,anonuid=65534,anongid=65534)
```

最后查看一下/var/lib/nfs/etab 文件，其中保存了所有当前导出目录的详细情况：

```
# more /var/lib/nfs/etab
/home/abc pc001.wzy.edu.cn(rw,sync,wdelay,hide,nocrossmnt,secure,root_
squash,all_squash,no_subtree_check,secure_locks,acl,mapping=identity,
anonuid=150,anongid=100)
/projects *.wzvtc.edu(rw,sync,wdelay,hide,nocrossmnt,secure,root_squash,
no_all_squash,no_subtree_check,secure_locks,acl,mapping=identity,anonuid=
65534,anongid=65534)
/projects *(ro,sync,wdelay,hide,nocrossmnt,secure,root_squash,no_all_
squash,no_subtree_check,secure_locks,acl,mapping=identity,anonuid=65534,
anongid=65534)
/lintf *(ro,sync,wdelay,hide,nocrossmnt,secure,root_squash,no_all_
squash,no_subtree_check,secure_locks,acl,mapping=identity,anonuid=65534,
anongid=65534)
/pub   *(ro,sync,wdelay,hide,nocrossmnt,insecure,root_squash,all_squash,
no_subtree_check,secure_locks,acl,mapping=identity,anonuid=65534,anongi
d=65534)
#
```

可见，该文件中的内容与"exportfs -v"命令的输出是一致的。

18.1.6　客户端使用 NFS 服务

NFS 服务器正常运行并导出共享目录后，网络中的客户机在具有访问权限的前提下，就可以访问 NFS 服务器上的共享目录了。客户端有关使用 NFS 服务的命令主要有两条。一条是 showmount，通过它可以查看有关 NFS 服务器的信息；另一条是 mount，通过它，可以把 NFS 服务器导出的共享目录挂载到本地文件系统的某一个目录中，以后就可以以访问本地文件系统的形式访问远程目录。

当执行 showmount 命令时，如果后面跟一个 NFS 服务器的名称或 IP 地址，则可以与 NFS 服务器上的 mount 进程进行通信，了解 NFS 服务器的状态信息。如果没有跟 NFS 服务器的名称或 IP 地址，则默认查询本机的 NFS 状态信息，列出所有使用本机共享目录的客户机，此时应该在 NFS 服务器上执行。此外，showmount 还有以下一些选项：

- ❏ -a：以"主机:目录"的形式列出 NFS 服务器共享目录的使用情况。
- ❏ -d：仅仅列出 NFS 服务器被使用的共享目录。
- ❏ -e：显示 NFS 服务器导出的所有共享目录。
- ❏ -h：显示帮助信息。
- ❏ -v：显示版本号。

mount 命令用于把其他文件系统挂载到本地文件系统的一个目录中。例如，软盘、光盘上的文件系统都可以通过它进行挂载，它也可以用来挂载远程的 NFS 文件系统。mount 命令的格式如下：

```
mount [-t vfstype] [-o options] device dir
```

-t 选项指定要挂载的文件系统类型，对于 NFS 文件系统来说，vfstype 的值是 nfs。device 指设备名称，对于 NFS 远程文件系统来说，其表示方法应该是"主机:目录"的形式。dir 指 NFS 文件系统要安装到本地文件系统的哪一个目录。

> 注意：如果 dir 目录本身有内容，则挂载后这些内容将会变成不可见的，但不会删除，卸载 NFS 文件系统后会重新出现。

-o 指出了有关文件系统的选项，这类选项非常多，下面只列出与 NFS 挂载有关的选项：

- ❏ rsize=n：从 NFS 服务器读取文件时每次使用的字节数，默认值是 1024B。
- ❏ wsize=n：向 NFS 服务器写文件时每次使用的字节数，默认值是 1024B。
- ❏ timeo=n：RPC 调用超时后，确定一种重试算法的参数。
- ❏ retry=n：确定放弃挂载操作前重试的时间，以分（min）为单位。
- ❏ soft：软挂载方式，当客户端请求得不到回应时，提示 I/O 出错并退出。
- ❏ hard：硬挂载方式，当客户端请求得不到回应时，提示服务器没响应，并一直请求，是默认值。
- ❏ intr：NFS 文件操作超时并且是硬挂载时，允许中断文件操作和向调用它的程序返回 EINTR。
- ❏ ro：以只读方式挂载 NFS 文件系统。
- ❏ rw：以读写方式挂载 NFS 文件系统。

□　fg：在前台重试挂载。

□　bg：在后台重试挂载。

□　tcp：对文件系统的挂载使用 TCP，而不是默认的 UDP。

下面看几个客户端使用 NFS 服务的例子，是在作为 NFS 客户端的 IP 地址为 10.10.1.253 的主机上执行的：

```
# showmount -e 10.10.1.29    //查看一下 NFS 服务器 10.10.1.29 上导出的共享目录
Export list for 10.10.1.29:
/pub        *                //表示所有的主机均可挂载/pub
/projects  (everyone)        //所有主机的所有用户均可以挂载/projects(导出时使用
                             //了 all_squash 选项)
/home       10.10.1.253      //只有 10.10.1.253 可以挂载/home
/usr/ports 192.168.1.0/24    //子网 192.168.1.0/24 上的客户机可以挂载/usr/ports
/home/abc  pc001             //在客户机 pc001 上可以挂载/home/abc
# mount -t nfs 10.10.1.29:/home /mnt    //把 NFS 服务器 10.10.1.29 的/home 目录
                                        //挂载在/mnt 目录
# cd /mnt
[root@radius mnt]# ls -l              //查看/mnt 目录的内容，此时看到的是 NFS
                                     //服务器上的/home 目录的内容
总用量 40
drwx--x--x    8 abc abc     4096 12 月 7      06:30 abc
drwx------    3 os  os      4096 11 月 9      18:37 ftpsite
drwx------    2 u1  u1      4096 11 月 8      05:58 lintf
drwx------    2 30033003    4096 12 月 9      07:56 os
drwx--x--x    3 myftp myftp 4096 11 月 21     22:31 test
[root@radius mnt]#
```

NFS 服务器共享目录被客户机挂载后，服务器文件系统中的各种文件、目录所属的用户和用户组的 UID 和 GID 不变。挂到客户机文件系统后，这些 UID 和 GID 要映射成客户机上的用户名和用户组名。如上例所示，用 "ls -l" 列出/mnt 目录内容时，os 目录原来所属的 UID 和 GID 都是 3003，但到了客户机后，客户机上没有 UID 和 GID 为 3003 的用户和用户组，因此直接以 3003 显示。其他 UID 和 GID 在客户机上找到了对应的用户，因此会以用户名和组名的形式显示。实际上，客户机上显示的这些用户名和组名与服务器上真实的用户名和组名完全可能是不一致的。可以通过以下方法查看 NFS 服务器的/home 的内容（以下例子是在 NFS 服务器 10.10.1.29 上执行的）：

```
# showmount -a          //显示本机导出的共享目录被挂载的情况
All mount points on localhost.localdomain:
...
10.10.1.253:/home       //表示客户机 10.10.1.253 挂载了本机的/home 目录
...
# ls -l /home           //查看一下/home 目录的内容总计 40
drwx--x--x 8 abc        abc        4096 12-07 06:30 abc
drwx------ 3 ftp_virt   ftp_virt   4096 11-09 18:37 ftpsite
drwx------ 2 lintf      lintf      4096 11-08 05:58 lintf
drwx------ 2 os         os         4096 12-09 07:56 os
drwx--x--x 3 test       test       4096 11-21 22:31 test
#
```

对照在 NFS 服务器上看到的/home 目录内容与在客户机上看到的/mnt 内容可以发现，两者虽然是同一个目录，但看到的每个子目录所属的用户名和用户组名是不一致的。例如，

test 目录在服务器上所属的用户是 test，但到了客户机时，所属的用户变成了 myftp，这是因为这两个用户在各自操作系统里的 UID 是一样的。但两台计算机上看到的 abc 目录其所属用户是一样的，这是因为正好这两台计算机上都有 abc 用户，而且 UID 也是一样的。还有，在客户机上看到的 UID3003 在服务器上查看时变成了 os，原因上面已经解释。

　　另外，客户机上的 root 用户在/mnt 上操作时，并不具有 root 权限，而是映射成 NFS 服务器的 nobody 用户的权限进行操作。如果 NFS 服务器导出/home 时加了 no_root_squash 选项，则会以 root 用户的权限在/mnt 中操作。

　　如果客户机安装了共享目录后，希望以 NFS 服务器上某个用户的权限进行操作，则在客户机上也要以与那个用户有相同 ID 的用户身份来安装文件系统。例如，以上例子中，NFS 服务器上的 abc 用户与客户机上的 abc 用户相同，则当客户机上以 abc 用户身份安装共享文件系统时，对该文件系统的操作权限与服务器上的 abc 用户相同。同样道理，客户机上的 myftp 用户与服务器上的 test 用户权限相同，因为二者的 UID 一样。

　　下面在客户机上以 abc 用户的身份安装 NFS 服务器的/home 共享目录。默认情况下，mount 命令只能由 root 用户执行，但普通用户可以通过 sudo 命令调用。为了使 abc 用户可以使用 sudo 命令，需要授予相应的权限，具体方法是由 root 用户输入 visudo 命令，然后在出现的 vi 编辑器的合适位置中加入以下一行，表示授予 abc 用户执行 sudo 命令的权限：

```
abc      ALL=(ALL)     ALL
```

　　然后客户机上的 abc 用户就可以通过 sudo 调用 mount 命令挂载 NFS 服务器导出的共享文件系统了，具体过程如下所示：

```
# cd /
# umount /mnt                        // root 用户首先卸载刚才安装在/mnt 的文件系统
# su abc                             //转换成 abc 用户身份
$ sudo mount -t nfs 10.10.1.29:/home /mnt
                                     //abc 用户通过 sudo 命令调用 mount 命令
Password:                            //此处输入 abc 用户的密码
$ cd /mnt
[abc@radius mnt]$ ls -l              //与上面由 root 用户挂载时看到的情况一样
总用量 40
drwx--x--x    8 abc       abc        4096 12 月  7 06:30 abc
drwx------    3 os        os         4096 11 月  9 18:37 ftpsite
drwx------    2 u1        u1         4096 11 月  8 05:58 lintf
drwx------    2 3003      3003       4096 12 月  9 07:56 os
drwx--x--x    3 myftp     myftp      4096 11 月  21 22:31 test
[abc@radius mnt]$ cd abc
[abc@radius abc]$ ls                 //可以查看 abc 目录的内容
courier-authlib-0.58        courier-imap-4.0.4      mail
courier-authlib-0.58.tar  courier-imap-4.0.4.tar  public_html
[abc@radius abc]$ mkdir dood
[abc@radius abc]$ ls                 //可以创建子目录,表明具有写权限
courier-authlib-0.58        courier-imap-4.0.4      dood   public_html
courier-authlib-0.58.tar  courier-imap-4.0.4.tar  mail
[abc@radius abc]$sudo  umount  /mnt //卸载安装在/mnt 中的文件系统
```

　　其他用户也可以通过类似的方法安装共享文件系统，以与 NFS 服务器同样 UID 的用户身份进行操作。

注意：如果 NFS 服务器是以只读方式导出共享目录的，则即使挂载的用户有写权限，
也不能进行写操作。

18.1.7　自动挂载 NFS 文件系统

18.1.6 节讲述了客户端通过 mount 命令挂载 NFS 服务器导出的共享目录。实际上，除
了使用 mount 命令外，还可以通过/etc/fstab 文件自动挂载文件系统。/etc/fstab 是由内核支
持的配置文件，决定了操作系统引导成功后自动挂载哪些文件系统。NFS 用户可以把需要
自动挂载的远程文件系统配置在该文件中，则 Linux 引导时会自动挂载指定的 NFS 远程文
件系统。/etc/fstab 文件的每一行指定挂载一种文件系统，其格式如下所示：

```
<文件系统位置>    <挂载点>  <类型>  <选项>
```

对于 NFS 文件系统来说，"类型"应该是 nfs，而"文件系统位置"的表示方法应该是
"主机:目录"的形式，表示某一台 NFS 服务器主机上所导出的共享目录。"选项"的内容
与 mount 命令基本上一样，可以参见 18.1.6 节。下面的一行放入/etc/fstab 文件后，将会在
Linux 引导时，将 NFS 服务器 10.10.1.29 导出的共享目录/home 按指定的选项自动挂载到
/mnt 目录：

```
10.10.1.29:/home    /mnt   nfs    rsize=8192,wsize=8192,timeo=14,intr
```

/etc/fstab 文件中指定的文件系统除了在系统引导时会被挂载外，还可以由 root 用户执
行"mount -a"命令马上进行挂载。默认情况下，/etc/fstab 中指明的文件系统只能由 root
用户安装，但如果在选项中指定了 user，则也可以由普通用户进安装。

除了使用/etc/fstab 文件外，Linux 还可以使用 automount 进程来管理文件系统的挂载，
它的特点是只有在文件系统被访问时才动态地挂载。automount 是由 autofs-5.0.5-54.el6.i686
软件包提供的功能，一般安装 Linux 系统时，该软件包已经默认安装。如果 automount 进
程还没有启动，可以使用以下命令启动 automount 进程：

```
# /etc/rc.d/init.d/autofs start
启动  automount                                  [确定]
# ps -eaf|grep automount
root     2886    1  0 Nov22 ?      00:00:33 automount
root     6857  6840  0 22:25 pts/1  00:00:00 grep automount
#
```

autofs 的主配置文件是/etc/auto.master。每一行都定义一个挂载点，包含 3 个字段，第
1 个字段指定挂载点，第 2 个字段是该挂载点的映射文件位置，第 3 个字段可选，指定了
一些挂载选项。例如，下面一行指定了挂载点/mnt 及其对应的映射文件/etc/auto.mnt：

```
/mnt   /etc/auto.mnt
```

/etc/auto.master 中只是定义了挂载点与映射文件的联系，至于挂载点下要挂载哪些文
件系统、每个文件系统挂载时的选项等内容，则由映射文件来定义。映射文件的格式如下：

```
<挂载名称>    <选项>    <文件系统位置>
```

"挂载名称"是由用户命名的任意一个字符串，以后文件系统挂载时，要在

/etc/auto.master 中定义的"挂载点"下出现该名称的子目录，里面就是所挂载的文件系统。"选项"指定了挂载文件系统时的一些特性，内容与/etc/exports 文件中的选项类似。对于 NFS 文件系统来说，"文件系统位置"的表示方法应该是"主机:目录"的形式。下面是映射文件内容的一个例子：

```
home  -rw,soft,intr,rsize=8192,wsize=8192  10.10.1.29:/home
```

如果把上面这一行放到前面定义的/etc/auto.mnt 文件中，则表示要将 NFS 服务器 10.10.1.29 导出的共享目录/home 以指定的选项挂载到/mnt/home 下，而且这种挂载不是马上进行的，只有使用/mnt/home 目录中的文件时，才会自动挂载。

注意：可以在/etc/auto.mnt 文件中输入多行内容，定义多个挂载名称，这些文件系统在需要时都会以挂载名称为子目录的形式挂载到/mnt 目录。

18.2　Samba 服务的安装、运行与配置

历史上，安装 UNIX 类操作系统的主机相互之间共享文件系统时使用的是 NFS 协议，而 Windows 类的操作系统使用 SMB 协议来共享文件系统。后来，以开源项目 Samba 为代表的许多服务器软件在 UNIX 类操作系统下实现了 SMB 协议，使得 UNIX 和 Windows 操作系统之间的文件共享也可以畅通无阻。下面先介绍 SMB 协议，再介绍 Samba 软件包在 Linux 下的安装运行、配置使用等内容。

18.2.1　SMB 协议概述

SMB（Server Message Block，服务器消息块）是基于 NetBIOS 的一套文件共享协议，它由 Microsoft 公司制订，用于 Lan Manager 和 Windows NT 服务器系统中，实现不同计算机之间共享打印机、串行口和通信抽象。随着 Internet 的流行，Microsoft 公司希望将这个协议扩展到 Internet 上去，因此将原有关于 SMB 协议的文档进行整理规范，重新命名为 CIFS（Common Internet File System，公共互联网文件系统），并致力于使它成为 Internet 上计算机之间相互共享数据的一种标准。SMB 协议在网络协议层中的位置如图 18-3 所示。

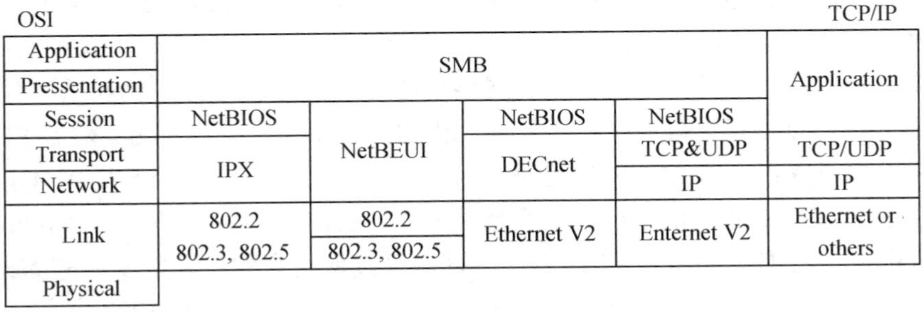

OSI					TCP/IP
Application	SMB				Application
Pressentation					
Session	NetBIOS		NetBIOS	NetBIOS	
Transport	IPX	NetBEUI	DECnet	TCP&UDP	TCP/UDP
Network				IP	IP
Link	802.2 802.3, 802.5	802.2 802.3, 802.5	Ethernet V2	Enternet V2	Ethernet or others
Physical					

图 18-3　SMB 协议在网络协议层中的位置

由图 18-3 可以看出，SMB 协议是建立在 NetBIOS 协议基础上的，在 TCP 网络模型中，它和 NetBIOS 协议都属于应用层。但在 ISO/OSI 模型中，NetBIOS 属于会话层协议，而 SMB

属于表示层和应用层协议。由于 NetBIOS 或者它的扩展 NetBEUI 可以工作在 IPX、DECnet 等网络，因此 SMB 也可以在这些网络工作，使这些网络和 Windows 之间也能实现文件共享。SMB 协议的具体工作过程如图 18-4 所示。

（1）SMB 客户端向服务器发送一个 SMB negprot 请求数据包，其中列出它所支持的所有 SMB 协议版本。服务器收到请求数据包后予以响应，列出了它希望使用的协议版本。如果服务器没有可使用的协议版本，则响应值为 0XFFFFH 的数据，表示结束通信。

（2）确定了协议以后，SMB 客户端进程接着向服务器发起用户或共享的认证，这个过程是通过发送 SesssetupX 请求数据包实现的。客户端发送用户名/密码或者只是密码到服务器，服务器进行认证后，根据认证结果返回一个 SesssetupX 应答数据报，告诉客户端是接受还是拒绝请求。

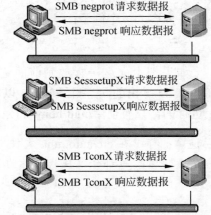

图 18-4　SMB 协议的工作流程

（3）客户端如果顺利完成了和服务器的协商和认证，接着就会发送一个 TconX 请求数据包，其中包含它想访问的共享资源的名称。服务器接受该数据包后，根据情况返回一个 TconX 应答数据包，告诉客户端这个请求是被接受还是拒绝。

（4）如果服务器接受了客户端的共享资源访问请求，SMB 客户端就能通过 open 命令打开一个文件，通过 read 命令读取文件，通过 write 命令写入文件，通过 close 命令关闭文件。

💬说明：以上过程是在 NetBIOS 会话建立后进行的。还有一种版本的 SMB 可以直接在 TCP 连接上进行以上的过程，也就是直接在 TCP 协议上实现了 SMB 协议。

18.2.2　NetBIOS 协议

NetBIOS（Network Base Input/Output System，网络基本输入/输出系统）最初是由 IBM 公司开发的一种网络应用程序编程接口（API），为程序提供了请求网络服务的统一命令集。NetBIOS 是一种会话层协议，应用于各种局域网（Ethernet、Token Ring 等）和诸如 TCP/IP、PPP 和 X.25 等广域网环境。

NetBIOS 初始的设计目标是为一个小网络中的几十台计算机提供相互通信时的接口，虽然有关这个协议的公开资料很少，但它的 API 却成为了事实上的标准。随着 PC-Network 被令牌环和以太网取代，NetBIOS 按道理也应该同时失去使用价值。但是，由于很多的网络应用软件使用了 NetBIOS 的 API，为了保留这部分软件资源，人们把 NetBIOS 移植到了其他各种协议上，例如 IPX/SPX 和 TCP/IP，以及直接使用令牌环和以太网的 NetBEUI。

在 TCP/IP 上运行的 NetBIOS 也称为 NBT，由 RFC 1001 和 RFC 1002 定义，NBT 的出现具有重大的意义，因为这就意味着 NetBIOS 可以在飞速发展的 Internet 上使用了。相应地，很多基于 NetBIOS 的应用程序也可以在 Internet 上工作了。Windows 2000 中首次使用了 NBT，是目前首选的 NetBIOS 传输。不管工作在哪种协议之上，NetBIOS 都提供以下 3 种服务。

❑ 名称服务：提供名称注册和解析功能。

❑ 会话服务：提供基于连接的可靠通信。

❑ 数据包服务：提供基于无连接的不可靠通信。

NetBIOS 名称用来在网络上鉴别资源，为了开始会话或数据包服务，一个应用必须首先使用名称服务注册它的 NetBIOS 名称，NetBIOS 名称规定是一个 16B 长的字符串，有些实现对这个字符串有特殊规定。在 NBT 协议中，名称服务工作在 UDP 137 号端口，也有使用 TCP 协议的，但很少。名称服务主要包括以下几个接口。

❑ Add Name：注册一个 NetBIOS 名称。

❑ Add Group Name：注册一个 NetBIOS 组名称。

❑ Delete Name：取消 NetBIOS 名称或组名称的注册。

❑ Find Name：在网络上查找某个 NetBIOS 名称。

当客户机使用 NetBIOS 接入网络时，客户机首先要广播它自己的名称，询问网络中是否有其他计算机使用了该名称。此时，如果网络中某一台计算机承担了 NetBIOS 名称服务器功能的，这台计算机将给予响应，确认该名称是否已经被其他计算机使用。如果还没有被其他计算机注册的，这台客户机就注册成功，如果其他计算机已经使用了要注册的名称，则注册失败。

如果网络中没有 NetBIOS 名称服务器，则客户端要反复广播名称注册包 6～10 次。如果没有收到其他计算机的响应数据包，就认为该名称还没有被使用，于是就注册该名称。如果网络中的其他计算机已经使用了该名称，则那台计算机要作出响应，于是刚才要注册名称的客户机就放弃注册。

在 TCP/IP 网络中，计算机需要通过 IP 地址来相互鉴别。因此，NetBIOS 网络中的两台计算机相互通信时，需要把 NetBIOS 名称转化为 IP 址。这可以有 3 种途径，一是查看本机的 lmhosts 文件；二是在网络广播名称查询包，具有该名称的主机将会回应；三是向名称服务器查询。

会话服务可以让两台计算机建立一个连接进行会话，这样可以传输较大的数据包，并提供错误检测与修复功能。在 NBT 协议中，会话服务工作在 TCP139 号端口。NetBIOS 提供下列的会话服务接口。

❑ Call：打开与某一 NetBIOS 名称的会话。

❑ Listen：监听远程机与某一 NetBIOS 名称的会话请求。

❑ Hang Up：关闭一个会话。

❑ Send：发送一个数据包给另一端的会话对象。

❑ Send No Ack：与 Send 相似，但不需要回应。

❑ Receive：等待接收对方的数据包。

会话是通过交换数据包建立的。会话发起方向接收方的 TCP139 端口发送一个 TCP 连接请求，接收方接受了该请求后就建立了 TCP 连接。TCP 连接建立后，会话发起方通过该连接向接收方发送一个"会话请求"数据包，里面包含会话发起方的 NetBIOS 名称和会话接收方的 NetBIOS 名称。会话接收方然后回应一个"肯定会话响应"数据包，表示可以建立会话，或者回应一个"否定会话响应"数据包，表示不能建立会话。

📖 说明：不能建立会话的原因可能是接收方没有在监听，或者资源不够等。

会话建立后，双方就可以通过"会话消息包"进行数据的传输。在 NBT 协议中，所有会话数据包的流量控制和重传机制由 TCP 来负责，而路由、数据的分割和重组由 IP 层来完成。关闭 TCP 连接的同时，也关闭了双方的会话。

数据包服务是一种无连接的不可靠通信，每一个数据包都是独立的，而且要比较小。另外，应用层程序自己要负责数据包的检测与修复。在 NBT 协议中，数据包服务工作在 UDP138 号端口。NetBIOS 提供了以下数据包服务接口。

- ❑ Send Datagram：发送一个数据包给某个 NetBIOS 名称。
- ❑ Send Broadcast Datagram：发送一个数据包给所有的 NetBIOS 名称。
- ❑ Receive Datagram：等待接收"Send Datagram"数据包。
- ❑ Receive Broadcast Datagram：等待接收"Send Broadcast Datagram"数据包。

数据包可以发送到特定的地点，或组中所有成员，或广播到整个局域网。发送方使用 Send_Datagram 接口时，需要设定目的 NetBIOS 名称。如果目的 NetBIOS 名是组名，则组中的每个成员都将收到数据包。Receive_Datagram 接口的调用者必须确定它接收数据的本地 NetBIOS 名称，除了实际数据外，Receive_Datagram 接口也返回给调用者发送方的 NetBIOS 名称。如果客户机的 NetBIOS 收到数据包，却没有应用程序调用 Receive_Datagram 接口在等待，数据包将被丢弃。

通过 Send_Broadcast_Datagram 接口可以发送消息给本地网络上的每个 NetBIOS 名称，当 NetBIOS 收到广播数据包时，调用 Receive_Broadcast_Datagram 接口的每个进程都将收到数据包。同样，当广播数据包被收到时，如果没有进程调用这个接口，数据包也将被丢弃。

NetBEUI 协议实际上是 NetBIOS 的扩展，它直接构建在以太网等数据链路层上，而不像 NetBIOS，需要网络层协议的支持。因此，NetBEUI 具有效率高，速度快，内存开销较少，并易于实现等特点。但是由于缺少网络层，因此不能在网络之间进行路由选择，只能限制在小型局域网内使用，而不能单独使用它来构建由多个局域网组成的大型网络。

18.2.3　Samba 概述

Samba 是一种开放源代码的自由软件，可以为 SMB/CIFS 客户提供所有方式的文件和打印服务，包括各种版本的 Windows 客户。Samba 的出现，使 Windows 和 UNIX/Linux 之间的文件和打印共享变得非常简单。Linux 上运行了 Samba 后，Windows 用户可以使用网上邻居的形式访问 Linux 计算机上的文件和打印机，Linux 用户也可以访问 Windows 系统中的文件和打印机。

Samba 服务提供 Windows 风格的文件和打印机共享。Windows 95、Windows 98、Windows NT、Windows 2000、Windows XP、Windows 2003 等操作系统都可以利用 Samba 共享 Linux 等其他操作系统上的资源，而且从操作习惯和图形界面来看和 Windows 的共享资源没有区别。

Samba 服务可以在 Windows 网络中解析 NetBIOS 的名字。为了能够使用局域网上的资源，同时使自己的资源也能被别人所使用，各个主机都定期地向局域网广播自己的身份信息。负责收集这些信息，提供检索的服务器也称为名称服务器，Samba 能够实现这项功能。同时在跨越网关的时候 Samba 还可以作为 WINS 服务器使用。

Samba 服务提供了 SMB 的客户功能。利用 Samba 程序集提供的 smbclient 程序可以在

Linux 中以类似于 FTP 的方式访问 Windows 网络中的共享资源。另外，Samba 还提供了一个命令行工具，利用该工具可以部分地支持 Windows 的某些管理功能。

Samba 服务可以与 OpenSSL 相结合，实现安全通信，也可以与 OpenLDAP 相结合实现基于目录服务的身份认证。同时还能承担 Windows 域中的 PDC 和成员服务器角色。

18.2.4　Samba 服务器的安装与运行

默认情况下，RHEL 6 操作系统安装完成后，已经安装了 Samba 的客户端软件包，并没有安装服务器程序。如果要安装 Samba 服务器，可以从 http://www.samba.org 处下载源代码进行安装，目前最新版本是 3.6.7 版。RHEL 6 发行版的安装光盘也包含了 Samba 的 RPM 包，版本是 3.5.10 版。可以用以下命令查看 Samba 软件包的安装情况：

```
# rpm -qa|grep samba
samba-winbind-clients-3.5.10-125.el6.i686
samba-common-3.5.10-125.el6.i686
samba-client-3.5.10-125.el6.i686
#
```

从以上可见，Samba 客户端 RPM 包 samba-client-3.5.10-125.el6.i686 已经安装，samba-common-3.5.10-125.el6 是为 Samba 服务器和客户端提供支持的公共包。为了安装 Samba 服务器，从 RHEL 6 发行版的安装光盘上找到 samba-3.5.10-125.el6.i686，并输入以下命令进行安装：

```
# rpm -ivh samba-winbind-clients-3.5.10-125.el6.i686.rpm
warning: samba-3.5.10-125.el6.i686.rpm: Header V3 RSA/SHA256 Signature, key
ID fd431d51: NOKEY
Preparing...                #############################################
[100%]
   1:samba                  #############################################
[100%]
#
```

Samba 服务器安装完成后，几个重要的文件分布如下所示。

- ❑ /etc/pam.d/samba：Samba 的 PAM 认证配置。
- ❑ /etc/rc.d/init.d/smb：Samba 的启动脚本。
- ❑ /etc/samba/smbusers：Samba 服务器用户与操作系统用户映射文件。
- ❑ /usr/bin/mksmbpasswd.sh：创建 Samba 用户的脚本。
- ❑ /usr/bin/smbcontrol：控制 Sanmba 服务器运行的工具。
- ❑ /usr/bin/smbstatus：列出 Sanmba 服务器的连接状态。
- ❑ /usr/sbin/nmbd：Samba 服务器的 nmbd 进程的命令文件。
- ❑ /usr/sbin/smbd：Samba 服务器的 smbd 进程的命令文件。

除了以上文件外，还有一些说明和帮助手册页文档。可以用以下命令启动 Samba 服务器：

```
# /etc/rc.d/init.d/smb start
启动 SMB 服务 :                        [确定]
#/etc/rc.d/init.d/nmb. start
启动 NMB 服务 :                        [确定]
# ps -eaf|grep smbd
```

```
root        24467       1  0 23:55       ?         00:00:00 smbd -D
root        24470 24467  0 23:55       ?         00:00:00 smbd -D
root        24507 22766  0 23:56       pts/1     00:00:00 grep smbd
# ps -eaf|grep nmbd
root        24471       1  0 23:55       ?         00:00:00 nmbd -D
root        24512 22766  0 23:56       pts/1     00:00:00 grep nmbd
#
```

可见，默认时，Samba 服务器启动了两个 smbd 进程和一个 nmbd 进程，均以 root 用户的身份运行。其中，smbd 进程主要负责处理对文件和打印机的服务请求，而 nmbd 进程主要负责处理 NetBIOS 名称服务并提供网络浏览功能。另外，可以用以下命令查看这两个进程监听的网络端口：

```
# netstat -anp|grep smbd
tcp 0   0 0.0.0.0:139                0.0.0.0:*       LISTEN      24467/smbd
tcp 0   0 0.0.0.0:445                0.0.0.0:*       LISTEN      24467/smbd
unix   2   []      DGRAM                           1430861 24467/smbd
unix   3   []      STREAM       CONNECTED          1430859 24467/smbd
# netstat -anp|grep nmbd
udp 0   0 10.10.1.29:137             0.0.0.0:*                   24471/nmbd
udp 0   0 0.0.0.0:137                0.0.0.0:*                   24471/nmbd
udp 0   0 10.10.1.29:138             0.0.0.0:*                   24471/nmbd
udp 0   0 0.0.0.0:138                0.0.0.0:*                   24471/nmbd
unix   2   []      DGRAM                           1431317 24471/nmbd
#
```

由以上结果可以看出，除了 UNIX 套接字以外，smbd 监听着 TCP139 和 TCP445 端口。TCP139 端口是 NetBIOS 协议默认的会话服务监听端口，通过这个端口，Samba 实现了 NetBIOS 上的 SMB 协议，而通过 TCP445 端口，则直接在 TCP 协议上实现了 SMB 协议。另外，NetBIOS 的名称服务使用的是 UDP137 端口，而数据包服务使用的是 UDP138 端口。由于 nmbd 实现了 NetBIOS 的名称服务和数据包服务，因此，这两个端口由 nmbd 进程进行监听。

为了使远程客户机能够访问 Samba 服务器，如果有防火墙，需要开放防火墙的相应端口，命令如下：

```
# iptables -I INPUT -p tcp --dport 139 -j ACCEPT
# iptables -I INPUT -p tcp --dport 445 -j ACCEPT
# iptables -I INPUT -p udp --dport 137 -j ACCEPT
# iptables -I INPUT -p udp --dport 138 -j ACCEPT
```

以上过程完成后，可以在 Windows 客户端测试一下 Samba 服务器是否已正常工作，具体方法是在 IE 浏览器的地址栏内输入"\\10.10.1.29"。其中，10.10.1.29 是 Samba 服务器主机的 IP 地址。正常情况下，将会出现如图 18-5 所示的对话框，要求进行认证。

图 18-5　Windows 客户访问 Samba 服务器时的认证对话框

注意：默认情况下，Samba 并不使用操作系统的账号进行认证，而是使用它自己创建的账号，具体创建方法见 18.2.8 节和 18.2.9 节。

18.2.5 与 Samba 配置有关的 Windows 术语

由于 Samba 服务的主要目的是让 UNIX/Linux 系统与 Windows 系统共享文件与打印资源，因此，为了能更好地配置 Samba 服务器，需要了解一些 Windows 系统中的知识。下面介绍几个与 Samba 服务器配置有关的 Windows 系统中的术语。

1. 浏览

在 SMB 协议中，计算机为了能够访问网络资源，必须要先了解网络中存在的资源列表，这要通过"浏览"才能实现。虽然 SMB 协议中可以使用广播方式告诉其他计算机自己的 NetBIOS 名称，但这种方式会带来很大网络流量，并需要较长的查找时间。因此最好在网络中维护一个网络资源的列表，以方便计算机查找网络资源。

如果网络中所有的计算机都维持整个资源列表，则会浪费资源，因此维护网络中当前资源列表的任务通常由几台特殊的计算机完成，这些计算机称为 Browser。作为 Browser 的计算机通过记录广播数据或查询名字服务器来记录网络上的各种资源。

作为 Browser 的计算机并不需要事先指定，它是由网络中的计算机通过自动推举产生的。不同的计算机可以按照其提供服务的能力，设置自己的权重，以便推举时进行比较。为了保证某个 Browser 停机时，网络浏览仍然能正常进行，网络中可以存在多个 Browser。其中，一个为主 Browser（Master Browser），其余的为备份 Browser。

2. 工作组和域

工作组和域都是由一组计算机组成的，它们的共享资源位于同一个资源列表中。这两个概念在进行浏览时具备同样的用处，它们的不同之处在于认证方式。工作组中的每台计算机基本上都是独立的，都是自己对客户访问进行认证。而每一个域中都会存在至少一个域控制器，它保存了整个域的所有认证信息，包括用户的认证信息和域成员计算机的认证信息。在工作组和域模型下，浏览资源列表的时候都不需要进行认证。域实际上是工作组的扩展，其目的是为了形成一种分级的目录结构，再把目录服务融合到原有的浏览中，以扩大 Microsoft 网络的服务范围。

由于工作组和域都可以跨越多个子网，因此网络中就存在两种 Browser。一种是 DMB（Domain Master Browser），用于维护整个工作组或域内的资源列表；另一种是 LMB（Local Master Browser），用于维护本子网内的资源列表。LMB 通过本地子网的广播获得资源列表，DMB 需要与 LMB 交流，才能获得整个工作组或域的资源列表。由于域控制器管理着整个域，因此经常用做 Browser，主域控制器应该设置很大的推举权重值，以便在推举时被选作 DMB。

为了浏览多个子网的资源，需要 NBNS（NetBIOS Name Server）名称服务器的帮助，没有 NBNS 提供的名称解析服务，计算机将不能获得其他子网中计算机的 NetBIOS 名称。LMB 也需要通过查询 NBNS 服务器以获得 DMB 的名字，才能相互交换网络共享资源信息。

3. 认证方式

在 Windows 9x 系统中，由于缺乏真正的多用户能力，共享资源的认证方式一般采用共享级的认证。此时，如果访问这些共享资源，只需要提供一个密码，而不需要提供用户名。这种认证方式可以在用户比较少、共享资源也很少的情况下使用。如果需要共享的资源很多，而且对访问的控制比较复杂，那么针对每个共享资源都设置一个密码的做法就不再合适了。此时，更适合的是采用用户级的认证。

用户级认证方式区分并认证每个访问共享资源的用户，并通过对不同的用户分配访问权限的方式控制访问。对于工作组中的计算机，用户的认证是通过提供共享资源的计算机完成的，而域中的计算机可以通过域控制器进行认证。

🔊说明：通过域控制器进行认证还有一个好处，就是用户认证成功后，可以自动执行域控制器设置的相应用户的登录脚本，以提供个性服务。

4．共享资源

Samba 服务器可以对外提供文件或打印服务，这些服务的内容也称为共享资源。每个共享资源都必须赋予一个共享名称，当客户端进行访问时，可以在服务器的资源列表看到这个名称。如果一个共享资源名称的最后一个字符为$，则这个名称就具有隐形属性，不会直接出现在资源列表中，用户只能通过直接使用名称进行访问。

🔊注意：在 SMB 协议中，为了获得某台服务器的共享资源列表，必须使用一个隐藏的资源名称 IPC$来访问服务器。

5．网络登录

"网络登录"是 Windows 服务器提供的一种系统服务，用于对用户和其他服务进行身份验证。它维护着一条计算机和域控制器之间的安全通道，将用户登录时的凭据传送给域控制器，然后从域控制器返回用户的域安全标识符和所能行使的权限。这种登录方式也称为 pass-through 身份验证。

18.2.6　配置 Samba 服务器的全局选项

Samba 服务器的主配置文件是/etc/samba/smb.conf，它的配置内容包含了许多区段，每一个区段都有一个名字，用方括号括起来，其中有特殊含义的区段是[global]、[homes]和[printers]。[global]区段定义全局参数，决定 Samba 服务器要实现的功能，是 Samba 配置的核心内容。[homes]区段定义用户的主目录的文件服务，包含所有用户主目录的共享特性。[printers]区段定义有关打印机共享服务的特性。另外，还可以添加其他用户命名的区段，表示要添加一个共享资源。

每一个区段里面都定义了许多选项，格式为"选项名 = 选项值"，等号两边的空格被忽略，选项值两边的空格也被忽略，但是选项值里面的空格有意义。"#"是信息注释符，而";"是选项注释符。如果一行太长，可以用"\"进行换行。下面对 Samba 软件包安装完成后，初始/etc/samba/smb.conf 文件中的全局选项做一下解释：

```
# [global]区段内的选项决定了 Samba 服务器要实现的功能
[global]

# 定义 Samba 服务器所属 Windows 域或工作组的名称
```

```
        workgroup = MYGROUP

# 指定了 Samba 服务器的描述字符串
        server string = Samba Server

# 定义安全模式,可能的值是 share、user、server、domain 和 ads。其含义如下所示
#  share: 不需要提供用户名和密码
#  user: 需要提供用户名和密码,而且身份验证由 Samba 服务器负责
#  server: 需要提供用户名和密码,可以指定其他机器作身份验证
#  domain: 需要提供用户名和密码,指定 Windows 的域服务器作身份验证
#  ads: 需要提供用户名和密码,指定 Windows 的活动目录作身份验证
;       security = user

# 设置允许连接到 Samba 服务器的客户机范围,多个参数以空格隔开。表示方法可以为完整的 IP
#  地址,也可以是网段,以下的设置表示允许网段 192.168.1.0/24 和主机 192.168.2.127 访问
;  hosts allow = 192.168.1. 192.168.2. 127.

# 启动 samba 服务器后,马上共享打印机
;       load printers = yes

# 设置打印机共享的配置文件位置及名称
;  printcap name = /etc/printcap

# 在 UNIX System V 操作系统中,按以下设置可以自动从假脱机(spool)中获得打印机列表
;  printcap name = lpstat

# 设置打印机的类型,可用的选项是 bsd, cups, sysv, plp, lprng, aix, hpux, qnx。
#  一般标准打印机无需设置
;  printing = cups

# 将 cups 类型的打印机打印方式设置为二进制方式
        cups options = raw

# 设定访问 Samba 服务器的来宾账户,也就是访问共享资源时不需要输入用户名和密码的账户。现
#  设为 pcguest
# 如果客户机操作系统中没有该用户,则会映射为 Samba 服务器操作系统中的 nobody 用户
;  guest account = pcguest

# 设置 Samba 服务器日志文件的名称和位置。以下设置中,%m 表示所连接的客户机的 NetBIOS 名称
# 也就是说,要为每一个连接的客户机设置一个日志文件。也可以把所有的日志记录在一个文件里
        log file = /var/log/samba/%m.log

# 设定日志文件的最大容量,单位 KB。如果设为 0,则表示不做限制
        max log size = 50

# 当 security=server 时,指定提供用户认证功能的服务器
#   password server = My_PDC_Name [My_BDC_Name] [My_Next_BDC_Name]

# 也可以按以下设置让客户机自动定位域控制器
#   password server = *
;   password server = <NT-Server-Name>

# 当 security = ads 时,指定主机所属的领域
;   realm = MY_REALM

# 设置存储账号的后端数据库。在新的安装中,建议使用 tdbsam 或者 ldapsam。使用 tdbsam 时,
#  不需要进一步的设置,而且原来的 smbpasswd 也可以继续使用
```

```
;    passdb backend = tdbsam
```

\# 在此处把其他文件的内容包含进来。%m 表示所连接的客户机的 netbios 名称,以下的设置表示
　根据不同的客户机名称引入不同的配置内容
```
;    include = /usr/local/samba/lib/smb.conf.%m
```

\# 指定 Samba 服务器使用的本机网络接口。默认时使用所有具有广播能力的接口
```
;    interfaces = 192.168.12.2/24 192.168.13.2/24
```

\# 设定 samba 服务器是否要承担当 LMB 角色(LMB 负责收集本地网络的资源列表),no 表示不承担
```
;    local master = no
```

\# 指定 Samba 服务器在承担 LMB 角色时的优先权值
```
;    os level = 33
```

\# 指定 Samba 服务器是否承担 DMB 角色(DMB 负责收集域中的资源列表),yes 表示要承担
\# 如果域控制器已经做了这项工作,应设为 no
```
;    domain master = yes
```

\# Samba 服务器启动时,是否进行一次本地 Browser 的选择
```
;    preferred master = yes
```

\# 设为 yes 表示想让 Samba 服务器成为 Windows95 工作站的域登录服务器
```
;    domain logons = yes
```

\# 如果 domain logons 设为 yes,则为每个登录的客户机设置登录后的自动执行脚本
```
;    logon script = %m.bat
```

\# 如果 domain logons 设为 yes,则为每个登录的用户设置登录后的自动执行脚本。%U 表示登
　录的用户名
```
;    logon script = %U.bat
```

\# 指定登录后自动执行脚本的位置。%L 表示服务器的 Netbios 名称,按以下设置时,还要设置
　[Profiles]共享区段
```
;    logon path = \\%L\Profiles\%U
```

\# 设置为 yes 表示让 Samba 服务器承担 WINS 服务器功能
```
;    wins support = yes
```

\# 设置 WINS 服务器的地址,使 Samba 服务器成为该 WINS 服务器的客户
\# 该选项与"wins support = yes"只能两者选一,即不能同时承担 WINS 服务器和客户机的角色
```
;    wins server = w.x.y.z
```

\# 使 Samba 服务器成为 WINS 代理,回复非 WINS 客户的名称查询,此时,网络中必须至少有一台
　WINS 服务器
```
;    wins proxy = yes
```

\# 告诉 Samba 服务器是否使用 DNS 的 nslookup 对 NetBIOS 名称进行解析
```
        dns proxy = no
```

\# 指定 Samba 服务器用户与操作系统用户映射文件的位置与名称
```
        username map = /etc/samba/smbusers
```

\# 下面提供了一些用户管理的脚本
```
;  add user script = /usr/sbin/useradd %u
;  add group script = /usr/sbin/groupadd %g
;  add machine script = /usr/sbin/adduser -n -g machines -c Machine -d
/dev/null -s /bin/false %u
```

```
;    delete user script = /usr/sbin/userdel %u
;    delete user from group script = /usr/sbin/deluser %u %g
;    delete group script = /usr/sbin/groupdel %g
```

以上是 Samba 例子配置文件中有关全局配置选项的解释。这些选项都是常用选项，用户根据实际情况进行修改后，就可以配置一台实用的 Samba 服务器了。所有的配置选项可以通过"man smb.conf"命令查看 smb.conf 的帮助手册页。

18.2.7　Samba 的共享配置

18.2.6 节介绍了例子配置文件中的全局配置选项。除此之外，例子配置文件中还包含有关共享资源配置的区段，每个区段都有一个名称，有些区段的名称具有特殊含义。下面对例子配置文件中出现的区段以及其中的选项进行解释：

```
#   [homes]是一个特殊的区段,它代表每个用户的个人目录
[homes]
    comment = Home Directories        # 注释,也是出现在共享资源列表中的名称
    browseable = no                   # no 表示不在共享资源列表中出现,默认是 yes
    writeable = yes                   # yes 表示这个目录所属的用户具有写的权限

# Samba 服务器提供 netlogon 服务,需要配置该区段
; [netlogon]
;   comment = Network Logon Service
;   path = /usr/local/samba/lib/netlogon    # 设置共享目录的完整路径
;   guest ok = yes                    # yes 表示不需要密码就可以访问这个共享资源
;   writable = no
;   share modes = no                  # no 表示文件不能被多个用户同时打开

# 该区段与全局选项"logon path"有关,设置共享用户登录脚本存放的目录
;[Profiles]
;    path = /usr/local/samba/profiles
;    browseable = no
;    guest ok = yes

# 该区段指定了所有打印机的共同配置。可以用区段[printer1] ,[printer2],...指定单台
  打印机的配置
[printers]
      comment = All Printers
      path = /usr/spool/samba         # 存储用户打印任务的目录
      browseable = no
;     guest ok = no
;     writeable = no
      printable = yes                 # 启用打印机
# 还可以设置 public = yes,此时允许全局选项"guest account"指定的用户执行打印命令

# 该区段为用户设置存储临时文件的共享目录
;[tmp]
;   comment = Temporary file space
;   path = /tmp
;   read only = no                    # 用户对该共享资源具有写的权限
;   public = yes                      # 与 guest ok=yes 意义相同

# 该区段定义了一个公共共享目录,除 staff 用户组以外的用户只能读
;[public]
;   comment = Public Stuff
```

```
;    path = /home/samba
;    public = yes
;    writable = no
;    printable = no
;    write list = @staff              # 表示属于 staff 的用户组具有写的权限

# 下面定义了一个 fred 用户的私人打印机, 只有 fred 使用, 假脱机目录是 fred 用户的个人目录
;[fredsprn]
;    comment = Fred's Printer
;    valid users = fred               # 表示只有 fred 能登入
;    path = /homes/fred
;    printer = freds_printer
;    public = no
;    writable = no
;    printable = yes

# 下面区段定义一个 fred 用户的私人目录, 只有 fred 能写, 其余用户不能浏览
# 注意: fred 用户在操作系统设置中对所设的目录要有写的权限
;[fredsdir]
;    comment = Fred's Service
;    path = /usr/somewhere/private
;    valid users = fred
;    public = no
;    writable = yes
;    printable = no

# 下面的区段配置可以使每台客户机登录时, 看到的同一名称的共享目录实际上是不同的目录
;[pchome]
;    comment = PC Directories
;    path = /usr/pc/%m   # %m 表示客户机的 NetBIOS 名称。每台客户机看到的是不同的目录
;    public = no
;    writable = yes

# 该区段定义一个所有用户都可写的共享资源。以 guest 对应的操作系统用户写入, 该用户对共享
  目录要有写权限
;[public]
;    path = /usr/somewhere/else/public
;    public = yes
;    only guest = yes
;    writable = yes
;    printable = no

# 该区段定义了一个 mary 和 fred 可写的共享资源, 而且文件写入后, 不能被删除或修改
;[myshare]
;    comment = Mary's and Fred's stuff
;    path = /usr/somewhere/shared
;    valid users = mary fred
;    public = no
;    writable = yes
;    printable = no
;    create mask = 0765               # 创建文件时, 设置了 sticky 位
```

　　以上是 Samba 例子配置文件中有关共享资源的配置，这些共享资源区段包含的选项内容相差不大。该文件中提供的共享资源例子都比较典型，用户可以将其做为模板配置自己的共享资源。另外，用户如果需要了解更多的配置选项，可以通过"man smb.conf"命令查看 smb.conf 的帮助手册页。

18.2.8　Samba 客户端

为了测试 Samba 服务器的运行，需要创建 Samba 服务器自己管理的用户账号，因为默认时，Samba 是不通过操作系统去认证用户的。由于 Samba 用户登录时，需要以某一操作系统用户的身份访问服务器的共享资源，因此，Samba 用户又需要与操作系统用户建立映射关系。Samba 通过 smbpasswd 命令创建自己的用户账号，但前提是操作系统中应该存在同名的用户账号。下面是创建 Samba 用户的过程：

```
# useradd smb_user1              //首先要创建操作系统用户
# passwd smb_user1               //设置该用户的操作系统密码
Changing password for user smb_user1.
New UNIX password:
Retype new UNIX password:
passwd: all authentication tokens updated successfully.
# smbpasswd -a smb_user1         //添加 Samba 服务器用户账号，用户名 smb_user1 必
                                 //须是操作系统用户
New SMB password:                //设置该用户在 Samba 服务器中的登录密码,可以和操
                                 //作系统密码不一样
Retype new SMB password:
Added user smb_user1.            //Samba 用户添加成功
# more /etc/samba/smbpasswd      //添加的 Samba 用户实际都存储在/etc/samba/
                                 //smbpasswd 文件中
smb_user1:3005:837D4A541CA1E33B179B4D5D6690BDF3:F5A3188BECD031B15A82EA-
C7341E5485
:[U        ]:LCT-49415BD2:
#
```

以上步骤完成后，就可以在客户机上通过 smb_user1 用户账号登录 Samba 服务器了，登录成功后，将出现如图 18-6 所示窗口。在默认的 Samba 服务器配置下，出现的共享资源是用户的个人目录和共享打印机。

注意：登录时要输入用户在 Samba 服务器的登录密码，而不是操作系统密码。

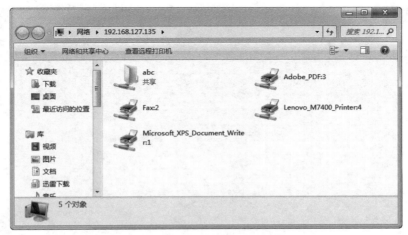

图 18-6　Windows 客户端访问 Samba 服务器

此时，双击 smb_user1 图标进入个人目录后，可以拥有写的权限。

注意：如果不能打开个人目录，可能是 RHEL 6 操作系统的 SELinux 设置还不允许 Samba 服务器访问用户的个人目录，需要通过以下命令改变设置：

```
setsebool -P samba_enable_home_dirs=1
```

Samba 用户除了使用操作系统用户的名称外，还可以把操作系统用户映射为另外一个用户名称，以便登录时，可以使用映射后的名称，而密码采用原来的 Samba 密码。具体方法是在/etc/samba/smbusers 文件中加入相应的条目，该文件的初始内容如下：

```
# more smbusers
# Unix_name = SMB_name1 SMB_name2 ...
root = administrator admin
nobody = guest pcguest smbguest
#
```

以上内容表示操作系统用户 root 要映射成 Samba 用户 administrator 和 admin，nobody 用户要映射成 guest、pcguest 和 smbguest 3 个 Samba 用户。也就是说，这几个 Samba 用户登录成功后，实际的操作系统用户身份是被映射的那个用户。例如，Samba 用户 guest 登录成功后，它将以 nobody 用户身份对 Samba 服务器主机的文件系统进行访问。当然，guest 用户能成功登录的前提是 nobody 用户已经添加为 Samba 用户。如果在/etc/samba/smbusers 文件中加入以下一行代码：

```
smb_user1 user1
```

则表示把前面添加的 smb_user1 用户映射为 user1 用户；以后登录时，可以用 user1 代替 smb_user1。

上面介绍的是通过 Windows 客户端访问 Samba 服务器。实际上，RHEL 6 操作系统也默认安装了 Samba 的客户端软件包，其中包含了许多 Samba 客户端的命令工具。最常用的是 smbclient 命令，它可以以类似 FTP 客户端的形式访问网络上的共享资源，常用的命令格式如下所示：

```
$ smbclient -L 10.10.1.29  -U smb_user1       //以用户名 smb_user1 登录,列出
                                              //10.10.1.29 上的共享资源
added interface ip=10.10.1.253 bcast=10.10.1.255 nmask=255.255.255.0
added interface ip=10.10.1.251 bcast=10.10.1.255 nmask=255.255.255.0
Password:                                     //输入 smb_user1 用户的密码
Domain=[WORKGROUP] OS=[Unix] Server=[Samba 3.0.23c-2]
  //下面是 10.10.1.29 上的共享资源列表
      Sharename     Type    Comment
      ---------     ------  -------
      IPC$          PC      IPC Service (Samba Server)
      abc           Disk
      home          Disk
      public        Disk
      smb_user1     Disk    Home Directories
...

//下面的命令表示以 smb_user1 用户身份访问 10.10.1.29 上的 smb_user1 资源
$ smbclient //10.10.1.29/smb_user1 -U smb_user1
added interface ip=10.10.1.253 bcast=10.10.1.255 nmask=255.255.255.0
added interface ip=10.10.1.251 bcast=10.10.1.255 nmask=255.255.255.0
Password:                        //输入 smb_user1 用户的密码
```

```
Domain=[WORKGROUP] OS=[Unix] Server=[Samba 3.0.23c-2]
smb: \>                        //出现 Samba 客户端命令提示符
Smb:\>?                        //列出所有的可用命令,这些命令与 FTP 客户端命令类似
...
smb: \> mkdir test             //创建名为 test 的子目录
smb: \> ls                     //列出目录的内容
 .                          D        0  Fri Dec 12 06:27:11 2008
 ..                         D        0  Fri Dec 12 02:27:54 2008
 .bash_logout               H       24  Fri Dec 12 02:27:54 2008
 .bashrc                    H      124  Fri Dec 12 02:27:54 2008
 test                       D        0  Fri Dec 12 06:27:11 2008
 .bash_profile              H      176  Fri Dec 12 02:27:54 2008

        37630 blocks of size 1048576. 31940 blocks available
smb: \>
```

以上列出了 Samba 客户端工具 smbclient 中的常用命令,可以看到,其命令名称和操作形式非常像字符方式下的 FTP 客户端。

18.3　小　　结

在 Internet 上传输文件时,一般是采用 FTP 形式,但在小范围的局域网中,相互之间共享文件的方式比较多。本章介绍了两种常见的共享文件系统——NFS 和 Samba,前者是 UNIX 平台下最著名的共享文件系统,后者是 Linux 和 Windows 系统之间共享资源时最常用的一种方式。所讲述的内容主要有各自协议的基础知识、服务器的架设、客户端的使用等。

第 19 章　Squid 代理服务器架设

代理（Proxy）是位于客户端与服务器之间的一种中介，它分析客户端向服务器的请求，如果请求的数据在代理缓存中已经存在，则会代替服务器进行响应。相对服务器，代理与客户端在网络上的距离比较近，于是就可以更快地为客户端提供服务。本章介绍有关代理服务器的原理，以及 Squid 代理服务器的安装、运行与配置等内容。

19.1　代理服务概述

代理服务的种类非常多。如果按所支持的协议来分，可以有 HTTP 代理、FTP 代理、SSL 代理、POP3 代理和 SOCKS 代理等。其中，HTTP 代理（也称为 Web 代理）的应用最为广泛。本节主要以 HTTP 代理为例，介绍代理服务的原理、作用、缓存机制、代理的方式等内容。

19.1.1　代理服务器的工作原理

代理服务器一般构建在内部网络和 Internet 之间，负责转发内网计算机对 Internet 的访问，并对转发请求进行控制和登记。代理服务器作为连接 Intranet（局域网）与 Internet（广域网）的桥梁，在实际应用中有着重要的作用。利用代理，除了可以实现最基本的连接功能外，还可以实现安全保护、缓存数据、内容过滤和访问控制等功能。如图 19-1 所示的是 Web 代理的原理图。

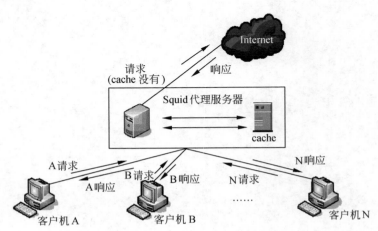

图 19-1　Web 代理原理图

在图 19-1 中，多台客户机通过内网与 Web 代理服务器连接，Web 代理服务器除了与内网连接外,还有一个网络接口与外网连接。Web 代理平时维护着一个很大的缓存(Cache)。当某一台客户机,例如 A 客户机,访问外网的某台 Web 服务器时,发过去的 HTTP 请求要先经过 Web 代理。Web 代理对这些 HTTP 请求进行分析,如果发现所请求的数据在缓存中已经存在,则直接把这些数据发送给客户机 A。

如果 Web 代理在缓存中找不到所请求的数据,则会转发这个 HTTP 请求到客户机要访问的 Web 服务器。Web 服务器响应后,把数据发给了 Web 代理,Web 代理再把这个数据转交给客户机 A,同时把这些数据储存在缓存中。于是,下次客户机 A 或其他客户机再次请求同样的数据时,Web 代理就直接用缓存中的数据进行响应,而不需要再次向 Web 服务器请求数据。

对客户机来说,它是感觉不到代理的存在的,以为所看到的网页是由真实的 Web 服务器回复的。实际上,很多的回复数据是从代理服务器的缓存中得到的,由于没有通过 Internet 与真实的 Web 服务器进行通信,而内网的速度比 Internet 要快很多。因此,用户会感觉到访问速度有很大的提高。特别是对一些访问量很大的热门网站,速度更是有明显的提高。

当然,如果客户机每一次请求的数据代理服务器的缓存中都没有,都需要通过代理服务器向 Internet 上的 Web 服务器请求,则比客户机自己直接请求时的速度要慢。但由于能加快后续访问的速度,因此,从整体来说,速度的提高还是很明显的。

🔔说明：实际上,对于 Web 访问来说,一个网站的网页往往包含了大量重复的链接。即使客户机初次浏览一个网站,看到的是不同的网页,但构成这些网页的链接实际上很多是重复的。于是,重复链接所指的内容就不需要直接访问 Web 服务器,而是从代理服务器的缓存中得到。

除了上面提到的使用代理可以大大提高速度外,代理服务器还有以下几个好处。

1．可以起到防火墙的作用

由于所有的客户机访问外网时,都是通过代理服务器出去的。因此,代理服务器可以按照一定的规则限制某些客户机访问外网,或者限制客户机访问某些 Internet 上的服务器。同时,客户机所有要访问的数据都是由代理服务器转发给客户机的。因此,代理服务器也可以按一定的规则过滤或屏蔽掉某些有害信息,使客户机不能收到这些信息。总的来说,有了代理服务器后,网络管理员可以更方便地进行访问控制。

2．客户机的安全性能得到提高

客户机通过代理访问时,目的服务器看到的往往是代理服务器的地址,并不知道客户机的真实地址,于是客户机的身份就得到了隐藏。这样不仅保护了用户的隐私,而且使攻击者失去了目标。另外,如果代理服务器提供了病毒、木马程序过滤等功能,则目标服务器向客户机发送病毒或木马等恶意程序时,会遭到代理服务器的拦截,从而保证了客户机的安全。

3．可以访问受限的服务器

有些服务器由于各种原因,往往只接受部分 IP 地址范围的客户机访问。对于落在这个范围以外的客户机将拒绝访问，或只能访问一部分内容。此时，如果位于允许 IP 地址范围内的客户机设置了代理服务，则受限制的客户机就可以通过这台提供代理服务的机器访问原来不能访问的服务器，从而突破了对方的限制。

4. 减少出口流量

对于采用流量计费的出口线路来说，使用代理服务器还可以减少费用。如果内网客户机大量的数据都是从代理服务器的缓存中得到的，则出口线路的流量将大大减少，这不仅意味着速度的提高，而且也意味着上网费用的降低。

19.1.2　Web 缓存的类型和特点

在计算机领域中，缓存技术的使用无处不在，使用缓存的主要目的在于加快数据的访问速度。在 Internet 中，人们也广泛使用缓存技术来提高网络速度。由于 Web 是 Internet 上最重要的一种服务，因此 Web 缓存的使用对于减少网络流量、提高网络速度具有重要的意义。Web 缓存的位置可以有 3 种，一是可以放置在客户端，二是放在服务器端，还有就是放在客户机与 Web 服务器之间的某个网络结点上，这个网络结点往往就是 Web 代理服务器。

1. 客户端缓存

几乎所有的 Internet 浏览器都提供了缓存功能，允许用户在客户机的内存或硬盘上缓存访问过的 Web 对象，如网页、图像、声音等。当用户通过浏览器请求 Web 服务器上的网页时，浏览器首先要查找自己的缓存。如果请求的数据存在缓存副本，而且满足一定的时间条件，则浏览器直接读取缓存副本。如果在缓存中找不到请求的数据，则通过网络从 URL 所指向的 Web 服务器读取，并且把读取的数据缓存起来，以便下次使用。

客户端缓存有两个缺点。一是由于缓存的容量小，不能存储大量的 Web 对象。因此，读取时的命中率比较低。二是每个客户机的缓存都是在本地的，虽然距离很近，相互之间却不能共享缓存中的数据，从而造成缓存中存在大量的重复数据。因此，客户端缓存的作用与效果是相当有限的。

> 说明：有些客户端的浏览器有时还会采取预读的策略，把可能要访问的网页提前下载到缓存。虽然这对本机是有利的，但提前下载的网页并不是都会被访问到，于是就增加了额外的网络流量，对总体速度是没有好处的。

2. 代理服务器缓存

代理服务器缓存位于网络的中间位置，它可以同时接收很多客户机的请求。因此，它的缓存可以被这些客户机共享。当一个客户端请求在代理服务器处得到满足时，就减少了代理服务器与 Web 服务器之间的网络流量，也就减少了请求的延时和 Web 服务器的负载。因为代理服务器缓存要面对大量的客户机，所以在管理上要注重整体性能，而且容量要比客户端缓存大得多。

由于代理缓存要面向很多的客户机，因此它的性能也是至关重要的。如果代理缓存的性能不能满足要求，则不仅不能提高速度，反而会造成网络瓶颈，影响客户机的访问速度。

代理缓存应该具有健壮性、可扩展性、稳定性、负载平衡等特点。

3．服务器缓存

设置服务器缓存的目的是为了减轻 Web 服务器的负载，而不是为了提高网页访问的命中率。它接收到的都是访问自己的请求，而不是像代理缓存那样，接收到的请求是指向为数众多的另外的 Web 服务器。由于一些热门网点访问量特别巨大，单一的 Web 服务器难以应付。因此，可以在前面放置几台服务器缓存，分担客户机的访问请求。如果客户机请求的网页在 Web 服务器缓存中找不到，则由服务器缓存从 Web 服务器读取，再发送给客户机。

服务器缓存不仅减少了 Web 服务器所在网络的流量，同时还保护着 Web 服务器的安全。因为 Web 服务器是不直接面向客户机的，它只向服务器缓存提供数据。另外，采用服务器缓存还提高了网站的可靠性，因为服务器缓存的数量一般不只一台。如果其中一台出了故障，它的工作可以由另外几台临时承担，不会造成整个网站的瘫痪。

由于 Web 环境的特点，使得 Web 缓存设计时与传统的操作系统缓存有不一样的考虑。操作系统管理的缓存其数据往往是有固定的大小，如一页或者一块，读取固定大小的数据时其时间也可以认为是固定的。但 Web 缓存的对象其大小变化很大，从几百字节到几兆字节，而且在网络环境中，即使对象的大小是一样的，读取的时间差别可能也是很大的。因此，传统的缓存系统中所使用的算法并不适合在 Web 缓存中使用。

19.1.3　3 种典型的代理方式

根据 Web 代理服务器的配置方案与工作方式，可以把 Web 代理分成 3 种。第 1 种是传统的代理方式，它需要在客户端进行配置，而且客户端知道代理的存在；第 2 种是透明代理，它一般用于为内部网络中的主机提供外网的访问服务，但不需要配置客户端，而且客户端不知道代理的存在；第 3 种是反向代理，它为外部网络上的主机提供内网的访问服务。

1．传统代理

如图 19-1 所示的就是传统代理方式，它是用户最熟悉的，需要在浏览器中进行代理设置，明确指出代理服务器的 IP 地址和网络端口，使得浏览器访问指定的服务时，先把访问请求发送给代理服务器。这种方式的优点是便于用户对访问进行管理，使用的服务种类多，并且可以在需要时进行设置。同时代理服务器配置简单，不需要其他服务器或网络设备的配合。

但传统的代理方式也存在着缺点。首先是需要发布代理服务器的地址和端口信息，并且改变后要及时通知用户，当用户数很多的时候，这对管理员是一个不小的负担。其次，由于用户需要自行配置浏览器，虽然步骤比较简单，但对有些初学者来说可能还是有一定难度的。最后就是如果网络存在多个出口时，用户可以不使用代理，代理服务器也就失去了意义。

2．透明代理

透明代理的原理图如图 19-2 所示，它一般为内网计算机提供外网的访问服务，不需要客户端做任何设置。当客户端的某种数据包，如 TCP 80 号端口的 HTTP 请求数据包经过内网的出口路由器时，可以被路由器重定向到本地代理服务器的代理端口，然后由本地代理服务器对 HTTP 请求进行处理。如果所请求的数据缓存中已经存在的，直接响应，如果没有的，则向外网的 Web 服务器请求，然后再响应。

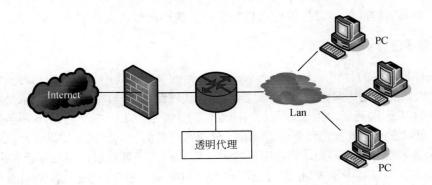

图 19-2　透明代理示意图

透明代理克服了传统代理的缺点，不需要客户端进行配置，能够强制客户端使用代理，容易实现平衡。但它也有自己的缺点，首先是需要其他网络设备的配合，把某种数据包转发给代理服务器；其次是需要从大量的外出 Internet 流量中过滤出所需的数据包，增加了网络设备的负担，而且会有一定的延时；最后就是当应用程序的一系列请求是相关的并涉及到多个目标对象时，如果要求是有状态的，这时使用透明代理可能会有问题。

3. 反向代理

与传统代理和透明代理不同的是，反向代理服务器能够代理外部网络上的主机访问内部网络，如图 19-3 所示。

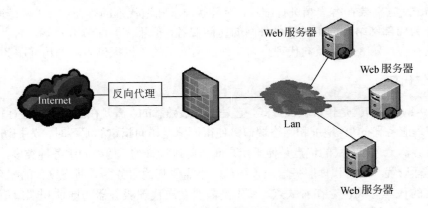

图 19-3　反向代理示意图

反向代理主要为一个或几个本地网站做缓存，以加快 Web 服务器的响应速度，或者代理外网的计算机访问内部的服务器，以加强 Web 服务器的安全。反向代理实际上相当于前面介绍的服务端缓存，有关内容可参见 19.1.2 节。

19.2　Squid 服务器的安装与运行

代理服务器软件的选择可以有很多种，其中最有名的是 Squid。它是一种开源软件，可以工作在各种操作系统平台上，包括 Linux 操作系统。Squid 服务器效率高，功能强大，提供丰富的访问控制、用户认证和日志功能。本节主要介绍 Squid 服务器的概况、软件获取、安装与运行、客户端设置与测试等内容。

19.2.1　Squid 简介

Squid 软件来源于一个名为 Harvest Cache 的项目，它得到了美国国家科学基金的资助，是一种开放源代码的软件。某些特征的加入和 BUG 的修复由一个在线的工作组来完成。美国国家科学基金的资助于 2000 年 7 月结束。目前的 Squid 是由很多志愿者进行开发和管理的，其主要经济来源是一些公司的赞助，这些公司因为在使用 Squid 中获得了收益。

Squid 是一种快速的代理缓存程序，它扮演着一种中介的角色，从浏览器等客户端程序接受请求，并把它传递给请求的 URL 所指向的 Internet 服务器，然后把返回的数据传给客户端，同时存储一份副本在磁盘缓存中。这样做主要的好处是下次再有客户端有同样的请求时，磁盘缓存中的副本可以马上传送给客户端，从而加快速度，节省带宽。使用了代理缓存程序后，只需要使用少量的磁盘缓存空间就可以给速度和带宽带来重要的影响。

🔔说明：Internet 防火墙中通常也有一个代理单元，但是这种代理单元与 Squid 代理不一样。大多数的防火墙代理单元并没有存储返回数据的副本，每一次的请求数据都要从 Internet 服务器上读取。另外，Squid 还比 Internet 防火墙的代理单元支持更多的协议，并可以构建复杂的分级代理机制。

许多 Internet 服务器会支持多种协议的访问，例如，一台 Web 服务器在提供 HTTP 协议访问的同时，也可能还具有 FTP 服务器的功能。Squid 为了避免把缓存的 FTP 数据返回给 HTTP 客户，采用了完全的 URL 来唯一地索引所缓存的数据。

Squid 除了对 Web 对象进行缓存外，同时也缓存 DNS 查询的结果。此外，它还支持非模块化的 DNS 查询，对失败的请求进行消极缓存。Squid 采用一个主进程 squid 来处理所有的客户端请求，同时还派生出几个辅助进程。Squid 可以运行在各种 UNIX/Linux、Windows 等操作系统平台上，要求机器的内存一定要大，硬盘访问速度要快，但对处理器的要求不是很高。Squid 主要有以下功能。

❑ 加速内部网络与 Internet 的连接；
❑ 保护内部网络免受来自 Internet 的攻击；
❑ 获得内部网络用户访问 Internet 的上网行为记录；
❑ 阻止不合适的 Internet 访问；
❑ 支持用户认证功能；
❑ 过滤敏感信息；
❑ 加速 Web 服务器的页面访问速度。

Squid 支持以下客户端网络协议。

❑ 访问 Web 服务器的 HTTP 协议；
❑ 文件传输协议 FTP；
❑ 信息查找协议 Gopher；
❑ 广域信息查询系统 WAIS；
❑ 安全套接层协议 SSL。

Squid 支持以下内部缓存和管理协议。

❏ HTTP 协议，用于从其他缓存抽取 Web 对象的副本；

❏ ICP（Internet Cache Protocol，互联网缓存协议）协议，用于从其他缓存中查找一个特定的对象；

❏ Cache Digests 协议，用于生成其他缓存中所存对象的索引；

❏ SNMP 协议，为外部工具提供所缓存信息；

❏ HTCP 协议，是用来发现 HTTP 缓冲区，并储存、管理 HTTP 数据的协议。

19.2.2　Squid 软件的安装与运行

Squid 是一个开放源代码的软件，可以免费获取并使用，其主页地址是 http://www. squid-cache.org，目前最新版是 3.2.1 版。除了提供源代码外，下载页面上还提供了最新的 For RHEL 6 的 RPM 包，文件名是 squid-3.1.10-1.el6_2.4.i686.rpm。默认情况下，在 RHEL 6 操作系统安装完成后，已经安装了 Squid 软件包，可以用以下命令查看：

```
# rpm -qa | grep squid
squid-3.1.10-1.el6_2.4.i686
#
```

上述执行结果表明 RHEL 6 中已经安装了 Squid，版本是 3.1.10。为了将其升级为最新的 3.2 版，可以从 Squid 主页下载最新的 For RHEL 6 的 RPM 包文件 squid-3.2.1-1.fc17.x86_64.rpm，复制到当前目录后，用以下命令进行升级安装：

```
# rpm -e squid-3.1.10-1.el6_2.4.i686.rpm
# rpm -ivh squid-3.3.0.1-1.fc17.x86_64.rpm
Preparing...               ########################################### [100%]
   1:squid                 ########################################### [100%]
#
```

安装成功后，有关 Squid 服务器软件的几个重要文件分布如下所示。

❏ /etc/httpd/conf.d/squid.conf：在 Apache 服务器中加入运行 cachemgr.cgi 程序的配置。

❏ /etc/logrotate.d/squid：Squid 的日志滚动方式的配置。

❏ /etc/pam.d/squid：Squid 的 PAM 认证配置。

❏ /etc/squid/errors：是一个目录，存放给客户端报告出错时的 HTML 文件。

❏ /etc/squid/mib.txt：为 SNMP 协议配置 Squid 的 MIB。

❏ /etc/squid/mime.conf：定义 MIME 类型的文件。

❏ /etc/squid/msntauth.conf：用于 Windows NT 认证的配置。

❏ /etc/squid/squid.conf：Squid 的主配置文件。

❏ /usr/lib/squid/*_auth：各种认证方式的库文件。

❏ /usr/lib/squid/cachemgr.cgi：对缓存进行管理的 CGI 程序。

❏ /usr/sbin/squid：Squid 服务器的主程序。

❏ /usr/sbin/squidclient：统计显示摘要报表的客户程序。

❏ /usr/share/squid/errors：是一个目录，存放各种语言出错报告的 HTML 文件。

❏ /var/log/squid：存放 Squid 日志的目录。

❏ /var/spool/squid：Squid 缓存的根目录。

为了运行 squid，可以输入以下命令：

```
[root@localhost squid]# /etc/rc.d/init.d/squid start
```

```
启动 squid :                                    [确定]
# ps -eaf|grep squid
root      3070    1  0 17:35 ?         00:00:00 squid -f /etc/squid/squid.conf
squid         3073    3070  0  17:35  ?          00:00:00  (squid)  -f
/etc/squid/squid.conf
squid    3074  3073  0 17:35 ?         00:00:00 (unlinkd)
root     3127  2774  0 17:35 pts/3     00:00:00 grep squid
#
```

可以看到，Squid 服务器启动了 3 个进程。其中一个是由 root 用户运行的，另外两个由 squid 用户运行，squid 用户是在 Squid 软件包安装的时候自动创建的，如果采用源代码安装，需要手工创建。为了查看一下 squid 进程监听了哪些网络端口，输入以下命令：

```
# netstat -anp|grep squid
tcp       0  0 0.0.0.0:3128      0.0.0.0:*          LISTEN    4466/(squid)
udp       0  0 0.0.0.0:32771     0.0.0.0:*                    4466/(squid)
udp       0  0 0.0.0.0:3130      0.0.0.0:*                    4466/(squid)
unix  2      [ ]         DGRAM         19007  4464/squid
#
```

可见，初始配置下，Squid 服务器监听的是 TCP3128 端口。也就是说，Squid 服务器通过这个端口接受客户端的代理请求。

🔔注意：Squid 服务器监听的另外两个 UDP 端口主要用于与其他代理服务器交换缓存信息。

为了使远程客户可以使用 Squid 服务器，需要主机防火墙开放上述端口，或者在测试时，用以下命令清空防火墙的所有规则：

```
# iptables -F
```

上述过程完成后，Squid 服务器已经能正常使用，使用的是/etc/squid/squid.conf 文件的初始配置，代理的方式是传统代理。可以通过客户端对其进行测试，具体方法见 19.2.3 节。

19.2.3　代理的客户端配置

代理可以分为传统代理、透明代理和反向代理 3 个方式。对于传统代理来说，需要在客户端进行配置，明确指定代理服务器的 IP 地址、网络端口等信息，而透明代理和反向代理是不需要进行客户端配置的。在 Windows 的 IE 浏览器中，可以通过"局域网设置"对话框进行配置，具体步骤如下所示。

（1）在 IE 的主菜单中选择"工具"|"Internet 选项"命令，出现对话框后再选择"连接"标签，则会出现如图 19-4 所示的界面。

（2）如果是直接使用以太网卡上网，可以单击图 19-4 中的"局域网设置"按钮进行设置，将出现"局域网（LAN）设置"对话框，然后选中"为 LAN 使用代理服务器"复选框，

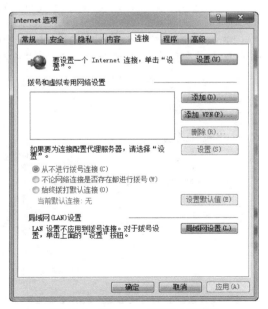

图 19-4　"Internet 选项"对话框

再输入代理服务器的地址和端口号，如图 19-5 所示。

（3）如果各种协议的代理服务器设置是一样的，则此时单击"确定"按钮返回即可。但如果各种协议的代理服务器有不同的 IP 地址和端口号、或者要设置 Socks 代理，则还要单击图 19-5 中的"高级"按钮，出现如图 19-6 所示的对话框。

（4）在如图 19-6 所示的对话框中，选中"对所有协议均使用相同的代理服务器"复选框，则可以在上面的文本框内输入各种协议代理服务器的 IP 地址和端口号。

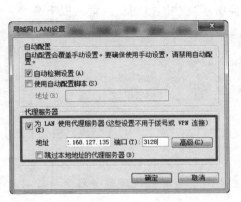

图 19-5 "局域网（LAN）设置"对话框

图 19-6 代理服务器设置

（5）所有设置完成后，可以单击"确定"按钮返回。

注意：在步骤（2）中，如果采用的是 PPPoE 或 VPN 拨号等方式拨号后上网的，需要在图 19-4 的"拨号和虚拟专用网络设置"列表框中选择相应的网络接口，再单击右边的"设置"按钮，则会出现如图 19-7 所示的对话框。对所选的拨号连接进行代理设置，其方法与局域网代理设置类似。

除了 IE 浏览器外，RHEL 6 平台下的 Konqueror 浏览器也可以进行代理服务器设置，具体方法是在工具栏上选择"系统"|"首选项"命令，则会出现如图 19-8 所示的对话框。

图 19-7 拨号连接的代理设置

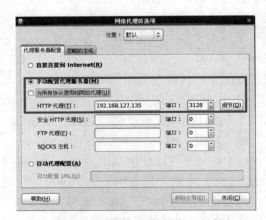

图 19-8 "网络代理首选项"对话框

在如图 19-8 所示的对话框中选择"手动配置代理服务器"，就可以在下面的文本框内输入各种协议的代理服务器 IP 地址和端口号了。输入完成后，单击"关闭"按钮返回即可。

说明：客户端浏览器代理设置完成后，可以查看浏览器是否能够上网，如果能正常上网，说明 19.2.2 节运行的 Squid 服务器工作正常。

19.3　配置 Squid 服务器

Squid 的功能非常丰富，服务器安装完成后，所提供的初始配置内容比较简单，大部分的选项都是按默认值进行配置。为了充分发挥 Squid 代理服务器的作用，需要根据实际情况进行配置。本节先介绍 Squid 的基本配置选项，再介绍 Squid 的访问控制配置、缓存配置、透明和反向代理配置、日志管理等内容。

19.3.1　Squid 常规配置选项

Squid 的配置文件的格式与其他许多 Unix 程序相似，相对比较规范，每行包含一项配置内容，前面是配置选项的名称，后面跟着参数值或关键字，它们之间用空格分隔。在读取配置文件时，squid 将忽略空行和每一行"#"后面的注释。

注意：在 Squid 的配置文件中，字母大小写的意义是不同的。

对于某些取唯一值的配置选项，如果在不同的行给予不同的值，则后面的值覆盖前面的值。如果配置选项可以取多个值，则每一个值都有效。取多个值的选项也可以在同一行中进行赋值。通常情况下，配置文件中的配置选项出现的顺序是无关的。但是，如果某个选项指定的值被其他选项所使用，那么次序就很重要了。例如，有关访问控制的配置选项次序就很重要。下面对 Squid 的常规配置选项的例子进行解释。

配置 1：

```
http_port  3128
```

功能：设置 Squid 服务器监听的端口号为 3128。

说明：TCP 协议的 3128 号端口是 Squid 默认的监听端口，也可以设置为其他值。另外，Squid 服务器可以同时监听多个端口，方法是在 http_port 选项后面放置多个端口值，并以空格隔开。也可以用多个 http_port 选项指定不同的端口值。

配置 2：

```
icp_port  3130
```

功能：设置 Squid 服务器之间共享缓存协议 ICP 使用的端口为 3130。

说明：ICP 协议是专门用于在代理服务器之间交换缓存数据的协议。通过它，一台代理服务器可以查询和读取另一台代理服务器中的缓存数据，以响应客户的请求。这个端口是 UDP 端口，3130 也是这个选项的默认值。

配置 3：

```
cache_effective_user squid
```

功能：设置运行 Squid 服务器进程的用户是 squid。

说明：由于某些功能需要 root 权限才能完成，因此 squid 进程是由 root 用户启动的，但如果一直以 root 用户运行，则对主机的安全有威胁。因此一般在启动完成后，要指定另一个用户来运行。此处指定的 squid 用户在操作系统中必须要已经存在。

配置 4：

```
pid_filename /var/run/squid.pid
```

功能：设置 Squid 服务器进程的 PID 文件的位置与名称。

说明：进程 PID 文件由 root 用户创建。

配置 5：

```
logformat squid %ts.%03tu %6tr %>a %Ss/%03Hs %<st %rm %ru %un %Sh/%<A %mt
access_log /var/log/squid/access.log squid
```

功能：定义名为 squid 的日志格式，并指定 Squid 的访问日志为/var/log/squid/access.log，格式为 squid。

说明：访问日志中记录了所有客户端的访问请求，包括 HTTP 和 ICP 请求。如果不想记录访问日志，可以设置为 none。

配置 6：

```
cache_mem 8 MB
```

功能：设置 cache 内存为 8MB。

说明：设定一个 squid 能够用多少额外的内存来缓存对象的限制值，如果需要，这个限制可能会被突破。

配置 7：

```
cache_dir ufs /var/spool/squid 100 16 256
```

功能：指定缓存目录的类型是 ufs，目录位置是/var/spool/squid，大小限制为 100MB，第 1 层子目录为 16 个，第 2 层子目录为 256 个。

说明：这是 Squid 服务器中最基础的设置之一，它告诉 squid 以何种方式存储缓存数据到磁盘的什么位置。一般来说，充当代理服务器的主机应该具有海量、高速度的外存，最常见的是采用磁盘阵列或大容量的硬盘。另外，Squid 在设计搜索缓存对象时采用了 HASH 算法，为了加快速度，采用了两级目录结构，而且每层最少有 16 个子目录，最多 256 个子目录，真正的缓存数据存放在第 2 层目录中。

配置 8：

```
maximum_object_size_in_memory 8 KB
```

功能：设置 Squid 保存在内存中的对象最大为 8KB。

说明：内存中的对象访问速度最快，但内存空间有限，该值要根据内存大小进行设置。

配置 9：

```
maximum_object_size 4096 KB
```

功能：设置最大的缓存对象字节数为 4096KB。

说明：Squid 服务器并不是缓存所有的 Web 对象，只有小于该值的对象才能被缓存。如果磁盘空间很大，可以适当提高该值。

配置 10：

```
cache_swap_low 90
cache_swap_high 95
```

功能：设置 Squid 缓存空间的使用策略。以上设置表示当缓存中的数据占到整个缓存大小的 95%以上时，将开始按一定的算法删除缓存中的数据，直到缓存数据占到整个缓存空间大小的 90%为止。

说明：这种策略可以最大限度地利用缓存空间，但又不至于出现空间溢出的情况。

配置 11：

```
cache_mgr root
```

功能：设置 Squid 服务器管理员用户的 E-mail 地址。

说明：当 Squid 服务器出现故障时，会发送一封电子邮件到该地址。

19.3.2　Squid 访问控制

通过访问控制，Squid 可以保证自己所管理的资源不被非法使用和非法访问，并根据特定的时间间隔访问、缓存指定的网站。Squid 用于访问控制的配置选项主要有两个，一个 acl，它是 Squid 访问控制的基础，用于命名一些网络资源或网络对象。另一个是 http_access，它对 acl 命名的对象进行权限控制，允许或拒绝它们的某些行为。acl 选项的格式如下：

```
acl name type value1 value2 ...
```

其中，name 是对象的名称，它不能是一些 squid 保留的关键字。type 是网络对象的类型，可以是 IP 地址、域名、用户名、网络端口号、协议、请求方法以及正则表达式等，还有很多其他类型，常见类型的名称和含义见表 19-1。value 是指某种类型的网络对象的值。

表 19-1　常见的 acl 类型

类　　型	含　　义
src	源 IP 地址，可以是单个 IP，也可以是地址范围或子网地址
dst	目的 IP 地址，可以是单个 IP，也可以是地址范围或子网地址
myip	本机网络接口的 IP 地址
srcdomain	客户所属的域，Squid 将根据客户 IP 地址进行反向 DNS 查询
dstdomain	服务器所属的域，与客户请求的 URL 匹配
time	表示一个时间段
port	指向其他计算机的网络端口
myport	指向 squid 服务器自己的网络端口
proto	客户端请求所使用的协议，可以是 http、https、ftp、gopher、urn、whois 和 cache_object 等值
method	HTTP 请求方法，如 GET、POST 等
proxy_auth	由 Squid 自己认证的用户名
url_regex	有关 URL 的正则表达式

定义和使用 acl 对象时，要注意以下几点。

- ❑ 某种 acl 类型的值可以是同种类型的 acl 对象。
- ❑ 不同类型的对象其名称不能重复。
- ❑ acl 对象的值可以有多个，在使用过程中，当任一个值被匹配时，则整个 acl 对象被认为是匹配的。
- ❑ 当同种类型的对象其名称重复使用时，Squid 会把所有的值组合到这个名称的对象中。
- ❑ 对象的值如果是文件名，则该文件所包含的内容做为对象的值。此时，文件名要带双引号。

下面通过 acl 选项的具体例子来理解它的格式和使用方法。

示例 1：

```
acl worktime time MTWHF  08:00-17:00
```

功能：将周一至周五的早上 8 点到下午 17:00 命名为 worktime。

🔊说明：一个星期中，每一天的英文单词的第一个字母表示那一天，如 M 表示星期一，T 表示星期二等。时间采用 24 小时制。

示例 2：

```
acl mynet src 10.10.1.0/24
```

功能：将 IP 地址为 10.10.1.0/24 的子网命名为 mynet，使用时，要与源地址进行匹配。

示例 3：

```
acl all dst 0.0.0.0/0.0.0.0
```

功能：将所有的地址命名为 all，使用时，与目的地址进行匹配。

示例 4：

```
acl aim dstdomain .sina.com.cn  .sohu.com    .163.com
```

功能：将 ".sina.com.cn"、".sohu.com" 和 ".163.com" 3 个域名的组合定义为 aim，使用时，与目的域进行匹配。

示例 5：

```
acl giffile url_regex  -i  \.gif$
```

功能：把以.gif 结尾的 URL 路径命名为 giffile。

示例 6：

```
acl other  srcdomain  "/etc/squid/other"
```

功能：把/etc/squid/other 文件中的内容作为 other 对象的值，类型是源 URL 中的域名。

示例 7：

```
acl safe_port port 80
acl safe_port port 21 443
```

功能：将端口 80、21 和 443 的组合命名为 safe_port。

以上是有关 ACL 选项的使用方法。定义 ACL 对象的目的是为了对与这些对象匹配的请求进行访问控制，这个控制功能不是由 acl 选项实现的，而是由 http_access 或 icp_access 选项实现的。http_access 的格式如下所示。

示例 8：

```
http_access  <allow|deny>  [!]ACL 对象 1  [!]ACL 对象 2  ...
```

在以上格式中，allow 表示允许，deny 表示拒绝，两者必须选一。ACL 对象是指由 acl 选项定义的网络对象，可以有多个。"!"表示非运算，即与 ACL 对象相反的那些对象。Squid 处理 http_access 选项时，要把客户端的请求与 http_access 选项中的 ACL 对象进行匹配。当请求与每一个 ACL 对象都能匹配时，则执行 allow 或 deny 动作。只要请求与多个 ACL 对象中的一个不匹配，则这个 http_access 无效，不会执行指定的动作。

注意：如果有多个 http_access 选项，则一个请求与其中一个 http_access 匹配时，将执行该 http_access 指定的动作。如果与所有的 http_access 都不匹配，则执行与最后一条 http_access 指定的动作相反的动作。

下面是几个 http_access 选项的例子。

示例 9：

```
acl Tom ident Tom
http_access allow Tom
```

功能：只允许名为 Bob 的用户访问。ident 也是 acl 选项的一种类型，表示用户。

示例 10：

```
acl All src 0/0
acl MyNet src 10.20.6.100-10.20.6.200
acl ProblemHost src 172.16.5.9
http_access deny ProblemHost
http_access allow MyNet
http_access deny All
```

功能：只允许源地址为 10.20.6.100～10.20.6.200 的 IP 使用 Squid 服务器。

示例 11：

```
acl abc src 10.20.163.85
acl xyz src 10.20.163.86
acl asd src 10.20.163.87
acl morning time 06:00-11:00
acl lunch time 14:00-14:30
http_access allow abc morning
http_access allow xyz morning lunch
http_access allow asd lunch
```

功能：给 3 个 IP 的客户机分别规定不同的上网时间。

Squid 访问控制的功能非常强大，以上只是介绍了一些常见的用法，更多的内容可参见 Squid 的文档和初始配置文件中的解释。

19.3.3　Squid 多级代理配置

在大型网络中，使用一台 Squid 服务器往往不能应对日益增长的网络访问量，需要构建多级代理服务器。多级代理类似于计算机集群,是将一组独立的代理服务器组合在一起,通过特定的缓存通信协议进行相互访问,从而在逻辑上构成一个具有更大缓存、更强处理能力的代理服务器。

💡说明:根据代理服务器之间的关系,可以将多级代理分为同级结构、层次结构和网状结构 3 种类型,其中最常见的是层次结构。

配置多级代理需要使用 cache_peer 选项,它的作用是当自己的缓存中没有客户机所请求的数据时,将通过 ICP 协议向其他代理服务器询问是否有该请求的数据,其格式如下:

```
cache_peer hostname type http_port icp_port options
```

其中,hostname 是另一台支持 ICP 协议的代理服务器的域名或 IP 地址,http_port 是对方监听代理请求的端口,而 icp_port 是对方用于 ICP 协议的端口。type 是 ICP 请求的类型,可以根据对方的特点使用 parent 或者 sibling。

如果使用 parent,则会把客户机的请求送给对方,对方的缓存中如果有所请求的数据,则返回数据。如果没有请求的数据,则由对方负责从目的 Web 服务器读取数据。当使用这种类型时,对方一般位于代理网络结构中的上一级,也就是离 Internet 更近的地方,因此比本机能更快地获得 Internet 中的数据。

类型值使用 sibling,则不会把客户端的请求送给对方,只是询问对方的缓存中是否存在所请求的数据。如果存在,则返回数据;如果不存在,对方并不会负责向 Internet 上的目的服务器请求该数据,只是简单地告诉己方找不到数据。使用这种类型时,对方一般与己方处于网络中的同等地位。

常见的 options 的值及含义见表 19-2。

表 19-2　cache_peer 选项的 option 值

选　　项	含　　义
proxy-only	表示从对方得到的数据不在本地缓存,默认时是要缓存的
weight=n	指定对方的权重值,当存在多个 cache_peer 选项时,将根据权重值进行选择,n 为整数,越大越优先,默认时,由己方根据网络响应时间决定权重值
no-query	不向对方发送 ICP 请求,而只是发送 HTTP 代理请求,用于对方不支持 ICP 或不可用时
no-digest	不使用内存摘要表做查询,而是直接使用 ICP 协议进行通信
default	与 no-query 一起使用,当多个 peer 都不支持 ICP 时,使用该 peer
login=user:passwd	对方需要认证时,提供用户名和密码

下面是几个 Squid 初始配置文件中有关 cache_peer 的例子:

```
cache_peer  parent.foo.net       parent    3128  3130  proxy-only default
cache_peer  sib1.foo.net         sibling   3128  3130  proxy-only
cache_peer  sib2.foo.net         sibling   3128  3130  proxy-only
```

在配置多级代理时,可以根据实际情况,使用特定的规则来选择不同的父代理服务器,从而达到均衡负载的目的。此时除了 cache_peer 选项外,还需要使用 cache_peer_domain 和 cache_peer_access 选项。它们的格式如下所示:

```
cache_peer_domain cache-host domain [domain ...]
cache_peer_access cache-host allow|deny [!]aclname ...
```

前者表示为某些目的域指定其他代理服务器，后者更具柔性，可以与 ACL 对象结合使用。下面是几个有关其他代理服务器选择的例子：

```
Cache_peer  edu.foo.net    parent   3128  3130
cache_peer  common.foo.net   sibling   3128  3130  proxy-only
cache_peer_domain edu.foo.net  .edu
cache_peer_domain common.foo.net   !.edu
```

功能：指定 parent.foo.net 主机为访问.edu 域的客户端的代理服务器，common.foo.net 主机为访问除.edu 域以外的客户端的代理服务器。

19.3.4　透明代理配置

透明代理除了为内网计算机提供外网的访问服务外，它最大的特点是不需要客户端做任何设置，但是需要出口路由器或防火墙的配合。当客户端访问外网 Web 服务器的数据包经过防火墙时，防火墙应该把该数据包重定向到本地代理服务器的代理端口，然后由本地代理服务器对客户端的 Web 请求进行处理或转发。

如图 19-9 所示是一种典型的局域网连入 Internet 的方案。一台 Linux 主机承担防火墙的工作，并提供 NAT 服务。它有两块网卡，eth1 与 Internet 连接，使用公网 IP；eth0 与局域网连接，使用保留地址。局域网内的客户机都使用保留地址，正常情况下，通过 Linux 主机的 NAT 转换后访问公网。

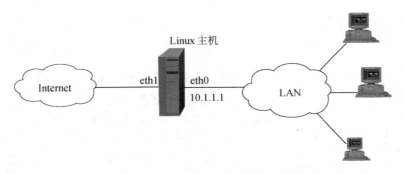

图 19-9　配置例子透明代理时的网络拓扑图

如果现在要求在 Linux 主机构建一台 Squid 代理服务器，使局域内所有客户机访问外网 Web 服务器的请求由它进行处理。如果缓存中已经有所请求的数据，则直接响应；如果没有请求的数据，则由代理把请求转发给目的 Web 服务器，目的 Web 服务器返回数据后，再由代理转发给客户端并存入缓存。下面介绍在上述网络结构基础上，如何配置一台 Squid 透明代理，使客户机不需要任何设置就可以使用代理。Squid 2.6 以上版本对透明代理的配置作了很大的简化，核心内容只需要添加下面一行即可：

```
http_port  3128  transparent
```

http_port 选项前面已经做过介绍，它用于设置 Squid 服务器的监听端口。也就是说，Squid 从这个端口接收客户端的代理请求。但在透明代理中，代理请求是从防火墙 iptables

转发过来的，客户端并不需要在浏览器中设置代理服务器地址和端口。

与前面传统代理不一样，这里的 http_port 需要增加一个参数 transparent，告诉 Squid 从监听端口进来的请求是由防火墙转发的，而不是客户端直接发送的。此时，Squid 处理这些请求时要与传统代理不一样。例如，要通过主机头来区分不同的主机等。下面是图 19-10 中 Linux 主机上的 Squid 服务器的完整配置例子：

```
http_port 3128 transparent            # 配置 Squid 为透明代理
access_log /var/log/squid/access.log squid
hosts_file /etc/hosts   # Squid 中先按照/etc/hosts 文件对主机名和 IP 地址进行解析
acl all src 0.0.0.0/0.0.0.0
acl manager proto cache_object
                   #cache_object 是 squid 自定义的协议，用于访问 squid 的缓存管理接口
acl localhost src 127.0.0.1/255.255.255.255
acl to_localhost dst 127.0.0.0/8
acl SSL_ports port 443 563            # https、snews 端口
acl SSL_ports port 873               # rsync 端口
acl Safe_ports port 80               # http 端口
...                                  # 此处还有很多 Safe_ports，详见例子配置文件
acl Safe_ports port 901              # SWAT 端口
acl purge method PURGE
                    # PURGE 是 squid 自定义的 HTTP 方法，用于删除 squid 缓存中的对象
acl CONNECT method CONNECT            # CONNECT 是 HTTP 协议中用于代理的方法

#以下两行表示只有本机才能使用 cache_object 协议
http_access allow manager localhost
http_access deny manager

#以下两行表示只有本机才能使用 PURGE 方法
http_access allow purge localhost
http_access deny purge

http_access deny !Safe_ports        # Squid 不转发客户机对非 Safe_ports 端口的请求
http_access deny CONNECT !SSL_ports
                                    # Squid 不转发客户机对非 SSL_ports 提出的连接请求
http_access allow localhost         # 但对本机不作上述限制
acl lan src 10.0.0.0/8              # 内网的 IP 段是 10.0.0.0/8
http_access allow localhost
http_access allow lan               # 允许内网的计算机进行 HTTP 访问
http_access deny all
http_reply_access allow all         # 允许对所有的客户机进行请求的回复
icp_access allow all                # 允许所有的客户机访问 ICP 端口
visible_hostname proxy.wzvtc.edu
                        # 设置对外可见的主机名，如一些在错误信息中出现的主机名
always_direct allow all             # 不查询其他代理服务器的缓存
coredump_dir /var/spool/squid       # 放置 Squid 进程运行时 coredump 文件的存放目录
```

以上配置中，除了第 1 行与透明代理配置有关外，其余的都可以根据实际情况修改。另外，透明代理的工作还需要防火墙的配置，如果在 Linux 主机上原来已经配置好了 iptables 防火墙，并具有 NAT 功能，现在需要执行下面一条命令：

```
iptables -t nat -A PREROUTING -i eth0 -p tcp --dport 80
-jREDIRECT --to-port 3128
```

以上命令表示把从网络接口 eth0 收到的 TCP 协议目的端口是 80 的数据包重定向到本

机的 3128 号端口。

🔔 注意：如果 Squid 是运行在其他主机的，在 iptables 命令中还需要指名重定向后的主机地址。

19.3.5　反向代理配置

反向代理服务器的主要功能是代理外部网络上的主机访问内部网络。反向代理主要为一个或几个本地网站作缓存，以加快 Web 服务器的响应速度，或者代理外网的计算机访问内部的服务器，以加强 Web 服务器的安全。

当 Internet 上的用户通过浏览器发出一个 HTTP 请求，访问被代理的 Web 服务器时，通过域名解析，这个请求被定向到反向代理服务器，反向代理服务器根据缓存的情况或者直接响应，或者转发给真正的 Web 服务器。一个反向代理服务器可以面向多个 Web 服务器。此时，这些 Web 服务器的域名都要映射为反向代理服务器的 IP 地址。反向代理一般只保留可缓存的数据（例如 html 网页和图片等），它根据从 Web 服务器返回的 HTTP 头域来缓存静态页面。而一些 CGI、ASP 等动态网页则不缓存。

如图 19-10 所示的是一个典型的反向代理服务器的网络拓扑图。反向代理服务器上有两块网卡，网卡 eth0 通过内网与 Web 服务器连接，使用保留 IP 地址；另一块网卡 eth1 连接到公网，使用公网 IP 地址。来自 Internet 的 HTTP 请求从 eth1 进入，不能直接与 Web 服务器联系。下面看一下如何配置 Squid 成为反向代理服务器，使 Internet 上的客户机可以得到 Web 服务器的响应：

```
http_port 80  defaultsite=192.168.4.50
cache_peer 192.168.4.50 parent 80 0 no-query originserver
```

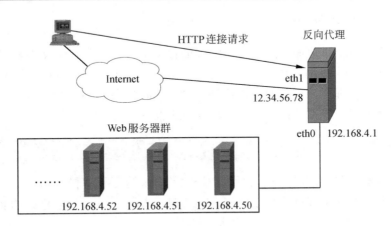

图 19-10　配置例子反向代理时的网络拓扑图

以上两行是 Squid 有关反向代理配置的核心内容。与前面不一样，这里 http_port 指定的是 80 号端口，也就是 HTTP 的默认端口。之所以这样指定是因为作为反向代理服务器，它接收的是客户端对源 Web 服务器请求的原始数据包，此时数据包 TCP 头中默认的目的端口是 80 号。因此，只有指定了 80 号监听端口才能收到客户端的请求数据包。

说明：在传统代理方式下，客户端请求数据包 TCP 头中的目的端口是由客户端自己在浏览器中指定的，而在透明代理中，目的端口是由防火墙改写的。因此，可以任意指定端口。

http_port 选项中的 defaultsite=192.168.4.50 参数表示如果客户的请求中没有主机头域，则把该域指定为 192.168.4.50，也就是被代理的 Web 服务器的 IP 地址。另外，在 Squid2.6 以上版本中，与 Web 服务器进行联系的选项改成了 cache_peer 选项，而不是以前版本中的 httpd_accel_host 和 httpd_accel_port 选项。

上述 cache_peer 选项表示如果本机的缓存中找不到客户端请求的数据，将与主机 192.168.4.50 以 parent 类型进行联系。no-query 表示不使用 ICP 协议进行联系，而是使用 HTTP 协议进行联系，联系的端口是 80 号。originserver 表示这台主机是处理请求的源服务器，不能再转发给其他服务器了，此时要使用加速模式。

以上介绍的是反向代理服务器代理一台 Web 服务器的配置。在实际应用中，往往要求一台反向代理服务器代理多台 Web 服务器。这些 Web 服务器相互之间是独立的，此时的配置要稍加改动。下面是一台代理服务器代理 3 台 Web 服务器的配置例子：

```
http_port 80 vhost
cache_peer 192.168.4.50 parent 80 0 no-query originserver
cache_peer 192.168.4.51 parent 80 0 no-query originserver
cache_peer 192.168.4.52 parent 80 0 no-query originserver
```

此时，除了要用 cache_peer 选项定义 3 台主机为 peer 外，最重要的是 http_port 选项中要增加 vhost 参数，它表示使用主机头域对目的服务器进行访问。另外，此时这 3 台 Web 服务器对外网的域名解析都应该指向反向代理服务器的外网 IP 地址，而反向代理服务器应该把这 3 个域名解析成相应的内网 IP 地址。

19.3.6　Squid 日志管理

Squid 的日志功能非常强大，包含了很多的日志文件，这些日志文件除了记录服务器进程的运行情况外，还记录了用户的访问情况、缓存的存储状况、缓存的访问情况等内容。利用 Squid 日志，管理员可以实时、准确地了解 Squid 服务器的运行状态，并对用户操作习惯、缓存的使用情况进行分析，从而优化 Squid 服务器的性能：

```
logformat squid %ts.%03tu %6tr %>a %Ss/%03Hs %<st %rm %ru %un %Sh/%<A %mt
access_log /var/log/squid/access.log squid
```

在前面的基本配置中，已经对上面两个选项的含义进行了解释，指出 access_log 选项定义了访问日志文件的位置以及记录格式，logformat 指定了某种日志格式的名称。下面对例子中 logformat 选项指定要记录的内容进行解释。

%ts.%03tu 表示记录请求完成时间，以 Unix 纪元（UTC 1970-01-01 00:00:00）为基点，%ts 表示相对 Unix 纪元的秒数，%03tu 表示 3 个宽度的毫秒数。其中，"."是写入日志的固定符号，使用这种表示方法的目的是为了简化某些日志处理程序的工作，但会影响人工可读性。

%6tr 表示响应时间。对 HTTP 请求来说，这个值表明 Squid 处理请求所花的时间。从 Squid 接受到 HTTP 请求时开始计时，在响应完全送出后计时终止，响应时间是以毫秒为单位的。对 ICP 查询来说，响应时间通常是 0，这是因为 Squid 响应 ICP 查询时非常快速，以至于有可能完成一个请求时系统还没有更新进程时钟。

%>a 表示记录客户端地址。这个域包含了客户端的 IP 地址，如果开启了 log_fqdn 选项，则会记录客户端的主机名。另外，出于安全或隐私的原因，可以使用 client_netmask 选项来隐藏客户端 IP 地址的一部分。

%Ss/%03Hs 表示记录请求结果和状态码。请求结果码%Ss 说明 Squid 处理请求时，该请求是否命中了缓存、对象是否进行了更新等结果，这里的编码是 Squid 专有的，它把事务结果进行了归类。以 TCP_开头的编码指 HTTP 请求，以 UDP_开头的编码指 ICP 查询。%03Hs 表示记录 HTTP 响应状态码，如 200、304、500 等，它一般来自原始服务器。

%<st 表示记录传输的字节数。它是 Squid 告诉 TCP/IP 协议栈发送给客户端数据的字节数，并不是客户端主机实际收到的字节数。因为传输这些数据时，还要加上 TCP/IP 头部，所以实际传输的字节数要大。

%rm 表示记录请求方法。方法的名称可以是 HTTP 请求中的 GET、PUT 等，但由于 Squid 客户端也可能使用 ICP 协议，因此以 ICP_QUERY 表示 ICP 请求。

%ru 表示记录客户端请求的 URI。Squid 某些情况下会采用特殊的记录格式，例如当 Squid 不能解析 HTTP 请求，或者不能决定 URI 时，将把字符串 error:invalid-request.记录在这个位置。默认情况下，Squid 记录时会删掉第 1 个问号之后的所有，但如果禁用 strip_query_terms 选项时将不这样做。

%un 表示记录客户端用户身份。Squid 用两种不同的方法来决定用户的身份，一种是根据 RFC1413 身份认证协议，另一种是根据 HTTP 验证头部。如果两者都给 Squid 提供一个用户名，并且使用了原始的 access.log 格式时，将保留 HTTP 验证用户名，RFC1413 用户名会被忽略掉。但普通日志文件格式会把两者都记录下来。

%Sh/%<A 表示记录 peer 主机的信息。Squid 查询其他代理服务器的缓存时，那台代理服务器称为 peer，这里记录的是 Squid 请求的方式和 peer 主机地址。

%mt 表示记录 MIME 类型。此处的 MIME 指的是原始 HTTP 响应的媒体类型。Squid 从服务器响应的 Content-Type 头域获取内容类型值。如果该头域不存在，Squid 将使用一个横杠代替。

另外，squid.conf 还有几个与日志有关的选项，下面对这些选项再作一下解释。

选项 1：

```
cache_log /var/log/squid/cache.log
```

功能：指定有关缓存信息日志的文件名和路径。这个文件包含了缓存的起始配置信息、分类的错误信息等内容。当发现一个 Web 站点通过代理访问有问题的时候，这个日志里面的条目对问题的解决可能有潜在的帮助。

选项 2：

```
cache_store_log /var/log/squid/store.log
```

功能：指定对象存储记录日志的文件名和路径。该日志记录哪些对象被写到缓存空间，哪些对象被从缓存空间清除。这个日志的用处不是很大，一般只在调试时使用。

选项 3：

```
cache_swap_log /var/spool/squid /cache_swap.log
```

功能：该选项指明每个交换日志的文件名和路径。该日志文件包含存储在交换空间里的对象的元数据。通常，系统把该文件自动保存在第 1 个 cache_dir 所定义的顶级目录里，但也可以指定到其他地方。需要注意的是，这类日志文件最好不要删除，否则 squid 将可能不能正常工作。

选项 4：

```
debug_options ALL,1
```

功能：控制日志记录内容的多与少。第 1 个参数决定对哪些行为作记录，ALL 表示对所有的行为作记录。第 2 个参数决定记录每种行为时的详细程度，1 表示详细程度最低。

选项 5：

```
log_fqdn off
```

功能：控制 access.log 日志中客户机地址的记录方式。该选项为 on 时，Squid 试图记录客户机的完整域名，此时会增加系统的负担。当该选项设为 off 时，Squid 只记录客户机的 IP 地址。

19.4　小　　结

不论对服务器还是客户端来说，使用代理可以提高速度，并对保证计算机的安全很有帮助。本章首先讲述了代理服务器的工作原理、特点、代理方式等内容，然后以 Squid 为例，介绍了代理服务器的架设方法，包括 Squid 软件的安装、运行和使用方法，以及各种代理方式的配置方法。

第 20 章　LDAP 服务的配置与应用

随着网络规模的增大，网络的管理变得越来越复杂。目录服务由于灵活方便、安全可靠、支持分布式环境等优点，逐渐从提供公共查询服务的角色变为网络资源管理的平台，并成为网络智能化管理的一种基础服务。本章主要介绍目录服务的概念，常见的目录服务种类，LDAP 目录服务的安装、使用、配置和管理等内容。

20.1　目录服务概述

从本质上讲，目录服务实际上就是一种信息查询服务，它采用客户端/服务器结构，使用树状结构的目录数据库来提供信息查询服务。目录服务在网络信息的组织和查询、网络本身的资源管理等方面得到了广泛的应用。下面介绍有关目录服务的概念、X.500 目录服务、LDAP 目录服务以及常见的目录服务产品。

20.1.1　目录服务

在 UNIX 系统中，所有的资源都是以文件的形式来管理的，为了管理、存储的方便，人们把文件分到目录中存放。UNIX 的目录是一种树状结构，目录中包含了文件和子目录，目录和文件的安全通过访问权限进行控制。UNIX 中的目录实际上是目录服务中提到的目录的一个子集，作为一种网络协议的目录服务协议 DAP（Directory Access Protocol），远比 UNIX 文件系统的目录要复杂，其功能和安全性能要强得多。

🔔说明：所谓的目录实际上就是一个数据库，在这个数据库里存储了有关网络资源的信息，包括资源的位置、管理等。

与常用的关系数据库相比，目录更容易为用户提供高效的查询。目录中的数据读取和查询效率非常高，比关系型数据库可以快一个数量级。但是目录的数据写入效率较低，适用于数据不需要经常更新，但需要频繁读取的场合。例如，利用目录存储电子邮件系统的用户信息，就是一个很典型的应用例子。

在目录数据库中，数据信息是以树状的层次结构来描述的。这种模型与众多行业中的业务组织结构完全一致。例如政府部门、行政事业单位和各类企业的机构设置、人员和资源的组织方式等，都是以树状层次结构进行组织的。由于现实世界中资源的分布形式很多都是属于层次结构的，因此，采用目录数据库技术的信息系统就能够更容易地与实际的业务模式相匹配。

目录服务是网络服务的一种，它把管理网络时所需要的信息按照层次结构关系构造成一种树形结构，并将这些信息存储于目录数据库中，然后为用户提供有关这些信息的访问、查询等服务。或者说，目录服务实际上就是一种信息查询服务，这些信息存在于树状结构的目录数据库中。目录服务既面向网络管理，也面向最终用户。随着网络中资源数量的增多，目录服务也变得越来越重要。

含有目录数据库，提供给用户查询、使用信息的计算机就是目录服务器。向目录服务器进行信息查询、访问目录数据库的计算机就是目录服务客户机。目录服务器主要用来实现整个网络系统中各种资源的管理，作为网络的一种基础架构，目录服务器主要具有以下功能。

- ❑ 按照网络管理员的指令，强制实施安全策略，以保证目录信息的安全。
- ❑ 目录数据库可以分布在一个网络的多台计算机中，以提高响应速度。
- ❑ 复制目录，以使更多的用户可以使用目录，同时提高可靠性和稳定性。
- ❑ 将目录划分为多个数据源（存储区），以便存储大量对象。

历史上，目录服务主要用于命名和定位网络资源。现在，这些功能得到了扩展，目录服务也变成了 Internet/Intranet 基础结构中的一个重要组件，提供类似白页、黄页之类的服务。目录服务在应用程序集成方面所起的作用也越来越重要，它可以为应用程序工作过程中需要或产生的很多数据提供中央存储库。例如，使用目录服务，可以达到在不同的邮件系统之间共享邮件用户的目的。

目前，越来越多的应用程序都提供了对目录服务的支持，它们利用目录服务进行用户身份验证和授权、命名和定位，以及网络资源的控制与管理。此时，目录被看作是一个具有特殊用途的自定义数据库，只要能够与目录服务器建立连接，用户和应用程序便可以按自己的权限轻松地查询、读取、添加、删除和修改数据库内容，然后，修改后的内容便可以自动地分布到网络中的其他目录服务器。

20.1.2　X.500 简介

X.500 是由国际标准化组织制订的一套目录服务标准，它是一个协议族，定义了一个机构如何在全局范围内共享名称和与名称相关联的对象。通过它，可以将局部的目录服务连接起来，构成基于 Internet 的分布在全球的目录服务系统。X.500 采用层次结构，其中的管理域可以提供这些域内的用户和资源信息，并定义了强大的搜索功能使得获取这些信息变得简单。

X.500 目录服务是一个非常复杂的信息存储机制，包括客户机-目录服务器访问协议、服务器-服务器通信协议、完全或部分的目录数据复制、服务器链对查询的响应、复杂搜寻的过滤功能等。X.500 协议族中的核心协议 X.519 包含了以下内容。

- ❑ DAP：目录访问协议，定义服务器和客户机之间的通信标准。
- ❑ DSP：目录系统协议，定义两个或多个目录系统代理间、目录用户代理和目录系统代理间的交互操作。
- ❑ DISP：目录信息映像协议，定义如何将选定的信息在服务器之间进行复制。
- ❑ DOP：目录操作绑定协议，定义服务器之间自动协商连接配置的机制。

此外，X.500 协议族还有以下组成部分。

- ❑ X.501：模型定义，定义目录服务的基本模型和概念；
- ❑ X.509：认证框架，定义如何处理目录服务中客户和服务器认证；
- ❑ X.511：抽象服务定义，定义 X.500 提供的服务原语；
- ❑ X.518：分布式操作过程定义，定义如何跨平台处理目录服务；

❑ X.520：定义属性类型和数据元素；

❑ X.521：定义对象类；

❑ X.525：定义在多个服务器之间的复制操作；

❑ X.530：定义目录管理系统的使用。

在 X.500 标准中，目录数据库采用分散管理，运行目录服务的每个站点只负责本地目录部分。因此，客户端要求的数据更新操作马上能完成，管理维护操作能立即生效。X.500 还提供强大的搜索性能，支持由用户创建的任意的复杂查询。

与 DNS 类似，X.500 采用单一的全局命名空间，能保证数据库命名的唯一性，但 X.500 的命名空间更灵活且易于扩展。X.500 目录中事先定义了信息的结构，而且允许进行本地扩展。由于 X.500 可以用于建立一个基于标准的目录数据库，因此，所有访问目录数据库的应用程序都能识别数据库中的数据内容，从而获得有价值的信息。

🔔 **说明：** 由于当初制订目录访问协议 DAP 时，是按照复杂的 ISO/OSI 七层协议模型中的应用层进行制订的，因此对相关层协议环境提出了过多的要求。由于 ISO/OSI 网络模型并没有真正被实现，实际的网络中使用的基本上都是 TCP/IP 协议。因此，更使得这种协议越来越不适应需要。

20.1.3　轻量级目录访问协议 LDAP

X.500 虽然是一个完整的目录服务协议，被公认为是实现目录服务的最好途径。但由于过于复杂等原因，使得它在实际的应用过程中存在着不少障碍。目前，X.500 主要运行在 UNIX 机器上，而且支持的应用程序非常少。

1. LDAP 概况

为解决 X.500 过于复杂的问题，美国密歇根大学按照 X.500 的 DAP 协议推出了一种简化的 DAP 新版本，称为 LDAP（Lightweight Directory Access Protocol，轻量级目录访问协议）。LDAP 主要在基于 TCP/IP 协议的 Internet/Intranet 上使用。LDAP 具有很多与 DAP 类似的功能，能用来查询私有目录和公开的 X.500 目录上的数据。由于 Internet 的迅速发展，LDAP 得到了包括大多数主要的电子邮件和目录服务软件供应商的支持，LDAP 已迅速发展成为 Internet 上目录服务协议的事实标准。

当前最新的 LDAP 第 3 版主要由 RFC2251 和 RFC2252 描述。它定义了 LDAP 客户机和服务器之间进行内容交换时所采用的消息模式，包括客户机的查询、修改、删除等操作，服务器对客户机相应的应答，以及消息的内容格式。由于 LDAP 消息通过 TCP/IP 协议进行传输，因此协议中还描述了客户机和服务器之间如何建立和关闭连接。

2. LDAP 特点

LDAP 目录存储和组织的基本数据结构称为条目，每个条目都有一个唯一的识别符，并包含一至多个属性。条目依据识别符被加入到一个树状结构中，组成一棵目录信息树。通过目录信息树，可以很方便地将条目信息分布到不同的服务器。当用户到某台 LDAP 服务器查询信息时，如果查不到，则会通过一种参照链接功能，将查询指引到可能包含有相应信息的服务器上。

　　LDAP 目录实际上是一种数据库，但与用户平常使用的关系数据库有较大的差别。LDAP 目录的读操作用得很频繁，但写操作不常使用，因此存储 LDAP 数据时，已经为读取操作做了相应的优化。另外，LDAP 还提供了比 SQL 语句更简单和优化的方式进行目录数据的存取操作。LDAP 目录提供了一种经济的方式用于实现大型分布式环境下的数据取存操作，但通常不支持事务操作。因此，不适合在那些需要严格的数据一致性的场合使用。

　　LDAP 目录服务的主要功能是提供分布式存取服务，它的 3 个要素，信息内容、客户机位置和服务器分布情况，都是相互无关的。在网络中构建了 LDAP 目录服务后，几乎所有计算机平台上的应用程序都可以很方便地从 LDAP 目录中获取信息。在日常应用中，LDAP 目录可能存放着各种类型的数据，例如 Email 地址、人事信息、公用密钥、通信录等。LDAP 已经成为系统集成中的一个重要环节，可以简化用户在企业内部网络中信息查询的步骤，而且数据存放的位置可以非常灵活。

　　LDAP 协议是跨平台的标准协议，可以在任何计算机平台上使用，LDAP 目录可以存放在任何服务器上，应用程序也可以很容易地加上对 LDAP 的支持。实际上，LDAP 确实已经得到了业界的广泛认同，成为了事实上的 Internet 标准，各种软件生产商都很乐意在产品中加入对 LDAP 的支持。

　　大多数的 LDAP 服务器安装起来都很简单，也容易维护和优化。LDAP 服务器还有一种特殊的功能，即可以使用"推"或"拉"的方法复制部分或全部数据。复制技术是内置在 LDAP 服务器中的，而且很容易配置。同样的功能如果要在 DBMS 中实现，一般要支付额外的费用，而且也很难管理。

　　用户可以使用 ACL 访问控制列表对 LDAP 服务器中的数据进行安全管理，ACL 是一种灵活方便的用户访问权限控制方法，在很多其他类型的系统中都有类似的应用。ACL 功能都是由 LDAP 目录服务器实现的，客户端应用程序只需要按照规则使用即可。

🔔说明：与 LDAP 目录不同的是，各种关系数据库之间是互不兼容的，软件生产商不能使用一种统一的方法操作所有的数据库。

20.1.4　LDAP 的基础模型

　　在 LDAP 协议中，定义了下面 4 种基本的模型。
- 信息模型：描述 LDAP 目录的信息表示方式及数据的存储结构。
- 命名模型：描述数据在 LDAP 目录中如何进行组织与区分。
- 功能模型：描述可以对 LDAP 目录进行哪些操作。
- 安全模型：描述如何保证 LDAP 目录中数据的安全。

　　信息模型描述了 LDAP 目录的信息表示方式及数据的存储结构。LDAP 目录中最基本数据存储单元是条目，条目代表了现实世界中的人、公司等实体，以树状的形式组织。当条目创建时，必须属于某个或多个对象类（Object Class），每个对象类包含了一个或多个属性，某些属性必须要为它提供一个或多个值，而且要符合所指定的语法和匹配规则。当定义对象和属性类型时，均可以使用类的继承的概念。

　　在 LDAP 协议中，将对象类型、属性类型、属性的语法和匹配规则统称为模式（Schema）。在关系数据中，输入表的内容前，必须要先定义表的结构，确定列名、列类型，以及索引等内容，LDAP 中的模式就相当于关系数据库中的表结构。LDAP 协议定义了一些标准的模式，还有一些模式是为不同的应用领域制订的，用户也可以根据自己的需要定义自己的模式。

命名模型实际上就是 LDAP 中条目的定位方式。在 LDAP 中，每个条目都有一个 DN 和 RDN，DN 是该条目在整个树中的唯一标识，相当于 Linux 文件系统中的绝对路径。每个条目节点下的所有子条目也有一个唯一标识，这个唯一标识称为 RDN，相当于文件系统中文件或子目录名称。在文件系统中，每个目录下的文件和子目录名称也是唯一的。

功能模型定义 LDAP 中的有关数据的操作方式，类似于关系数据库中的 SQL 语句，LDAP 定义了 3 类标准的操作，每类操作还包含子操作，具体内容如下所示。

❑ 查询类操作：包括搜索和比较两种操作。

❑ 更新类操作：包括添加条目、删除条目、修改条目和修改条目名 4 种操作。

❑ 认证类操作：包括绑定、解绑定和放弃 3 种操作。

❑ 其他操作：包括一些扩展操作。

除了上述 9 种 LDAP 的标准操作，还有一些扩展的操作，这些扩展操作有的已经由最新的 RFC 文档定义，有的是 LDAP 厂商自己的扩展。

安全模型定义了 LDAP 中的安全机制，包括身份认证、安全通道和访问控制 3 个方面的内容。身份认证又包括 3 种方式，即匿名、基本认证和 SASL 认证。匿名认证即不对用户进行认证，相当于 FTP 中的匿名用户，这种方式只对完全公开的目录适用。基本认证均是通过用户名和密码进行身份识别，密码又分为简单密码和摘要密码。SASL 认证是在 SSL 和 TLS 安全通道基础上进行的身份认证方式，例如采用数字证书等。

LDAP 协议支持 SSL/TLS 的安全连接。SSL/TLS 基于 PKI 信息安全技术，是目前 Internet 上广泛采用的一种安全协议。LDAP 通过 StartTLS 方式启用 TLS 服务，可以保证通信时数据的保密性和完整性。TLS 协议可以强制客户端使用数字证书认证，实现对客户端和服务器端身份的双向验证。

LDAP 协议提供的访问控制功能非常灵活和丰富。在 LDAP 中是基于访问控制策略语句来实现访问控制的，用户数据管理和访问标识是一体的，应用不需要关心访问控制的实现。

🔔说明：在关系型数据库中，用户数据管理和数据库访问标识是分离的，复杂的数据访问控制需要通过应用来实现。

20.1.5　流行的 LDAP 产品

目前，很多的公司推出了支持 LDAP 协议的产品，比较知名的主要有以下几个。

1．eTrust Directory

eTrust Directory 是由美国 CA 公司开发的，提供了一种"主干"的目录服务，可满足大规模在线业务应用所带来的最为紧迫的需求。eTrust Directory 支持 LDAP v3 目录访问，同时为高速发布和复制提供 X.500 协议的支持，并通过使用商用 RDBMS 来保障可靠性。总之，eTrust Directory 提供了最高级别的可用性、可靠性、可伸缩性和优秀的性能。eTrust Directory 可以为核心商务应用系统上的大型解决方案提供以下功能。

❑ 客户鉴别和授权：借助 eTrust Directory 骨干结构，可以采用数字证书和智能卡提供 Internet 访问服务，并通过强有力的客户鉴别方法进行保护。

❑ 集中的客户管理：eTrust Directory 提供了单一、分布式和高度安全的客户和账户关系信息库，这些信息和关系可来自不兼容的传统系统和办公应用系统。

❑ ISP 用户管理：eTrust Directory 骨干网能为 ISP 用户身份、关系、组和安全细节提供通用参考。

❑ 信息集成：eTrust Directory 在集成不兼容的后端办公系统时更显其价值，它可以提供一个安全、分布式的信息库。

eTrust Directory 系列产品的核心是 Dxserver 目录服务器，另外还包括一些功能强大的实施和管理工具套件，包括海量数据加载器、负载平衡器，以及包含 LDIF 和模式管理工具在内的强大的 Java 浏览器等。同时，强大的 Dxlink 特性允许在 eTrust Directory 骨干网中融入任何 LDAP 兼容型服务器。

2. Active Directory

Active Directory 是由 Microsoft 公司提供的目录服务产品，它是构建 Windows 分布式系统的基础。Active Directory 存储了有关网络对象的信息，并且让管理员和用户能够轻松地查找和使用这些信息。Active Directory 使用了一种结构化的数据存储方式，并以此作为基础对目录信息进行合乎逻辑的分层组织。

Active Directory 是一个支持 LDAP 的全面的目录服务管理方案，它是一个企业级的目录服务，具有很好的可伸缩性，并与操作系统紧密地集成在一起。活动目录不仅可以管理基本的网络资源，例如计算机对象、用户账户、打印机等，也充分考虑了现代应用的业务需求，为这些应用提供了基本的管理对象模型。几乎所有的应用可以直接利用系统提供的目录服务结构，而且活动目录也具有很好的扩充能力，允许应用程序定制目录中对象的属性或者添加新的对象类型。

3. Novell eDirectory

Novell eDirectory 是经过时间考验的跨平台的企业级目录服务产品，从 1993 年开始就已经为企业应用提供目录服务。LDAP 应用可以在 eDirectory 环境下，按照其他 LDAP 目录的方式浏览、阅读、更新信息，LDAP 请求可以按本地访问 eDirectory 对象的方式处理。eDirectory 符合 LDAP v3 的所有 RFC，并获得 LDAP 2000 证书。

采用 eDirectory 和 Novell DirXML，其他目录可与 eDirectory 实现双向同步，事件引擎可以在发生变化时加以同步。eDirectory 允许在树中任意点定义目录分区，并且可以在树结构中的任何服务器上复制这些分区。这一功能可以使管理员优化认证效率，提高带宽利用率，减少系统故障。eDirectory 支持树结构的修整、移植、重命名、合并和拆分，便于组织企业应用的合并和重组。

4. Sun ONE Directory Server

Sun ONE Directory Server 原来的名称是 iPlanet Directory Server，属于 SUN ONE 系列产品中的一种，可以提供大型目录服务。Sun ONE Directory Server 除了支持 LDAP v3 的所有功能外，还对 JNDI 和基础 XML 提供了支持，能够在 Solaris、AIX、HP-UX 和 Windows

NT 等环境下运行。

Sun ONE 目录服务器可为各类企业提供用户可管理的基础架构，用于管理大量信息。Sun ONE 目录服务器以符合业界标准的 LDAP 为基础，提供各种高级安全功能、运营商级的伸缩性及出众的性能和可用性。它可以与现有的系统实现充分整合，充当用户配置文件合并时的中央存储库。

5. OpenLDAP

OpenLDAP 是 LDAP 自由和开源的实现，在 OpenLDAP 许可证下发行，并已经被包含在众多流行的 Linux 发行版中。OpenLDAP 包含了 LDAP 服务器和一些应用开发工具，其目标是提供一个稳定的、商业应用级和功能全面的 LDAP 软件，已经得到了广泛的应用。

🔊说明：本章后面的部分将主要介绍 OpenLDAP 的安装、配置和运行。

20.2　架设 OpenLDAP 服务器

在 Linux 系统中，架设目录服务器时最常用的软件是 OpenLDAP，它可以免费获得，并且已经包含在 RHEL 6 发行版中。下面介绍有关 OpenLDAP 目录服务器的架设方法，包括 OpenLDAP 的安装、运行、配置管理和使用等内容。

20.2.1　OpenLDAP 服务器的安装与运行

OpenLDAP 是一个开放源代码的软件，可以免费获取使用，其主页地址是 http://www.openldap.org/，目前最新版是 2.4.12 版。主页网站只提供源代码的下载，文件名是 openldap-2.4.32.tgz。另外，也可以使用 RHEL 6 发行版提供的 RPM 包进行安装，其版本号是 2.4.32。默认情况下，RHEL 6 并没有安装 OpenLDAP 服务器，需要从安装光盘里把 openldap-servers-2.4.23-26.el6.i686.rpm 文件复制过来。另外，安装 openldap-2.4.23-26.el6.i686.rpm 时还需要 libtool-ltdl-2.2.6-15.5.el6.i686.rpm 文件的支持，也要一起复制过来，再用以下命令进行安装：

```
# rpm -ivh libtool-ltdl-2.2.6-15.5.el6.i686.rpm
warning: libtool-ltdl-2.2.6-15.5.el6.i686.rpm: Header V3 DSA signature:
NOKEY, key ID 37017186
Preparing...          ################################### [100%]
   1:libtool-ltdl     ################################### [100%]
# rpm -ivh openldap-servers-2.4.23-26.el6.i686.rpm
warning: openldap-servers-2.4.23-26.el6.i686.rpm: Header  V3  RSA/SHA256
Signature, key ID fd431d51: NOKEY
Preparing...          ##################################### [100%]
   1:openldap-servers ##################################### [100%]
#
```

安装成功后，有关 OpenLDAP 服务器软件的几个重要文件分布如下所示。

❑ /etc/openldap/DB_CONFIG.example：数据库的例子配置。

❑ /etc/openldap/schema：该目录预定义了许多模式。

❑ /etc/openldap/slapd.conf：OpenLDAP 的主配置文件。

    ❑ /etc/rc.d/init.d/ldap：OpenLDAP 的启动脚本。

    ❑ /usr/sbin/slapd：OpenLDAP 服务器的进程文件。

    ❑ /usr/share/doc/openldap-servers-2.4.23：OpenLDAP 的说明文件。

OpenLDAP 服务器运行时，还需要 Berkeley DB 数据库的支持，可以用以下命令查看一下系统中是否已经安装了该数据库的软件包：

```
# rpm -qa | grep db4
db4-devel-4.3.29-9.fc6
db4-4.3.29-9.fc6
db4-utils-4.3.29-9.fc6
#
```

如果列出了上述 3 个 RPM 包，表明 Berkeley DB 数据库已经安装；如果没有列出，则需要从 RHEL 6 发行版的安装光盘上找到对应的 RPM 包文件进行安装。为了运行 OpenLDAP 服务器软件，可以输入以下命令，此时是在初始配置下运行的：

```
# /etc/rc.d/init.d/slapd start
正在检查 slapd 的配置文件: bdb_db_open: Warning - No DB_CONFIG file found in
directory /var/lib/ldap: (2)
Expect poor performance for suffix dc=my-domain,dc=com.
config file testing succeeded
                                                    [确定]
启动 slapd:                                          [确定]
 [root@localhost ~]# ps -eaf|grep ldap
ldap 5316    1  0 22:30 ?    00:00:00 /usr/sbin/slapd -h ldap:/// -u ldap
#
```

可以看到，OpenLDAP 服务器只有一个由 ldap 用户运行的进程，进程的命令文件是 /usr/sbin/slapd，ldap 用户是在 OpenLDAP 软件包安装的时候自动创建的，如果采用源代码安装，需要手工创建。另外，上述命令运行时还有一个警告，可以把/etc/openldap/ DB_CONFIG.example 文件复制到/var/lib/ldap 目录，并改名为 DB_CONFIG，即可消除该警告。OpenLDAP 默认监听的是 TCP389 号端口，可以输入以下命令查看该端口是否已经处于监听状态：

```
[root@localhost ldap]# netstat -anp|grep :389
tcp      0      0 0.0.0.0:389          0.0.0.0:*      LISTEN      5316/slapd
tcp      0      0 :::389               :::*           LISTEN      5316/slapd
#
```

可见，TCP389 端口已经处于监听状态。为了使远程客户可以使用 OpenLDAP 服务器，需要主机防火墙开放上述端口：

```
# iptables -I INPUT -p tcp --dport 389 -j ACCEPT
```

或者用以下命令清空防火墙的所有规则：

```
# iptables -F
```

上述过程完成后，OpenLDAP 服务器已经能正常运行，使用的是/etc/openldap/slapd.conf 文件中的初始配置。除了 OpenLDAP 服务器软件包外，RHEL 6 还提供了 OpenLDAP 客户端软件包，可以从安装光盘上找到 openldap-clients-2.4.23-26.el6.i686 文件，再用以下命令进行安装：

```
# rpm -ivh openldap-clients-2.3.27-5.i386.rpm
warning: openldap-clients-2.4.23-26.el6.i686.rpm: Header V3 DSA signature:
NOKEY, key ID 37017186
Preparing...               ########################################### [100%]
   1:openldap-clients       ########################################### [100%]
```

OpenLDAP 客户端软件包包含了几个对 LDAP 目录进行管理的工具，例如添加条目、删除条目、搜索条目等。可以用以下命令测试 OpenLDAP 服务器的工作是否正常：

```
# ldapsearch -x -b '' -s base '(objectclass=*)' namingContexts
...
dn:
namingContexts: dc=my-domain,dc=com
...
#
```

ldapsearch 是由 LDAP 客户端软件包提供的一个目录搜索工具，上述命令列出了目录的根域。

20.2.2　OpenLDAP 服务器的主配置文件

OpenLDAP 服务器的主配置文件是/etc/openldap/lapd.conf，RPM 包安装完成后，里面已经包含了初始的配置内容。OpenLDAP 服务器配置文件的格式符合 UNIX 系统下大多数配置文件的习惯，"#"是注释符，其后的内容将被忽略，空行也被忽略。但要需要注意的是，每一项配置都以第 1 列开始，前面不能有空格。下面是对/etc/openldap/lapd.conf 文件初始内容的解释。

配置 1：

```
include         /etc/openldap/schema/core.schema
include         /etc/openldap/schema/cosine.schema
include         /etc/openldap/schema/inetorgperson.schema
include         /etc/openldap/schema/nis.schema
```

功能：把 4 个模式文件的内容包含进来。

🔔说明：模式（Schema）定义了 LDAP 中的对象类型、属性、语法和匹配规则等，类似于关系数据库中的表结构。在实际应用过程中，用户可以自己定义模式，以便 LDAP 能够按要求的格式存储用户数据。为了方便用户的使用，OpenLDAP 已经为某些应用定义了相应的模式，这些模式都存放在/etc/openldap/schema 目录中。

配置 2：

```
allow bind_v2
```

功能：允许 LDAP 版本 2 的客户端连接。

🔔说明：默认情况下是不允许的，为了与以前的客户端兼容，需要使用这项配置。

配置 3：

```
pidfile         /var/run/openldap/slapd.pid
```

功能：指定 slapd 进程 PID 文件的位置。

配置 4：

```
argsfile          /var/run/openldap/slapd.args
```

功能：指定存放 slapd 进程启动时所使用的命令行的文件。

配置 5：

```
# modulepath   /usr/lib/openldap
```

功能：指定动态装载模块的路径。

配置 6：

```
# moduleload   back_bdb.la
...
# moduleload   back_shell.la
```

功能：指定动态装载的后端模块。

配置 7：

```
# TLSCACertificateFile /etc/pki/tls/certs/ca-bundle.crt
# TLSCertificateFile /etc/pki/tls/certs/slapd.pem
# TLSCertificateKeyFile /etc/pki/tls/certs/slapd.pem
```

功能：允许使用 TLS 加密链接。

说明：为了产生所需要的证书，可以进入/etc/pki/tls/certs 目录，然后执行 "make slapd. pem" 命令。

配置 8：

```
# security ssf=1 update_ssf=112 simple_bind=64
```

功能：有关安全设置的选项，表示要求数据完整保护，112 位的加密算法，64 位的 Simple bind 认证机制。

说明：security 选项用来指定加强安全的一般规则，除了 security 外，常用的安全选项还有 require、allow、disallow 和 password-hash。

配置 9：

```
# access to dn.base="" by * read
# access to dn.base="cn=Subschema" by * read
# access to *
#      by self write
#      by users read
#      by anonymous auth
```

功能：定义访问控制列表。以上设置表示根 DSE 和子 DSE 允许任何人读；其他 DSE 为自己可写，认证后的用户可读，匿名用户允许进行认证。

配置 10：

```
database        bdb
```

功能：设置支持的数据库类型为 Berkeley DB。

配置 11：

```
suffix          "dc=my-domain,dc=com"
```

功能：指定 LDAP 目录树的后缀。

配置 12：

```
rootdn          "cn=Manager,dc=my-domain,dc=com"
```

功能：指定目录树的管理员用户名。

🔔说明：访问控制列表对此用户是无效的，因此存在很大的安全隐患，调试完成后最好去除此账号。

配置 13：

```
# rootpw        secret
```

功能：指定目录树的管理员的明文密码。

配置 14：

```
# rootpw        {crypt}ijFYNcSNctBYg
```

功能：指定目录树管理员的 crypt 方式加密的密码。

🔔说明：可以使用的加密方式有 CRYPT、MD5、SMD5、SHA 和 SSHA。使用"slappasswd -h {方式}"命令可以产生密码的密文。

配置 15：

```
directory       /var/lib/ldap
```

功能：目录数据库在文件系统中的路径。

配置 16：

```
index objectClass                    eq,pres
index ou,cn,mail,surname,givenname   eq,pres,sub
index uidNumber,gidNumber,loginShell eq,pres
```

功能：以上 3 句用来指定 slapd 进程索引时用到的属性和匹配规则，主要是用来加快查询速度。

🔔说明：常用的匹配规则有 approx（模糊匹配）、eq（精确匹配）、pres（现值匹配，若某记录的此属性值没有则不进行匹配）和 sub（子串匹配）。

20.2.3　使用 LDIF 添加目录树

在初始的 OpenLDAP 服务器配置中，定义了一个名为 my-domain.com 的例子目录树。在实际应用中，用户需要根据实际情况定添加自己的目录树。下面以一个单位的组织结构为例，说明用户如何定义自己的目录树，并添加到 LDAP 数据库中。假设要添加的单位名称为 Wzvtc College，该单位有 3 个部门，名称分别为 Dean、Finance 和 Personnel，每个部门有若干人，具体结构如图 20-1 所示。

以上的组织结构是一种典型的目录树结构，为了在 LDAP 中存储这个组织结构的目录树，首先需要为目录树建立一个"根"，根是目录树的最高层，以后建立的所有对象都附属于这个根。可以有 3 种方法表示目录树的根，一般采用的形式为 dc=wzvtc,dc=edu，类似于域名 wzvtc.edu。

单位中的部门是目录树的分枝结点，用 ou 表示。例如，ou=dean 表示一个名为 dean 的部门。分枝节点下面可以包含叶节点，也可以包含其他的分枝节点。分枝节点相当于文件系统中的子目录，叶节点相当于文件，而根结点相当于根目录。

在上例中，叶节点相当于单位中的人，是目录树的最底层，可以使用 uid 和 cn 进行描述。例如，uid=tom 或 cn=Zhang San。每个人都是属于某一个部门的，因此每个叶节点都要附属于某一个分枝节点。根据以上描述，例子单位组织结构转化后形成的 LDAP 目录树如图 20-2 所示。另外，常见的 LDAP 目录树结点的属性关键字如表 20-1 所示。

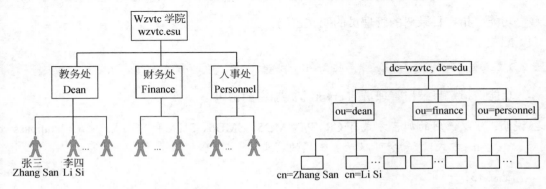

图 20-1　一个单位的实际组织结构　　　　图 20-2　转化为 LDAP 目录树后的结构

表 20-1　LDAP 目录树中常见的关键字

关键字	说　　明
dc	域名，其格式是将标准域名进行拆分，如域名 wzvtc.edu 可表示为 dc=wzvtc,dc=edu
o	组织的实际名称
dn	表示对象的唯一标识，类似文件系统中的绝对路径，例如："uid=zhang,ou=dean,dc=wzvtc,dc=edu"
c	国家代码，如 cn、uk 等
rdn	是 dn 中与目录树结构无关的部分，通常用对象的 cn 属性的值表示
ou	组织机构，是一个容器，可以包含其他组织机构和对象，相当于文件系统中的子目录
cn	表示对象的全称
uid	表示用户标识
sn	表示用户的姓

为了把上述目录树添加到 LDAP 数据库中，需要使用 LDIF 文件。LDIF 也称为轻量级目录交换格式，用来在不同的 LDAP 服务器之间交换数据，各种 LDAP 目录数据库进行同步时也需要 LDIF 格式的文件。LDIF 文件使用文本方式存储，其内容需要按照 LDAP 中定义的模式进行组织，使用时要进行语法检查。LDIF 的内容是由一个个条目组成的，每个条目的格式如下：

```
dn:<唯一标识>
<属性名称 1>:<属性值 1>
<属性名称 2>:<属性值 2>
...
```

在以上格式中，dn 的值决定了该条目在目录树中的位置，所有的属性名称都应该已经在 LDAP 模式中进行了定义。例如，下面是一个 LDIF 条目的例子，它表示的是一个用户号：

```
dn: uid=zhangs,ou=dean,dc=wzvtc,dc=edu     # 唯一标识
uid: zhangs                                # 用户标识
cn: zhangsan                               # 用户的全称
sn: Zhang                                  # 用户的姓
uidNumber: 1203                            # 用户账号的 UID
gidNumber: 1200                            # 用户账号的 GID
homeDirectory: /home/dean                  # 用户的个人目录位置
Password: agrowieugjlogin                  # 用户账号的密码
Shell: /bin/bas                            # 用户登录后执行的 shell 程序
objectClass: organizationalUnit            # 用户属于 organizationalUnit 类
objectClass: person                        # 用户属于 person 类
```

为了把如图 20-2 所示的目录树存储到 LDAP 数据库中，需要在建立的 LDIF 文件中输入以下内容（因篇幅所限，只列出了 dean 部门中的两个对象）。

（1）定义根 DN。

```
dn: dc=wzvtc,dc=edu
objectclass: top
objectclass: dcObject
objectclass: organization
o: Wzvtc College
dc: wzvtc
```

（2）定义管理员。

```
dn: cn=Manager, dc=wzvtc,dc=edu
objectclass: organizationalRole
cn: Manager
```

（3）定义组织机构。

```
dn: ou=dean,dc=wzvtc,dc=edu
objectclass: organizationalUnit
ou: dean
```

（4）定义 dean 中的用户。

```
dn: cn=Zhang San,ou=dean,dc=wzvtc,dc=edu
objectclass: organizationalPerson
objectclass: inetOrgPerson
cn:  Zhang San
sn:  Zhang
telephoneNumber: 0577-88888888
mail: zhangs@wzvtc.edu

dn: cn=Li Si,ou=dean,dc=wzvtc,dc=edu
objectclass: organizationalPerson
objectclass: inetOrgPerson
cn:  Li Si
```

```
sn: Li
telephoneNumber: 0577-99999999
mail: lisi@wzvtc.edu
```

以上是如图 20-2 所示目录树所对应的 LDIF 文件的部分内容，可以按步骤（3）增加类似的 Finance、Personnel 组织机构条目，再按步骤（4）增加类似的用户对象条目，形成完整的对应图 20-2 所示目录树的 LDIF 文件。为了把 LDIF 中所定义的目录树添加到 LDAP 数据库中，首先把初始/etc/openldap/slapd.conf 文件中的以下 3 个选项内容：

```
suffix          "dc=my-domain,dc=com"
rootdn          "cn=Manager,dc=my-domain,dc=com"
# rootpw         secret
```

改成如下内容：

```
suffix          "dc=wzvtc,dc=edu"
rootdn          "cn=Manager,dc=wzvtc,dc=edu"
rootpw          secret
```

用"/etc/rc.d/init.d/ldap restart"命令重启 slapd 进程，然后使用 OpenLDAP 提供的 ldapadd 命令添加目录树。假设上述 LDIF 存盘的文件名是 wzvtc.ldif，则添加目录树的命令及参数如下：

```
[root@localhost ~]# ldapadd -x -D "cn=manager,dc=wzvtc,dc=edu" -W -f
wzvtc.ldif
Enter LDAP Password://此处要输入 slapd.conf 文件中由 rootpw 选项指定的密码 secret
adding new entry "dc=wzvtc,dc=edu"
adding new entry "cn=Manager, dc=wzvtc,dc=edu"
adding new entry "ou=dean,dc=wzvtc,dc=edu"
adding new entry "cn=Zhang San,ou=dean,dc=wzvtc,dc=edu"
adding new entry "cn=Li Si,ou=dean,dc=wzvtc,dc=edu"
[root@localhost ~]#
```

在以上命令参数中，-x 表示使用 LDAP 自带的简单认证方式，-D 表示使用 slapd.conf 文件中定义的 DN，-W 表示不在命令行中放置密码，而是在命令执行时要求输入密码。-f 参数指定一个 LDIF 文件。如上所示，ldapadd 命令成功添加一个条目时，都会输出一行提示。

⚠️注意：wzvtc.ldif 文件中的每一行的前后都不允许有空格，否则会出现以下错误提示。

```
additional info: objectclass: value #0 invalid per syntax
```

可以用 OpenLDAP 提供的 ldapsearch 命令查看一下刚才添加的条目，命令形式如下：

```
ldapsearch -x -W -D "cn=manager,dc=wzvtc,dc=edu" -b 'dc=wzvtc,dc=edu'
Enter LDAP Password:
# extended LDIF
#
# LDAPv3
# base <dc=wzvtc,dc=edu> with scope subtree
# filter: (objectclass=*)
# requesting: ALL
#

# wzvtc.edu
dn: dc=wzvtc,dc=edu
objectClass: top
```

```
objectClass: dcObject
objectClass: organization
o: Wzvtc College
dc: wzvtc
...
```

以上命令中，-b 表示要搜索的内容，其余选项含义与 ldapadd 命令同样的选项类似。

20.2.4　使用图形界面工具管理 LDAP 目录

OpenLDAP 软件包提供了管理目录树的命令，可以进行添加、删除、搜索条目等操作。对于一般用户来说，掌握命令行操作方式不是一件容易的事，他们一般希望能通过图形界面进行操作。为此，许多第三方软件提供了图形界面的 LDAP 目录管理工具，其中的开源软件 phpLDAPadmin 就是最具有代表性的工具之一。

phpLDAPadmin 是一个基于 Web 的 LDAP 管理工具，可用于管理 LDAP 服务器的各个方面，例如浏览 LDAP 目录，创建、删除、修改和复制条目，执行搜索，导入或导出 LDIF 文件，查看服务器中的模式等。利用 phpLDAPadmin，还可以在两个 LDAP 服务器之间复制各种条目和对象。

可以从 http://phpldapadmin.sourceforge.net 下载 phpLDAPadmin 的源代码，目前最新的版本是 1.2.2 版，文件名是 phpldapadmin-1.2.2.tar.gz。假设 Apache 服务器的主目录是 /var/www/html，则把 phpldapadmin-1.2.2.tgz 文件复制到/var/www/html 目录后再用以下命令进行解压并改目录名：

```
# tar -zxvf phpldapadmin-1.2.2.tgz
# mv phpldapadmin-1.1.0.5 phpldapadmin
```

为了使用 phpldapadmin，需要配置好能支持 PHP 的 Apache 服务器，具体方法可参见 15.4.2 节。还有，在 phpldapadmin 的 config 目录下有一个 config.php.example 文件，它是 phpldapadmin 的例子配置文件，需要把它复制或改名为 config.php。以上工作完成后，可以用浏览器访问 phpldapadmin，假设 Apache 服务器的主机的 IP 是 10.10.1.29，则在地址栏内输入 http://10.10.1.29/phpldapadmin，将出现如图 20-3 所示的界面。

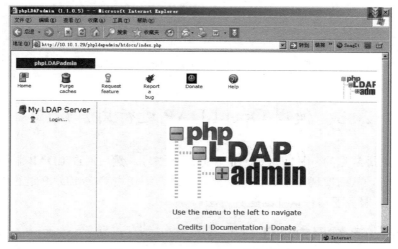

图 20-3　phpLDAPadmin 的主界面

注意：如果初始访问 phpldapadmin 时没有出现主界面，而是出现类似 "Your php memory limit is low" 这样的错误提示，则需要改变/etc/php.ini 文件中的 memory_limit 选项，以增大 PHP 可用的内存，并重启 Apache。

出现主界面后，可以单击左边的 "Login..." 链接进行登录，然后就会出现一个登录框。

此时输入 20.2.3 节创建的管理员用户和密码，如图 20-4 所示，再按 Authenticate 按钮。登录成功后，将出现如图 20-5 所示的界面。

从图 20-5 中可以看到，页面的左边列出了目录树中现存的条目以及它们的关系，选中某一条目后，页面的右边列出了该条目所有属性的值，某些属性可以进行修改或增加值。此外，页面上还提供了添加条目、删除条目、添加属性等功能的链接。

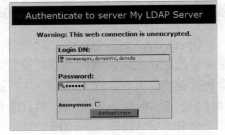

图 20-4　phpldapadmin 的登录界面

说明：通过使用 phpLDAPadmin，本来需要通过编辑复杂的 JDNI 文件才能实现的功能现在可以通过图形界面轻松地完成了。

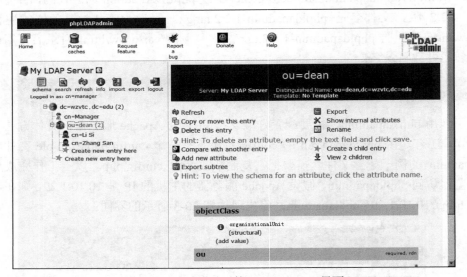

图 20-5　成功登录后的 phpldapadmin 界面

20.3　使用 OpenLDAP 进行用户认证

LDAP 目录最常见的一种应用是用于存储用户账号，然后通过 LDAP 服务器对各种系统提供认证服务，从而实现集中认证的功能。下面介绍使用 OpenLDAP 进行 Linux 系统用户认证、Apache 服务器用户认证的配置方法。

20.3.1　Linux 系统用户认证

Linux 系统支持通过 LDAP 服务器进行系统用户登录时的认证。为了使用 LDAP 系统用户认证,需要一些软件包的支持,除了前面已经安装的 openldap-servers 和 openldap-clients 包以外,还需要 nss_ldap 软件包的支持,可以用以下命令查看 nss_ldap 包是否已经安装:

```
# rpm -qa|grep nss_ldap
nss_ldap-253-3
#
```

以上结果表明 nss_ldap-253-3 软件已经安装。如果没有安装,需要从 RHEL 6 发行版的光盘找到对应的 RPM 文件进行安装。所需的软件包都安装完成后,可以通过以下步骤配置 LDAP 系统用户认证。

(1)在 RHEL 6 的桌面图形环境中运行/usr/sbin/system-config-authentication 工具,出现如图 20-6 所示的对话框。

(2)在用户账户配置栏中的"用户账户数据库"文本框中选择"LDAP"命令,将出现如图 20-7 所示的对话框。

(3)在图 20-7 中要求输入 LDAP 服务器地址和基点的 DN,此时可以输入 20.2 节创建的 LDAP 目录的基点 DN。

图 20-6　RHE L6 验证配置对话框　　　　图 20-7　LDAP 设置对话框

以上步骤实际上会改变以下 3 个配置文件的内容,也可以手工直接进行修改:

```
/etc/ldap.conf
/etc/openldap/ldap.conf
/etc/nsswitch.conf
```

上面设置的是 LDAP 认证的用户信息支持,接下来还需要设置认证支持,方法是在图 20-7 所示的对话框中的"验证方法"对应的文本框中选择"LDAP 密码",然后单击"应用"按钮即可。

按以上方法设置了 LDAP 系统认证后,以后 Linux 系统用户登录时,将会按 LDAP 服务器上存储的用户信息进行登录。为了使 LDAP 目录中的条目可以作为用户账号,需要确定有关用户名和密码的一些属性，一个典型的 LDAP 账号条目如下所示：

```
dn: uid=test,ou=People,dc=wzvtc,dc=edu
uid: test                          # 此处确定用户名
cn: test
objectClass: account               # 要使用有关账号的 objectClass
objectClass: posixAccount
objectClass: top
objectClass: shadowAccount
userPassword: {crypt}!!            # 此处确定密码
shadowLastChange: 14204
shadowMax: 99999
shadowWarning: 7
loginShell: /bin/bash
uidNumber: 503
gidNumber: 503
homeDirectory: /home/test          # 用户的主目录
```

此外，openldap-servers 软件包还提供了一些迁移工具，可以把账号从其他地方迁移到 LDAP 目录，这些工具统一存放在/usr/share/openldap/migration 目录，是一些 Perl 程序。例如，可以使用下面的命令把存放在/etc/passwd 文件中的系统账号导出成 LDIF 文件：

```
# /usr/share/openldap/migration/migrate_passwd.pl /etc/passwd pass.ldif
```

上述命令执行后，将会产生一个 pass.ldif 文件，里面包含每一个账号的 LDAP 条目，默认的根节点和分枝节点是 ou=People,dc=padl,dc=com，可以根据需要进行修改。修改方法可以是直接修改产生的 LDIF 文件，也可以通过修改配置文件 migrate_common.ph 中的 $DEFAULT_MAIL_DOMAIN 和$DEFAULT_BASE 两个参数。

☐注意：上述命令运行时要先确保 RHEL 6 已经安装了 Perl 支持包。

20.3.2　Apache 服务器的用户认证

Apache 服务器为用户认证提供了多种方式，其中就包括 LDAP 认证。为了在 Apache 中配置 LDAP 认证，需要修改 Apache 的主配置文件。在 15.3.5 节配置的 Apache 认证时，采用的是本地的账号文件，现如果要改为 LDAP 认证，而且需要认证的目录是/var/www/html，则配置内容如下：

```
<Directory "/var/www/html">
   Options Indexes FollowSymLinks
   AllowOverride None
   Order allow,deny
   Allow from all
   AuthType Basic
   AuthName "LDAP Login"
   AuthLDAPURL "ldap://127.0.0.1/dc=wzvtc,dc=edu"  #指定采用 LDAP 认证
   require valid-user
   </Directory>
```

☐注意：上述配置能起作用的前提是 Apache 已经提供了对 LDAP 的支持，方法是在生成 Makefile 文件的命令 "./configure" 后面加入 "--with-ldap --enable-auth-ldap" 选项。

20.4　小　　结

目录实际上是一种树状的数据库，虽然不如关系数据库有名，但在网络管理领域的应用却非常广泛。本章首先讲述了有关目录服务器的一些基本知识，包括目录服务的概念、X.500、LDAP 协议等内容；然后再以 Linux 系统上应用最广泛的 OpenLDAP 软件为例，介绍目录服务器的架设方法，包括 OpenLDAP 的安装、运行、配置管理和使用等内容；最后，还介绍了 OpenLDAP 在用户认证方面的应用例子。

第 21 章　网络时间服务器的配置与使用

NTP（Network Time Protocol，网络时间协议）是用于同步计算机及网络设备内部时钟的一种协议。随着计算机网络的发展，网络设备越来越多，它们之间的时间同步越来越受到人们的重视。本章主要介绍有关 NTP 协议的基本知识以及 NTP 服务器的安装、配置、运行和使用方法。

21.1　网络时间服务概述

NTP 协议的目的是在国际互联网上传递统一、标准的时间，基于 NTP 协议构建的网络时间服务器可以为用户提供授时服务，根据自己的时钟源同步客户机的时钟，以提供高精准度的时间校正。下面介绍 NTP 协议的基本原理、报文格式、工作模式和体系结构等内容。

21.1.1　NTP 协议用途与工作原理

随着网络规模的增大，各种网络设备和服务器越来越多，它们的时间往往要求严格一致。如果仅仅依靠管理员通过手工方式修改系统时钟是不现实的，不但工作量巨大，而且也不能保证时钟的精确性。通过 NTP，可以很快地同步网络中各种设备的时钟，而且能保证很高的精度。NTP 主要用于以下各种场合。

- ❑ 网络管理过程中，分析从不同设备采集的日志信息、调试信息时，需要以时间作为参照依据时。
- ❑ 计费系统要求所有相关设备的时钟保持一致。
- ❑ 某些特殊功能，如定时自动对网络中的部分设备进行管理，此时要求这些设备的时钟保持一致。
- ❑ 协同处理系统在处理某些事件时，各个系统必须参考同一时钟才能保证正确的执行顺序。
- ❑ 备份服务器和客户端之间进行增量备份时，需要备份服务器和客户端之间保持一致的时钟。

NTP 最早是由美国 Delaware 大学的 Mills 教授设计实现的，从 1982 年最初提出到现在已经发展了 20 多年，最新的 NTPv4 是当前正在开发的版本，但还没有正式标准。目前使用的 NTP 几乎都是 NTPv3，它由 RFC1305 文档描述。另外还有一种秒级精度的 SNTP（简单网络时间协议），由 RFC2030 描述。NTP 协议属于 TCP/IP 模型的应用层协议，工作在 UDP 协议之上，默认使用的端口号是 123。

NTP 协议除了可以估算数据包在网络上的往返延迟时间外，还可独立地估算计算机的时钟偏差，从而实现在网络上的高精准度计算机校时。在大部分情况下，NTP 可以提供 1～50ms 的可信赖的同步时间源和网络工作路径。NTP 协议的原理如图 21-1 所示。

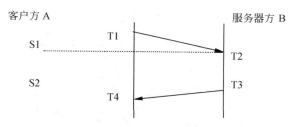

图 21-1　NTP 协议工作原理图

客户机进行时间校正时需要发送一个 UDP 数据包，然后 NTP 服务器回复一个 UDP 数据包，传输双方都要在数据包上加上自己的时间戳。根据这两个数据包的发送时间、接收时间，就可以对客户机和服务器的时间差进行估计。客户机通过查看两个数据包中所含的时间值，可以知道以下 4 个时间：

- ❑ T1：客户机发送数据包的时刻，来自客户机的时钟；
- ❑ T2：服务器收到数据包的时刻，来自服务器的时钟；
- ❑ T3：服务器回复数据包的时刻，来自服务器的时钟；
- ❑ T4：客户方收到数据包的时刻，来自客户机的时钟。

再假设：$\delta 1$ 和 $\delta 2$ 的含义如下所示。

- ❑ $\delta 1$：请求数据包在网络中传播时所花费的时间；
- ❑ $\delta 2$：回复数据包在网络中传播时所花费的时间。

根据 T1、T2、T3、T4 和 $\delta 1$、$\delta 2$，再假设 θ 是客户机与 NTP 服务器的时间差，则可以列出下式。

$$\begin{cases} T_2 = T_1 + \theta + \delta_1 \\ T_4 = T_3 - \theta + \delta_2 \\ \delta = \delta_1 + \delta_2 \end{cases}$$

再假设请求和回复数据包在网上传输的时间相同，即 $\delta 1 = \delta 2$，则可解得：

$$\begin{cases} \theta = \dfrac{(T_2 - T_1) - (T_4 - T_3)}{2} \\ \delta = (T_2 - T_1) + (T_4 - T_3) \end{cases}$$

可以看到，θ、δ 只与 T2 和 T1 差值、T3 和 T4 差值相关，而与 T2 和 T3 差值无关，即最终的结果与服务器处理请求所需的时间无关。于是，客户机即可通过时差 θ 去调整本地时钟。

说明：客户机可以按同样的方法再进行若干次的调整，以进一步提高精度。

在 NTP 协议中，发送 UDP 数据包时，除了采用单播方式外，还可以采用组播或广播的方式。同时，NTP 协议还实现了访问控制和 MD5 验证的功能。

21.1.2　NTP 协议的报文格式及工作模式

NTP 协议有两种不同类型的报文，一种是时钟同步报文，另一种是控制报文。时钟同步报文是 NTP 协议的核心内容，而控制报文主要是为用户提供一些有关网络管理的附加功能，对于时钟同步来说不是必需的。时钟同步报文封装在 UDP 报文中，其格式如图 21-2 所示。

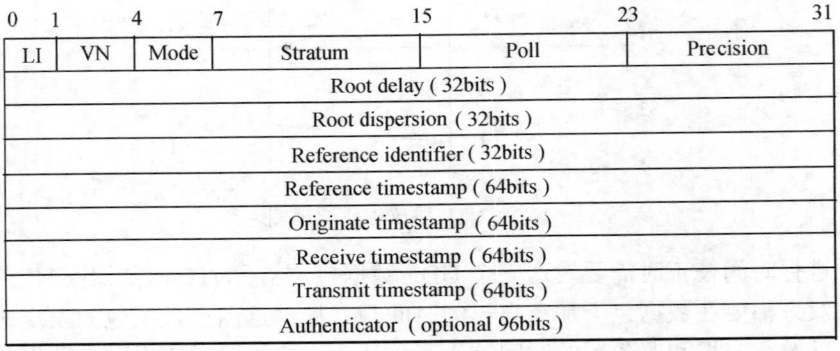

图 21-2　时钟同步报文格式

时钟同步报文格式中的主要字段的解释如下所示。

- LI（Leap Indicator）：长度为 2 比特，值为"11"时表示时钟未被同步。
- VN（Version Number）：长度为 3 比特，表示 NTP 的版本号，目前使用的绝大部分是版本 3。
- Mode：长度为 3 比特，表示 NTP 的工作模式。0：未定义；1：主动对等体模式；2：被动对等体模式；3：客户模式；4：服务器模式；5：广播模式或组播模式；6：此报文为 NTP 控制报文；7：预留。
- Stratum：系统时钟的层数，取值范围为 1～16，它决定了时钟的准确度。层数为 1 的时钟准确度最高，然后依次递减。层数为 16 的时钟表示未同步，不能作为参考时钟。
- Poll：轮询时间，即两个连续 NTP 报文之间的时间间隔。
- Precision：系统时钟的精度。
- Root Delay：本地到参考时钟源的往返时间。
- Root Dispersion：系统时钟相对于参考时钟的最大误差。
- Reference Identifier：参考时钟源的标识。
- Reference Timestamp：系统时钟最后一次被设定或更新的时间。
- Originate Timestamp：发送端发送 NTP 请求报文时的本地时间。
- Receive Timestamp：接收端接收 NTP 请求报文时的本地时间。
- Transmit Timestamp：接到 NTP 请求报文的服务器发送应答报文时的本地时间。
- Authenticator：认证信息。

计算机之间通过 NTP 协议校正时间时，可以有以下 4 种工作模式，它们主要通过报文中 Mode 字段的值进行区分。

1．客户端/服务器模式

客户端/服务器是最简单的一种模式。此时，客户端首先向服务器发送时钟同步请求报文，报文中的 Mode 字段设置为 3，表示是客户模式。服务器收到请求报文后将发送应答报文，报文中的 Mode 字段设置为 4，表示服务器模式。客户端收到应答报文后，计算出客户机与 NTP 服务器的时间差，再同步到服务器时间。客户端可以向一台服务器发送多个报文，或向多台服务器发送报文，以提高同步时间的准确度。

2．对等体模式

在对等体模式中，包含了主动方和被动方，它们之间可以互相同步。开始时，和客户端/服务器一样，主动方首先向被动方发送 Mode 为 3 的请求报文，被动方以 Mode 为 4 的报文应答。然后，主动方向被动方发送 Mode 为 1 报文，表示自己是主动对等体，被动方收到报文后将工作在被动对等体模式，并发送 Mode 为 2 应答报文，表示自己是被动对等体。经过以上报文交互后，对等体模式就建立起来了，双方再进行时钟同步。

3．广播模式

在广播模式中，服务器周期性地向广播地址 255.255.255.255 发送时钟同步报文，报文中的 Mode 字段设置为 5，表示广播模式。同一子网中的客户端接收到第 1 个广播报文后，客户端向服务器发送 Mode 字段为 3 的报文，服务器回复 Mode 字段为 4 的报文，于是客户端就可以像客户端/服务器模式一样对自己的时钟进行校正。然后，客户端又继续侦听广播报文的到来，以便进行下一次校正。

4．组播模式

组播模式与广播模式基本上一样，但使用的是组播地址，只有同组中的客户端才能收到组播报文，才能进行时钟校正。

🔈说明：用户可以根据需要选择合适的工作模式。广播或组播模式主要用于不能确定服务器或对等体 IP 地址或者网络中需要同步的设备很多等情况。如果能确定服务器或对等体 IP 地址的，可以采用客户端/服务器或对等体模式，此时的时钟源比较可靠。

21.1.3　NTP 服务的网络体系结构

NTP 服务中的各个计算机节点构成了一种类树状的网络结构，采用分层管理。网络中的节点有两种角色，即时钟源或客户，每一层的时钟源或客户可以向上一层或本层的时钟源请求时间校正。最高一层为第 0 层，保留为权威时钟。

第 1 层为一级时钟源层，它是实际应用中最权威的时钟源，通常从原子时钟或通过全球卫星定位系统获得。第 1 层里面没有任何客户，只有时钟源，而且这些时钟源之间相互不允许校正，它们的任务就是向第 2 层的时钟源或客户发布时间信息。

第 2 层及以下各层除层数不同、时间质量不一样之外，没有其他本质上的区别。第 N 层上的时钟源主要为第 N+1 层的客户或时钟源提供 NTP 服务，但它们相互之间也提供校正服务。如图 21-3 所示的是 NTP 服务的体系结构图。

在图 21-3 中，箭头表示时间校正服务的方向。从图 21-3 中可以看出，上一层主要为下一层提供时间服务，即时间质量好的节点要向时间质量差的节点提供服务。另外，同一层的时钟源之间也可以相互进行时间校正。

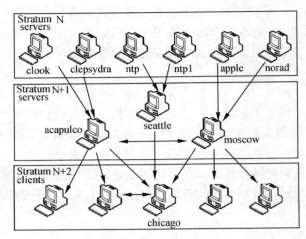

图 21-3　NTP 服务的体系结构

需要说明的是，目前有两类时间标准被广泛采用。一种是基于天文学的，还有一种则以原子振动的频率作为依据。国际原子时的准确度为每日数纳秒，而基于天文学的世界时准确度是每日数毫秒。随着时间的增加，原子时和世界时之间的误差将会越来越大。为了解决这个问题，人们于 1972 年规定了一种称协调世界时的时间。协调世界时又称世界标准时间，英文简称是 UTC，它就是 NTP 协议中所指的时间。

🔔说明：为了确保 UTC 与世界时相差不会超过 0.9s，当国际原子时和世界时之间的误差大到一定程度时，需要为 UTC 加上正或负闰秒，因此 UTC 与国际原子时之间会出现若干整数秒的差别。位于巴黎的国际地球自转事务中央局负责决定何时加入闰秒。

21.1.4　时区

地球是圆的，总是自西向东自转，东边总比西边先看到太阳，东边的时间也总比西边的早。因此如果统一都以 UTC 计时，会造成在同一时刻，地球上有些地方是白天，有些地方是黑夜。这将会给人们的日常生活和工作带来许多不便。

为了克服时间上的混乱，1884 年在华盛顿召开的一次国际经度会议上，规定将全球划分为 24 个时区，每个时区跨越经度 15°，时间差正好是 1h。每个时区的中央经线上的时间就是这个时区内统一采用的时间，称为区时，相邻两个时区的时间相差 1h。另外，还对这些时区统一进行命名，称为中时区（零时区）、东 1～12 区，西 1～12 区。

例如，中国的北京处在东 8 区，它的时间要比处在东 7 区的泰国早 1h，而比处在东 9 区的日本晚 1h。因此，当跨时区旅行时，人们需要随时调整自己的手表，才能和当地时间保持一致。当向西移动时，每经过一个时区，就要把手表拨慢 1h。当向东移动时，每经过一个时区，就要把手表拨快 1h。

以上介绍的时区也称为理论时区，但在实际情况下，为了避开国界线，时区的形状并不规则，而且有些跨越时区比较多的国家为了在全国范围内采用统一的时间，一般都把某一个时区的时间作为全国统一采用的时间。例如，中国把首都北京所处的东 8 区的时间作为全国统一的时间，称为北京时间。又例如，英国、法国、荷兰和比利时等国，虽地处中时区，但为了和欧洲大多数国家时间相一致，也采用了东 1 区的时间。这样的时区也称为实际时区，或法定时区。如表 21-1 所示，列出了部分法定时区的代号、名称及与 UTC 的偏差值。

表 21-1　部分法定时区列表

时区代号	时区名称	与 UTC 的偏差
GMT	格林威治标准时间	0:00
NOR	挪威标准时间	+01:00
SST	瑞典夏时制	+02:00
BT	巴格达时间	+03:00
IOT	印度 Chagos 时间	+05:00
CCT	中国北京时间	+08:00
GST	关岛标准时间，俄罗斯时区 9	+10:00
AESST	澳大利亚东部标准夏时制	+11:00
NZST	新西兰标准时间	+12:00
WAT	西非时间	-01:00
AKST	阿拉斯加标准时间	-09:00
HST	夏威夷标准时间	-10:00

🔔**说明**：所有的法定时区有 100 多个。

在计算机系统中设置时间时，除了设定本地时间外，还要指定法定时区，这样通过 Internet 上的 NTP 服务器校正时间时，才能得到正确的结果。

21.2　NTP 服务器的安装、运行与配置

相对其他类型的网络服务器，NTP 服务器占用资源少，功能比较单一，配置也相对比较简单。在各个 UNIX 类的操作系统中，一般都提供了 NTP 服务器的软件包。下面介绍在 RHEL 6 系统中有关 NTP 服务器的安装、运行和配置方法。

21.2.1　NTP 服务器的安装与运行

NTP 服务器是一个开放源代码的软件，可以免费获取并使用，其主页地址是 http://www.ntp.org/，目前最新版本是 4.2.4p5 版，源代码文件名是 ntp-4.2.4p5.tar.gz。默认情况下，RHEL 6 操作系统安装完成后，已经安装了 NTP 服务器软件包，可以用以下命令查看：

```
# rpm -qa|grep ntp
ntpdate-4.2.4p8-2.el6.i686
ntp-4.2.4p8-2.el6.i686
fontpackages-filesystem-1.41-1.1.el6.noarch
#
```

上述命令执行后显示的 ntp-4.2.4p8-2.el6.i686 表示 RHEL 6 中已经安装了 NTP 服务器

软件，版本号是 4.2.4p8。如果 NTP 软件包还没有安装，可以从安装光盘复制相应的 RPM
文件进行安装。安装成功后，有关 NTP 服务器软件的几个重要文件分布如下所示。

- ❑ /etc/ntp.conf：NTP 服务器的主配置文件。
- ❑ /etc/ntp/keys：存放密钥的文件。
- ❑ /etc/ntp/step-tickers：存放时钟源主机的地址。
- ❑ /etc/rc.d/init.d/ntpd：NTP 服务器的启动脚本。
- ❑ /usr/bin/ntpstat：显示网络时间的同步状态。
- ❑ /usr/sbin/ntp-keygen：产生密钥对，用于 NTP 的加密传输。
- ❑ /usr/sbin/ntpd：NTP 服务器文件的进程文件。
- ❑ /usr/sbin/ntpdate：用于向服务端请求时钟同步的命令。
- ❑ /usr/sbin/ntpdc：查询和改变 ntpd 进程的状态。
- ❑ /usr/sbin/ntpq：监控 ntpd 进程的状态。
- ❑ /usr/sbin/ntptime：读内核时间的程序。
- ❑ /usr/share/doc/ntp-4.2.4p8：NTP 服务器说明文件。

为了运行 NTP 服务器程序，可以输入以下命令。

```
# /etc/rc.d/init.d/ntpd start
启动 ntpd :                                        [确定]
# ps -eaf|grep ntp
ntp      15597     1  0 22:57 ?        00:00:00 ntpd -u ntp:ntp -p /var/run/ntpd.pid -g
root     15600 12337  0 22:57 pts/0    00:00:00 grep ntp
#
```

可以看到，NTP 服务器进程 ntpd 虽然是由 root 用户启动的，但运行的身份是 ntp 用户，
这是由命令行中的"-u ntp:ntp"参数指定的。ntp 用户是在 NTP 软件包安装的时候自动创
建的，如果采用源代码方式安装，还需要手工创建。为了查看一下 ntpd 进程监听了哪些网
络端口，输入以下命令：

```
# netstat -anp|grep :123
udp        0        0 10.10.1.29:123                0.0.0.0:*15664/ntpd
udp        0        0 127.0.0.1:123                 0.0.0.0:*15664/ntpd
udp        0        0 0.0.0.0:123                   0.0.0.0:*15664/ntpd
udp        0        0 fe80::20c:29ff:fe9e:123       :::*15664/ntpd
udp        0        0 ::1:123                       :*15664/ntpd
udp        0        0 :::123                        :::*15664/ntpd
#
```

可见，初始配置下，NTP 服务器监听的是 UDP123 端口。为了使远程客户可以使用
NTP 服务器，需要主机防火墙开放上述端口，命令如下：

```
# iptables -I INPUT -p udp --dport 123 -j ACCEPT
```

或者用以下命令清空防火墙的所有规则：

```
# iptables -F
```

上述过程完成后，NTP 服务器已经能正常使用，采用的是/etc/ntp/ntp.conf 文件的初始
配置。

21.2.2　NTP 服务器端配置

NTP 配置文件的格式与其他许多 UNIX 程序相似，相对比较规范，每行包含一项配置内容，以配置选项名称开始，后面跟着参数值或关键字，它们之间用空格分隔。在读取配置文件时，ntpd 进程将忽略空行和每一行 "#" 后面的注释。NTP 软件包安装完成后，已经为主配置文件/etc/ntp.conf 提供了默认的内容，下面对这些内容进行解释。

/etc/ntp.conf 文件中最常用的配置选项是 restrict，它指定哪些计算机可以和 NTP 服务器进行时间同步，以及具有什么样的权限，格式如下：

```
restrict [客户端IP] mask [IP 掩码]  [参数]
```

"客户端 IP" 和 "IP 掩码" 指定了对网络中哪些范围的计算机进行限制，如果使用 default 关键字，则表示对所有的计算机进行限制。参数指定了具体的限制内容，常见的参数如下所示。

- ❑ ignore：拒绝连接到 NTP 服务器。
- ❑ nomodiy：忽略所有改变 NTP 服务器配置的报文，但可以查询配置信息。
- ❑ noquery：忽略所有 mode 字段为 6 或 7 的报文，客户端不能改变 NTP 服务器的配置，也不能查询配置信息。
- ❑ notrap：不提供 trap 远程登录功能。trap 服务是一种远程事件日志服务。
- ❑ notrust：不作为同步的时钟源。
- ❑ nopeer：提供时间服务，但不作为对等体。
- ❑ kod：向不安全的访问者发送 Kiss-Of-Death 报文。

下面是/etc/ntp.conf 文件中有关 restrict 选项的解释。

配置 1：

```
restrict default kod nomodify notrap nopeer noquery
restrict -6 default kod nomodify notrap nopeer noquery  # -6 表示 Ipv6 数据包
```

功能：允许所有的客户机把该 NTP 服务器作为校正时间的时钟源，但不提供控制方面的功能，包括查询控制信息。

配置 2：

```
restrict 127.0.0.1
restrict -6 ::1
```

功能：通过环回接口 127.0.0.1 可以进行所有的访问控制。

配置 3：

```
#restrict 192.168.1.0 mask 255.255.255.0 nomodify notrap
```

功能：本地子网上的计算机限制相对比较少。

/etc/ntp.conf 文件中还有一条常用的配置选项是 server，它的作用是指定上层 NTP 服务器，以及一些连接的选项。与这些服务器连接时，本地 NTP 服务器的身份是客户端，它把上层服务器作为时钟源同步自己的本地时钟。server 选项的格式如下：

```
server   [host]  [key n]  [version n]  [prefer]  [mode n]  [minpoll n]
```

```
[ maxpoll n]  [iburst]
```

其中 host 是上层 NTP 服务器的 IP 地址或域名，随后所跟的参数解释如下所示。

❑ key：表示所有发往服务器的报文包含由密钥加密的认证信息，n 是 32 位的整数，表示密钥号。

❑ version：表示发往上层服务器的报文使用的版本号，n 默认是 3，可以是 1 或者 2。

❑ prefer：如果有多个 server 选项，具有该参数的服务器优先使用。

❑ mode：指定数据报文 mode 字段的值。

❑ mimpoll：指定与查询该服务器的最小时间间隔为 2^ns，n 默认为 6，范围为 4～14。

❑ maxpoll：指定与查询该服务器的最大时间间隔为 2^ns，n 默认为 10，范围为 4～14。

❑ iburst：当初始同步请求时，采用突发方式连接发送 8 个报文，时间间隔为 2s。

下面再解释/etc/ntp.conf 文件中的其余内容。

配置 4：

```
server 0.rhel.pool.ntp.org
server 1.rhel.pool.ntp.org
server 2.rhel.pool.ntp.org
```

功能：指定 3 台上一层服务器。

配置 5：

```
#broadcast 192.168.1.255 key 42
```

功能：以广播模式工作，定时发送广播报文，并在报文中使用由 42 号密钥加密的认证信息。

配置 6：

```
#broadcastclient
```

功能：使本地服务器成为其他以广播模式工作的 NTP 服务器的客户端。

配置 7：

```
#broadcast 224.0.1.1 key 42
```

功能：以多播模式工作，定时发送多播报文，并在报文中使用由 42 号密钥加密的认证信息。以 224 开始的 IP 地址是多播地址。

配置 8：

```
#multicastclient 224.0.1.1                    # multicast client
```

功能：使本地服务器成为其他以多播模式工作的 NTP 服务器的客户端。

配置 9：

```
#manycastserver 239.255.254.254               # manycast server
#manycastclient 239.255.254.254 key 42        # manycast client
```

功能：该选项是 NTPv4 中使用的功能，它试图使多播客户可以漫游到其他子网，并与该选项指定的服务器联系。

配置 10：

```
server  127.127.1.0
```

```
fudge    127.127.1.0 stratum 10
```

功能：指定自己为上一层服务器，当没有外部的上一层服务器时，是一种为备份目的的伪造。fudge 选项的 stratum 参数用来指定服务器通告的层数，当参数为 10 时，处于第 11 层。

配置 11：

```
driftfile /var/lib/ntp/drift
```

功能：指定时间偏移文件的位置，ntpd 进程对该文件必须要有写的权限。时间偏移文件记录了本地时钟与权威时钟的频率偏移，根据同步结果每小时更新一次。

配置 12：

```
keys /etc/ntp/keys
```

功能：指定包含密钥的文件位置。该文件包含了采用对称加密算法的密钥，每个密钥对应一个编号。

配置 13：

```
#trustedkey 4 8 42
```

功能：指定 4、8、42 为可信任的密钥。

配置 14：

```
#requestkey 8
```

功能：指定用于与 ntpdc 工具通信的密钥号为 8。

配置 15：

```
#controlkey 8
```

功能：指定用于与 ntpq 工具通信的密钥号为 8。

以上是有关 NTP 服务器初始配置的解释。实际上，NTP 服务器的配置内容也是非常丰富的，其余选项可参见帮助说明文件。

21.2.3　NTP 服务器的测试

在初始配置文件中，已经用 server 选项为本地 NTP 服务器指定了 rhel.pool.ntp.org 域中的 3 台上一层服务器。默认情况下，本地服务器每隔 64s 都要查询一下这些上层服务器的时间，并同步自己的本地时钟。可以用 ntpstat 命令查看有关本地 ntpd 进程的同步状态，如果发现本地时钟与一个参考时间源进行了同步，ntpstat 命令会报告近似的时间精度：

```
# ntpstat
synchronised to NTP server (61.129.66.79) at stratum 11
   time correct to within 960 ms
   polling server every 64 s
#
```

以上结果显示，本地 NTP 服务器与上层服务器 61.129.66.79 进行了同步，本地服务器的层数为 11，本地时钟校正的偏差小于 960ms，每 64s 要查询一次上层服务器的时间。

还有一个 NTP 工具是 ntpq，它用于监控 ntpd 进程的工作状态，并对其进行动态设置，它与 ntpd 进程通信时使用的是 mode 为 6 的控制报文。ntpq 可以工作于交互模式，也可以用命令行参数指定所需要的功能。下面是一个 ntpq 命令的例子：

```
[root@localhost ntp]# ntpq -p
    remote    refid    st t when poll   reach   delay   offset jitter
==============================================================================
*61.129.66.79 209.81.9.7  2 u  56  64   377   15.022   -12.0- 10  36.624
 LOCAL(0)     .LOCL.     10 l 50  64   377 0.000 0.000   0.001
```

以上命令列出了所有作为时钟源校正过本地 NTP 服务器时钟的上层 NTP 服务器的列表。每一列的含义如下所示。

- □ st：远程 NTP 服务器的 IP 地址或域名。带 "*" 的表示本地 NTP 服务器与该服务器同步。
- □ refid：远程 NTP 服务器的上层服务器的 IP 地址或域名。
- □ st：远程 NTP 服务器所在的层数。
- □ t：本地 NTP 服务器与远程 NTP 服务器的通信方式，u：单播；b：广播；l：本地。
- □ when：上一次校正时间与现在时间的差值。
- □ poll：本地 NTP 服务器查询远程 NTP 服务器的间隔时间。
- □ reach：是一种衡量前 8 次查询是否成功的位掩码值。377 表示都成功，0 表示不成功。
- □ delay：网络延时，单位为 10^{-6}s。
- □ offset：本地 NTP 服务器与远程 NTP 服务器的时间偏移。
- □ jitter：查询偏差的分布值，用于表示远程 NTP 服务器的网络延时是否稳定，单位为 10^{-6}s。

21.3　NTP 客户端的配置

21.2 节介绍了 NTP 服务器的运行与配置的有关内容。NTP 服务器的主要作用是为各种客户端提供时间同步服务，此时，客户端应该要配置成能接受这种服务。本节介绍 Windows 和 Linux 操作系统平台下的 NTP 客户端配置。

21.3.1　Linux NTP 客户端的配置

作为 NTP 服务器的主机是不需要配置 NTP 客户端的，因为它本身要为其他客户机提供时间服务，而且已经定时通过更高级别的时间服务器校正自己的系统时钟。下面介绍的是没有运行 NTP 服务器的 Linux 系统如何作为 NTP 客户端校正自己的时间。可以采用两种方式，一种是手工键入命令，另一种是通过图形界面设置。当采用命令方式时，需要以 root 用户的身份执行 ntpdate，具体如下所示：

```
# date
2012 年 09 月 27 日 星期四 15:11:57 CST
# ntpdate 10.10.1.29
20 Dec 10:59:26 ntpdate[16926]: step time server 10.10.1.29 offset 308.022695
sec
[root@radius os]# date
2012 年 09 月 27 日 星期四 15:12:14 CST
#
```

以上命令是在 IP 为 10.10.1.253 的 Linux 主机上执行的，10.10.1.29 是前面配置的 NTP 服务器 IP 地址。可以看到，第 1 次执行前，date 命令显示系统时间是 "2012 年 09 月 27 日 星期四 15:11:57 CST"，通过 NTP 命令校正时间后，马上再执行 date 命令时，时间变成了 "2012 年 09 月 27 日 星期四 15:12:14 CST"。同时，从 ntpdate 命令的提示中还可以看出，系统时间调整了 17s。以上调整的是 Linux 的系统时间，如果希望对硬件的时间也进行修改，则还要执行以下命令：

```
# hwclock -w
```

以上命令把 Linux 系统时间写入 CMOS 时钟，它可以由电池维持，即使计算机关机也能运转。下次重新开机时，Linux 初始的系统时间将从 CMOS 时钟中读取。如果希望能定时校正时间，可以在/etc/crontab 文件中加入以下一行内容：

```
00 7 * * * root /usr/sbin/ntpdate 10.10.1.29;/sbin/hwclock -w
```

表示每天早上 7:00 要以 root 用户身份运行/usr/sbin/ntpdate 命令，以 10.10.1.29 作为时间服务器，校正自己的系统时间，并将校正后的时间写入硬件时钟。以上介绍的是使用命令方式校正客户端的时间，下面看一下如何使用图形界面方式设置 NTP 客户端。

在 RHEL 6 桌面环境下选择 "系统" | "管理" | "日期和时间" 命令，则会出现如图 21-4 所示的对话框，此时可以设置网络时间。单击 "高级选项" 可以进一步设置。接下来将 "在网络上同步日期和时间" 复选框取消勾选，此时可以改变系统日期和时间。将变为如图 21-5 所示的内容。

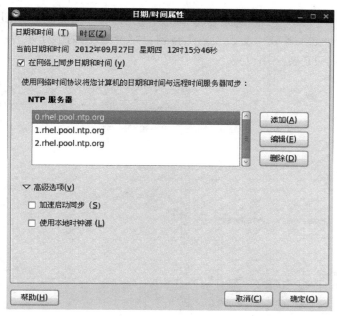

图 21-4　RHEL 6 网络时间设置

说明：在图 21-5 中，启用网络时间协议实际上就是启动了 ntpd 进程，此时是以 NTP 服务器的身份与上层 NTP 服务器联系，以校正自己的时间。

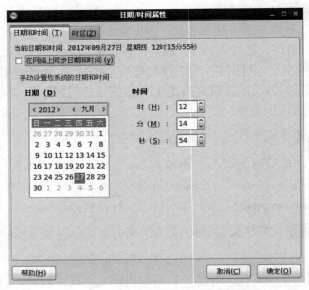

图 21-5　RHEL 6 日期/时间设置

21.3.2　Windows NTP 客户端的配置

在 Windows 系统中，双击控制面板中的"日期和时间"图标，或者简单地双击桌面右下角的时钟，将会出现如图 21-6 所示的对话框。单击"更改日期和时间设置"命令，此时可以手动修改日期和时间。如果选择"Internet 时间"标签，则会出现如图 21-7 所示的"日期和时间"对话框。然后单击"更改设置"按钮，则会出现如图 21-8 所示的对话框，此时可以进行 Windows NTP 客户端设置。

图 21-6　Windows 的日期和时间设置　　　　图 21-7　"日期和时间"对话框

图 21-8　Windows 的 Internet 时间设置

　　默认情况下，Windows 已经起用了 Internet 时间服务，也就是说，已经配置为 NTP 客户端，而且时间服务器是 time.windows.com。如果希望改变时间服务器，可以单击图中的文本下拉列表框选择时间服务器，或者直接输入时间服务器的 IP 地址或域名。

　　说明：作为客户端，Windows 查询服务器的时间间隔可以比较长，默认设置是一个星期，也可以单击"立即更新"按钮进行实时更新。

21.4　小　　结

　　虽然一般的用户使用时间服务器并不多，但在某些应用和网络管理中，它却是必不可少的。本章主要介绍有关时间服务器的架设方法，首先讲述了相关的 NTP 协议知识；然后以 RHEL 6 发行版自带的 NTP 服务器软件为例，介绍了时间服务器的安装、运行与配置方法；最后还分别介绍了如何在 Linux 和 Windows 中配置 NTP 客户端。

第 22 章　架设 VPN 服务器

VPN（Virtual Private Network，虚拟专用网）是一种利用公共网络来构建私人专用网络的技术，也是一条穿越公用网络的安全、稳定的隧道，避开了各种安全问题的干扰。VPN可以使本来只能局限在很小地理范围内的企业内部网扩展到世界上的任何一个角落。用于构建 VPN 的公共网络包括 Internet、帧中继、ATM 等。本章主要介绍有关 VPN 的基础知识、VPN 服务器的架设，以及 VPN 的使用等内容。

22.1　VPN 概述

VPN 技术非常复杂，它涉及到通信技术、密码技术和现代认证技术，是一门交叉学科。目前，基于客户端设备的 VPN（CPE-based VPN）主要包含了两种技术，即隧道技术与安全技术。本节主要介绍一些有关 VPN 的基础知识，包括 VPN 的原理、工作过程、VPN 协议，以及 VPN 身份认证方法等内容。

22.1.1　VPN 原理

VPN 技术的本质是在本来能够正常连接的主机之间再建立一条虚拟通道，使得双方可以通过这条虚拟通道进行通信，主要目的是为了交换不能直接在实际通道中传送的数据包，并且可以对数据进行加密处理。下面以 PPTP 协议为例，介绍 VPN 的基本原理，如图 22-1所示。

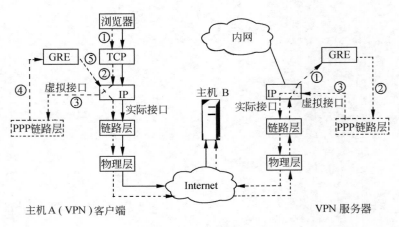

图 22-1　VPN 工作原理图

在图 22-1 中，实线框表示的是正常情况下的协议层。如果主机 A 上运行着一个浏览器进程，它向主机 B 上的 Web 服务器进程发送一个 HTTP 请求时，数据包的流向如图 22-1

中的实线箭头所示。此时，在主机 A 中，HTTP 请求加上 TCP 封装，交给 IP 层，IP 层加上 IP 头后，再通过实际接口继续往下传到物理层，最终通过物理线路到达主机 B 的物理层。主机 B 的物理层收到这个数据包后，再向上层传送，并一层层地解除封装，最后把 HTTP 请求交给 Web 服务器进程。

当主机 A 通过 VPN 拨号与 VPN 服务器建立了一个虚拟连接后，双方都将创建一个虚拟网络接口，拥有一个与实际接口不一样的内网 IP 地址。同时，这两个虚拟接口的下面还将创建一个虚拟的数据链路层，假设使用的是 PPP 协议，可以称之为 PPP 链路层。PPP 链路层的功能实际上是由双方创建的一个进程来承担，它要为经过的数据包加上或解除 PPP 封装。

GRE 也称为通用路由封装，是 IP 协议的上一层协议，协议号是 47。GRE 提供了将一种协议的报文在另一种协议组成的网络中传输的能力，如果对某些网络层协议（如 IPX）的数据报进行封装，将可以使这些被封装的数据包能够在另一种网络层协议（如 IP）中传输。当然，为了某种目的，GRE 也可以将网络层协议数据包封装后，再在同样的网络层协议中传输。

有了 VPN 拨号建立的虚拟接口后，下面再看一下主机 A 上的浏览器访问主机 B 上的 Web 服务时，数据包的传递过程。此时，主机 A 上的 HTTP 请求经过 TCP 封装后，交给了 IP 层。由于此时主机 A 的默认路由要经过虚拟接口，因此，IP 层就把数据包通过虚拟接口交给了 PPP 链路层，PPP 链路层再加上 PPP 封装。

按正常的协议流程，此时主机 A 的 PPP 链路层应该把加上 PPP 封装后的数据帧继续向下传，最后送给主机 B。但由于主机 B 上并没有 PPP 链路层，这样的数据包如果直接送给主机 B，将会被丢弃。于是，PPP 链路层就把这个数据包交给了 GRE 协议栈，GRE 协议栈在给数据包加上了一个 GRE 封装后，又一次送给了 IP 层。对于从 GRE 层交过来的数据包，IP 层都将转发到实际接口，并且目的 IP 是 VPN 服务器的实际接口的 IP 地址。于是，接下来按照正常的传递流程，数据包最后通过实际线路到达了 VPN 服务器的实际接口。

VPN 服务器的 IP 层收到这个数据包后，能够根据源 IP 识别这是从 VPN 客户端过来的，于是解除了外层的 IP 封装，交给 GRE 协议栈，GRE 协议栈解除了 GRE 封装后，接着把这个数据包交给了 PPP 链路层进程，该进程去掉 PPP 封装，通过虚拟接口又一次交给了 IP 层，然后由 IP 层根据数据包内层的目的 IP 进行路由转发，最后按正常协议流程到达主机 B。

图中的虚线箭头就是 VPN 连接建立后，主机 A 访问主机 B 的数据包传递过程。还有，如果数据包内层的 IP 地址是内网地址，则 VPN 服务器将把该数据包路由到内网，从而使用主机 A 可以通过 VPN 服务器访问内网。

⚠注意：实际上，此时 VPN 服务器把来自主机 A 的数据包的内层 IP 包转给主机 B 时，需要经过 NAT 地址转换，否则，主机 B 回复的数据包将无法回到 VPN 服务器，因为此时内层 IP 的源地址是内网地址。

以上是 PPTP 数据报文的发送流程，读者可以自行分析主机 B 回复给主机 A 的数据包的传递过程。实际上，通信双方还通过实际网络接口维持着一条 TCP 连接，通过这个 TCP 连接，双方交换有关 VPN 虚拟通道的控制信息。这个 TCP 连接由 VPN 客户端拨号时发起，服务端监听的是 1723 端口。此外，为了数据传送安全，用户数据在进行 PPP 封装前，还可以进行压缩和加密。

22.1.2　VPN 协议

VPN 是采用隧道技术进行通信的。所谓的隧道技术，就是数据包经过源局域网与公网接口处时，由特定的设备将这些数据包作为负载封装在一种可以在公网上传输的数据报文中，当数据报文到达目的局域网与公网的接口处时，再由相应的设备将数据报文解封装，取出原来在源局域网中的传输的数据包，放入目地局域网。被封装的局域网数据包在公网上传递时所经过的逻辑路径被称为"隧道"。目前 VPN 使用两种第二层隧道协议，即 PPTP 和 L2TP，以及第三层隧道协议 IPSec。

1．PPTP 协议

PPTP（Point-to-Point Tunneling Protocol，点到点隧道协议）在 RFC2637 中定义，它将 PPP 数据帧封装在 IP 数据包中进行传送。PPTP 协议可以看作是对 PPP 协议的扩展，提供了 PPTP 客户端和 PPTP 服务器之间的加密通信。PPTP 客户端和服务器进行 VPN 通信的前提是二者之间有连通且可用的 IP 网络。

PPTP 客户端和服务器之间交换的报文有两种：控制报文和数据报文。控制报文负责 PPTP 隧道的建立、维护和断开，包括一个 IP 报头、一个 TCP 报头和 PPTP 控制信息。控制连接是由客户端首先发起的，它向 PPTP 服务器监听的 TCP1723 号端口发送连接请求，得到回应后建立了控制连接，然后再通过协商建立了 PPTP 隧道，用于传送数据报文。

数据报文负责传送真正的用户数据。隧道建好之后，承载用户数据的 IP 包经过加密和或压缩之后，再依次经过 PPP、GRE、IP 的封装，最终得到一个可以在 IP 网络中传输的 IP 包，送给了 PPTP 服务器。PPTP 服务器接收到该 IP 包后层层解包，再经解密和解压缩，得到了承载用户数据的 IP 包，然后将该 IP 包转发到内部网络上。PPTP 采用 RSA 公司的 RC4 作为数据加密算法，保证了隧道通信的安全性。

注意：除了 IP 协议外，用户数据包也可以是其他协议，如 IPX 数据包或 NetBEUI 数据包等。

2．L2TP 协议

L2TP（Layer Two Tunneling Protocol，第二层隧道协议）由 RFC2661 定义，它结合了 L2F 协议和 PPTP 协议的优点，由 Cisco、Ascend、Microsoft 等公司在 1999 年联合制定的，已经成为第二层隧道协议的工业标准，得到了众多网络厂商的支持。L2TP 协议支持 IP、X.25、帧中继或 ATM 作为传输协议，但目前使用得最多的还是基于 IP 网络的 L2TP。

L2TP 主要由 LAC 和 LNS 组成。LAC 也称为 L2TP 访问集中器，是一种由交换网络设备附带的具有 PPP 端系统和 L2TP 协议处理能力的模块，为 PSTN/ISDN 用户提供网络接入服务。LNS 也称为 L2TP 网络服务器，是实现服务器端 L2TP 协议的软件，它位于 PPP 连接的另一端。L2TP 隧道一般是在 LAC 和 LNS 之间建立的，也可以直接由 LAC 客户与 LNS 建立 L2TP 隧道。

L2TP 客户端与服务器之间交换的报文包括控制报文和数据报文，两种报文都是把 PPP 帧用 UDP 协议封装后进行传送。控制报文用于隧道的建立、维护与删除，与 PPTP 不同，L2TP 不是使用 TCP 协议进行隧道维护，而是采用 UDP 协议，默认使用的是 1701 端口。

PPTP 和 L2TP 都使用 PPP 协议对数据进行封装，然后再添加运输协议的包头，以便能在互联网上的传输。尽管这两个协议非常相似，但也有一些不同之处。PPTP 要求传输网络是 IP 网络，L2TP 只要求隧道媒介提供面向数据包的点对点的连接。PPTP 只能在两端建立一条隧道，而 L2TP 支持在两端使用多条隧道。L2TP 可提供隧道验证，而 PPTP 则不支持。

3. IPSec 协议

IPSec（Internet Protocol Security，Internet 安全协议）是由 IETF 标准定义的 Internet 安全通信的一系列规范，它提供了私有信息通过公用网的安全保障。由于 IPSec 所处的 IP 层是 TCP/IP 协议的核心层，因此可以有效地保护各种上层协议，并为各种应用层服务提供一个统一的安全平台。IPSec 也是构建第三层隧道时最常用的一种协议，将来有可能会成为 IP VPN 的标准。

IPSec 的基本思想是把与密码学相关的安全机制引入 IP 协议，通过使用现代密码学所创立的方法来支持保密和认证服务，用户可以有选择地使用所提供的功能，并得到所要求的安全服务。IPSec 是随着 IPv6 的制定而产生的，但由于 IPv4 的应用还非常广泛，所以在 IPSec 规范的制定过程中也增加了对 IPv4 的支持。IPSec 主要包含了以下内容：

- ❑ 安全关联和安全策略。
- ❑ IPSec 协议的运行模式。
- ❑ AH（Authentication Header，认证头）协议。
- ❑ ESP（Encapsulate Security Payload，封装安全载荷）协议。
- ❑ Internet 密钥交换协议（IKE）。

IPSec 规范相当复杂，规范中包含大量的文档，许多相关标准还在不断地完善中。

22.1.3　VPN 的身份验证协议

PPTP 和 L2TP 都是对 PPP 帧进行再次封装，以便能通过公网到达目的地，再解除封装，还原成 PPP 帧。从这个角度来说，可以认为双方是通过 PPP 协议进行通信的。在 PPP 协议中，有时候需要对连接用户的身份进行认证，以防非法用户的 PPP 连接。认证可以发生在 PPP 链路建立的时候，要求链路连接发起方在认证选项中填写认证信息，得到接受方的许可后才能建立链路。可以采用 PAP 或者 CHAP 身份验证方式对连接用户进行身份验证，也可以使用更加灵活的 EAP 认证协议。

1. PAP 认证方式

PAP 认证方式非常简单，被验证方发送明文的用户名和密码到验证方，验证方根据自己的网络用户配置信息验证用户和密码是否正确，然后做出不同的选择。由于 PAP 认证时，用户名和密码在网络中是以明文的方式进行传递的，很可能会在传输过程中被截获，对网络安全造成极大的威胁，因此 PAP 认证并不是一种健全的认证方法，仅适用于对安全要求较低的网络环境。

2. CHAP 认证方式

CHAP（Challenge-Handshake Authentication Protocol，挑战握手协议）是 PPP 协议用来认证用户身份的另一种方法，由 RFC1994 定义。可以在链路建立过程中进行 CHAP 认证，也可以在链路建立后的任何时候多次使用 CHAP 认证。CHAP 验证对端身份时，有以下 3 个步骤。

（1）在链路建立阶段完成后，验证发起者向对端发送一个 challenge 消息。

（2）对端使用 MD5 等 one-way-hash 函数计算该消息的值，并予以响应。

（3）验证发起者收到响应值后，与自己计算的 hash 值进行比较。如果两个值匹配，则验证通过，否则将终止链路。

只要链路还存在，以上 3 个步骤随时都可能会发生，也就是说，双方随时都可以对对方进行认证。通过使用递增的标识符和改变 challenge 的值，CHAP 可以防止对方的重放攻击。CHAP 要求双方都要知道明文的密码，但密码从来不在网络上传输。

3．MS -CHAP 认证方式

MS-CHAP 是微软版的 CHAP，它有两个版本，开始的版本 1 由 RFC2433 定义，后来出现版本 2，由 RFC2759 定义。MS-CHAPv2 在 Windows 2000 中引入，并在更新 Windows 95 和 Windows98 时也提供了对版本 2 的支持，最新的 Windows Vista 已经去掉了对版本 1 的支持。与标准的 CHAP 相比，MS-CHAP 主要有以下特点：

❑ 双方可以通过协商起用 MS-CHAP；
❑ 提供了一种由验证发起方控制的密码修改机制；
❑ 提供了一种由验证发起方控制的密码重试机制；
❑ 定义失败时出错的代码。

4．EAP 认证方式

还有一种 PPP 认证协议是 EAP（Extensible Authentication Protocol，扩展认证协议），它并不在链路建立阶段指定认证方法，而是到了认证阶段才指定，这样就可以在得到更多的信息后再决定使用什么认证方法。这种机制非常灵活，甚至允许指定专门的认证服务器来执行真正的认证工作。

22.2　基于 PPTP 协议的 VPN 服务器架设

目前广泛使用 VPN 技术采用了第二层隧道 PPTP 和 L2TP，也有一些使用了第三层隧道协议 IPSec。本节主要介绍使用时间最长，目前还在广泛使用的基于 PPTP 协议的 VPN 服务器的安装、运行、配置和使用方法。

22.2.1　PPTP VPN 服务器的安装与运行

安装 PPTP 协议的 VPN 服务器可以使用 pptpd 软件包，它是一个开放源代码的软件，可以免费获取并使用，可以从 http://poptop.sourceforge.net/下载 For RHEL6 的源码包，文件名是 pptpd-1.3.4.tar.gz。然后用以下命令进行安装。

```
# tar zxvf pptpd-1.3.4.tar.gz
# cd pptpd-1.3.4
#./configure --prefix=/home/pptpd --enable-bcrelay --with-libwrap
#make
```

```
#make install
# mkdir /home/pptpd/etc
#
```

配置 PPTP 文件列子如下:

```
cp -p pptpd-1.3.4/samples/pptpd.conf /home/pptpd/etc
cp -p pptpd-1.3.4/samples/options.conf /home/pptpd/etc
#vim /home/pptpd/etc/pptpd.confoption /home/pptpd/options pptpd
#logwtmp                        /*该选项最好不要开启,如果开启客户端有可能登录不上*/
localip 192.168.127.136
remoteip 192.168.127.136-200
#vim /home/pptpd/etc/options.pptpdname pptpd
refuse-pap
refuse-chap
refuse-mschap
require-mschap-v2
repuire-mppe-128
proxyarp
lock
nobsdcomp
novj
novjccomp
nologfd
idle 2592000
ms-dns 202.102.224.68
ms-dns 202.102.224.68
```

安装成功后,有关 PPTP 服务器软件的几个重要文件分布如下:

❑ /home/pptpd/etc/options.pptpd /*pptpd 命令运行时选项存放在该文件中*/

❑ /home/pptpd/etc/pptpd.conf /*pptp 服务器主配置文件

❑ /home/pptpd/sbin/pptpd /*pptpd 服务器启动进程*/

添加客户端账号:

```
# vi /etc/ppp/chap-secrets
# client server secret IP addresses
test pptpd-vpn test 192.168.2.100
```

为了运行 PPTP 服务器,可以输入以下命令。

```
#/home/pptpd/sbin/pptpd -c /home/pptpd/etc/pptpd.conf -o /home/pptpd/etc/
options.pptpd
# ps -eaf | grep pptp
root      17051      1  0 14:31 ?          00:00:00 /home/pptpd/sbin/pptpd -c
/home/pptpd/etc/pptpd.conf -o /home/pptpd/etc/options.pptpd
root      17164   4698  0 14:40 pts/5   00:00:00 grep pptp
#
```

可以看到,PPTP 服务器进程 pptpd 已经启动,并且是由 root 用户运行的。为了查看一下 pptpd 进程监听了哪些网络端口(该服务器的端口是 1723),输入以下命令:

```
# netstat -anp|grep pptpd
tcp        0        0 0.0.0.0:1723          0.0.0.0:*   LISTEN 17051/pptpd
unix  2      [ ]         DGRAM                   196820 17051/pptpd
#
```

可见,初始配置下,pptpd 进程除了创建一个 UNIX 套接字以外,还要监听 TCP1732 端口,这是 PPTP 协议控制连接的默认监听端口,客户端与 PPTP 服务器建立 VPN 连接前,要先通过这个端口与 PPTP 服务器建立 TCP 连接。为了使远程客户可以与 PPTP 服务器建立 VPN 连接，需要主机防火墙开放上述端口，命令如下：

```
# iptables -I INPUT -p tcp --dport 1723 -j ACCEPT
```

或者在学习或测试环境中，用以下命令清空防火墙的所有规则。

```
# iptables -F
```

上述过程完成后，PPTP 服务器已经能正常使用，采用的是/home/pptpd/etc/pptpd.conf 文件的初始配置。为了使 PPTP 服务器能提供正常的 VPN 服务，还需要对其进行配置，具体方法见 22.2.2 节。

22.2.2 PPTP 服务器的配置

PPTP 服务器配置文件的格式与其他许多 Unix 程序相似，每行包含一项配置内容，以配置选项名称开始，后面跟着参数值或关键字，它们之间用空格分隔。在读取配置文件时，pptpd 进程将忽略空行和每一行"#"后面的注释。PPTP 服务器的配置比较简单，总共只有 12 个配置选项，下面对这些选项进行解释。

配置 1：

```
option option-file
```

功能：指定一个选项文件，里面的内容作为 pptpd 进程启动时的命令行参数。与执行 pptpd 命令时使用"--option"选项指定参数效果是一样的。

配置 2：

```
stimeout seconds
```

功能：派生 pptpctrl 进程处理客户端连接以前，等客户端 PPTP 包的时间，单位为秒，默认是 10 秒。这个选项主要用于防止 DoS 攻击。

配置 3：

```
debug
```

功能：启用调试模式。

配置 4：

```
bcrelay internal-interface
```

功能：是否启用广播包中继功能。如果启用，将把从 internal-interface 接口收到的广播包转发给客户端。

配置 5：

```
connections n
```

功能：限制客户端连接数，默认为 100。如果由 pptpd 分配 IP 给客户端，则地址分完后，客户端连接也不能建立。

配置 6：

```
delegate
```

功能：默认情况下，该选项不存在。此时，由 pptpd 进程管理 IP 地址的分配，它将把下一个可分的 IP 分给客户端。如果存在该选项，则 pptpd 进程不负责 IP 地址的分配，由客户端对应的 pppd 进程采用 radius 或 chap-secrets 方式进行分配置。

配置 7：

```
localip ip-specification
```

功能：在 PPP 连接隧道的本地端使用的 IP 地址。如果只指定一个，则所有的客户端对应的服务端都是这个地址；否则，每个客户端都必须要对应不同的服务端地址。服务端地址用完后，客户端的连接将被拒绝。如果使用了 delegate 选项，则该选项失效。

配置 8：

```
remoteip ip-specification
```

功能：指定分配给远程客户端的 IP 地址。每个连接的客户端都必须分配到一个 IP 地址，要考虑与 connections 选项相适应。如果使用了 delegate 选项，则该选项失效。

配置 9：

```
noipparam
```

功能：默认情况下，客户端原始的 IP 地址是传递给 ip-up 脚本。如果存在该选项，将不传递。

配置 10：

```
listen ip-address
```

功能：指定本地网络接口的 IP 地址，pptpd 进程将只监听这个网络接口的 PPTP 连接。默认监听所有本地接口。

配置 11：

```
pidfile pid-file
```

功能：指定进程 PID 文件的位置和文件名。

配置 12：

```
speed speed
```

功能：指定 PPTP 连接的速度，默认是 115200bps。Linux 系统中，该选项无效。
options.pptpd 配置参数详解，现做以下注释。

```
auth                      #需要使用/etc/ppp/chap-secrets 文件来验证
lock                      #锁定 PTY 设备文件
debug
Proxyarp #启动 ARP 代理,如果分配给客户端的 IP 地址与内网网卡在一个子网就需要启用 ARP 代理。
name pptpd                #VPN 服务器的名字
multilink
refuse-pap                #拒绝 pap 身份验证
refuse-chap               #拒绝 chap 身份验证
refuse-mschap             #拒绝 mschap 身份验证
require-mschap-v2 #注意在采用 mschap-v2 身份验证方式时可以同时使用 MPPE 进行加密
require-mppe-128          #使用 128-bit MPPE 加密
ms-wins 192.168.1.2       #在网络邻居中看到的机器的 IP 填写到这里
ms-dns 192.168.1.2        #DNS 服务器地址
```

```
ms-dns 202.102.224.68          #第二个 DNS 服务器地址
dump
logfile /var/log/pptpd.log    #日志存放的路径
```

为了使客户端能正常地建立 VPN 连接，需要在/etc/pptpd.conf 文件中指定本地端和客户端的 IP 地址。因此，除了初始内容以外，还需要在/etc/pptpd.conf 文件中加入以下两行：

```
localip 10.68.0.1
remoteip 10.68.0.100-200
```

以上两行表示本地端地址只使用一个，分配给客户端的地址范围是 10.68.0.200 至 10.60.0.300。此外，在/etc/ppp/chap-secrets 中，保存了 VPN 客户端拨入时使用的用户名、密码和分配的 IP 地址。该文件初始内容是没有账号的，需要按以下格式加入账号。

```
wzvtc   pptpd      123    *
test    pptpd      abc    10.68.0.120
```

以上两行表示添加了两个 VPN 账号，第一列是用户名。第二列表示服务器类型，此处固定为 pptpd。第三列为密码。第四列指定分配给该账号的 IP 地址，"*"表示任意地址。以上两个文件修改完成后，需要用以下命令重启 pptpd 进程。

```
# /home/pptpd/sbin/pptpd -c /home/pptpd/etc/pptpd.conf -o /home/pptpd/etc/
options.pptpd
#
```

重启成功后，客户端将可以使用指定的账号与 PPTP 服务器建立 VPN 连接了。客户端的具体配置见 22.2.3 节。

22.2.3　PPTP Windows 客户端的配置与使用

Windows 7 等系统对 VPN 拨号提供了内置的支持，用户只需按以下步骤配置即可。

（1）选择"网络"|"属性"|"更改网络设置"|"设置新的连接或网络"命令，将出现图 22-2 所示的对话框。

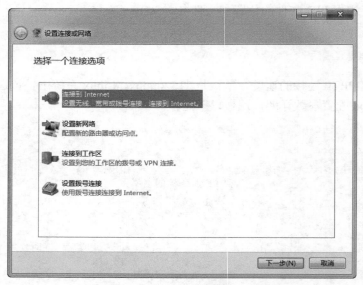

图 22-2　"设置连接或网络"对话框

（2）单击"连接到工作区"选项，然后单击"下一步"按钮，将出现如图 22-3 所示的对话框。

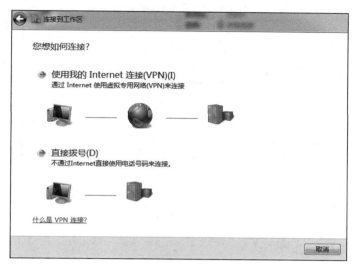

图 22-3　您想如何连接

（3）单击"使用我的 Internet 连接（VPN）（I）"选项，将出现如图 22-4 所示的界面。

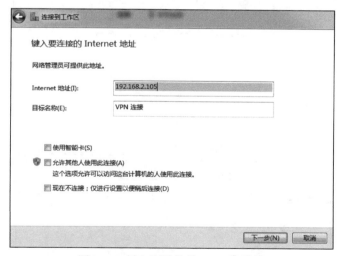

图 22-4　键入要连接的 Internet 地址

（4）在 "Internet 地址（I）"文本框中输入 VPN 服务器 IP 地址，然后单击"下一步"按钮，将出现如图 22-5 所示的界面。

（5）在"用户名"和"密码"文本框中分别填写 VPN 服务器分配的用户名及密码，然后单击"创建"按钮，将出现如图 22-6 所示的界面。

（6）在该界面单击"跳过"按钮，将出现如图 22-7 所示的界面。

（7）在该界面单击"关闭"按钮，现在该 VPN 连接就创建好了。右击桌面的"网络"图标，选择"属性"命令，将出现如图 22-8 所示的窗口。此时，可以看到"VPN 连接"图标，这就是刚才新创建的连接。

图 22-5　键入您的用户名和密码

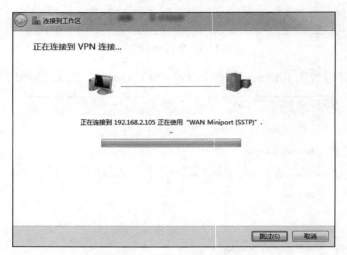

图 22-6　正在连接到 VPN 连接

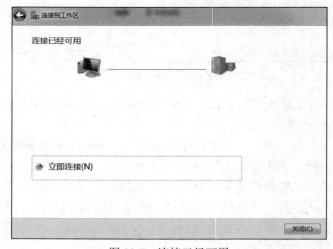

图 22-7　连接已经可用

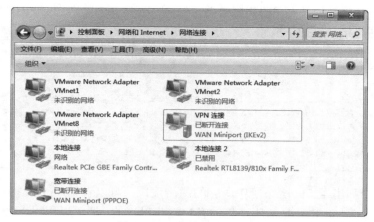

图 22-8　网络连接属性窗口

注意：如果右击"VPN 连接"图标，在弹出的快捷菜单中选择"属性"命令，还可以对连接进行设置。

（8）双击该连接，将出现一个登录对话框，如图 22-9 所示。此时，输入 PPTP 服务器上的用户名和密码，然后单击"连接"按钮，就可以连接 VPN 服务器。

（9）这时，双击 VPN 连接图标，弹出连接状态对话框。单击 "详细信息"按钮，将出现如图 22-10 所示的对话框，图中列出了有关该连接的详细信息。

图 22-9　VPN 连接登录窗口

图 22-10　VPN 连接详细信息

客户端建立 VPN 连接后，PPTP 服务器上将建立相应的进程为该客户端提供服务。此时，可以用以下命令查看 PPTP 服务器上进程的情况。

```
[root@mysql2 etc]# ps -ef | grep pptpd
root      5886     1  0 14:42 ?        00:00:00 /usr/local/pptpd/sbin/pptpd
-c /usr/local/pptpd/etc/pptpd.conf -c /usr/local/pptpd/etc/options.pptpd
root      6254  5886  0 14:50 ?        00:00:00 pptpd [192.168.2.102:4412 -
0000]
root      6372  2792  0 14:52 pts/0    00:00:00 grep pptpd
```

可以发现，客户端连接在 PPTP 服务器上会增加一个进程。另外，PPTP 服务器主机上还会增加一个网络接口，如下所示。

```
# ifconfig
...
ppp0      Link encap:Point-to-Point Protocol
          inet addr:192.168.0.1  P-t-P:192.168.1.1  Mask:255.255.255.255
          UP POINTOPOINT RUNNING NOARP MULTICAST  MTU:1400  Metric:1
          RX packets:195 errors:0 dropped:0 overruns:0 frame:0
          TX packets:6 errors:0 dropped:0 overruns:0 carrier:0
          collisions:0 txqueuelen:3
          RX bytes:22942 (22.4 KiB)  TX bytes:86 (86.0 b)
```

ifconfig 命令列出了 Linux 系统中所有的网络接口，可以看到，ppp0 接口是新增加的，它的 IP 地址是 192.168.1.1，是与所连接的客户端相对应的。还可以用以下命令看 TCP1723 端口的连接情况。

```
# netstat -anp | grep :1723
tcp        0          0 0.0.0.0:1723                            0.0.0.0:*
LISTEN      5886/pptpd
tcp        0          0 192.168.2.107:1723              192.168.2.102:52126
ESTABLISHED 6254/pptpd [192.168
#
```

可以看到，pptpd 进程的 1723 端口与 VPN 客户端的初始地址 192.168.2.102 建立了一个 TCP 连接，这个连接就是 PPTP 的控制连接。

22.3　小　　结

VPN 是一种非常有用的网络技术，它为用户提供了通过 Internet 连入企业内部网络的方法。本章主要介绍有关 VPN 服务器的架设方法。首先讲述的是 VPN 的基本知识，包括 VPN 原理、各种 VPN 协议；然后又介绍了基于 PPTP 协议的 VPN 服务器的安装、运行和配置方法；最后再以 Windows 为例，介绍了 PPTP 客户端的配置和使用方法。

第 23 章 流媒体服务器架设

流媒体技术也称为流式传输技术，是指在网络上按时间先后次序传输和播放的连续音、视频数据流。随着网络速度的提高，以流媒体技术为核心的视频点播、在线电视、远程培训等业务开展得越来越广泛。本章主要介绍流媒体技术的基础知识、流媒体服务器的安装、运行、配置和使用等内容。

23.1 流媒体技术基础

流媒体是指利用流式传输技术传送的音频、视频等连续媒体数据，它的核心是串流（Streaming）技术和数据压缩技术，具有连续性、实时性、时序性 3 个特点，可以使用顺序流式传输和实时流式传输两种传输方式。本节主要介绍有关流媒体的技术基础。

23.1.1 流媒体传输的基本原理

实现流式传输需要使用缓存机制。因为音频或视频数据在网络中是以包的形式传输的，而网络是动态变化的，各个数据包选择的路由可能不尽相同，到达客户端所需的时间也就不一样，有可能会出现先发的数据包却后到的情况。因此，客户端如果按照包到达的次序播放数据，必然会得到不正确的结果。使用缓存机制就可以解决这个问题，客户端收到数据包后先缓存起来，播放器再从缓存中按次序读取数据。

使用缓存机制还可以解决停顿问题。网络由于某种原因经常会有一些突发流量，此时会造成暂时的拥塞，使流数据不能实时到达客户端，客户端的播放就会出现停顿。如果采用了缓存机制，暂时的网络阻塞并不会影响播放效果，因为播放器可以读取以前缓存的数据。等网络正常后，新的流数据将会继续添加到缓存中。

虽然音频或视频等流数据容量非常大，但播放流数据时所需的缓存容量并不需要很大。因为缓存可以使用环形链表结构来存储数据，已经播放的内容可以马上丢弃，缓存可以腾出空间用于存放后续尚未播放的内容。

当传输流数据时，需要使用合适的传输协议。TCP 虽然是一种可靠的传输协议，但由于需要的开销较多，并不适合传输实时性要求很高的流数据。因此，在实际的流式传输方案中，TCP 协议一般用来传输控制信息，而实时的音视频数据则是用效率更高的 RTP/UDP 等协议来传输。流媒体传输的基本原理如图 23-1 所示。

在图 23-1 中，Web 服务器只是为用户提供了使用流媒体的操作界面。客户机上的用户在浏览器中选中播放某一流媒体资源后，Web 服务器把有关这一资源的流媒体服务器地址、资源路径及编码类型等信息提供给客户端，于是客户端就启动了流媒体播放器，与流媒体服务器进行连接。

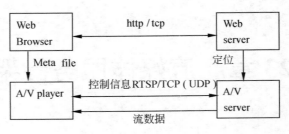

图 23-1　流媒体传输原理

客户端的流媒体播放器与流媒体服务器之间交换控制信息时使用的是 RTSP 协议，它是基于 TCP 协议的一种应用层协议，默认使用的是 554 端口。RTSP 协议提供了有关流媒体播放、快进、快倒、暂停及录制等操作的命令和方法。通过 RTSP 协议，客户端向服务器提出了播放某一流媒体资源的请求，服务器响应了这个请求后，就可以把流媒体数据传输给客户端了。

需要注意的是，RTSP 协议并不具备传输流媒体数据的功能，承担流媒体数据传输任务的是另一种基于 UDP 的 RTP 协议。但在 RTP 协议传输流媒体数据的过程中，RTSP 连接是一直存在的，并且控制着流媒体数据的传输。一旦流媒体数据到达了客户端，流媒体播放器就可以播放输出了。流媒体的数据和控制信息使用不同的协议和连接时，还可以带来一个好处，就是播放流媒体的客户机和控制流媒体播放的客户机可以是不同的计算机。

23.1.2　实时流媒体协议 RTSP

RTSP（Real Time Streaming Protocol，实时流媒体协议）是由 Real Network 和 Netscape 共同提出的一种应用层协议，它定义了如何在 IP 网络上有效地传输流媒体数据。RTSP 提供了一种机制，使音频、视频等数据可以按照需要进行实时传输，并且可以实施诸如暂停、快进等控制。源数据可以是存储的文件，也可以是现场数据的反馈。RTSP 协议本身并不传输数据，数据的传输是通过基于 UDP 协议的 RTP 协议来完成的。

RTSP 协议与 HTTP 协议有点类似，通信双方是通过请求消息和回应消息进行交互的。请求消息的格式如下：

```
<请求方法>　<URI>　<RTSP 版本>
[消息头]
CR/ LF
[消息体]
```

其中，请求方法包括 PLAY、DESCRIBE 等，可以通过 OPTION 方法得到对方所支持的其他方法名称。URI 是对方的地址，例如 rtsp://192.168.0.1。"RTSP 版本"一般都是 RTSP/1.0。每一行的最后都是回车换行符 CR/LF，消息头和消息体之间要有一个空行。回应消息格式如下：

```
<RTSP 版本> <状态码> <解释>
[消息头]
CR/LF
[消息体]
```

回应消息的格式规定与请求消息类似。其中状态码是一个 3 位数，后面跟随着解释文本，例如，200 表示成功。

HTTP 协议是单向的，即只能是客户端提出请求，服务端给予回应，而使用 RTSP 时，客户机和服务器都可以发出请求，双方都可以对收到的请求进行应答，即 RTSP 可以是双向的。一个典型的 RSTP 交互过程如下所示，其中 C 表示 RTSP 客户端，S 表示 RTSP 服务端。

```
C->S:    OPTION request        //客户端通过 OPTION 方法询问服务端支持哪些方法
S->C:    OPTION response       //服务端进行回应,提供了所支持方法的名称

C->S:    DESCRIBE request      //客户端通过 DESCRIBE 方法查询服务端媒体的初始化描述
                               //信息
S->C:    DESCRIBE response     //服务端回应媒体初始化描述信息,采用的是 sdp 会话描述
                               //格式

C->S:    SETUP request         //客户端通过 SETUP 方法设置会话的属性、传输模式等参数,
                               //并请求建立会话
S->C:    SETUP response        //服务端响应回话请求,与客户端建立会话,并返回会话标识
                               //符及其他相关信息

C->S:    PLAY request          //客户端通过 PLAY 方法请求播放某一多媒体资源
S->C:    PLAY response         //服务器回应请求, 开始发送流数据

S->C:    ...                   //此时,RTSP 通过其他协议发送流媒体数据

C->S:    TEARDOWN request      //客户端通过 TEARDOWN 方法请求关闭会话
S->C:    TEARDOWN response     //服务器回应请求,会话关闭,交互结束
```

在实际应用中，RTCP 的交互过程可能和以上过程会有区别，但基本的流程是一样的。

🔔说明：还有一种常见的流媒体协议是由 Microsoft 公司开发的 MMS 协议，但 Microsoft 公司没有公开该协议。

23.1.3 流媒体播放方式

流媒体服务器可以提供多种播放方式，它可以根据用户的要求，为每个用户独立地传送流数据，实现 VOD（Video On Demand）的功能，也可以为多个用户同时传送流数据，实现在线电视或现场直播的功能。下面介绍这些播放方式的特点。

1. 单播方式

当采用单播方式时，每个客户端都与流媒体服务器建立了一个单独的数据通道，从服务器发送的每个数据包都只能传给一台客户机。对用户来说，单播方式可以满足自己的个性化要求，可以根据需要随时使用停止、暂停、快进等控制功能。但对服务器还说，单播方式无疑会带来沉重的负担，因为它必须为每个用户提供单独的查询，向每个用户发送所申请的数据包复制。当用户数很多时，对网络速度、服务器性能的要求都很高。如果这些性能不能满足要求，就会造成播放停顿，甚至停止播放。

2. 广播方式

承载流数据的网络报文还可以使用广播方式发送给子网上所有的用户。此时，所有的

用户同时接受一样的流数据。因此，服务器只需要发送一份数据复制就可以为子网上所有的用户服务，大大减轻了服务器的负担。但此时，客户机只能被动地接受流数据，而不能控制流。也就是说，用户不能暂停、快进或后退所播放的内容，而且，用户也不能对节目进行选择。

3．组播方式

单播方式虽然为用户提供了最大的灵活性，但网络和服务器的负担很重。广播方式虽然可以减轻服务器的负担，但用户不能选择播放内容，只能被动地接受流数据。组播吸取了上述两种传输方式的长处，可以将数据包复制发送给需要的多个客户，而不是像单播方式那样复制数据包的多个文件到网络上，也不是像广播方式那样将数据包发送给那些不需要的客户，从而保证数据包占用最小的网络带宽。当然，组播方式需要在具有组播能力的网络上使用。

23.1.4　流媒体文件的压缩格式

数据压缩技术也是流媒体技术的一项重要内容。由于视频数据的容量往往都非常大，如果不经过压缩或压缩得不够，则不仅会增加服务器的负担，更重要的是会占用大量的网络带宽，影响播放效果。因此如何在保证不影响观看效果或对观看效果影响很小的前提下，最大限度地对流数据进行压缩，是流媒体技术研究的一项重要内容。下面介绍几种主流的音视频数据压缩格式。

1．AVI 格式

AVI（Audio Video Interleave，音频视频交错）是符合 RIFF 文件规范的数字音频与视频文件格式，由 Microsoft 公司开发，目前得到了广泛的支持。AVI 格式支持 256 色和 RLE 压缩，并允许视频和音频交错在一起同步播放。但 AVI 文件并未限定压缩算法，只是提供了作为控制界面的标准。用不同压缩算法生成的 AVI 文件，必须要使用相同的解压缩算法才能解压播放。AVI 文件主要应用在多媒体光盘上，用来保存电影、电视等各种影像信息。

2．MPEG 格式

MPEG（Moving Picture Experts Group，动态图像专家组）是运动图像压缩算法的国际标准，已被几乎所有的计算机平台共同支持。它采用有损压缩算法减少运动图像中的冗余信息，同时保证每秒 30 帧的图像刷新率。MPEG 标准包括视频压缩、音频压缩和音视频同步 3 个部分，MPEG 音频最典型的应用就是 MP3 音频文件，广泛使用的消费类视频产品如 VCD、DVD 其压缩算法采用的也是 MPEG 标准。

MPEG 压缩算法是针对运动图像而设计的。其基本思路是把视频图像按时间分段，然后采集并保存每一段的第一帧数据，其余各帧只存储相对第一帧发生变化的部分，从而达到了数据压缩的目的。MPEG 采用了两个基本的压缩技术：运动补偿技术（预测编码和插补码）实现了时间上的压缩，变换域技术（离散余弦变换 DCT）实现了空间上的压缩。MPEG 在保证图像和声音质量的前提下，压缩效率非常高，平均压缩比为 50∶1，最高可达 200∶1。

3．RealVideo 格式

RealVideo 格式是由 Real Networks 公司开发的一种流式视频文件格式，包含在 Real Media 音频视频压缩规范中，其设计目标是在低速率的广域网上实时传输视频影像。RealVideo 可以根据网络的传输速度来决定视频数据的压缩比率，从而提高适应能力，充分利用带宽。本章后面将介绍的 Helix Server 软件就是由 Real Networks 公司提供的，使用的就是 Real Video 格式的视频文件。

RealVideo 格式文件的扩展名有 3 种，RA 是音频文件、RM 和 RMVB 是视频文件。RMVB 格式文件具有可变比特率的特性，它在处理较复杂的动态影像时使用较高的采样率，而在处理一般静止画面时则灵活地转换至较低的采样率，从而在不增加文件大小的前提下提高了图像质量。

4．QuickTime 格式

QuickTime 是由 Apple 公司开发的一种音视频数据压缩格式，得到了 Mac OS、Microsoft Windows 等主流操作系统平台的支持。QuickTime 文件格式提供了 150 多种视频效果，支持 25 位彩色，支持 RLE、JPEG 等领先的集成压缩技术。此外，QuickTime 还强化了对 Internet 应用的支持，并采用一种虚拟现实技术，使用户可以通过鼠标或键盘的交互式控制，观察某一地点周围 360 度的景像，或者从空间的任何角度观察某一物体。QuickTime 以其领先的多媒体技术和跨平台特性、较小的存储空间要求、技术细节的独立性以及系统的高度开放性，得到业界的广泛认可。QuickTime 格式文件的扩展名是 MOV 或 QT。

5．ASF 和 WMV 格式

ASF（Advanced Streaming Format，高级流格式）是由 Microsoft 公司推出的一种在 Internet 上实时传播多媒体数据的技术标准，提供了本地或网络回放、可扩充的媒体类型、部件下载，以及可扩展性等功能。ASF 的应用平台是 Net Show 服务器和 Net Show 播放器。

WMV 也是 Microsoft 公司推出的一种流媒体格式，它是以 ASF 为基础，升级扩展后得到的。在同等视频质量下，WMV 格式的体积非常小，因此很适合在网上播放和传输。WMV 文件一般同时包含视频和音频部分，视频部分使用 Windows Media Video 编码，而音频部分使用 Windows Media Audio 编码。音频文件可以独立存在，其扩展名是 WMA。

23.2　Helix Server 的安装与运行

Helix Server 是由著名的流媒体技术服务商 Real Networks 公司提供的一种流媒体服务器软件，利用它可以在网上提供 Real Video 和 MMS 格式文件的流媒体播放服务，配上相应设备后，还具有现场直播的功能。下面介绍有关 Helix 服务器的获取、安装、运行管理和使用方法。

23.2.1　Helix Server 的获取

Helix 服务器软件是一个商业软件，使用时需要付费。但 RealNetworks 公司提供了这个软件的试用评估版，可以从该公司的网站下载（目前，该软件的 Redhat 6 版本还没有在网站上发布，在这里使用的是版本 5），大小接近 36MB，文件名是 mbrs-1430-ga-linux-rhel5.zip，主页地址是 http://www.realnetworks.com/helix/streaming-media-server/。具体获取步骤如下所示。

（1）单击主页上的 Download freetrial 链接后，会出现一个用户资料表单，要求填写相应的内容。其中，操作系统平台和电子邮件地址必须要正确，如图 23-2 所示。

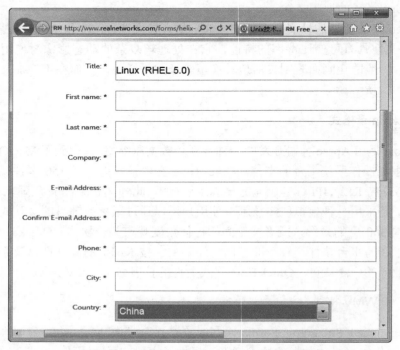

图 23-2　下载 Helix Server 前需填写的表单

（2）用户资料表单提交后，还有一个有关用户调查的表单，填写完成并提交后，将出现下载页面。

（3）在下载页面单击任一个下载按钮，即可下载 Helix Server 软件。

另外，当安装 Helix Server 时，还需要一个许可文件，许可文件的下载位置需要通过查询邮箱获得。打开刚才在用户资料表单中填写的邮箱，正常情况下应该会收到一封主题为 Real Product Licenses 的邮件，单击后，将会看到如图 23-3 所示的内容。其中，Download your License keyfile 就是许可文件的下载链接，单击后将出现下载页面，就可以下载许可文件了。

说明：许可文件的文件名各不相同，不过大都是类似于 RNKey-Helix_Universal_Server_10-Stream-nullnull-23803387524244957.lic 这样的名字。

Helix Server 软件和对应的许可文件下载后，就可以进行安装了，详见 23.2.2 节。

23.2.2　Helix Server 的安装

Helix 服务器软件的安装方式与大部分的其他服务器软件不同，不是采用源代码方式，也不是 RPM 包方式，而是通过执行一个二进制的安装程序安装的。把 23.2.1 节下载的

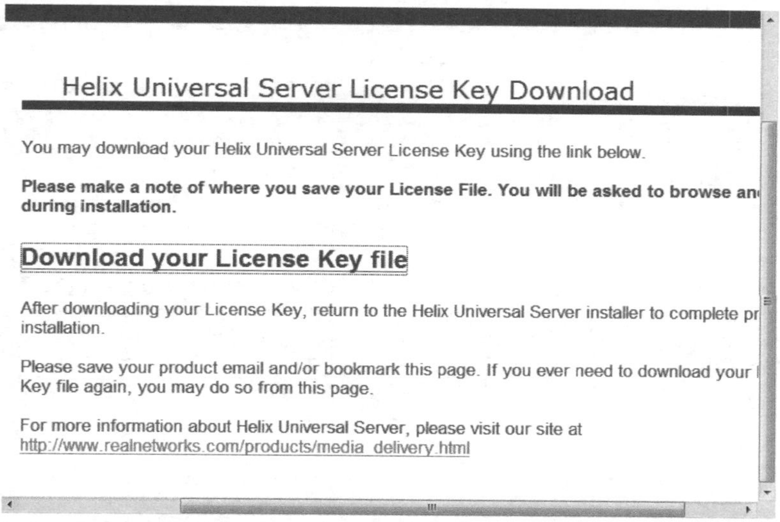

图 23-3　Helix Server Unlimited 下载页面

mbrs-1430-ga-linux-rhel5.zip 文件复制到 RHEL 6 系统，并输入以下命令进行解压。

```
# mbrs-1430-ga-linux-rhel5.zip
servinst_mobile_linux-rhel5-x86.bin
#
```

由上可见，压缩包中只包含了一个文件 servinst_mobile_linux-rhel5-x86.bin，它就是 Helix Server 的安装程序，可以直接执行进行安装。但由于该文件还没有设置执行权限，因此需要通过 chmod 命令加上执行权限后才能执行，具体命令如下所示。

```
[root@localhost ~]# chmod 755 servinst_mobile_linux-rhel5-x86.bin
[root@localhost ~]# ./ servinst_mobile_linux-rhel5-x86.bin
Extracting files for Helix installation.....................
                            // 首先要进行自解压

Welcome to the Helix Mobile Server (RealNetworks) (14.3.0.268) Setup for UNIX
Setup will help you get Helix Mobile Server running on your computer.
Press [Enter] to continue...      //此处按下 Enter 键继续
...                               //有关许可文件的一些提示内容
LicenseKeyFile:[]:/root/RNKey-Helix_Universal_Server_10-Stream-nullnull
-23803387524244957                //此处输入许可文件及路径,再按下 Enter 键
Installation and use of Helix Server requires
acceptance of the following terms and conditions:
Press [Enter] to display the license text...
                            //此处按下 Enter 键显示许可文件内容

...                         // 许可文件内容,要按空格键翻页,直至显示完

Choose "Accept" to accept the terms of this
license agreement and continue with Helix Server setup.
If you do not accept these terms, enter "No"
and installation of Helix Server will be cancelled.
I accept the above license: [Accept]://此处按下 Enter 键表示接受许可文件所列的条款
Enter the complete path to the directory where you want
Helix Server to be installed.  You must specify the full
pathname of the directory and have write privileges to
```

```
the chosen directory.
Directory: [/root]:/usr/helix_server//此处输入安装目录,并按下 Enter 键
Please enter a username and password that you will use
to access the web-based Helix Server Administrator and monitor.
Username []: admin                    //此处输入管理员用户名称,并按下 Enter 键
Password []:                          //设定管理员用户密码
Confirm Password []:                  //确认管理员用户密码
Please enter a port on which Helix Server will listen for
RTSP connections.  These connections have URLs that begin
with "rtsp://"
Port [554]:                           //指定 rtsp 协议使用的端口号,采用默认值 554
Please enter a port on which Helix Server will listen for
HTTP connections.  These connections have URLs that begin
with "http://"
Port [80]: 808  //Helix 服务器监听 HTTP 连接的端口号,如果计算机上还运行着其他 Web
                //服务器,应该另外指定
Please enter a port on which Helix Server will listen for
MMS connections.  These connections have URLs that begin
with "mms://"
Port [1755]:                          //指定 MMS 协议使用的端口号,使用默认值 1755
Helix Server will listen for Administrator requests on the
port shown.  This port has been initialized to a random value
for security.  Please verify now that this pre-assigned port
will not interfere with ports already in use on your system;
you can change it if necessary.

Port [21944]:                         //访问 Helix 服务器管理页面时使用的端口
You have selected the following Helix Server configuration:
                                      //下面列出了前面的配置内容
Admin User/Password:    admin/****
Encoder User/Password: admin/****
Monitor Password:       ****
RTSP Port:              554
HTTP Port:              808
MMS Port:               1755
Admin Port:             21944
Destination:           /usr/helix_server

Enter [F]inish to begin copying files, or [P]revious to go
back to the previous prompts: [F]:  //如果想修改上面显示的配置内容,可以按下 P 键;
                                    //否则,按下 Enter 键选默认的 F
```

以上步骤完成后，Helix 服务器的安装就结束了，此时，在安装目录/usr/helix_server 下将包含所有的安装文件。其中，该目录下的 rmserver.cfg 文件是 Helix 服务器的主配置文件，Bin 目录下的 rmserver 是 Helix 服务器的命令文件。

23.2.3　Helix Server 的运行与停止

Helix 服务器安装完成就可以运行了。它的运行方式与其他 Linux 下的服务器不同，不提供运行脚本，需要直接执行命令文件，并以后台方式运行。当停止时，需要用 kill 命令终止进程。下面是 Helix 服务器的运行方法。

```
# /usr/helix_server/Bin/rmserver /usr/helix_server/rmserver.cfg &
                                    //"&"表示以后台方式运行进程
[1] 12278                           //进程号为 12278
Server Started:    27-Sep-2012 17:58:45
```

```
Helix Server (c) 1995-2008 RealNetworks, Inc. All rights reserved.
Version:  Helix Server (Tahiti) (12.0.1.215) (Build 175002/12667)
Platform: linux-rhel5-i686

Using Config File: /usr/helix_server/rmserver.cfg //配置文件的位置与名称
Linux kernel version 2.6.18-8.el5 detected
Starting PID 12279 TID 3086006544, procnum 0 (controller)
Creating Server Space...
Server has allocated 1.5 gigabytes of memory          //使用1.5GB内存
Starting TID 17824608, procnum 1 (timer)
…
Testing AtomicOps...(82.52 ops/usec)
I: Loading Plugins from /usr/helix_server/Plugins...
                                        //装入各种插件,下面是插件的名称
I: slicensepln.so  0xf38f50  RealNetworks Licensing Plugin
…
I: redbcplin.so    0x89b380  RealNetworks Broadcast Redundancy Plugin
Starting TID 3080715136, procnum 3 (rmplug)
…
Starting TID 3047160704, procnum 19 (streamer)

#
```

当以上命令执行时,Helix 服务器默认使用 1.5GB 内存,如果想分配更多的内存给 Helix 服务器,可以在执行 rmserver 命令时加 "-m <n>" 选项。其中,n 为字节数,单位为 MB。还有,当命令执行时,也可以指定其他的文件作为 Helix 服务器的配置文件。Helix 服务器运行后,可以使用下面的命令查看进程的情况。

```
# ps -eaf|grep rmserver
root       12278    12129    009:06pts/1      00:00:00
/usr/helix_server/Bin/rmserver /usr/helix_server/rmserver.cfg
root       12279    12278    009:06?          00:00:01
/usr/helix_server/Bin/rmserver /usr/helix_server/rmserver.cfg
root       12280    12278    009:06?          00:00:00
/usr/helix_server/Bin/rmserver /usr/helix_server/rmserver.cfg
root       12314    12129    009:11 pts/1     00:00:00 grep rmserver
#
```

可以看到,在默认情况下,Helix 服务器运行了 3 个进程,都以 root 用户的身份运行,其中进程号为 12278 的进程是另外两个进程的父进程。实际上,可以对配置文件进行修改,以其他用户身份运行两个子进程,以增加系统的安全性。

🔔说明:Helix 服务器进程运行后,默认情况下会在安装目录的 Logs 子目录中产生进程 PID 文件。

为了使 Helix 服务器能为网络中的远程机提供服务,如果主机启用了防火墙,需要开放相应的端口。Helix 服务器监听的网络端口较多,其中 554 端口是 RTSP 协议的默认端口,1755 端口是 MMS 协议的默认端口。另外,Helix 服务器还兼有 Web 服务器的功能,用户在安装时已经指定了监听 HTTP 连接的端口和管理页面端口。在防火墙设置中,这些端口如果有需要,都应该要开放。可以通过以下命令查看所有 Helix 服务器使用的端口。

```
[root@localhost html]# netstat -anp|grep rmserver
tcp    0       0 :::9090          :::*            LISTEN    12492/rmserver
tcp    0       0 :::7077          :::*            LISTEN    12492/rmserver
tcp    0       0 :::8008          :::*            LISTEN    12492/rmserver
```

tcp	0	0	:::808	:::*	LISTEN	12492/rmserver
tcp	0	0	:::554	:::*	LISTEN	12492/rmserver
tcp	0	0	:::21944	:::*	LISTEN	12492/rmserver
tcp	0	0	:::1755	:::*	LISTEN	12492/rmserver
udp	0	0	0.0.0.0:32775	0.0.0.0:*		12492/rmserver
udp	0	0	0.0.0.0:9875	0.0.0.0:*		12492/rmserver
udp	0	0	0.0.0.0:1755	0.0.0.0:*		12492/rmserver

另外，Helix 服务器的流数据是通过 UDP 协议发送的。默认情况下，它们所使用的 UDP 端口是随机的。此时，客户端的回复数据包也需要通过同样的端口进来。因此，需要开放大量的 UDP 端口，这对安全是不利的。可以限定 Helix 服务器使用的 UDP 端口范围，但在客户端连接较多的时候，会影响性能。

注意：为了解决这个问题，Helix 服务器提供了一种配置功能，它可以让客户端的回复数据包限定在一定的 UDP 端口范围内，此时，在防火墙上只需要开放这个范围的端口即可。具体方法见 23.3.2 节。

Helix 服务器没有提供终止进程的脚本，需要用户使用 kill 命令手工终止进程。此时可以根据前面 ps 命令列出的进程 ID 终止进程，也可以根据进程 PID 文件里的进程号进行终止，具体命令如下：

```
# kill `cat /usr/helix_server/rmserver.pid`
```

注意："`" 是倒引号，而不是单引号。另外，在 Helix 服务器管理界面中，还提供了服务器重启的功能。

23.2.4　测试 Helix Server

Helix 服务器运行成功后，就可以在客户端进行测试了。Helix 服务器已经提供了几个测试用的视频文件，它们在安装目录下的 Content 子目录中，该子目录的内容如下所示。

```
[root@localhost Content]# ls
3gp        clients       Helixplaylist.hpl.3gp   nscfile          Thumbs.db
Africa     Desertrace.wmv iPhone                 realvideo10.rm
Archive    flash          iPhone-src             rtpencodersdp
```

可以看到，里面包含了各种格式的视频文件，下面将通过在客户端播放 realvideo10.rm 和 wmvideo.wmv 两个视频文件对 Helix 服务器进行测试。

访问 realvideo10.rm 时，需要通过 rtsp 协议，访问方式为"rtsp://<Helix 服务器>/[路径]/[文件]"。在默认配置下，Content 目录已经被映射成 RTSP 协议 URL 的根目录，因此，可以在浏览器的地址栏内输入 rtsp://192.168.2.111/realvideo10.rm 观看视频文件 realvideo10.rm，如图 23-4 所示。还有一种播放方法是直接在播放器中输入上述地址，如图 23-5 所示。

说明：以上播放视频的链接可以放在任何 HTML 文件中，当用户单击链接提示时，就可以播放相应的视频文件。

另外，Helix 服务器还提供了对 MMS 协议的支持。通过它，Helix 服务器可以播放微软的 WMV 格式的视频文件，方法是在输入 URL 时，把 rtsp 协议改为 mms 协议。

图 23-4　通过浏览器播放视频

图 23-5　直接在播放器中输入地址

除了直接使用流媒体协议访问视频文件外，Helix 服务器还提供一种服务端 Web 程序，使用户在形式上可以通过 HTTP 协议访问视频文件。在前面的安装中，已经指定了 808 作为 Helix 服务器自带的 Web 服务器的监听端口，这个自带的 Web 服务器具有一个特殊功能，就是用户通过浏览器访问 ramgen 目录时，会启动服务端的一个 Web 程序，它会把要访问的视频链接发送给客户端。例如，如果用户用浏览器访问了如下 HTML 文本。

```
<a href="http://192.168.2.111:808/ramgen/realvideo10.rm">Play RealMedia</a>
```

当用户在浏览器中单击了"Play RealMedia"链接提示时，则相当单击了下面这个链接：

```
<a href="http:/ 192.168.2.111:808/launch_video.ram">Play RealMedia</a>
```

这个链接执行了 launch_video.ram 程序，它的功能是促使浏览器启动播放器，然后再把下面这个 URL 发给播放器，于是在播放器中就可以播放相应的视频。

```
rtsp://192.168.2.111/realvideo10.rm
```

上面这个过程对用户是透明的，用户的感觉好像是在通过 HTTP 协议播放视频。

23.3　Helix Server 的基本配置

除了直接修改配置文件外，Helix 服务器软件包还提供了一个完整的图形管理界面，用户可以很方便地通过浏览器在远程对 Helix 服务器进行管理。本节主要介绍如何通过图形界面对 Helix 服务器进行配置，包含基本配置、传输设置、安全配置等内容。

23.3.1　Helix 服务器的 Web 管理界面

Helix 服务器的图形管理界面是以 Web 形式提供的，由于 Helix 服务器自身已经具有 Web 服务器的功能，因此它不需要借助于其他 Web 服务器。在前面的 Helix 服务器安装过程中，已经指定了管理端口号为 21944，为了运行 Helix 的管理模块，需要在客户端通过浏览器访问以下 URL。

```
http://192.168.2.111:21944/admin/index.html
```

其中，192.168.2.111 是 Helix 服务器的地址。在这里使用的是 Kinqueror 浏览器，将出现如图 23-6 所示的登录窗口，此时输入在安装 Helix 服务器时设定的管理员用户名和密码，登录成功后，典型的操作界面如图 23-7 所示。

图 23-6　Helix 管理模块的登录界面　　　　图 23-7　Helix 管理模块的主界面

在图 23-7 中，左边列出的是有关设置的菜单选项，包括 7 个主菜单，每个主菜单下面还有若干个子菜单。当选中某个子菜单后，右边将出现有关这个菜单项的具体设置内容，用户可以通过在文本框内输入设置内容或单击界面上提供的按钮选项等方式进行设置。设置完成后，可以单击 Apply 按钮保存设置，或者单击 Reset 按钮取消设置。

💡注意：设置保存后，还不能马上生效，需要重启 Helix 服务器才能生效，一种简单的重启方法是单击右上角的 Restart Server 按钮。

23.3.2　端口设置与 IP 地址绑定

在 Helix 服务器管理界面的 Server Setup 主菜单中，包含了最基本的服务器设置项目。

下面首先介绍一下有关端口和 IP 地址绑定的设置。选择 Server Setup|Ports 菜单后，浏览器窗口的右边将出现如图 23-8 所示的界面。

在图 23-8 的端口设置界面中，RTSP 端口是客户端与服务器使用 RTSP 协议时使用的端口号，RealPlayer、QuickTime 等播放器要使用该协议与 Helix 服务器进行交互，554 是其默认值。HTTP 端口是 Helix 服务器内置的 Web 服务所使用的端口，不应该与主机上的其他 Web 服务器冲突。MMS 端口由微软的 Media Player 播放器使用。

Monitor 端口用于监控目的，Helix 提供了一个 Applet 程序，通过它，可以实时查看服务器当前有哪些连接、每个连接正在播放哪个视频文件等内容，这些监控数据是通过此处所设的监控端口读取的。Admin 端口就是访问 Web 图形管理界面时所使用的端口。如果加以改变，重启后需要重新连接。Channel Control 端口用于接受客户端以 HTTP 协议形式提交的通道请求，用于实现使用一个 RTSP 会话控制多个流数据的功能。

当 "Enable Ramgen Port Hinting URLs" 设为 Yes 时，如果访问 rm 文件的 Web 链接包含了/ramgen，则 Helix 服务器在启动 RealOne Player 播放器时，将访问更多的端口。当 "Enable HTTP Fail Over URL for ASXGen"设为 Yes 时，如果 Web 链接包含/asxgen，但 Helix 客户端启动 Windows Media Playe 播放器时 MMS 连接被阻挡，将通过 HTTP 协议访问流媒体文件。

可以通过 "UDP Resend Port Range" 选项设定一个 UDP 端口范围，它可以让客户端接收到流数据后的回复报文限定在这个 UDP 端口范围内。此时，Helix 服务器所在主机的防火墙可以只开放这个范围的端口，而不是开放所有的 UDP 端口。

以上是有关端口的设置。接下来，在图 23-7 中选择 Server Setup 主菜单中的 IP Binding 子菜单。此时，单击列表框右上角的 ➕ 图标，将在列表框内添加一个 IP 地址绑定项目，然后可以在右边的文本框内进行修改，如图 23-9 所示。

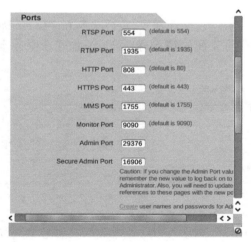

图 23-8　端口设置界面

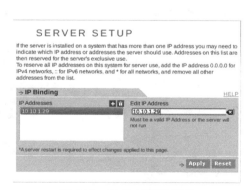

图 23-9　IP 地址绑定界面

IP 地址绑定是指如果 Helix 服务器主机上有多个网络接口，则可以使 Helix 服务器绑定在某个或某几个网络接口上，只有被绑定的网络接口才能为网络中的客户机提供服务。如果不进行设置，默认要绑定所有的网络接口。

注意：IP 地址绑定的含义并不是只为这些 IP 地址提供服务。如果想设置只有某些 IP 才能访问 Helix 服务器，需要在 Access Control 菜单中进行设置。

23.3.3　连接控制与冗余服务器

下面介绍有关连接控制与冗余服务器的设置。使用连接控制功能，可以实现限定客户端的数量、客户端播放器的类型等功能。在 Server Setup 主菜单中选择 Connection Control 子菜单，将出现如图 23-10 所示的连接控制设置界面。

Maximum Client Connections 选项表示设置最大允许的客户端连接数，0 表示没有限制。客户端连接数还要受到许可文件的限制，从图 23-10 中的 Maximum Licensed 项可以看出，试用版的最大连接数是 10，因此，即使不限制连接数，最大也只能达到 10 个客户连接。

随后的 RealPlayers Only 和 RealPlayer Plus Only 表示是否限制客户端的流媒体播放器的类型。如果选为 On，则客户端只能使用 RealPlayer 或 RealPlayer Plus 播放器访问 Helix 服务器的内容。Maximum Bandwidth 表示 Helix 服务器占用的最大的网络带宽，单位为 Kbps。当流媒体数据的流量达到这个带宽值时，Helix 服务器将不接受新的流数据连接请求。Connection Timeout 设置客户端连接超时时间，单位为秒，当客户端在所设的时间内没有任何反馈时，Helix 服务器将主动查询客户端的状态，如果客户端没有响应，则服务器将中断连接。

一般情况下，如果 Helix 服务器与 RealPlayer 播放器之间的 RTSP 连接中断后，RealPlayer 将会尝试着重新与原来的服务器进行连接。但如果配置了冗余服务器，初始时，Helix 服务器将给 RealPlayer 发送一个服务器列表，由 RealPlayer 选择其中一台进行连接。如果以后连接中断，则 RealPlayer 可以在服务器列表中选择其他具有同样内容的服务器进行连接，从而可以继续播放流数据。

Helix 的冗余服务器配置界面如图 23-11 所示，它是选择了 Server Setup|Redundant Servers 菜单后出现的。单击 Alternate Servers 列表框上面的➕图标，可以添加冗余服务器，右边的文本框可以输入冗余服务器的描述字符、IP 地址和 RTSP 端口号。

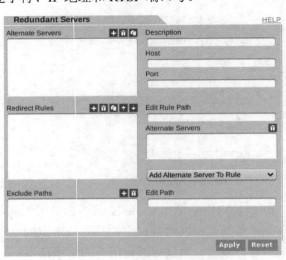

　　图 23-10　连接控制设置界面　　　　　　图 23-11　冗余服务器设置界面

Redirect Rules 列表框用于设置 URL 中的各种路径重定向到哪台冗余服务器，如果设置"/"重定向到某一台冗余服务器，则所有的 URL 连接失败时，RealPlayer 都将会重定向到这台冗余服务器。单击 ➕ 图标添加重定向规则后，可以在右边的文本框中输入路径，再在下面的下拉式列表框中选择冗余服务器。如果 Helix 服务器的某些路径禁止使用冗余服务器，可以把这些路径添加到 Exclude Paths 列表框中。

🔔 **说明：** 冗余服务器功能大大提高了 Helix 服务器的可靠性。

23.3.4　加载点与 HTTP 分发

加载点实际上是设置了一种虚拟路径，当客户端的 URL 中包含了这个虚拟路径时，服务器将会到与这个虚拟路径所对应的实际目录中搜索要访问的文件。例如，如果设置了 /tv 这样的虚拟路径与实际路径 /user/content/tv 相对应时，以后客户端以 rtsp://10.10.1.29/tv/one.rm 这样的 URL 访问 Helix 服务器时，Helix 将到主机文件系统中的 /user/content/tv 目录中去寻找 one.rm 文件。设置加载点的界面如图 23-12 所示，它是选择了 Server Setup|Mount Points 命令后出现的。

在图 23-12 中，可以通过单击列表框上面的 ➕ 图标来添加加载点，然后在右边的文本框中输入描述文本、加载点、搜索次序、实际路径，并选择实际路径是本地的还是网络的，以及是否允许缓存。加载点也就是前面讲的虚拟路径，搜索次序用于确定如果存在同样的加载点时，优先使用哪个加载点。另外，在系统默认的设置中，已经事先定义了几个加载点，如图 23-12 所示。

Helix 服务器主要提供的是流媒体播放服务，虽然也提供 Web 服务器的功能，但并不是开放所有的目录给客户端。如果想让客户机通过 HTTP 协议访问主机上的某一目录，则需要把该目录开放给客户端，其形式与设置加载点有点类似。选择 Server Setup|HTTP Delivery 菜单，将出现如图 23-13 所示的界面，左边的列表框内是系统所设的 HTTP 分发目录，单击某一分发目录后，可以在右边的文本框内进行修改。

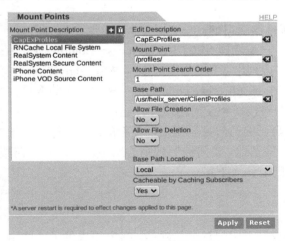

图 23-12　加载点设置界面

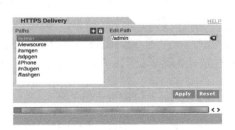

图 23-13　HTTP 分发设置界面

用户可以单击分发目录列表框上面的 ➕ 图标添加自己的 HTTP 分发目录，也可以单击其右边的图标删除所选的 HTTP 分发目录。需要注意的是，如果把加载点也设为是 HTTP

分发目录，则用户将可以通过 HTTP 协议下载流媒体文件。

说明：通过设置 HTTP 分发目录可以使用户通过 Web 端口访问媒体文件，从而避开了由于防火墙对其他端口进行限制而不能访问的问题。

23.4　Helix Server 的安全设置

安全是任何服务器都必须要考虑的问题，Helix 服务器也提供了完整的安全功能，可以大大减轻用户程序安全方面的负担。Helix 安全设置包括访问控制、用户数据库、用户认证等内容，本节将主要对这些安全功能进行介绍。

23.4.1　访问控制

访问控制主要用于建立基于 IP 地址和客户端链接的访问限制。通过建立访问限制规则，可以拒绝或允许某一组 IP 地址或某一台客户机访问服务器端口。如果某一台客户机的流媒体播放器不被允许访问服务器，则它会收到 URL 无效或连接超时的提示。Helix 的访问规则包含以下内容。

- □ 规则次序：Helix 可以有很多的访问规则，规则的次序对于最终结果是很重要的，Helix 从第一条规则开始与客户机的 IP 地址进行匹配，一旦客户机的 IP 落在了某一条规则指定的地址范围，则要按照这条规则指定的动作，允许或禁止访问。因此，如果一台客户机 IP 可以同时与多条规则匹配，则执行其中第一条规则指定的动作。
- □ 访问动作：表示是允许还是禁止访问。
- □ 客户机 IP 地址：可以是单个地址，也可以是 IP 地址范围，或掩码表示的子网地址。
- □ 服务器 IP 地址：如果 Helix 服务器有多个网络接口，则可以指定该规则是针对哪一个接口的。
- □ 端口：指定该规则是针对哪一个服务器端口的。

设置访问控制的方法如图 23-14 所示，它是选择 SECURITY|Access Control 命令后出现的。左边的列表框中列出规则的名称，右边列出了所选规则的具体内容，any 表示所有。可以看到，在默认情况下，已经存在一条 Allow all other connections 规则，它的各项内容设置成允许所有的客户机和服务器的任何网络接口和任何端口进行连接。

用户可以通过列表框上的 ✚ 图标添加自己的访问控制规则，或者通过 🗑 图标删除选中的规则，以及通过 🗐 图标复制选中的规则。特别地，访问控制规则的次序也可以进行调整，通过单击 ⬆ 和 ⬇ 图标可以分别将选中的规则上移或下移。

23.4.2　用户账号数据库

为了保证用户的合法性，Helix 服务器提供了用户认证的功能。它事先提供了一些用户账号数据库，包含了用户名、密码、访问许可等内容。认证可以有很多类型，有些认证是对用户的访问权限进行规定，有些是对广播实时数据流的编码器进行鉴别。对于不同的认证类型，需要使用不同的用户账号数据库。表 23-1 列出了系统预定义的用户账号数据库。

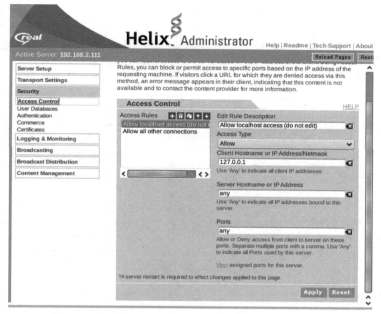

图 23-14 访问控制设置界面

表 23-1 Helix 预定义的用户账号数据库

名 称	用 途	目录名
Admin_Basic	用于认证 Helix 管理员	adm_b_db
CDist_Basic	向其他 Helix 服务器发布内容时，对读取内容的服务器进行认证	cdi_b_db
Content_RN5	对访问 Helix 服务器流数据的用户进行认证	con_r_db
Encoder_Basic	以 Basic 认证方式对使用 Helix 服务器发送现场流的用户进行认证	enc_b_db
Encoder_Digest	以 Digest 认证方式对使用 Helix 服务器发送现场流的用户进行认证	enc_w_db
Encoder_RN5	以 RN5 认证方式对使用 Helix 服务器发送现场流的用户进行认证	enc_r_db
PlayerContent	通过校验播放器的 GUID（全球唯一标识符）决定是否允许访问	con_p_db

对于有限规模的认证，例如说几百个用户，可以使用预定义的文件形式的平面数据库，这样可以省去有关与专业数据库连接的配置。但对于大规模的认证，还是应该使用专业数据库。Helix 提供了对 MySQL 数据库的直接支持，还通过 ODBC 等方式提供了对其他类型数据库的支持。

管理用户账号数据库的界面如图 23-15 所示，它是通过选择 SECURITY|User Databases 命令出现的。左边的列表框中列出账号数据库的名称，右边列出了所选账号数据库的具体设置。用户可以通过列表框上的 图标添加自己的账号数据库，或者通过 图标删除选中的账号数据库，以及通过 图标复制选中的账号数据库。

单击了 图标后，将在列表框中出现名为 Database1 的数据库，如图 23-16 所示，此时需要在右边进行数据库类型和位置的设置。数据库类型可以是 Flat File、ODBC、mySQL或 RN5 DB Wrapper，如果选择 Flat File，则只需在安装目录下指定一个目录名即可，如图 23-15 所示。如果选择了其他 3 种类型，则需要做与相应数据库的连接设置，这些设置包括数据库名称、表名称、可选的用户名和密码等。图 23-16 所示的是有关 ODBC 的连接配置，此时要求主机已经做好了有关 ODBC 的设置。

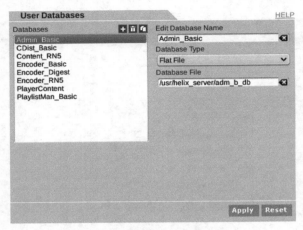

图 23-15　用户账号数据库设置

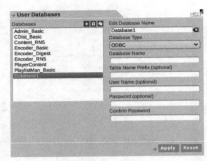

图 23-16　添加一个用户账号数据库

23.4.3　认证域

认证域包含了存放用户名和密码的数据库以及用于验证用户身份的认证协议。认证协议与 RTSP 等流媒体协议并不相关，它定义了用户密码的存放方式等内容，例如，可以使用基本的加密协议，也可以使用只用于 Real Players 的更加安全的协议。Helix 支持以下几种认证方式。

1. Basic 方式

在 Basic 方式中，客户端采用 Basic 64 算法对用户名和密码进行编码，并在 Internet 等公网上传送。Helix 服务器收到认证数据后，对用户名和密码进行解码，再和文件或关系数据库中以明文方式存储的用户名和密码进行比较。除了 Real Player 外，Basic 认证方式还可以在 QuickTime Player 中使用。

2. Digest 方式

在 Digest 方式中，客户端和 Helix 服务器之间按事先规定的某种加密算法对密码进行加密和解密，使密码的明文不在网上传输。因此，即使通过 Internet 等公网进行传输，它也是安全的。另外，密码在数据库中存放时，也是加密后的密文。Windows 的媒体播放器就采用这种认证方式向 Helix 服务器发送认证信息。

3. RN5 方式

RN5 的全称是 Real System 5.0，是在 RealPlayer 5.0 或以后版本的播放器中使用的认证方式。RN5 比 Basic 方式更加安全，与 RealWorks 公司的产品结合更加紧密，如果用户的播放器只能使用 RealPlayer 5.0 及以上的版本，使用这种方式最为合适。

4. NTLM 方式

NTLM 的全称是 Windows NT Lan Manager 方式，一般用在基于 Windows 的内部网，

可以让 Helix 服务器使用现有的 Windows NT 用户数据库,并且使用 NTFS 文件的访问许可。使用这种方式的前提是 Helix 服务器必须在运行 Windows NT 操作系统的主机上安装。

在 Helix 服务器的管理界面中,可以对认证域进行管理,包括添加、删除认证域等操作,也可以改变每一个认证域的设置,包括改变认证方式和用户账号数据库等内容。另外,管理员还可以列出、添加、删除域中的用户,以及改变用户的密码。在 Helix 服务器的默认配置中,已经事先定义了如表 23-2 所示的认证域。

表 23-2　Helix 服务器预定义的认证域

名　　称	认 证 对 象	ID	协　议	数　据　库
SecureAdmin	Helix 管理员	<servername>.AdminRealm	Basic	Admin_Basic
SecureCDist	读取流数据的其他 Helix 服务器	<Servername>.CDistRealm	Basic	CDist_Basic
SecureContent	读取流数据的普通用户	<Servername>.ContentRealm	RN5	Content_RN5
SecureRBSEncoder	来自 Helix 产品的直播数据流	<Servername>.RBSEncoderRealm	Basic	Encoder_Basic
SecureWMEncoder	来自 Windows 产品的直播数据流	<Servername>.WMEncoderRealm	Digest	Encoder_Digest

通过选择 SECURITY|Authentication 命令可以对认证域进行管理,此时,左边的列表框中列出了预先创建的表 23-2 所示的认证域名称,右边列出了所选认证域的具体设置,如图 23-17 所示,图中还列出了认证方式的可用选项。用户可以通过列表框上的 ✚ 图标添加自己的账号数据库,或者通过 🗑 图标删除选中的账号数据库,以及通过 ▣ 图标复制选中的账号数据库。

单击 ✚ 图标,将在列表框中出现名为 Realm1 的认证域,如图 23-18 所示,此时需要在右边设置认证域的 ID、认证方式、用户账号数据库等内容。图 23-18 还列出了可用的用户账号数据库,它们是在 23.4.2 节的 User Databases 菜单中创建的。

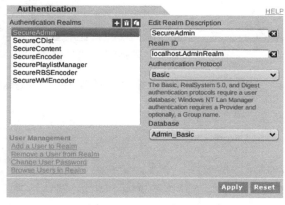

图 23-17　认证域设置

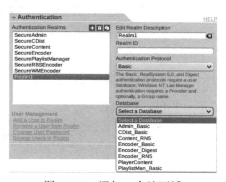

图 23-18　添加一个认证域

当选中了某一认证域后,还可以通过图 23-17 左下角的链接对用户进行管理操作。例如,要在 SecureAdmin 认证域中创建一个用户,可以单击 Add a User to Realm 链接,将出现如图 23-19 所示的对话框,要求输入用户名和密码。由于 SecureAdmin 认证域对应的用户账号数据库是 Admin_Basic，而 Admin_Basic 对应的数据库是以文件形式存在的，位置是 adm_b_db 目录，因此，此处创建的用户将会在 adm_b_db 目录中出现。

如果要删除认证域中的某一用户，可以单击 Remove a User from Realm 链接，将出现图 23-20 所示对话框。此时，需要提供要删除的用户的名称，然后单击 Ok 按钮即可。另外，如果单击了 Change User Password 和 Browse Users in Realm 链接，将出现如图 23-21 和图 23-22 所示的对话框，此时可以修改用户密码或列出用户账号数据库中的用户。

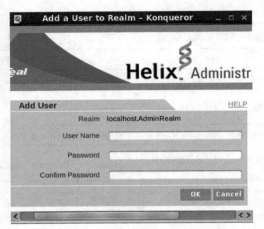

图 23-19　用于创建用户的对话框

图 23-20　用于删除用户的对话框

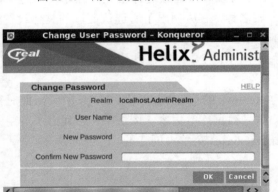

图 23-21　修改用户密码的对话框

图 23-22　浏览所有用户的对话框

以上介绍了如何对 Helix 服务器的认证域进行管理，23.4.4 节继续介绍如何利用认证域对 Helix 服务器上的资源进行保护。

23.4.4　资源保护

在 Helix 服务器中，如果需要保护某些目录中的流媒体资源，防止用户的任意访问，可以定义资源保护规则，此时，用户要通过认证后才能访问这些资源。例如，默认情况下，Helix 服务器定义了一条 SecureUserContent 规则，使用 SecureContent 认证域对安装目录下的/secure 目录进行保护。当用户提交的 URL 的路径指向该目录时，将要求用户输入用户名和密码进行认证，通过后才允许访问流媒体资源。

除了 SecureUserContent 规则外，Helix 服务器还定义了 SecureLiveContent 和

SecurePlayerContent 两条保护规则，前者使用 SecureContent 认证域，对/broadcast/secure/
路径进行保护，这个目录一般用于存放直播流。后者是对全球唯一的流媒体播放器 ID 进
行认证，受保护的目录是/secure/player。

通过选择 SECURITY|Commerce 命令将出现如图 23-23 所示的界面，此时可以对保护
规则进行管理。其中，左上方的列表框中列出了当前的保护规则，右边是所选保护规则的
具体内容，含义如下：

❑ Edit Rule Name 文本框列出了所选规则的名称，可以进行修改。

❑ Protected Path 文本框用于设置受保护的目录路径，可以进行修改。

❑ User Permissions Database 下拉列表框用于确定用户访问权限数据库，里面列出了
在23.4.2 节中创建的用户账号数据库，也可以选择 Do Not Evaluate User Permissions
关闭权限功能，此时，每个用户都拥有全部的权限。

❑ Credential Type 下拉列表框用于确定凭据类型，如果选择 Use User Authentication，
表示使用用户名和密码进行认证，如果选择 Use Player Validation，表示使用播放
器的 ID 进行认证。

❑ Realm 下拉列表框用于确定认证域，里面列出了 23.4.3 节中创建的认证域，必须要
选择一个。

❑ Allow Duplicate User IDs 下拉列表框用于确定是否允许多个播放器同时使用同一
个用户账号进行登录，可以选择 Yes 或 No。

以上是选择了使用用户名和密码进行认证的情况。如果某一规则在 Credential Type 下
拉列表框中选择的是 Use Player Validation 选项，那么界面将发生变化，如图 23-24 所示。
Realm 和 Allow Duplicate User IDs 将不再出现，代替它们的是一个 Redirect Unauthenticated
Players 链接，它的作用是如果认证不能通过时，将重定向到哪一个 URL。

此外，如果选择了 Use Player Validation 选项，下面的 Player GUID Databases 列表框将
起作用，如图 23-24 所示，列表框内列出了现有的 GUID 数据库，右边列出了数据库的具
体设置。其中，Player Database 用于选择一个在23.4.2 节中创建的用户账号数据库，Player
Registration Prefix 表示用户注册播放器的 GUID 使用的 URL 路径前缀。

图 23-23　设置保护规则（1）

图 23-24　设置保护规则（2）

如果在 User Permissions Database 下拉列表框中选择了某一个用户账号数据库，还可以使用图 23-23 和图 23-24 左边 Content Access 下面的链接对访问许可进行管理。如果单击 Grant User Permission 链接，将出现如图 23-25 所示的对话框，此时可以授予许可给用户。其中，在 User Name 后的文本框内可以输入用户名，Path Type 处可以选择是目录或文件，Path 处输入具体的目录或文件名，Access Type 处可以选择许可类型，具体选项及含义如下所示。

- ❑ Event：允许用户无限期地访问。
- ❑ Calendar：指定一个到期时间，超过该时间后，用户将不能访问指定的资源。
- ❑ Duration：指定一个以秒为单位的时间长度，超过该时间后，用户将不能访问指定的资源。
- ❑ Credit：在访问日志中记录该用户的访问总时长。

如果单击 Edit User Permission 链接，将出现图 23-26 所示的对话框，此时可以对用户的到期时间或允许时长进行修改，具体操作方法可根据窗口中的提示进行。此外还可以单击 Revoke User Permission 和 Revoke All Permissions 链接删除某一用户的许可或所有用户的许可，其界面分别如图 23-27 和图 23-28 所示。

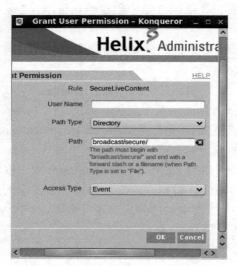

图 23-25　授予用户访问许可的对话框

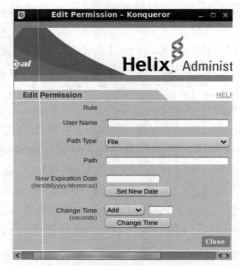

图 23-26　修改用户访问许可的对话框

图 23-27　删除单个用户访问许可的对话框

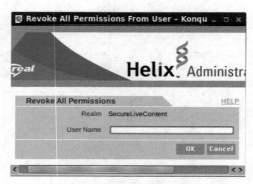

图 23-28　删除所有用户访问许可的对话框

以上是有关 Helix 服务器资源保护的设置，管理员可以根据需要限制用户对资源的访问，访问限制主要是指时间上的限制。

23.5　小　　结

随着 Internet 带宽的不断增加，视频服务的需求也越来越多。本章主要介绍了有关架设流媒体视频服务器的内容，首先讲述的是流媒体传输的基本原理以及实时流媒体协议 RTSP；然后以 Helix Server 软件为例，介绍流媒体服务器的架设方法，包括 Helix Server 的安装、运行和使用等内容；最后还介绍了通过 Helix Server 本身提供的 Web 界面对它进行管理和配置的方法。